"十二五"普通高等教育本科国家级规划教材
机械设计制造及其自动化专业系列教材

机械制造技术基础

第四版

主编　张世昌　张冠伟

高等教育出版社·北京

内容提要

本书是“十二五”普通高等教育本科国家级规划教材，是根据教育部高等学校机械类专业教学指导委员会建议的指导性教学计划和课程大纲，在第三版的基础上修订而成的。

本次修订，增加了智能机床、智能夹具、智能刀具及智能制造等有关内容，对部分章节进行了调整，使内容更加衔接、紧凑。本书共 7 章，第 1 章机械制造技术概论，第 2 章机床与夹具设计，第 3 章切削过程及其控制，第 4 章机械加工质量及其控制，第 5 章机械加工工艺过程设计，第 6 章机器的装配工艺，第 7 章机械制造技术的发展。

本书力求理论联系实际，努力贯彻“少而精”的原则，通过较多的实例分析和图表运用，以较少的篇幅传递较多信息，以易于读者理解和掌握。

本书主要作为普通高等学校机械类相关专业的教材，也可作为普通高等学校其他相关专业以及自学考试、高等职业教育、成人教育相关专业的教材或参考书，亦可供从事机械制造的工程技术人员参考。

图书在版编目(CIP)数据

机械制造技术基础 / 张世昌，张冠伟主编. -- 4 版. -- 北京：高等教育出版社，2022.4

ISBN 978-7-04-057920-8

Ⅰ. ①机… Ⅱ. ①张… ②张… Ⅲ. ①机械制造工艺-高等学校-教材 Ⅳ. ①TH16

中国版本图书馆 CIP 数据核字(2022)第 019761 号

Jixie Zhizao Jishu Jichu

策划编辑 卢 广　　责任编辑 卢 广　　封面设计 李卫青　　版式设计 杜微言
插图绘制 黄云燕　　责任校对 刘丽娴　　责任印制 田 甜

出版发行 高等教育出版社
社　　址 北京市西城区德外大街 4 号
邮政编码 100120
印　　刷 北京鑫海金澳胶印有限公司
开　　本 787mm×1092mm 1/16
印　　张 23.5
字　　数 540 千字
购书热线 010-58581118
咨询电话 400-810-0598

网　　址 http://www.hep.edu.cn
　　　　 http://www.hep.com.cn
网上订购 http://www.hepmall.com.cn
　　　　 http://www.hepmall.com
　　　　 http://www.hepmall.cn
版　　次 2001 年 8 月第 1 版
　　　　 2022 年 4 月第 4 版
印　　次 2022 年 4 月第 1 次印刷
定　　价 51.00 元

物 料 号 57920-00

机械制造技术基础

第四版

张世昌　张冠伟

1 计算机访问http://abook.hep.com.cn/12273468，或手机扫描二维码，下载并安装Abook应用。
2 注册并登录，进入“我的课程”。
3 输入封底数字课程账号（20位密码，刮开涂层可见），或通过Abook应用扫描封底数字课程账号二维码，完成课程绑定。
4 单击“进入课程”按钮，开始本数字课程的学习。

课程绑定后一年为数字课程使用有效期。受硬件限制，部分内容无法在手机端显示，请按提示通过计算机访问学习。

如有使用问题，请发邮件至abook@hep.com.cn。

http://abook.hep.com.cn/12273468

第四版前言

机械制造技术基础课程是高等学校本科“机械设计制造及其自动化”和“机械工程”专业制造系列课程中的主干课程。本课程主要讲授机械制造技术的基础知识、基本理论和基本方法，并通过实践教学使学生学会机械加工工艺规程编制、机床夹具设计、加工质量分析等，从而具备分析和解决机械制造方面复杂工程问题的基本能力。

本教材一版、二版、三版分别是普通高等教育“十五”“十一五”和“十二五”国家级规划教材，累计发行14万余册，得到广大读者的认可与支持。本版是在第三版的基础上，广泛征询和吸纳了使用院校的意见和建议修订而成的。本着目标导向、突出要点的思路，在每一章前增加了学习目标，让读者首先明确本章学习目标，有针对性地学习。在每一章的最后列出学习提要和主要术语，便于读者对本章内容的学习和总结。本版主要修订内容如下：

第1章，调整修订了部分内容，增加了管理信息系统（物料需求计划、企业资源计划、制造执行系统），全面质量管理，大规模定制，材料成形加工机理分类的内容。将第3章的切削用量三要素调整到第1章。同时，对成组技术、敏捷制造的内容进行了删减。

第2章，增加了智能机床、智能夹具等内容。调整了定位元件和定位误差内容的顺序，增加了定位元件限制自由度、组合定位说明，定位误差分析步骤等。

第3章，增加了刀具种类、智能刀具、切削过程的影响因素、正交切削模型、刀具切削状态监控等内容。

第4章，对章节的标题进行了修改，将加工表面质量的内容统一调整到4.6节。增加了研究机械加工精度的方法、主轴回转精度测量、提高主轴回转精度的主要措施、工艺系统刚度、机床部件刚度静态测定、影响机床部件刚度的因素、分布图法中直方图绘制、均值-极差图的应用、工艺链理论、表面粗糙度测量等内容。

第5章，调整了部分内容，5.5节为加工余量，将工序尺寸及其公差列入5.6节工序尺寸及其公差，合并尺寸链的内容，学习提要中总结了编写工艺规程的步骤。

第6章，调整修订了部分内容，将6.2节分为2节，即6.2装配精度与装配尺寸链和6.3保证装配精度的装配方法。

第7章，调整修订了部分内容，增加了增材制造、智能机器人、协作机器人、机器人末端执行器、智能制造等内容。

本书主要用作普通高等院校机械类相关专业的教材，也可作为普通高等学校其他相关专业的教材或参考书，还可作为自学考试、高等职业教育、成人教育相关专业的教材或参考书，亦可供从事机械制造的工程技术人员参考。

本书由天津大学张世昌、张冠伟、倪雁冰、张大卫，哈尔滨工业大学李旦，大连理工大学高航和北京科技大学张世荣共同编写，由张世昌、张冠伟担任主编。各章编写分工如下：第1、2章——张世昌；第3章——张世昌、张冠伟；第4章——李旦、张世昌、张冠伟；第5章——张世荣、倪雁冰；第6章——高航、张世昌；第7章——张冠伟、张大卫。

由于编者水平有限，书中不妥之处在所难免，恳请广大读者批评指正。

编者

2021年10月

目录

第 1 章　机械制造技术概论

学习目标

1）了解制造系统与制造技术，先进制造哲理和生产模式；掌握成组技术基本原理；应用面向加工和制造的设计原则。

2）了解机械制造工艺方法及分类；理解材料成形机理；掌握切削加工成形运动及典型表面加工方法。

3）理解机械制造工艺过程、生产类型及其工艺特点；掌握工艺基准概念及工序图画法。

1.1　制造与制造技术

1.1.1　生产与制造

“制造”(manufacturing)一词源于拉丁语，原意是“手工制作”，即把原材料用手工方式制成有用的产品。近 50 年来，由于生产力和科学技术的高度发展，“制造”的含义有了很大的扩展。

现代“制造”的含义与“生产”密切相关。生产活动是人类赖以生存和发展的最基本活动。从系统观点出发，生产可被定义为一个将生产要素转变为经济财富，并创造效益的输入输出系统，如图 1-1 所示。

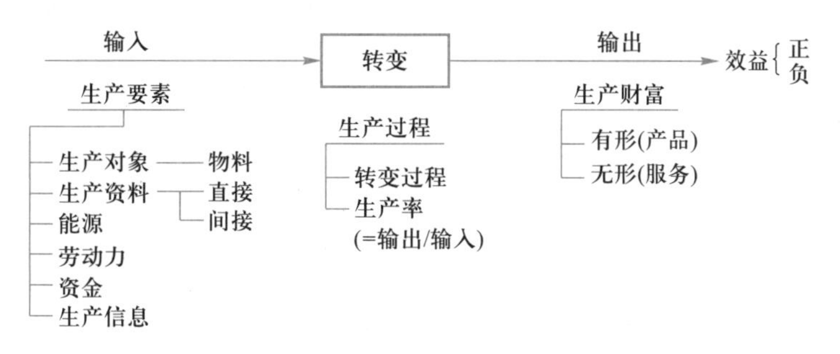

图 1-1　生产的定义

生产系统的输入是生产要素，包括：作为生产对象的原材料，作为直接生产资料的机器、设备、工具和间接生产资料的厂房、道路等，提供动力的能源，作为劳动力的主体人，资金，支持生产活动的信息、情报、知识和方法等。

生产系统的输出是生产财富，包括有形的财富（产品）和无形的财富（服务）。在创造生产财富的同时，必然伴随着一定的经济效益和社会效益的产生。效益有“正效益”和“负效益”之分：正效益是指生产的财富能够满足人们物质生活和精神生活的需要，生产活动本身能够促进社会健康发展；而负效益则指生产活动给社会带来的负面影响，如对于自然生态环境的破坏，各种各样的污染（其中也包括精神污染）等。对于生产活动中的负效益，政府及社会必须加以严格的限制。

有效地将生产要素转变成生产财富是十分重要的。转变过程效率的度量标准是生产率，生产率可以被定义为系统输出与输入之比。获得尽可能高的生产率，始终是生产企业经营者追求的目标，也是生产企业在激烈的市场竞争中得以生存和发展的重要条件。

按照联合国的分类方法，国民经济行业可以划分为三大类别：第一产业、第二产业和第三产业。第一产业包括农业、林业、牧业、水产养殖业等直接以自然物为生产对象的产业。第二产业主要指加工制造产业，利用自然界和第一产业提供的基本材料进行加工处理。第三产业被视为服务业，是指第一、第二产业以外的其他行业，包括商业、交通、运输、通信、餐饮、金融、教育、公共服务等非物质生产部门。制造业属于第二产业的范畴，并通常将第二产业中除了采矿业、建筑业和能源工业以外的其他行业均视为制造业。

明确了生产的概念以及制造业的范围，也就明确了“制造”的含义：制造可以理解为制造企业的生产活动。即制造也是一个输入输出系统，其输入是生产要素，输出是具有直接使用价值的产品。这是一个“大制造”的概念，是对“制造”的广义理解。按照这样的理解，制造应包括从市场分析、经营决策、工程设计、加工装配、质量控制、销售运输、售后服务直至产品报废处理的全过程。在当今的信息时代，制造的广义概念已为越来越多的人所接受。

但是，制造也常常被理解为从原材料或半成品经加工和装配后形成最终产品的具体操作过程，包括毛坯制作、零件加工、检验、装配、包装、运输等。这是一个“小制造”的概念，是对“制造”的狭义理解，按照这种理解方式，制造过程主要考虑企业内部生产过程中物料形态的转变过程，即物质流，而较少涉及生产过程中的信息流。

由于在新型的生产模式中，信息流和物质流是一个有机整体的两个侧面，是相互交融和密不可分的，因此狭义理解制造存在着严重不足。尽管如此，从专业和技术的角度出发，制造的狭义理解仍然是合理的，因为物料形态的变化始终是生产活动的核心，如何使物料形态按照人们预期的目标发生转变，是生产技术研究的永恒主题。

1.1.2 制造系统

制造作为一个系统，和所有的系统一样，由若干个具有独立功能的子系统构成，如图1-2所示。其主要子系统及其功能如下：

1）经营管理子系统 确定企业经营方针和发展方向，进行战略规划、决策。

2）市场与销售子系统 进行市场调研与预测，制订销售计划，开展销售与售后服务。

3）研究与开发子系统 制订开发计划，进行基础研究、应用研究与产品开发。

4）工程设计子系统 进行产品设计、工艺设计、工程分析、样机试制、试验与评价，制订质量保证计划。

5）生产管理子系统 制订生产计划、作业计划，进行库存管理、成本管理、设备管理、工具管理、能源管理、环境管理、生产过程控制。

6）制造资源管理子系统 对企业在制造产品过程中用到的设备、工装夹具、刀具及人力资源进行管理。

7）采购供应子系统 负责原材料及外购件的采购、验收、存储。

8）质量控制子系统 收集用户需求与反馈信息，进行质量监控和统计过程控制。

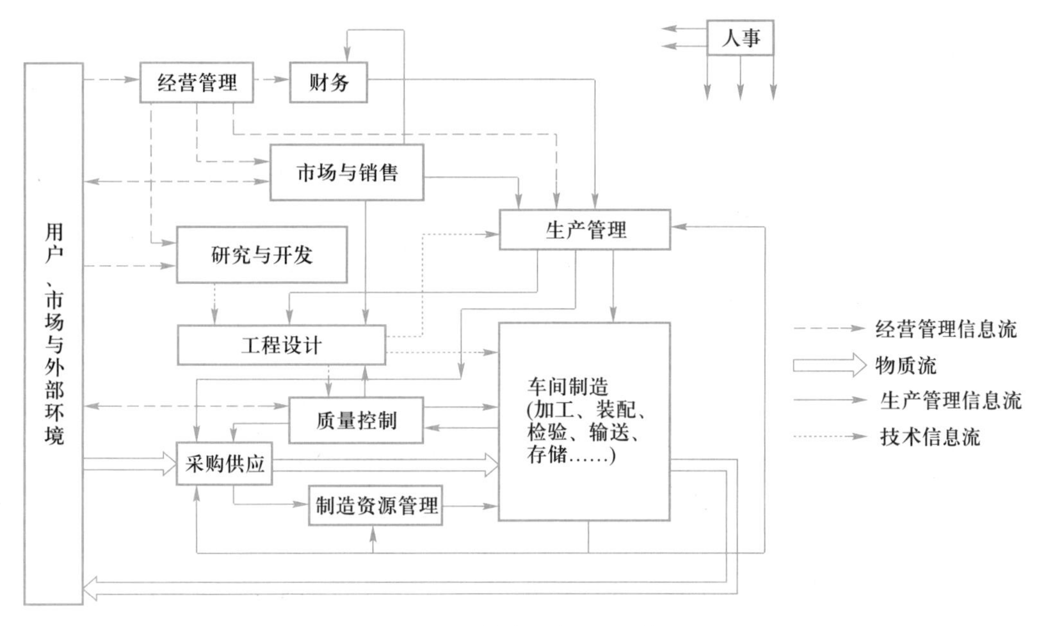

图 1-2 制造系统功能结构

9）财务子系统 制订财务计划，进行企业预算和成本核算，负责财务会计工作。

10）人事子系统 制定人力资源计划，负责人事安排，招工与裁员。

11）车间制造子系统 零件加工，部件及产品装配，检验，物料存储与输送，废料存放与处理。

上述各功能子系统既相互联系又相互制约，形成一个有机的整体，从而实现从用户订货到产品发送的生产全过程。

制造作为一个系统，具有一般系统的共性，包括如下几个方面：

1. 结构特性

制造系统可视为若干硬件（生产设备、工具、运输装置、厂房、劳动力等）的集合体，为使硬件充分发挥效能，必须有软件（生产信息、制造技术等）支持。工厂设计中，有关人员和设备的合理配置与布局等，即是从系统结构方面对制造系统进行研究。

2. 转变特性

如前所述，制造系统是一个将生产要素转变成产品的输入输出系统，其主要功能便是转变功能。从技术的角度出发，制造是通过加工和装配把原材料变为产品的过程。该过程总是伴随着机器、工具、能源、劳动力和信息的作用，如图 1-3a 所示。这种转变不仅指物质流，同时也包含了信息流和能量流。从经济的观点出发，制造过程的转变可以理解为通过改变物料形态或性质而使其不断增值的过程，如图 1-3b 所示。

作为制造系统转变过程实例，图 1-4 为汽车生产物质流过程的示意图。

研究系统转变特性的目的主要是从工程技术和经济的角度，研究如何使转变过程更有效地进行。

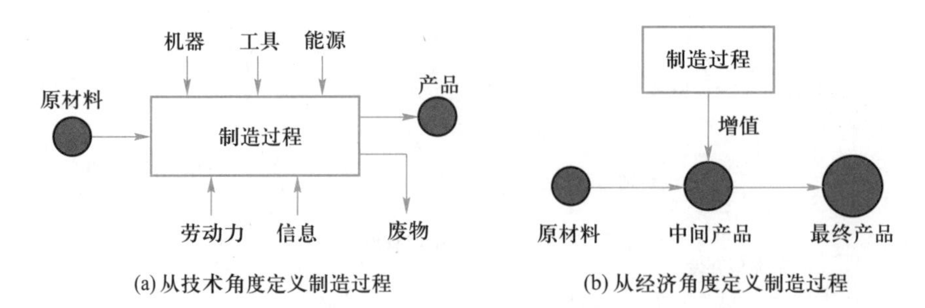

图 1-3 制造系统的转变特性

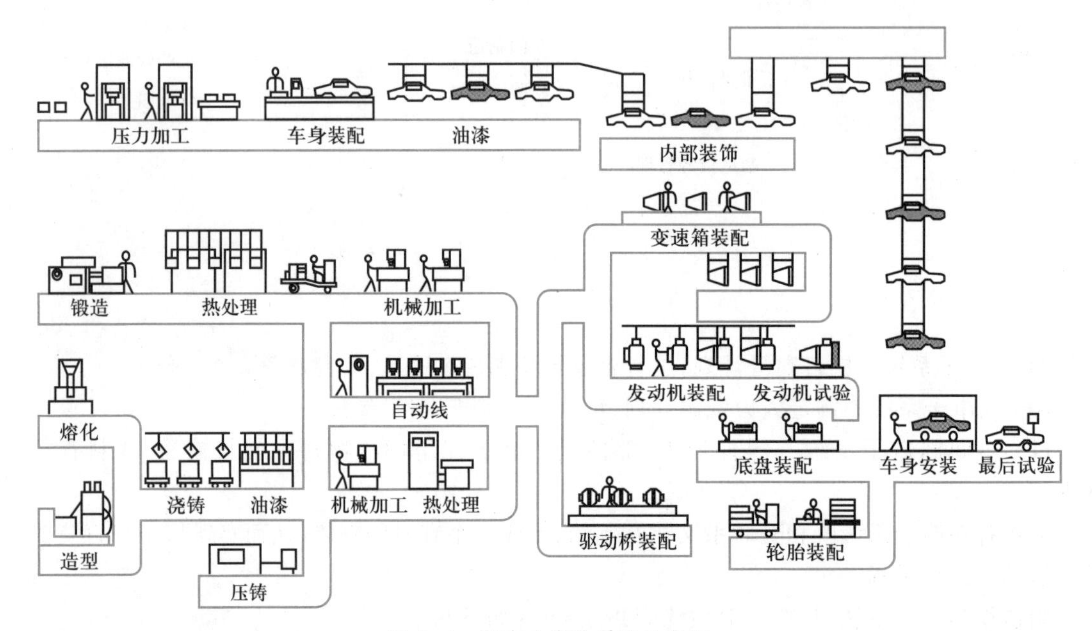

图 1-4 汽车生产物质流示意图

3. 程序特性

所谓“程序”是指一系列按时间和逻辑安排的步骤。从这个意义出发，制造系统可视为一个生产产品的工作程序，如图 1-5 所示。研究制造系统的程序特性，主要从管理角度研究如何使生产活动达到最佳化。

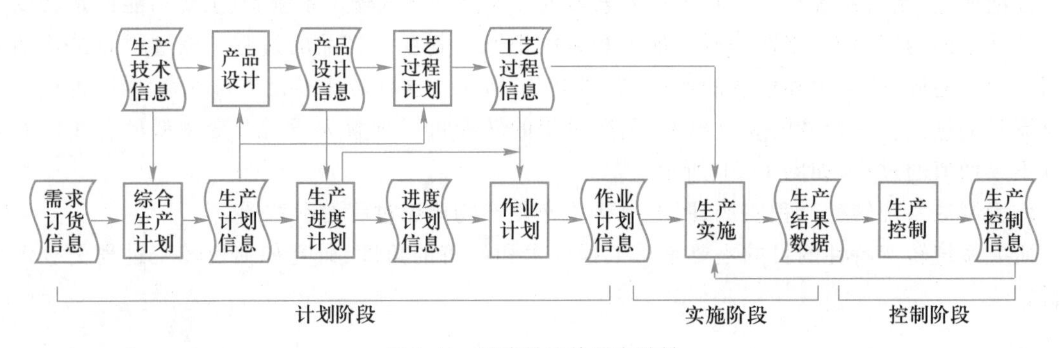

图 1-5 制造系统的程序特性

制造系统的各项功能及其活动按参与生产流程的职能和流向，可概括为物质流和信息流两类流动，如图 1-2 所示。物质流用于改变物料的形态与地点，信息流用以规划、指挥、协调与控制物料的流动，使制造系统有效地运行。

研究制造系统的功能结构和系统特性，其目的都是为了使制造系统中的物质流与信息流有机结合起来，使系统的硬件和软件有机结合起来，使制造工艺和生产管理有机结合起来，以达到系统的最佳配置、最佳组合和最佳运行状态，获得整体最优效果。这便是从系统的观点研究制造和制造技术的基本出发点。

1.1.3 制造技术

制造技术是为了有效完成制造活动所施行的一切手段的总和。这些手段包括运用一定的知识、技能，操纵可以利用的物质、工具，采取各种有效的策略、方法等。制造技术是制造企业的技术支柱，是制造企业持续发展的根本动力。

与大、小制造概念相对应，对于制造技术的理解也有广义和狭义之分。广义地理解制造技术，它涉及生产活动的各个方面和生产的全过程，制造技术被认为是一个从产品概念到最终产品的集成活动，同时制造技术又是一个实现制造企业目标的功能体系和信息处理系统。在新的生产模式中，广义的制造技术得到广泛认同和采纳。

狭义理解制造技术则重点放在加工和装配工艺上，即从原材料或半成品经加工和装配后形成最终产品的过程，以及在此过程中所施行的一切手段的总和。狭义地理解制造技术，主要是从专业和技术的角度出发，研究如何使物料形态按照预期的方向发生变化，以及如何使这种变化更加有效。

本书机械制造技术概论一章的前两节主要采用“大制造”的概念，旨在给读者一个全局的观点。而在其余部分内容讨论中，则以“小制造”概念为基础，这是由本课程的内容和性质所决定的。

1.1.4 制造业的发展及其在国民经济中的地位

1. 制造业的发展

人类文明的发展与制造业的进步密切相关。早在石器时代，人类就开始利用天然石料制作工具，用其猎取自然资源。到了青铜器和铁器时代，人们开始采矿、冶炼、铸锻工具，并开始制作纺织机械、水利机械、运输车辆等，来满足以农业为主的自然经济的需要。在绵延几千年的农业经济发展进程中，制造技术的创新与进步始终是生产发展和人类文明进步的支柱和推动力。但由于农业经济本身的束缚，当时的制造业只能采用作坊式手工业的生产方式，生产原动力主要是人力，局部利用水力和风力。

直至 18 世纪 70 年代，蒸汽机的改进和纺纱机的诞生，引发了第一次工业革命，产生了近代工业化的生产方式，手工劳动逐渐被机器生产所代替。这一个阶段称为“工业 1.0”。“工业 1.0”以蒸汽动力取代人力和畜力驱动机械制造设备为特征。

到了 19 世纪中叶，电磁场理论的建立为发电机和电动机的产生奠定了基础，从而迎来了电气化时代。以电力作为动力源，使机器的结构和性能发生了重大的变化。与此同时，互换性原理和公差制度应运而生。所有这些使制造业发生了重大变革，并进入了一个快速发展时期。

20世纪初，内燃机的发明使汽车开始进入欧美家庭，引发了制造业的又一次革命。自动生产线的出现和泰勒科学管理理论的产生，标志着制造业进入了“大量生产”(mass production)的时代。以汽车工业为代表的大批量自动化生产方式使生产率获得极大提高，从而使制造业有了更迅速的发展，并开始在国民经济中占据主导地位。这一阶段称为“工业2.0”。“工业2.0”以电力驱动和自动生产线的专业分工为特征。

第二次世界大战后，通信技术的发展，电子计算机和集成电路的出现，以及运筹学、现代控制论、系统工程等软科学的产生和发展，使制造业产生了一次新的飞跃。数控机床的出现则使中小批量生产自动化成为可能。

20世纪80年代以来，信息产业的崛起和通信技术的发展加速了市场的全球化进程。为了适应新的形势，在制造领域提出了许多新的制造哲理和生产模式，如计算机集成制造(CIM)、精益生产(LP)、并行工程(CE)、敏捷制造(AM)等。这一阶段称为“工业3.0”。“工业3.0”以计算、通信、控制等信息技术的创新与应用为标志，持续将工业发展推向新高度。

进入21世纪，制造业将与其他高新技术更紧密地结合，并不断朝着自动化、精密化、柔性化、集成化、智能化和清洁化的方向发展。智能制造是当前制造技术的重要发展方向，标志着制造业进入“工业4.0”时代。“工业4.0”以新一代智能制造技术的突破和广泛应用为标志，重塑制造业的技术体系、生产模式、产业形态，实现第四次工业革命。

2. 机械制造业在国民经济中的地位

如前所述，制造业生产的是具有直接使用价值的产品，而这些产品与社会的生产活动和人民生活息息相关。当今，制造业不仅是科学发现和技术发明转换为现实规模生产力的关键环节，并已成为为人类提供生活所需物质财富和精神财富的重要基础。良好的居住环境，充足的能源供给，便捷的交通和通信设施，丰富多彩的印刷出版、广播影视和网络媒体，优良的医疗保健手段，可靠的国家和社区安全以及抵抗自然灾害的能力等，均需要制造业的支持。图1-6显示了当今制造业的社会功能。

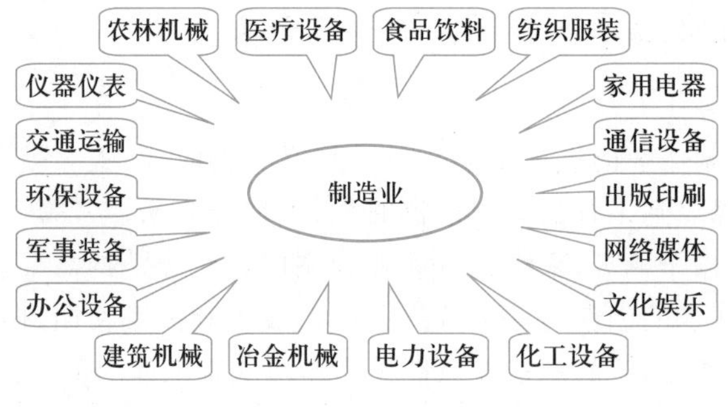

图1-6 当今制造业的社会功能

2015年中国政府发布《中国制造2025》，明确指出“制造业是国民经济的主体，是立国之本、兴国之器、强国之基”。

纵观世界各国，任何一个经济强大的国家，无不具有发达的制造业，许多国家的经济腾飞，制造业功不可没。近年来出现的“次贷危机”“欧债危机”则从另一方面说明了制造业的重要地位。

在整个制造业中，机械制造业占有特别重要的地位。因为机械制造业是国民经济的装备部，国民经济各部门的生产水平和经济效益在很大程度上取决于机械制造业所提供装备的技术性能、质量和可靠性。因而,各发达国家都把发展机械制造业放在了突出的位置上。

3. 我国机械制造业面临的机遇和挑战

改革开放以来,我国机械制造业取得了长足的进步和令人瞩目的成就,已成为真正的制造大国。但与工业发达的国家相比,我国机械制造业的水平还存在阶段性的差距,主要表现在产品质量和水平不高、技术开发能力不强、基础元器件和基础工艺不过关、生产率低下、科技投入严重不足等。例如,我国汽车产量虽已雄踞全球榜首,但自主品牌寥寥无几。我国许多制造企业还处于产业链的底端,受人盘剥。

面对越来越激烈的国际市场竞争,我国机械制造业面临着严峻的挑战。技术落后,资源短缺,以及管理体制和周边环境还存在许多问题,这些都给我们迅速赶超世界先进水平带来极大的困难。但另一方面,随着我国改革的不断深入,对外开放的不断扩大,也为我国机械制造业的振兴和发展提供了前所未有的良好条件。当今,制造业的世界格局正在发生重大的变化,制造业的产品结构、生产模式也在迅速变革之中。所有这些又给我们带来了难得的机遇。挑战与机遇并存,我们必须正视现实,面对挑战,抓住机遇,深化改革,把握方向,奋发图强,以使我国的机械制造业在不太长的时间内,赶上世界先进水平。

1.2 先进制造哲理与先进生产模式

1.2.1 批量法则与成组技术

1. 批量法则

工业革命以后,至20世纪初,以机器代替人力成为生产的主要方式,大大促进了生产力的发展,并形成了现代意义上的机械制造业。但生产方式仍以作坊式的单件生产为主,由于机器精度不高,产品质量主要靠从业人员的技艺来保证,故称为“技艺”型生产时代。此时的工厂组织结构较分散,管理层次较简单,通常由业主或代办直接与顾客、雇员和协作商联系。这种生产方式的生产率较低,且生产周期较长,产品价格居高不下。

20世纪初,美国福特汽车公司首先在底特律建立了世界上第一条自动生产线,标志着大批量生产方式(mass production)的开始。由于机器精度的提高,工件加工质量容易得到保证。工人的技艺变得不再那么重要了。这种生产方式大大缩短了生产周期,提高了生产效率,降低了生产成本。大批量生产方式的推行,促进了生产力的巨大发展,使美国一跃成为世界一流经济强国。大批量生产方式也一度成为先进生产力的代表和当代工业化的象征。

当市场竞争以产品质量和生产成本为决定因素时,大批量生产方式显示了巨大的优越性。与中小批量生产相比,大批量生产可取得明显的经济效果,这就是“批量法则”(batch rule)。

批量法则以成本分析为基础。产品在其全生命周期内的总生产成本可近似表达为

$$C_A = C_F + C_V \cdot Q^k \tag{1-1}$$

式中:C_A——产品全生命周期总生产成本;

C_F——固定成本;

C_V——生产单位产品可变成本;

Q——生产产品总数量;

k——大于1的指数。

单件产品平均生产成本 C_S 为

$$C_S=\frac{C_F}{Q}+C_V\cdot Q^{k-1} \tag{1-2}$$

对式(1-2)求导,并令其导数为0,可得到最低单件成本对应的产量 Q_0

$$Q_0=\left[\frac{C_F}{C_V(k-1)}\right]^{\frac{1}{k}} \tag{1-3}$$

Q_0 称为最优生产规模。这一现象首先在汽车工业生产中被发现。图1-7表示了总生产成本和单件生产成本与生产规模之间的关系。由图可见,随着产量 Q 的增加,总生产成本 C_A 从固定成本点 C_F 开始上升,而平均单件生产成本 C_S 则呈下降趋势,两者均为非线性变化。当 Q 增大到 Q_0 后再继续增加时,C_A 和 C_S 均发生突跳。这表示 Q_0 点对应该生产系统最大生产能力下的产量,越过该点再增加产量,由于原生产系统已饱和,必须再投资扩大生产规模。

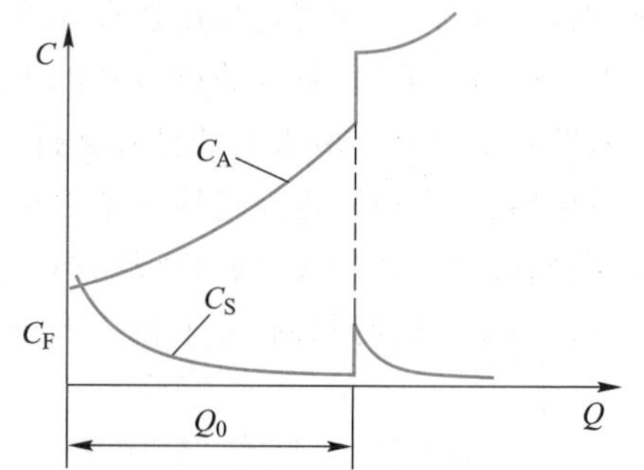

图1-7 生产成本与生产规模的关系

需要指出的是,运用上面规律的前提条件是所生产的产品有大的市场需求。在目前条件下,脱离市场需求而盲目追求生产规模是不适宜的。

2. 成组技术的基本原理

随着市场需求多样化和多变性的不断增长,多品种、中小批量生产在各类机器生产中所占的比重越来越大,现已超过70%,且有继续增大的趋势。传统的多品种、中小批量生产方式存在着许多问题,如:难以采用先进、高效的生产设备和生产工艺,生产手段落后,生产率低下;生产准备工作量大,生产周期较长;设备利用率低,大材小用的现象十分普遍。

为了解决多品种、中小批量生产方式生产率低下和经济效益差的问题,人们一直在寻求各种有效的方法,最终发展了成组技术(group technology,GT)。

最早系统提出成组技术思想的是苏联科学院院士 Митрофанов,他在20世纪50年代出版了《成组工艺科学原理》一书,对机械零件的成组加工和成组工艺进行了系统的总结和论述。到了20世纪60年代,西欧各国研究成组技术形成高潮,代表人物当首推德国阿亨工业大学的Opitz教授。由他所领导的研究小组在进行了大量调查研究工作的基础上,全面地发展了成组技术,使其成为一门完整的科学理论。由他领导制订的分类编码系统至今仍有重要的影响和参考价值。20世纪70年代以后,美国、日本等国家开始接受成组技术思想,并与计算机技术联系起来,使之得到更深入发展和更普遍应用。20世纪80年代以后,成组技术作为一种制造哲理(manufacturing philosophy)已被人们普遍接受,并与其他制造思想和制造技术相结合,成为现代制造技术的重要理论基础之一。

成组技术的一般性定义是:成组技术是一门生产技术科学,研究和发掘生产活动中有关事物的相似性,并充分利用它,即把相似的问题分类成组,寻求解决这一组问题的相对统一的最优方案,以取得期望的经济效果。

在机械制造领域中，成组技术可以被定义为：将多种零件按其相似性分类成组，并以这些零件组为基础组织生产，实现多品种、中小批量生产产品的设计、制造工艺和生产管理的合理化。

由上述定义可见，机械制造中成组技术的基本原理是将零件按其相似性分类成组，使同一类零件分散的小批量生产，汇合成较大批量的成组生产（图 1-8），从而使多品种、中小批量生产可以获得接近大批量生产的经济效果。

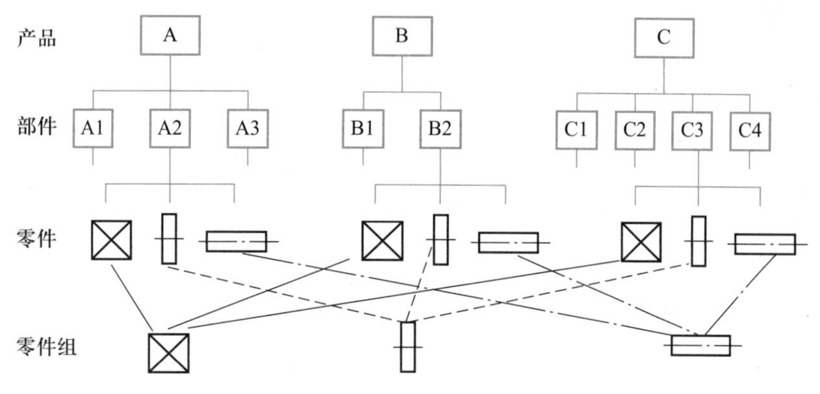

图 1-8　成组技术基本原理

在“订单生产”方式情况下，形成“成组批量”有一定困难。此时，实施成组技术的效益主要来自“重复使用原则”。制造资源的重复使用可以节省物资与工作时间，作业熟练程度的提高可以提高生产效率。

在机械制造中实施成组技术有其客观基础，主要表现在两方面：

1）机械零件之间存在着相似性，这种相似性主要表现在零件结构特征（零件形状、形状要素及其布置、尺寸、精度……）相似性、零件材料特征（零件材质、毛坯、热处理……）相似性和零件制造工艺（加工方法、加工过程、加工设备……）相似性三个方面。前两者是零件所固有的，因此又称为“一次相似性”，后者取决于前两者，因此又称为“二次相似性”。

2）机械产品中零件出现频率有明显的规律性和稳定性，如图 1-9 所示。图中横坐标表示零件的复杂程度，纵坐标表示机械产品中相应复杂程度零件出现的频率。由图可见，机械产品中 5% ～10% 的零件属于复杂件，例如机床中的床身、主轴箱、溜板等。这类零件为数不多，但复杂

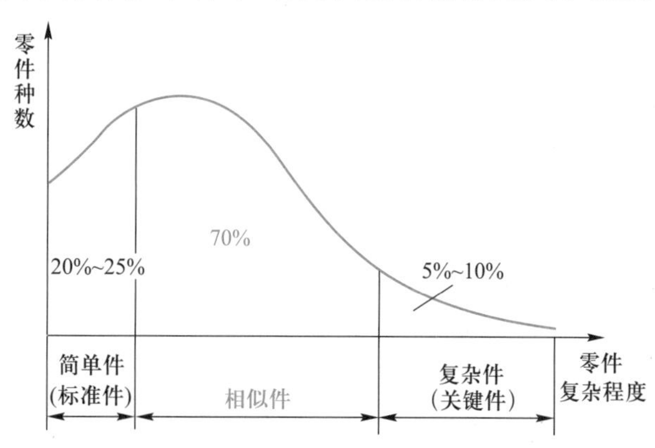

图 1-9　不同复杂程度的零件在机械产品中出现的规律

程度较高，制造难度较大，再现性低。此类零件多为决定机械产品性能的重要零件，故又称为关键件。机械产品中20%～25%的零件属于简单件，如螺钉、螺母、销、键等。这类零件的特点是结构简单，再用性高，一般已标准化和已形成大批量生产，故又称为标准件。机械产品中超过2/3（约70%）的零件属于中等复杂程度的零件，如轴、齿轮、盖板、法兰盘等。这类零件数量较大，彼此之间存在着显著的相似性，故称为相似件。正是由于机械产品中大多数零件是相似件，成组技术才有可能得以实施。

3. 机械零件相似特征的描述——零件分类编码系统

如前所述，利用零件的相似性将其分类成组，是成组技术的基本方法。为了便于分析零件的相似性，首先需对零件的相似特征进行描述和识别。目前，多采用编码方法对零件的相似特征进行描述和识别，零件分类编码系统就是用字符（数字、字母或符号）对零件有关特征进行描述和识别的一套特定的规则和依据。

当今世界上使用的分类编码系统不下百种，较著名的有德国的 Opitz 系统、瑞士的 Sulzer 系统、荷兰的 MiClass 系统、日本的 KK 系统、我国的 JLBM-1 系统等。下面仅就 JLBM-1 系统进行说明。

JLBM-1 系统的含义是机械零件编码系统，该系统是我国机械工业部于 1984 年颁发的一项指导性技术文件，其总体结构如图 1-10 所示。

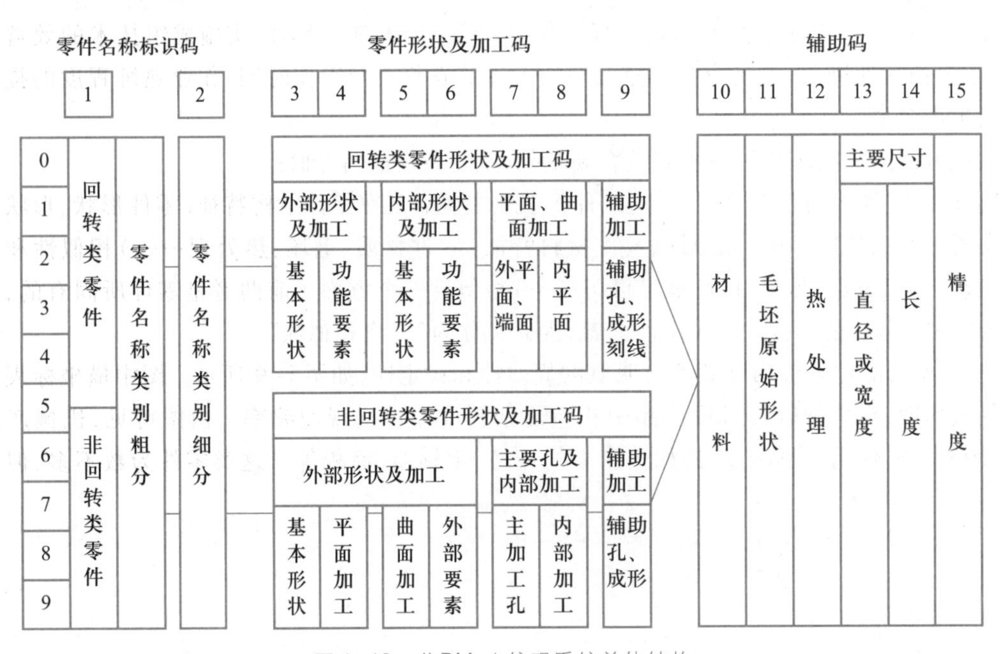

图 1-10　JLBM-1 编码系统总体结构

由图 1-10 可见，JLBM-1 系统由 15 个码位组成。其中第 1、2 码位表示零件的名称类别，采用零件的功能和名称作为标志，以矩阵表形式表示。其特点是信息容量大，同时也便于设计部门检索。

JLBM-1 系统第 3～9 码位是形状与加工码。依次表示回转体零件和非回转体零件的外部形状、内部形状、平面、孔及辅助加工的情况。第 10～15 码位是辅助码。

用 JLBM-1 系统,对图 1-11 所示的压盖零件(材料灰铸铁)编码,得到的 15 位代码是:001021103050736。

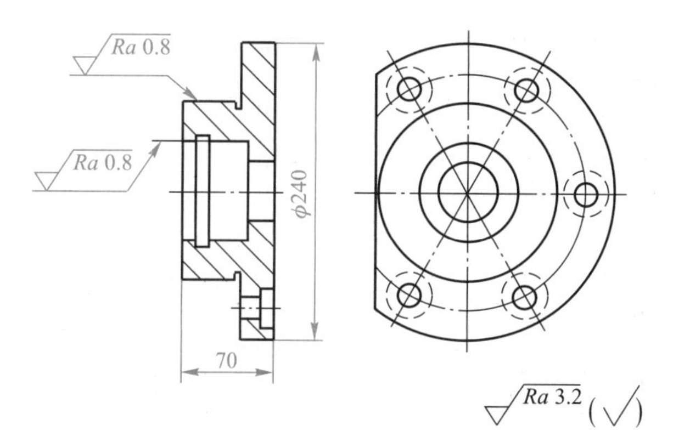

图 1-11 压盖零件编码(001021103050736)

4. 成组技术在机械制造中的应用

(1) 成组技术在产品设计中的应用

在产品设计中应用成组技术主要有两方面:

1) 在零件设计过程中,利用零件编码,检索并调出已设计过的与之相似的零件,在此基础上进行局部修改,形成新的零件。据统计,一项新产品中有 70% 以上的零件设计可以借鉴或直接引用原有的设计,从而可以大大减小零件设计工作量,并可减少工艺准备工作,降低制造费用。同样道理,也可以利用产品和部件的继承性,对产品和部件进行编码,通过检索、调出和利用已有相类似的设计,减小新设计的工作量。

2) 在产品和零部件设计中采用成组技术,不仅可以减小设计工作量,而且有利于提高设计标准化的程度。设计标准化是工艺标准化的前提,对合理组织生产具有重要作用。

(2) 成组技术在加工工艺方面的应用

成组技术应用最早和应用效果最显著的领域是机械加工工艺。成组技术起源于成组加工。成组加工是指将某一工序中加工方法、安装方式和机床调整相近的零件组成零件组,放在一起加工,以减少机床调整工作量和提高加工效率。

成组加工进一步发展,成为成组工艺,即将一组加工工艺过程相似的零件,放在一起形成零件组,制订统一的加工工艺过程。实施成组工艺,可以人为地扩大生产批量,使先进、高效的生产设备和生产工艺得以应用,从而使多品种、中小批量生产可以取得接近大批量生产的经济效果。

采用成组加工和成组工艺,有利于设计和使用成组工艺装备。成组工艺装备是指经少许调整或补充,就能实现零件组内所有零件加工的各种刀具、夹具、模具、量具和工位器具的总称。长期以来,工艺装备设计与制造存在着周期长、成本高、使用效率低等矛盾,这些矛盾在多品种、中小批量生产中表现尤为突出。应用成组技术,可使这一矛盾从根本上得到解决。

(3) 成组技术在生产管理方面的应用

实施成组技术的基本组织形式是成组生产单元。在成组生产单元内,工件可以有序地流动,大大减少了工件的运动路程,见图 1-12。更重要的是成组生产单元作为一种先进的生产组织形式,可使零件加工在单元内封闭起来,责、权、利集中在一起,生产人员不仅负责加工,而且共同参与生产管理与生产决策活动,有利于调动组内生产人员的积极性,有利于提高生产率和保证产品质量。

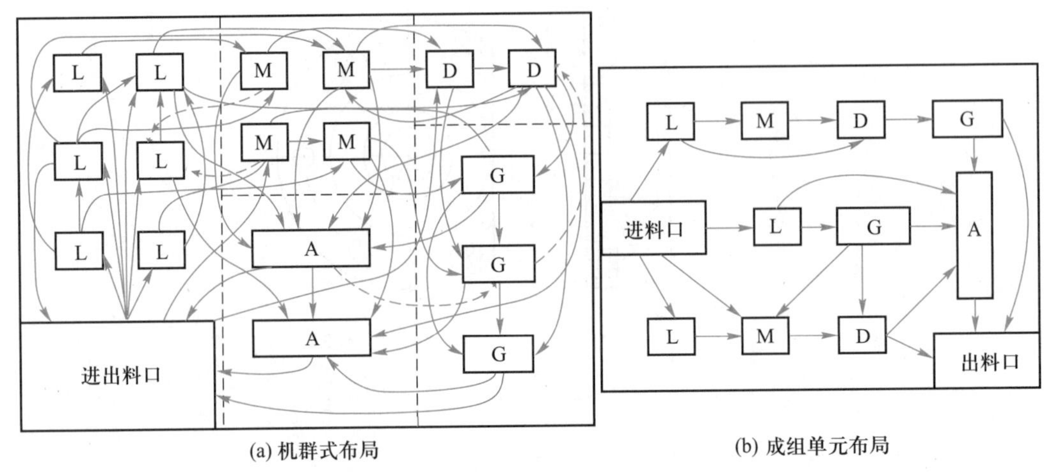

图 1-12 成组单元机床布置形式

需要指出的是,采用成组技术方法安排零部件生产进度计划时,需打破传统的按产品制订生产计划的模式,而代之以按零件组安排生产进度计划,这在一定程度上会给人工制订生产计划带来不便(相对于传统的计划方法)。这也是某些企业推行成组技术遇到的一大障碍,而克服这种障碍的有效方法除了要转变传统观念以外,采用新的计划模式和计算机辅助生产管理方法是必要的。

1.2.2 计算机集成制造

1. CIM 的由来和发展

CIM[计算机集成制造(computer integrated manufacturing)]一词首先于 1974 年由美国Joseph Harrington 博士提出。他在 *Computer Integrated Manufacturing* 一书中阐述了两个基本观点:

1)制造企业生产活动的各个环节,即从市场分析、经营决策、工程设计、制造过程、质量控制、生产指挥到售后服务,互相紧密联系成一个不可分割的整体。

2)整个制造过程本质上可以抽象成一个数据收集、传递、加工和利用的过程,最终产品可以看作是数据的物化表现。

CIM 概念提出后,未能立即引起足够的注意,因当时实施 CIM 的条件尚不成熟。进入 20 世纪 80 年代以后,与 CIM 有关的各项单元技术(如 CAD、CNC、CAPP、MIS、FMC、FMS……)发展已较完善,并形成一个个自动化“孤岛”。在这种形势下,为取得更大的经济效果,需要将这些“孤岛”集成起来,CIM 概念于是受到重视并被普遍接受。

20 世纪 80 年代中后期,CIM 逐渐开始实施,并迅速显示出明显的效益——提高企业的生产率和市场竞争能力。以往,竞争力主要取决于生产率,现今更重要的是对市场的响应能力。信息时代的到来,使世界正在“变小”。世界大市场的发展,使竞争更加激烈,这一方面极大地促进了社会生产力的迅速发展,另一方面也给企业造成了严酷的“生存环境”。企业为求得生存和发展,必须在 TQCSE(T——时间,加速新产品研制与开发,缩短交货期,Q——质量,C——成本,

S——服务,E——环保)五要素上下功夫。为实现这一目标,CIM 是一种强有力的形式。

2. CIM 与 CIMS 定义

欧盟 CIM-OSA(开放体系结构)课题委员会对 CIM 下了一个具有一定权威性的定义:CIM 是信息技术和生产技术的综合应用,旨在提高制造型企业的生产率和响应能力。企业所有功能、信息、组织管理等方面都是集成起来的整体的各个部分。

CIM 是一种制造哲理、是一种思想;CIMS 是 CIM 制造哲理的具体体现。

根据上面的定义,可对 CIM 和 CIMS 作如下理解:

1) CIM 的核心是集成,而集成的本质是信息集成。

2) 将整个制造过程视为一个系统,是 CIM 定义的一个基本点。从系统工程观点出发,整体优化是 CIM 的最终目标(相对于自动化孤岛而言)。

3) 在 3M(人、机器、管理)集成中,人是核心,是根本。普渡大学 T. J. William 教授提出的 CIMS 参考模型的两个基本概念对深刻理解 CIM 的内涵有重要意义。

① Automability(可自动化性)——生产活动中可用数学形式或计算机程序描述的部分,生产活动中的这一部分内容可用计算机来进行处理。

② Innovation(创新)——生产活动中无法用数学形式或计算机程序描述的部分,这一部分内容仍需人来完成,机器无法代替。而这一部分正是生产活动中的灵魂。

在论述了上面两个基本观点之后,William 教授认为工业革命使人变成了机器的奴隶,新技术革命则要“恢复人格”(humanlization)。

4) CIM 是一种理想状态,是一个无限追求的目标。CIMS 经常和人们提到的“三无工厂”(无图纸、无库存、无人化),“3J”(just in time,just in case,just in supply)等概念相联系。同时,CIMS 的实现程度又受企业经营环境的制约,与企业的技术水平、投资能力、经营战略等相联系,决定了 CIMS 是一个多层次、多模式、动态发展、逐渐向理想状态趋近的系统。

3. CIMS 的体系结构

作为一个系统,CIMS 由若干个相互联系的部分(分系统)组成,通常 CIMS 可划分为五个分系统(图 1-13):

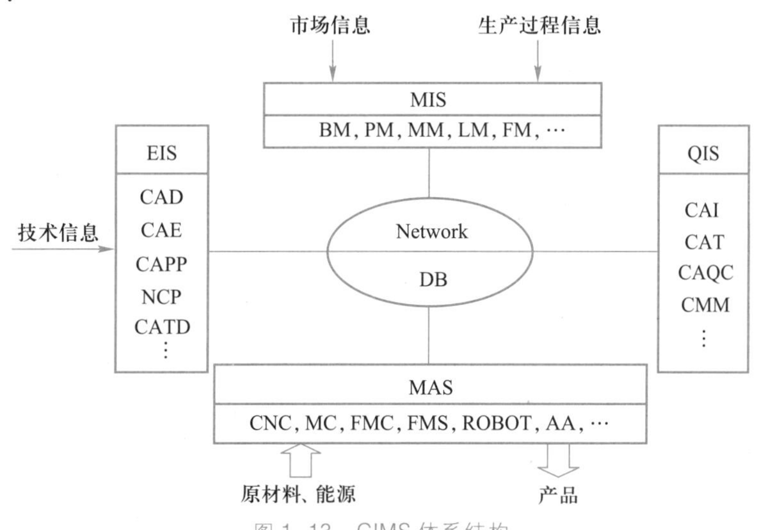

图 1-13 CIMS 体系结构

1）工程技术信息分系统（EIS 或 TIS） 包括计算机辅助设计（CAD）、计算机辅助工程分析（CAE）、计算机辅助工艺过程设计（CAPP）、计算机辅助工装设计（CATD）和数控程序编制（NCP）等。

2）管理信息分系统（MIS） 包括经营管理（BM）、生产管理（PM）、物料管理（MM）、人事管理（LM）和财务管理（FM）等。

3）制造自动化分系统（MAS） 包括各种自动化设备和系统，如计算机数控（CNC）、加工中心（MC）、柔性制造单元（FMC）、柔性制造系统（FMS）、工业机器人（robot）和自动装配（AA）等。

4）质量信息分系统（QIS） 包括计算机辅助检验（CAI）、计算机辅助测试（CAT）、计算机辅助质量控制（CAQC）和三坐标测量机（CMM）等。

5）计算机网络与数据库分系统（network & DB） 是一个支持系统，用于将上述几个分系统联系起来，以实现各分系统信息的集成。

为了物理地实现 CIMS 的功能结构，通常采用开放、分布和递阶控制的技术方案。所谓“开放”，是指采用标准化应用软件的环境。所谓“分布”是指 CIMS 的各分系统（以及分系统内的子系统）均有独立的数据处理能力，一个分系统（子系统）失效，不影响其他分系统（子系统）工作；“分布”还指网络系统内各节点和资源的可操作性。递阶控制结构又称计算机多级控制结构。由于 CIMS 是一个复杂的大系统，需要将其分成几个层次进行控制。通常可将 CIMS 分为五个层次，分别是工厂级、车间级、单元级、工作站级和设备级。

1.2.3 并行工程与面向 X 的设计

1. 并行工程产生的背景

并行工程（concurrent engineering，CE）又称并行设计（concurrent design），其产生与计算机集成制造（CIM）具有相同的历史背景，都是在激烈的市场竞争中，企业为了求得生存和发展而采取的有效方法。随着科学技术的高速发展和市场竞争的日益加剧，在 TQCSE（时间、质量、成本、服务、环保）五要素中，T（时间）变得越来越重要，缩短新产品开发周期逐渐成为 TQCSE 的“瓶颈”。

计算机集成制造着眼于信息集成与信息共享，通过网络与数据库，将自动化“孤岛”集成起来。生产管理者在信息集成的基础上，对整个生产进程有清楚的了解，从而可以对生产过程进行有效控制，并在 TQCSE 上获得成效。但在计算机集成制造环境下，生产过程的组织结构与管理仍是传统的，生产过程仍独立、顺序地进行。

当新产品开发成为赢得市场竞争的主要手段后，单纯的集成已远远不够。按顺序方法开发产品常常需要多次反复，造成时间和金钱的巨大浪费。为了减少新产品开发时间和费用，同时也为了提高产品质量，降低生产成本，改进服务，在产品设计时，需要充分考虑下游制造过程和支持过程。这就是并行工程的基本思想。

2. 并行工程定义

美国国防部防卫分析研究所（IDA）在 R338 报告中对并行工程所作的定义如下：并行工程（CE）是对产品及其相关过程（包括制造过程和支持过程）进行并行、一体化设计的一种系统化的工作模式。这种工作模式力图使开发者从一开始就考虑到产品整个生命周期（从概念形成到产品报废）中所有的因素，包括质量、成本、进度与用户需求。

上面关于并行工程定义中所说的支持过程包括对制造过程的支持（如原材料的获取，中间产品库存,工艺过程设计,生产计划等)和对使用过程的支持(如产品销售,使用维护,售后服务,产品报废后的处理等)。

并行工程的核心是实现产品及其相关过程设计的集成。传统的顺序设计方法与并行设计方法的比较如图 1-14 所示。由图可见,所谓并行设计不可能实现完全的并行,而只能是在一定程度上的并行,但这足以使新产品开发时间大大缩短。更重要的是实施并行工程打破了各个部门之间的壁垒和传统的强调“分工”的管理模式,实现了更深层次的集成。

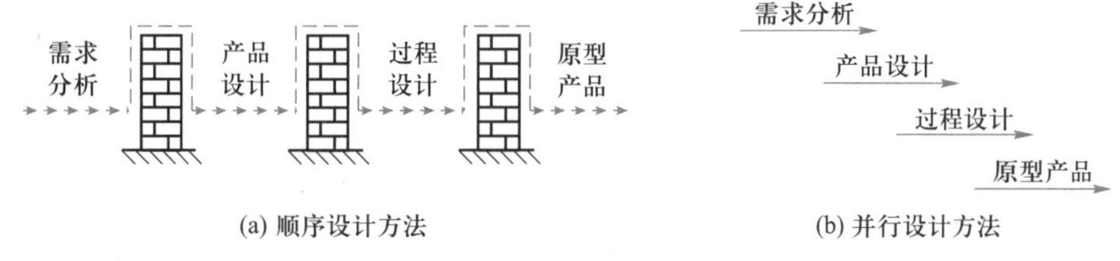

图 1-14 顺序设计方法与并行设计方法比较

并行工程的基本方法是依赖于产品开发中各学科、各职能部门人员的相互合作、相互信任和共享信息,通过彼此间有效的交流,尽早考虑产品全生命周期中各种因素,尽早发现和解决问题,以达到各项工作协调一致。

3. 面向 X 的设计

(1) 基本概念

产品设计在产品寿命循环中占有重要的地位,它决定了产品制造成本的 70% ~80%。在激烈的市场竞争中,新产品的开发和商品化已成为企业赢得市场的重要手段。据统计,新产品的提案中只有约 6.5% 的提案能够制造出产品,在制造出的产品中能够商品化的比例不到 15%,商品化的产品进入市场后又有将近半数未能获得成功。造成上述情况的一个很重要原因,是在产品设计时对影响产品的多种因素考虑得不周全,或不够充分和不够深入。为使在策划和设计产品时能对更多的因素进行全面考虑,面向“X”的设计(design for X,DFX)应运而生。

面向“X”的设计最初是以 DFM(面向加工的设计)和 DFA(面向装配的设计)的形式出现的。DFM 强调在设计中考虑零件加工的因素,即可加工性和加工方便性与经济性;DFA 则强调在设计中考虑产品装配的因素,即可装配性和装配方便性和经济性。DFM 和 DFA 技术向产品寿命周期的进一步发展,便形成了 DFX(面向“X”的设计)。X 可以指经营、销售、加工、装配、检验、使用、维护、质量、成本等。下面仅就面向制造的设计进行说明。

(2) 面向制造的设计

面向制造的设计(design for manufacturing,DFM)包含的内容与“制造”的定义有关。但习惯上按狭义制造定义理解,即 DFM 主要包含面向加工的设计(design for machining,DFM)和面向装配的设计(design for assembling,DFA)两个方面。

面向装配的设计主要用于产品、部件结构构思和总成设计过程。在构思产品和部件结构时,要充分考虑可装配性因素。在得到一个产品或部件的结构方案后,要先进行可装配性分析,对装配性差的部分进行修改,直至满意后再进行产品和部件总成的详细设计。

面向加工的设计主要用于零件详细设计过程,使零件便于加工和检验。

需要指出,面向装配的设计和面向加工的设计是统一的,不能截然分开。例如在进行产品或部件结构设计时，主要考虑装配的因素，但也应顾及零件加工的工艺性。否则，很可能造成返工。同样，在零件设计过程中，也有面向装配的问题，如零件端部的倒角就常常是出于方便装配的考虑而设置的。

面向制造的设计的核心是将产品设计和工艺设计集成起来，其目标是使设计的产品易于加工和装配，在满足用户要求的前提下缩短产品开发周期，降低产品生产成本。

在面向制造的设计中，重要的工作是归纳和建立一系列面向加工和装配的设计规则，用以全面评价产品设计方案，提供改进信息，优化产品总体性能。

表1-1列举了部分面向加工和装配的设计规则。

表1-1 面向加工和装配的设计规则

设计规则	包含内容	效益
减少零件数量	使产品或部件包含尽可能少的零件	减小装配工作量，降低在制品库存，便于管理，提高可靠性，易于维护
使用标准件和通用件	尽量使用标准件和通用件； 采用成组技术，建立生产单元	减少设计、制造时间，降低设计制造成本，易于保证质量，易于维护
模块化设计	采用模块化设计方法，每个模块包含的零件数不宜过多	减少最终产品装配时间，减小库存，缩短交货期，易于保证质量，易于维护
装配结构工艺性	所有零件从一个方向进行装配； 尽量在垂直方向进行装配； 减少装配工作面； 在外部进行装配； 零件进入端设计倒角和锥度； 避免错误装配	减少装配工作量，便于装配，易于保证装配质量，降低装配成本，易于维护
减少螺纹连接	尽量少用螺纹连接； 采用卡扣、黏接等快速连接方法	减少装配工作量，便于实现自动装配
设计多功能零件	如紧固件和密封件合二为一	减少装配工作量
减少调整环节	尽量减少装配时的调整环节	减少装配工作量，便于装配
少用柔性零件	尽量少用橡胶件、皮带、电缆等在装配中难以处理的柔性零件	减少装配工作量，便于装配
加工结构工艺性	采用净成形和近净成形技术； 零件结构、形状尽可能简单，便于加工； 减少加工面； 选用便于加工的材料； 制订合理的精度和表面粗糙度要求； 对规定的要求可以方便地进行检验； 避免零件上出现不必要的特征； 充分考虑企业的加工能力	减少机械加工工作量，便于加工，便于检验，降低加工成本，减少外协加工

表 1–2 用图形表示了在常规工艺条件下，零件结构工艺性对比的几个实例。

表 1–2 零件结构工艺性分析示例

序号	零件结构			
	工艺性不好		工艺性好	
1	车螺纹时，螺纹根部不易清根，且工人操作困难，易打刀	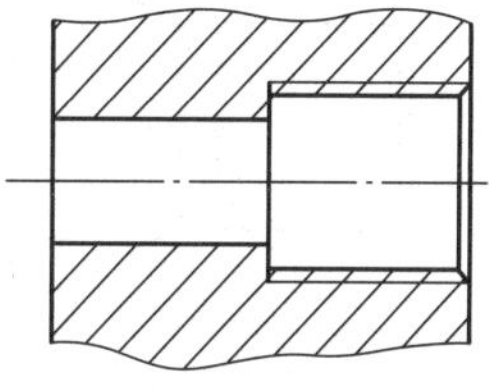	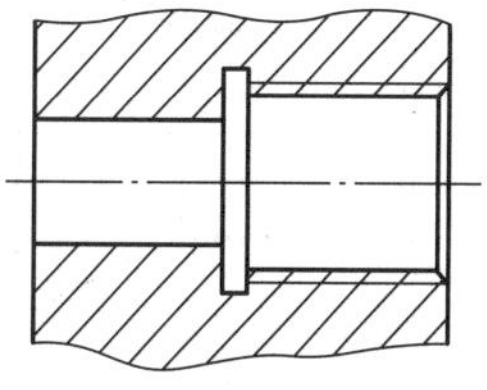	留有退刀槽，可使螺纹清根，工人操作相对容易，可避免打刀
2	插键槽时，底部无退刀空间，易打刀	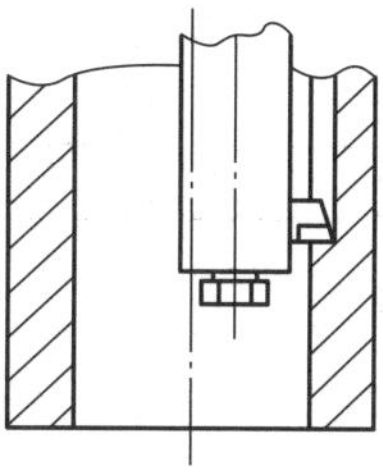	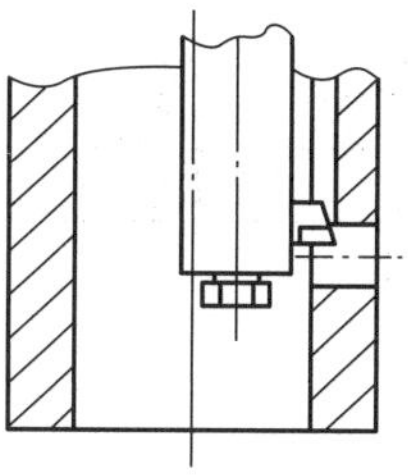	留出退刀空间，可避免打刀
3	插齿无退刀空间，小齿轮无法加工	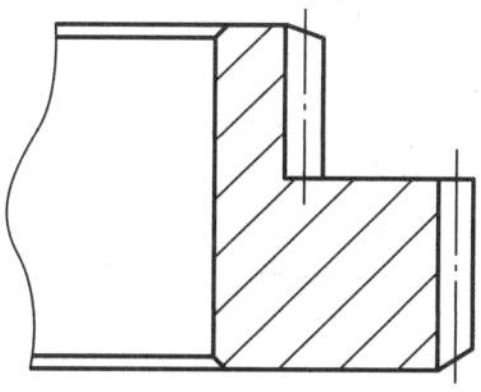	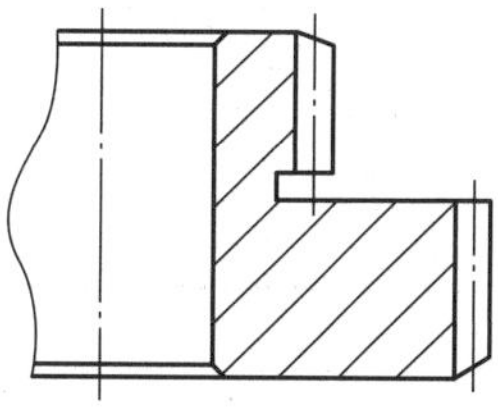	留出退刀空间，小齿轮可以插齿加工
4	两端轴颈需磨削加工，因砂轮圆角不能清根	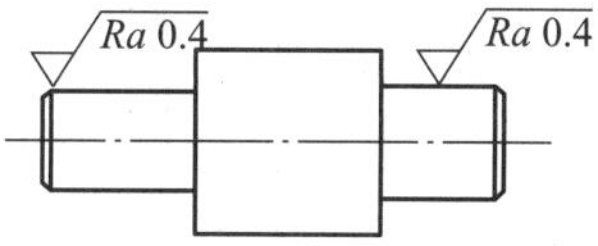 *Ra* 0.4　*Ra* 0.4	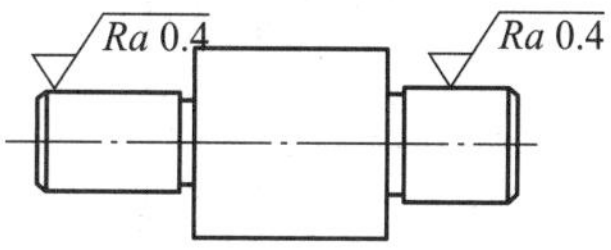 *Ra* 0.4　*Ra* 0.4	留有退刀槽，磨削时可以清根
5	孔距箱壁太近：① 需加长钻头才能加工；② 钻头在圆角处容易引偏	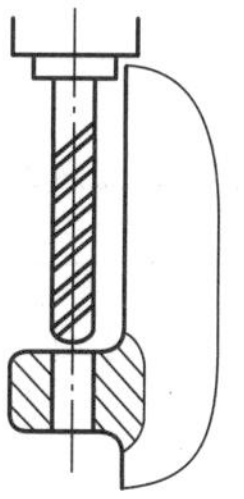	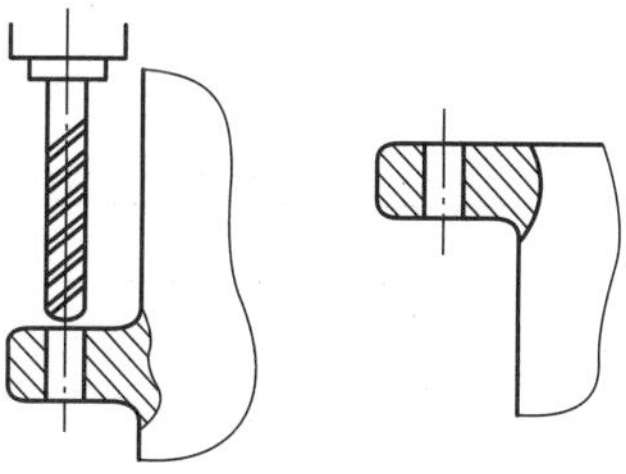 (a)　(b)	① 加长箱耳，不需加长钻头即可加工；② 结构上允许，将箱耳设计在某一端，不需加长箱耳

续表

序号	零件结构			
	工艺性不好		工艺性好	
6	锥面磨削加工时易碰伤圆柱面，且不能清根	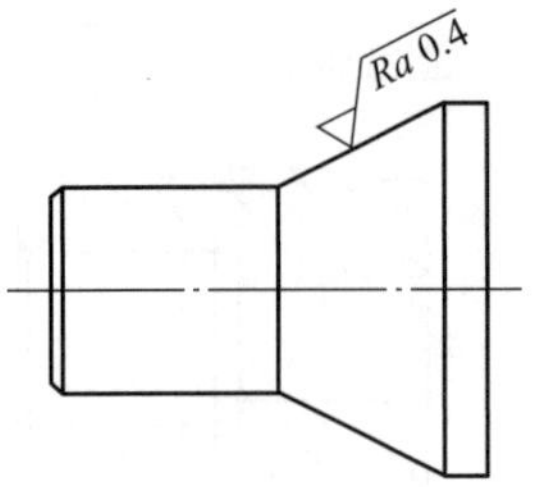 Ra 0.4	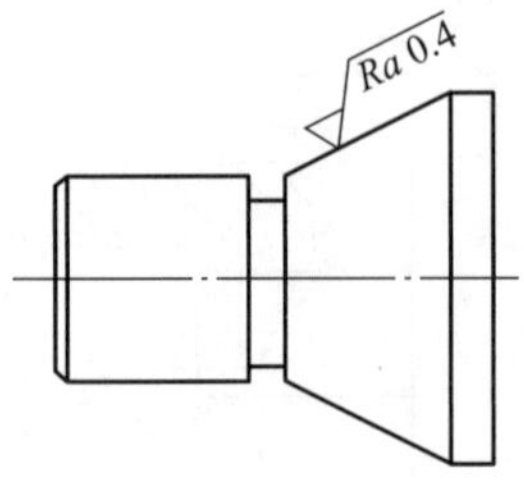 Ra 0.4	留出砂轮越程空间，可方便地对锥面进行磨削加工
7	斜面钻孔，钻头易引偏	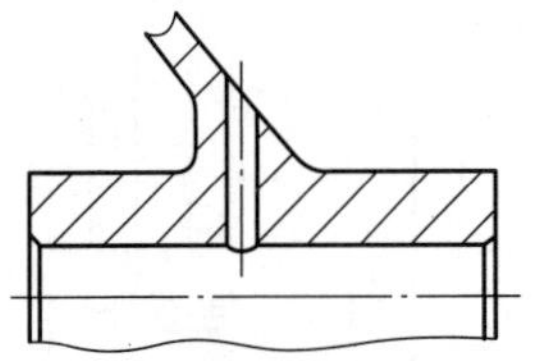	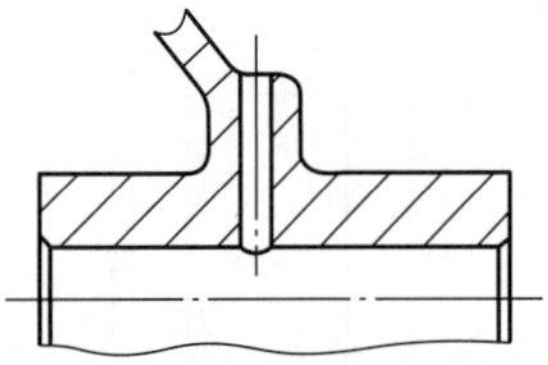	只要结构允许，留出平台，钻头不易偏斜
8	孔壁出口处有台阶面，钻孔时钻头易引偏，易折断	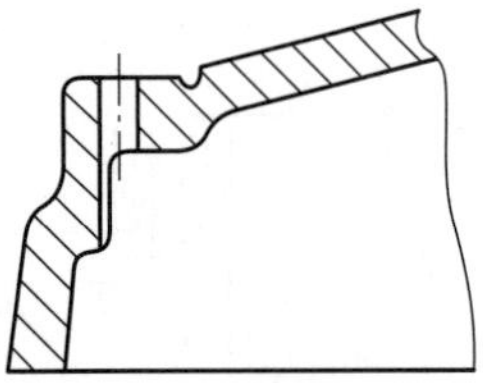	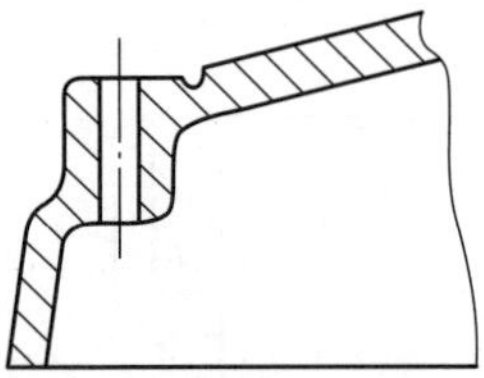	只要结构允许，内壁出口处作成平面，钻孔位置容易保证
9	钻孔过深，加工量大，钻头损耗大，且钻头易偏斜	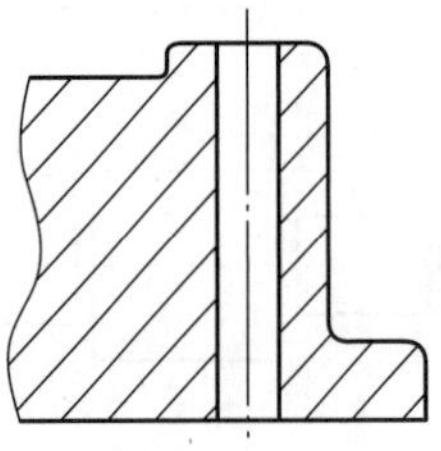	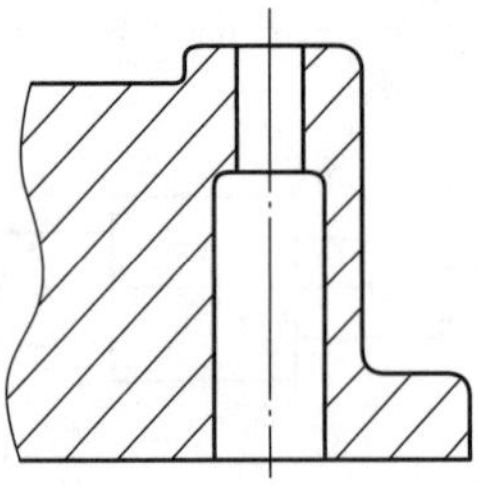	钻孔一端留空刀，减小钻孔工作量
10	加工面高度不同，需两次调整加工，影响加工效率	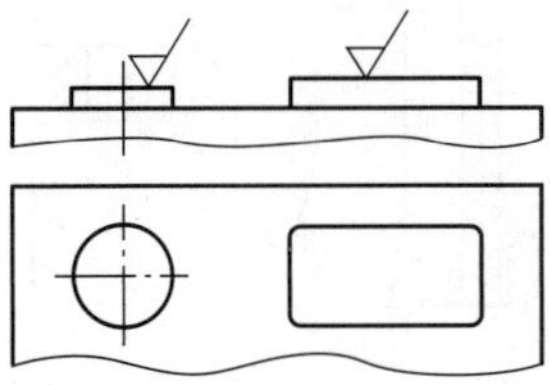	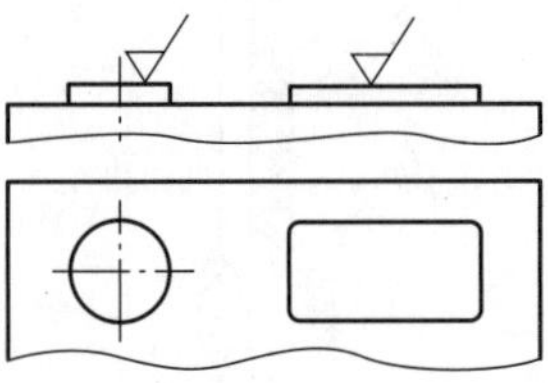	加工面在同一高度，一次调整可完成两个平面加工

续表

<table>
<tr><th rowspan="2">序号</th><th colspan="4">零件结构</th></tr>
<tr><th colspan="2">工艺性不好</th><th colspan="2">工艺性好</th></tr>
<tr><td>11</td><td>三个空刀槽宽度不一致,需使用三把不同尺寸的刀具进行加工</td><td> 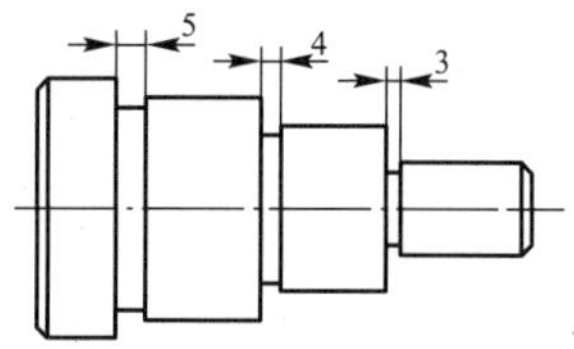</td><td> 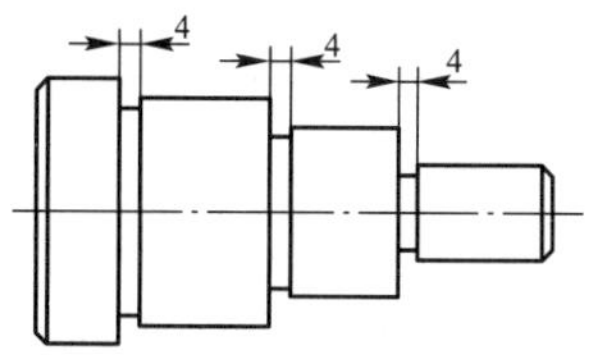</td><td>空刀槽宽度尺寸相同,使用一把刀具即可加工</td></tr>
<tr><td>12</td><td>键槽方向不一致,需两次装夹才能完成加工</td><td> 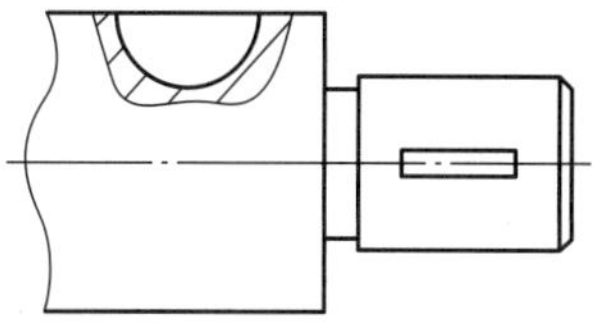</td><td> 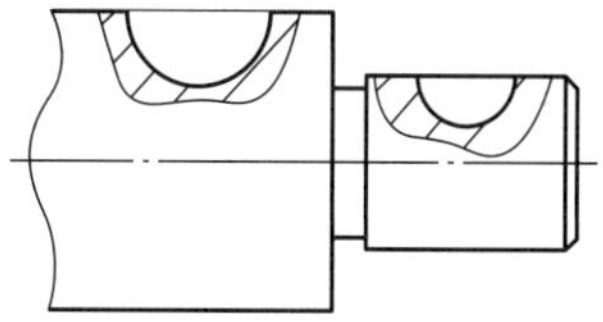</td><td>键槽方向一致,一次装夹即可完成加工</td></tr>
<tr><td>13</td><td>加工面大,加工时间长,平面度要求不易保证</td><td> 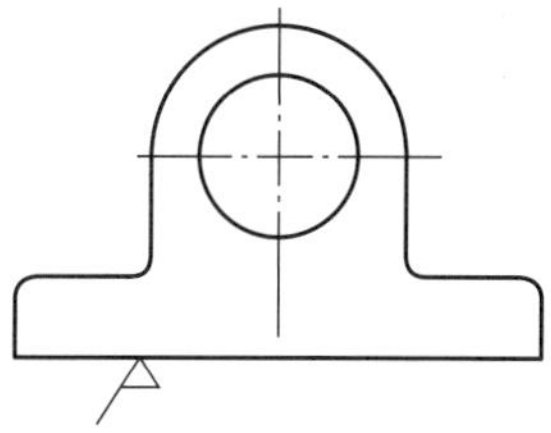</td><td> 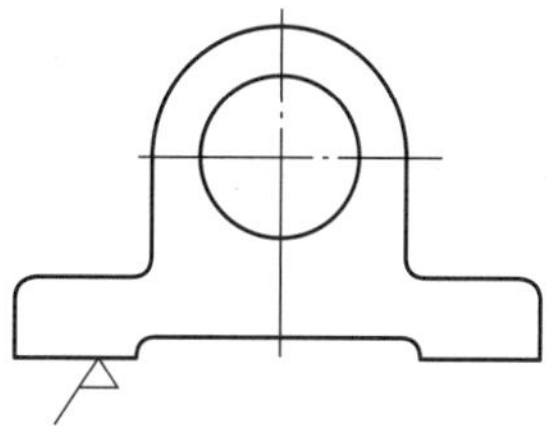</td><td>加工面减小,加工时间短,平面度要求容易保证</td></tr>
</table>

表 1-1 所列规则中,有些规则之间可能存在矛盾。例如,要求零件数目尽可能少,与零件结构、形状尽可能简单有时就不可能兼得。此时,须从总体优化的目标出发,权衡利弊,做出合理的选择。

(3) 面向 X 的设计与并行设计

面向“X”的设计与并行设计(concurrent design)密切相关,两者都要求在进行产品设计时,充分考虑产品全生命周期(从概念形成到产品报废)中的多种因素。但两者又有差别:面向“X”的设计强调在设计过程中充分考虑“X”因素,但不强调“X”方面专家一定参与产品设计,也不要求产品设计和工艺设计同步进行,即面向“X”的设计的重点放在“因素”上;而并行设计则强调产品设计与相关过程设计的“并行”,强调产品开发中各方面专家的紧密配合和协同工作,即并行设计的重点放在“过程”和“协同”上。

1.2.4 管理信息系统

由 1.2.2 节可知,管理信息系统(management information system,MIS)是 CIMS 的重要组成部分。事实上,许多制造企业规划和实施 CIMS 都是首先从建立和完善管理信息系统开始的。目前已有许多成熟的 MIS 软件可供不同的制造企业选用,本节将围绕这些软件功能展开。

1. MRP 和 MRP Ⅱ

(1) MRP

MRP(material requirements planning,物料需求计划)是将最终产品的生产进度计划(主生产计划)转化为零、部件的生产进度计划和原材料(包括外购件)的订货计划,如图1-15所示。计划制订的基本依据是产品构成、库存情况、零件加工周期、原材料(外购件)的订货周期以及部件和产品的装配周期。下面仅以一个简单的示例说明 MRP 的工作原理。

1) 产品结构树　产品可以用树状结构表示其组成。例如图1-16所示产品 P1 由部件 S1、S2 和零件 C4 组成,部件 S1、S2 又分别由零件 C1、C2、C3 和零件 C2、C5、材料 M6 组成,而零件又对应一定的材料(毛坯或外购件)。部件、零件和材料右下角括号内的数字表示构成上一级单位物品所需数量。产品结构树用文件形式表示,称为物料清单(bill of materials,BOM)。

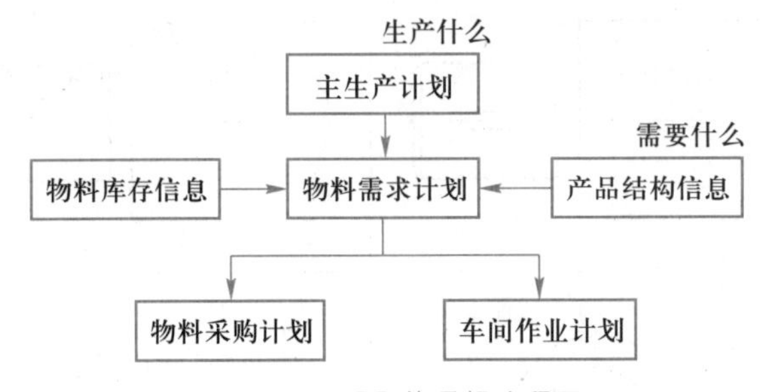

图1-15　MRP 的逻辑流程图

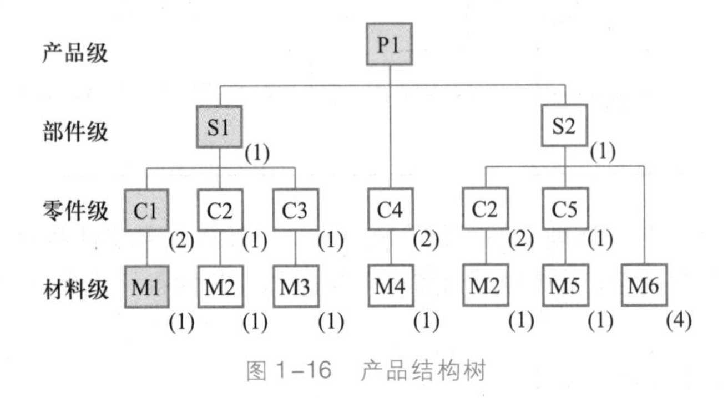

图1-16　产品结构树

2) 库存记录　库存记录不仅要提供当前库存水平,还要提供库存将要发生的变化,这些变化通常与订货、拒付、工程变更等有关。假定材料 M1 现有库存150件,其他零部件及材料库存均为零。

3) 制造周期　假定产品、部件的装配周期为1周,零件的制造周期为2周,材料的订货周期为3周。

若主生产度计划要求产品 P1 第8周、第9周和第10周分别交付100件、150件和80件。则根据上述已知条件,可以计算出部件 S1、零件 C1 的生产进度计划和材料 M1 的订货计划,见表1-3。计算表明,为保证产品 P1 数量与进度要求,部件 S1 应在第6、7、8周分别投放100件、150件和80件,零件 C1 应在第4、5、6周分别投放200、300、160件,而材料 M1 则应在第1、2、3周分别订货50、300和160件。用同样的方法也可以确定其他零部件生产的进度计划及材料订货计划。

表 1-3 MRP 计算示例

星期		1	2	3	4	5	6	7	8	9	10
产品 P1	计划需要								100	150	80
	计划收入										
	当前库存										
	实际需要								100	150	80
	计划投放							100	150	80	
部件 S1	计划需要							100	150	80	
	计划收入										
	当前库存										
	实际需要							100	150	80	
	计划投放						100	150	80		
零件 C1	计划需要						200	300	160		
	计划收入										
	当前库存										
	实际需要						200	300	160		
	计划投放				200	300	160				
材料 M1	计划需要				200	300	160				
	计划收入										
	当前库存	150	150	150	150						
	实际需要				50	300	160				
	计划投放	50	300	160							

由本例可以看出，MRP 的计算并不复杂，但计算工作量极大，采用人工方法很难完成。特别是计划在执行过程中会发生各种情况，因而需要不断地对计划进行调整。此外，上述示例只是给出了 MRP 的工作原理，在实际制订计划时还需考虑生产能力、生产平衡、经济批量等诸多因素，这就必须使用计算机来实现。

MRP 的出现和实际应用，从根本上改变了传统的计划模式，实现了生产管理由宏观的以产品为核心的生产计划向微观的以零部件和原材料为核心的生产计划的转变。

(2) MRPⅡ

在闭环 MRP 的基础上，以“在正确的时间，生产和销售正确的产品”为中心，将企业的人、财、物进行集中管理，便形成了广义 MRP。1977 年，美国生产管理专家 Oliver W · Wight 首先倡议给这种广义 MRP 赋予一个新名称——制造资源计划(manufacturing resources planning)，为了与之前的 MRP 区分，在其末尾加上“Ⅱ”，表示是第二代的 MRP。典型的 MRPⅡ系统结构如图 1-17 所示。

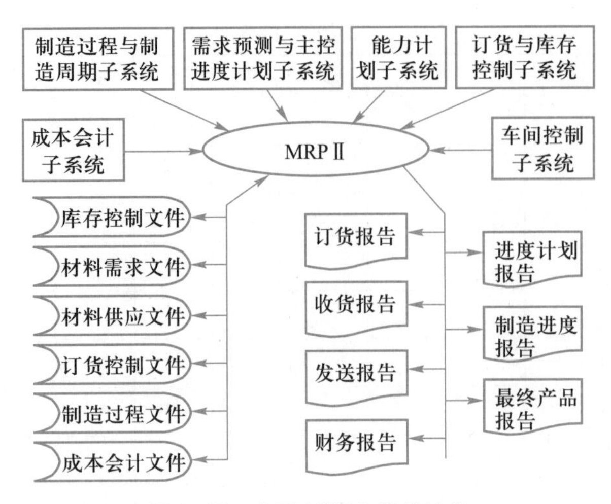

图1-17　典型MRPⅡ系统结构

MRPⅡ与MRP的主要区别在于MRPⅡ运用了管理会计的概念，用货币形式说明了执行企业物料需求计划带来的效益，实现了物料信息与资金信息的集成。在一定意义上，可以说MRPⅡ系统实现了物流、信息流与资金流在企业管理方面的集成。MRPⅡ系统为企业提供了一个完整的管理体系，使企业内各部门的活动协调一致，形成一个完整的有机体，从而有效地提高企业运转效率。

2. ERP

ERP(enterprise resource planning，企业资源计划)是在MRPⅡ基础上演变和发展起来的。20世纪90年代初，美国加特纳公司(Gartner Group Inc.)首先提出企业资源计划的概念。最初的ERP主要是面向企业内部供应链的管理，将企业内部生产经营的所有业务单元，如订单、采购、计划、生产、库存、质量、运输、市场、销售、服务以及相应的财务活动等均纳入一条供应链内进行统一管理。随着市场竞争的加剧，生产出的产品必须赚取一定的利润，于是企业更加注意对资金的管理和动态利润分析，即如何在供应链上更好地利用资金以实现最大利润。为此，ERP在整个供应链的管理过程中加入了企业理财的观念，更加强调对资金流和信息流的控制。

随着全球经济一体化进程的加快，人们意识到任何一个企业都不可能在所有业务领域成为领先者，必须联合本行业其他上下游企业，建立一条范围更广、功能更强、灵活性更大的供应链，借助于企业间的优势互补，共同增强市场竞争力。为适应这种形势，ERP从对企业内部供应链的管理延伸和发展为面向行业的广义产业链管理，管理系统的范围大大超出了MRPⅡ的局限，发展成一个更为广泛的管理系统。

ERP不仅扩充了MRPⅡ的制造与财务功能，同时增加了客户关系管理与供应链管理等功能，并支持流通领域的运输和仓储管理、售后服务管理、制造过程中的品质管理、设备维护管理以及跨区域经营管理等。特别是随着互联网的迅猛发展，ERP又增加了电子商务、电子数据交换等功能，并支持企业投资和资本运作管理以及各种法规和标准管理。图1-18表示了MRP、MRPⅡ以及ERP三者之间的关系。

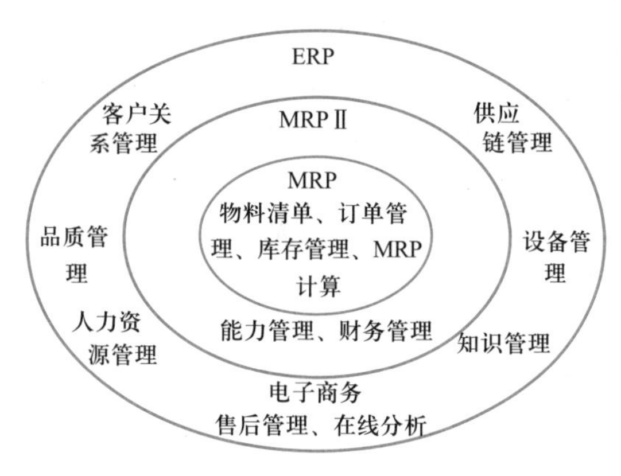

图 1-18 MRP、MRP Ⅱ、ERP 之间的关系

3. MES

MES(manufacturing execution system,制造执行系统)常被定义为“位于上层的计划管理系统与底层的工业控制之间的面向车间层的管理信息系统”,它为操作人员或管理人员提供计划的执行、跟踪以及所有资源(人、设备、物料、客户需求等)的当前状态。车间的实时信息的掌握与反馈是 MES 对上层计划系统正常运行的保证,车间的生产管理是 MES 的根本任务,而对底层控制的支持则是 MAS 的特色。

MES 以计划调度执行为核心,它与计划管理系统和工业控制系统之间的关系如图 1-19所示。由图可见,MES 在计划管理层与底层控制之间架起了一座桥梁:一方面,MES 可以对来自 MRPII/ERP 的生产管理信息细化、分解,将操作指令传递给底层控制;另一方面,MES 可以实时监控底层设备的运行状态,采集设备、仪表的状态数据,经过分析、计算与处理,触发新的事件,从而方便、可靠地将控制系统与信息系统联系在一起,并将生产状况及时反馈给计划层。

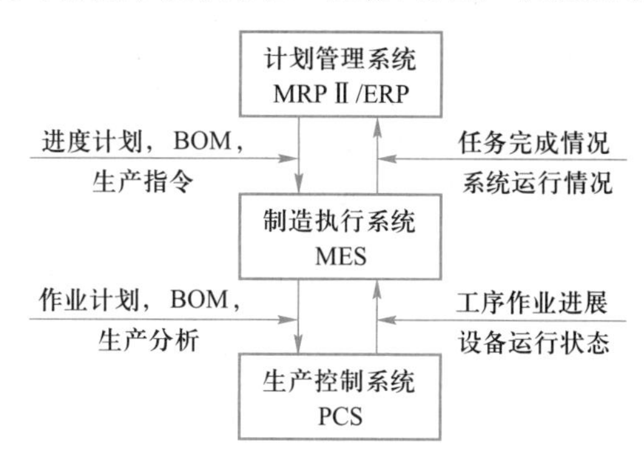

图 1-19 MES 与计划管理系统、作业控制系统之间的关系

1.2.5 全面质量管理

1. 全面质量管理的定义

Armand Vallin Feigenbaum 于 1961 年在《全面质量管理》中首先提出了全面质量管理(total quality management,TQM)的概念:“全面质量管理是为了能够在最经济的水平上,并考虑充分满足用户要求的条件下进行市场研究、设计、生产和服务,把企业内各部门研制质量、维持质量和提高质

量的活动构成一体的一种有效体系。”Feigenbaum 的全面质量管理的观点在世界范围内得到了广泛的接受，且各个国家在实践中都结合本国的国情进行了创新。特别是 20 世纪 80 年代后期以来，全面质量管理得到了进一步的扩展和深化，其含义远远超出了一般意义上的质量管理领域，而成为一种综合的、全面的经营管理方式和理念。

1994 版 ISO 9000 系列标准中对全面质量管理的定义为：对于一个组织，以质量为中心，以全员参与为基础的一种管理方法，目的在于通过让顾客满意和本组织所有成员及社会受益而达到长期成功。这一定义反映了全面质量管理理念的最新发展，也得到了质量管理界的广泛认同。它意味着企业要想在激烈的市场竞争中长期占据优势地位，就必须实施质量经营战略，以质量作为一切工作的核心，通过全员参与的质量管理和控制，以高质量的产品和优质的服务使顾客得到最高的满意度，最终使企业获取最大的经济效益。

2. 全面质量管理的特点

全面质量管理的特点主要体现在全员参与、全过程控制、管理对象和方法的全面性以及经济效益的全面性等几个方面。

(1) 全员参与的质量管理　产品或服务质量是企业各方面、各部门、各环节工作质量的综合反映。企业中任何一个环节、任何一个人的工作质量都会不同程度地直接或间接地影响着产品质量或服务质量。因此，质量管理活动必须是所有部门的人员都参加的系统性组织活动。同时，要发挥全面质量管理的最大效用，还要加强企业内各职能和业务部门之间的横向合作，这种合作逐渐延伸到企业外的用户和供应商。

(2) 全过程控制的质量管理　质量产生、形成和实现的整个过程是由多个相互联系、相互影响的环节所组成的，每一个环节都影响着最终的质量状况。全过程的质量管理包括了从市场调研、产品设计、加工制造，到销售、服务等全部有关过程的质量管理。为了保证质量，就必须把全过程中影响质量的所有环节都控制起来，形成一个综合性的质量管理体系。

(3) 管理对象的全面性　全面质量管理的对象是广义的质量，不仅包括产品质量，还包括工作质量。只有工作质量提高了，才能最终提高产品和服务的质量。影响产品和工作质量的主要因素包括人员、机器设备、材料、工艺方法、检测手段和环境等，管理对象全面性的含义就是要对这些影响因素的进行全面控制，从而提高产品和工作质量。

(4) 管理方法的全面性　由于影响产品和工作质量的因素十分复杂，既有物质的因素，又有人的因素；既有生产技术的因素，又有管理的因素。因此，要搞好全面质量管理，应该根据不同的情况，针对不同的因素，灵活运用各种现代化管理方法和手段，实现统筹管理。在全面质量管理过程中，除了数理统计方法，还经常用到各种质量设计技术、工艺过程的反馈控制技术、最优化方法、网络计划技术、预测和决策技术以及计算机辅助质量管理技术等。

(5) 经济效益的全面性　全面质量管理中的经济效益全面性，是指除了保证制造企业能取得最大经济效益外，还应该从社会和产品寿命循环全过程的角度考虑经济效益，即要以社会的经济效益最大为目的，使得供应链上的生产厂家、储运公司、销售公司、用户和产品报废处理单位等均能获得最大效益。

3. PDCA 循环

全面质量管理的基本工作方法是 PDCA 循环，它由美国质量管理专家 William Edwards Deming 博士首先提出，所以也叫“Deming 环”。PDCA 是四个英语单词(plan、do、check、action)的第一个字母的组合。P代表计划，D代表实施，C代表检查，A代表处理。PDCA循环就是按照P-D-C-A的顺序往复循环地进行质量管理(见图1-20)。

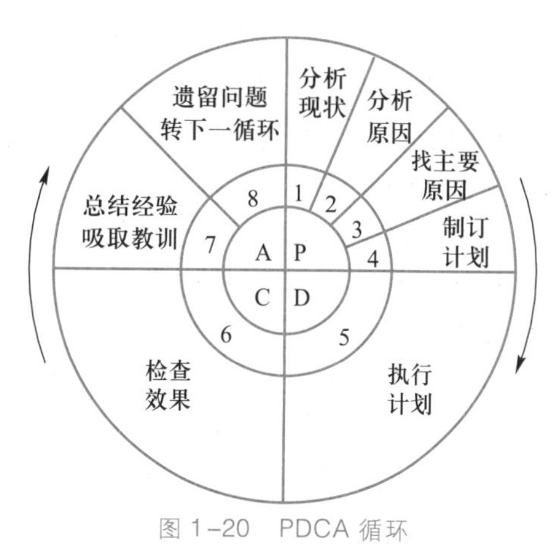

图1-20 PDCA循环

PDCA循环包括以下四个阶段，八个步骤。

第一阶段是P阶段。即确定质量目标、质量计划、管理项目和拟订措施。可以分为以下四个步骤：

第一步，分析质量现状，找出存在的质量问题。在分析质量现状时，必须通过数据来进行分析，用数据来说明存在的质量问题。

第二步，分析产生质量问题的各种原因或影响因素。一般从5M1E入手，即分析人(man)、机器(machine)、原材料(material)、工艺方法(method)、测量方法(measure)、环境(environment)等因素，找出产生质量问题的各种原因或影响因素。

第三步，从各种原因中找出影响质量的主要原因。

第四步，针对影响质量的主要原因制定对策，拟订管理、技术和组织措施，提出执行计划和预期效果。

第二阶段是D阶段。即按预定计划、目标和措施及其分工去执行，努力实现。这是第五步。

第三阶段是C阶段。即把实施的结果和计划的要求进行对比，检查计划的执行情况和实施效果，是否达到预期的目标，哪些是成功的，其经验是什么，哪些不成功，找出原因，这是第六步。

第四阶段是A阶段。包括以下两个步骤：

第七步，总结经验教训，巩固成绩并对出现的问题加以处理。特别要分析失败原因，找出问题所在，防止类似问题再次发生。

第八步，提出这次循环尚未解决的问题，作为遗留问题转入下一次循环去解决，并为下一阶段制订计划提供资料和依据。

PDCA循环的不停运转，原有的质量问题解决了，又会产生新的问题，问题不断产生而又不断解决，如此循环不止，这就是质量管理不断前进的过程，也是全面质量管理工作必须坚持的科学方法。

1.2.6 精益生产与大规模定制

1. 精益生产

(1) 精益生产的由来

20世纪70年代到80年代，日本制造业迅速崛起，其产品大量涌入美国和欧洲市场，对美国和欧洲构成了极大的威胁。美国一些有识之士开始认真地去研究日本经济腾飞的奥秘。1985年，美国麻省理工学院(MIT)启动了一个重要的“国际汽车研究计划”，历时5年时间，耗资500万美元。他们走访了世界各地近百家汽车制造厂，获取了大量资料，特别是对日本的汽车企业进行了深入调查研究，并得出结论：日本的成功主要在于他们采用了新型的生产模式。

1990年，该项目主要负责人James Womack等三名经理编著了一本书——*The Machine That Changed the World*。在这本书中，他们提出“精益生产”(lean production，LP)的概念，并以此来描述日本丰田汽车公司生产方式。他们认为,大量生产(mass production,MP)是旧时代工业化的象征——代表了高效率、低成本、高质量。而精益生产是新时代工业化的标志——因为它只需要"一半人的努力,一半的生产空间,一半的投资,一半的设计、工艺编制时间,一半的开发新产品时间和少得多的库存",就能够实现MP的目标。

(2) 精益生产的实质

精益生产是相对于"技艺生产"和"大量生产"而言的。技艺生产出现于大量生产之前,此时主要靠人的高度"技艺"来获得高的产品质量。这种生产模式灵活多变,适应性强;但产品价格高,周期长,生产率低下。大量生产实行严格的劳动分工,主要利用机器精度保证产品质量,从而缩短了产品生产周期,降低了生产成本,并极大地促进了生产力的发展。但这种生产方式存在设备多、人员多、库存多、占用资金多等弊病,而且由于生产设备和生产组织都是刚性的,变化困难。精良生产则集合了技艺生产高柔性和大量生产高效率的优点,并同时避免了两者的弱点。

James Womack 认为精益生产基于四条原则:

1) 消除一切浪费;

2) 完美质量和零缺陷;

3) 柔性生产系统;

4) 不断改进。

在上述四条原则中,第一条原则是最根本的,其他几条原则均是为了实现第一条而派生出来的。

LP的精髓在于"lean",其含义是"没有冗余""精打细算"。精益生产要求生产线上没有一个多余的人,没有一样多余的物品,没有一点多余的时间;岗位设置必须是增值的,不增值岗位一律撤除;工人要求是多面手,可以互相顶替。精益生产将生产过程中一切不增值的东西(人、物、时间、空间、活动等)均视为"垃圾",认为只有清除垃圾,才能实现完美生产。

(3) 准时制生产

精益生产的一大特色是其生产计划与库存管理方法——准时制生产(just in time,JIT),其核心是及时和准确:在制造过程中,要求按正确的时间、正确的地点,提供正确数量的合格产品,以期达到零库存、无缺陷和低成本的目标。

制造系统中的物流方向是从毛坯到零件,从零件到组装再到总装。为了保证最终产品的交货日期,一般采用增加在制品储备量的办法,以应付生产中的失调和故障导致的需求变化。结果常常造成在制品的过剩和积压,使生产缺乏弹性和适应能力。准时制生产的物流方向则相反,即从总装到组装,再到零件,然后到毛坯。当后一道工序需要运行时,才到前一道工序去拿取所需要的部件、零件或毛坯,同时下达下一段时间的需求量。对于整个系统的总装线来说,由市场需求来适时、适量地控制,总装线根据自身需要给前一道工序下达生产指标,而前一道工序根据自身的需要给更前一道工序下达生产指标,依此类推。

实施准时制生产的车间和工序,一般都避免成批生产和成批搬运,尽可能做到在必要时只生产一件、传送一件、储备一件,从而使在制品的数量减少到最低限度。

丰田公司在生产现场利用看板(Kanban)来协调各工序、各环节的生产进程。看板作为指挥和控制生产的媒介,由计划部门送到生产部门,再传送到每道工序,一直传送到采购部门。看板系统可以在一条生产线内实现,也可在一个车间或一个工厂内实现。

使用最多的看板有两种：传件看板（即拿取看板）和生产看板（订货看板）。传件看板标明后一道工序向前一道工序拿取工件的种类和数量，而生产看板则标明前一道工序应生产的工件的种类和数量。图1-21表示了一个由 N 道工序组成的生产流程。每道工序均设有两个存件箱甲和乙，甲箱存放前工序已制成的、为本工序准备的在制品或零部件，乙箱则存放本工序已加工完成的、可为下道工序随时提用的在制品或零部件。实线表示零部件及传件看板的传送过程，虚线表示生产看板的传送过程。

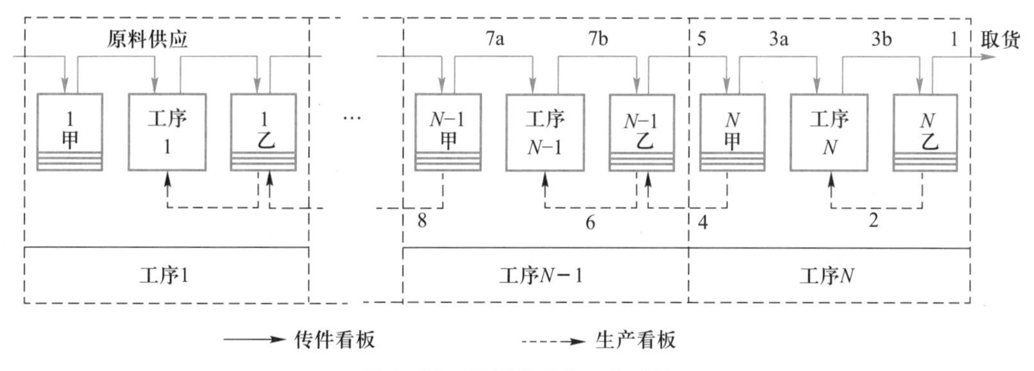

图1-21　看板管理的工作过程

当从最后一个工序的乙箱取走一件成品（标号1）后，发出生产看板（标号2），N 工序开始启动，并从甲箱中取出一个在制品或零部件（标号3）进行加工或装配，同时取出原附在上面的传件看板，到前一道工序（$N-1$ 工序）的乙箱中提取一个相同的在制品或零部件（标号5），并将该传件看板附于其上。原先附在 $N-1$ 乙箱中被提取的在制品或零部件上面的生产看板，取下后交予给 $N-1$ 工序的工人，工人拿到生产看板即开始生产。此时他将从 $N-1$ 甲箱中拿取一个在制品或零部件（标号7）进行加工或装配，完成后将生产看板附在该工序的成品件上并放入 $N-1$ 乙箱中。如此，一个个工序进行下去，直至第一个工序。

显然，这是一种“拉动式”的生产方式，即以销售（面向订货单位）为整个企业工作的起点，从后道工序拉动前道工序，一环一环地“拉动”各个环节，以市场需要的产品品种、数量、时间和质量来组织生产，从而消除生产过程中的一切冗余环节，最大限度地提高生产过程的有效性。

2. 大规模定制

（1）大规模定制的概念

随着科学技术的进步和生产力的飞跃发展，人们对于个性化产品和服务的需求越来越强烈，如何快速、低价生产出个性化的产品越来越为人们所关注。1970年，美国未来学家 Alvin Toffler 在其 *Future Shock* 一书中提出了一种以接近于标准化或大批量生产的成本和时间来满足客户特定需求产品和服务的生产方式的设想。1987年，Stan Davis 在 *Future Perfect* 一书中将这种生产方式称为大规模定制（mass customization，MC）。

大规模定制可以认为是一种集企业、客户、供应商、员工和环境于一体，以系统思想为指导，用整体优化的观点，充分利用企业已有的各种资源，在标准化技术、现代设计方法、信息技术和先进制造技术的支持下，根据客户的个性化需求，以大批量生产的低成本、高质量和效率提供定制产品和服务的生产方式。其基本原理是基于产品族零部件和产品结构的相似性、通用性，利用标准化、模块化等方法降低产品的内部多样性，增加顾客可感知的外部多样性，通过产品和过程重组将产品定制生产完全转化或部分转化为零部件的批量生产，从而迅速向顾客提供低成本、高质量的定制产品。对客户而言，所得到的产品是定制的、个性化的；对企业而言，该产品是采用大批量生产方式制造的成熟产品。大批量定制与大批量生产的比较见表1-4。

表1-4 大批量定制与大批量生产的比较

比较内容	大批量生产	大批量定制
核心	通过稳定性和低成本取得效益	通过柔性和快速反应实现产品变型和个性化
目标	以几乎每个客户都能承受的低成本开发、生产、销售、运送商品和提供服务	以足够的变异性和个性化程度开发、生产、销售和运送几乎是每个客户正想要的商品和提供服务
特征	• 稳定的需求； • 大而统一的市场； • 低成本、一致的质量、标准化的商品和服务； • 产品开发周期长； • 产品生命周期长	• 动态的需求； • 分散的市场； • 低成本、高质量、定制的产品和服务； • 产品开发周期短； • 产品生命周期短

（2）大规模定制的特点

大规模定制具有以下特点：

1）大规模定制以顾客需求为导向，是一种需求拉动型的生产模式。传统的大批量生产是一种生产推动型的生产模式，即先生产，后销售。而在大规模定制中，企业以客户提出的个性化需求为生产的起点，即先销售，后生产。

2）大规模定制的基础是产品的模块化、零部件的标准化和通用化。大规模定制的基本思想在于通过产品结构和制造过程的重组将产品的定制生产转化为批量生产，而实现产品结构和制造过程重组的前提是产品结构和制造系统的模块化和产品零部件的标准化和通用化。通过批量生产模块和零部件，最大限度减少定制产品中的定制部分，从而大大缩短产品的交货期和降低产品的定制成本。

3）大规模定制的实现依赖于现代信息技术和先进制造系统。大规模定制需要对客户的需求作出快速反应，这就要求运用现代信息技术将需求信息迅速转化为设计和制造信息，并将其迅速传递到各个制造系统的各个单元，使柔性制造系统及时对定制信息作出反应，高质量地完成产品的定制生产。

4）大规模定制以竞争合作的供应链管理为手段。在定制经济中，竞争不是企业与企业之间的竞争，而是供应链与供应链之间的竞争。大规模定制企业必须与供应商建立起既竞争又合作的关系，才能整合企业内、外部资源，通过优势互补，更好地满足顾客的需求。

（3）大批量定制的分类

企业根据市场预测进行有库存的大批量生产，当接到客户订单时，在库存原材料或预制零部件的基础上，开始进行满足客户需求的定制生产。因此，在生产过程中存在一个客户订单分离点（customer order discoupling point，CODP）。所谓CODP是指企业生产活动中由基于预测的库存生产，转向响应客户需求的定制生产的转换点。

按照客户需求对企业生产活动影响程度的不同,即 CODP 在企业生产过程中位置的不同,可以将大批量定制分成以下四种类型(图 1-22)。

1) 按订单销售　按订单销售(sale to order, STO)又称为库存生产(make to stock, MTS),这是一种大批量生产方式。在这种生产方式中,只有销售活动是由客户订货驱动的,如日常生活用品、家用电器等,企业通过 CODP 位置后移而减少现有产品的成品库存。

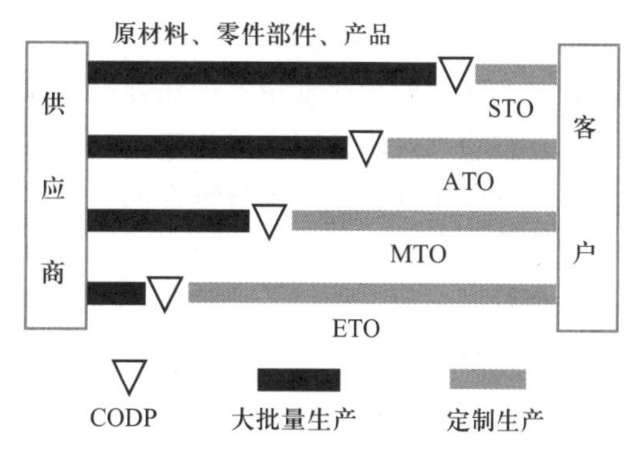

图 1-22　大批量定制的分类

2) 按订单装配　按订单装配(assemble to order, ATO)是指接到客户订单后,将企业中已有的零部件经过再配置后向客户提供定制产品的生产方式,如模块化的汽车、个人计算机等。在这种生产方式中,装配活动及其下游的活动是由客户订货驱动的,企业通过 CODP 位置后移而减少现有产品零部件和模块的库存。

3) 按订单制造　按订单制造(make to order, MTO)是指接到客户订单后,在已有零部件的基础上进行变型设计、制造和装配,最终向客户提供定制产品的生产方式。大部分机械产品属于此类生产方式。在这种生产方式中,CODP 位于产品的生产阶段,变型设计及其下游的生产活动是由客户订货驱动的。

4) 按订单设计　按订单设计(engineer to order, ETO)是指根据客户订单中的特殊需求,重新设计能满足特殊需求的新零部件或整个产品的生产方式,如化工装备等大型装置的制造。在这种生产方式中,CODP 位于产品的开发设计阶段,开发设计及其下游的生产活动都是由客户订货驱动的。

1.3　机械制造工艺过程与工艺方法

1.3.1　机械制造工艺过程

机械制造中,与产品生成直接有关的生产过程常被称为机械制造工艺过程,包括毛坯和零件成形、机械加工、材料改性与处理、机械装配等。

1. 毛坯和零件成形

金属材料毛坯和零件的成形方法通常有铸造、锻压、冲压、焊接和轧材下料等;粉末材料、工程陶瓷等通常采用压制和烧结的方法成形;工程塑料常采用注塑、压塑、挤塑、吹塑等方法成形;复合材料则可采用敞开模成形、对模成形、缠绕成形等。

随着精密成形技术的发展,有些毛坯已接近或达到了零件最终精度要求,使机械加工量大大减少,而某些精密成形零件则可直接用来进行装配。

2. 机械加工

零件机械加工指采用切削、磨削和特种加工等方法,逐步改变毛坯的形态(形状、尺寸和表面质量),使其成为合格零件的过程。机械加工目前是零件达到其精度要求的主要加工方法,也是本课程讨论的重点问题。

3. 材料改性与处理

材料改性与处理通常指零件热处理以及电镀、转化膜、涂装、热喷涂等表面保护工艺。这些工艺过程的功用是改变零件的整体、局部或表面的金相组织及力学性能，使其具有符合要求的强韧性、耐磨性、耐蚀性及其他特种性能。

4. 机械装配

机械装配是把零件按一定的关系和要求连接在一起，组合成部件和整台机械产品的过程。它通常包括零件的固定、连接、调整、平衡、检验和试验等工作。

1.3.2　机械制造工艺方法与分类

机械制造工艺的内涵十分丰富，可按多种特征进行分类。我国现行的行业标准《机械制造工艺方法分类与代码》(JB/T 5992—1992)，将机械制造工艺方法按大类、中类、小类(表1-5)和细类四个层次划分。表中各类均留有空项，以备扩展。

1.3.3　零件成形机理

上面介绍的机械制造工艺分类方法符合现有机械制造工艺的习惯，实用性较强，但从工艺理论方面考虑得不多。从系统的观点出发，任何一种机械制造工艺方法的工艺过程被视为一个系统，系统存在着物质流、能量流和信息流，而各种工艺方法都可以看作是物料的加工、能量的转换和信息的变化过程。三者的关系一般是：在信息的控制下，由能量起作用，对物料进行加工，使之按预定的要求发生变化。

表1-5　机械制造工艺方法类别划分及代码(JB/T 5992.1—1992 摘录)

大类		中类		小类代码									
代码	名称	代码	名称	0	1	2	3	4	5	6	7	8	9
				小类名称									
0	铸造	01	砂型铸造		湿型铸造	干型铸造	表面干型铸造	自硬型铸造					其他
		02	特种铸造		金属型铸造	压力铸造	离心铸造	熔模铸造	壳型铸造	实型铸造	连续铸造		其他
1	压力加工	11	锻造		自由锻	胎模锻	模锻	平锻	墩锻	辊锻			其他
		12	轧制			冷轧	热轧						
		13	冲压		冲裁	弯曲	成形	精整					
		14	挤压		冷挤压	温挤压	热挤压						其他
		15	旋压		普通旋压	变薄旋压							
		16	拉拔		冷拔	热拉拔							
		19	其他		其他成形方法								

续表

大类		中类		小类代码									
代码	名称	代码	名称	0	1	2	3	4	5	6	7	8	9
				小类名称									
2	焊接	21	电弧焊		无气体保护电弧焊	埋弧焊	熔化极气体保护电弧焊	非熔化极气体保护电弧焊	等离子弧焊			其他电弧焊	
		22	电阻焊		点焊	缝焊	凸焊		电阻对焊				其他
		23	气焊		氧燃气焊	空气燃气焊	氧-乙炔喷焊					气割	
		24	压焊		超声焊	摩擦焊	锻焊	高机械能焊	扩散焊		气压焊	冷压焊	
		27	特种焊接		铝热焊	电渣焊	气电立焊	感应焊	光束焊	电子束焊	储能焊	螺柱焊	
		29	钎焊		硬钎焊			软钎焊			钎接焊		
3	切削加工	31	刃具切削	车削	铣削	刨削	插削	钻削	镗削	拉削	刮剃削		其他
		32	磨削	砂轮磨削	砂带磨削		珩磨	研磨	超精加工				其他
		34	钳加工	划线	手工锯削	錾削	锉削	手工刮削	手工打磨	手工研磨	平衡		其他
4	特种加工	41	电物理加工		电火花加工	电子束加工	离子束加工	等离子加工		激光加工	超声加工		其他
		42	电化学加工		电解加工				电铸				其他
		43	化学加工										
		46	复合加工		电解磨削	加热机械切削		振动切削	超声研磨		超声电火花加工		
		49	其他		高压水切割		爆炸索切割						

续表

大类		中类		小类代码									
代码	名称	代码	名称	0	1	2	3	4	5	6	7	8	9
				小类名称									
5	热处理	51	整体热处理		退火	正火	淬火	淬火与回火	调质	稳定化处理	固溶处理	时效	
		52	表面热处理		表面淬火	物理气相沉积	化学气相沉积	等离子体化学气相沉积					
		53	化学热处理		渗碳	碳氮共渗	渗氮	氮碳共渗	渗其他非金属	渗金属	多元共渗	熔渗	
6	覆盖层	61	电镀		镀单金属	镀合金	镀复合层	镀复合材料层					
		62	化学镀		无电流镀		接触镀						
		63	真空沉积		化学气相沉积	物理气相沉积	离子溅射	离子注入					
		64	热浸镀										
		65	转化膜		化学转化	电化学转化							
		66	热喷涂		熔体热喷涂	燃气热喷涂	电弧喷涂	等离子喷涂	电热喷涂	激光喷涂	喷焊		
		67	涂装		手工涂	喷涂	浸涂	淋涂	机械辊涂	电泳			
		69	其他		包覆	衬里	搪瓷	机械镀					
7	装配与包装	81	装配		部件装配	总装							
		82	试验与检验		试验	检验							
		85	包装		内包装	外包装							

续表

大类		中类		小类代码									
代码	名称	代码	名称	0	1	2	3	4	5	6	7	8	9
				小类名称									
8	其他	91	粉末冶金		轴向压实	等静压压实	挤压与轧制						
		92	冷作		弯形	扩胀	收缩	整形					
		93	非金属成形		聚合材料成形	橡胶材料成形	玻璃成形	复合材料成形					
		94	表面处理		清洗	粗化	光整	强化					
		95	防锈		水剂防锈	油剂防锈	气相防锈	环境封存防锈	可剥性塑料防锈				
		96	缠绕		弹簧缠绕	绕组绕制							
		97	编织		筛网编织								
		99	其他		黏接	铆接							

注:近年来发展的一些加工方法,如光刻加工、分层制造等还未列入标准。

根据工艺过程中原来物料与加工后物料在重量(或质量)上有无变化及变化的方向(增大或减少),材料成形加工机理分类见表1-6,零件成形方法分为以下三大类:

表1-6 材料成形加工机理分类

方法分类	加工机理		加工方法示例
材料去除法	力学加工 电物理加工 电化学加工 热蒸发(扩散、溶解)		切削、磨削、研磨、抛光、超声加工、喷射加工 电火花加工(电火花成形,电火花线切割) 电解加工、蚀刻、化学机械抛光 电子束加工、激光加工
材料累加法	附着加工	化学 电化学 热熔化	化学镀、化学气相沉积 电镀、电铸 真空蒸镀、熔化镀

续表

方法分类	加工机理		加工方法示例
材料累加法	注入加工	化学	氧化、氮化、活性化学反应
		电化学	阳极氧化
		热熔化	掺杂、渗碳、烧结、晶体生长
		物理	离子注入、离子束外延
	结合加工	热物理	焊接、快速成形,3D 打印
		化学	化学黏接
材料成形法	热流动		锻造、电子束流动加工、激光流动加工
	黏滞流动		铸造、压铸、注塑
	热聚合		粉末冶金、人造金刚石
	冷变形		冷锻、冲压、滚压
	分子定向		液晶定向

1) 材料去除法　材料去除法(或发散过程)的特点是零件的最终几何形状局限在毛坯的初始几何形状范围内,零件形状的改变是通过去除一部分材料,减少一部分重量来实现的。各种切削加工、磨削加工等机械加工方法,以及电火花加工、电解加工等特种加工方法都属于材料去除法。材料去除法是目前机械零件的最主要加工方法,也是本书讨论的主要内容。

2) 材料累加法　传统的累加方法(或收敛流程)主要是焊接、黏接或铆接,通过这些不可拆卸的连接方法使物料结合成一个整体,形成零件。

3) 材料成形法　材料成形法(或贯通流程)的特点是进入工艺过程的物料,其初始重量等于(或近似等于)加工后的最终重量。常用的材料成形法有铸造、锻压、冲压、粉末冶金、注塑成形等,这些工艺方法使物料受控地改变其几何形状,多用于毛坯制造,但也可直接成形零件。

1.3.4　零件机械加工方法

1. 零件表面切削加工的成形运动

在切削和磨削加工中,工件表面的形状、尺寸及相互位置关系是通过刀具相对于工件的运动形成的。工件表面的成形运动有三种:

1) 主运动　直接切除工件上的切削层,以形成工件新表面的基本运动。主运动通常是切削运动中速度最高、消耗功率最多的运动,且主运动只有一个。主运动的速度以 v_c 表示,称作切削速度。

2) 进给运动　是指不断地把切削层投入切削的运动。它的速度较低。进给运动可能是连续性的运动,也可能是间歇性的。进给运动有时仅有一个,但也可能有几个。进给运动的速度用进给量 f 或进给速度 v_f 表示。

切削加工的主运动与进给运动往往是同时进行的,因此刀具切削刃上某一点与工件的相对运动应是上述两运动的合成。其合成速度 $\vec{v}_e=\vec{v}_c+\vec{v}_f$。

3) 定位和调整运动　使工件或刀具进入正确加工位置的运动。如调整切削深度、工件分度等。

主运动和进给运动是实现切削加工的基本运动，可以由刀具来完成，也可以由工件来完成，还可以由刀具和工件共同来完成。另外，主运动和进给运动可以是直线运动（平动），也可以是回转运动（转动），还可以是平动和转动的复合运动。正是由于上述不同运动形式和不同运动执行元件的多种组合，产生了不同的加工方法。

2. 切削用量三要素

切削用量包括：切削速度 v_c、进给量 f（或进给速度 v_f）和背吃刀量（或切削深度）a_p。

1）切削速度 v_c　主运动速度即为切削速度。当主运动为旋转运动时，刀具或工件以最大直径处的切削速度来计算，如下式

$$v_c = \frac{\pi dn}{1\ 000} \tag{1-4}$$

式中：n——主运动转速（r/s）；

d——刀具或工件的最大直径（mm）。

若主运动为往复运动时，其平均速度为

$$v_c = \frac{2Ln_r}{1\ 000} \tag{1-5}$$

式中：L——往复运动行程长度（mm）；

n_r——主运动每秒钟往复次数（str/s）。

2）进给量 f　进给量 f 是指工件或刀具每转一周时（或主运动一循环时），两者沿进给方向上相对移动的距离，其单位为 mm/r。

车削时，工件转速 n、进给速度 v_f 与进给量 f 间有如下关系

$$v_f = nf \tag{1-6}$$

对于齿数为 z 的多齿刀具（如钻头、铣刀等），每转或每行程中每齿相对于工件在进给运动方向上的位移量，称为每齿进给量，记作 f_z，单位为 mm/s。对于连续进给的切削加工，进给速度与每齿进给量的关系为

$$v_f = nf_z z \tag{1-7}$$

3）背吃刀量 a_p　背吃刀量 a_p 是指主刀刃与工件切削表面接触长度，在主运动方向及进给运动方向所组成的平面的法线方向上测量的值。对于外圆车削如图 1-23 所示，背吃刀量可由下式计算

$$a_p = \frac{1}{2}(d_0 - d_1) \tag{1-8}$$

式中：d_0——待加工表面直径（mm）；

d_1——已加工表面直径（mm）。

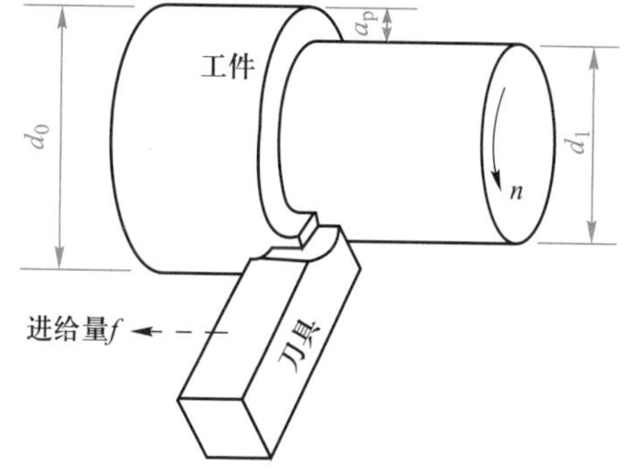

图 1-23　外圆车削加工

3. 典型表面加工方法

表 1-7 ~ 表 1-11 分别列出了外圆表面、内圆表面、平面、螺纹及齿形的一些常用加工方法。表中 T 表示平动，R 表示转动，T/R 表示平动与转动的复合运动。实线箭线表示主运动，虚线箭线表示进给运动，点画线箭线表示调整运动。

(1) 外圆表面加工方法

表1-7列出了几种常用的外圆表面加工方法。

1) 车削　外圆表面加工中,车削应用最为广泛。通常,工件通过夹具安装在车床主轴上,并与车床主轴一起回转,形成主运动。刀具安装在刀架上,与纵溜板一起作平行于主轴回转轴线的直线进给运动,形成圆柱面;或作与主轴回转轴线成一定角度的直线进给运动,形成圆锥面;或沿靠模曲线运动,形成回转曲面。

表1-7　外圆表面加工方法

工件		刀具		表面成形原理图
主运动	进给运动	主运动	进给运动	
R			T	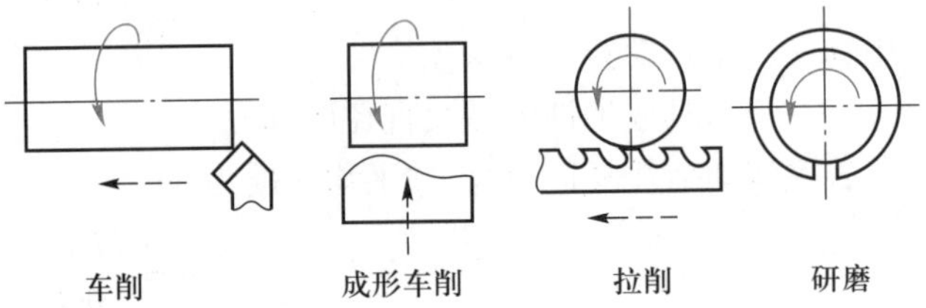 车削　成形车削　拉削　研磨
	R	R		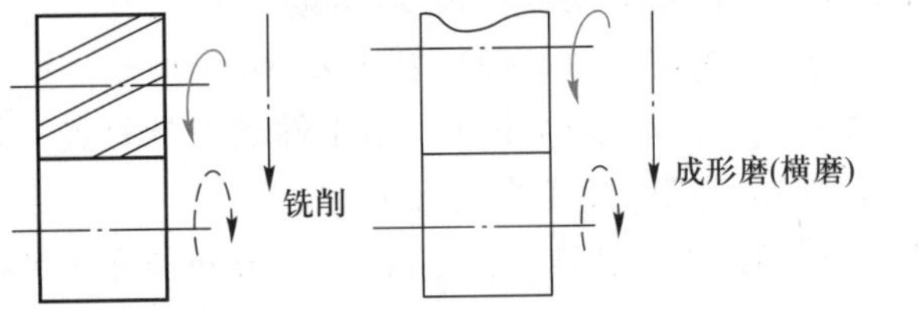 铣削　成形磨(横磨)
	T/R	R		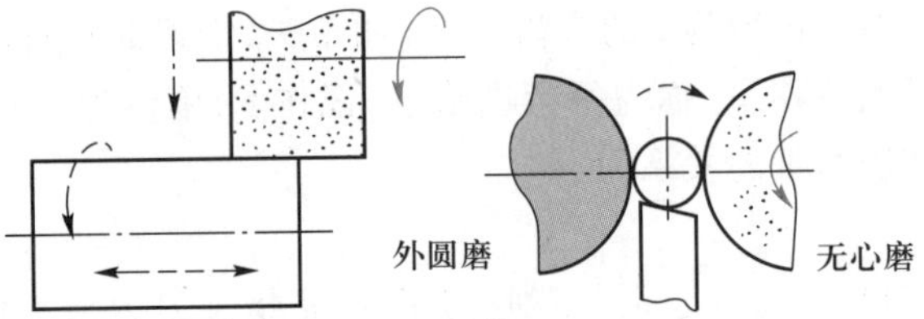 外圆磨　无心磨
	R	R	T	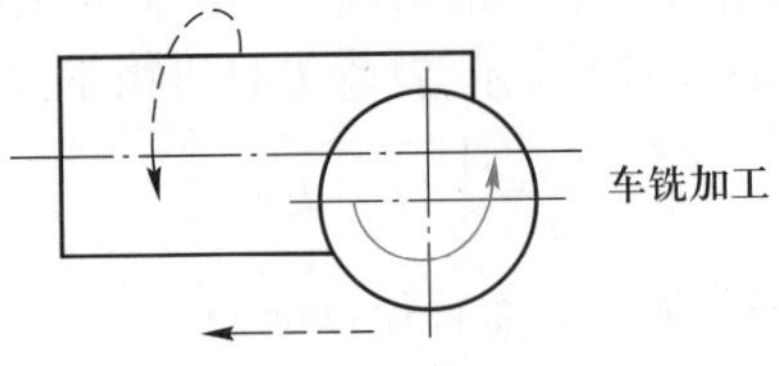 车铣加工
R			T/R	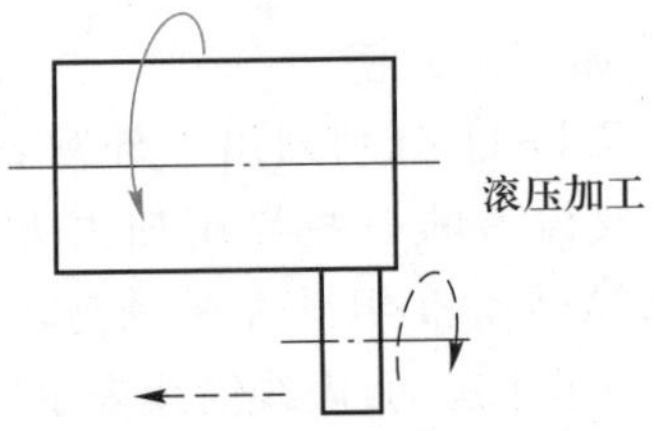 滚压加工

2）成形车削　用成形车刀车削外圆通常采用径向进给方式，少数也有采用切向进给方式的。成形车削多用于自动车床上的小件加工。

3）旋转拉削　工件旋转，拉刀沿切向作直线进给运动，完成外圆加工。旋转拉削是一种高生产率的加工方式，适用于大批量生产。

4）研磨　工件回转，研具沿工件轴向作往复直线进给运动。研磨属零件表面光整加工，材料去除量很小。

5）铣削外圆　刀具与工件均作回转运动（刀具运动为主运动，工件运动为进给运动），可用于加工长度较短、具有不完整圆柱形的表面。

6）成形外圆磨（横磨）　运动形式与铣削外圆相同，多用于长度较短或不完整圆柱形表面的精加工。

7）普通外圆磨　砂轮回转运动为主运动，工件进给运动包括转动和移动。多用于黑色金属、特别是淬硬钢外圆表面的精加工。

8）无心磨　工件放在砂轮和导轮之间，砂轮高速回转进行磨削，导轮低速回转，带动工件旋转并作轴向移动，实现进给运动。无心磨生产率高，适用于大批量生产。

9）车铣加工　加工偏心零件外圆表面时，由于零件不能高速旋转，采用车削方法无法充分发挥刀具的潜力。此时，若采用端铣刀铣外圆，不仅可以获得高的切削效率，且可保证可靠的断屑。车铣时，端铣刀与工件互相垂直布置。通过改变工件转速、轴向进给和切深，可在工件上车铣出不同的形状。

10）滚压加工　通过自由旋转的滚轮对工件外圆表面均匀施加压力，使被滚压表面得到强化，并形成表面残余压应力，表面粗糙度也得到减小。滚压加工还常用来成形表面花纹（滚花）。

（2）内圆表面加工方法

表 1-8 列出了几种常用的内圆表面加工方法，表中字母及箭线表示同表 1-7。

表 1-8　内圆表面加工方法

工件		刀具		表面成形原理图
主运动	进给运动	主运动	进给运动	
		R	T	钻
		R	T	扩
		R	T	铰
	T	R		镗
		T		拉
		T		挤

续表

工件		刀具		表面成形原理图
主运动	进给运动	主运动	进给运动	
	R	R	T	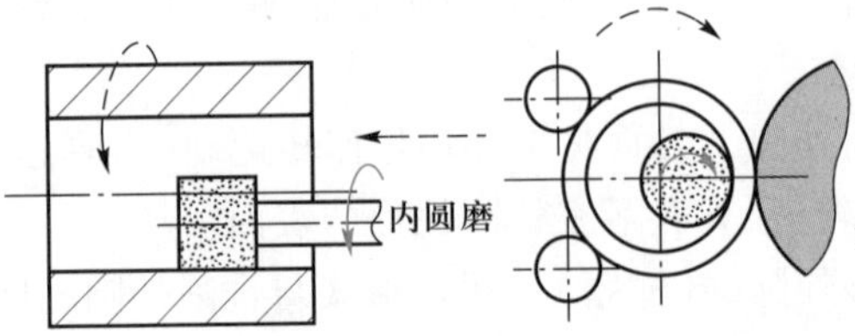 内圆磨　无心磨
		R	T/R	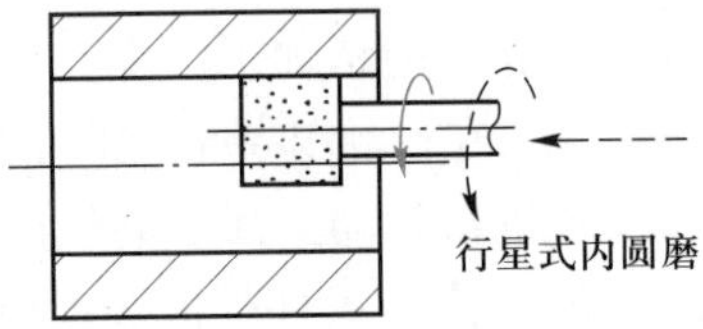 行星式内圆磨

1）钻孔　通常用于在实心材料上加工直径 $\phi0.5 \sim 50$ mm 的孔。钻孔加工有不同的运动形式：在钻床或镗床上加工，主运动和进给运动均由刀具完成；在车床上钻孔，主运动由工件完成，进给运动由刀具完成；在组合机床上加工时，刀具完成主运动，进给运动可由工件完成，或由刀具完成。钻孔刀具有麻花钻、扁钻、深孔钻及中心钻等。

2）扩、铰孔　扩、铰孔是孔加工的中间或终结工序，其成形运动与钻孔相似。

3）镗孔　一般刀具的回转运动为主运动，刀具或工件作直线进给运动。镗孔加工可在镗床上进行，也可在车床、铣床、组合机床或加工中心上进行。

4）拉孔　利用多刃刀具，通过刀具相对于工件的直线运动完成加工工作。可以拉圆柱孔、花键孔、成形孔等，是一种高生产率的加工方法，多用于大批量生产。

5）挤孔　可以用挤刀挤孔，也可以用钢球挤孔。挤孔在获得尺寸精度的同时，可使孔壁硬化，同时也使被加工孔表面粗糙度值降低。

6）磨孔　是高精度、淬硬内孔的主要加工方法，其基本加工方式有内圆磨削、无心磨削和行星磨削。

（3）平面加工

平面加工方法有刨、铣、磨、车、研等，见表1-9。

1）刨平面　对于牛头刨床，刨刀的直线运动为主运动，进给运动通常由工件完成；对于龙门刨床，工件的直线往复运动为主运动，进给运动通常由刀具完成。目前，牛头刨床已逐渐被各种铣床所代替，但龙门刨床仍广泛用于大件的平面加工。宽刃精刨工艺在一定条件下，可代替磨削或刮研工作。

2）插削　是内孔键槽的常用加工方法，其主运动通常为插刀的直线运动。

3）铣平面　有周铣和端铣两种形式。端铣刀由于刀盘转速高，刀杆刚性好，可进行高速铣削和强力铣削。

表 1-9　平面加工方法

工件		刀具		表面成形原理图
主运动	进给运动	主运动	进给运动	
	T	T		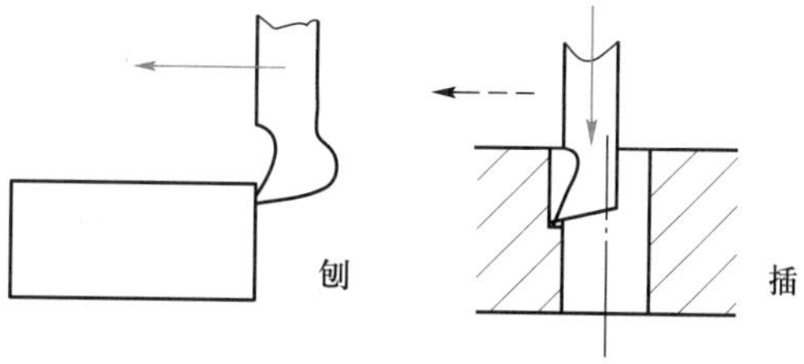 刨　插
	T	R		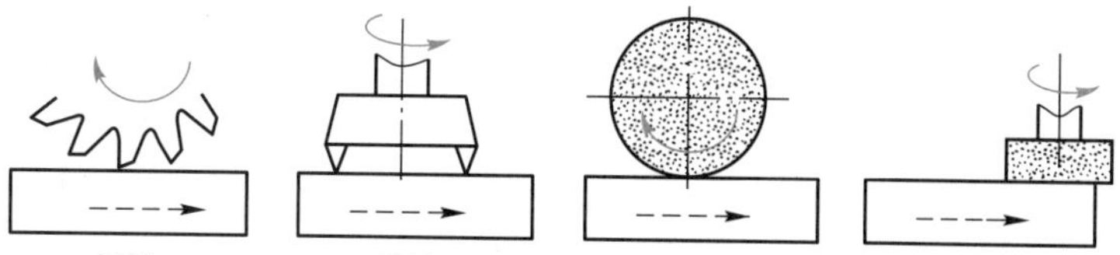 周铣　端铣　圆周平磨　端面平磨
R			T	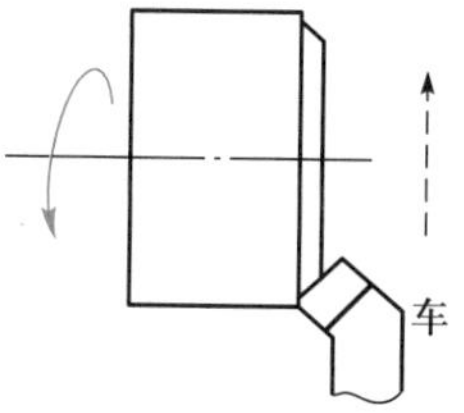 车
		T		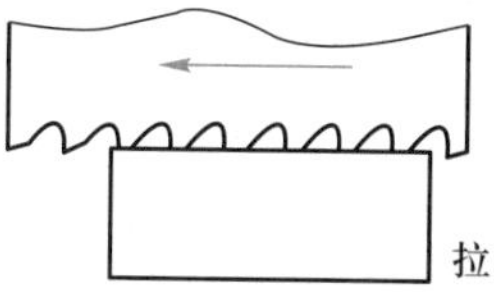 拉

4）磨削平面　也可以分圆周磨和端面磨两大类。圆周磨由于砂轮与工件接触面积小，磨削区散热排屑条件好，加工精度较高；端面磨允许采用较大的磨削用量，可获得高的加工效率，但加工精度不如圆周磨。平面磨削一般作为精加工工序，安排在粗加工之后进行。由于缓进给磨削的发展，也可直接从毛坯磨削成成品。

5）车（镗）平面　在车床上车平面时，工件的回转运动是主运动，刀具作垂直于主轴回转轴线的进给运动。镗平面时，主运动和进给运动均由刀具来完成。

6）拉平面　平面拉刀相对于工件作直线运动，实现拉削加工。平面拉削是一种高精度和高效率的加工方法，适用于大批量生产。

（4）螺纹加工

表 1-10 列出了几种常用的螺纹加工方法。

1）车螺纹　螺纹车刀结构简单，通用性好，可用于加工各种尺寸、形状和精度的内外螺纹。但加工效率较低，多用于单件小批生产。

表 1-10 螺纹加工方法

工件		刀具		表面成形原理图
主运动	进给运动	主运动	进给运动	
R			T	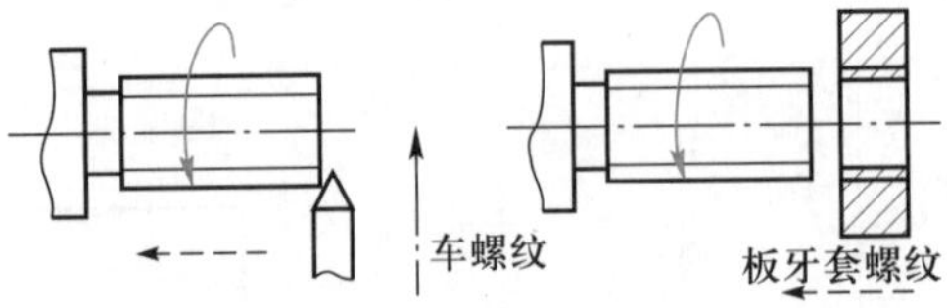 车螺纹 板牙套螺纹
		R	T	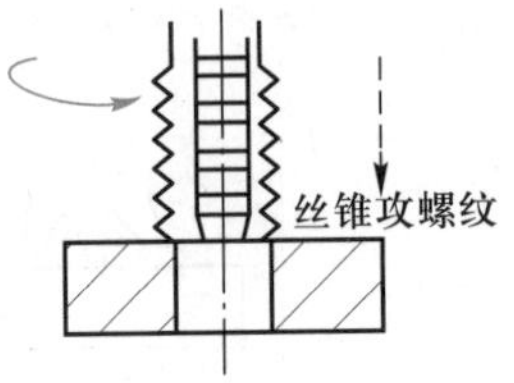 丝锥攻螺纹
	R	R	T	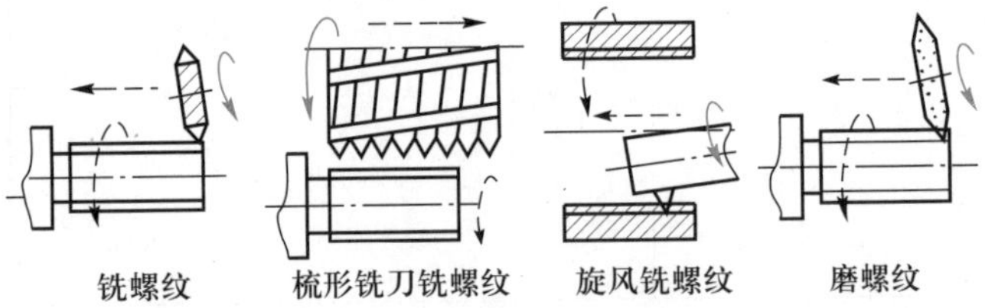 铣螺纹 梳形铣刀铣螺纹 旋风铣螺纹 磨螺纹
	R	R		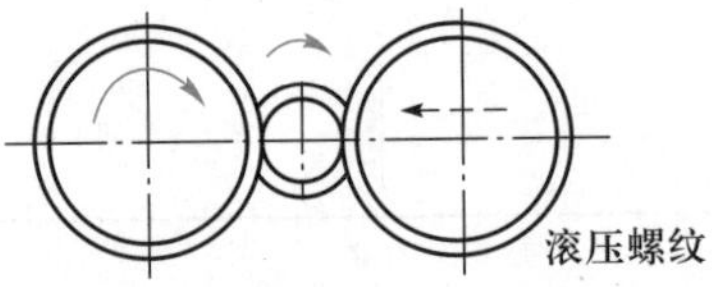 滚压螺纹

2）攻螺纹和套螺纹 用丝锥攻螺纹和用板牙套螺纹常用于加工精度要求不高的标准内、外螺纹。

3）盘形铣刀铣螺纹 主要用于加工大螺距的梯形螺纹及蜗杆。

4）梳形铣刀铣螺纹 梳形螺纹铣刀相当于若干把盘形铣刀的组合，一般在专用的螺纹铣床上加工短而螺距不大的内、外螺纹。

5）旋风铣螺纹 利用装在特殊旋转刀盘上的硬质合金刀头进行内、外螺纹的高速铣削，是一种高效率的加工方法。

6）磨螺纹 是一种高精度的螺纹加工方法，主要用于加工外螺纹，特别适用于丝杠的螺纹精加工。

7）滚压螺纹 是一种高效率的螺纹加工方法。它利用压力加工方法使金属材料产生塑性变形以形成螺纹，所用工具有滚丝轮和搓丝板。

(5) 齿形加工方法

齿形有多种形式,其中以渐开线齿形最为常见。渐开线齿形常用的加工方法有两大类,即成形法和展成法,见表1-11。

表1-11 齿形加工方法

工件		刀具		表面成形原理图
主运动	进给运动	主运动	进给运动	
	T	R		模数铣刀铣齿 指状铣刀铣齿 成形磨齿
	R/T	R		滚齿 剃齿
	R	T	R	插齿
	R/T	R		蜗杆砂轮磨齿 碟形砂轮磨齿 锥形砂轮磨齿
	T	R		滚压齿轮

1) 铣齿 采用盘形模数铣刀或指状铣刀铣齿属于成形法加工,铣刀刀齿截面形状与齿轮齿间形状相对应。此种方法加工效率和加工精度均较低,仅适用于单件小批生产。

2）成形磨齿　也属于成形法加工，因砂轮不易修整，使用较少。

3）滚齿　属于展成法加工，其工作原理相当于一对螺旋齿轮啮合。齿轮滚刀的原型是一个螺旋角很大的螺旋齿轮，因齿数很少（通常齿数 $z=1$），牙齿很长，绕在轴上形成一个螺旋升角很小的蜗杆，再经过开槽和铲齿，便成为具有切削刃和后角的滚刀。

4）剃齿　在大批量生产中剃齿是非淬硬齿面常用的精加工方法。其工作原理是利用剃齿刀与被加工齿轮作自由啮合运动，借助于两者之间的相对滑移，从齿面上剃下很细的切屑，以提高齿面的精度。剃齿还可形成鼓形齿，用以改善齿面接触区位置，并降低噪声。

5）插齿　插齿是除滚齿以外常用的一种利用展成法的切齿工艺。插齿时，插齿刀与工件相当于一对圆柱齿轮的啮合。插齿刀的往复运动是插齿的主运动，而插齿刀与工件按一定比例关系所作的圆周运动是插齿的进给运动。

6）展成法磨齿　展成法磨齿的切削运动与滚齿相似，是一种齿形精加工方法，特别是对于淬硬齿轮，往往是唯一的精加工方法。展成法磨齿可以采用蜗杆砂轮磨削，也可以采用锥形砂轮或碟形砂轮磨削。

7）滚压齿轮　滚压加工齿轮有展成法和成形法两种。成形法多用于滚压花键。展成法滚压齿轮与滚压螺纹相类似，也是利用压力加工方法使金属材料产生塑性变形以形成齿轮的。滚压齿轮的滚轮为齿形和模数与被滚齿轮相同的齿轮，滚轮旋转并压向工件，带动工件旋转，形成压痕，工件（或滚轮）径向进给到一定位置，便形成完整的齿形。

1.4 机械加工工艺过程

1.4.1 机械加工工艺过程及其组成

采用机械加工方法直接改变毛坯的形状、尺寸、各表面间相互位置及表面质量，使之成为合格零件的过程，称为机械加工工艺过程。它由按一定的顺序排列的若干个工序组成，而每一个工序又可细分为安装、工位、工步及走刀等。

1）工序　工序是机械加工工艺过程的基本单元，是指由一个或一组工人在同一台机床或同一个工作地，对一个或同时对几个工件所连续完成的那一部分机械加工工艺过程。工作地、工人、工件与连续作业构成了工序的四个要素，若其中任何一个要素发生变更，则构成了另一道工序。

一个工艺过程需要包括哪些工序，是由被加工零件的结构复杂程度、加工精度要求及生产类型所决定的，图1-24所示的阶梯轴，因不同的生产批量，就有不同的工艺过程及工序，见表1-12与表1-13。

2）安装　在一道工序中，工件在加工位置上至少要装夹一次，但有的工件也可能会装夹几次。工件每经一次装夹后所完成的那部分工序称为安装。如表1-13的第2、3及5工序中，均须经过两次安装才能完成其工序的全部内容。

应尽可能减少装夹次数，多一次装夹就多一次安装误差，又增加了装夹辅助时间。

3）工位　为减少装夹次数，常采用多工位夹具或多轴（多工位）机床，使工件在一次安装中先后经过若干个不同位置顺次进行加工。则工件在机床上占据每一个位置所完成的那部分工序称为工位。

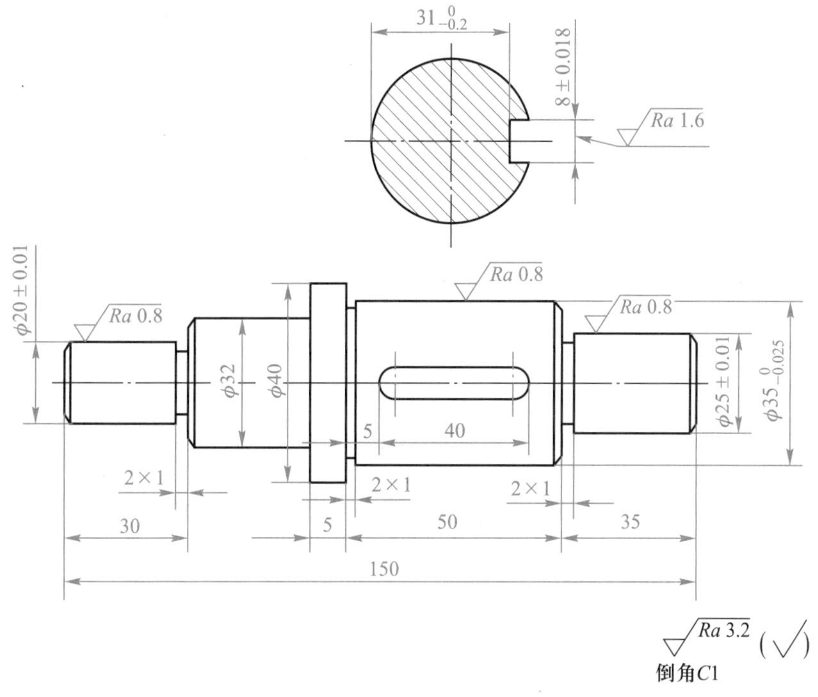

图 1-24 阶梯轴

表 1-12 阶梯轴单件生产工艺过程

工序号	工序名称和内容	设备
1	车端面,打中心孔,车外圆,切退刀槽,倒角	车床
2	铣键槽	铣床
3	磨外圆	磨床
4	去毛刺	钳工台

表 1-13 阶梯轴大批量生产工艺过程

工序号	工序名称和内容	设备
1	铣端面,打中心孔	铣钻联合机床
2	粗车外圆	车床
3	精车外圆,倒角,切退刀槽	车床
4	铣键槽	铣床
5	研中心孔	车床
6	磨外圆	磨床
7	去毛刺	钳工台

图 1-25 所示为通过立轴式回转工作台使工件变换加工位置的例子。在该例中,有 4 个工位,可在一次安装中实现钻孔、扩孔和铰孔加工。

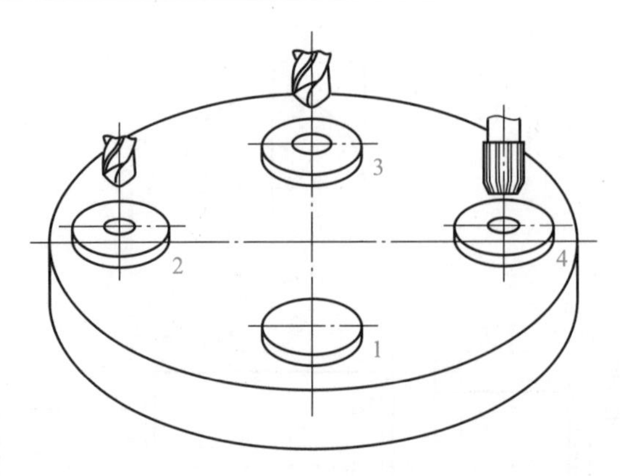

图 1-25　多工位加工

1—装卸工件;2—钻孔;3—扩孔;4—铰孔

4）工步　工步是指在加工表面不变、切削刀具不变的情况下所连续完成的那部分工序。

在一个工步内,若有几把刀具同时加工几个不同表面,称此工步为复合工步(图 1-26)。采用复合工步可以提高生产效率。

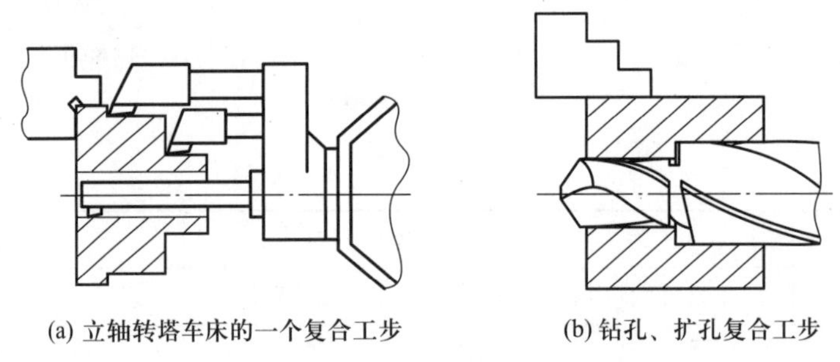

(a) 立轴转塔车床的一个复合工步　　(b) 钻孔、扩孔复合工步

图 1-26　复合工步

5）走刀　有时,同一加工表面因加工余量较大,可以分作几次工作进给,每次工作进给所完成的工步称为一次走刀。

1.4.2　工艺基准与工序图

在分析机械加工工艺规程时,离不开工艺基准,而工艺基准又与设计基准密切相关,因此需要全面把握基准的概念。

1. 设计基准

工件是个几何形体,它由一些几何元素(如点、线、面)所构成。工件上任何一个点、线、面的位置总是要用它与另外一些点、线、面的相互关系(如尺寸距离、平行度、垂直度、同轴度等)来确定。将用来确定加工对象上几何要素间的几何关系所依据的那些点、线、面称为基准。

在设计图样上所采用的基准称为设计基准。例如,图 1-27 所示的定位套筒零件,其外圆表面和内孔的设计基准是轴心线 $O—O$,端面 D、E 的设计基准是端面 F,而 $\phi12$ 孔的设计基准是轴心线 $O—O$ 及端面 E,端面 E、F 的端面圆跳动和外圆表面 B 的同轴度的设计基准则是内孔表面 A。

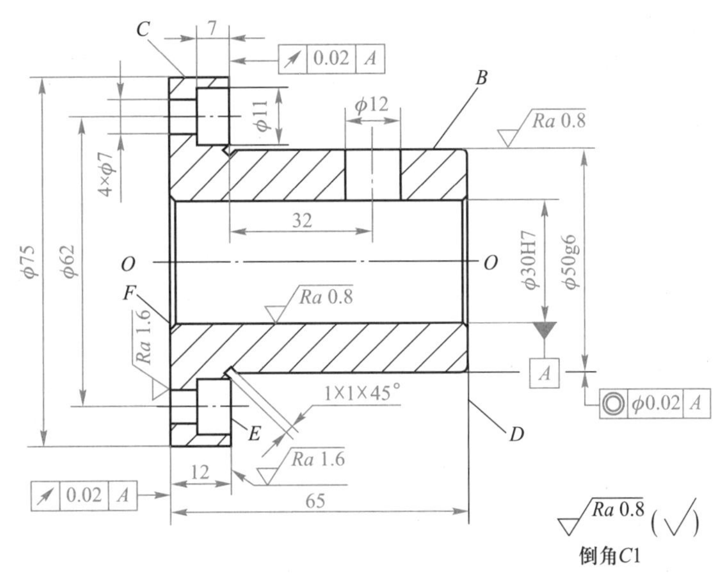

图 1-27 定位套筒零件

需要说明的是,作为基准的点、线、面,在零件上不一定都能找到,而常常是由某些具体表面来体现,这些表面称为基面。例如,图 1-27 中的轴心线 $O—O$,并不具体存在,这个基准实际上是由定位套筒的内孔来体现的,故内孔表面 A 是一个基面。

2. 工艺基准

工艺基准是指在工艺过程中所采用的基准。又可分为工序基准、定位基准、测量基准与装配基准。以下以图 1-27 所示零件的工艺过程为例,结合工序图说明工艺基准的概念,参见表 1-14(表中未列出检验和热处理工序)。

工序图以简洁、直观的方式表明机械加工工序内容,包括各加工表面、定位基准、夹紧力方向、工序尺寸和表面粗糙度等,可直接用于指导加工工作。工序图绘制要点如下:

1) 用细实线绘出反映零件总体特征的外形轮廓、少数特征表面和本工序定位夹紧表面,用粗实线绘出本工序加工表面。主视图取加工位置。

2) 用规定的符号标出定位基准和定位点数(定位点数即定位表面限制的自由度数,详见第 2.3 节),夹紧力方向及夹紧力作用点大体位置。

3) 标出全部工序尺寸及偏差、加工面表面粗糙度、几何公差及其他技术要求。

(1) 工序基准

工序基准是在工序图上确定本工序加工表面位置的基准。如表 1-14 工序 1 的安装 Ⅰ 中,E 面的工序基准是 D 面,安装 2 中 F 面的工序基准是 E 面;又如,工序 3 中 $\phi12$ 孔的工序基准是轴心线 $O—O$ 及端面 E。选择工序基准应考虑:

1) 尽可能用设计基准做工序基准。当采用设计基准为工序基准有困难时,可另选工序基准,但必须可靠地保证零件的设计尺寸和技术要求。

2) 所选工序基准应尽可能用于工件的定位和工序尺寸的检查。

(2) 定位基准

定位基准是加工中用作定位的基准,又可进一步分为粗基准、精基准和附加基准等。

表1-14 定位套筒零件机械加工工艺过程

工序号	机床与夹具	工序内容	工序简图
1	普通车床三爪卡盘	夹外圆一端（外圆另一端找正）：车外圆 *B* 至 $\phi50.3_{-0.1}^{0}$；车端面 *D*，车平；车端面 *E*，保证尺寸 $52.75_{0}^{+0.2}$；切槽 1×1×45°；钻孔 $\phi25$；车孔至 $\phi29.7_{0}^{+0.1}$；内外圆倒角 *C*1。 夹 $\phi50.3_{-0.1}^{0}$ 外圆：车外圆 *C* 至 $\phi78$；车端面 *F*，保证尺寸 $12.45_{-0.2}^{0}$；内孔倒角 *C*1	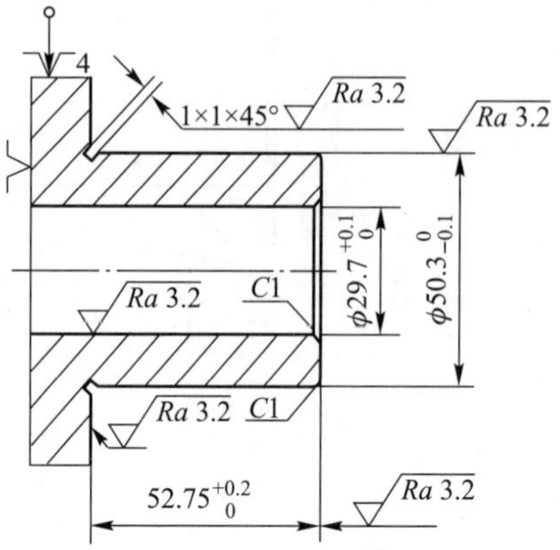 4 1×1×45° Ra 3.2 Ra 3.2 $\phi29.7_{0}^{+0.1}$ $\phi50.3_{-0.1}^{0}$ Ra 3.2 C1 Ra 3.2 C1 $52.75_{0}^{+0.2}$ Ra 3.2 安装Ⅰ 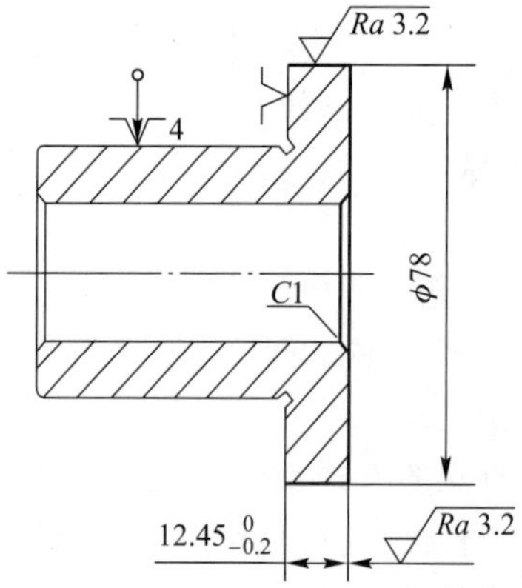 Ra 3.2 4 C1 $\phi78$ $12.45_{-0.2}^{0}$ Ra 3.2 安装Ⅱ
2		划线（$\phi12$ 及 $4\times\phi7$ 孔）	
3	钻床平口钳	夹 $\phi50.3_{-0.1}^{0}$ 外圆，按划线找正：钻 $\phi12$ 孔，保证尺寸 31.85±0.1	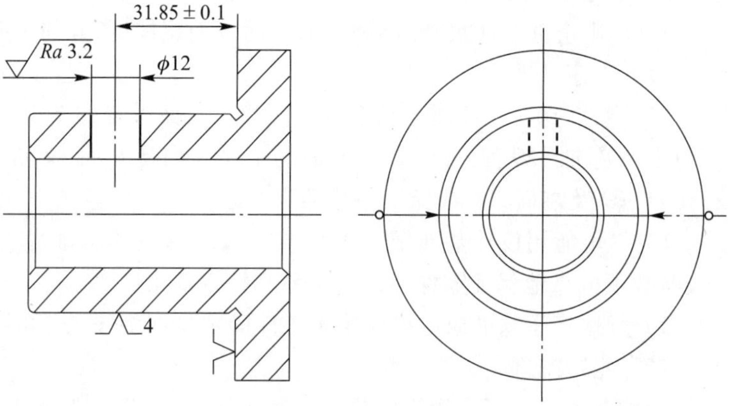 31.85±0.1 Ra 3.2 $\phi12$ 4

续表

工序号	机床与夹具	工序内容	工序简图
4	钻床 三爪 卡盘	夹 $\phi 50.3_{-0.1}^{0}$ 外圆，按划线找正：钻 4×ϕ7 孔。 ϕ7 孔导向：锪 4×ϕ11 孔	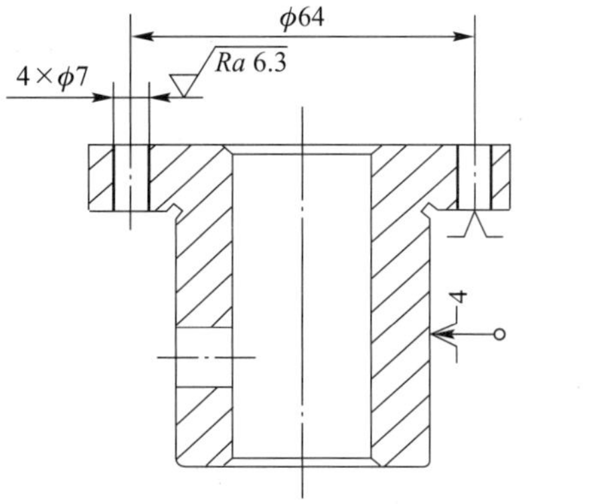 安装Ⅰ 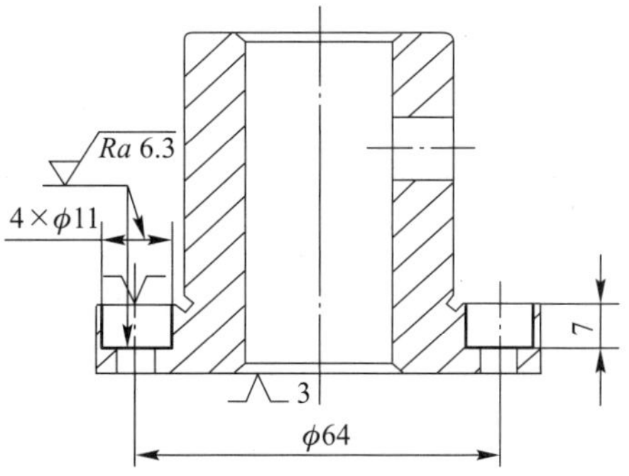 安装Ⅱ
5	内圆 磨床 三爪 卡盘	夹 $\phi 50.3_{-0.1}^{0}$ 外圆：磨内孔 A 至 $\phi 30_{0}^{+0.21}$；磨端面 F，保证尺寸 $12.25_{-0.2}^{0}$	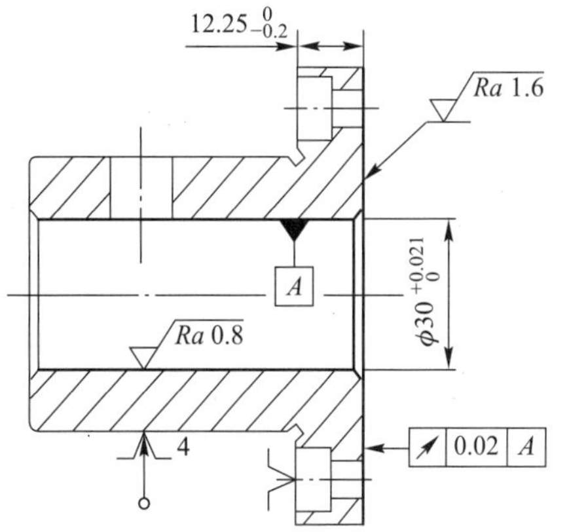

续表

工序号	机床与夹具	工序内容	工序简图
6	外圆磨床心轴	心轴定位装夹：磨外圆 B 至 $\phi50_{-0.025}^{-0.009}$；磨端面 E，保证尺寸 $12.05_{-0.1}^{0}$	

符号说明：√3——定位符号，数字表示定位点数（数字为1不标）；↓——夹紧符号；√4——定位同时夹紧

1）粗基准　使用未经机械加工表面作为定位基准，称为粗基准。显然，机械加工工艺过程中第一道机械加工工序所使用的定位基准都是粗基准。如表1-14工序1中的安装Ⅰ，使用的工件毛坯（棒料）外圆表面定位基准为粗基准。

2）精基准　使用经过机械加工表面作为定位基准，称为精基准。表1-14中，除工序1中的安装Ⅰ外，其余各工序和安装所使用的定位基准均为精基准。

3）附加基准　零件上根据机械加工工艺需要而专门设计的定位基准，称为附加基准。例如，用作轴类零件定位的顶尖孔，用作壳体类零件定位的工艺孔或工艺凸台等都属于附加基准。图1-28所示为车床小刀架为加工导轨面时保证装夹稳定而专门设置的工艺凸台。

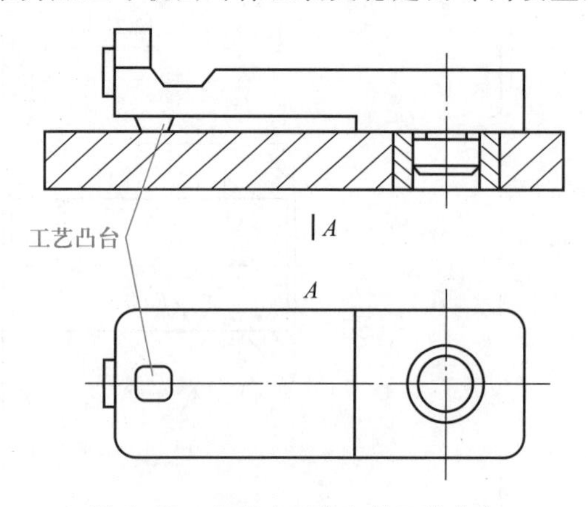

图1-28　车床小刀架上的工艺凸台

（3）测量基准

在加工中或加工后进行测量时，所使用的基准称为测量基准。如表1-14工序1中的安装Ⅰ，E面的测量基准是D面，安装Ⅱ中F面的测量基准是E面；而在工序6中，E面的测量基准是F面。

（4）装配基准

在装配时，用来确定零件或部件在产品中相对位置所采用的基准，称为装配基准。装配基准通常与设计基准是一致的。

1.4.3　生产类型及其工艺特点

1. 生产纲领

企业根据市场要求和自身能力决定生产计划。在计划期内应当生产的产品数量称为生产纲领。计划期通常为一年，零件的年生产纲领N按下式计算

$$N=Qn(1+\alpha+\beta) \tag{1-9}$$

式中：Q——产品年产量（件/年）；

n——每台产品中该零件数量（件/台）；

α——备品率（%）；

β——废品率（%）。

2. 生产类型

生产类型是指企业（或车间）生产专业化程度的分类。主要根据产品的生产纲领，并考虑产品的体积、重量和其他特征，生产类型一般可分成：单件小批量生产、成批生产和大批大量生产。目前，常规的机械制造工艺基本上是在“批量法则”之下组织生产活动的，不同的生产类型有着不同的工艺特点，见表1-15。

表1-15　各种生产类型的工艺过程的主要特点

工艺过程特点	单件小批生产	成批生产	大批大量生产
工件互换性与装配方法	一般配对制造； 广泛采用调整或修配方法	大部分互换； 少数钳工修配	全部有互换性； 某些精度要求较高的配合件用分组选择装配法
毛坯的制造方法及加工余量	1. 型材锯床、热切割下料 2. 木模手工砂型铸造 3. 自由锻造 4. 弧焊（手工，通用焊机） 5. 冷作（旋压等） 加工余量大	1. 型材下料（锯、剪） 2. 砂型（手工、机器造型） 3. 模锻 4. 弧焊（专机），钎焊 5. 冲压 加工余量中等	1. 型材剪切 2. 金属模机器造型，压铸 3. 模锻生产线 4. 压焊、弧焊生产线 5. 多工位冲压，冲压生产线 加工余量小
机床设备及其布置形式	通用机床； “机群式”排列布置	部分通用机床和部分专用机床； “机群式”或生产线布置	广泛采用高生产率的专用机床及自动机床； 按流水线形式排列布置

续表

工艺过程特点	单件小批生产	成批生产	大批大量生产
工件装夹方法及夹具	通用夹具，或组合夹具； 部分找正装夹，部分夹具装夹	广泛采用夹具； 夹具装夹，部分划线找正装夹	广泛采用高效、专用夹具； 夹具装夹
刀具和量具	通用刀具和量具	部分采用通用刀具和量具； 部分采用专用刀具和量具	广泛采用高效率专用刀具和量具
对工人的技术要求	高	一般	对操作工人的技术要求较低，对调整工人的技术要求较高
工艺规程	简单工艺过程卡	有较详细工艺过程卡及部分关键工序的工序卡	有详细的工艺过程卡和工序卡

需要指出的是，随着市场需求的变化和先进制造技术的发展及其广泛应用，传统的生产制造方式正在发生巨大的变革，各种生产类型的工艺特点也在逐渐发生变化，并存在向柔性化的方向发展的总趋势。

本章学习提要

本章首先从大制造的概念出发，介绍生产、制造、制造技术、制造系统等基本概念，机械制造业的发展简况及其在国民经济中的地位，并阐述与现代制造技术密切相关的制造哲理和生产模式。然后对机械制造方法与制造过程进行概括说明，并给出零件表面切削加工成形方法及成形运动，为后续内容展开进行铺垫。

学习本章内容，应深刻理解"大制造"概念的内涵和实质，正确认识"大制造"与"小制造"之间的关系，了解现代制造哲理，以便能用系统的观点从全局上把握住制造技术的基本问题。同时应对机械制造过程的基本概念和切削加工方法有深刻理解。

主要术语

制造	生产	生产系统	制造业
制造系统	制造技术	批量法则	成组技术
计算机集成制造	并行工程	管理信息系统	物料需求计划
企业资源计划	制造执行系统	全面质量管理	精益生产
大规模定制	机械制造工艺过程	零件成形方法	主运动
进给运动	切削用量	切削速度	进给量
背吃刀量	机械加工工艺过程	工序	工步

走刀	基准	设计基准	工艺基准
工序基准	定位基准	粗基准	精基准
附加基准	测量基准	装配基准	生产纲领
生产类型			

习题与思考题

1-1　如何用系统的观点定义生产？

1-2　如何从广义和狭义上理解“制造”？其含义是什么？

1-3　如何理解制造系统的物质流和信息流？

1-4　制造业在国民经济中占有什么样的位置？为什么说机械制造业是国民经济的基础？

1-5　什么是批量法则？为何存在合理最小生产批量？

1-6　简述成组技术的基本原理。

1-7　什么是零件编码系统？如何用零件编码表示零件的特征？

1-8　写出图 1-24 所示阶梯轴零件(材料:45 钢,毛坯:棒料)和图 1-29 所示摇杆零件(材料:HT300,毛坯:铸件)的 JLBM-1 成组编码,要求画出零件结构简图,标明与编码有关的尺寸与技术要求,并说明各位编码对应的特征。

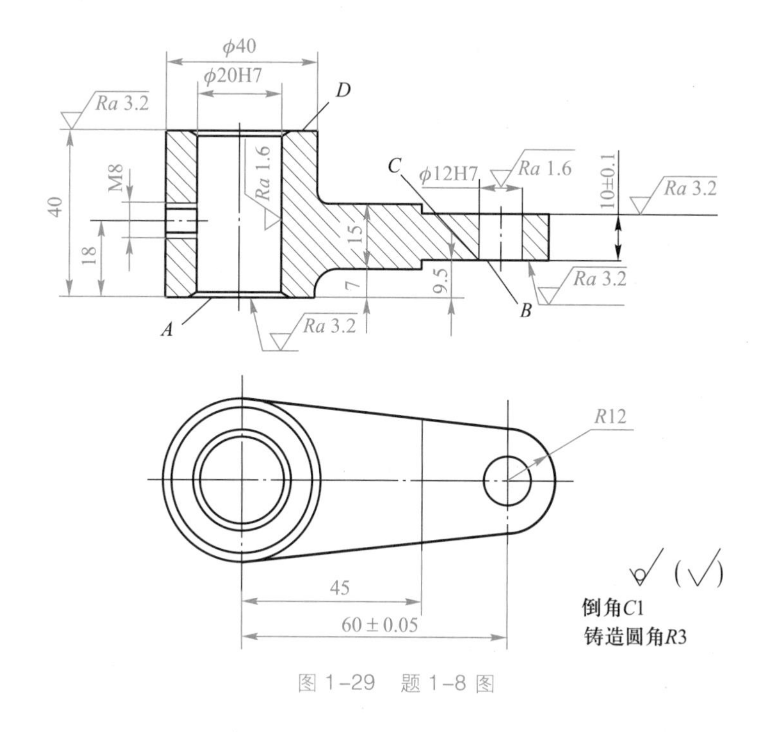

图 1-29　题 1-8 图

1-9　什么是成组工艺装备？采用成组工艺装备有何优点？

1-10　如何理解 CIM 的实质？CIM 与 CIMS 的关系如何？

1-11　画简图说明 CIMS 的结构体系。

1-12　说明并行工程的基本思想及实施并行工程的主要方面。

1-13　什么是面向制造的设计(DFM)? DFM有哪些基本规则?

1-14　试分析图1-30所示零件在结构工艺性上有哪些缺陷和错误?如何改进?画出改进后的零件简图。

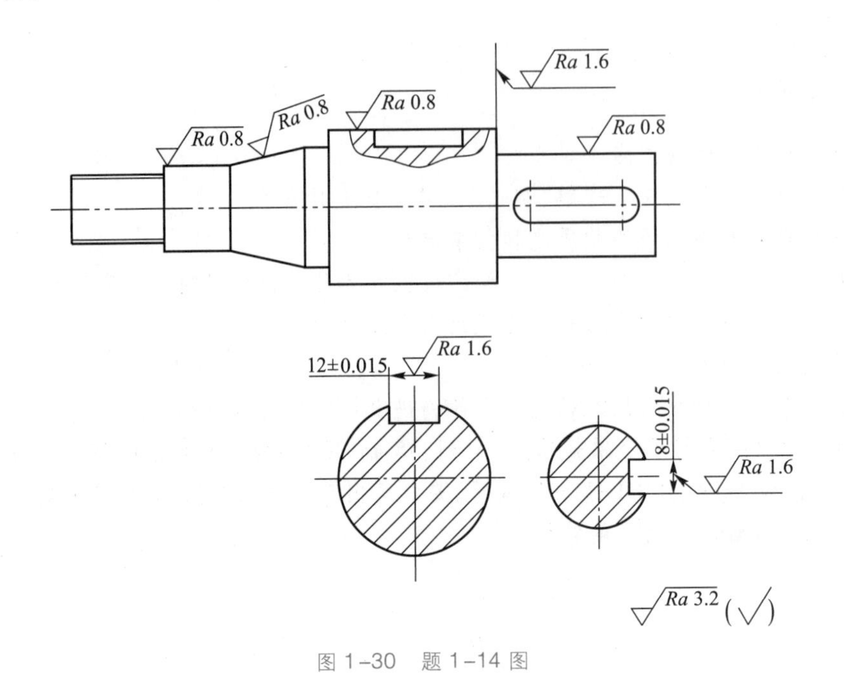

图1-30　题1-14图

1-15　图1-31所示为某产品的结构树(图中括号内数字表示构成上一级产品所需零、部件或零、部件所需材料的数量)。已知产品和部件的装配周期均为1周,零件的加工周期为2周,材料(毛坯,外购件)的订货周期为3周。若要求第9周完成产品50件,第10周完成产品100件。试用MRP方法安排零、部件的进度计划和原材料(毛坯,外购件)的订货计划。(设当前时间和各项库存均为零)

1-16　什么是MRP?什么是MRPⅡ?什么是ERP?试说明三者之间的关系。

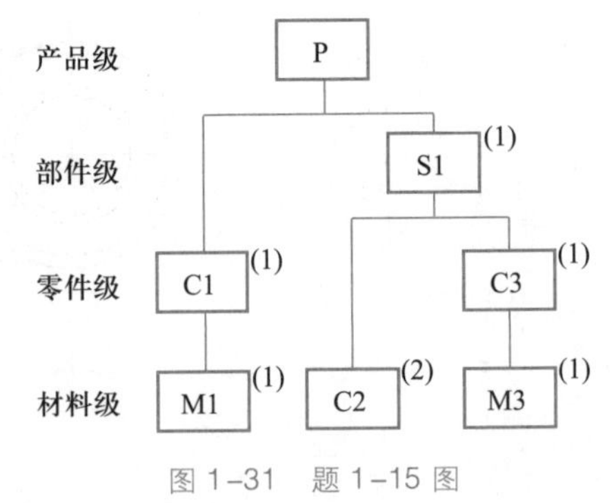

图1-31　题1-15图

1-17　制造执行系统(MES)的基本功能是什么?

1-18　试说明全面质量管理的内涵及特点。

1-19　什么是PDCA循环?PDCA循环包括哪几个阶段?

1-20　什么是精益生产?精益生产的核心和本质是什么?精益生产与大量生产相比有哪些不同?

1-21　什么是大规模定制?

1-22　什么是机械制造工艺过程?机械制造工艺过程主要包括哪些内容?

1-23　根据零件加工前后物料在重量上的变化,零件制造方法可分为几类?并说明各类方法的应用范围。

1-24　切削加工的成形运动有哪些?各成形运动的功用是什么?切削用量三要素是什么?

1-25 试说明外圆表面、内圆表面、平面、螺纹和齿轮常用的机械加工方法。

1-26 什么是机械加工工艺过程？什么是工序、安装、工位、工步？

1-27 什么是设计基准？什么是工艺基准？什么是粗基准和精基准？什么是附加基准？试说明图1-24所示阶梯轴零件(材料:45钢,毛坯:棒料)的设计基准、粗基准和精基准。

1-28 说明绘制工序图的要点,试绘制图1-24所示阶梯轴零件磨削工序的工序图。

1-29 简述不同生产类型的主要工艺特点,并分析其原因。

第2章　机床与夹具设计

学习目标

1）了解金属切削机床分类、组成与性能参数。

2）理解装夹方法，了解机床夹具组成与分类；掌握和应用定位原理，掌握定位误差的计算方法，了解常用的定位方法与定位元件。

3）理解夹紧力方向及作用点的确定原则，掌握夹紧力的估算方法，了解常用夹紧机构的特点与应用。

4）了解各类机床夹具的典型结构及设计要点，掌握夹具的设计步骤与方法。

2.1　机床

2.1.1　机械加工工艺系统

机械加工工艺过程硬件与软件的集合称为机械加工工艺系统。

机械加工工艺系统的硬件通常由机床、夹具、刀具和工件构成。其中，加工工件是机械加工的对象。机床是实现对工件进行机械加工的必要设备，为机械加工提供切削加工运动和动力。夹具是装夹工件的重要工艺装备，用来实施对工件的定位和夹紧，使工件在加工时相对于机床或刀具保持一个正确的位置。刀具是直接对工件进行加工的工具，将直接用来切除工件毛坯上预留的材料层。机床、夹具、刀具和工件的共同作用，使工件能够获得合格的尺寸精度、形状精度、位置精度及表面质量，并最终达到零件的设计要求。

机械加工工艺系统的软件包括加工方法、工艺过程、数控程序等。工艺系统软件是对工艺系统硬件的必要支持。

研究机械制造工艺系统的组成及其内在的规律，其目的是使工艺系统的软、硬件有机地结合起来，以达到工艺过程最佳化的目标。

2.1.2　机床的分类与型号编制

1. 机床的分类

机床分类方法很多，最常用的分类方法是按机床的加工性质和所用刀具来分类。根据国家标准 GB/T 15375——2008《金属切削机床　型号编制方法》，我国将机床分为11大类，它们是：车床、钻床、镗床、磨床、齿轮加工机床、螺纹加工机床、铣床、刨插床、拉床、锯床和其他机床。每一类机床又可按其结构、性能和工艺特点的不同细分为若干组，如车床类就有：普通车床、立式车床、六角车床、多刀半自动车床、单轴自动车床和多轴自动车床等。我国切削类机床的类别和组别见表2-1。

表 2-1 机床的类别和组别

类及代号		组代号										
		0	1	2	3	4	5	6	7	8	9	型号示例[①]
车床 C		仪表车床	单轴自动车床	多轴自动、半自动车床	回轮、转塔车床	曲轴及凸轮轴车床	立式车床	落地及卧式车床	仿形及多刀车床	轮、轴、锭、辊及铲齿车床	其他车床	床身上最大工件回转直径为400 mm的卧式车床(普通车床),其型号为 C6140 型; 最大棒料直径为 50 mm 的六轴棒料自动车床,其型号为 C2150×6 型
钻床 Z			坐标镗钻床	深孔钻床	摇臂钻床	台式钻床	立式钻床	卧式钻床	铣钻床	中心孔钻床	其他钻床	最大钻孔直径为 40 mm,最大跨距为 1 600 mm 的摇臂钻床,其型号为 Z3040×16 型; 最大钻孔直径为 20 mm 的立式钻削加工中心,其型号为 ZH5120 型
镗床 T				深孔镗床		坐标镗床	立式镗床	卧式镗铣床	精镗床	汽车、拖拉机修理用镗床	其他镗床	工作台面宽度为 500 mm,五轴联动卧式加工中心,其型号为 TH6350/5L 型; 工作台面宽度为 800 mm 的高精度双柱坐标镗床,其型号为 TG4280 型
磨床	M	仪表磨床	外圆磨床	内圆磨床	砂轮机	坐标磨床	导轨磨床	刀具刃磨床	平面及端面磨床	曲轴、凸轮轴、花键轴及轧辊磨床	工具磨床	最大磨削直径为 400 mm 的高精度数控外圆磨床,其型号为 MKG1340 型; 最大回转直径为 400 mm 的半自动曲轴磨床,其型号为 MB8240 型
	2M		超精机	内圆珩磨机	外圆及其他珩磨机	抛光机	砂带抛光及磨削机床	刀具刃磨及研磨机床	可转位刀片磨削机床	研磨机	其他磨床	最大珩孔直径为 200 mm 的深孔珩磨机,其型号为 2M2120 型; 工作台面宽度为 200 mm 的平面砂带磨床,其型号为 2M5820 型
	3M		球轴承套圈沟磨床	滚子轴承套圈滚道磨床	轴承套圈超精机		叶片磨削机床	滚子加工机床	钢球加工机床	气门、活塞及活塞环磨床	汽车拖拉机修磨机床	最大工件孔径为 200 mm 的摆式轴承内圈沟磨床,其型号为 3M1120 型; 最大工件孔径为 90 mm 的自动轴承内圈沟超精机,其型号为 3MZ319 型

续表

类及代号	组代号										型号示例
	0	1	2	3	4	5	6	7	8	9	
齿轮加工机床 Y	仪表齿轮加工机床		锥齿轮加工机床	滚齿机及铣齿机	剃齿机及珩齿机	插齿机	花键轴铣床	齿轮磨齿机	其他齿轮加工机床	齿轮倒角机及齿轮检查机	最大工件直径为 800 mm 的精密滚齿机，其型号为 YM3180 型； 最大工件直径为 320 mm 的插齿机，其型号为 Y5132 型
螺纹加工机床 S				套丝机	攻丝机		螺纹铣床	螺纹磨床	螺纹车床		最大工件直径为 200 mm 的半自动万能螺纹磨床，其型号为 SB7250 型； 最大工件直径为 325 mm 的高精度滚刀铲磨床，其型号为 SG7832 型
铣床 X	仪表铣床	悬臂及滑枕铣床	龙门铣床	平面铣床	仿形铣床	立式升降台铣床	卧式升降台铣床	床身铣床	工具铣床	其他铣床	工作台面宽度为 400 mm 的数控立式升降台铣床，其型号为 XK5040 型； 工作台面宽度为 250 mm 的万能工具铣床，其型号为 X8125 型
刨插床 B		悬臂刨床	龙门刨床			插床	牛头刨床		边缘及模具刨床	其他刨床	最大刨削宽度为 1 600 mm 的龙门刨床，其型号为 B2016 型； 最大插削长度为 320 mm 的插床，其型号为 B5032 型
拉床 L			侧拉床	卧式外拉床	连续拉床	立式内拉床	卧式内拉床	立式外拉床	键槽、轴瓦及螺纹拉床	其他拉床	额定拉力为 100 kN 的卧式内拉床，其型号为 L6110 型； 额定拉力为 100 kN 的上拉式键槽拉床，其型号为 L8510 型
锯床 G			砂轮片锯床		卧式带锯床	立式带锯床	圆锯床	弓锯床	锉锯床		最大锯削直径为 320 mm 的自动卧式带锯床，其型号为 GZ4032 型； 锯片尺寸为 710 mm 的圆锯床，其型号为 G607 型
其他机床 Q	其他仪表机床	管子加工机床	木螺钉加工机		刻线机	切断机	多功能机床				最大加工直径为 80 mm 的管子螺纹车床，其型号为 Q1380 型； 最大加工直径为 500 mm 的高精度圆刻线机，其型号为 QG405 型

① 机床型号的表示方法详见 GB/T 15375—2008《金属切削机床　型号编制方法》。

2. 机床型号表示方法

根据 GB/T 15375—2008《金属切削机床　型号编制方法》的规定，机床型号是用汉语拼音字母和阿拉伯数字组合而成的。型号中包含：机床的类别代号、机床的特性代号（包括通用特性代号和结构特性代号）、机床的组别和系别代号、主要性能参数代号、机床重大改进序号等。通用机床的型号表示方法如图 2-1 所示。

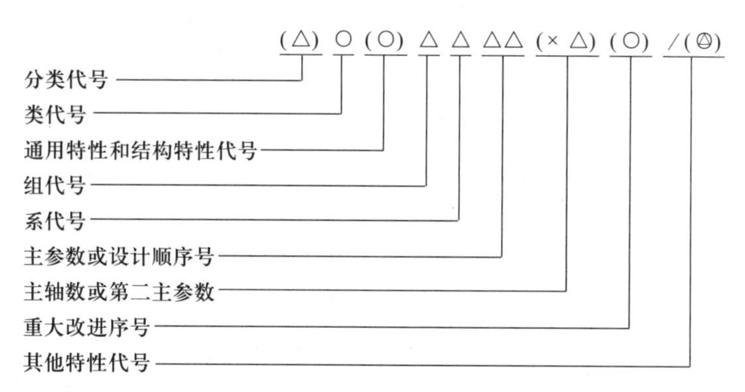

注：1) 有“(　)”的代号或数字，当无内容时则不表示，若有内容时应去掉括号；
2) 有“○”符号者，为大写的汉语拼音字母；
3) 有“△”符号者，为阿拉伯数字；
4) 有“◎”符号者，为大写的汉语拼音字母，或阿拉伯数字，或两者兼有之。

图 2-1　通用机床的型号表示方法

（1）机床的分类及类代号　机床类别的代号用大写汉语拼音字母表示。例如，用“C”表示“车床”，读“车”。有的机床又由若干分类组成，分类代号用阿拉伯数字表示，置于类别代号之前，但第 1 分类不予表示。机床的分类及代号见表 2-2。

表 2-2　机床的分类及代号

类别	车床	钻床	镗床	磨床			齿轮加工机床	螺纹加工机床	铣床	刨插床	拉床	电加工机床	切断机床	其他机床
代号	C	Z	T	M	2M	3M	Y	S	X	B	L	D	G	Q
读音	车	钻	镗	磨	二磨	三磨	牙	丝	铣	刨	拉	电	割	其

（2）机床的特性代号　机床的特性代号，包括通用特性和结构特性，也用汉语拼音字母表示。当某类机床，除有普通形式外，还有如表 2-3 中所列的各种通用特性时，则应在类别代号之后加上相应的通用特性代号，如 CM6132 表示精密普通车床。结构特性代号是为了区别主参数相同而结构不同的机床，如 CA6140 和 C6140 是结构有区别而主参数相同的普通车床。当机床有通用特性也有结构特性代号时，结构特性代号应排在通用特性代号之后。

（3）机床组、系的划分及其代号　每类机床按其结构性能和适用范围分为若干组，各组的主要布局和适用范围基本相同；每组机床又分为若干系，同系机床的基本结构和布局形式一样，且工件和刀具本身及其相对运动特点基本相同。用两位数字作为组和系代号，位于类别和特性代号之后，第一位数字表示组别，第二位数字表示系别。

表2-3　机床通用特性代号

通用特性	高精度	精密	自动	半自动	数控	加工中心（自动换刀）
代号（读音）	G(高)	M(密)	Z(自)	B(半)	K(控)	H(换)
通用特性	仿形	轻型	加重型	柔性加工单元	数显	高速
代号（读音）	F(仿)	Q(轻)	C(重)	R(柔)	X(显)	S(速)

(4) 主参数、设计顺序号　机床主参数表示机床规格和加工能力，用两位十进制数并以折算值（主参数乘以折算系数）表示。常用主参数的折算系数为1/10（或1/100，或1/1）。某些通用机床无法用一个主参数表示时，则在型号中用设计顺序号表示。

(5) 主轴数和第二主参数　多轴机床的主轴数以实际数值列入型号，置于主参数之后，用"×"号分开。有时型号中需要标明第二主参数（如工件最大长度、最大跨距等），亦用折算值表示。

(6) 机床重大改进的序号　性能和结构经过重大改进的机床，应在原机床型号后面以英文字母A、B、C、D…表示是第几次改进的序号，例如C6140A表明是第一次重大改进。

(7) 其他特征代号　其他特征代号用汉语拼音字母（I、O除外）或阿拉伯数字或两者兼有表示，用于反映各类机床的特性。

专用机床和机床自动线型号表示方法详见GB/T 15375—2008。

2.1.3　机床基本组成

各类机床通常都由下列基本部分组成：

(1) 动力源　为机床提供动力（功率）和运动的驱动部分，如各种交流电动机、直流电动机和液压传动系统的液压泵、液压马达等。

(2) 传动系统　包括主传动系统、进给传动系统和其他运动的传动系统，如变速箱、进给箱等部件，有些机床主轴组件与变速箱合在一起成为主轴箱。

(3) 支承件　用于安装和支承其他固定的或运动的部件，承受其重力和切削力，如床身、底座、立柱等。支承件是机床的基础构件，亦称机床大件或基础件。

(4) 工作部件　包括：① 与主运动和进给运动有关的执行部件，例如主轴及主轴箱，工作台及其溜板或滑座，刀架及其溜板，以及滑枕等安装工件或刀具的部件；② 与工件和刀具有关的部件或装置，如自动上下料装置、自动换刀装置、砂轮修整器等；③ 与上述部件或装置有关的分度、转位、定位机构和操纵机构等。不同种类的机床，由于其用途、表面形成运动和结构布局的不同，这些工作部件的构成和结构差异很大。

(5) 控制系统　控制系统用于控制各工作部件的正常工作，主要是电气控制系统，有些机床局部采用液压或气动控制系统。数控机床则是数控系统。

(6) 冷却系统　包括对切削区域（主要针对刀具和工件）的冷却和对机床发热部件的冷却。

(7) 润滑系统　主要是对机床各运动部件的润滑。

(8) 其他装置 如排屑装置,自动测量装置等。

图 2-2 ~ 图 2-8 所示分别为车床、铣床、加工中心、钻床、镗床和磨床的基本结构。

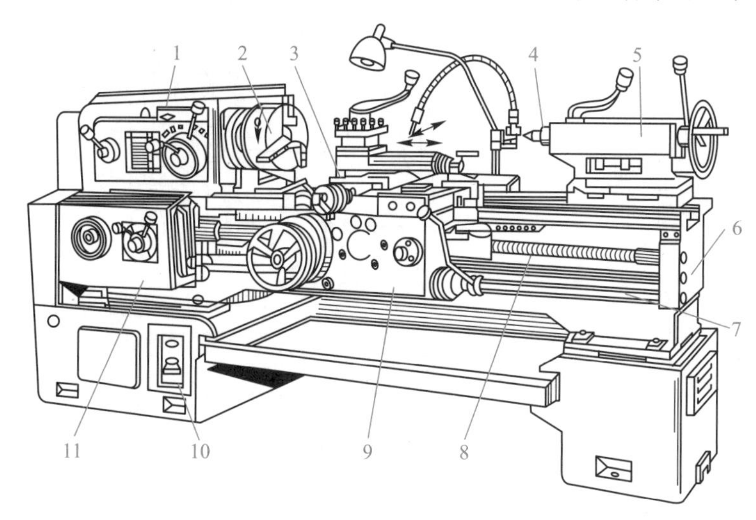

图 2-2 卧式车床

1—主轴箱;2—卡盘;3—刀架;4—后顶尖;5—尾座;6—床身;
7—光杠;8—丝杠;9—溜板箱;10—底座;11—进给箱

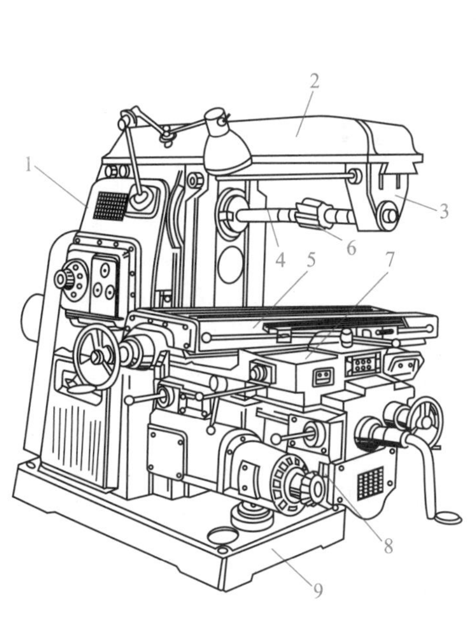

图 2-3 万能卧式升降台铣床

1—床身;2—悬梁;3—支架;4—主轴;5—工作台;
6—铣刀;7—滑座;8—升降台;9—底座

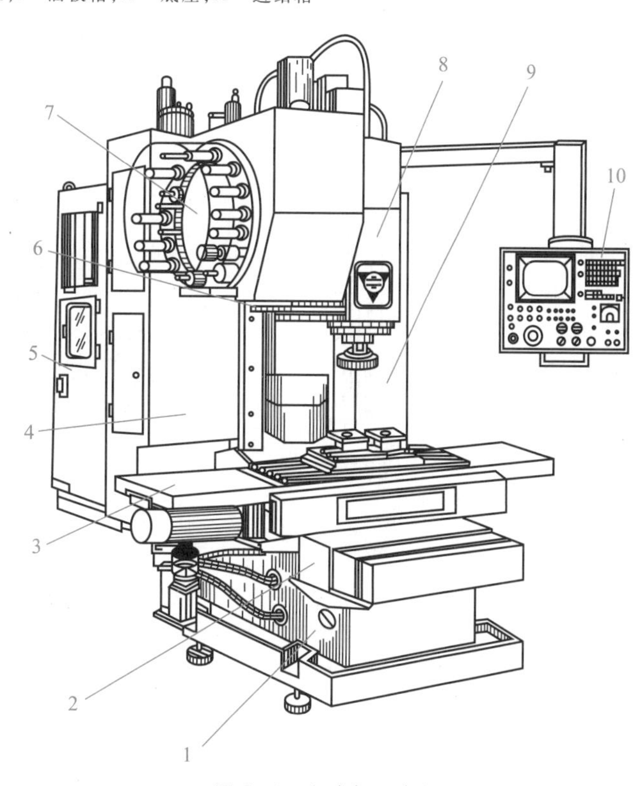

图 2-4 立式加工中心

1—床身;2—滑座;3—工作台;4—立柱;5—数控柜;6—机械手;
7—刀库;8—主轴箱;9—驱动电柜;10—操纵面板

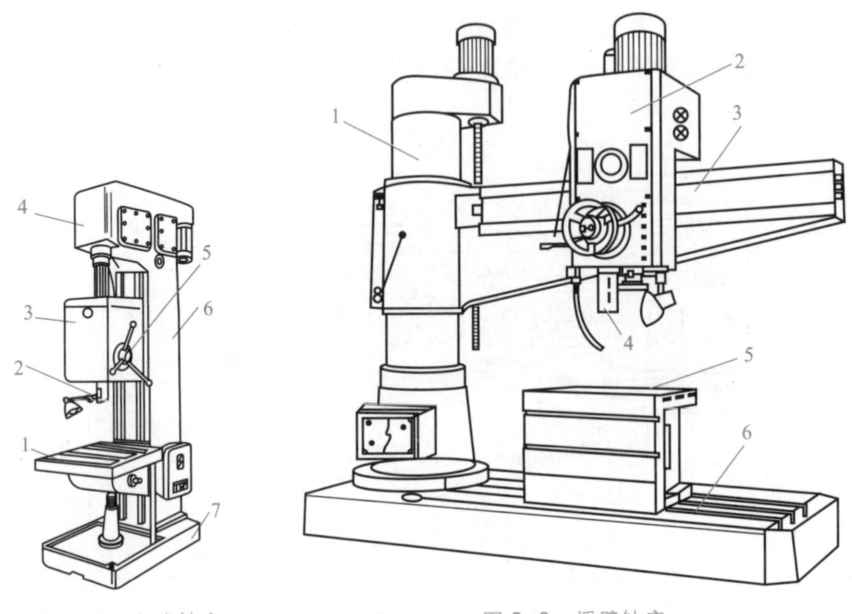

图 2-5 立式钻床

1—工作台;2—主轴;3—主轴箱;4—变速箱;
5—进给手柄;6—立柱;7—底座

图 2-6 摇臂钻床

1—立柱;2—主轴箱;3—摇臂;4—主轴;
5—工作台;6—底座

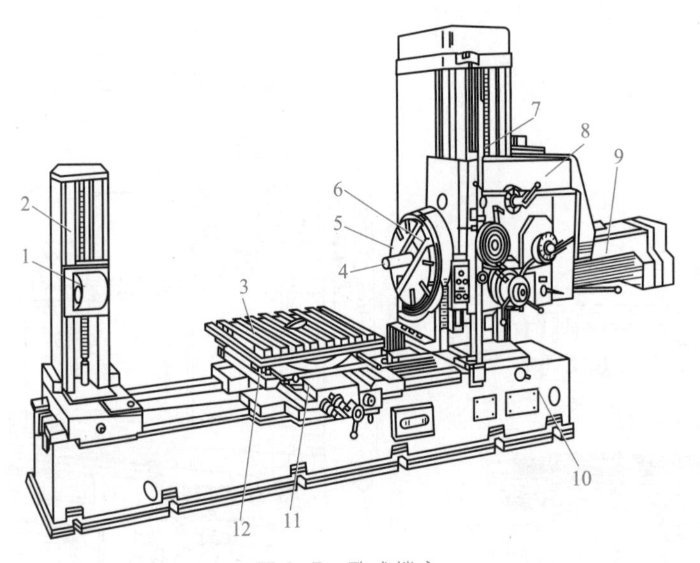

图 2-7 卧式镗床

1—后支架;2—后立柱;3—工作台;4—镗轴;5—平旋盘;6—径向刀具溜板;7—前立柱;
8—主轴箱;9—后尾筒;10—床身;11—下滑座;12—上滑座

2.1.4 机床技术性能指标

机床的技术性能是根据使用要求提出和设计的,通常包括下列内容:

1. 机床的工艺范围

机床的工艺范围是指可以完成的工序种类、能加工的零件类型、使用的刀具、所能达到的加

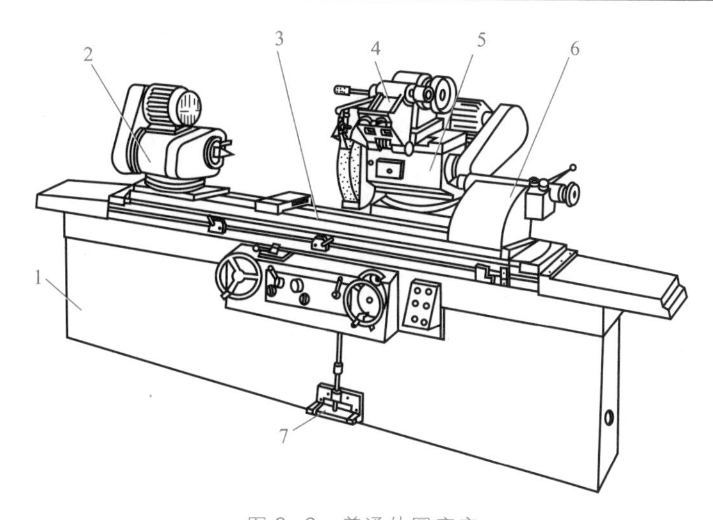

图 2-8　普通外圆磨床

1—床身;2—床头箱;3—工作台;4—内圆磨附件;5—砂轮架;6—尾座;7—脚踏操作板

工精度、适用的生产规模等。不同的机床,其工艺范围也不同。通用机床具有较宽的工艺范围,在同一台机床上可以满足较多的加工需要,适用于单件小批生产。专用机床是为特定零件的特定工序而设计的,自动化程度和生产效率都较高,但它的加工范围很窄。数控机床解决了小批量生产的自动化问题,它能适应产品的频繁更新,又能满足零件较高精度的要求。

2. 机床的技术参数

机床的主要技术参数包括:尺寸参数、运动参数与动力参数。

(1) 尺寸参数。具体反映机床的加工范围,包括主参数、第二主参数和与加工零件有关的其他尺寸参数。各类机床的主参数和第二主参数我国已有统一规定,见表 2-4。

表 2-4　常用机床的主参数和第二主参数

机床名称	主参数	第二主参数
普通车床	床身上工件最大回转直径(1/10)	工件最大长度
立式车床	最大车削直径(1/100)	
摇臂钻床	最大钻孔直径	最大跨距
卧式镗床	主轴直径(1/10)	
坐标镗床	工作台工作面宽度(1/10)	工作台工作面长度
外圆磨床	最大磨削直径(1/10)	最大磨削长度
矩台平面磨床	工作台工作面宽度(1/10)	工作台工作面长度
滚齿机	最大工件直径(1/10)	最大模数
龙门铣床	工作台工作面宽度(1/100)	工作台工作面长度
升降台铣床	工作台工作面宽度(1/10)	工作台工作面长度
龙门刨床	最大刨削宽度(1/100)	
镗铣加工中心	工作台工作面宽度(1/10)	

(2) 运动参数。机床执行件的运动速度,例如主轴的最高转速与最低转速,刀架的最大与最小进给量。

(3) 动力参数。指机床驱动主运动、进给运动和空行程运动的电动机的功率,有些机床还给出主轴允许承受的最大扭矩等其他内容。

3. 机床的精度与刚度

机床的精度包括几何精度和运动精度。机床的几何精度指机床在静止状态下的原始精度,包括各主要零部件的制造精度及其相互间的位置精度。机床的运动精度指机床的主要部件运动时的各项精度,包括回转运动精度、直线运动精度、传动精度等。

机床的刚度是指机床在受力作用下抵抗变形的能力,包括静刚度和动刚度。静刚度指机床在外界静态力作用下抵抗变形的能力。在交变外力作用下,机床会发生振动,机床动刚度是机床抗振性的重要指标。

2.1.5 智能机床

机床的发展历程,从传统的手动机床(操作者手动控制),发展到数控机床(通过数控编程,由数控系统实现机床的数字控制),再发展到网联机床(机床设备互联互通,实现了机床状态数据的采集与汇集),最后发展为新一代智能机床。

智能机床是在工业互联网、大数据、云计算的基础上,应用新一代人工智能技术、信息技术和传感器技术提升机床的状态感知、学习认知、决策控制等执行能力,以实现机床的自主感知、自主学习认知、自主优化决策、自主控制执行。与数控机床和网联机床相比,智能机床在硬件、软件、交互方式、控制指令、知识获取等方面都有很大的区别。

同时,数控软件系统具有多种灵活扩展的智能 APP,在机床固化功能的基础上,不断扩展机床功能。例如,德国 DMG 公司 2013 年开始开发的 CELOS 控制系统,如图 2-9 所示,采用多点触控显示屏幕和类似智能手机的图形化操作界面,可以通过控制系统访问所有与生产相关的信息,已开发了 27 个 APP 应用,按功能分为生产计划、生产辅助、生产配置、状态监测、支持服务等 5 大类。

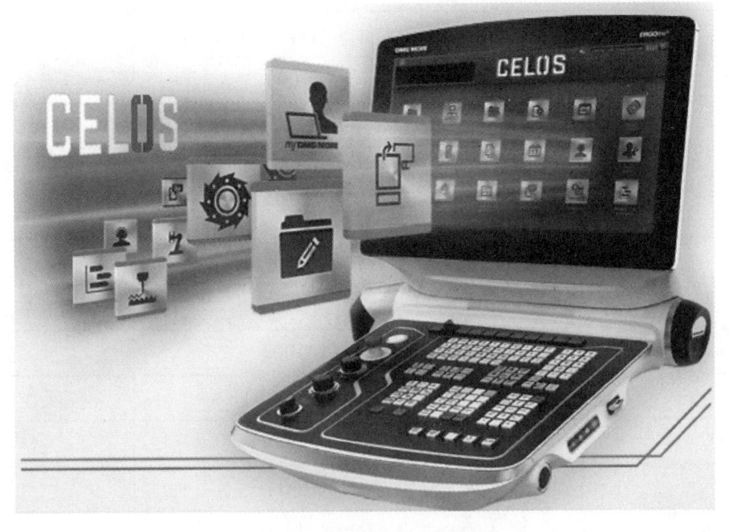

图 2-9 CELOS APP 界面

CELOS APP 能够连接 CAD/CAM 及 ERP 应用系统。通过计算机使用所有的 CELOS 功能，可以规划、控制生产和制造工艺，创建、分配任务至机床，实时显示机床的状态，并随时掌控生产过程。CELOS APP 分为标配 APP 和可选 APP，见表 2-5。

表 2-5 CELOS APP 汇总

APP 分类	标配 APP	可选 APP
生产计划	任务管理，进度安排，工作日历，工艺计算器	排产计划
生产辅助	应用连接，任务助手，文档管理，YULIP APP	高级排产，3D 零件分析
生产配置	CNC，节能降耗，数字资料，换刀清单	生产实时数据，粗糙度测量，过程控制
状态监测	状态监控，信息汇总	性能检测，传感器数据分析，可视化信息汇总
支持服务	用户化服务，网络服务，服务商受理	扩展服务

2.2 工件的装夹与机床夹具概述

2.2.1 工件的装夹

在机械加工时，必须先将工件在机床上或者夹具中装夹好。装夹应做到定位并夹紧。为了使工件的待加工表面加工后能获得要求的尺寸、位置精度，必须使工件在机床上或夹具中占有一个正确的位置，即定位；在加工过程中，工件在各种力的作用下应当保持定位后的正确位置不变动，这就需要夹紧的操作。装夹是否正确、稳固、合理、方便，对加工质量、生产率和经济性均有较大的影响。

工件在机床上的装夹方式，取决于生产批量、工件大小及复杂程度、加工精度要求及定位的特点等。主要形式有三种：直接找正装夹、划线找正装夹和使用夹具装夹。

1. 直接找正装夹

将工件装在机床上，然后按工件的某个（或某些）表面，用划针或用百分表等量具进行找正，以获得工件在机床上的正确位置。例如，在车床上加工套筒零件内孔，为保证套筒零件内孔与外圆的同轴度要求，可用精加工过的外圆以千分表进行找正后加工（图 2-10）。又如，单件加工齿轮时，常要求齿坯加工保证内孔与外圆的同轴度，然后以齿坯外圆找正，加工齿部，可以间接保证齿圈与内孔同轴。

直接找正装夹效率较低，找正精度主要取决于操作的技术水平，可以达到很高的精度，适用于单件小批生产或定位精度要求特别高的场合。

2. 划线找正装夹

事先按图纸要求在工件表面上划出位置线、加工线和找正线；装夹工件时，先按照找正线找正工件的位置，然后夹紧工件。例如，在支座零件上镗孔，可先在划线台上划出十字中心线，再划出找正线和加工线（图 2-11）。然后将工件安装在四爪卡盘上，按找正线找正后夹紧。

划线找正装夹不需要专用设备，通用性好，但效率低，精度并不高，通常划线找正精度只能达到 0.1 ~ 0.5 mm。此方法多用于单件小批生产中铸件的粗加工工序。

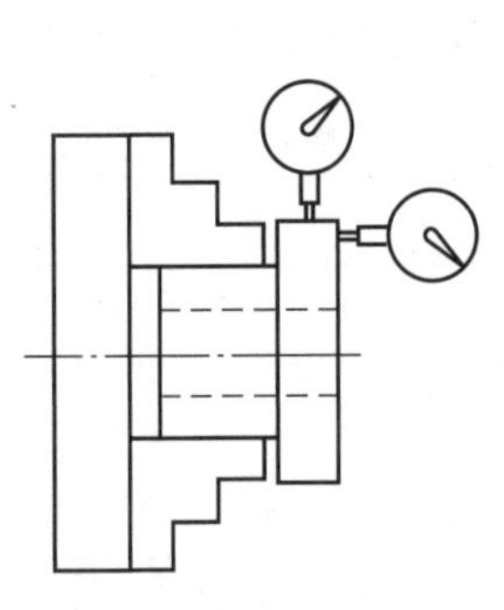

图 2-10 直接找正装夹

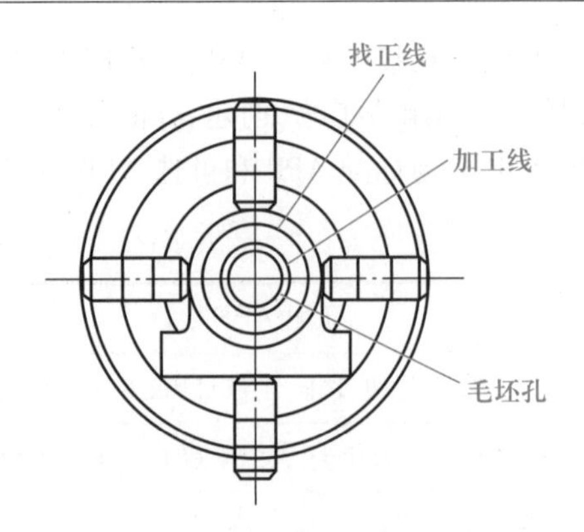

图 2-11 划线找正装夹

3. 使用夹具装夹

使用夹具装夹时，工件可在夹具中迅速而正确地定位和夹紧。这种装夹方式效率高、定位精度靠夹具保证，定位精度高而可靠，还可以减轻工人的劳动强度和降低对工人技术水平的要求，因而广泛应用于各种生产类型。图 2-12 所示为齿轮毛坯在滚齿夹具上装夹的示例。

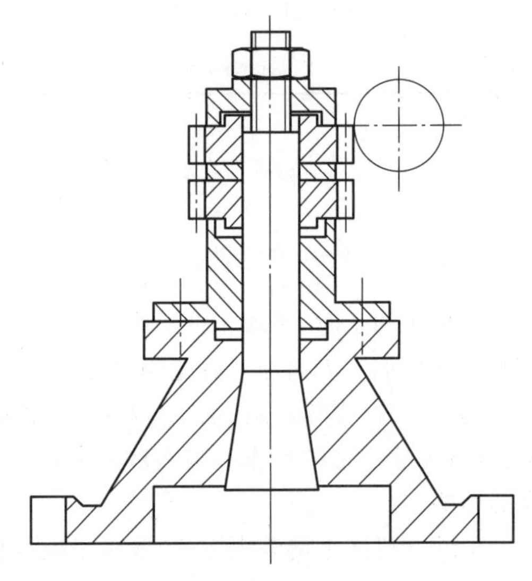

图 2-12 齿轮毛坯在滚齿夹具上装夹

2.2.2 机床夹具的组成

图 2-13 是一个铣轴端槽的夹具。工件以外圆和端面为定位基准，放在一个固定 V 形块 1 和支承套 2 上定位，转动手柄 3，偏心轮推动活动 V 形块夹紧工件。对刀块 6 用来确定铣刀相对工件的位置。所有的装置和元件都装在夹具体 5 上。为了方便确定夹具在机床上的正确位置，在夹具底部装有导向键（图 2-13 中的件 4）。安装夹具时只要将两个导向键放入铣床工作台的 T 形槽中并靠向一侧，则不需找正便可将夹具固紧在机床工作台上。

由上述分析可见，机床夹具的组成部分如下：

（1）定位元件及定位装置　它们是用来确定工件在夹具上位置的元件或装置，如图 2-13 中的固定 V 形块、支承套等。

（2）夹紧元件及夹紧装置　如图 2-13 中的偏心轮、手柄及活动 V 形块等。

（3）对刀及导向元件　它们是用来确定刀具位置或引导刀具方向的元件，如图 2-13 中的对刀块、钻夹具中的钻套等。

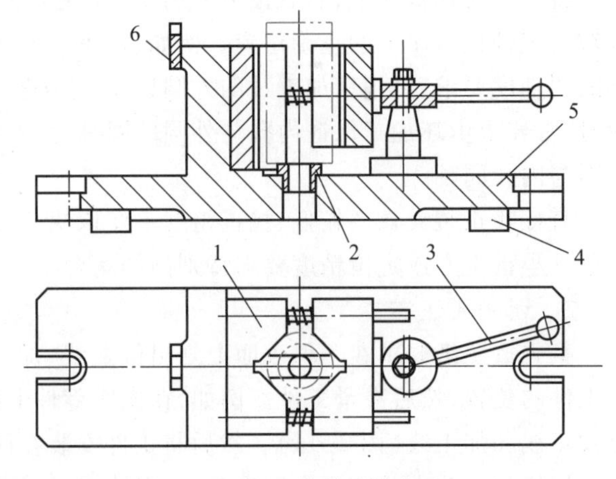

图 2-13 铣轴端槽夹具

1—V 形块；2—支承套；3—手柄；4—导向键；5—夹具体；6—对刀块

（4）连接元件　它们是用来确定夹具和机床之间正确位置的元件，如图 2-13 中的导向键等。

（5）其他元件及装置　如某些夹具中的分度装置、防错（防止错误安装）装置、为便于卸下工件而设置的顶出器等。

（6）夹具体　将上述元件和装置连成整体的基础件，如图 2-13 所示的件 5。

2.2.3 机床夹具的分类

按机床夹具的使用范围，可将其划分为以下几类：

（1）通用夹具　例如车床的三爪自定心卡盘、四爪单动卡盘、顶尖、拨盘及花盘等；铣床用的平口虎钳、分度头及回转工作台等；平面磨床上的电磁吸盘等。这些夹具通用性强，应用十分广泛，一般已标准化，并由专门的专业工厂生产，常作为机床的附件提供给用户。

（2）专用夹具　这是为某一特定工件的特定工序而专门设计的夹具。图 2-13 所示夹具就是一专用夹具。专用夹具广泛应用于批量生产中。

（3）通用可调夹具　这类夹具的特点是夹具的部分元件可以更换，部分装置可以调整，以适应不同零件的加工。针对成组加工中某一工序而设计制造的可调整夹具，称为成组夹具。通用可调整夹具与成组夹具相比，加工对象不很明确，适用范围更广一些。

图 2-14a 所示为一用于成组加工的可调整钻床夹具，图 2-14b 为利用该夹具加工的部分零件工序示意图。零件以内孔（ϕD_1）和左端面在定位套筒（KH2）上定位，通过拉杆夹紧，加工径向

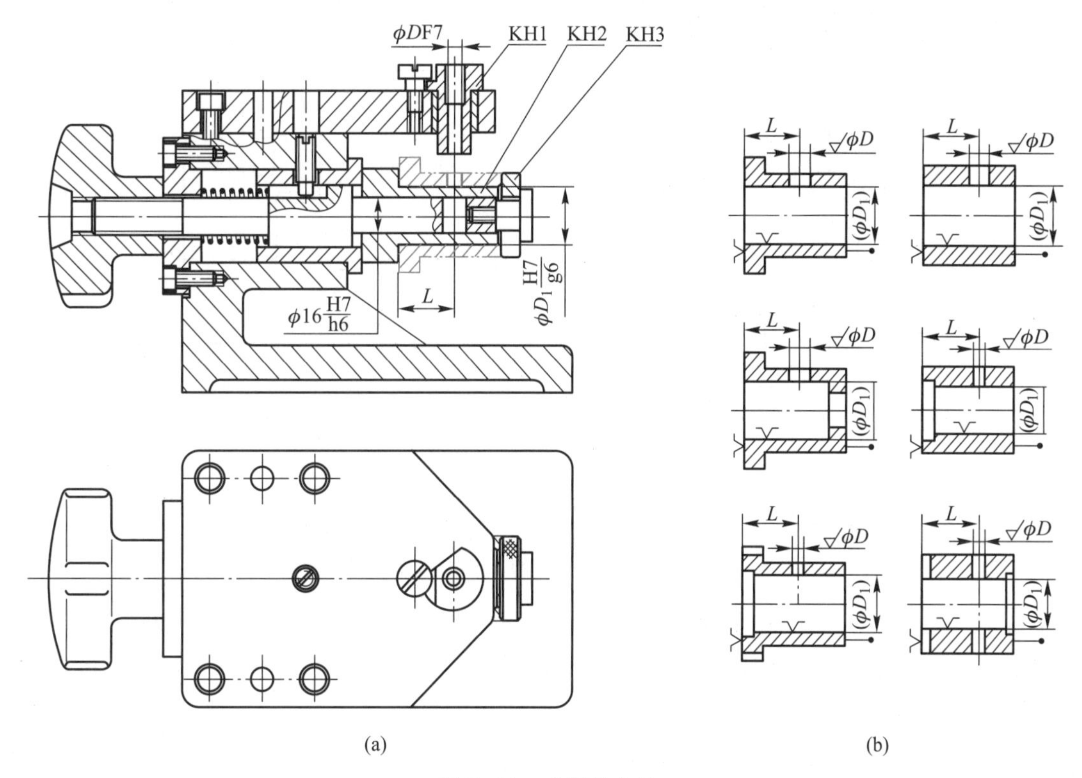

图 2-14　成组钻夹具

孔(ϕD),要求保证加工孔轴线与零件内孔(ϕD_1)轴线垂直相交及至左端面的位置尺寸 L。在该夹具中,夹具体、钻模板、滑套、拉杆(心轴)等构成夹具的基础部分,固定不变;而钻套(KH1)、定位套筒(KH2)和开口垫圈(KH3)为可更换零件,其结构与尺寸根据被加工零件确定。

(4) 组合夹具 它是由一套预先制造好的标准元件组合而成的。这些元件具有各种不同形状、尺寸和规格,并具有良好的互换性、耐磨性和较高的精度。根据工件的工艺要求,可将不同的组合夹具元件像搭积木一样,组装成各种专用夹具。使用完毕后,元件可方便地拆开,洗净后存放起来,待需要时重新组装成新的夹具。组合夹具由于它的灵活和通用,使生产准备周期大大缩短,同时能节约大量设计、制造夹具的工时和材料,特别适用于新产品试制、单件小批生产和临时性生产任务。

图2-15所示为一铣拨叉槽组合夹具。工件以 ϕ24H7 孔及其端面以及大圆弧面定位。在方形基础板1上并排安装多槽大长方支承5和小长方支承13,再在其上安装侧中孔定位支承12。在件12的侧面螺孔中拧入两个螺钉14,装回转压板15。在件12的中间孔中装入定位销17,定位销大外圆与工件 ϕ24H7 孔配合。双头螺栓16通过件17和件12拧入件15,用圆螺母18将件17紧固。装在件5上的圆形定位盘4用作工件角度定向,定位盘4的位置尺寸57和74.63是通过几何计算得到的。厚六角螺母8和10用作可调支承,承受切削力。

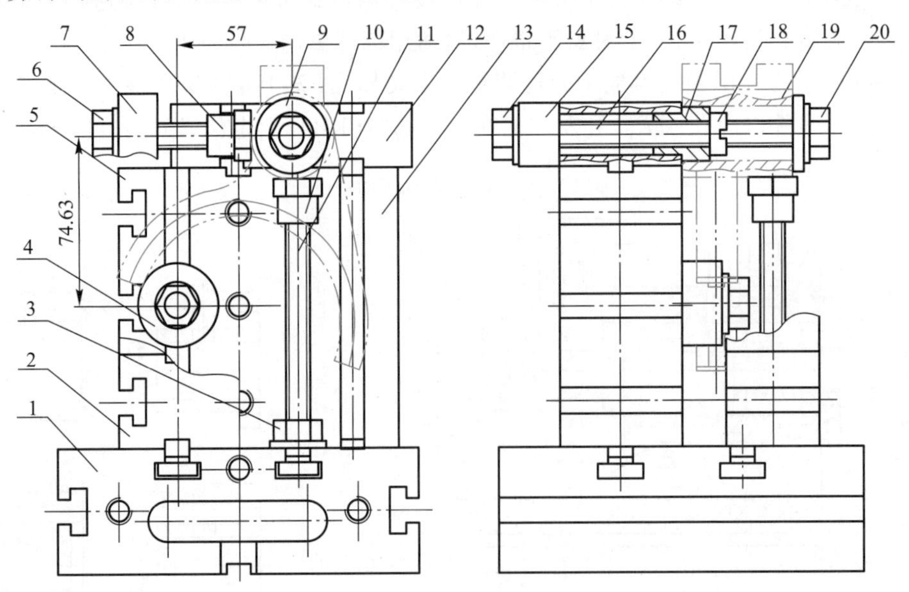

图2-15 铣拨叉槽组合夹具

1—方形基础板;2、13—小长方支承;3、20—六角螺母;4—ϕ40 圆形定位盘;5—大长方支承;6、14—螺钉;7—右支承角铁;8、10—厚六角螺母;9—垫圈;11—槽用螺栓;12—侧中孔定位支承;15—回转压板;16—双头螺栓;17—ϕ24 圆形定位销;18—圆螺母;19—工件

(5) 随行夹具 这是一种在自动线或柔性制造系统中使用的夹具。工件安装在夹具上,夹具除完成对工件的定位和夹紧外,还载着工件由输送装置送往各机床,并在机床上被定位和夹紧。

划分夹具类型的方式还有很多。若按夹具所使用的机床来划分,可分为钻床夹具、铣床夹具、车床夹具等;若按夹具所采用的夹紧动力源可把夹具分为手动夹具、气动夹具、液压夹具、电磁夹具、真空夹具等。

近年来发展的智能夹具,其标志之一是将传感器及其技术引入夹具设计。例如,德国 Hainbuch 公司推出的 Toplus IQ 智能卡盘(见图 2-16),它集成了测量技术,能在旋转过程中持续地测量电子夹紧力及其变化,从而实时测量有效夹紧力。

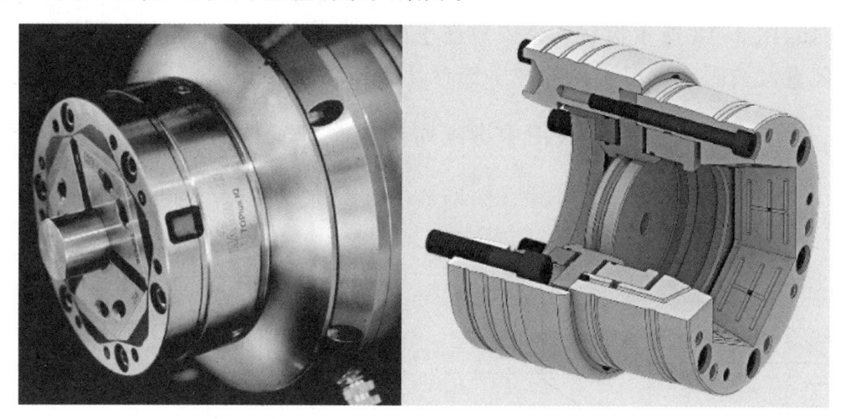

图 2-16 Toplus IQ 智能卡盘

2.2.4 机床夹具的功能

(1) 保证加工质量 使用机床夹具的首要任务是保证加工精度,特别是保证被加工工件加工面与定位面之间以及被加工表面相互之间的位置精度。使用机床夹具后,这种精度主要靠夹具和机床来保证,不再依赖于工人的技术水平。

(2) 提高生产效率,降低生产成本 使用夹具后可减少划线、找正等辅助时间,且易实现多件、多工位加工。在现代机床夹具中,广泛采用气动、液动等机动夹紧装置,可使辅助时间进一步减少。

(3) 扩大机床工艺范围 在机床上使用夹具可使加工变得方便,并可扩大机床的工艺范围。例如,在车床或钻床上使用镗模,可以代替镗床镗孔。又如,使用靠模夹具,可在车床或铣床上进行仿形加工。

(4) 减轻工人劳动强度,保证安全生产。

2.3 工件在夹具上的定位

2.3.1 定位原理

1. 六点定位原则

任何一个工件,在其位置尚未确定前,均具有六个自由度,即沿空间三个直角坐标轴 X、Y、Z 方向的移动与绕它们的转动,分别以 $\vec{X}$、$\vec{Y}$、$\vec{Z}$、$\overset{\frown}{X}$、$\overset{\frown}{Y}$、$\overset{\frown}{Z}$ 表示。要使工件在机床或夹具中正确定位,必须限制或约束工件的这些自由度,如图 2-17 所示。采用六个定位支承点合理布置,使工件有关定位基面与其相接触,每一个定位支承点限制了工件的一个自由度,便可将工件六个自由度完全限制,使工件在空间的位置被唯一地确定。这就是通常所说的工件的六点定位原则。

要说明的是:

(1) 机械加工中关于自由度的概念与力学中自由度的概念不完全相同。机械加工中的自由度实际上是指工件在空间位置的不确定性,故有些文献称此为不确定度。特别要注意将定位与夹紧的概念区分开来。工件一经夹紧,其空间位置就不能再改变。但这并不意味着其空间位置是确定的。例如,图 2-18 所示板状工件安放在平面磨床的磁性工作台上,扳动磁性开关后,工件即被夹紧,其位置就被固定。但工件放在工作台什么位置上并不确定,既可以放在位置 1 上(图中实线所示),也可以放在位置 2 上(图中虚线所示),也即工件的 $\vec{X}$、$\vec{Y}$ 和 $\widehat{Z}$ 三个自由度未被限制。

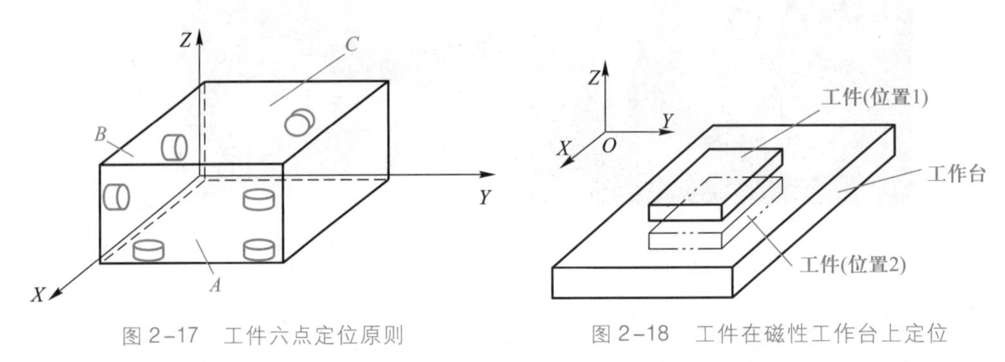

图 2-17 工件六点定位原则

图 2-18 工件在磁性工作台上定位

(2) 六点定位原则中"点"的含义是限制自由度,不要机械地理解成接触点。如图 2-18所示,将板状工件安放在工作台上限制了三个自由度,是三点定位。实际上,工件与工作台面接触点可能有多个。

实际生产中,工件总是通过定位元件实现其在夹具或机床上的定位。定位元件有多种形式,常用的有支承钉、支承板、定位销、定位套、心轴、V 形块等,其中多数已标准化。表 2-6 给出一些典型定位元件的定位分析,请读者特别注意其限制的自由度。

表 2-6 典型定位元件的定位分析

工件定位面	夹具定位元件				
平面	支承钉	定位情况	一个支承钉	两个支承钉	三个支承钉
		图示			
		限制自由度	$\vec{Y}$	$\vec{X},\widehat{Z}$	$\vec{Z},\widehat{X},\widehat{Y}$

续表

工件定位面	夹具定位元件				
平面	支承板	定位情况	一块条形支承板	两块条形支承板	一块矩形支承板
		图示	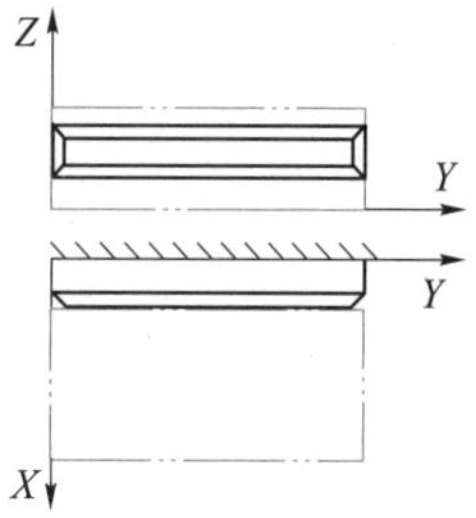	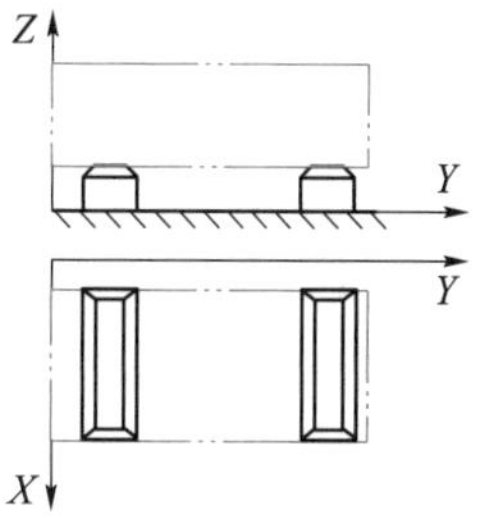	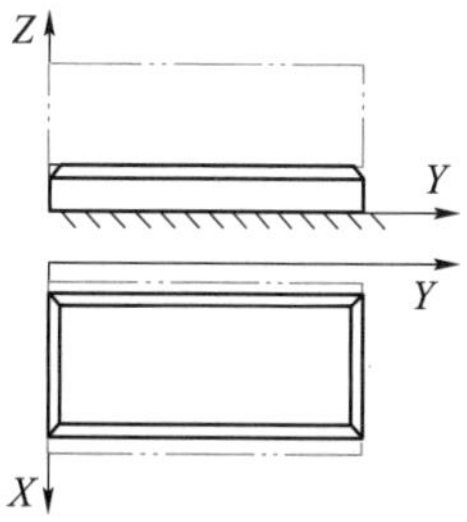
		限制自由度	$\vec{X}$, $\overset{\frown}{Z}$	$\vec{Z}$, $\overset{\frown}{X}$, $\overset{\frown}{Y}$	$\vec{Z}$, $\overset{\frown}{X}$, $\overset{\frown}{Y}$
外圆柱面	V形块	定位情况	一块短 V 形块	两块短 V 形块	一块长 V 形块
		图示	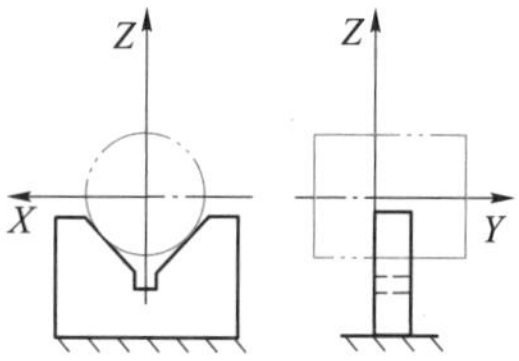	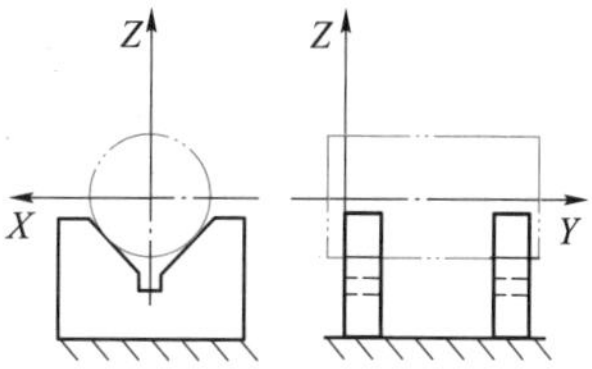	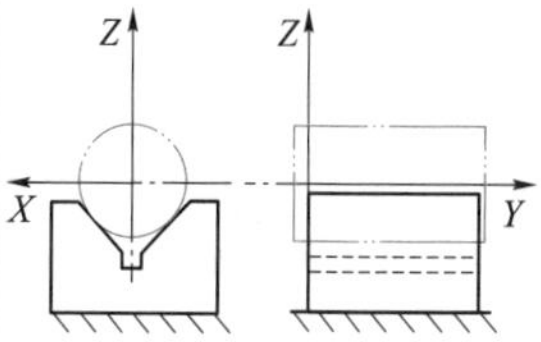
		限制自由度	$\vec{X}$, $\vec{Z}$	$\vec{X}$, $\vec{Z}$, $\overset{\frown}{X}$, $\overset{\frown}{Z}$	$\vec{X}$, $\vec{Z}$, $\overset{\frown}{X}$, $\overset{\frown}{Z}$
	定位套	定位情况	一个短定位套	两个短定位套	一个长定位套
		图示	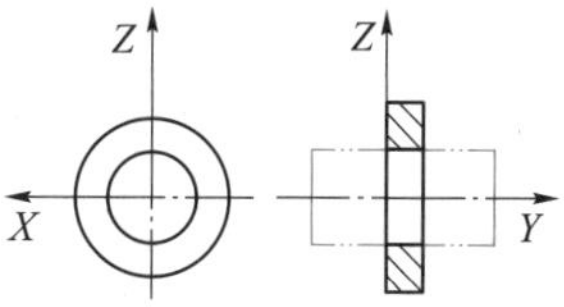	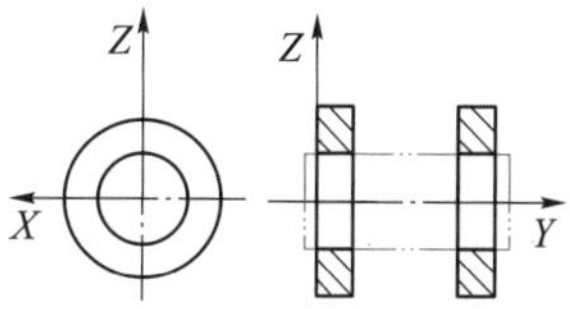	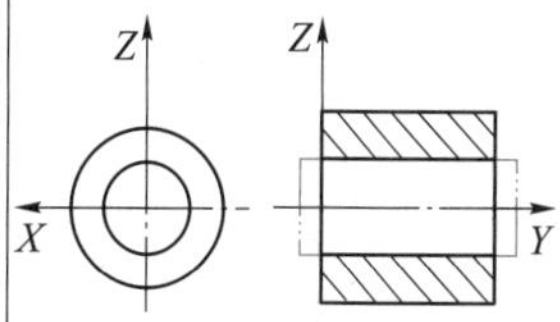
		限制自由度	$\vec{X}$, $\vec{Z}$	$\vec{X}$, $\vec{Z}$, $\overset{\frown}{X}$, $\overset{\frown}{Z}$	$\vec{X}$, $\vec{Z}$, $\overset{\frown}{X}$, $\overset{\frown}{Z}$

续表

工件定位面	夹具定位元件				
圆孔	圆柱销	定位情况	短圆柱销	长圆柱销	两段短圆柱销
		图示	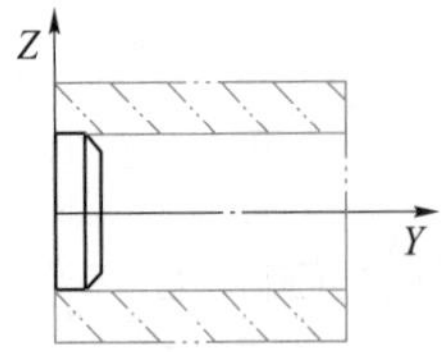	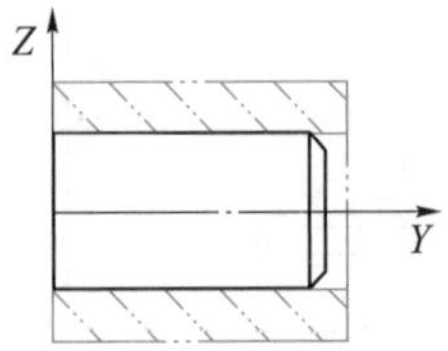	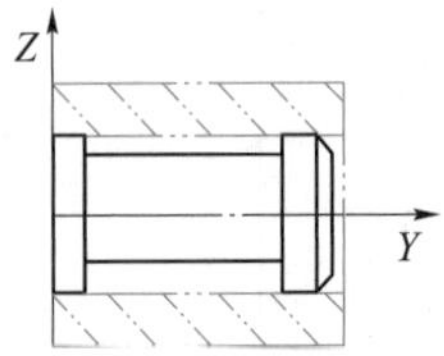
		限制自由度	$\vec{X},\vec{Z}$	$\vec{X},\vec{Z},\widehat{X},\widehat{Z}$	$\vec{X},\vec{Z},\widehat{X},\widehat{Z}$
		定位情况	菱形销	长销小平面组合	短销大平面组合
		图示	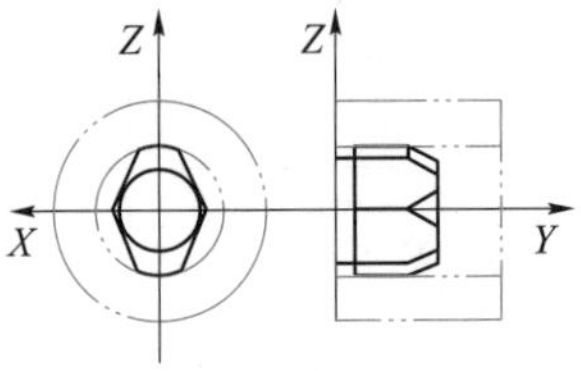	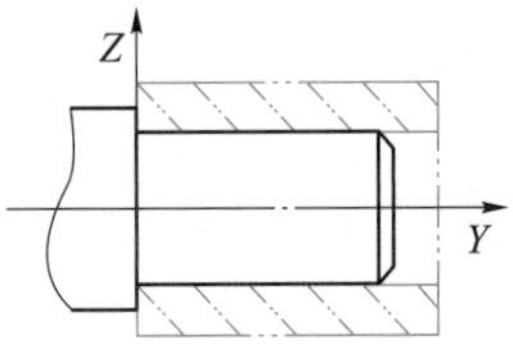	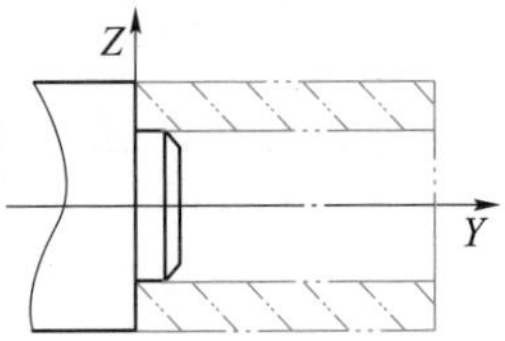
		限制自由度	$\vec{Z}$	$\vec{X},\vec{Y},\vec{Z},\widehat{X},\widehat{Z}$	$\vec{X},\vec{Y},\vec{Z},\widehat{X},\widehat{Z}$
	圆锥销	定位情况	固定锥销	浮动锥销	固定锥销与浮动锥销组合
		图示	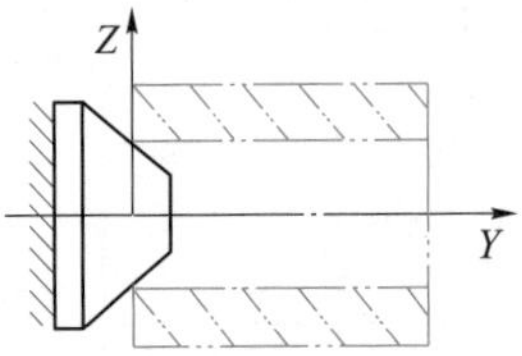	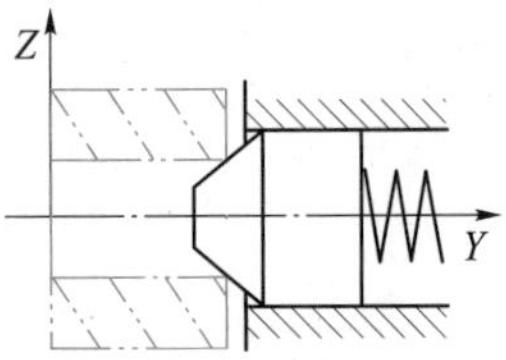	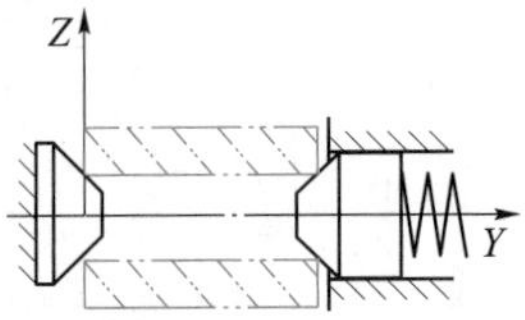
		限制自由度	$\vec{X},\vec{Y},\vec{Z}$	$\vec{X},\vec{Z}$	$\vec{X},\vec{Y},\vec{Z},\widehat{X},\widehat{Z}$
	心轴	定位情况	长圆柱心轴	短圆柱心轴	小锥度心轴
		图示	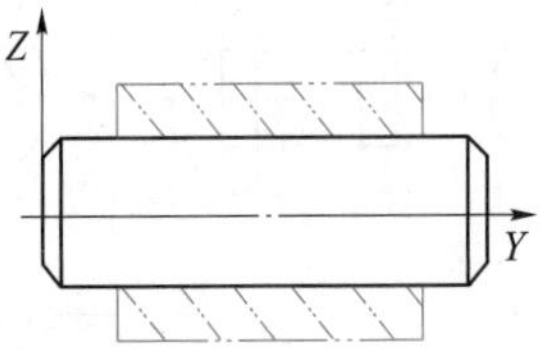	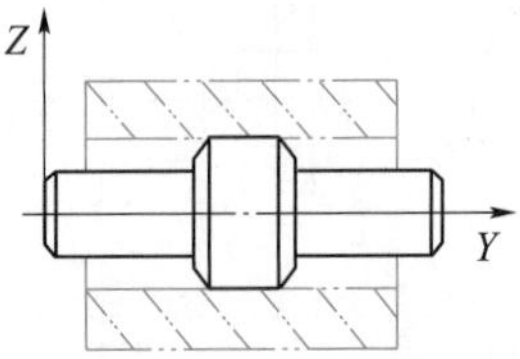	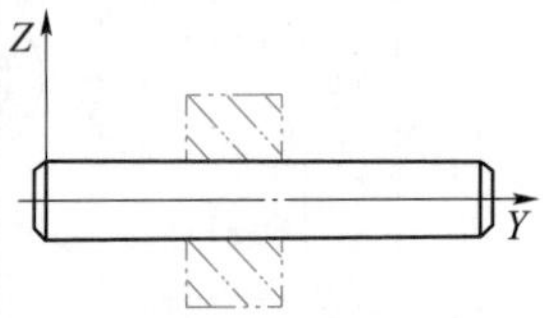
		限制自由度	$\vec{X},\vec{Z},\widehat{X},\widehat{Z}$	$\vec{X},\vec{Z}$	$\vec{X},\vec{Z},\widehat{X},\widehat{Z}$

续表

工件定位面	夹具定位元件				
圆锥面	锥顶尖及锥度心轴	定位情况	固定顶尖	浮动顶尖	锥度心轴
		图示			
		限制自由度	$\vec{X},\vec{Y},\vec{Z}$	$\vec{X},\vec{Z}$	$\vec{X},\vec{Y},\vec{Z},\widehat{X},\widehat{Z}$

定位元件所限制的自由度与其长度、大小、数量及其组合有关,在进行定位分析时,需要综合考虑。如长圆柱销限制四个自由度,短圆柱销限制两个自由度;一个矩形支承板限制三个自由度,一块条形支承板限制两个自由度,两块条形支承板(相当于一个矩形支承板)限制三个自由度;一个短 V 形块限制两个自由度,两个短 V 形块(相当于一个长 V 形块)限制四个自由度。

在组合定位分析时,由于有多个表面(或多个定位元件)同时参与定位,各定位表面(或定位元件)所起的作用有主次之分。通常称定位点数最多的表面(或元件)为主要定位面(或主要定位元件)或支承面(如图 2-17 中工件底面 A),称定位点数次多的表面(或元件)为第二定位基准面(或第二定位元件)或导向面(如图 2-17 中工件侧面 B),称定位点数为 1 的表面为第三定位基准面(或第三定位元件)或止动面(如图 2-17 工件端面 C)。

在分析多个表面定位情况下各表面限制的自由度时,分清主次定位面(或定位元件)很重要。如表 2-6 中工件以孔定位时,若采用固定锥销与浮动锥销组合定位,应首先确定固定锥销限制的自由度为 $\vec{X}$、$\vec{Y}$、$\vec{Z}$。然后再分析浮动锥销限制的自由度。孤立地看,浮动锥销限制 $\vec{X}$、$\vec{Z}$ 两个自由度,但与固定锥销一起综合考虑,它实际限制的是自由度 $\widehat{X}$ 和 $\widehat{Z}$。

2. 完全定位与不完全定位

工件定位时六个自由度完全被限制,称为完全定位。工件定位时六个自由度中有一个或一个以上自由度未被(也不需要)限制,称为不完全定位。

在工件定位时,需要限制哪几个自由度,首先与工序的加工内容及要求有关,其次还与所用的工件定位基面的形状有关。

图 2-19a 所示的在长方体工件上铣削上平面工序,要求保证 Z 方向上的高度尺寸及上平面与底面的平行度,只需限制 $\widehat{X}$、$\widehat{Y}$、$\vec{Z}$ 三个自由度即可。而图 2-19b 所示为铣削一个通槽,需限制除了 $\vec{X}$ 外的其他五个自由度。图 2-19c 所示在同样的长方体工件上铣削一个一定长度的键槽,在三个坐标轴的移动和转动方向上均有尺寸及相互位置的要求,因此,这种情况必须限制全部的六个自由度,即完全定位。

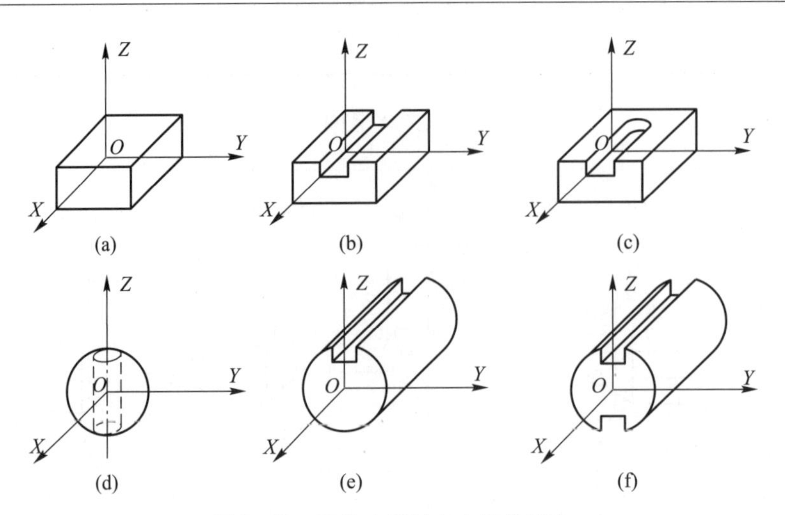

图 2-19 工件应限制自由度的确定

若将图 2-19 中的图 e 与图 b 相比较,图 e 为圆柱体工件,而图 b 为长方体工件。虽然,它们均是铣一个通槽,加工内容、要求相同,但加工定位时,图 b 的定位基面是一个底面与一个侧面,而图 e 只能采用外圆柱面作为定位基面。因此,图 e 对于 $\widehat{X}$ 的限制就无必要,即限制四个自由度就可以了。再如图 2-19d 所示过球体中心打一通孔,定位基面为球面,则对三个坐标轴的转动自由度均无必要限制,所以,限制 $\vec{X}$、$\vec{Y}$ 两个移动自由度就够了。

若将图 2-19 的图 f 与图 e 对照,均是在圆柱体工件上铣通槽,但图 f 的加工要求增加了一条,被铣通槽与下端槽需对中。虽然,它们的定位基面仍是外圆面,但图 f 需增加对 $\widehat{X}$ 自由度的限制,共需限制五个自由度才正确。

3. 欠定位与过定位

按照工艺要求应该限制的自由度未被限制的定位,称为欠定位。此时,工件的定位支承点数少于应限制的自由度数。欠定位不能保证工件的正确安装位置,因而是不允许的。

如果工件的某一个自由度被定位元件重复限制,称为过定位。过定位是否允许,要视具体情况而定。通常,如果工件的定位面经过机械加工,且形状、尺寸、位置精度均较高,则过定位是允许的。有时过定位不但允许,而且是必要的,因为合理的过定位不仅不会影响加工精度,还会起到加强工艺系统刚度和增加定位稳定性的作用。反之,如果工件的定位面是毛坯面,或虽经过机械加工,但加工精度不高,这时过定位一般是不允许的,因为它可能造成定位不准确,或定位不稳定,或发生定位干涉等情况。下面通过几个例子加以说明。

图 2-20 所示为加工连杆小头孔工序中以连杆大头孔和端面定位的两种情况。图 2-20b 中长圆柱销限制了 $\vec{X}$、$\vec{Y}$、$\widehat{X}$、$\widehat{Y}$ 四个自由度,支承板限制了 $\vec{Z}$、$\widehat{X}$、$\widehat{Y}$ 三个自由度。显然,$\widehat{X}$、$\widehat{Y}$ 被两个定位元件重复限制,出现了过定位。如果工件孔与端面能保证很好的垂直度,则此过定位是允许的。但若工件孔与端面垂直度误差较大,且孔与销的配合间隙又很小时,定位后会引起工件歪斜且端面接触不好,压紧后就会使工件产生变形或圆柱销歪斜。结果将导致加工后的小头孔与大头孔的轴线平行度达不到要求。这种情况下应避免过定位的产生。最简单的解决办法是

将长圆柱定位销改成短圆柱销(如图 2-20a 所示),由于短圆柱销仅限制 $\vec{X}$、$\vec{Y}$ 两个移动自由度,$\widehat{X}$、$\widehat{Y}$ 的重复定位就可以避免。

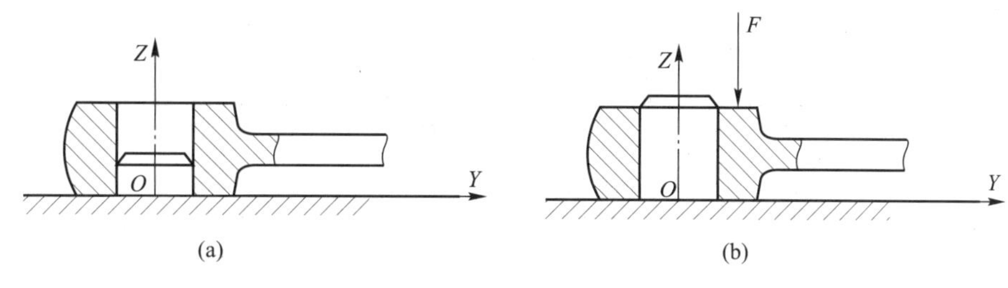

图 2-20　连杆的定位分析

图 2-21 所示工件以底平面定位,要求限制三个自由度 $\vec{Z}$、$\widehat{X}$、$\widehat{Y}$。图 2-21a 采用了四个支承钉,属过定位。若工件定位面较粗糙,则该定位面实际只能与三个支承钉接触,造成定位不稳定。如施加夹紧力强行使工件定位面与四个支承钉均接触,则必然导致工件变形而影响加工精度。

为避免过定位,可将支承钉改为三个。也可将四个支承钉中的一个改为辅助支承,辅助支承只起支承作用而不起定位作用。

如果工件的定位面是已加工面,且很规整,则完全可以采用四个支承钉,而不会影响定位精度,反而能增强支承刚度,有利于减小工件的受力变形。此时,还可用支承板代替支承钉(如图 2-21b 所示),或用一个大平面代替支承钉(如平面磨床的磁性工作台)。

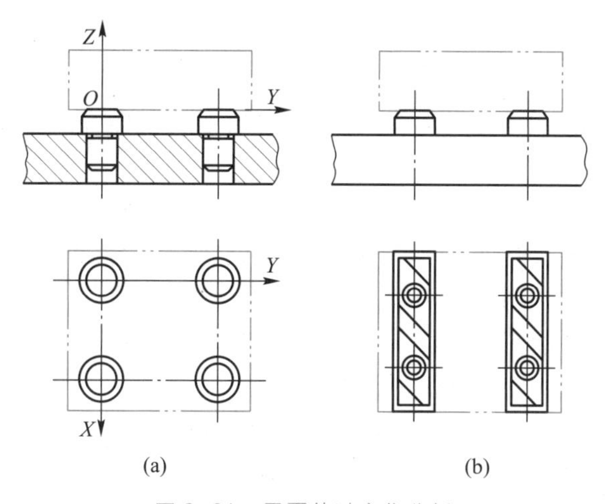

图 2-21　平面的过定位分析

图 2-22 所示工件以底面及与其垂直的两圆柱孔为定位基准。若采用一个平面和两个短圆柱销定位(如图 2-22a 所示),则平面限制三个自由度 $\vec{Z}$、$\widehat{X}$、$\widehat{Y}$,短圆柱销 1 限制两个自由度 $\vec{X}$、$\vec{Y}$,短圆柱销 2 限制两个自由度 $\vec{Y}$、$\widehat{Z}$。其中自由度 $\vec{Y}$ 被重复限制,属过定位。此时,由于工件孔心距的误差、两定位销中心距的误差,以及工件孔、圆柱销的直径误差等,可能导致两定位销无法

同时进入工件孔内。为解决这一过定位问题,可将两定位销之一在定位干涉方向(Y向)上削边,做成菱形销,如图2-22b所示,以避免干涉。

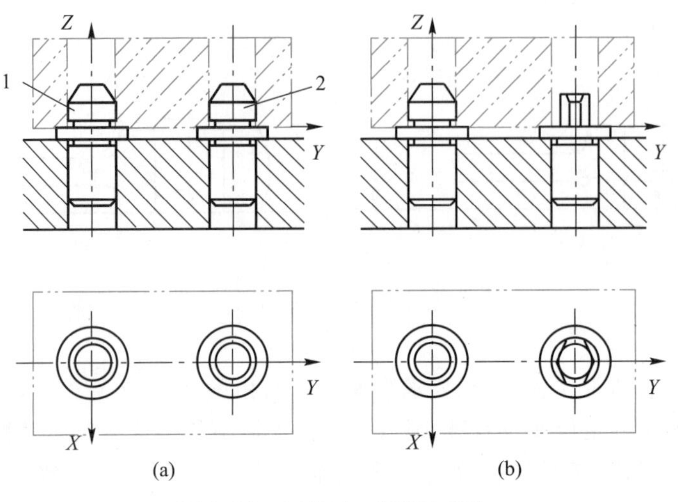

图2-22　工件以一面两孔定位

另外,过定位还常常与夹紧力的作用方向有关。例如,表2-6中长销小平面组合定位的情况,若夹紧力作用在工件右端面而指向定位小平面,则属于过定位。实际上在这种情况下,定位平面接触面积虽小,但呈环形,相当于较大的平面。但若夹紧力的方向作用于定位孔的径向(如采用可胀心轴),则不存在过定位。此时即使采用较大平面也无妨。

2.3.2　常用定位方法与定位元件

1. 工件以平面定位

平面定位的主要形式是支承定位。夹具上常用的支承元件有固定支承、可调支承、自位支承、辅助支承。

(1) 固定支承

固定支承有支承钉和支承板两种形式。图2-23a、b、c所示为国家标准规定的三种支承钉,其中A型多用于精基准面的定位,B型多用于粗基准面的定位,C型多用于工件侧面定位。图2-23d、e所示为国家标准规定的两种支承板,其中A型用得较多,B型由于不利于清屑,常用于工件的侧面定位。

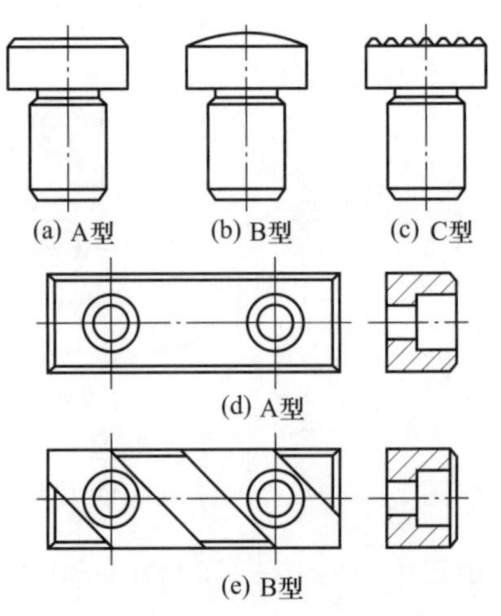

图2-23　支承钉与支承板

(2) 可调支承

支承点的位置可以调整的支承称为可调支承。图2-24所示为几种常见的可调支承。当工件定位表面不规整或工件批与批之间毛坯尺寸变化较大时,常使用可调支承。可调支承也可用作成组夹具的调整元件。

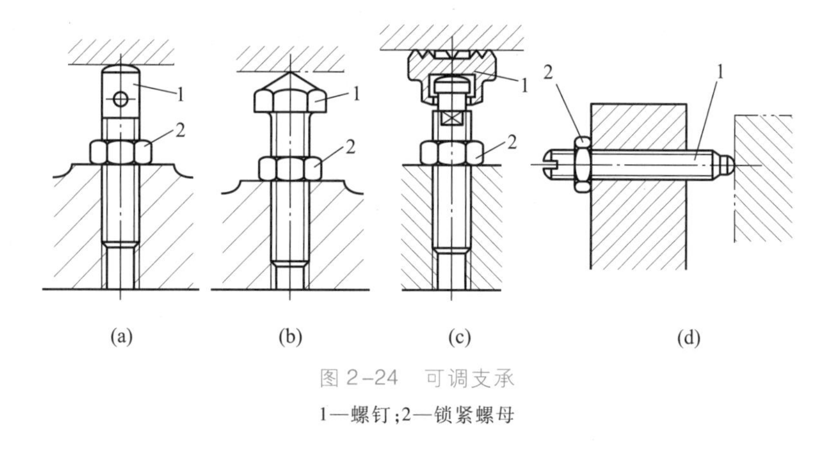

图 2-24 可调支承

1—螺钉;2—锁紧螺母

(3) 自位支承

自位支承在定位过程中,支承点可以自动调整其位置以适应工件定位表面的变化。图 2-25 所示为几种自位支承形式。自位支承通常只限制一个自由度,常用于毛坯表面、断续表面、阶梯表面以及有角度误差的平面定位。

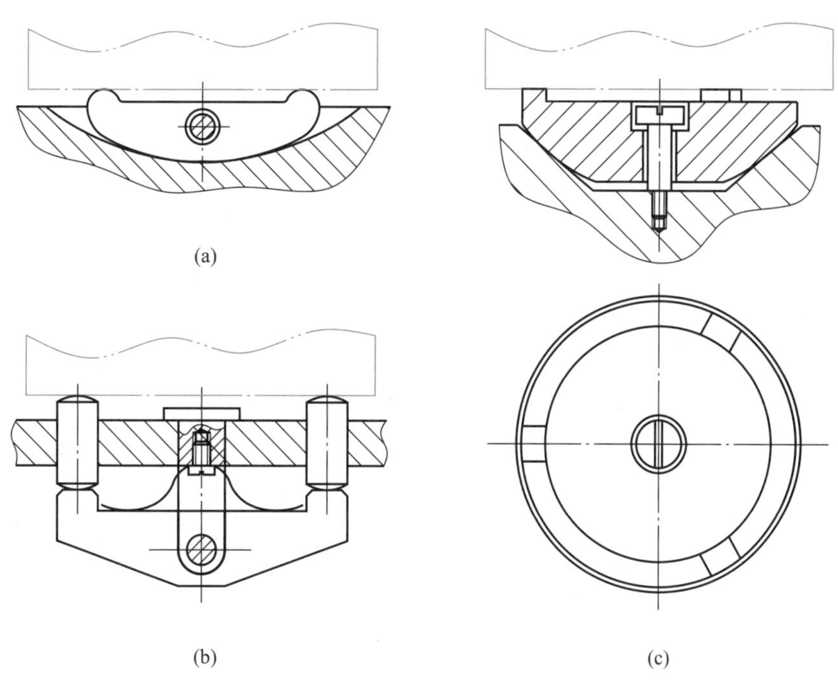

图 2-25 自位支承

(4) 辅助支承

辅助支承是在工件完成定位后才参与支承的元件,它不起定位作用,而只起支承作用,常用于在加工过程中加强被加工部位的刚度。图 2-26 所示为几种常见的辅助支承。其中图 a 所示辅助支承的结构简单,但转动支承 1 时,会因摩擦力而带动工件。图 b 所示辅助支承的结构避免了图 a 的缺点,转动螺母 2,支承 1 只上下移动。这两种结构动作较慢,且用力不当会破坏工件已定好的位置。图 2-26c 为自动调节支承,靠弹簧 3 的弹力使支承 1 与工件接触,转动手柄 4 将支承 1 锁紧。

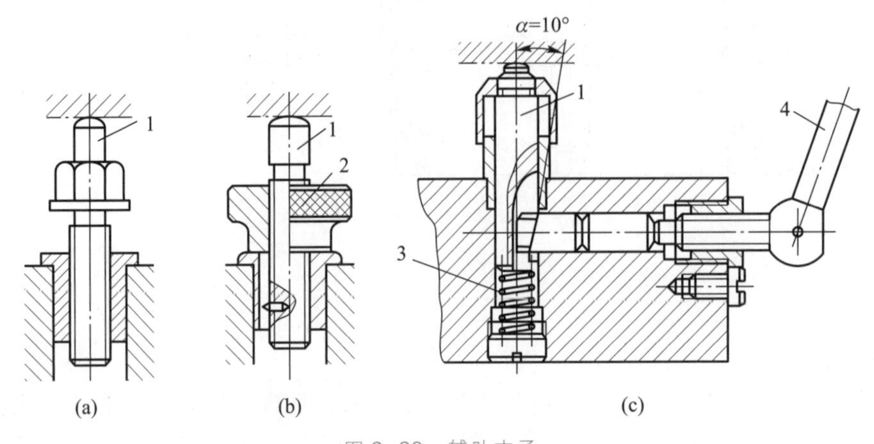

图 2-26　辅助支承

1—支承;2—螺母;3—弹簧;4—手柄

2. 工件以圆柱孔定位

工件以圆柱孔定位通常属于定心定位(定位基准为孔的轴线),夹具上相应的定位元件是心轴和定位销。

(1) 心轴

心轴形式很多,图 2-27 所示为几种常见的刚性心轴。其中图 a 所示为间隙配合心轴,图 b 所示为过盈配合心轴,图 c 所示为小锥度心轴。小锥度心轴的锥度为 1 ∶ 5 000 ~ 1 ∶ 1 000。工件安装时轻轻敲入或压入,通过孔和心轴接触表面的弹性变形来夹紧工件。使用小锥度心轴定位可获得较高的定位精度。

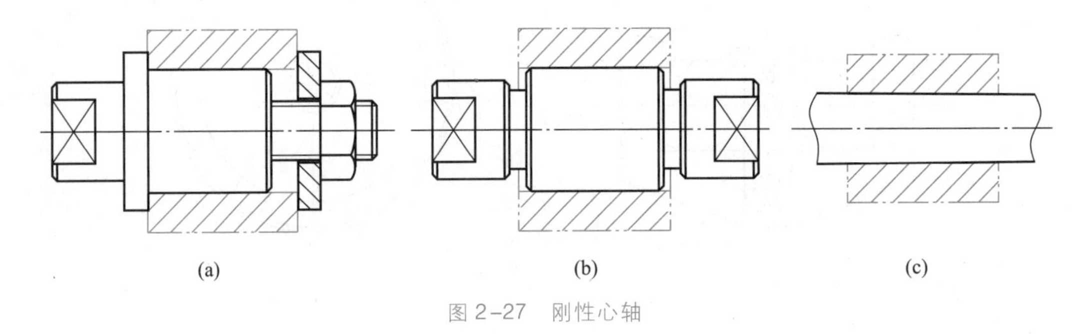

图 2-27　刚性心轴

除了刚性心轴外,在生产中还经常采用弹性心轴、液塑心轴、自动定心心轴(图 2-46)等。这些心轴在工件定位同时将工件夹紧,使用方便。

工件在心轴上定位通常限制了除绕工件自身轴线转动和沿工件自身轴线移动以外的四个自由度,是四点定位。

(2) 定位销

图 2-28 所示为国家标准规定的圆柱定位销,其工作部分直径 d 通常根据加工要求,考虑便

于装夹，按 g 6、g 7、f 6 或 f 7 制造。定位销与夹具体的连接可采用过盈配合(图 a、b、c)，也可以采用间隙配合(图 d)。圆柱定位销通常限制工件的两个自由度。

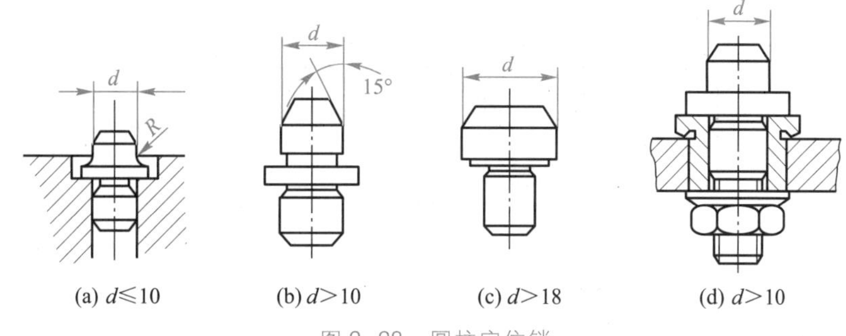

图 2-28 圆柱定位销

当要求孔销配合只在一个方向上限制工件自由度时，可使用菱形销。如图 2-29a 所示。

工件也可以用圆锥销定位，如图 2-29b、c 所示。其中图 b 所示圆锥销多用于毛坯孔定位，图 c 所示圆锥销多用于光孔定位。圆锥销一般限制工件的三个移动自由度。

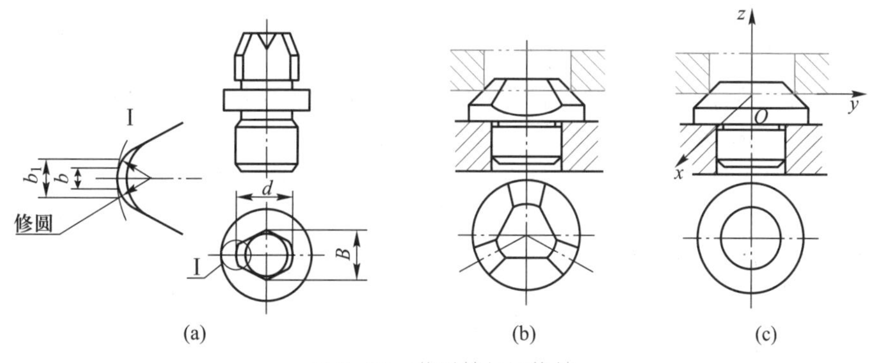

图 2-29 菱形销与圆锥销

3. 工件以外圆表面定位

工件以外圆表面定位有两种形式：定心定位和支承定位。工件以外圆表面定心定位的情况与圆柱孔定位相似，只是用套筒或卡盘代替了心轴或圆柱销，用锥套代替了锥销。

工件以外圆表面支承定位常用的定位元件是 V 形块。V 形块两斜面之间的夹角 α 通常取 60°、90°和 120°，其中 90°用得最多。90°V 形块的结构已标准化，参见图 2-30。使用 V 形块定位不仅对中性好，并可以用于非完整外圆表面的定位。

V 形块有长短之分，长 V 形块(或两个短 V 形块的组合)限制工件的四个自由度，短 V 形块则限制工件的两个自由度。V 形块又有固定与活动之分，活动 V 形块在可移动方向上对工件不起定位作用。

4. 工件以其他表面定位

工件除了以平面、圆柱孔和外圆表面定位外，有时也以其他形式表面定位，如圆锥面(表 2-6)、渐开线齿面(图 2-52)等。

实际生产中经常遇到的情况是几个表面组合在一起，共同参与定位。常见的定位表面组合有平面与平面的组合、平面与孔的组合、平面与外圆表面的组合、平面与其他表面的组合等。

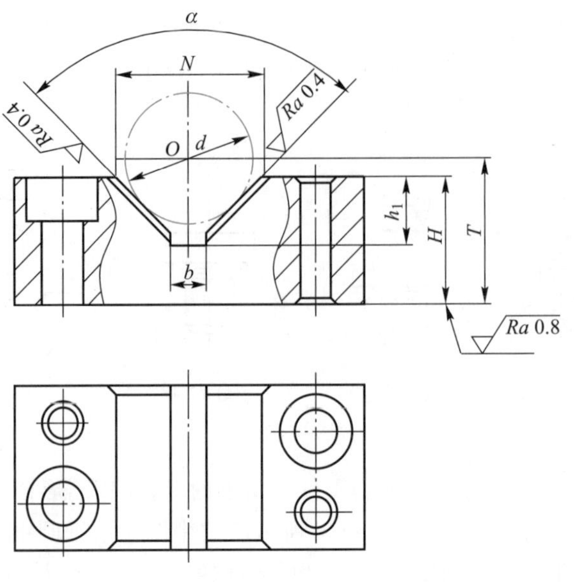

图 2-30　V 形块

在加工箱体类零件时常采用一面两孔（一个大平面和垂直于该平面的两个圆孔）组合定位，夹具上相应的定位元件是一面两销。为了避免由于过定位引起工件安装时的干涉，两销中的一个应采用菱形销。菱形销的宽度可以通过几何关系求出。

参考图 2-31，考虑极端情况，孔心距为最大（$L+1/2T_{lk}$），两销中心距最小（$L-1/2T_{lx}$），两孔直径均为最小（分别为 D_1 和 D_2），两销直径均为最大（分别为 $d_1=D_1-\Delta_{1min}$ 和 $d_2=D_2-\Delta_{2min}$）。其中 T_{lk} 和 T_{lx} 分别为两孔中心距和两销中心距的公差，Δ_{1min} 和 Δ_{2min} 分别为孔 1 与销 1 和孔 2 与销 2 的最小间隙。由几何关系可以求出在极端情况下不发生定位干涉的菱形销宽度 b

$$b=\frac{D_2\Delta_{2min}}{T_{lk}+T_{lx}-\Delta_{1min}} \tag{2-1}$$

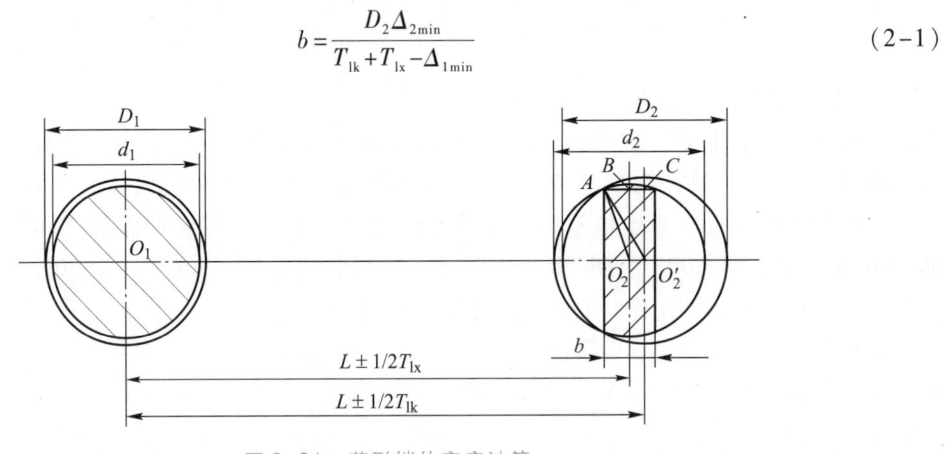

图 2-31　菱形销的宽度计算

在实际生产中，由于菱形销的尺寸已标准化，因而常按下面步骤进行两销设计：

（1）确定两销中心距尺寸及公差　取工件上两孔中心距的基本尺寸为两销中心距的基本尺寸，其公差取工件孔中心距公差的 1/5～1/2，即令：$T_{lx}=(1/5\sim1/2)T_{lk}$。

（2）确定圆柱销直径及其公差　取相应孔的最小直径作为圆柱销直径的基本尺寸，其公差一般取 g 6 或 f 7。

(3) 确定菱形销宽度、直径及其公差　首先按有关标准(参见表 2-7)选取菱形销的宽度 b;然后按式(2-1)计算菱形销与其配合孔的最小间隙 Δ_{2min};再计算菱形销直径的基本尺寸:$d_2 = D_2 - \Delta_{2min}$;最后按 h6 或 h7 确定菱形销直径公差。

表 2-7　菱形销结构尺寸

d	>3~6	>6~8	>8~20	>20~25	>25~32	>32~40	>40~50
B	d-0.5	d-1	d-2	d-3	d-4	d-5	d-6
b	1	2	3	3	3	4	5
b_1	2	3	4	5	5	6	8

注:d、B、b、b_1 含义参见图 2-29a。

2.3.3　定位误差

1. 定位误差的概念

定位误差是由于工件在夹具上(或机床上)定位不准确而引起的加工误差。例如,在一根轴上铣键槽,要求保证槽底至轴心的距离 H。若采用 V 形块定位,键槽铣刀按规定尺寸 H 调整好位置(如图 2-32 所示),则实际加工时,由于工件外圆直径尺寸有大有小,会使外圆中心位置发生变化。若不考虑加工过程中产生的其他加工误差,仅由于工件圆心位置的变化也会使工序尺寸 H 发生变化。此变化量(即加工误差)是由于工件的定位而引起的,故称为定位误差。

定位误差的来源主要有两方面:

(1) 由于工件的定位表面或夹具上的定位元件制作不准确引起的定位误差,称为基准位置误差。例如图 2-32 所示例子,其定位误差就是由于工件定位面(外圆表面)尺寸不准确而引起的。

(2) 由于工件的工序基准与定位基准不重合而引起的定位误差,称为基准不重合误差。例如,图 2-33 所示工件以底面定位铣台阶面,要求保证尺寸 a,即工序基准为工件顶面。如刀具已调整好位置,则由于尺寸 b 的误差会使工件顶面位置发生变化,从而使工序尺寸 a 产生误差。

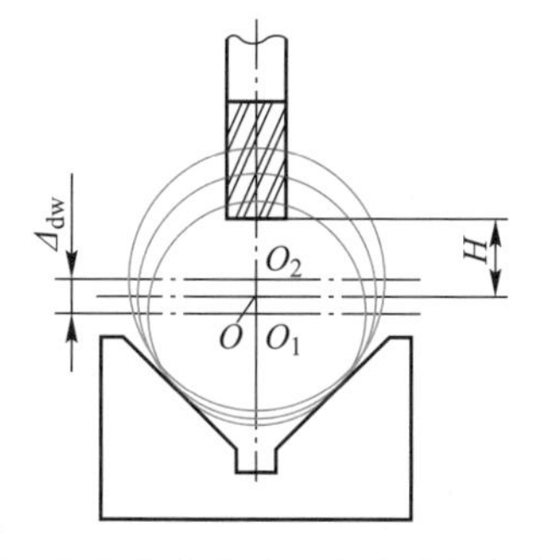

图 2-32　由于基准位置不准确引起的定位误差

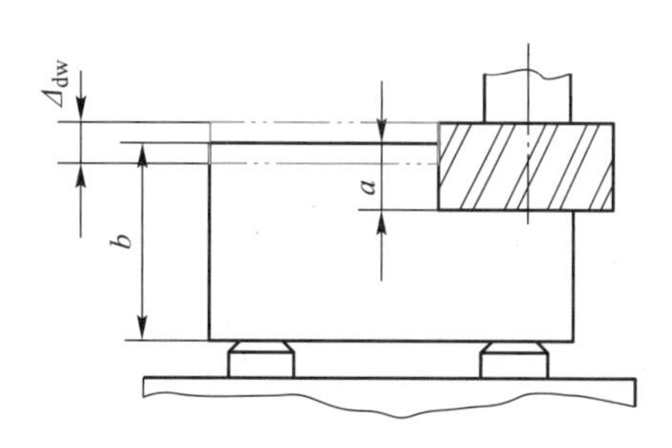

图 2-33　由于基准不重合引起的定位误差

2. 定位误差的计算

在采用调整法加工时,工件的定位误差实质上就是工序基准在加工尺寸方向上的最大变动量。因此计算定位误差,首先要找出加工尺寸的工序基准,然后求其在加工尺寸方向上的最大变动量即可。为此,可采用几何方法,也可以采用微分方法。

（1）几何方法

采用几何方法计算定位误差通常要画出定位简图，并在图中夸张地画出工件变动的极限位置，然后运用三角几何知识，求出工序基准在工序尺寸方向上的最大变动量，即为所求定位误差。

【例2-1】 图2-34所示为孔与销间隙配合的情况，若工件的工序基准为孔心，试确定其定位误差。

【解】 当工件孔径为最大，定位销的直径为最小时，孔心在任意方向上的最大变动量等于孔与销配合的最大间隙量，即无论工序尺寸方向如何，只要工序尺寸方向垂直于孔心轴线（图2-34a），其定位误差均为：

$$\Delta_{dw}=D_{max}-d_{min} \tag{2-2}$$

式中：Δ_{dw}——定位误差；

D_{max}——工件上定位孔的最大直径；

d_{min}——夹具上定位销的最小直径。

在某些特定的情况下，工件上的孔可能与夹具上的定位销保持固定边接触（见图2-34b），此时可求出孔心在接触点与销子中心连线方向上的最大变动量为孔径公差的一半。若工件的定位基准仍为孔心，且工序尺寸方向与固定接触点和销子中心连线方向相同，则其定位误差为

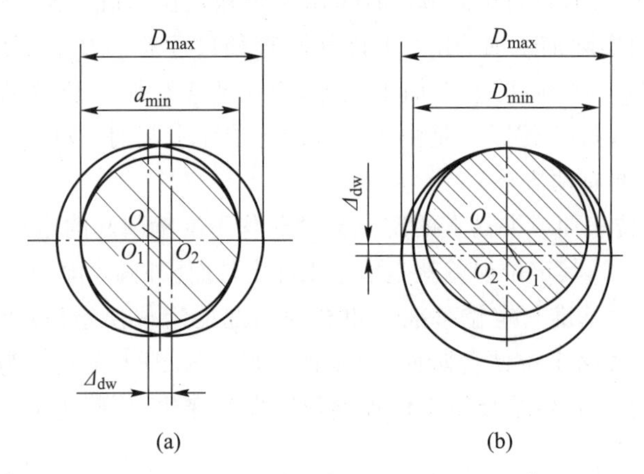

图2-34　孔与销间隙配合时的定位误差

$$\Delta_{dw}=\frac{D_{max}-D_{min}}{2}=\frac{T_D}{2} \tag{2-3}$$

式中：D_{max}，D_{min}——定位孔最大、最小直径；

T_D——定位孔直径公差。

上式即为孔销间隙配合并保持固定边接触的情况下定位误差的计算公式。此时，孔在销上的定位已由定心定位转化为支承定位的形式，定位基准也由孔心变成了与定位销固定边接触的一条母线（图2-34b所示为孔的上母线）。这种情况下，定位误差是由于定位基准与工序基准不重合所造成的，属于基准不重合误差，与定位销直径无关。

（2）微分方法

下面仅以V形块定位为例进行说明。

【例2-2】 工件在V形块上定位铣键槽（图2-35），试计算其定位误差。

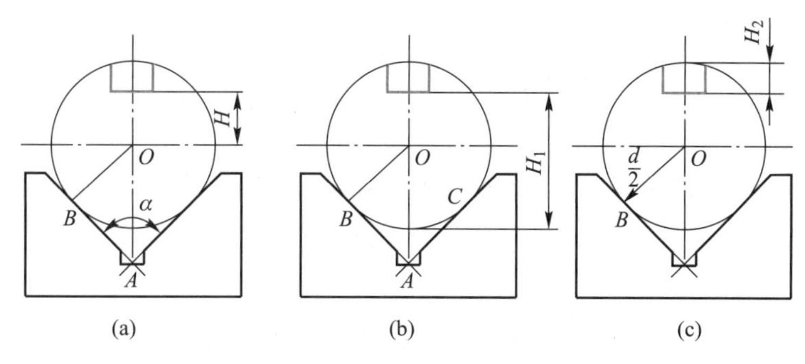

图 2-35 外圆表面在 V 形块上的定位误差

【解】 工件在 V 形块上定位铣键槽时,需要保证的工序尺寸和工序要求是:① 槽底至工件外圆中心的距离 H(或槽底至外圆下母线的距离 H_1,或槽底至外圆上母线的距离 H_2);② 键槽对工件外圆中心的对称度。

对于第①项要求,首先考虑第 1 种情况(工序基准为圆心 O,见图 2-35a),写出 O 点至加工尺寸方向上某一固定点(例如 V 形块两斜面交点 A)的距离

$$\overline{OA}=\frac{\overline{OB}}{\sin\dfrac{\alpha}{2}}=\frac{d}{2\sin\dfrac{\alpha}{2}}$$

式中:d——工件外圆直径;

α——V 形块两斜面夹角。

对上式求全微分,得到:

$$\mathrm{d}\,\overline{OA}=\frac{1}{2\sin\dfrac{\alpha}{2}}\mathrm{d}d-\frac{d\cos\dfrac{\alpha}{2}}{4\sin^2\dfrac{\alpha}{2}}\mathrm{d}\alpha$$

以微小增量代替微分,并将尺寸(包括直线尺寸和角度)误差视为微小增量,且考虑到尺寸误差可正可负,各项误差均取绝对值,可得到工序尺寸 H 的定位误差为

$$\Delta_{\mathrm{dw}}=\frac{T_d}{2\sin\dfrac{\alpha}{2}}+\frac{d\cos\dfrac{\alpha}{2}}{4\sin^2\dfrac{\alpha}{2}}T_\alpha \tag{2-4}$$

式中:T_d——工件外圆直径公差;

T_α——V 形块两斜面夹角角度公差。

若忽略 V 形块两斜面夹角的角度误差[在支承定位的情况下,定位元件的误差(此处为 V 形块的角度误差)可以通过调整刀具相对于夹具的位置来进行补偿],可以得到用 V 形块对外圆表面定位,当定位基准为外圆中心时,在垂直方向(图 2-35a 中尺寸 H 方向)上的定位误差为

$$\Delta_{\mathrm{dw}}=\frac{T_d}{2\sin\dfrac{\alpha}{2}} \tag{2-5}$$

若工件的工序基准为外圆的下母线时(相应的工序尺寸为 H_1,参考图 2-35b),则可用同样

的方法求出其定位误差。此时 C 点至 A 点的距离为

$$\overline{CA}=\overline{OA}-\overline{OC}=\frac{d}{2}\left(\frac{1}{\sin\frac{\alpha}{2}}-1\right)$$

取全微分,并忽略V形块的角度误差(即将 α 视为常量),可得到此种情况的定位误差为

$$\Delta_{dw}=\frac{T_d}{2}\left(\frac{1}{\sin\frac{\alpha}{2}}-1\right) \tag{2-6}$$

用完全相同的方法可以求出当工件的工序基准为外圆上母线(相应的工序尺寸为 H_2,参考图2-35c)时的定位误差为

$$\Delta_{dw}=\frac{T_d}{2}\left(\frac{1}{\sin\frac{\alpha}{2}}+1\right) \tag{2-7}$$

对于第②项要求,若忽略工件的圆度误差和V形块的角度误差(这种忽略通常是合理的,并符合工程问题要求),可以认为工序基准(工件外圆中心)在水平方向上的位置变动量为零,即使用V形块对外圆表面定位时,在垂直于V形块对称面方向上的定位误差为零。

对比分析式(2-5)、式(2-6)、式(2-7),由于工序基准的变化导致定位误差的变化,式(2-5)为基准位置误差,式(2-6)和式(2-7)中的第二项为基准不重合误差。

定位误差分析步骤可以归结为:

(1) 由工序尺寸确定工序基准、工序尺寸方向;

(2) 分析定位方案中的工件定位面、工件定位基准、夹具定位工作面;

(3) 分析基准不重合误差和基准位置误差。

需要指出的是,定位误差一般总是针对批量生产,并采用调整法加工的情况而言。在单件生产时,若采用调整法加工(采用样件或对刀规对刀),或在数控机床上加工时,同样存在定位误差问题。但若采用试切法进行加工,则一般不考虑定位误差。

2.4 工件的夹紧

2.4.1 对工件夹紧装置的要求

夹紧装置是夹具的重要组成部分。在设计夹紧装置时,应注意满足以下要求:

(1) 在夹紧过程中应能保持工件定位时所获得的正确位置。

(2) 夹紧力大小适当,既要保证在加工过程中工件不产生松动,又要避免工件产生不适当的变形和表面损伤。夹紧机构一般应有自锁作用。

(3) 操作方便、省力、安全。结构设计应力求简单、紧凑,并尽量采用标准化元件。

2.4.2 夹紧力的确定

夹紧力包括大小、方向和作用点三个要素。

1. 夹紧力方向的选择

(1) 夹紧力的作用方向应有利于工件的准确定位

一般要求主要夹紧力垂直指向主要定位面。如图2-36所示,在直角支座零件上镗孔,要求保证孔与端面的垂直度,则应以端面A作为第一定位基准面,此时夹紧力作用方向应如图中F_{j1}所示。若要求保证孔的轴线与支座底面平行,则应以底面B作为第一定位基准面,此时夹紧力作用方向应如图中F_{j2}所示。否则,由于A面与B面的垂直度误差,将会引起孔轴线相对于A面(或B面)的位置误差。

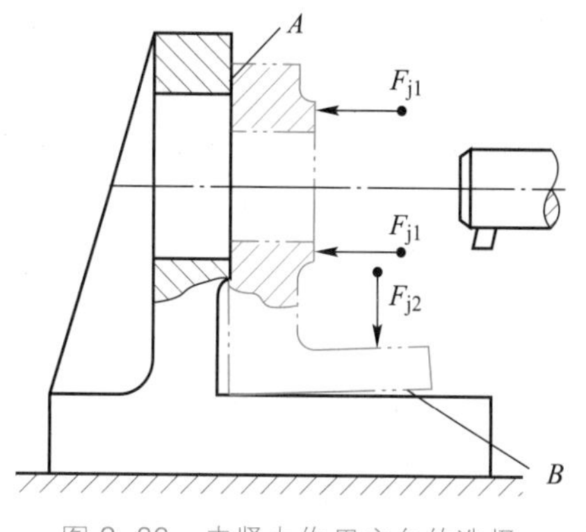

图2-36 夹紧力作用方向的选择

(2) 夹紧力作用方向应尽量与切削力、工件重力方向一致

如图2-37a所示,夹紧力F_{j1}与主切削力方向一致,切削力由夹具固定支承承受,此时所需夹紧力较小。若如图2-37b所示,则夹紧力至少要大于切削力。

(3) 夹紧力作用方向应尽量与工件刚度大的方向相一致

如图2-38所示的薄壁套筒零件,它的轴向刚度比径向刚度大。若如图2-38a所示,用三爪卡盘夹紧套筒,将会使工件产生很大变形。若改变成图2-38b的形式,用螺母轴向夹紧工件,则不易产生变形。

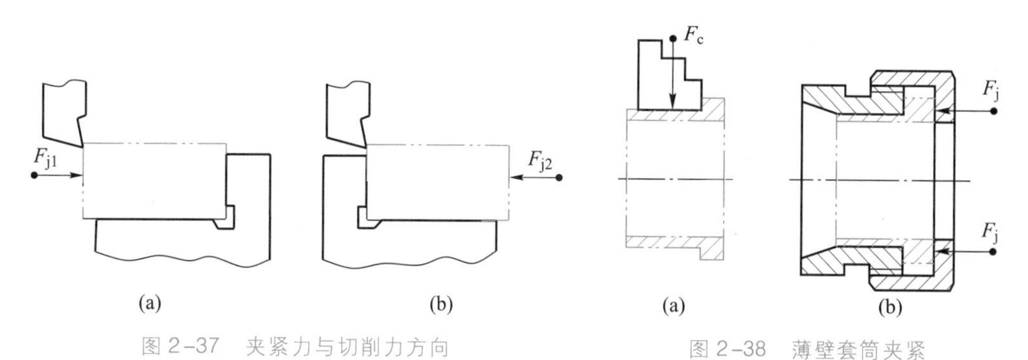

图2-37 夹紧力与切削力方向

图2-38 薄壁套筒夹紧

2. 夹紧力作用点的选择

(1) 夹紧力作用点应正对支承元件或位于支承元件所形成的支承面内

如图2-39所示,夹紧力作用点不正对支承元件,会产生使工件翻转的力矩,有可能破坏工件的定位。夹紧力的正确位置应如图中虚线箭头所示。

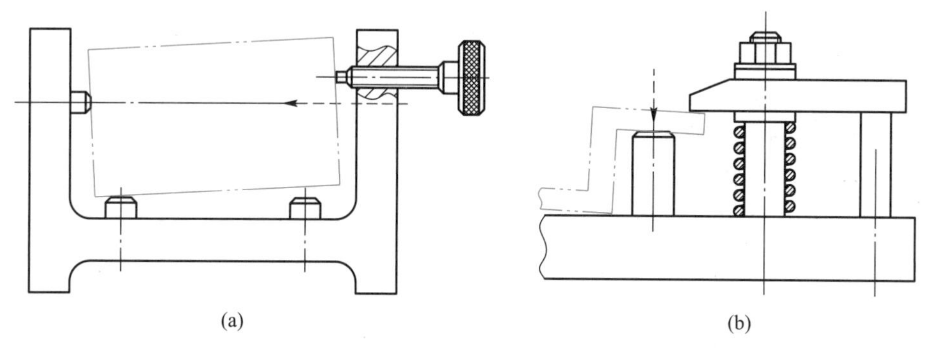

图2-39 夹紧力作用点的位置

(2) 夹紧力作用点应处于工件刚性较好的部位

如图 2-40a 所示,紧力作用点在工件刚性较差的部位,易使工件产生变形。如改为图 2-40b 所示,情况会有所好转。如进一步增加作用点的数目,会使夹紧变形明显减小。对于薄壁零件,增加均布作用点的数目,常常是减小工件夹紧变形的有效方法。

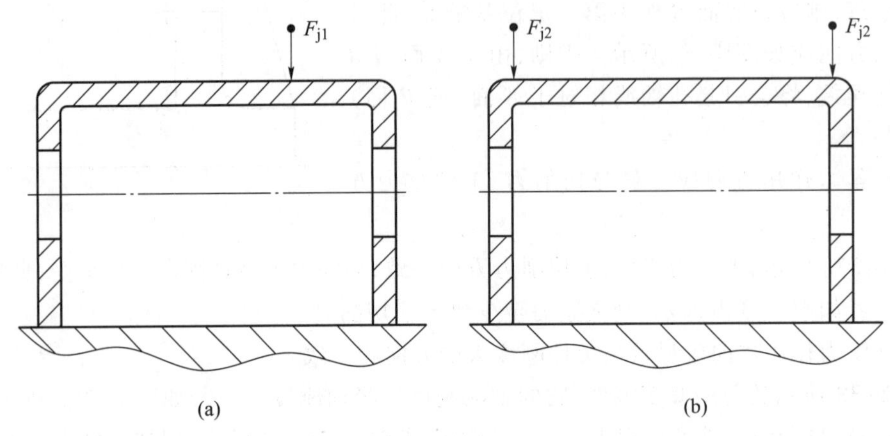

图 2-40 夹紧力作用点与工件变形

(3) 夹紧力作用点应尽量靠近加工表面

图 2-41 所示齿轮加工,若以小端面定位夹紧(图 2-41a),则齿部加工呈悬臂状态,会引起振动和变形。改成大端面定位夹紧(图 2-41b),情况会得到明显改善。

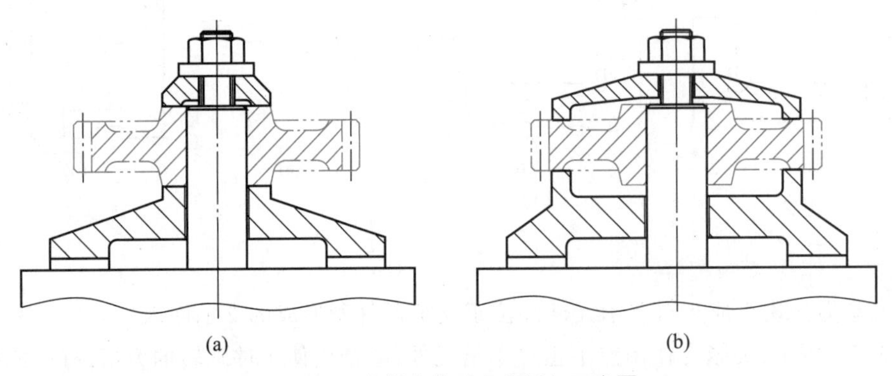

图 2-41 夹紧力作用点靠近加工表面

3. 夹紧力大小的估算

估算夹紧力的一般方法是将工件视为分离体,并分析作用在工件上的各种力,再根据力系平衡条件,确定保持工件平衡所需最小夹紧力,最后将最小夹紧力乘以一适当的安全系数,即得到所需的夹紧力。

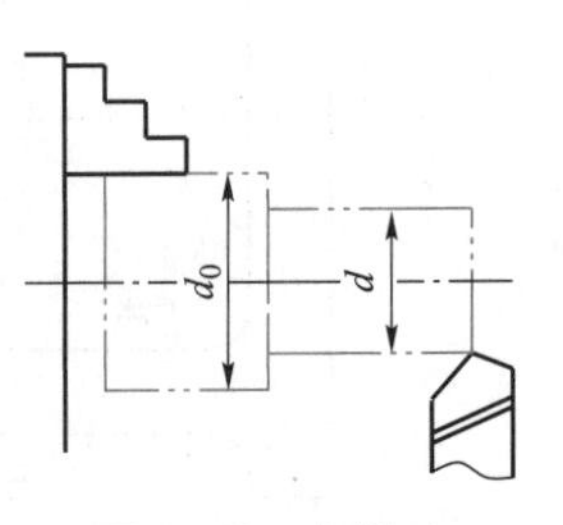

图 2-42 车削时夹紧力的估算

【例 2-3】 图 2-42 所示为在车床上用三爪卡盘装夹工件车外圆的情况。加工部位的直径为 d,装夹部位的直径为 d_0。试确定所需夹紧力。

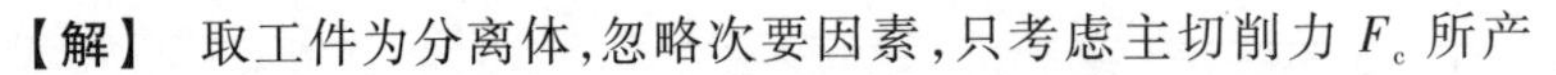

【解】 取工件为分离体,忽略次要因素,只考虑主切削力 F_c 所产

生的力矩与卡爪夹紧力 F_j 所产生的力矩相平衡，可列出如下关系式

$$F_c \frac{d}{2} = 3F_{jmin} \mu \frac{d_0}{2}$$

式中，μ 为卡爪与工件之间的摩擦系数，F_{jmin} 为所需的最小夹紧力。由上式可得

$$F_{jmin} = \frac{F_c d}{3\mu d_0}$$

将最小夹紧力乘以安全系数 k，得到所需的夹紧力

$$F_j = k \frac{F_c d}{3\mu d_0} \tag{2-8}$$

安全系数 k 通常取 1.5～2.5。精加工和连续切削时取小值，粗加工或断续切削时取大值。当夹紧力与切削力方向相反时，可取 2.5～3。

摩擦系数主要取决于工件与夹具支承件或夹紧件之间的接触形式，具体数值可参考表 2-8。

表 2-8　不同表面的摩擦系数

接触表面特征	摩擦系数
光滑表面	0.15～0.25
直沟槽，方向与切削方向一致	0.25～0.35
直沟槽，方向与切削方向垂直	0.4～0.5
交错网状沟槽	0.6～0.8

由上面的例子可以看出夹紧力的估算是很粗略的。这是因为：① 切削力大小的估算本身就很粗略；② 摩擦系数的取值也是近似的。因此，在需要准确确定夹紧力时，通常需要采用实验方法。

2.4.3　常用夹紧结构

1. 斜楔夹紧机构

图 2-43 所示为采用斜楔夹紧的翻转式钻模。取斜楔为分离体，分析其所受作用力，并根据力平衡条件，可得到直接采用斜楔夹紧时的夹紧力为

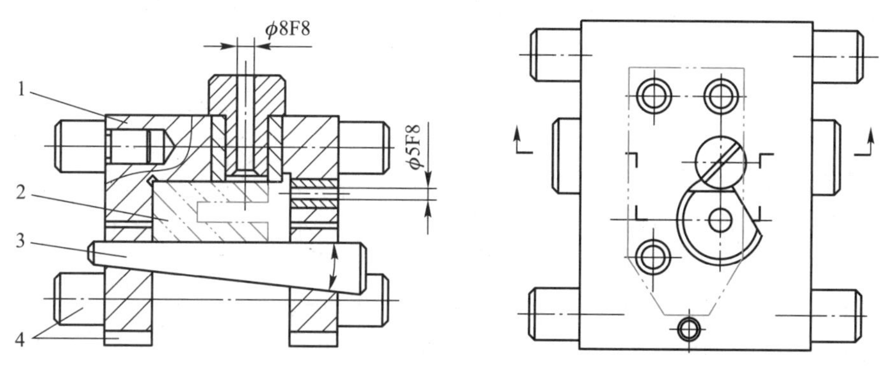

图 2-43　斜楔夹紧的翻转式钻模

1—夹具体；2—工件；3—斜楔；4—支脚

$$F_{j}=\frac{F_{a}}{\tan\varphi_{1}+\tan(\alpha+\varphi_{2})} \tag{2-9}$$

式中：F_j——可获得的夹紧力(N)；

F_a——作用在斜楔上的原始力(N)；

φ_1——斜楔与工件之间的摩擦角(°)；

φ_2——斜楔与夹具体之间的摩擦角(°)；

α——斜楔的楔角(°)。

斜楔自锁条件为

$$\alpha\leqslant\varphi_{1}+\varphi_{2} \tag{2-10}$$

2. 螺旋夹紧机构

图 2-44 所示为几种简单的螺旋夹紧机构。其中图 a 为螺钉夹紧，图 b 为螺母夹紧，图 c 为螺旋杠夹紧，图 d 为钩形压板夹紧。

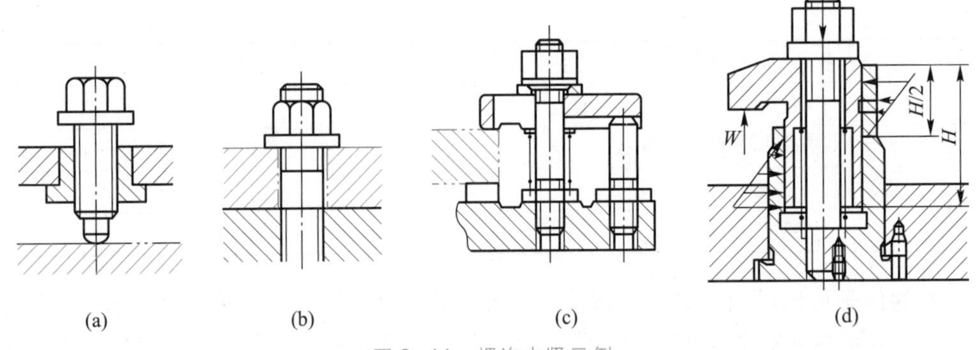

图 2-44　螺旋夹紧示例

螺纹可以视为绕在圆柱体上的斜楔，因此可以从斜楔夹紧力计算公式直接导出螺旋夹紧力的计算公式。由于螺旋夹紧应用十分广泛，许多设计手册列表给出了螺纹夹紧力的数值，可以直接查表确定螺纹夹紧力。但需注意，目前设计手册给出的有关夹紧力的数值，大多是以摩擦系数 $\mu=0.1$ 为依据计算的，这与实际情况出入较大。当需要准确确定螺旋夹紧力时，通常需要采用试验方法。

螺旋夹紧机构结构简单，易于制造，增力比大，自锁性能好，是手动夹紧中应用最广的夹紧机构。螺旋夹紧机构的缺点是动作较慢。为提高其工作效率，常采用一些快撤装置，如开口垫圈、螺旋槽加直槽的夹紧螺杆等。

3. 偏心夹紧机构

偏心夹紧机构靠偏心轮回转时回转半径变大而产生夹紧作用，其原理和斜楔工作时斜面高度由小变大而产生的斜楔作用是一样的。常用的偏心件有圆偏心（偏心轮）和曲线偏心，其中圆偏心轮由于制造方便，应用广泛。图 2-13 所示夹具即为圆偏心轮夹紧应用一例，图 2-45 所示为一偏心轮-压板夹紧机构。

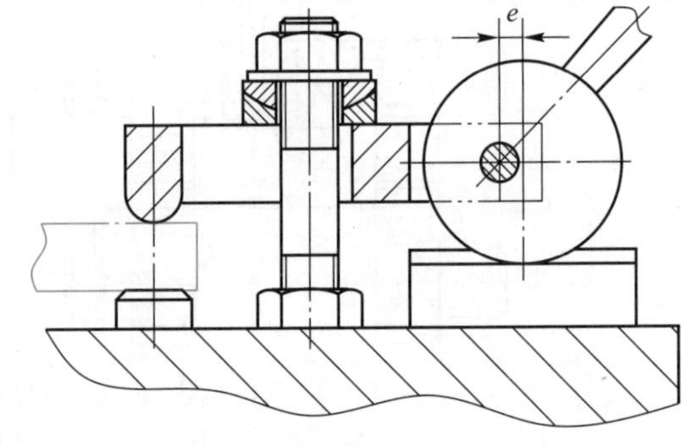

图 2-45　偏心轮-压板夹紧机构

偏心夹紧的优点是操作方便,动作迅速;缺点是自锁性能较差,增力比较小。一般常用于切削平稳且切削力不大的场合。

4. 定心夹紧机构

定心夹紧机构是一种同时实现对工件定心定位和夹紧的夹紧机构。定心夹紧机构按其工作原理可分为两大类:

(1) 以等速移动原理工作的定心夹紧机构

如斜楔定心夹紧机构、杠杆定心夹紧机构、螺旋定心夹紧机构等。图 2-46 所示为斜楔式定心夹紧心轴。拧动螺母 1 时,由于斜面 A、B 的作用,使两组活块 3 同时等距外伸,直至每组 3 个活块与工件孔壁接触,使工件得到定心夹紧。反向拧动螺母 1,活块在弹簧 2 的作用下缩回,工件被松开。

(2) 以均匀弹性变形原理工作的定心夹紧机构

如弹簧夹头、弹簧胀套(参见图 2-49)、薄膜卡盘(参见图 2-52)、液塑定心夹紧机构、碟形弹簧定心夹紧机构、折纹薄壁套定心夹紧机构等。

图 2-47 所示为一种常见的弹簧夹头结构。弹簧夹头结构简单,定心精度可达 0.04 ~ 0.1 mm。由于弹簧套筒变形量不宜过大,故对工件的定位基准有较高要求,其公差一般应控制在 0.5 mm 之内。

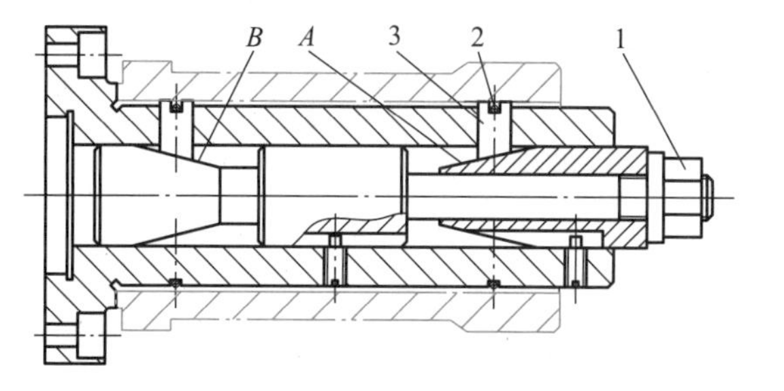

图 2-46 斜楔式定心夹紧心轴

1—螺母;2—弹簧;3—活块

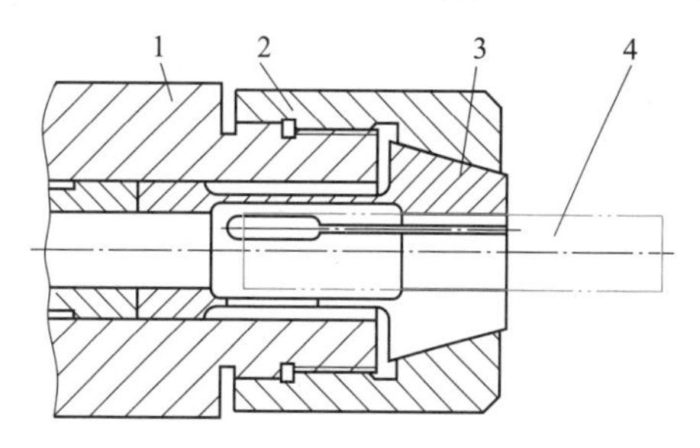

图 2-47 弹簧夹头

1—夹具体;2—螺母;3—弹簧套筒;4—工件

5. 联动夹紧机构

当需要对一个工件上的几个点或需要对多个工件同时进行夹紧时,为减少装夹时间,简化机构,常采用各种联动夹紧机构。这种机构要求从一处施力,可同时在几处对一个或几个工件进行夹紧。

图 2-48a 所示的联动夹紧机构,夹紧力作用在两个相互垂直的方向上,称为双向联动夹紧;

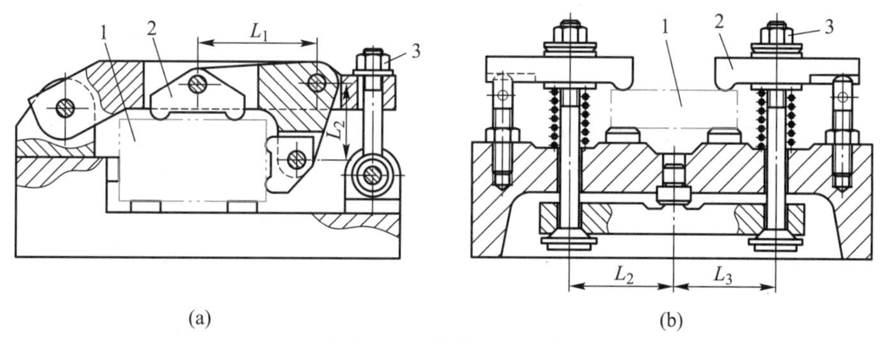

图 2-48 联动夹紧机构

1—工件;2—压板;3—螺母

图2-48b所示的联动夹紧机构，两个夹紧点的夹紧力方向相同，称为平行联动夹紧。以上两例中，两夹紧点上夹紧力的大小可通过改变杠杆臂 L_1 和 L_2 的长度来调整。

2.5 各类机床夹具

2.5.1 车床与圆磨床夹具

车床与圆磨床夹具主要用于加工零件的内外圆柱面、圆锥面、回转成形面、螺纹及端平面等。

1. 车床夹具的类型与典型结构

根据工件的定位基准和夹具本身的结构特点，车床夹具可分为以下四类：

1）以工件外圆表面定位的车床夹具，如各类夹盘和夹头。

2）以工件内圆表面定位的车床夹具，如各种心轴。图2-49所示为一种弹性心轴，用于加工齿轮坯的外圆和端面，工件以内孔（四点）和端面（一点）定位。由于弹簧胀套变形量有限，用于定位的内孔需要经过加工，并达到一定的精度。

3）以工件顶尖孔定位的车床夹具，如顶尖、拨盘等。

4）用于加工非回转体的车床夹具，如各种弯板式、花盘式车床夹具。

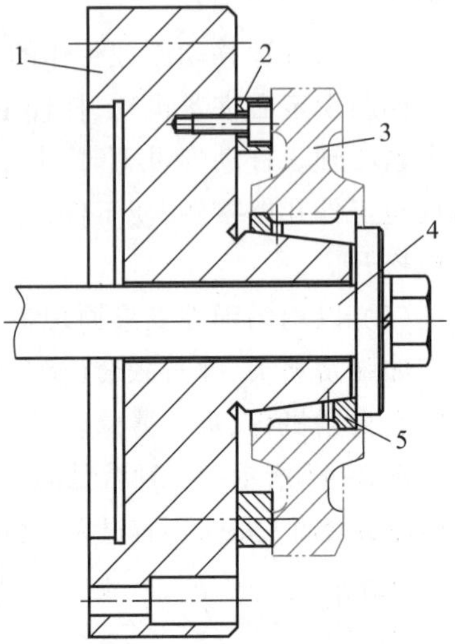

图2-49 弹性心轴

1—夹具体；2—定位环；3—工件；4—拉杆；5—弹簧胀套

当工件定位表面为单一圆柱表面或与被加工表面相垂直的平面时，可采用各种通用车床夹具，如三爪自定心卡盘、四爪单动卡盘、顶尖、花盘等。当工件定位面较复杂或有其他特殊要求时，应设计专用车床夹具。

图2-50所示为一花盘式车床夹具，用于加工连杆零件的小头孔。工件以已加工好的大头孔（四点）、端面（一点）和小头外圆（一点）定位，夹具上相应的定位元件是弹性胀套1、夹具体上的定位凸台2和活动V形块3。

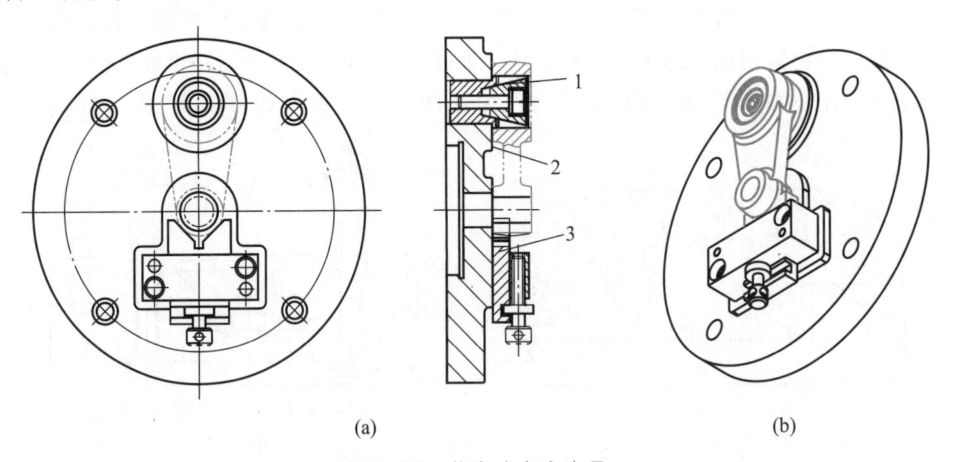

图2-50 花盘式车床夹具

1—弹簧胀套；2—定位凸台；3—活动V形块

图 2-51 所示为一弯板式车床夹具，用于加工轴承座零件的孔和端面。工件以底面和两孔在弯板 6 上定位，用两个压板 3 夹紧。为了控制端面尺寸，夹具上设置了测量基准（测量棒 2）。同时设置了平衡块 1，以平衡弯板及工件引起的偏重。

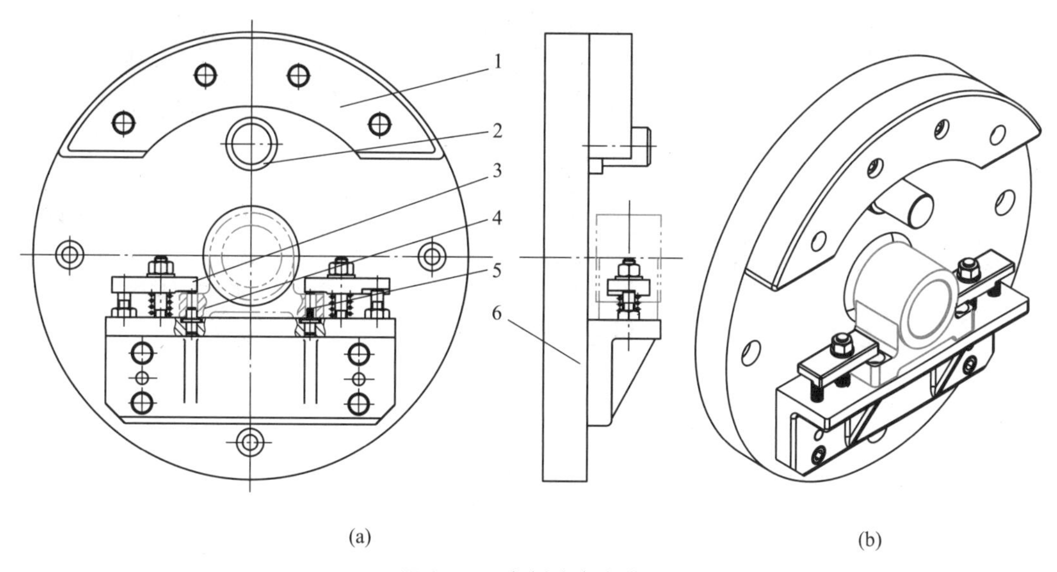

图 2-51　弯板式车床夹具

1—平衡块；2—测量棒；3—压板；4—圆柱销；5—菱形销；6—弯板

2. 车床夹具设计要点

车床夹具大多安装在机床主轴上，并与主轴一起作回转运动。为保证夹具工作平稳，夹具结构应尽量紧凑，重心应尽量靠近主轴端，且夹具（连同工件）轴向尺寸不宜过大，一般应小于其径向尺寸。对于弯板式车床夹具和偏重的车床夹具，应很好地进行平衡。通常可采用加平衡块（配重）的方法进行平衡（如图 2-51 平衡块 1）。为保证安全，夹具上所有元件或机构不应超出夹具体的外廓，必要时可加防护罩。此外，要求车床夹具的夹紧机构要能提供足够的夹紧力，且有可靠的自锁性，以确保工件在切削过程中不会松动。

车床夹具与机床主轴的连接方式有两种，一种是通过夹具体与车床主轴直接相连，另一种是通过过渡盘与车床主轴相连。过渡盘与机床的连接取决于机床主轴轴端的结构，过渡盘与夹具的连接大都采用止口（一个大平面加一短圆柱面）连接方式。当车床上使用的夹具需要经常更换时，或同一套夹具需要在不同机床上使用时，一般采用过渡盘连接。为减小由于增加过渡盘而造成的夹具安装误差，可在安装夹具时，对夹具定位面（或在夹具上专门作出的找正环面）进行找正。

3. 圆磨床夹具

圆磨床夹具同车床夹具相类似，车床夹具的设计要点同样适合于外圆磨床和内圆磨床夹具，只是夹具精度要求更高。

图 2-52 所示为一磨工件（齿轮）内孔夹具。工件以渐开线齿面定位，三个圆柱销（称为节圆柱）5 均布（或近似均布）插入齿间，在推杆 1 的作用下，弹性薄膜盘 3 向外突出，带动三个卡爪 4 张开，可以安放工件。工件就位后，推杆 1 收回，弹性薄膜盘在自身弹性恢复力的作用下，带动卡

爪收缩，将工件夹紧。该夹具广泛应用于齿轮热处理后的磨孔工序中，可保证齿轮孔与齿面之间的同轴度。

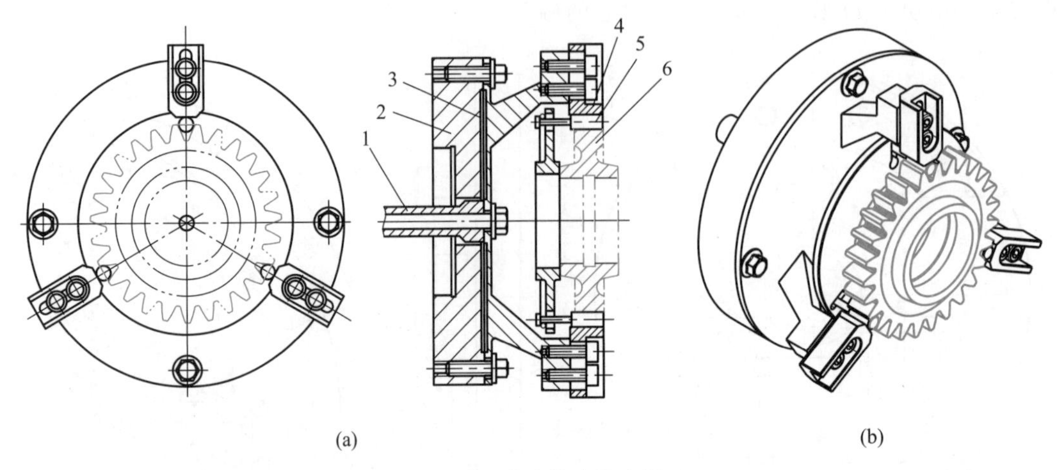

图2-52 磨齿轮内孔夹具

1—推杆；2—过渡盘；3—弹性薄膜盘；4—卡爪；5—节圆柱；6—工件（齿轮）

2.5.2 铣床夹具

铣床夹具主要用于加工零件上的平面、键槽、缺口及成形表面等。

1. 铣床夹具的类型与典型结构

铣床夹具根据夹具上同时安装工件的数量，可分为单件铣夹具和多件铣夹具。

图2-13所示为铣轴端槽的单件铣夹具。图2-53所示为铣轴承座底面的多件铣夹具，工件在支承板1上定位，一次安装四个工件同时进行加工。为了提高生产率，且保证各工件获得均匀一致的夹紧力，夹具采用了联动夹紧机构并设置了相应的浮动环节（球面垫圈7与浮动压板4）。

2. 铣床夹具设计要点

铣削加工的切削力较大，又是断续切削，加工中易引起振动，故要求铣床夹具受力元件要有足够的强度和刚度。夹紧机构所提供的夹紧力应足够大，且有较好的自锁性能。

铣床夹具一般设有对刀装置，用于确定夹具相对于刀具的位置。对刀装置主要由对刀块和塞尺构成。常用的对刀块有高度对刀块（图2-54a）、直角对刀块（图2-54b）和成形对刀块（图2-54c）。塞尺用于检查刀具与对刀块之间的间隙，以避免刀具与对刀块直接接触而造成刀具或对刀块的损伤。

铣床夹具的夹具体要承受较大的切削力，故要求要有足够的强度、刚度和稳定性。夹具体的安装面要足够大，且尽可能采用周边接触的形式。

铣床夹具通常通过导向键（参见图2-13中的件4和图2-53中的件3）与铣床工作台T形槽的配合来确定夹具在铣床工作台上的方位。导向键与夹具体的配合多采用H7/h6。为了提高夹具的安装精度，在安装夹具时使导向键一侧与工作台T形槽靠紧，以消除配合间隙的影响。铣床夹具大都在夹具体上设计有耳座，并通过T形槽螺栓将夹具紧固在工作台上。

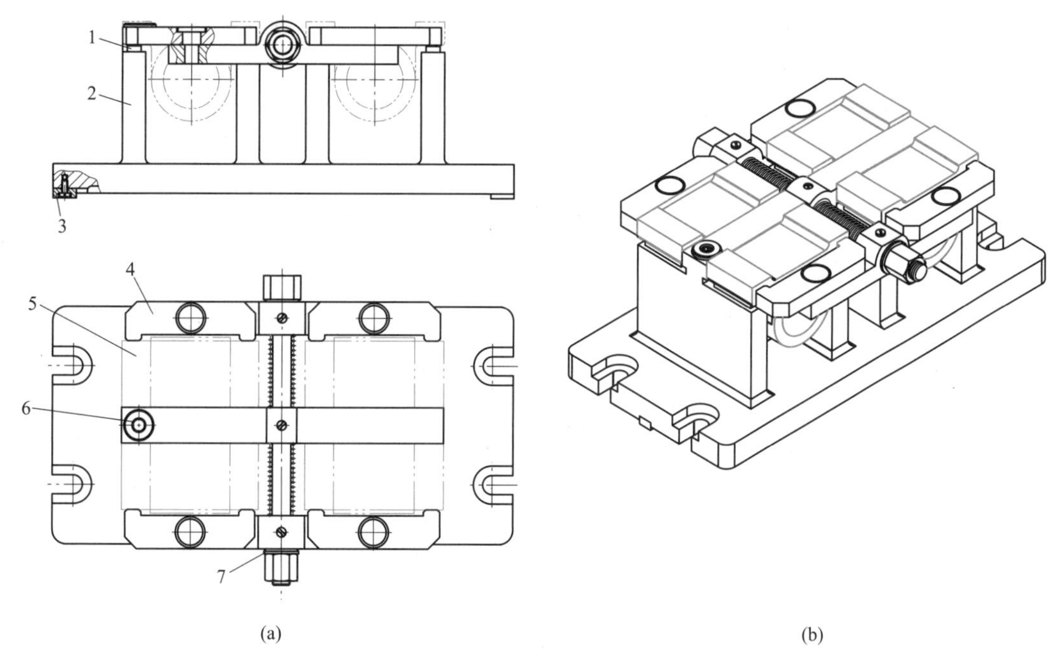

图 2-53 铣轴承座底面的多件铣夹具

1—支承板;2—夹具体;3—导向键;4—浮动压板;5—工件(轴承座);6—圆形对刀块;7—球面垫圈

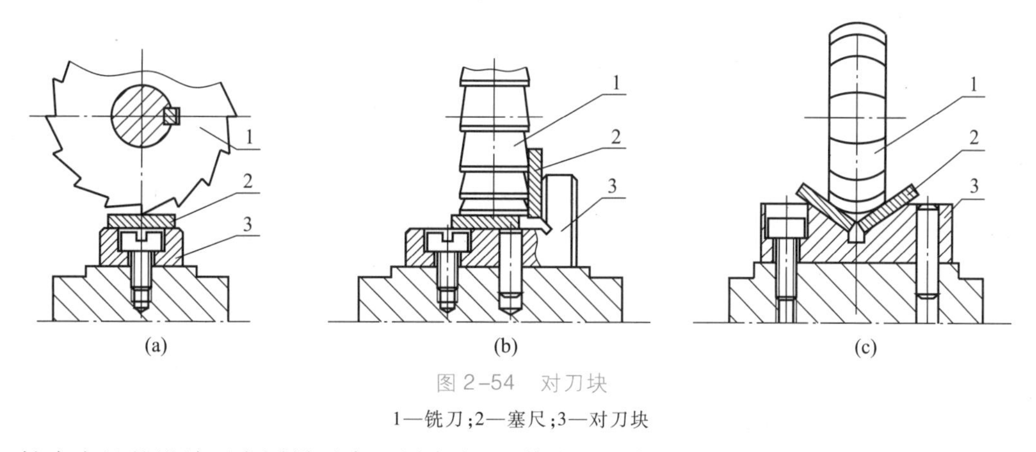

图 2-54 对刀块

1—铣刀;2—塞尺;3—对刀块

铣床夹具的设计要点同样适合于刨床夹具,其中主要方面也适用于平面磨床夹具。

2.5.3 钻床夹具和镗床夹具

钻床夹具因大都具有刀具导向装置,习惯上又称为钻模,主要用于孔加工。在机床夹具中,钻模占有很大的比例。

1. 钻模的类型与典型结构

钻模根据其结构特点可分为固定式钻模、回转式钻模、翻转式钻模、盖板式钻模和滑柱式钻模等。

固定式钻模在加工中相对于工件的位置保持不变。这类钻模多在立式钻床、摇臂钻床和多轴钻床上使用。图 2-14 所示为一固定式钻模,用于加工一组套类零件的径向孔。

回转式钻模的结构特点是夹具具有分度装置。图2-55所示为一回转式钻模,用于加工扇形工件上三个有角度关系的径向孔。拧紧螺母,通过开口垫圈将工件夹紧。转动手柄3,可将分度盘2松开。此时用捏手5将定位销4从定位套A中拔出,使分度盘连同工件一起回转20°,将定位销4重新插入定位套B或C,便可实现分度。再将手柄3转回,锁紧分度盘,即可进行加工。

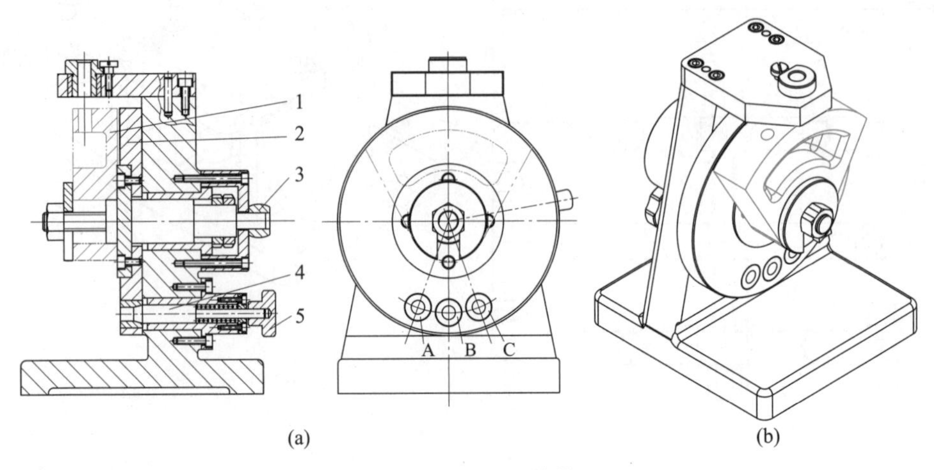

图2-55　回转式钻模

1—工件;2—分度盘;3—手柄;4—定位销;5—捏手;A、B、C—定位套

翻转式钻模在加工过程中连同工件一起翻转,用以完成多个方向上的孔加工。图2-43所示翻转式钻模用于加工工件上两个相互垂直的孔 $\phi8$ mm 和 $\phi5$ mm。翻转式钻模一般需要人工进行翻转,故夹具连同工件一起重量不能很大。

盖板式钻模的特点是没有夹具体。图2-56所示的盖板式钻模用于加工车床溜板箱上多个小孔。钻模板1以其圆柱销2和菱形销3在工件两孔中定位,并通过三个支承钉4安放在工件上。盖板式钻模的优点是结构简单,多用于加工大型工件上的小孔。

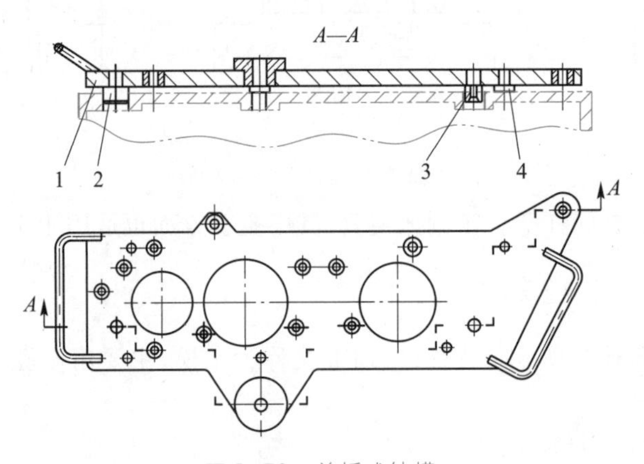

图2-56　盖板式钻模

1—钻模板;2—圆柱销;3—菱形销;4—支承钉

滑柱式钻模是一种具有升降模板的通用可调整钻模,由钻模板、滑柱、夹具体、传动和锁紧机构组成,这些结构已标准化并形成系列。使用时,只需根据工件的形状、尺寸和定位夹紧要求,设

计、制造与之相配的专用定位、夹紧装置和钻套,并将其安装在夹具基体上即可。图 2-57 所示为一钻铰轴承座两定位孔的手动滑柱式钻模,工件以已加工过的底面(三点)、不加工外圆面(两点)和待加工端面(一点)定位,转动手柄 6,斜齿轮轴 3 带动齿条(滑柱)2 连同钻模板 1 向下运动,压紧工件同时实现定位。此时,作用在斜齿轮上的反作用力在齿轮轴上引起轴向力,使锥体 A 在夹具体的内锥孔中楔紧,从而锁紧钻模板。加工完毕后,升起钻模板到一定高度,此时钻模板自重作用使齿轮轴产生反向轴向力,使锥体 B 与锥套 5 的锥孔楔紧,钻模板也被锁死。

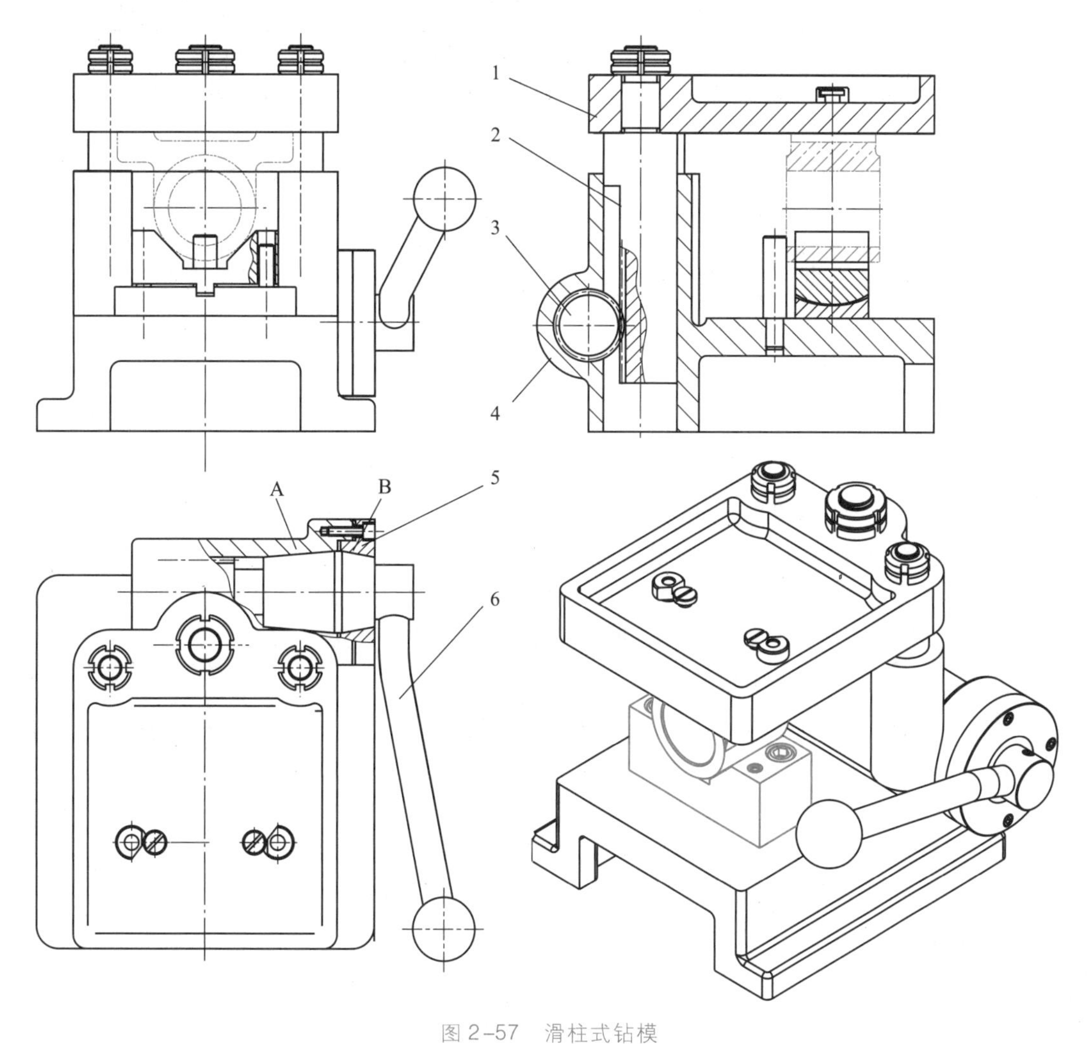

图 2-57 滑柱式钻模

1—钻模板;2—齿条(滑柱);3—斜齿轮轴;4—夹具体;5—锥套;6—手柄

2. 钻模设计要点

(1) 钻套

钻套是引导刀具的元件,用以保证被加工孔的位置,并防止加工过程中刀具的偏斜。

钻套按其结构特点可分为四种类型:固定钻套、可换钻套、快换钻套和特殊钻套。

固定钻套(图 2-58a)直接压入钻模板或夹具体的孔中,位置精度高;但磨损后不易拆卸,多用于中小批量生产。

可换钻套(图2-58b)以间隙配合安装在衬套中,磨损后可以更换,多用于大批量生产。

快换钻套(图2-58c)因可以快速更换而得名,更换时不需拧动螺钉,只要将钻套逆时针方向转动一个角度,使螺钉头对准钻套缺口,即可取下钻套。快换钻套多用于同一孔需要多个工步(如钻、扩、铰等)加工的情况。

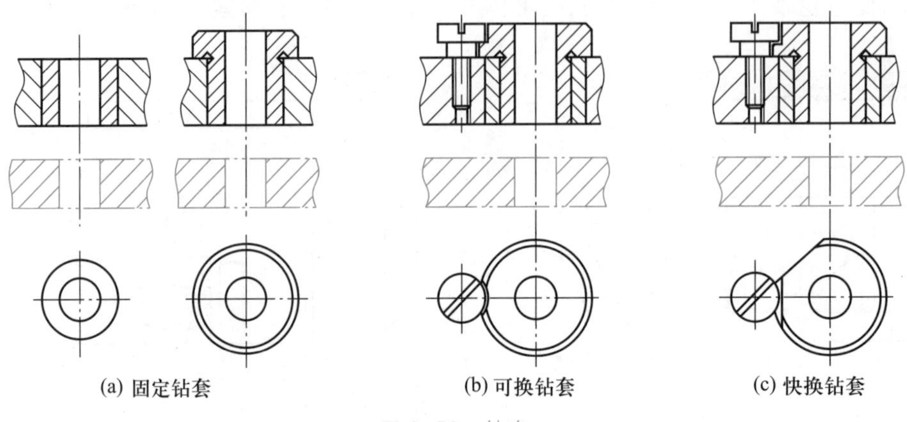

(a) 固定钻套　(b) 可换钻套　(c) 快换钻套

图2-58　钻套

特殊钻套用于特殊加工场合,例如在斜面上钻孔,在工件凹陷处钻孔,钻多个小间距孔等。此时无法使用标准钻套,可根据特殊要求设计专用钻套。

钻套中导向孔的孔径及其偏差应根据所引导的刀具尺寸来确定。通常取刀具的上极限尺寸为导向孔的公称尺寸,孔径公差依加工精度确定。钻孔和扩孔时通常取F7,粗铰时取G7,精铰时取G6。若钻套引导的不是刀具的切削部分而是导向部分,常取配合H7/f7、H7/g6或H6/g5。

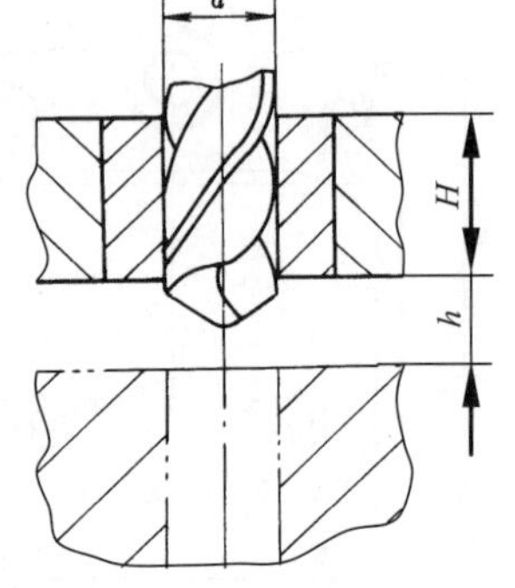

图2-59　钻套高度与容屑间隙

钻套高度H(见图2-59)直接影响钻套的导向性能,同时影响刀具与钻套之间的摩擦,通常取$H=(1\sim2.5)d$。对于精度要求较高的孔、直径较小的孔和刀具刚性较差时应取较大值。

钻套与工件之间一般应留有容屑间隙,此间隙不宜过大,以免影响导向作用。一般可取$h=(0.3\sim1.2)d$。加工铸铁、黄铜等脆性材料时可取小值;加工钢等韧性材料时应取较大值。当孔的位置精度要求很高时,也可取$h=0$。

(2) 钻模板

钻模板用于安装钻套。钻模板与夹具体的连接方式有固定式、铰链式、分离式和悬挂式等几种。

固定式钻模板直接固定在夹具体上,结构简单,精度较高。铰链式钻模板通过铰链与夹具体连接,由于铰链处存在间隙,影响导向精度,通常在装卸工件有困难时使用。分离式钻模板是可以拆卸的,工件每装卸一次,钻模板也要装卸一次。与铰链式钻模板相似,分离式钻模板也是为了装卸工件方便而设计的,但精度可以高一些。悬挂式钻模板一般悬挂在机床主轴上,并随主轴一起靠近或离开工件,它与夹具体的相对位置由滑柱来保证。这种钻模板多与组合机床的多轴头连用。

(3) 夹具体

钻模的夹具体一般不设定位或导向装置，夹具通过夹具体底面安放在钻床工作台上，可直接用钻套找正并用压板夹紧(或在夹具体上设置耳座用螺栓夹紧)。对于翻转式钻模，通常要求在相当于钻头送进方向设置支脚(参考图 2-43 中件 4)。支脚可以直接在夹具体上做出，也可以做成装配式。支脚一般应有四个，以检查夹具安放是否歪斜。支脚的宽度(或直径)一般应大于机床工作台 T 形槽的宽度。

3. 镗床夹具

具有刀具导向功能的镗床夹具，习惯上又称为镗模，镗模与钻模有很多相似之处。

图 2-60 所示镗模用于镗削泵体上两个相互垂直的孔。工件以 *A*、*B*、*C* 面分别与支承板 3、2、4 相接触而定位，并采用四个钩形压板 5 压紧。两镗杆由镗套 6 支承并导向，镗套安装在镗模支架 7 上。镗模支架安放在工件的两侧，这种导向方式称为双面导向。在双面导向的情况下，要求镗杆与机床主轴浮动连接。此时，镗杆的回转精度完全取决于两镗套的精度，而与机床主轴回转精度无关。

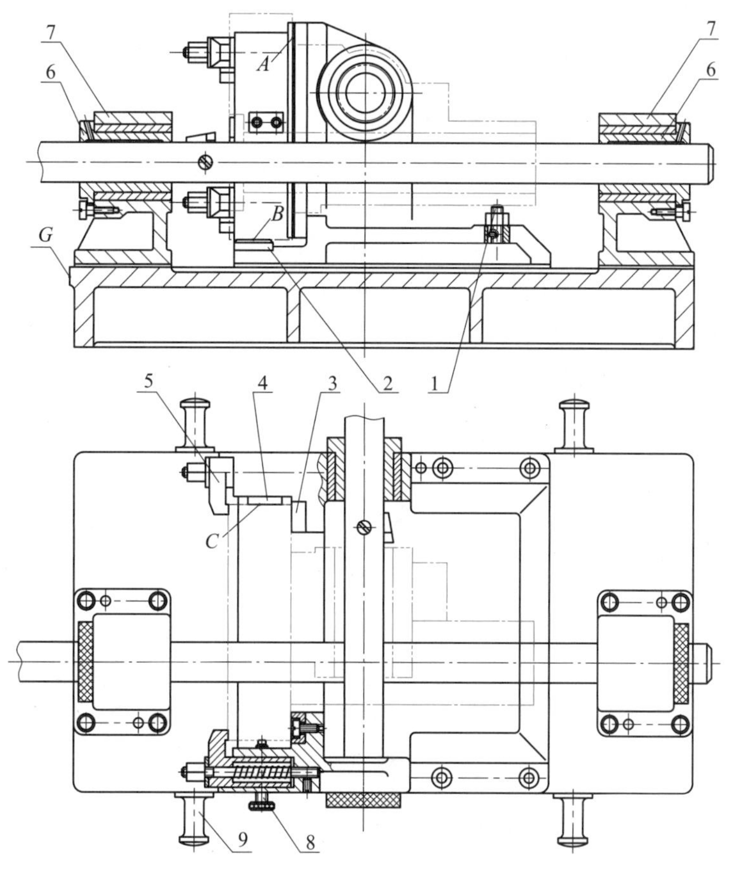

图 2-60 双面导向镗模

1—可调支承；2、3、4—支承板；5—钩形压板；6—镗套；7—镗模支架；8—螺钉；9—起吊螺栓为便于夹具在机床上安装,镗模底座上设有耳座和起吊螺栓(或起吊孔)。此外,在镗模底座侧面还加工出细长的找正基面(图2-60中的 G 面),用以找正夹具定位元件或导向元件的位置以及夹具在机床上安装的位置。

2.5.4　加工中心机床夹具

加工中心是一种带有刀库和自动换刀功能的数控镗铣床。加工中心机床使用的夹具与一般铣床或镗床夹具相比,具有以下特点:

(1) 加工中心机床由于具有数控系统的准确控制,加之机床本身的高精度和高刚性,刀具位置可以得到很好的保证。因此,加工中心机床使用的夹具只需具备"定位"和"夹紧"两种功能,就可以满足加工要求,使夹具结构得到简化。

(2) 一般铣床或镗床夹具在机床上的安装只需要"定向",常采用导向键(图2-53)或找正基面(图2-60)确定夹具在机床上的角向位置。而加工中心机床夹具在机床上不仅要确定其角向位置,还要确定其坐标位置,即要实现完全定位。这是因为加工中心机床夹具定位面与机床原点之间有严格的坐标尺寸要求,以保证刀位的准确(相对于夹具和工件)。

(3) 加工中心的加工工作属于典型的工序集中,工件一次装夹可以完成多个表面的加工。为此,夹具通常采用敞开式结构,以免夹具各部分(特别是夹紧部分)与刀具或机床运动部件发生干涉和碰撞。

(4) 为尽量减少机床加工对象转换时间,加工中心机床使用的夹具通常要求能够快速更换或快速重调。为此,夹具安装时一般采用无校正定位方式。

图2-61所示为一加工异形支架的夹具,图2-62为该工序的工序简图。由图可见工件加工面很多,且处于不同的方位上,因而适于在加工中心机床上加工。工件在夹具上以 ϕ75js6 外圆(四点),四方端面(三点)及四方周边(一点)定位,用两个钩形压板夹紧。夹具以其底板上的中心孔和两个定位键在机床数控转台上定位,并通过四个T形螺钉夹紧(图2-63)。加工时,数控转台载着夹具连同工件一起转位,分别在0°、90°、180°和270°四个工位上完成零件所有加工面的加工。

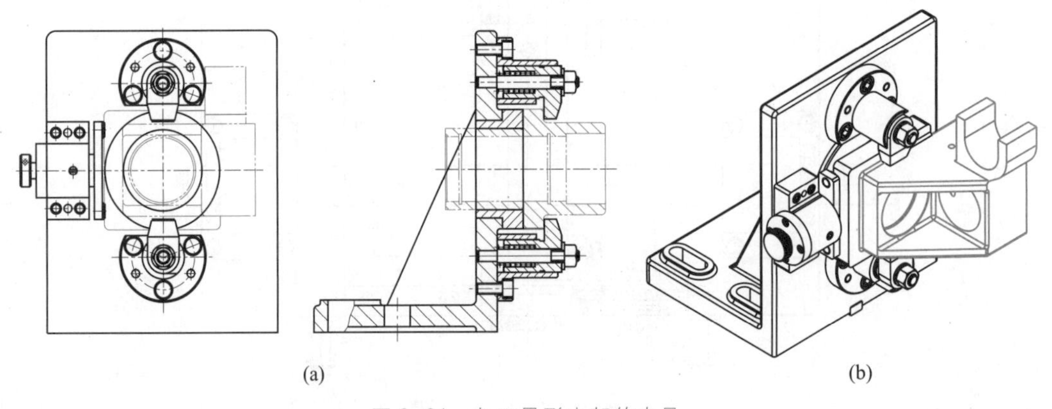

(a)　　(b)

图2-61　加工异形支架的夹具

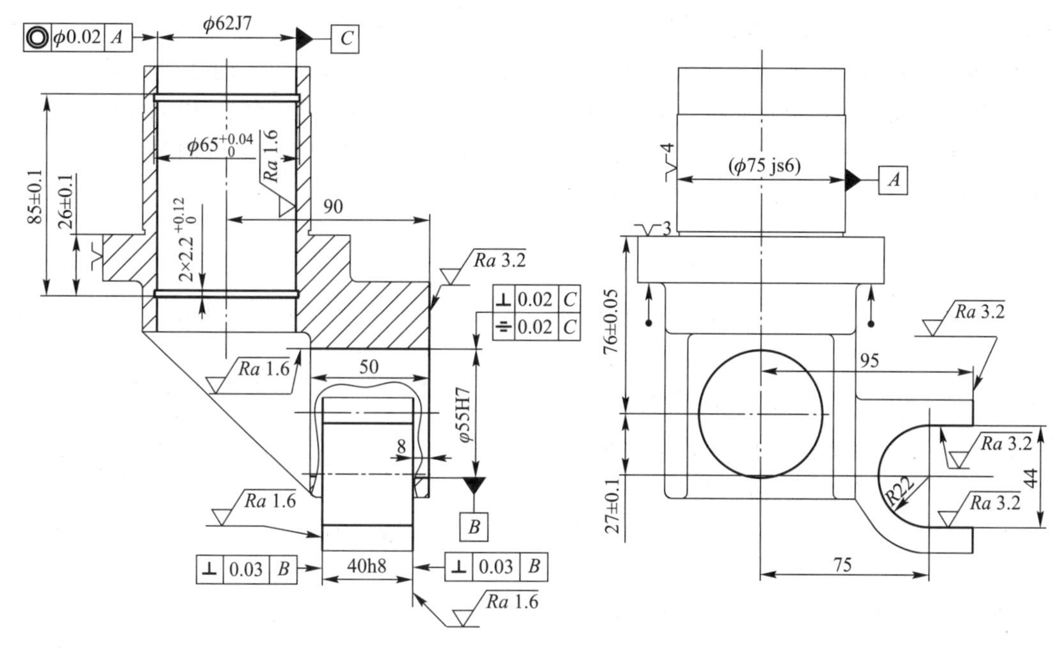

图 2-62 异形支架工序简图

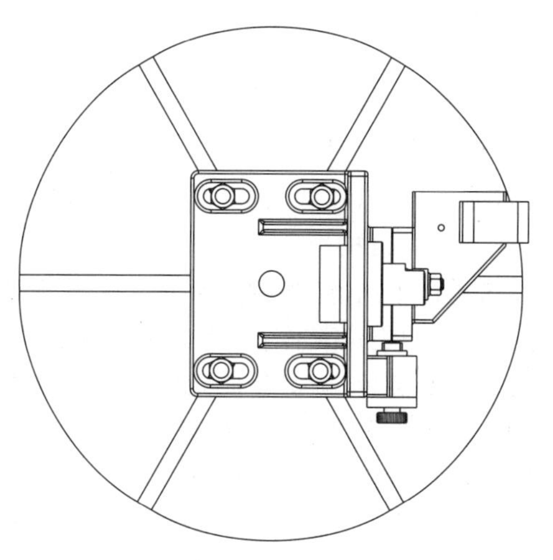

图 2-63 异形支架加工工位(0°工位)

2.6 专用机床夹具设计步骤和方法

2.6.1 专用机床夹具设计的基本要求

(1) 保证工件加工精度 这是夹具设计的最基本要求,其关键是正确地确定定位方案、夹紧方案、刀具导向方式及合理确定夹具的技术要求。必要时应进行误差分析与计算。

(2) 夹具结构方案应经济合理 在大批量生产时应尽量采用快速、高效夹具结构,如多件夹紧、联动夹紧等,以缩短辅助时间;对于中、小批量生产,则要求在满足夹具功能的前提下,尽量使夹具结构简单、制造方便,以降低夹具制造成本。

(3) 操作方便、安全、省力 如采用气动、液压等夹紧装置,以减轻工人的劳动强度,并可较好地控制夹紧力。夹具操作位置应符合工人操作习惯,必要时应有安全防护装置,以确保使用安全。

(4) 有良好的结构工艺性 设计的夹具要便于制造、检验、装配、调整、维修等。

(5) 便于排屑。

2.6.2 专用机床夹具设计的一般步骤

以下结合一夹具设计实例说明专用夹具设计的一般步骤。拟设计的夹具用于加工摇杆小头孔 ϕ18H7,见工序图 2-64。由于当前三维设计软件已广泛使用,且其具有直观、参数化、全关联、易修改、可实现虚拟装配和干涉检验等优势,本例采用三维软件进行设计。

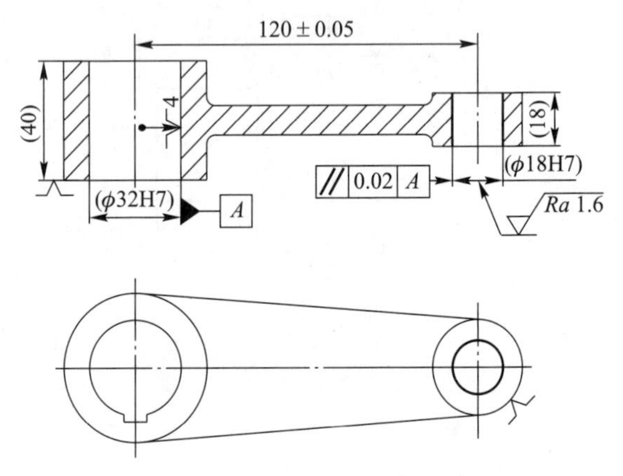

图 2-64 加工摇杆小头孔工序图

1. 研究原始资料,明确设计要求,做经济性分析

由图 2-64 可见,该工序要求加工摇杆小头孔 ϕ18H7,除要保证孔径精度及表面粗糙度外,还要保证与大头孔的中心距 120±0.05 mm 和平行度 0.02 mm。

本工序有一定位置精度要求,属于批量生产,使用夹具加工是适当的。考虑到生产批量不是很大,因此夹具结构应尽可能简单,以降低成本(具体分析可参考 5.8 节,此处从略)。

2. 拟订夹具结构方案,绘制夹具结构草图

拟定夹具结构方案应主要考虑以下问题:根据零件加工工艺所给的定位基准和六点定位原理,确定工件的定位方法并选择相应的定位元件;确定刀具引导方式,并设计引导装置或对刀装置;确定工件的夹紧方法,并设计夹紧装置;确定其他元件或装置的结构形式;考虑各种元件或装置的布局,确定夹具的总体结构。为使设计的夹具先进、合理,常需拟定几种结构方案,进行比较,从中择优。在构思夹具结构方案时,应绘制夹具结构草图,给出主要结构尺寸和联系尺寸,为构建夹具实体模型作好准备。对于初学者,绘制夹具结构草图可以借助于坐标纸,徒手按 1 : 1 比例画出,以检查方案的合理性和可行性。

3. 构建夹具实体模型

在确定夹具结构方案后,即可使用三维软件构建夹具实体模型。使用三维软件设计夹具装配体的方法通常有两种:自底向上和自顶向下。自底向上的装配体设计是先设计好零件,根据不同的位置和装配约束关系,将一个个零件安装成子装配体或夹具。自顶向下设计则是在装配环境下,根据夹具总体构思和装配约束关系建立零件或特征,零件的特征要参考装配体中其他相关零件的轮廓和位置来确定,当参考发生变化时,所建立的零件及特征也要相应改变。考虑到夹具中多数零件已标准化,并可以通过建立夹具元件库的方法,将标准夹具元件存储起来,因此更适于采用自底向上的装配体设计方法。本例采用自底向上的方法,以工件为基准逐渐展开,最终形成夹具装配体。

1）定位、夹紧装置设计　本工序要求保证的位置精度主要是中心距120±0.05 mm及平行度公差0.02 mm。根据基准重合原则，应选 ϕ32H7 孔为主要定位基准，即工序简图中规定的定位基准是恰当的。为保证 ϕ32H7 孔四点定位及其端面一点定位，可以采用弹簧胀套定心夹紧装置；为保证小头孔处壁厚均匀，采用活动V形块来确定工件的角向位置，如图2-65a所示。考虑到加工时小头孔要承受较大的轴向力，故设置了辅助支承套(见图2-65a中6)。

在装配环境下，通过同轴、平行、垂直、重合等配合关系操作，确定相关夹具元件与工件的相互位置，并将活动V形块组件完整画出，完成子装配体1的组装，如图2-65b所示。

2）导向装置设计　本工序小头孔的精度要求较高，一次装夹要完成钻-扩-粗铰-精铰四个工步，故采用快换钻套(机床上相应的采用快换夹头)；又考虑到要求结构简单且能保证精度，故采用固定钻模板。在已建立的子装配体1基础上，将快换钻套、衬套、钻套螺钉和钻模板等元件插入，仍以工件为基准，同时兼顾与子装配体1有关的约束(如钻套孔轴线需与工件小头孔同轴，钻套下表面与工件小头孔上端面需保持一定距离等)，通过配合关系操作，确定其与工件及子装配体1的相互位置，得到子装配体2，参考图2-65c。

3）夹具体设计　以子装配体2各元件及相互位置尺寸为依据，构建夹具底板。在夹具底板设计过程中，要充分考虑已有各元件尺寸及其相互位置尺寸，同时也可能需要对已有各元件尺寸及其相互位置尺寸不匹配之处进行必要的修正，直至完全协调一致。这是一个设计-匹配-修改的反复过程，现代流行的三维设计软件的全相关、干涉检验、自动消隐、多种视图、特征管理树等功能为此提供了极大便利。

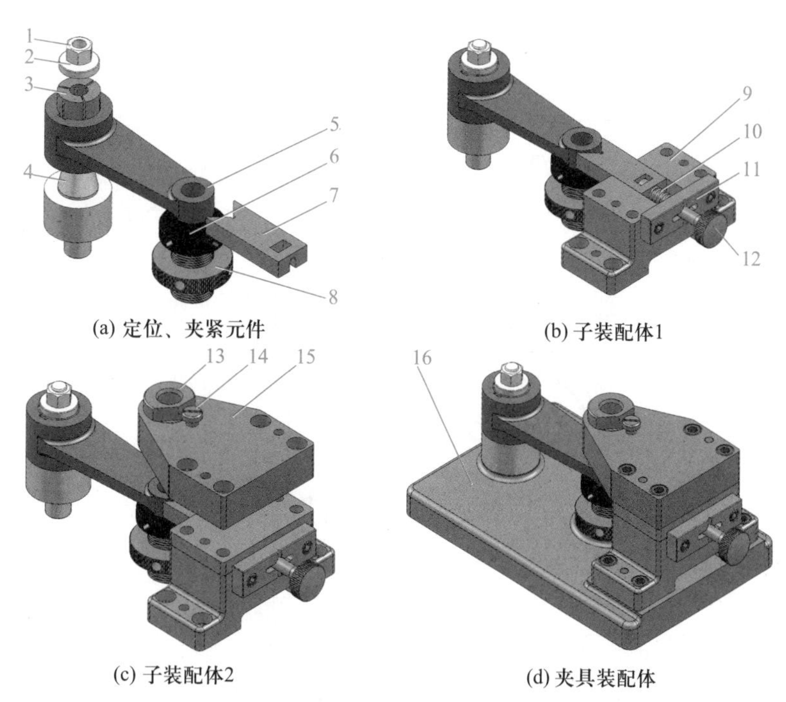

(a) 定位、夹紧元件　(b) 子装配体1

(c) 子装配体2　(d) 夹具装配体

图2-65　构建夹具实体模型

1—螺母；2—垫圈；3—弹簧胀套；4—锥度心轴；5—工件；6—支承套；7—活动V形块；8—锁紧螺母；9—支座；10—弹簧；11—挡板；12—拉杆；13—快换钻套；14—钻套螺钉；15—钻模板；16—夹具底板

将设计好的夹具体插入子装配体 2，再反复进行同轴、平行、垂直、重合等配合关系操作，最终生成完整的夹具装配体，如图 2-65d 所示。

4. 绘制工程图（夹具总图），标注尺寸和技术要求。

目前在实际生产中，作为正式的工艺文件，一般还需将三维实体图形转换成二维工程图。可以利用现有的三维图形软件将实体模型直接转换为二维工程图，但转换后的图形往往与国家制图标准不完全吻合，还需做一些必要的修正。将图 2-65d 所示的夹具装配体直接在三维软件环境下转换为二维工程图，再将其引入到 AutoCAD 环境下进行适当调整和修正，最终得到的夹具装配图（夹具总图）如图 2-66 所示。

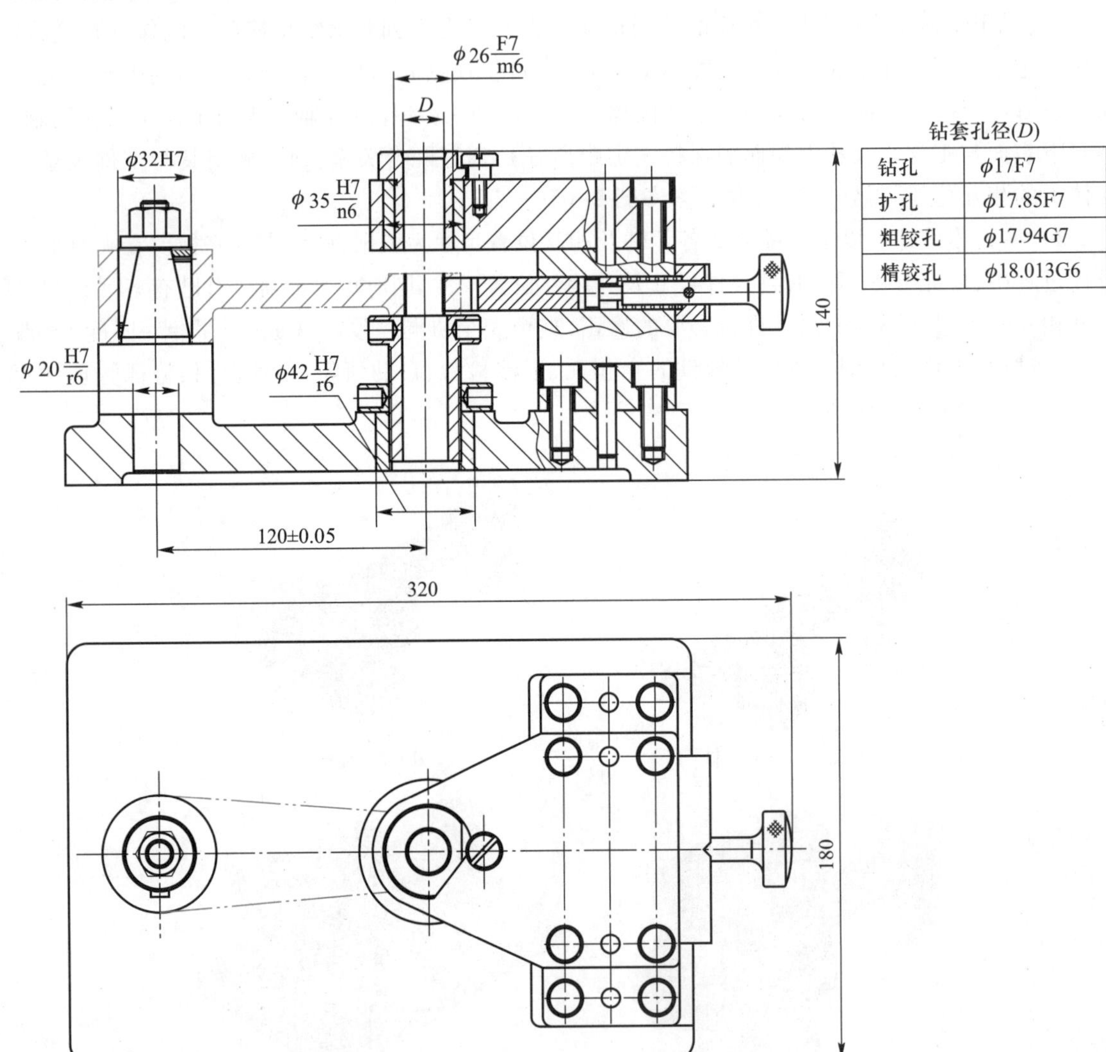

钻套孔径(D)

钻孔	ϕ17F7
扩孔	ϕ17.85F7
粗铰孔	ϕ17.94G7
精铰孔	ϕ18.013G6

技术要求

1. 钻套孔轴线对定位心轴轴线平行度公差为0.02 mm；
2. 定位心轴轴线对夹具底面垂直度公差为0.02 mm；
3. 活动 V 形块对钻套孔与定位心轴轴线所决定的平面对称度公差为0.05 mm。

图 2-66　加工摇杆小头孔夹具

夹具总图比例尽量取 1∶1，这样可使绘制的夹具图有良好的直观性。对于很大的夹具，可使用 1∶2 或 1∶5 的比例，夹具很小时，可使用 2∶1 的比例。夹具总图在清楚表达夹具工作原理和结构的前提下，视图应尽可能少，主视图应取操作者实际工作位置。

夹具总图上工件轮廓通常用假想线（双点画线）画出，工件加工面则用网格线或粗实线标出，并将工件视为透明体，不挡夹具。

夹具总图上标注尺寸及技术要求的目的主要是为了便于拆零件图、便于夹具装配和检验（在使用三维软件的情况下，零件图可以由实体模型直接生成，但其精度与技术要求还需从夹具装配图中获取）。为此，应有选择地标注尺寸和技术要求。通常，夹具总图上应标注以下内容：

1）夹具外形轮廓尺寸；

2）夹具定位元件与工件的配合尺寸；

3）夹具导向元件与刀具的配合尺寸；

4）夹具与机床的连接尺寸及配合；

5）与夹具定位元件、导向元件及夹具安装基准面有关的配合尺寸、位置尺寸及公差；

6）其他重要配合尺寸。

夹具上有关尺寸公差和几何公差通常取工件上相应公差的 1/5～1/2。当生产批量较大时，考虑夹具磨损，应取较小值；当工件本身精度较高，为使夹具制造不十分困难，可取较大值。当工件上相应的公差为自由公差时，夹具有关尺寸公差常取±0.1 mm 或±0.05 mm，角度公差（包括位置公差）常取±10′或±5′。确定夹具公差带时，还应注意保证夹具的平均尺寸与工件上相应的平均尺寸一致，即保证夹具上有关尺寸的公差带刚好落在工件上相应尺寸公差带的中间。

夹具总图上标注的技术条件通常有以下几方面：

1）定位元件与定位元件定位表面之间的相互位置精度要求；

2）定位元件的定位表面与夹具安装面之间的相互位置精度要求；

3）定位元件的定位表面与导向元件工作表面之间的相互位置精度要求；

4）导向元件与导向元件工作表面之间的相互位置精度要求；

5）定位元件的定位表面或导向元件的工作表面对夹具找正基准面的位置精度要求；

6）与保证夹具装配精度有关的或与检验方法有关的特殊技术要求。

表 2-9 列举了几种常见情况的夹具技术要求。

表 2-9 夹具技术要求举例

夹具简图	技术要求	夹具简图	技术要求
Z A B Z A B	1. *A* 面对 *Z* 轴线（锥面或顶尖孔连线）的垂直度公差…… 2. *B* 面对 *Z* 轴线（锥面或顶尖孔连线）的同轴度公差……	A L D	1. 检验棒 *A* 对 *L* 面的平行度公差…… 2. 检验棒 *A* 对 *D* 面的平行度公差……

续表

夹具简图	技术要求	夹具简图	技术要求
	1. A 面对 L 面的平行度公差…… 2. B 面对止口面 N 的同轴度公差…… 3. B 面对 C 面的同轴度公差…… 4. B 面对 A 面的垂直度公差……		1. B 面对 L 面的平行度公差…… 2. G 轴线对 L 面的垂直度公差…… 3. B 面对 A 面的垂直度公差…… 4. G 轴线对 B 轴线的最大偏移量……
	1. B 面对 L 面的垂直度公差…… 2. K 面(找正孔)对 N 面的同轴度公差…… 3. N 面对 L 面的垂直度公差……		1. B 面对 L 面的平行度公差…… 2. A 面对 D 面的平行度公差…… 3. U、V 轴线对 L 面的垂直度公差……
	1. A 面对 L 面的平行度公差…… 2. B 面对 D 面的平行度公差…… 3. D 面对 L 面的垂直度公差……		1. A 面对 L 面的平行度公差…… 2. G 面对 A 面的平行度公差…… 3. G 面对 D 面的平行度公差…… 4. B 面对 D 面的垂直度公差……

本章学习提要

本章介绍机械加工工艺系统中的两个重要组成部分——机床和夹具，重点介绍了夹具设计。为深入理解夹具设计原理，首先讨论机械加工中的重要问题——工件的定位和夹紧。

学习本章内容，应对机床的种类、基本组成及主要性能指标有一个全面的认识，牢固掌握和正确应用工件的定位原理和夹紧原则，并通过课程设计或大作业等环节的实际训练，初步掌握机床夹具的设计方法。

主要术语

机械加工工艺系统	机床	夹具	刀具
机床型号	机床技术性能指标	几何精度	运动精度
静刚度	动刚度	装夹	定位

夹紧	定位元件	夹紧元件	通用夹具
专用夹具	六点定位原则	定位分析	完全定位
不完全定位	欠定位	过定位	组合定位
定位误差	基准位置误差	基准不重合误差	夹紧力
夹紧机构	车床夹具	铣床夹具	钻床夹具
钻模板	钻套	镗床夹具	

习题与思考题

2-1　机床如何按其加工性质来分类的？

2-2　试说明 CK6132 和 Z3040×12 的含义。

2-3　试以普通车床为例说明机床的基本组成部分。

2-4　什么是装夹？有哪些装夹方法？各应用于什么场合？

2-5　什么是六点定位原则？工件加工时是否一定要六点定位？

2-6　夹具由哪几部分组成？各部分的功用是什么？

2-7　夹具按其使用范围可分为几类？试说明成组夹具和组合夹具的特点及其应用范围。

2-8　试分析图 2-67 所示各零件加工时必须限制的自由度：

1）在球上铣平面，保证尺寸 H（图 a）；

2）在套筒零件上加工 ϕB 孔，要求与 ϕD 孔垂直相交，且保证尺寸 L（图 b）；

3）在轴上铣扁，保证尺寸 H 和 L（图 c）；

4）在支座零件上铣槽，保证槽宽 B 和槽深 H 及与四个分布孔的位置度（图 d）。

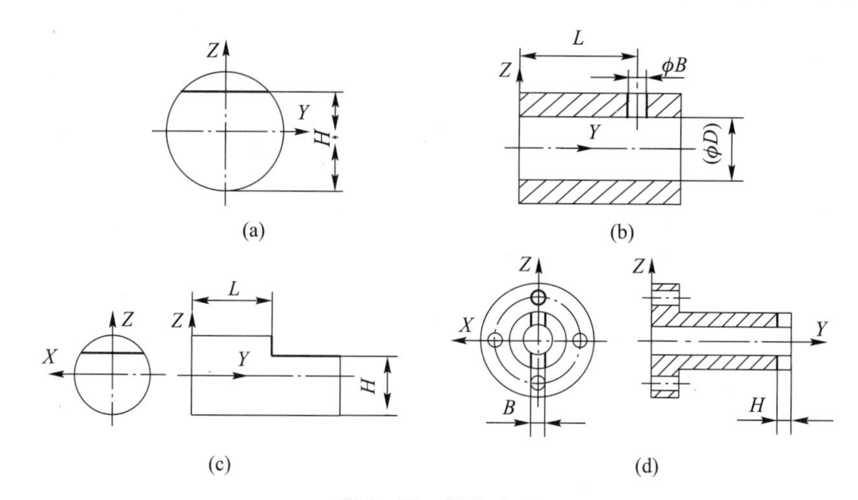

图 2-67　题 2-8 图

2-9　为什么说锥度心轴限制 5 个自由度，而小锥度心轴限制 4 个自由度？

2-10　何为欠定位与过定位？欠定位与过定位在生产中是否允许出现？

2-11　分析图 2-68 所示各定位方案，试：① 确定各定位元件限制的自由度；② 判断有无欠定位或过定位；③ 对不合理的定位方案提出改进意见。

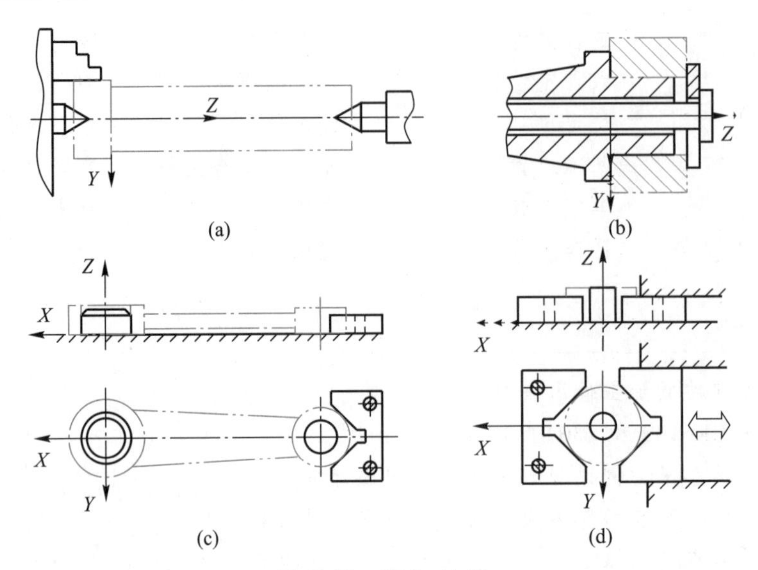

图2-68　题2-11图

1）车阶梯轴小外圆及台阶端面（图a）；

2）车外圆，保证外圆与内孔同轴（图b）；

3）钻、铰连杆小头孔，要求保证与大头孔轴线的距离及平行度，并与毛坯外圆同轴（图c）；

4）钻、铰孔，要求与外圆同轴（图d）。

2-12　某工厂在齿轮加工中，安排了一道以小锥度心轴安装齿轮坯精车齿轮坯两端面的工序，试分析其原因。

2-13　在图2-69a所示工件上加工键槽，要求保证尺寸$54_{-0.14}^{\ 0}$ mm和对称度0.03 mm。现有三种定位方案，分别如图2-69b、c、d所示。试分别计算三种方案的定位误差，并选择最佳方案。

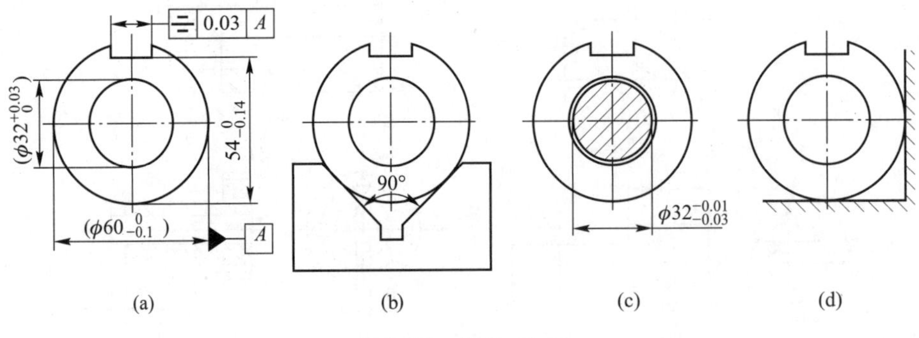

图2-69　题2-13图

2-14　图2-70所示零件为批量生产，其外圆（直径$\phi20\pm0.02$ mm）及两端面均已加工好，现加工横槽，要求保证：槽宽6 ± 0.1 mm及尺寸58 ± 0.3 mm和15 ± 0.12 mm。试：

1）分析加工时必须限制的自由度；

2）选择定位元件，并在图中示意画出；

3）按所选定位方法，计算定位误差。

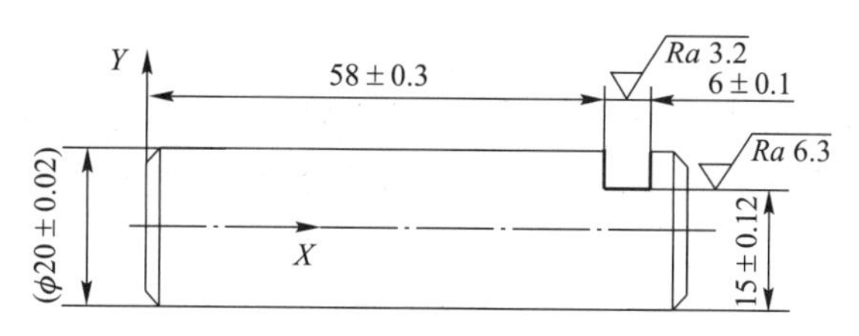

图 2-70 题 2-14 图

2-15 分析第 2.2.2 节中图 2-13 所示的铣柱形零件端面槽夹具,试:

1) 说明夹具定位元件限制工件的自由度数;

2) 说明该工件定位属于完全定位还是不完全定位,有无欠定位或过定位;(注:活动 V 形块与两导柱之间有较大间隙)

3) 说明该夹具采用的是何种夹紧装置,并说明其主要优缺点;

4) 用文字说明其主要技术要求(不要求给出具体数值)。

2-16 图 2-71 所示钻模用于钻铰图中右下角所示工件上的两 ϕ10H8 孔(A、B 面及 ϕ40H7 孔已加工好),试指出该钻模设计不当之处,并提出改进意见。

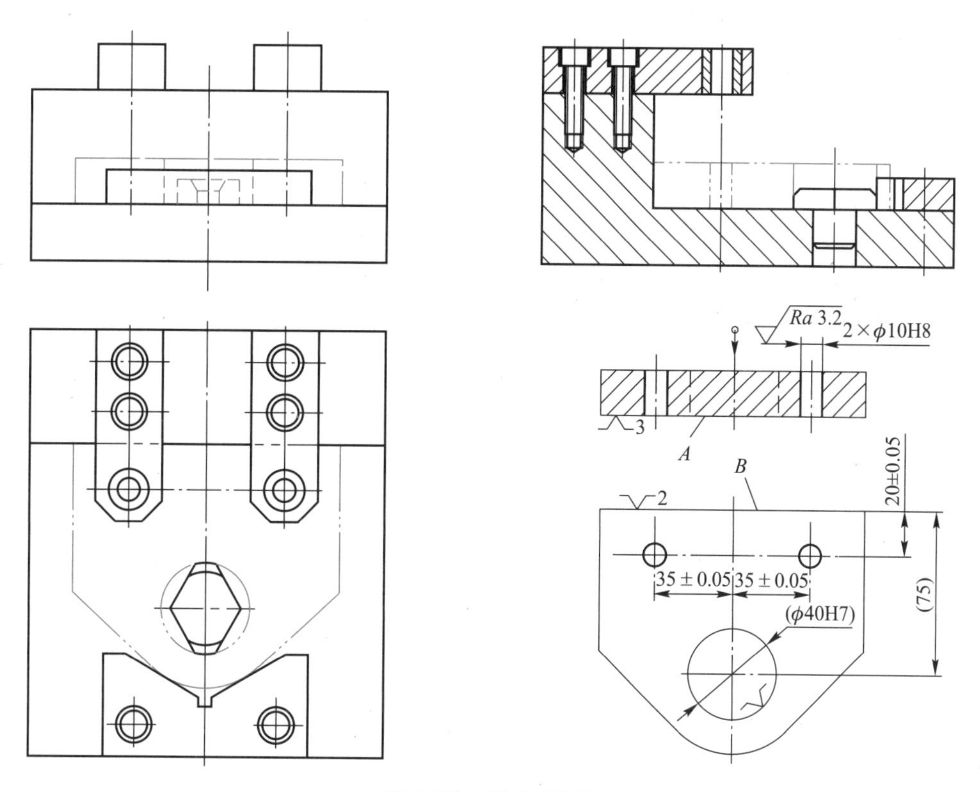

图 2-71 题 2-16 图

2-17 用鸡心夹头夹持工件车削外圆,如图 2-72 所示。已知工件装夹部分的直径 d = 40 mm,车削部分的直径 d_1 = 60 mm,工件材料为 45 钢,切削用量为 v_c = 100 m/min,a_p = 3 mm,f = 0.2 mm/r。摩擦系数 μ = 0.2,安全系数 k = 2.0,α = 90°。试计算鸡心卡上夹紧螺栓所需作用的力矩为多少?

2-18 图2-73所示为连杆零件加工螺纹底孔($\phi7$)和螺钉过孔($\phi9$)的工序图。试按其要求设计一钻床夹具,一次安装完成两孔的加工(工件上$\phi18$H7孔、$\phi12$H7孔及两端面已加工好)。

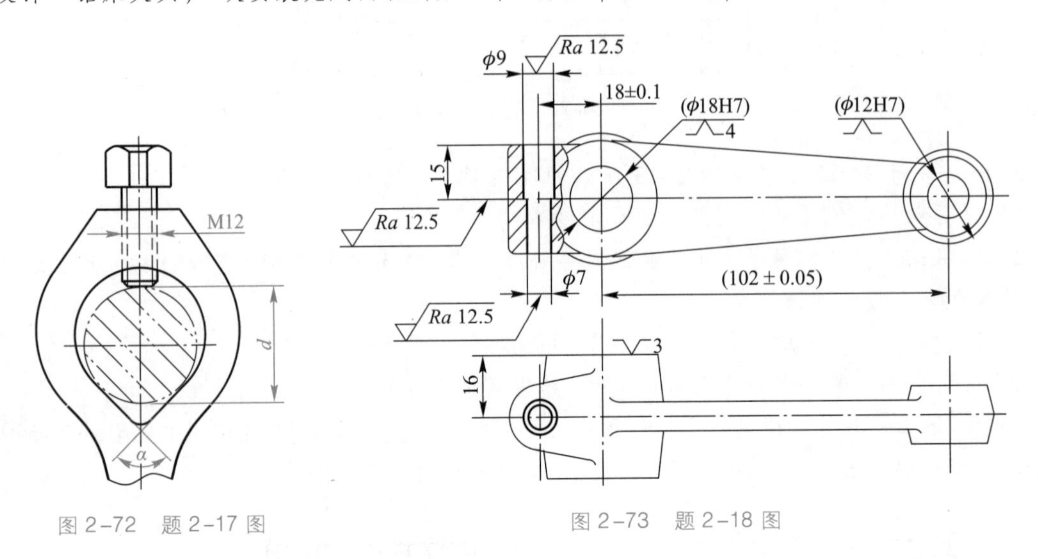

图2-72 题2-17图

图2-73 题2-18图

第3章　切削过程及其控制

学习目标

1）了解刀具材料，掌握刀具几何角度。

2）理解切屑的形成过程、切屑变形程度表示方法及三个变形区，了解影响切屑变形的因素及切屑类型。

3）理解切削力的产生、分解与计算，了解影响切削力的主要因素。理解切削热的产生、传出，了解切削温度分布及主要影响因素。

4）了解刀具磨损形式与磨损原因，理解刀具寿命概念及影响刀具寿命的主要因素。

5）掌握切削用量的选择方法，了解切削用量的优化。

6）了解磨削机理与磨削特点，了解高速切削技术特点与进展。

3.1　切削刀具基础知识

3.1.1　刀具切削部分的组成

切削刀具的种类很多，形状各异，但它们的切削部分几何形状与几何参数具有共同的特征：切削部分的基本形状为楔形。车刀是最典型的代表，其他刀具可以视为由车刀演变或组合而成；多刃刀具的每个刀齿都相当于一把车刀，见图3-1a。车刀由刀头和刀体两部分组成，刀头即为切削部分，具有下列各要素（图3-1b）：

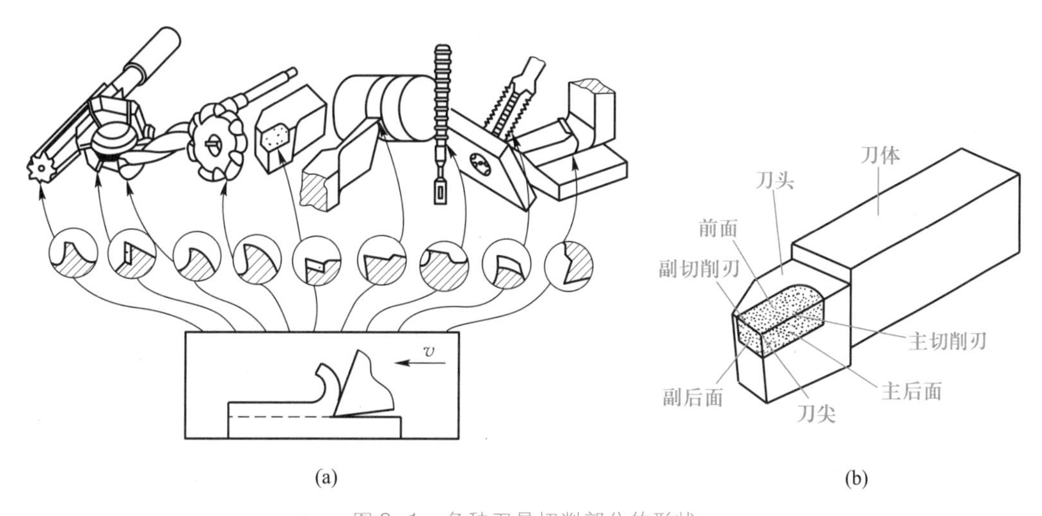

图3-1　各种刀具切削部分的形状

前面 A_γ——刚形成的切屑沿其流出的刀面；

主后面 A_α——与工件加工表面相对的刀面；

副后面 A'_α——与工件已加工表面相对的刀面；

主切削刃 S——刀具前面与主后面的交线，它承担主要的切削工作；

副切削刃 S'——刀具前面与副后面的交线；

刀尖——主、副切削刃的实际交点，为了强化刀尖，一般都在刀尖处磨成折线或圆弧形过渡刃。

实际上，刀具前、后面并不一定是一个完整的平面，也可由几个相互倾斜的平面或圆弧槽组成。

3.1.2 刀具坐标系与刀具角度

1. 刀具坐标系

为了表示刀具切削部分的几何角度，需要人为地建立坐标系。刀具坐标系有多种形式，经常使用的是刀具切削参数坐标系和刀具标注角度坐标系。

(1) 刀具切削参数坐标系

刀具切削参数坐标系又称工作坐标系，它是在刀具实际工作状态下建立的坐标系，因而与合成切削速度 v_e 相联系。刀具切削参数坐标系的三个坐标平面分别是：

1) 工作切削平面 P_{se}——通过切削刃某选定点，与工件加工表面相切的平面。

2) 工作基面 P_{re}——通过切削刃某选定点，垂直于合成切削速度向量 v_e 的平面。

显然，合成切削速度被包含在切削平面之中，切削平面与基面相互垂直。

图 3-2 所示为横向切入车削时的坐标平面。横车的加工表面为阿基米德螺旋面，其基面并非是一个水平面，而是切削运动轨迹面的法平面。切削平面也不是一个垂直面，而是切削运动轨迹面的切平面。它们与相应的前面及主后面组成了夹角。两个相交平面的夹角在不同的剖面内测量，其数值各不相同，因此还必须规定一个测量平面。

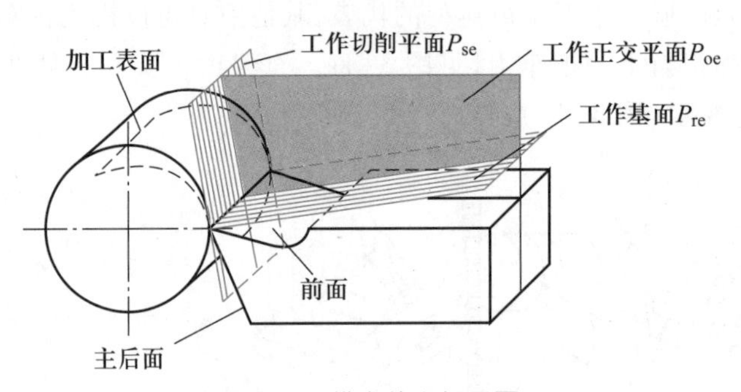

图 3-2 横车的坐标平面

3) 工作正交平面 P_{oe}——同时垂直于 P_{se} 和 P_{re} 的平面。

通常情况下，切削刃并不一定在基面内，此时正交平面不垂直于切削刃，而垂直于切削刃向基面内的投影。图 3-2 是个特例，由于切削刃水平，它的投影即为其本身。

(2) 刀具标注角度坐标系

在设计与制造刀具时，需确定刀具角度值的大小，此时还不知道合成切削速度的方向，因而只能在某些合理的假定条件下建立坐标系，这就是刀具标注角度坐标系，在此坐标系中所确定的刀具角度称为刀具标注角度。车削时的假设条件有：

1）主运动方向与刀具底面垂直（不考虑进给运动）；

2）刀柄中心线垂直于工件轴线（假定进给方向）；

3）切削刃上选定点与工件轴线等高。

基于上述条件，外圆车刀主切削刃上任一点 M 的基面、切削平面和正交平面如图 3-3所示。其切削平面（用 P_s 表示）和正交平面（用 P_o 表示）都垂直于刀柄底面，基面（用 P_r 表示）平行于刀柄底面，主切削刃在基面上的投影即为切削平面与基面的交线。这三个坐标平面构成的空间直角坐标系，称为刀具标注角度坐标系，或正交平面坐标系。

2. 刀具标注角度

以车刀为代表的刀具标注角度如图 3-4 所示。

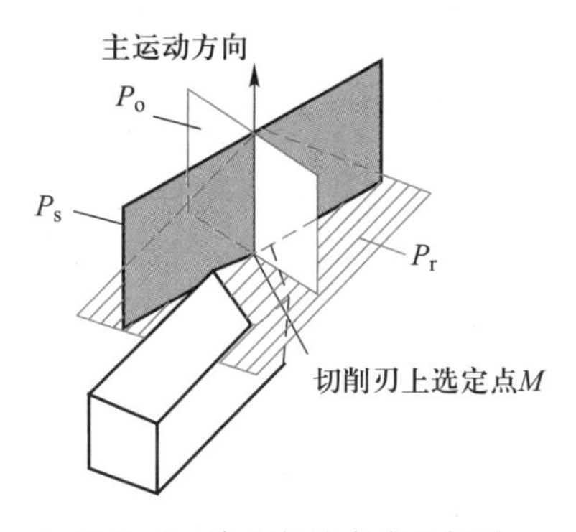

图 3-3　车刀标注角度坐标系

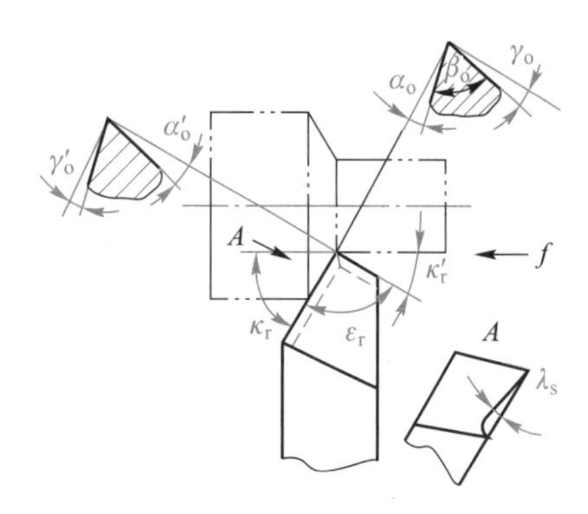

图 3-4　车刀的标注角度

（1）在正交平面 P_o 中测量的角度

1）前角 γ_o——刀具前面与基面之间的夹角。通过选定点的基面，若位于楔形刀体的实体之外，前角为正值；若基面位于实体之内，则前角为负值。

2）后角 α_o——刀具后面与切削平面之间的夹角。若通过选定点的切削平面位于楔形刀体的实体之外，后角为正值；反之为负值。

3）楔角 β_o——刀具前面与主后面之间的夹角。显然有：$\beta_o+\gamma_o+\alpha_o=90°$。

（2）在基面 P_r 中测量的角度

1）主偏角 κ_r——主切削刃在基面上的投影与假定进给方向之间的夹角。

2）副偏角 κ'_r——副切削刃在基面上的投影与假定进给反方向之间的夹角。

3）刀尖角 ε_r——主切削刃与副切削刃在基面上投影之间的夹角。

（3）在切削平面 P_s 中测量的角度

刃倾角 λ_s——主切削刃与基面之间的夹角。当刀尖是主切削刃上最低点时，刃倾角定为负值；当刀尖是主切削刃上最高点时，则刃倾角为正值。

当 $\lambda_s=0°$时，主切削刃与切削速度垂直，称之为直角切削或正切削。而 $\lambda_s\neq0°$的切削称为斜角切削或斜切削。λ_s 的正或负会改变切屑流出的方向。

（4）在副正交平面中测量的角度

所谓副正交平面，即垂直于副切削刃在基面上投影的平面，用 P'_o表示

1）副后角 α'_o——刀具副后面与切削平面之间的夹角；

2）副前角 γ'_o——刀具前面与基面之间的夹角。

实际上,当 γ_o、λ_s、κ_r 及 κ_r' 为已定值,且主、副切削刃处于共同的前面时,γ_o' 已被确定了。另外,β_o 及 ε_r 是派生角。因此,外圆车刀的标注角度只有六个是独立的:γ_o、α_o、κ_r、κ_r'、λ_s 与 α_o',它们的大小会直接影响切削过程。各角度的推荐值可查阅有关的手册。

3. 刀具工作角度

刀具的工作角度在切削参数坐标系中测量。刀具的工作角度主要受刀具安装条件和进给运动的影响。

(1) 车刀的安装对工作角度的影响

当车刀刀尖与工件中心等高时,不考虑进给运动,车刀的工作前、后角 γ_{oe}、α_{oe} 等于标注前、后角 γ_o、α_o。若将刀尖安装得高于或低于工件中心,工作基面 P_{re} 和工作切削平面 P_{se} 的位置将有所改变,则工作前、后角不等于标注前、后角。图 3-5 所示为刀尖安装高度高于工件中心的情况,此时刀具工作前角将增大,而工作后角将减小。

(2) 进给运动对刀具工作角度的影响

1) 横车　切断车刀切削时,在不考虑横向进给运动的情况下,图 3-6 中的 γ_o 及 α_o 为正交平面内的标注前角和标注后角。

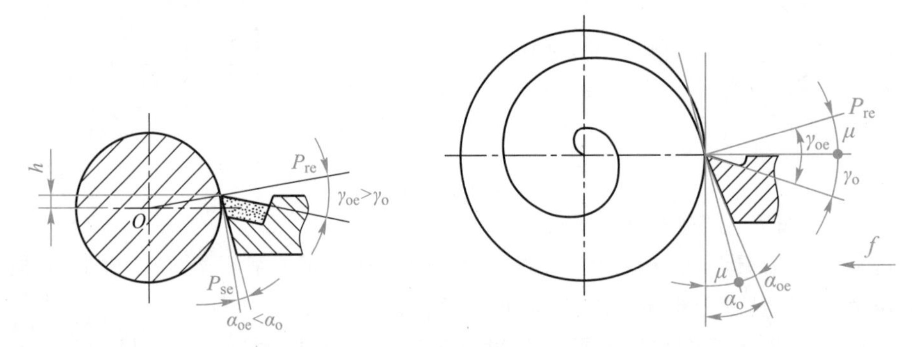

图 3-5　车刀安装高度对工作前、后角的影响　　　图 3-6　切断刀的工作角度

当考虑横向进给运动后,切削刃选定点相对于工件的运动轨迹为一平面阿基米德螺旋线,其合成运动 v_e 方向为过该点的阿基米德螺旋线的切线方向。工作基面 P_{re} 应垂直于 v_e,工作切削平面 P_{se} 应切于阿基米德螺旋线。因此,P_{re} 和 P_{se} 均相对于 P_r 和 P_s 转动了一个 μ 角。使刀具的工作前角、工作后角变为

$$\begin{aligned}\gamma_{oe}&=\gamma_o+\mu\\ \alpha_{oe}&=\alpha_o-\mu\end{aligned}\tag{3-1}$$

μ 角是主运动方向与合成切削速度方向间的夹角。由图 3-6 可知

$$\tan\mu=\frac{f}{\pi d_w}\tag{3-2}$$

式中:f——进给量,即工件每转一周,车刀沿进给方向移动的距离(mm/r);

d_w——工件加工直径(mm)。

从式(3-2)可见,μ 值随着切削刃趋近工件中心而增大。当直径很小时,μ 值会急剧变大,可能使工作后角变为负值,此时工件常常被挤断。

2) 纵车　图 3-7 所示为使用 $\lambda_s=0°$ 的普通外圆车刀纵车切削的情况,主切削刃上选定 A

点。若不考虑进给运动的影响，则切削平面 P_s 垂直于刀柄底面、基面 P_r 平行于刀柄底面，正交平面 P_o 中标注角度有 γ_o 及 α_o，在进给剖面中分别为 γ_f 及 α_f。

当考虑进给运动后，在进给剖面内，合成切削运动速度 v_{ef} 方向相对于主运动 v 方向转动了一个 μ_f 角；因而，工作基面 P_{re}、工作切削平面 P_{se} 也相对于 P_r、P_s 面转过了同样的 μ_f 角。P_{re}、P_{se} 和 P_{oe} 构成工作坐标系，正交平面内的工作角度为

$$\gamma_{oe}=\gamma_o+\mu$$

$$\alpha_{oe}=\alpha_o-\mu$$

在进给剖面（平行于进给方向且垂直于基面的平面）中，根据螺旋线展开后的关系，可得

$$\tan\mu_f=\frac{f}{\pi d_w}$$

将其换算到正交平面内得到

$$\tan\mu=\tan\mu_f\sin\kappa_r=\frac{f}{\pi d_w}\sin\kappa_r \qquad (3-3)$$

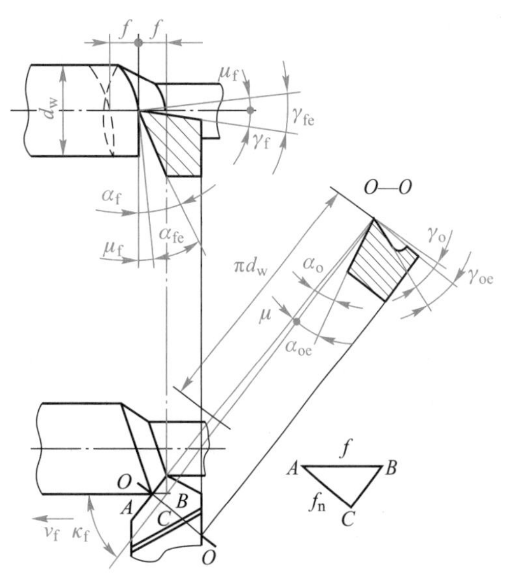

图 3-7　外圆车刀的工作角度

μ 值不仅与进给量 f 有关，也与加工直径 d_w 有关。在车削螺纹或蜗杆，尤其是导程大的多线螺纹时，μ_f 值很大。为此，对于右旋工件应将螺纹刀左切削刃的后角磨得大一些；而右切削刃的后角磨得小一些。

3.1.3　刀具的种类

1. 刀具的分类

生产加工中所用刀具的种类繁多，刀具分类的方式有多种。

1）按加工方式和具体用途，分为车刀、孔加工刀具、铣刀、拉刀、螺纹加工刀具、齿轮加工刀具、切断刀具、自动线及数控机床刀具、磨具、手工刀具等几大类型。

2）按刀具所用材料，分为高速钢刀具、硬质合金刀具、涂层刀具、陶瓷刀具、立方氮化硼（CBN）刀具和金刚石刀具等。

3）按刀具结构形式，分为整体刀具、镶片刀具、机夹刀具和复合刀具等。

4）按切削运动方式和相应的刀刃形状，分为通用刀具、成形刀具、特殊刀具等。

5）按切削刀刃数，分为单刃刀具、双刃刀具、多刃刀具等。

6）按是否标准化，分为标准刀具和非标准刀具等。

2. 常用刀具的种类

1）车刀：外圆车刀、内孔车刀、螺纹车刀、端面车刀、切槽车刀、切断车刀、仿形车刀等。

2）孔加工刀具：麻花钻、中心钻、深孔钻、群钻；扩孔刀、锪孔刀、铰刀、镗刀等。

3）铣刀：圆柱平面铣刀、面铣刀；立铣刀、两面刃或三面刃铣刀、T 形槽铣刀、键槽铣刀、角度铣刀、球铣刀、凸半圆或凹半圆铣刀等。

4）拉刀：内拉刀、外拉刀等。

5）螺纹加工刀具：丝锥、板牙等。

6）齿轮加工刀具：插齿刀、滚齿刀、剃齿刀、盘形齿轮铣刀、指形齿轮铣刀等。

3. 智能刀具

智能刀具在传统刀具系统的基础上结合传感器技术，可实现对切削过程的数据采集、实时监控、数据通信和工艺参数控制，进一步提高了刀具寿命和加工效率，并获得稳定的表面质量。图3-8所示的配备轴向力和力矩传感器的智能刀具，能够连续检测切削过程。

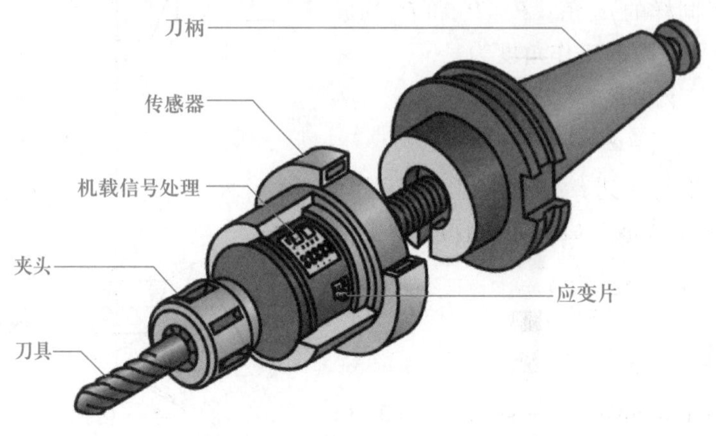

图3-8 智能刀具示意图

3.1.4 刀具材料

1. 刀具材料应具备的性能

在切削加工时，刀具切削部分与切屑、工件相互接触的表面上承受很大的压力和强烈的摩擦，刀具切削区产生很高的温度，受到很大的应力。在加工余量不均匀的工件或断续加工时，刀具还受到强烈的冲击和振动，因此刀具材料应具备以下性能：

1）高的硬度和耐磨性　刀具材料的硬度必须比工件材料的硬度高，通常在60 HRC以上。耐磨性是指材料抗磨损的能力。一般说来，刀具材料的硬度越高、晶粒越细、分布越均匀，耐磨性越好。

2）有足够的强度和韧性　切削过程中，刀具承受很大的压力、冲击和振动，刀具必须具备足够的抗弯强度 σ_{bb} 和冲击韧度 a_K。一般说来，刀具材料的硬度越高，其 σ_{bb} 和 a_K 值越低，这两个方面的性能常常是矛盾的。一种好的刀具材料，应根据它的使用要求，兼顾以上两方面的性能，并有所侧重。

3）耐热性高　耐热性又称为热稳定性，是指刀具材料在高温下保持硬度、耐磨性、强度和韧性的性能，也包括刀具材料在高温下抗氧化、抗黏结、抗扩散的性能。

4）良好的工艺性能　如切削加工性、可磨削性、热处理性能、焊接工艺性、锻造性能及高温塑性变形性能等。

5）经济性　经济性也是评价刀具材料切削性能的一项重要指标。有些刀具材料虽然单位成本较高，但因使用寿命长，分摊到每一个零件上的刀具成本不一定高。

2. 常用刀具材料的种类和特性

刀具材料种类很多，常用的有工具钢（包括碳素工具钢、合金工具钢和高速钢）、硬质合金、陶瓷、金刚石和立方氮化硼等。碳素工具钢和合金工具钢因其耐热性很差,目前仅用于手工工具。

(1) 高速钢

高速钢是一种加入了较多的钨、钼、铬、钒等合金元素的高合金工具钢。高速钢有很高的强度,抗弯强度比一般硬质合金高 1~2 倍;韧性也高,比硬质合金高几十倍。高速钢的硬度在 63 HRC 以上,且有较好的耐热性,切削温度达到 500~650 ℃时,尚能进行切削。高速钢可加工性好,热处理变形较小,目前常用于制造各种复杂刀具(如钻头、丝锥、拉刀、成形刀具、齿轮刀具等)。高速钢刀具可以加工从有色金属到高温合金的各种材料。表 3-1 列出了几种常用高速钢的牌号及其应用范围。

表 3-1 常用高速钢牌号及其应用范围

类别		牌号	应用范围
普通高速钢		W18Cr4V	广泛用于制造钻头、绞刀、铣刀、拉刀、丝锥、齿轮刀具等
		W6Mo5Cr4V2	用于制造要求热塑性好和受较大冲击载荷的刀具,如轧制钻头等
高性能高速钢	高碳	95W18Cr 4V	用于制造对韧性要求不高,但对耐磨性要求较高的刀具
	高矾	W12Cr 4V4Mo	用于制造形状简单,对耐磨性要求较高的刀具
	超硬	W6Mo5Cr 4V2Al	用于制造复杂刀具和难加工材料用的刀具
		W10Mo 4Cr 4V3Al	耐磨性好,用于制造加工高强度耐热钢的刀具
		W12Cr 4V3Mo3Co5Si	耐磨性、耐热性好,用于制造加工高强度钢的刀具
		W2Mo9Cr 4VCo8(M42)	用作难加工材料的刀具,因其磨削性好可作复杂刀具,价格昂贵

(2) 硬质合金

硬质合金是用高硬度、高熔点的金属碳化物(如 WC、TiC、TaC、NbC 等)粉末和金属黏结剂(如 Co、Ni、Mo 等)经高压成形后,再在高温下烧结而成的粉末冶金制品。硬质合金中的金属碳化物熔点高、硬度高、化学稳定性与热稳定性好,因此,硬质合金的硬度、耐磨性、耐热性都很高,允许的切削速度远高于高速钢,加工效率高且能切削诸如淬火钢等硬材料。硬质合金的不足是与高速钢相比,其抗弯强度较低、脆性较大,抗振动和冲击性能也较差。

硬质合金因其切削性能优良而被广泛用来制作各种刀具。在我国,绝大多数车刀、端铣刀和深孔钻都采用硬质合金制造。目前,在一些较复杂的刀具上,如立铣刀、孔加工刀具等也开始应用硬质合金制造。我国常用的硬质合金牌号及其应用范围见表 3-2。

表 3-2 各种硬质合金的应用范围

牌号	颜色	应用范围			
K01	红色	硬度、耐磨性、切削速度	↑↓	抗弯强度、韧性、进给量	铸铁、有色金属及其合金的精加工、半精加工,不能承受冲击载荷
K10					普通铸铁、冷硬铸铁、高温合金的精加工、半精加工
K20					铸铁、有色金属及其合金的半精加工和粗加工
K30					铸铁、有色金属及其合金、非金属材料的粗加工,也可以用于断续切削

续表

<table>
<tr><th>牌号</th><th>颜色</th><th colspan="2">应用范围</th></tr>
<tr><td>P01</td><td rowspan="4">蓝色</td><td rowspan="4">硬度、耐磨性、切削速度 ↑ ↓ 抗弯强度、韧性、进给量</td><td>碳素钢、合金钢的精加工</td></tr>
<tr><td>P10</td><td rowspan="2">碳素钢、合金钢在连续切削时的粗加工、半精加工,亦可用于断续切削时的精加工</td></tr>
<tr><td>P20</td></tr>
<tr><td>P30</td><td>碳素钢、合金钢的粗加工,也可以用于断续切削</td></tr>
<tr><td>M10</td><td rowspan="2">黄色</td><td rowspan="2">硬度、耐磨性、切削速度 ↑ ↓ 抗弯强度、韧性、进给量</td><td>高温合金、高锰钢、不锈钢等难加工材料及普通钢料、铸铁、有色金属及其合金的半精加工和精加工</td></tr>
<tr><td>M20</td><td>高温合金、高锰钢、不锈钢等难加工材料及普通钢料、铸铁、有色金属及其合金的粗加工和半精加工</td></tr>
</table>

(3) 陶瓷和超硬刀具材料

陶瓷材料比硬质合金具有更高的硬度(91 ~95 HRA)和耐热性,在1 200 ℃的温度下仍能切削,耐磨性和化学惰性好,摩擦系数小,抗黏结和扩散磨损能力强,因而能以更高的速度进行切削,并可切削难加工的高硬度材料。主要缺点是性脆、抗冲击韧性差,抗弯强度低。

超硬刀具材料包括天然金刚石、聚晶金刚石和聚晶立方氮化硼三种。金刚石刀具主要用于加工高精度及粗糙度很低的非铁金属、耐磨材料和塑料,如铝及铝合金、黄铜、预烧结的硬质合金和陶瓷、石墨、玻璃纤维、橡胶及塑料等。立方氮化硼主要用于加工淬硬钢、喷涂材料、冷硬铸铁和耐热合金等。

天然金刚石是自然界最硬的材料,根据其质量的不同,硬度范围为8 000 ~12 000 HV,密度为3.48 ~3.56 g/cm^3。由于天然金刚石是一种各向异性的单晶体,因此,在晶体上的取向不同,耐磨性及硬度也有差异,其耐热性为700 ~800 ℃。天然金刚石的耐磨性极好,刃口锋利,切削刃的钝圆半径可达0.01 μm,刀具寿命可长达数百小时。但天然金刚石价格昂贵,因此主要用于制造加工精度和表面粗糙度要求极高零件的刀具,如加工磁盘、激光反射镜、感光鼓、多面镜等。金刚石刀具不适于加工钢及铸铁。

聚晶金刚石是由金刚石微粉在高温高压下聚合而成,因此不存在各向异性,其硬度比天然金刚石低,为6 500 ~8 000 HV,价格便宜,焊接方便,可磨削性好,因此成为当前金刚石刀具的主要材料,可在大部分场合替代天然金刚石刀具。

用等离子CVD(chemical vapor deposition;化学气相沉积)法开发的金刚石涂层刀具,其基体材料为硬质合金或氮化硅陶瓷,用途和聚晶金刚石相同。由于可在形状复杂的刀具(如硬质合金麻花钻、立铣刀、成形刀具及带断屑槽的刀片等)上进行涂层,故具有广阔的发展前途。

聚晶立方氮化硼是由单晶立方氮化硼微粉在高温高压下聚合而成。由于成分及粒度的不同,聚晶立方氮化硼刀片的硬度在3 000 ~5 000 HV间变动,其耐热性达1 200 ℃,化学惰性好,在1 000 ℃的温度下不与铁、镍和钴等金属发生化学反应。主要用于加工淬硬工具钢、冷硬铸铁、耐热合金及喷焊材料等。用于高精度铣削时可以代替磨削加工。

3.2 切削过程

切削过程是刀具从工件表面上切除多余材料,从切屑形成开始到已加工表面形成为止的完整过程。要提高切削加工生产率,保证零件的加工质量,降低生产成本,必须研究切削过程的物理本质及其变形规律。本节主要讨论金属材料的切削过程,并简单介绍硬脆非金属材料的切削过程。

3.2.1 切削过程的影响因素

切削加工属于力学加工,在切削过程中会出现一系列的物理现象,如切削力、切削热、刀具磨损、残余应力、加工硬化、振动等,切削过程的影响因素包括工件材料、刀具材料、刀具几何参数、切削用量、切削液、刀具磨损以及连续或断续切削等,见表3-3。

表3-3 切削过程的影响因素

因素		主要影响关联
工件材料/切削加工性		刀具寿命、表面质量、切削力、温升、切屑形式
刀具	刀具材料	切削力、刀具寿命、刀具破损/磨损形式
	刀具几何参数	切削力、温升、刀具寿命、切屑形式、切屑流向、表面质量
切削用量		切削力、温升、刀具寿命、切屑形式、表面质量
切削液		温升、切削力、表面质量
刀具磨损		表面质量、尺寸精度、温升、切削力
连续/断续切削		切削力、表面质量、排屑、振动
积屑瘤		表面质量和表面完整性

3.2.2 切屑的形成过程

1. 切削的力学机理

实验证明,切屑的形成与切离过程,是切削层在受到刀具前刀面的挤压而产生以滑移为主的塑性变形过程。这一滑移变形过程与金属的挤压过程相似。图3-9所示为金属的挤压与金属切削对比示意图。

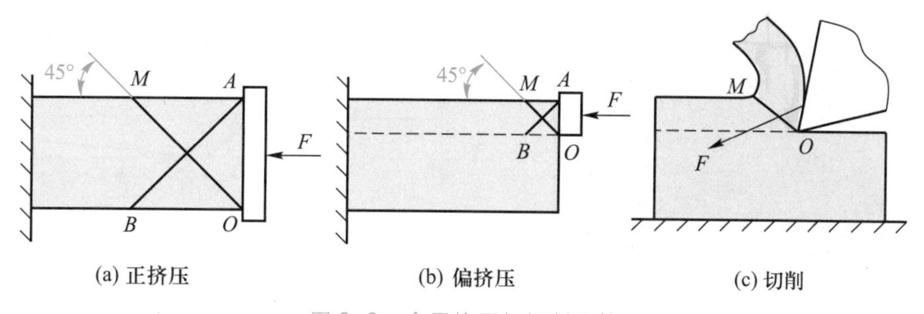

图3-9 金属挤压与切削比较

1）正挤压 由材料力学可知，金属材料受到挤压时，材料内部产生正应力与剪应力。最大剪应力的方向大致与作用力方向成45°角，如图 3-9a 所示，当剪应力达到材料的屈服强度时，即沿 *OM* 或 *AB* 面发生剪切滑移。*OM*、*AB* 称为剪切面。

2）偏挤压 如图 3-9b 所示，当试件上只有 *OB* 线以上的一部分金属受到挤压时，*OB* 线以下的金属由于母体的阻碍，使其不能沿 *AB* 面滑移，而只能沿 *OM* 面滑移。这种只有部分材料受挤压变形的情况称为偏挤压。

3）切削加工的挤压 金属切削的挤压虽比材料挤压试验要复杂得多，但上述试验结果仍可用来分析切削过程中的变形现象。如图 3-9c 所示，切削层在刀具的挤压作用下，首先产生弹性变形，随着刀具的不断挤压切入，金属内部的应力、应变不断增大，当应力达到材料屈服强度时，便沿图中的 *OM* 方向滑移而产生塑性变形。刀具再继续前进，切削层便沿 *OM* 方向滑移并与母体脱离，成为切屑。根据试验，可测得滑移面 *OM* 与作用力方向的夹角一般为 40° ~ 50°，这与挤压试验的结果很接近。

2. 金属切削的变形过程

研究切屑的形成机理，最简单的模型是正交切削模型，这是 20 世纪 40 年代由 M. Eugene Merchant 提出，也称为 M. E Merchant 模型，见图 3-10。正交切削模型采用直角自由切削（没有副切削刃参与切削，且刃倾角 $\lambda_s=0°$ 的切削方式）加工塑性材料，从侧面观测切削层金属的变形过程。

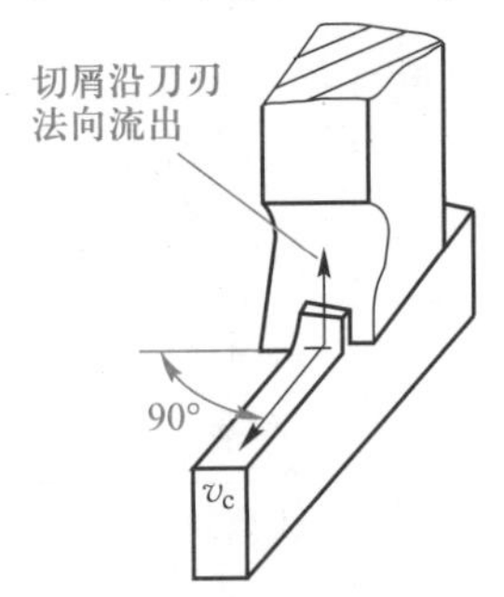

图 3-10 正交切削

切削层在切削过程的变形情况可由切屑根部（靠近刀尖前刀面的被切金属层及切屑）的金相照片（图 3-11a）来观察。从图可以看出，靠近刀尖前面的金属晶格变成为沿某一方向倾斜的纤维状结构，即发生了很大的剪切变形，其剪切变形过程如图 3-9b 所示。当刀具前面推挤切削层时，在切削层内产生应力场，离切削刃愈近，应力愈大。在应力场中可以找到剪应力 τ 达到材料屈服强度 τ_s 的各点，连接各点，可以得到曲线 *OA*。由于此处 $\tau=\tau_s$，所以被切材料在 *OA* 线开始剪切滑移，*OA* 称为始滑移线。此后，当材料继续受挤压，则不断发生滑移，当到达 *OM* 线时，剪切应力达到材料的断裂强度，即沿 *OM* 方向挤裂而成为切屑，*OM* 称为终滑移线。由此可见，切削层的材料经过一个从 *OA* 到 *OM* 的剪切变形区而变成切屑。在一般速度范围内，这一变形区的宽度仅为 0.02 ~ 0.2 mm。切削速度愈高，宽度愈小，因此可以近似视为一个平面，称为剪切面。剪切面与切削速度方向之间的夹角以 ϕ 表示，称为剪切角（图 3-11b）。

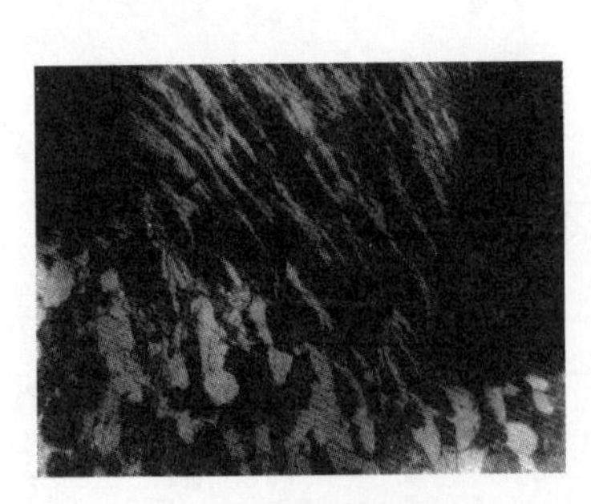

(a) 切屑根部金相照片

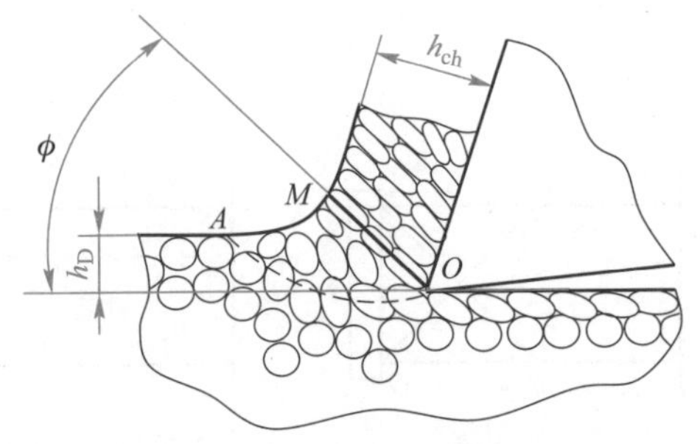

(b) 剪切变形过程示意图

图 3-11 金属切削过程的变形

3. 三个变形区的分析

从图 3-11 可看出，金属除在剪切区发生显著变形外，在切屑沿刀具前面排出时进一步受到前刀面的挤压与摩擦，使紧靠前刀面处的金属晶格发生了显著的扭曲，并进一步纤维化，纤维方向基本上和刀具前面平行。一般将剪切变形区称为第Ⅰ变形区，其位置如图 3-12 中Ⅰ所示。靠刀具前面处的变形区域称为第Ⅱ变形区，如图 3-12 中Ⅱ所示。由图 3-11 还可看出，在已加工表面处也形成了显著的变形层（晶格也发生了纤维化），这是已加工表面受到切削刃和刀具后面的挤压和摩擦所造成的，这一部分称为第Ⅲ变形区，如图 3-12 中Ⅲ所示。这一变形区的变形是造成已加工表面硬化和残余应力的主要原因。

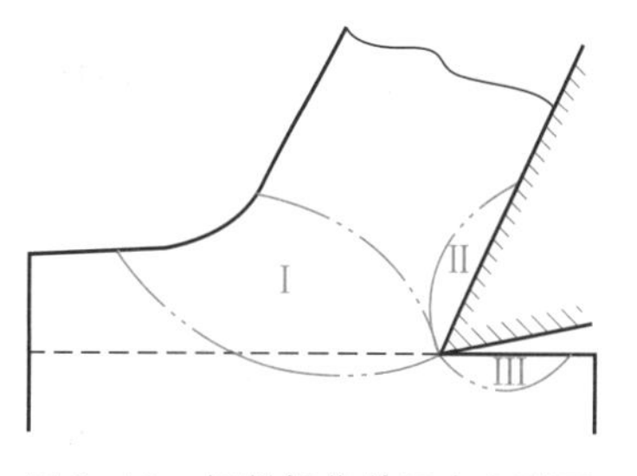

图 3-12　切削部位的三个变形区

在金属切削过程中，由于在刀-屑接触界面存在着很大的压力（可达 2 ~ 3 GPa），切削液不易流入接触界面，再加上几百度的高温，切屑底层又总是以新生表面与刀具前面接触，从而使刀-屑接触面间产生黏结，使该处的摩擦情况与一般的滑动摩擦不同。

采用光弹性试验方法可测出切削塑性金属时前刀面的应力分布情况，如图 3-13 所示。在切削刃处正应力 σ_γ 最大，随着切屑沿刀具前面流出的正应力 σ_γ 逐渐减少，在刀-屑分离处 σ_γ 为零。剪应力 τ_γ 在 l_{f1} 区域内保持为定值，等于材料的剪切屈服强度 τ_s，在 l_{f2} 区域内逐渐减小，至刀-屑分离时为零。在正应力较大的一段长度 l_{f1} 上，切屑底部与刀具前面发生黏结现象，此时切屑与刀具前面之间已不是一般的外摩擦，而是切屑和刀具黏结层与其上层金属之间的内摩擦。这种内摩擦实际就是金属内部的剪切滑移，它与材料的剪切屈服强度和接触面的大小有关。当切屑沿刀具前面继续流出时，离切削刃越远，正应力越小，切削温度也随之降低，使切削层金属的塑性变形减小，刀-屑间实际接触面积减小，进入滑移区 l_{f2}，该区内的摩擦性质为滑动摩擦。

在切削速度不高而又能形成连续性切屑的情况下，加工一般钢料或其他塑性材料时，常常在前刀面切削处黏着一块剖面呈三角状的硬块。它的硬度很高，通常是工件材料硬度的 2 ~ 3 倍，在处于比较稳定的状态时，能够代替切削刃进行切削。这块冷焊在刀具前面的金属称为积屑瘤（参见图 3-14）。

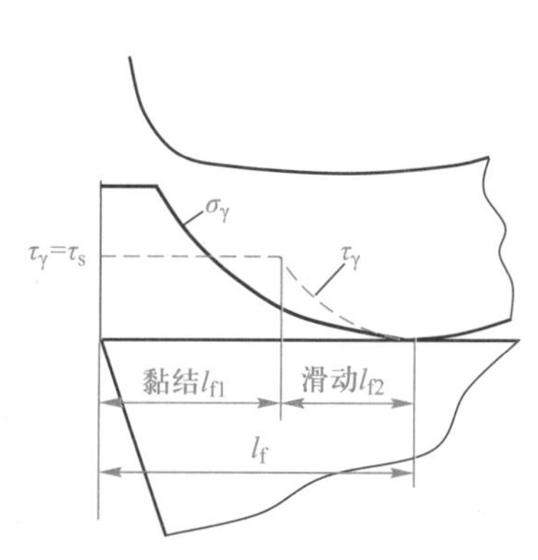

图 3-13　切屑和前刀面摩擦情况示意图

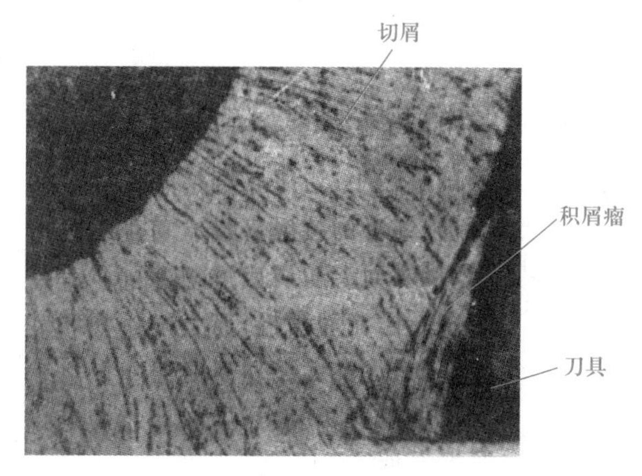

图 3-14　积屑瘤金相磨片

积屑瘤的成因是在刀-屑接触长度 l_f 的 l_{f1} 接触区间内，由于黏结作用，使得切屑底层的晶格纤维化的程度很高，几乎和刀具前面平行。滞留层金属因经受强烈的剪切作用而产生加工硬化，其抗剪切强度也随之提高。这样剪切滑移发生在滞留层内部某一表面，而使滞留层与刀具前面接触处的金属停留在刀具前面上，越积越大，便形成了积屑瘤。

3.2.3 切屑变形程度的表示方法

1. 剪应变

切削过程中金属的塑性变形集中于第一变形区，且主要形式是剪切滑移，因而其变形量可用剪应变 ε 来表示。如图 3-15 所示，当平行四边形 $OHNM$ 发生剪切滑移后，变为 $OGPM$，则其剪应变 ε 为

$$\varepsilon=\frac{\Delta s}{\Delta y}=\cot\phi+\tan(\phi-\gamma_o)=\frac{\cos\gamma_o}{\sin\phi\cos(\phi-\gamma_o)} \tag{3-4}$$

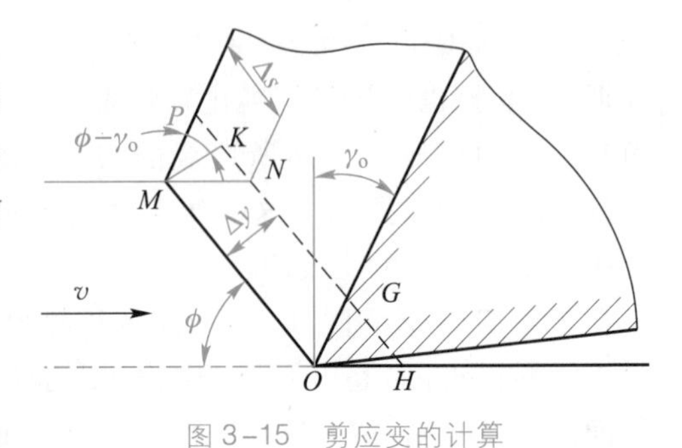

图 3-15 剪应变的计算

按此式计算，剪切角愈小，前角愈小，剪切变形量愈大。

2. 变形系数

切削实践表明，刀具切下的切屑长度 l_{ch} 通常小于切削层的长度 l_c，而切屑厚度 h_{ch} 却大于切削厚度 h_D，见图 3-16。

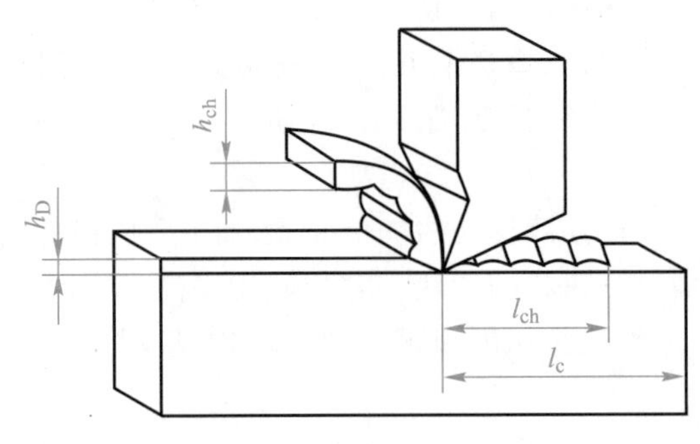

图 3-16 切屑与切削层尺寸

被切金属在切削前后体积是不变的，并且切屑的宽度与切削宽度相比变化很小，可以不计，因而有下式

$$h_D l_c = h_{ch} l_{ch}$$

切屑在长度上产生的收缩或在厚度上产生的膨胀可用来衡量切削变形程度的大小，称为变形系数，以 Λ_h 表示。根据上式可得

$$\Lambda_h=\frac{l_c}{l_{ch}}=\frac{h_{ch}}{h_D} \tag{3-5}$$

变形系数 Λ_h 易于测量，是切削过程中变形程度的比较简单的表示方法，在实际生产中得到广泛应用。

3. 变形系数与剪应变的关系

根据变形系数定义有

$$\Lambda_h = \frac{h_{ch}}{h_D} = \frac{\cos(\phi - \gamma_o)}{\sin \phi} \tag{3-6}$$

上式经变换后可写成

$$\tan \phi = \frac{\cos \gamma_o}{\Lambda_h - \sin \gamma_o} \tag{3-7}$$

由上式可看出变形系数 Λ_h 越大,剪切角 ϕ 越小。

将式(3-6)代入式(3-4)可得变形系数 Λ_h 与剪应变 ε 的关系

$$\varepsilon = \frac{\Lambda_h^2 - 2\Lambda_h \sin \gamma_o + 1}{\Lambda_h \cos \gamma_o} \tag{3-8}$$

当 $\gamma_o = 0° \sim 30°$,$\Lambda_h \geqslant 1.5$ 时,Λ_h 的数值与 ε 相近;当 $\gamma_o < 0°$ 或 $\Lambda_h < 1.5$ 时,不宜用 Λ_h 表示切削层的变形。实际上,ε 主要反映第Ⅰ变形区的变形,Λ_h 还包含了第Ⅱ变形区的影响。

3.2.4 切屑类型及影响切屑变形的因素

1. 切屑类型

由于工件材料不同,切削条件不同,切屑变形的程度也不同,由此生成的切屑种类自然多种多样。归纳起来,可分为以下四种类型(图3-17),从左到右依次为:带状切屑、节状切屑、粒状切屑及崩碎切屑。

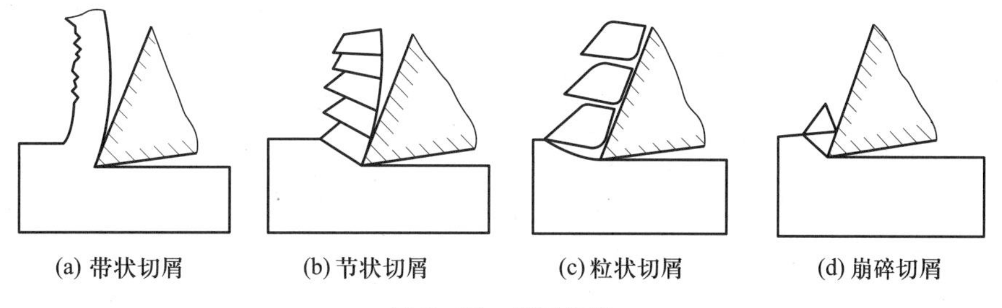

图3-17 切屑类型

1) 带状切屑 是一种常见切屑,它的底层表面光滑、上表面呈毛茸状。一般情况下,当加工塑性材料、进给量较小、切削速度较高、刀具前角较大时,往往会得此类切屑。形成带状切屑的切削过程比较平稳,切削力波动较小,已加工表面粗糙度值较小。

2) 节状切屑 又称挤裂切屑。和带状切屑不同之处在于外弧表面呈锯齿状,内弧表面有时有裂纹。节状屑多在切削速度较低、进给量(切削厚度)较大、加工塑性材料时产生。

3) 粒状切屑 又称单元切屑。当切削过程中剪切面上的应力超过工件材料破裂强度时,则整个单元被切离成梯形单元,得到单元切屑。当切削塑性材料、前角较小(或为负前角)、切削速度较低、进给量较大时易产生单元切屑。

以上三种切屑均是切削塑性材料时得到的,只要改变切削条件,三种切屑形态是可以相互转化的。

4) 崩碎切屑 切削脆性材料时,因工件材料的塑性很小,抗拉强度也很低,切屑是未经塑性变形就在拉应力作用下脆断了，形成不规则的碎块状切屑，此种切屑称为崩碎切屑。工件材料越硬、越脆，进给量越大，越易产生此类切屑。

2. 影响切屑变形的因素

（1）工件材料

实验结果表明，工件材料强度和硬度越大，刀-屑接触长度越小，变形系数 Λ_h 也越小（见图3-18）。

（2）刀具几何参数

刀具几何参数中影响最大的是前角。刀具前角 γ_o 越大，剪切角 ϕ 变大，变形系数 Λ_h 就越小（见图3-19）。

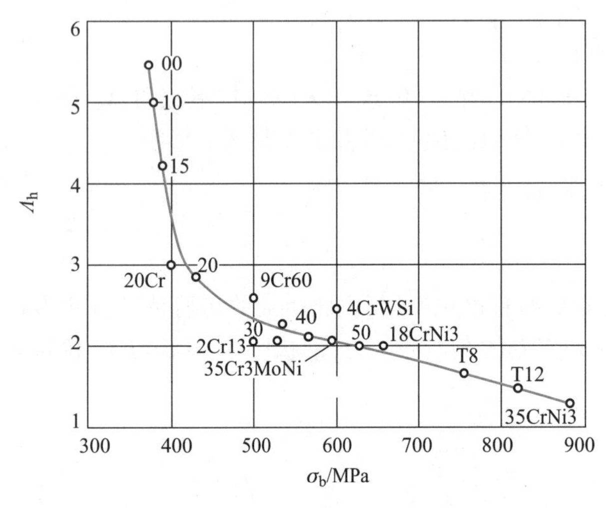

图3-18 σ_b-Λ_h 关系曲线

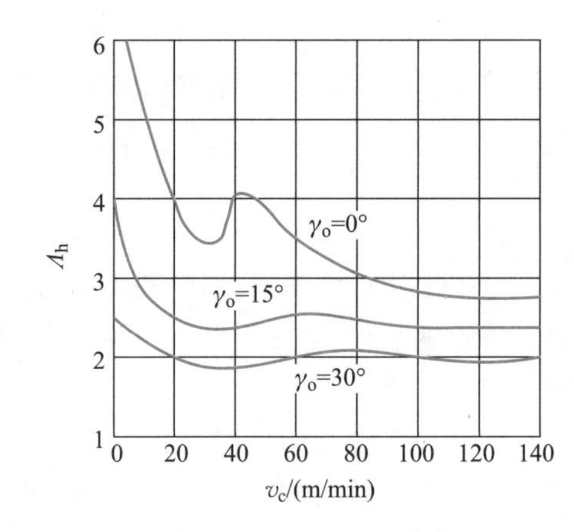

图3-19 γ_o-Λ_h 关系曲线

（3）切削用量

切削速度 v_c 对变形系数的影响分为有积屑瘤阶段和无积屑瘤阶段。在无积屑瘤的切削速度范围内，切削速度 v_c 越高，变形系数 Λ_h 越小，如图3-19所示。其原因是：

1）当切削速度高于切屑塑性变形速度时，切屑塑性变形区域变窄，使滑移面后移，剪切角 ϕ 增大，变形系数 Λ_h 变小。

2）随着切削速度 v_c 的提高，切削温度升高，切屑底层金属的屈服强度 τ_s 下降，摩擦系数减小，也使剪切角 ϕ 增大，变形系数 Λ_h 减小。

在产生积屑瘤的切削速度范围内，v_c 通过积屑瘤前角 γ_b（即实际工作前角 γ_{oe}）影响变形系数 Λ_h。在积屑瘤生长区（v_c<22 m/min），随着 v_c 升高积屑瘤逐渐长大，使得 γ_b 增大，即 γ_{oe} 增大，剪切角 ϕ 增大，变形系数 Λ_h 减小；在积屑瘤消退区（v_c=22～84 m/min），v_c 再升高，积屑瘤逐渐脱落，γ_b 逐渐减小，直至积屑瘤完全消失。当 $\gamma_{oe}=\gamma_o$ 时，变形系数 Λ_h 又增至最大。v_c>84 m/min 为无瘤区，v_c 升高，τ_s 下降，μ 下降，ϕ 增大，Λ_h 减小，见图3-20，此曲线称驼峰曲线。

在无积屑瘤情况下，进给量 f 主要通过摩擦系数来影响切屑变形。图3-21给出了 f-Λ_h 关系曲线。不难看出，进给量 f 越大，变形系数 Λ_h 越小。因为 f 增大，就意味着 h_D 增大，刀具前面上的正应力增大，摩擦系数减小，ϕ 角加大，变形系数 Λ_h 随之减小。

由图3-20可看出，背吃刀量 a_p 对变形系数 Λ_h 基本无影响。

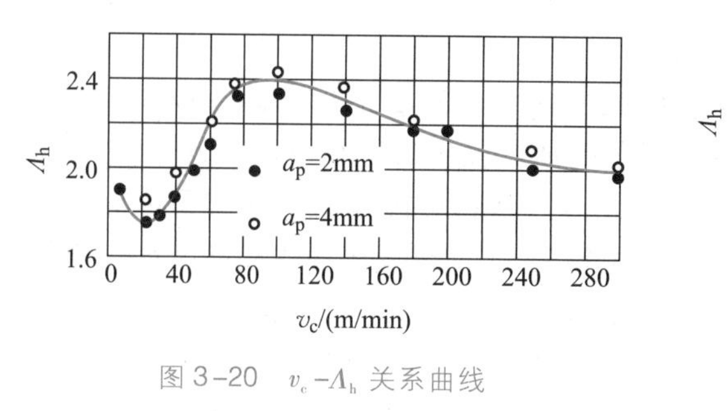

图 3-20 $v_c-\Lambda_h$ 关系曲线

工件:40 钢,a_p = 2、4 mm

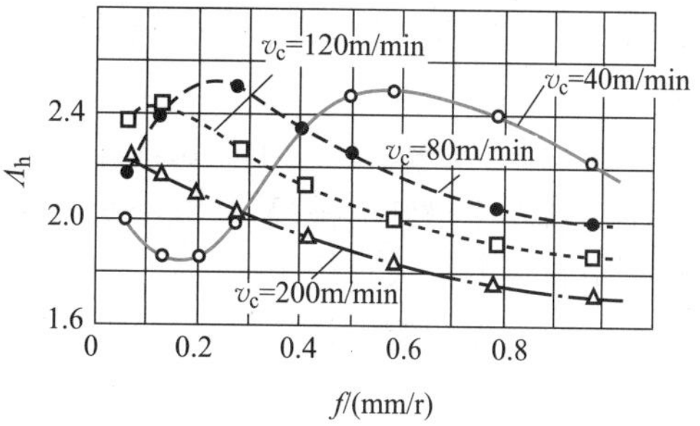

图 3-21 $f-\Lambda_h$ 关系曲线

工件:40 钢,a_p = 4 mm

3.2.5 硬脆非金属材料切屑形成机理

硬脆材料与金属材料的切除过程有所不同,其切除过程以断裂破坏为主。

1. 脆性断裂条件

在线性断裂力学中,应变能释放率 G 和应力强度因子 K 是判定材料断裂是否发生的重要因素。根据能量守恒和转换定律,当裂纹扩展单位面积时所释放的能量或应变能释放率 G 超过裂纹扩展单位面积时所需的能量或裂纹扩展阻力 G_c 时,裂纹将扩展,最终导致材料断裂。因此脆性断裂的条件为

$$G>G_c \tag{3-9}$$

式中,G 和 G_c 的单位为(N/m)。

上述断裂条件在实际使用时不够方便,为此常采用裂纹前端的应力场来表示脆性断裂条件。对于Ⅰ型裂纹(张开型裂纹),在平面应变条件下,脆性断裂的条件为

$$K_{\mathrm{I}} \geqslant K_{\mathrm{Ic}} \tag{3-10}$$

式中:K_{I}——应力强度因子;

K_{Ic}——平面应变条件下 K_{I} 的临界值。

上式表明,被切削材料在外力作用下,裂纹尖端附近应力强度因子达到其临界值时,裂纹就会发生失稳扩展,从而导致被切削区材料的断裂。下面以陶瓷材料为例说明硬脆材料切屑形成机理及切屑形态。

2. 陶瓷材料切屑形成机理及切屑形态

在使用金刚石刀具切削陶瓷时,可以观察到被切削陶瓷在刀刃挤压作用下,在刀刃附近产生裂纹,裂纹先向前下方扩展,深度超过切削深度,而后一边前进一边向上方扩展,最后穿过上部的自由表面。此时形成较大的薄片状切屑,并在切削表面上留下凹痕(见图 3-22)。这种情况称之为大规模挤裂。如果从这种状态下继续切削,实际切除的只是崩碎后的残留部分,这时发生小规模挤裂,生成切削表面上较平滑的部分。在小规模挤裂发生以后,刀刃前方的材料就形成与切削表面近似垂直的形状,切削深度再次变大,

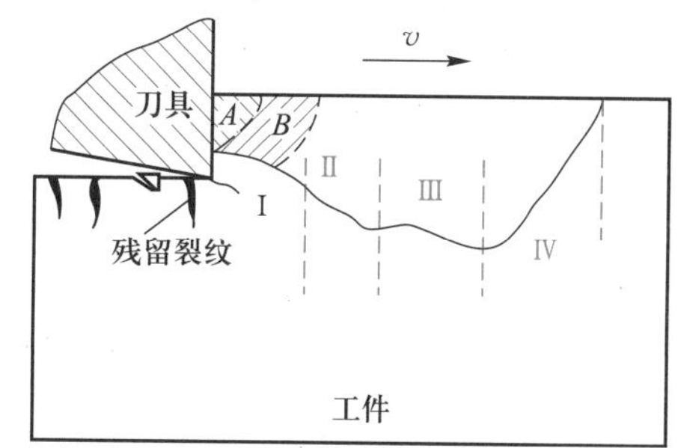

图 3-22 陶瓷材料的去除过程与切屑形态

切削该部分材料时将再次发生大规模挤裂。大规模挤裂与小规模挤裂交替进行，工件材料被逐步切除。

一般来说，小规模挤裂发生在切削深度较小时或大规模挤裂之后切削深度减小时。此时，刀具前方的材料发生微细的破碎，形成粒状及粉末状的切屑。发生破碎和不发生破碎的边界，与刀具前面前方材料的最大切应力面的位置相一致，因此可以认为破碎是由于切应力引起的。相对说来，软质、容易发生塑性流动的材料和硬质、脆性材料相比，前者发生小规模挤裂的切削深度上限要更大些。另外，由于刀刃后方的材料内存在有拉应力，可能会产生与表面大体相垂直的裂纹。

大规模挤裂是在切削深度较大的情况下发生的，刀刃附近材料内部的裂纹向刀刃的前下方扩展，裂纹扩展的过程为Ⅰ—Ⅱ—Ⅲ—Ⅳ，最终穿过自由表面而结束。

Ⅰ阶段发生在刀刃附近的材料内部，是产生裂纹和裂纹的扩展过程（$G \geqslant G_c$）。裂纹扩展的速度比刀具前进的速度要快得多，在达到某一距离之后即告停止。对于陶瓷一类硬脆材料，裂纹产生的位置根据刃前区材料内的应力分布状况而定，一般位于刀具前面前方稍低于刀刃的位置。裂纹扩展的路径，将沿着依次连接与最大主应力垂直方向的包络线成长。

Ⅱ阶段是一度停止的裂纹的再扩展过程。再扩展的最初方向取决于裂纹前端特定的应力场，一般在一度停止的裂纹的延长线下方，而后就沿着再扩展之前的最小主应力方向进行。在裂纹再扩展过程中，刀具前面前方的一部分材料（*A* 部）突然破碎，由于特定应力场发生改变，裂纹开始向上转折进入第Ⅲ阶段。而后沿着裂纹转折前的最小主应力方向继续扩展。在此阶段，刀具前面前方裂纹上部（*B* 部）的材料破碎，裂纹进入第Ⅳ阶段。此时由特定的应力场确定的扩展方向及最小主应力方向都指向前上方，裂纹穿过上部的自由表面，形成粒状、片状切屑。

大规模挤裂时，裂纹的扩展过程从Ⅰ开始到Ⅳ结束，但不一定要经过Ⅱ、Ⅲ阶段。从Ⅰ、Ⅱ到Ⅳ或从Ⅰ突然转向Ⅳ都是可能的。如果裂纹上方的材料能够早一些除去，裂纹就不再向下方扩展，就可以得到较好的已加工表面。如果裂纹向前下方的扩展最初就不曾发生，或者即使发生也非常短暂，就可以获得更好的已加工表面。

图3-23更清楚地表示了大规模挤裂和小规模挤裂的交替过程。

在切削硬脆非金属材料时，为获得光洁的表面，可以通过改善工件材料特性，提高刀具切削性能，选择包括刀具几何形状在内的最佳加工条件等办法来实现。有时则需对加工方法本身进行改进（例如采用超声波振动切削，或采用加热切削），才能收到显著效果。

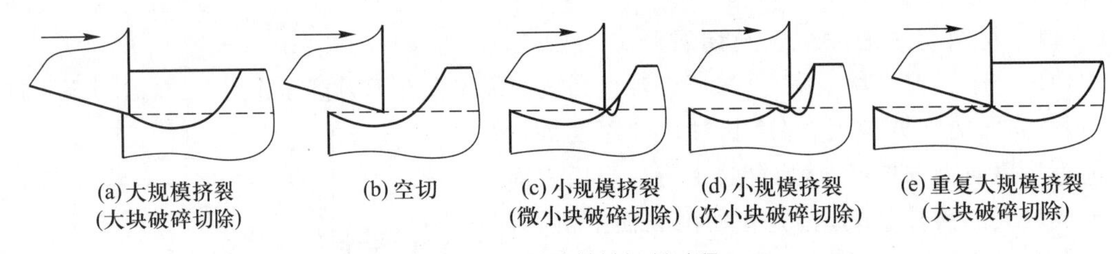

图3-23　硬脆材料切削过程

3.3　切削力

金属切削时，刀具切入工件，使被加工材料发生变形成为切屑所需要的力称为切削力。研究切削力对刀具、机床、夹具的设计和使用都具有重要意义。

3.3.1 切削力的产生和分解

切削力的来源主要有两方面，一是切屑形成过程中弹性变形及塑性变形产生的抗力，二是刀具与切屑及工件表面之间的摩擦阻力，克服这两方面的力就构成了切削合力。它作用于刀具前面和后面上。切削合力的大小和方向是变化的，很难测量。为了测量和应用的方便，通常将该切削合力按照空间直角坐标分解为三个相互垂直的切削分力，即切削力 F_c、背向力 F_p 和进给力 F_f(图 3-24)。

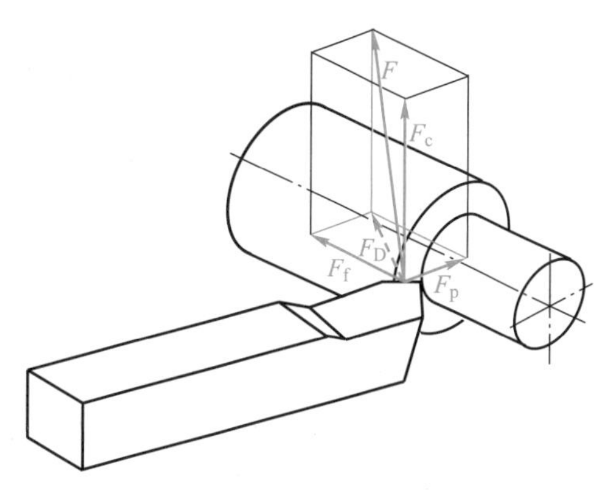

图 3-24　外圆车削时力的分解

F_c——切削力(以往多称主切削力或切向分力，常用 F_z 表示)。它切于加工表面，并与基面垂直。F_c 主要用于计算刀具强度，设计机床零件，确定机床功率等。

F_p——背向力(以往多称切深分力或径向分力，常用 F_y 表示)。它处于基面内并垂直于进给方向。F_p 主要用于计算与加工精度有关的工件挠度和刀具、机床零件的强度等。它也是使工件在切削过程中产生振动的主要作用力。

F_f——进给力(以往多称轴向分力或走刀分力，常用 F_x 表示)。它处于基面内与进给方向相同。F_f 主要用于计算进给功率和设计机床进给机构等。

由图 3-24 可以看出

$$F=\sqrt{F_c^2+F_f^2+F_p^2}=\sqrt{F_c^2+F_D^2} \tag{3-11}$$

式中，F_D 为作用于基面 P_r 内的合力。

3.3.2 切削力的测量

目前常用的切削力测力仪有电阻式和压电式两种。

1. 电阻式测量仪

电阻式测量仪的工作原理：在弹性元件上粘贴电阻应变片，在切削力作用下弹性元件产生变形，应变片电阻发生变化，通过电桥将电阻变化转化为电压变化，放大后测量，并利用标定曲线将测量值转换为外力值显示出来。

图 3-25a 所示为八角环形电阻式三向车削测力仪外观，图 3-25b 为应变片的分布。在上环和下环的各表面上，共粘贴 20 片应变片，可以组成 3 个电桥，分别测量 F_c、F_p 和 F_f。

2. 压电式测力仪

石英晶体和压电陶瓷等材料具有压电效应，当其受外力作用时，表面上会产生电荷，电荷量与压力成正比。用压电材料制成测力仪的传感器，受力时产生的电荷通过电荷放大器转化为电压参数，经标定可确定力的大小。

压电材料在不同受力方向上反应灵敏度不同。利用这个特性，可以在不同的方向对压电材料进行切割，合理叠放，使三向压电传感器结构简化。图 3-26 所示为 YDC－Ⅲ8902型三向压电车削测力仪，它由 1 个高刚度的弹性刀杆与 1 个安装在其横截面内的石英晶体三维力传感器构成。

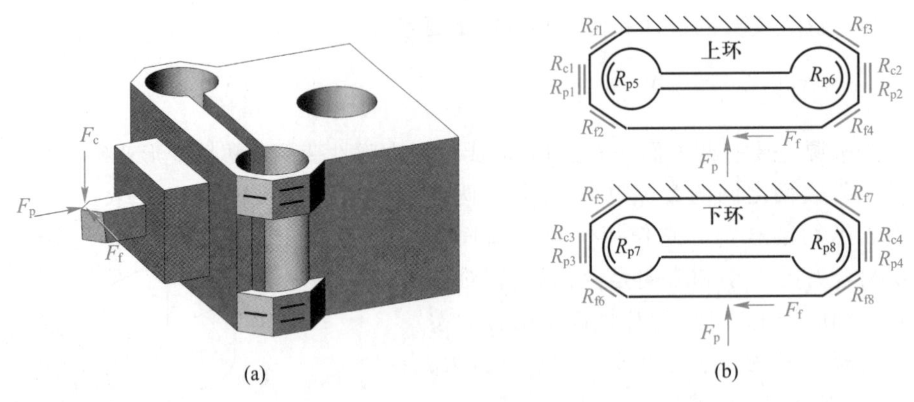

图3-25　八角环形电阻式三向车削测力仪

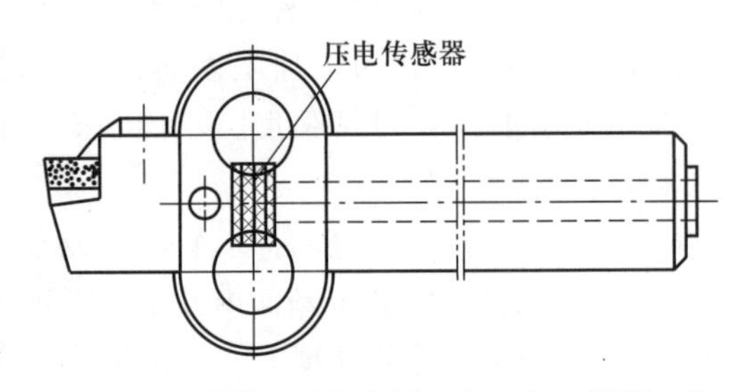

图3-26　YDC-Ⅲ8902型三向压电车削测力仪

压电式测力仪具有结构紧凑、刚性大、灵敏度高、动态性能和重复性好、使用方便等特点，得到越来越广泛的应用。

3.3.3　切削力与切削功率的计算

迄今为止，仍难以从理论上对切削力进行精确的估算。目前生产实际中采用的计算公式都是通过大量的试验和数据处理而得到的经验公式。这些经验公式主要有两种形式：指数切削力形式和切削层单位面积切削力形式。

1. 指数形式的切削力经验公式

指数形式的切削力经验公式应用比较广泛，其形式如下

$$\begin{aligned} F_c &= C_{F_c} a_p^{X_{F_c}} f^{Y_{F_c}} v_c^{Z_{F_c}} K_{F_c} \\ F_f &= C_{F_f} a_p^{X_{F_f}} f^{Y_{F_f}} v_c^{Z_{F_f}} K_{F_f} \\ F_p &= C_{F_p} a_p^{X_{F_p}} f^{Y_{F_p}} v_c^{Z_{F_p}} K_{F_p} \end{aligned} \tag{3-12}$$

式中：F_c、F_f、F_p——切削力、进给力和背向力；

C_{F_c}、C_{F_f}、C_{F_p}——取决于工件材料和切削条件的系数；

X_{F_c}、Y_{F_c}、Z_{F_c}、X_{F_f}、Y_{F_f}、Z_{F_f}、X_{F_p}、Y_{F_p}、Z_{F_p}——三个分力公式中背吃刀量 a_p、进给量 f 和切削速度 v_c 的指数；

K_{F_c}、K_{F_f}、K_{F_p}——当实际加工条件与求得经验公式的试验条件不符时，各种因素对各切削分力的修正系数。

式中各种系数和指数都可以在切削用量手册中查到。

2. 用切削层单位面积切削力计算切削力

切削层单位面积切削力 k_c（N/mm^2）可按下式计算：

$$k_c = \frac{F_c}{A_D} = \frac{F_c}{a_p f} = \frac{F_c}{h_D b_D} \tag{3-13}$$

各种工件材料的切削层单位面积切削力 k_c 可在有关手册中查到。根据式（3-12）、式（3-13）可得到切削力 F_c 的计算公式

$$F_c = k_c A_D K_{F_c} \tag{3-14}$$

式中:A_D——切削层面积;

K_{F_c}——切削条件修正系数。

3. 工作功率计算

消耗在切削加工过程中的功率 P_e(W),称为工作功率。P_e 可以分为两部分,一部分是主运动消耗的功率 P_c(W),称为切削功率;另一部分是进给运动消耗的功率 P_f(W),称为进给功率。所以,工作功率可以按下式计算

$$P_e = P_c + P_f = F_c v_c + F_f n_w f \times 10^{-3} \tag{3-15}$$

式中:F_c、F_f——切削力和进给力(N);

v_c——切削速度(m/s);

n_w——工件转速(r/s);

f——进给量(mm)。

由于进给功率 P_f 相对于 P_c 一般都很小(1% ~2%),可以忽略不计。所以,工作功率 P_e 可以用切削功率 P_c 近似代替。

在计算机床电动机功率 P_m 时,还应考虑机床的传动效率 η_m。P_m 按下式计算:

$$P_m > \frac{P_c}{\eta_m} \tag{3-16}$$

3.3.4　影响切削力的因素

1. 工件材料的影响

工件材料的力学性能、加工硬化程度、化学成分、热处理状态以及切削前的加工状态都对切削力的大小产生影响。

工件材料的强度、硬度、冲击韧度和塑性愈大,则切削力愈大。加工硬化程度大,切削力也会增大。工件材料的化学成分、热处理状态等都直接影响其力学性能,因而也影响切削力。

2. 刀具几何参数的影响

在刀具几何参数中,前角 γ_o 对切削力的影响最大。加工塑性材料时,前角 γ_o 增大,变形系数 Λ_h 减小,因此切削力降低;加工脆性材料(如铸铁、青铜)时,由于切屑变形很小,所以前角对切削力的影响不显著。

主偏角 κ_r 对切削力 F_c 的影响较小,影响程度不超过 10% 。主偏角 κ_r 在 60° ~75°之间时,切削力 F_c 最小。然而,主偏角 κ_r 对背向力 F_p 和进给力 F_f 的影响较大。由图 3-24 可知

$$F_p = F_D \cos \kappa_r, \quad F_f = F_D \sin \kappa_r \tag{3-17}$$

式中:F_D——切削合力 F 在基面内的分力。

可见,F_p 随 κ_r 的增大而减小,F_f 则随 κ_r 的增大而增大。

刀尖圆弧半径 r_ε 增大,使切削刃曲线部分的长度和切削宽度增大,但切削厚度减薄,各点的 κ_r 减小。所以,r_ε 增大相当于 κ_r 减小时对切削力的影响。

实践证明,刃倾角 λ_s 在很大范围(-40° ~ +40°)内变化时对切削力 F_c 没有什么影响,但对 F_p 和 F_f 影响较大。随着 λ_s 的增大,F_p 减小,而 F_f 增大。

在前刀面上磨出负倒棱宽度 b_r 对切削力有一定的影响。负倒棱宽度 b_r 与进给量 f 之比增

大,切削力随之增大。

但当切削钢$\frac{b_r}{f}>5$,或切削灰铸铁$\frac{b_r}{f}>3$时,切削力趋于稳定,接近于负前角刀具的切削状态。

3. 切削用量的影响

背吃刀量 a_p 增大,切削面积 A_D 成正比增加,而切削层单位面积切削力不变,因而切削力成正比增加。背向力和进给力也近似成正比增加。即,切削力经验公式中 a_p 的指数 X_F 近似等于1。

进给量 f 增大,切削面积 A_D 成正比增加,但变形程度减小,使切削层单位面积切削力减小,因而使切削力的增大与 f 不成正比。在切削力经验公式中,f 的指数小于1。

切削速度 v_c 对切削力的影响分为有积屑瘤阶段和无积屑瘤阶段两种。在积屑瘤增长阶段,随着 v_c 增大,积屑瘤高度增加,切屑变形程度减小,切削层单位面积切削力减小,切削力减小。反之,在积屑瘤减小阶段,切削力则逐渐增大。在无积屑瘤阶段,随着切削速度 v_c 的提高,切削温度增高,前刀面摩擦系数减小,变形程度减小,使切削力减小,如图3-27所示。

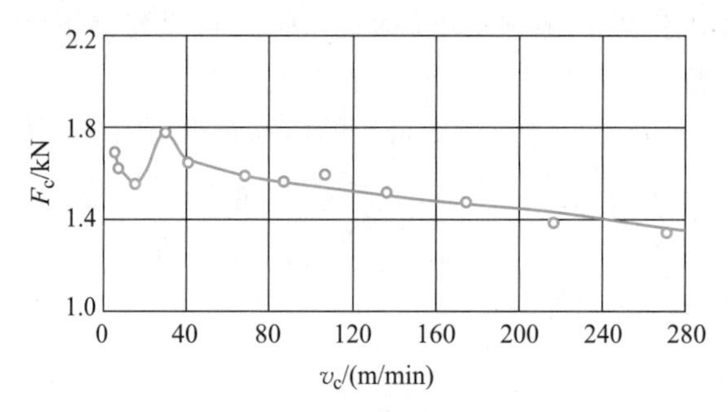

图3-27 切削速度对切削力的影响

工件材料:45钢正火 HB=187;刀具结构:焊接式平前刀面外圆车刀;刀片材料:P10(YT15);

刀具几何参数:$\gamma_o=18°$,$\alpha_o=6°\sim8°$,$\alpha_o'=4°\sim6°$,$\kappa_r=75°$,$\kappa_r'=10°\sim12°$,

$\lambda_s=0°$,$b_r=0$,$r_\varepsilon=0.2$ mm;切削用量:$a_p=3$ mm,$f=0.25$ mm/r

4. 刀具材料的影响

因为刀具材料与工件材料之间的亲和性影响其间的摩擦,所以直接影响到切削力的大小。一般按立方碳化硼(CBN)刀具、陶瓷刀具、涂层刀具、硬质合金刀具、高速钢刀具的顺序,切削力依次增大。

5. 切削液的影响

切削液具有润滑作用,使切削力降低。切削液的润滑作用愈好,切削力的降低愈显著。在较低的切削速度下,切削液的润滑作用更为突出。

3.4 切削热与切削温度

切削热是切削过程中的重要物理现象之一。切削热和由它产生的切削温度影响切削过程、刀具磨损和刀具使用寿命、加工精度和表面质量。因此,研究切削热和切削温度具有重要的实际意义。

3.4.1 切削热的产生和传出

切削过程中所消耗的能量有98%～99%转换为热能，因此可以近似认为单位时间内所产生的切削热 q 就等于切削功率 P_c。即

$$q \approx P_c \approx F_c v_c \tag{3-18}$$

式中，q 为单位时间内产生的切削热（J/s）。

例如，使用硬质合金车刀车削 $\sigma_b = 0.637$ GPa 的结构钢时，将切削力 F_c 代入式（3-18），得到

$$q = C_{F_c} a_p f^{0.75} v_c^{-0.15} K_{F_c} v_c = C_{F_c} a_p f^{0.75} v_c^{0.85} K_{F_c} \tag{3-19}$$

由式（3-19）可知：背吃刀量 a_p 增加一倍，q 也增加一倍；切削速度 v_c 对 q 的影响次之；进给量 f 的影响最小；其他因素对 q 的影响与对 F_c 的影响相似。

切削热分别产生于三个切削变形区：剪切区、切屑与刀具前面的接触区、刀具后面与切削表面的接触区。并通过切屑、工件、刀具和周围介质向外传出，见图 3-28。

实验表明，加工方法及切削参数不同，切削热传散的比例也不相同。如车削加工时，切削热量的50%～86%由切屑带走，40%～10%传入车刀，9%～3%传入工件，1%左右通过辐射传入空气。车削时随着切削速度的提高和切削厚度的加大，由切屑带走的热量越多。而属于半封闭切削的钻削加工，约50%的热量传入工件，不到30%的热量由切屑带走，20%左右的热量传入刀具和周围介质。

3.4.2 切削温度及其分布

1. 切削温度

切削温度 θ 通常是指刀具前面与切屑接触区内的平均温度，它由切削热的产生与传出的平衡条件所决定。产生的切削热愈多，传出的愈慢，切削温度愈高。反之，切削温度就愈低。

凡是增大切削力和切削功率的因素都会使切削温度 θ 上升，而有利于切削热传出的因素都会降低切削温度。例如，提高工件材料和刀具材料的热导率或充分浇注切削液，都会使切削温度下降。

2. 切削温度的测量

目前比较成熟的测量切削温度的方法有自然热电偶法、人工热电偶法和红外测温法。

（1）自然热电偶法

这种方法是利用工件和刀具材料化学成分不同而组成热电偶两极，当工件与刀具接触区的温度升高后，形成热电偶的热端，而把工件的引出端与刀具的尾端（保持室温）作为热电偶的冷端，这样由于刀具与工件接触处（切削区）的高温便产生了温差电势，利用电位差计或毫伏表可测得切削区温度，利用这种方法测得的温度是切削区的平均温度。

（2）人工热电偶法

图 3-29 所示是用人工热电偶法测量刀具前面和工件切削区中某点温度示意图。这种方法是利用预先经过标定的互相绝缘的两种材料的金属丝作为热电偶，在刀具（或工件）被测点位置打出小孔（小孔直径 $\phi<0.5$ mm），将热电偶插入孔中焊在被测点上形成热端；冷端通过导线串接在电位差计或毫伏表上，根据表上的指示值即可按照热电偶标定值得出被测点的温度。

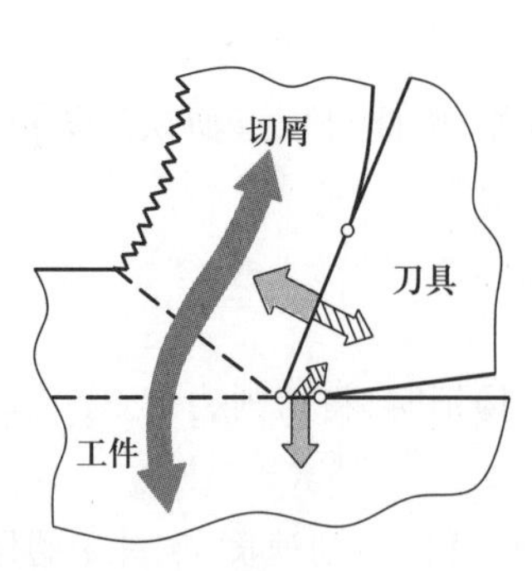

图3-28 切削热的产生与传导

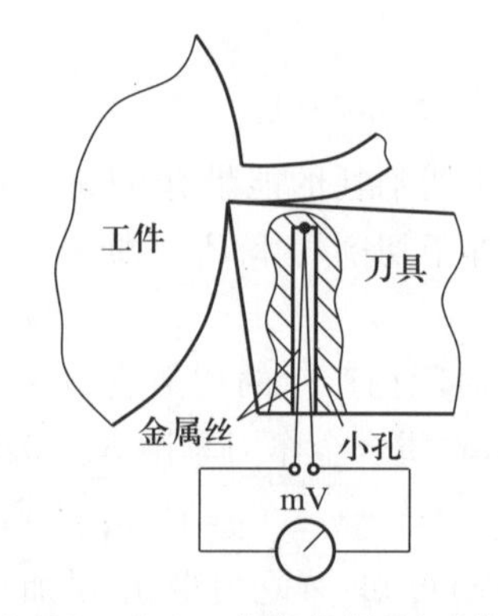

图3-29 用人工热电偶测量切削温度

人工热电偶法可用于测量刀具、切屑和工件上指定点的温度,用它可测量温度分布场和最高温度位置。

(3) 红外测温法

利用红外辐射原理,借助热敏感元件,测量切削区的温度。此法可测刀具及切屑侧面温度场。

3. 切削温度的分布

实验证明:切削温度在刀具、工件和切屑上的分布是不均匀的。图3-30是用人工热电偶法测量并辅以传热学计算得到的切削钢料时正交平面内的温度场。

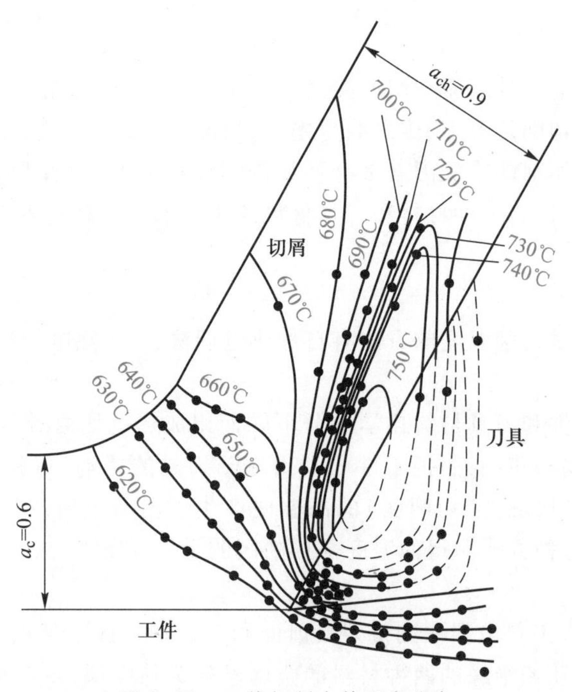

图3-30 二维切削中的温度分布

工件材料:低碳易切钢;刀具:$\gamma_o=30°$,$\alpha_o=7°$;

切削用量:$h_D=0.6$ mm,$v_c=0.38$ m/s;切削条件:干切削,预热611 ℃

由图 3-30 可归纳出切削温度分布的一般规律：

1）剪切区内，沿剪切面方向上各点温度几乎相同，而在垂直于剪切面方向上的温度梯度很大。由此可以推想在剪切面上各点的应力和应变的变化不大，而且剪切区内的剪切滑移变形很强烈，产生的热量十分集中。

2）刀具前面和后面上的最高温度点都不在切削刃上，而是在离切削刃有一定距离的地方。这是摩擦热沿刀具前、后面逐渐增加的缘故。

3）在靠近刀具前面的切屑底层上，温度梯度很大，离前面 0.1～0.2 mm，温度可能下降一半。这说明刀具前面上的摩擦热集中在切屑底层，对切屑底层金属的剪切强度有很大的影响。切削温度上升会使刀具前面上的摩擦系数下降。

4）由于刀面的接触长度较小，因此工件加工表面上温度的升降是在极短的时间内完成的。刀具通过时加工表面受到一次热冲击。

3.4.3　影响切削温度的主要因素

切削温度的高低，取决于切削热产生的多少和散热条件的好坏。下面分析几个主要因素对它的影响。

1. 切削用量的影响

实验得出的切削温度经验公式如下

$$\theta = C_\theta v_c^{Z_\theta} f^{Y_\theta} a_p^{X_\theta} \tag{3-20}$$

式中：θ——用自然热电偶法测出的刀具前面接触区的平均温度（℃）；

C_θ——与工件、刀具材料和其他切削参数有关的切削温度系数；

Z_θ、Y_θ、X_θ——v_c、f、a_p 的指数。

实验得出，用高速钢和硬质合金刀具切削中碳钢时，切削温度系数 C_θ 及指数 Z_θ、Y_θ、X_θ 见表 3-4。

表 3-4　切削温度的系数及指数

<table>
<tr><th>刀具材料</th><th>加工方法</th><th>C_θ</th><th colspan="3">Z_θ</th><th>Y_θ</th><th>X_θ</th></tr>
<tr><td rowspan="3">高速钢</td><td>车削</td><td>140～170</td><td rowspan="3" colspan="3">0.35～0.45</td><td rowspan="3">0.2～0.3</td><td rowspan="3">0.08～0.10</td></tr>
<tr><td>铣削</td><td>80</td></tr>
<tr><td>钻削</td><td>150</td></tr>
<tr><td rowspan="3">硬质合金</td><td rowspan="3">车削</td><td rowspan="3">320</td><td rowspan="3">f/(mm/r)</td><td>0.1</td><td>0.41</td><td rowspan="3">0.15</td><td rowspan="3">0.05</td></tr>
<tr><td>0.2</td><td>0.31</td></tr>
<tr><td>0.3</td><td>0.26</td></tr>
</table>

从表中的数据可以看出：在切削用量三要素中，切削速度 v_c 对切削温度 θ 的影响最大，其指数在 0.3～0.5 之间。随着进给量 f 的增大，切削速度 v_c 对切削温度的影响程度减小。进给量 f 对切削温度 θ 的影响比切削速度 v_c 小，其指数在 0.15～0.3 之间。而背吃刀量 a_p 变化时，使产生的切削热和散热面积按相同的比率变化，故背吃刀量 a_p 对切削温度 θ 的影响很小。

2. 刀具几何参数的影响

前角 γ_o 增大,切屑变形程度减小,产生的切削热减少,因而切削温度下降。但前角大于 18°~20°时,对切削温度的影响减小。

主偏角 κ_r 减小,使切削宽度 b_D 增大,散热面积增加,故切削温度下降。

负倒棱宽度及刀尖圆弧半径的增大,使切屑变形程度增大产生的切削热增加,但同时也使散热条件改善,两者趋于平衡。因而,负倒棱宽度和刀尖圆弧半径对切削温度影响很小。

3. 工件材料的影响

工件材料的强度、硬度等各项力学性能提高时,产生的切削热增多,切削温度升高;工件材料的热导率愈大,通过切屑和工件传出的热量愈多,切削温度下降愈快。图 3-31 是几种工件材料的切削温度随切削速度的变化曲线。

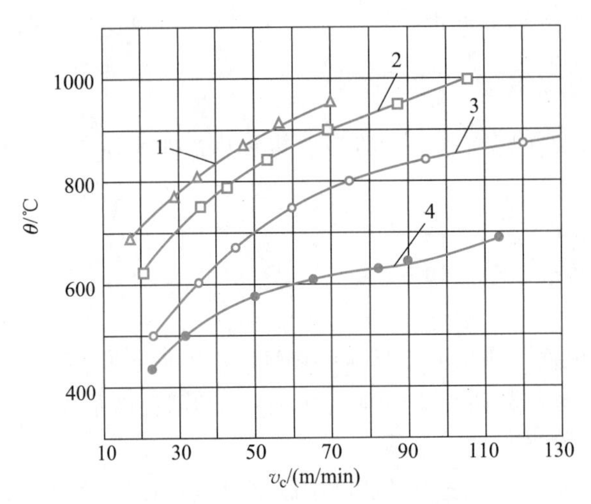

图 3-31 不同切削速度下几种工件材料的切削温度

1—GH1131;2—06Gr18Ni11Ti;3—45 钢(正火);4—HT200

刀具材料:P10(YT15);K30(YG8);刀具几何参数:$\gamma_o=15°$,$\alpha_o=6\sim8°$,$\kappa_r=75°$,$\lambda_s=0°$,$b_r=0.1$ mm,$r_\varepsilon=0.2$ mm;切削用量:$a_p=3$ mm,$f=0.1$ mm/r

4. 刀具磨损的影响

刀具后面磨损量增大,切削温度升高;磨损量达到一定值后,对切削温度的影响加剧;切削速度愈高,刀具磨损对切削温度的影响就愈显著。

5. 切削液的影响

浇注切削液对降低切削温度、减少刀具磨损和提高已加工表面质量有明显的效果。切削液的热导率、比热容和流量愈大,切削温度愈低。切削液本身温度愈低,其冷却效果愈显著。

3.5 刀具磨损、破损与使用寿命

切削金属时刀具将切屑切离工件,同时本身也要发生磨损或破损。磨损是连续的、逐渐的发展过程;而破损一般是随机的突发破坏(包括脆性破损和塑性破损)。

刀具磨损不同于一般机械零件的磨损。在刀具磨损中，与刀具表面接触的切屑底面是活性很高的新加工表面；刀面上的接触压力很大（可达到 3 GPa），接触温度也很高（如硬质合金加工钢，可达 800 以上，甚至超过 1 000 ℃），因此磨损时存在着机械的、热的和化学的作用以及摩擦、黏结、扩散等现象。

3.5.1 刀具的磨损形式

刀具的磨损发生在与切屑和工件接触的刀具前面和后面上。多数情况下二者同时发生，相互影响，如图 3-32 所示。

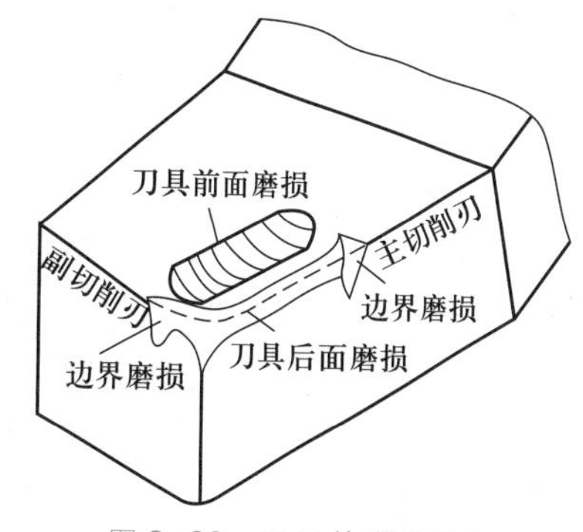

图 3-32 刀具的磨损形态

1. 刀具前面磨损

切削塑性材料时，如果刀具材料耐热、耐磨性较差，切削速度和切削厚度较大，则在刀具前面上形成月牙洼磨损。它以切削温度最高的位置为中心开始发生，然后逐渐向前后扩展，深度不断增加，当月牙洼发展到其前缘与切削刃之间的棱边变得很窄时，切削刃强度降低，容易导致切削刃破损。刀具前面月牙洼磨损值以其最大深度 KT 表示，如图 3-33b 所示。

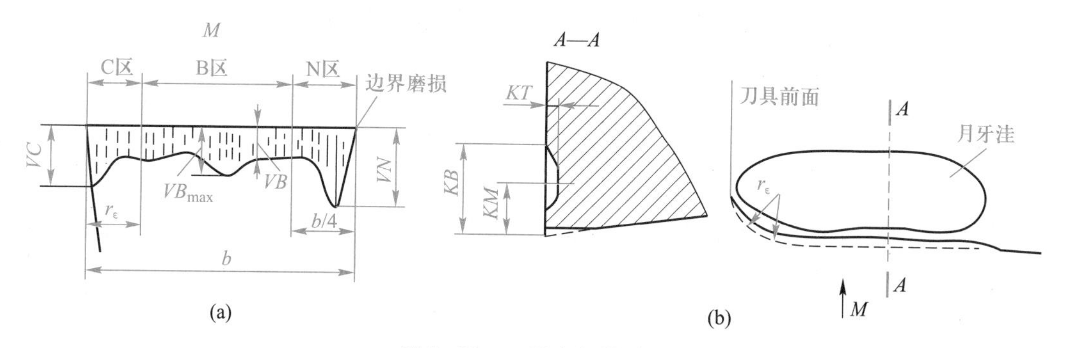

图 3-33 刀具磨损的测量

2. 刀具后面磨损

刀具后面与工件表面的接触压力很大，存在着弹性和塑性变形。因此，刀具后面与工件实际上是小面积接触，磨损就发生在这个接触面上。在切铸铁和以较小的切削厚度切削塑性材料时，主要发生这种磨损。刀具后面磨损带往往不均匀（图 3-33a）：刀尖部分（C 区）强度较低，散热条件又差，磨损比较严重，其最大值为 VC；主切削刃靠近工件待加工表面处的刀具后面（N 区）上，磨成较深的沟，以 VN 表示；在刀具后面磨损带的中间部位（B 区），磨损比较均匀，其平均宽度以 VB 表示，而其最大宽度以 VB_{max} 表示。

3. 边界磨损

N 区磨损常被称为边界磨损。边界磨损主要是由于工件在边界处的加工硬化层、硬质点和刀具在边界处的较大应力梯度和温度梯度所造成的。

3.5.2 刀具磨损的原因

刀具正常磨损的原因主要是机械磨损和热、化学磨损。前者是由工件材料中硬质点的刻划作用引起的磨损,后者则是由黏结、扩散、腐蚀等引起的磨损。

1. 磨料磨损

工件材料中的杂质、材料基体组织中的碳化物、氮化物、氧化物等硬质点在刀具表面刻划出沟纹而造成的磨损称为磨料磨损。在各种切削速度下,刀具都存在磨料磨损。在低速切削时,其他各种形式的磨损还不显著,磨料磨损便成为刀具磨损的主要原因。一般可以认为磨料磨损量与切削路程成正比。

2. 黏结磨损

黏结是指刀具与工件材料接触达到原子间距离时所产生的黏结现象,又称为冷焊。在切削过程中,由于刀具与工件材料的摩擦面上具备高温、高压和新加工表面的条件,极易发生黏结。在继续相对运动时,黏结点受到较大的剪切或拉伸应力而破裂,一般发生于硬度较低的工件材料一侧。但刀具材料往往因为存在组织不均匀,内应力、微裂纹以及空隙、局部软点等缺陷,所以刀具表面也常发生破裂而被工件材料带走,形成黏结磨损。各种刀具材料都会发生黏结磨损。

3. 扩散磨损

由于切削温度很高,刀具与工件的新加工表面接触,化学活性很大,刀具与工件材料的化学元素有可能互相扩散,使两者的化学成分发生变化,削弱刀具材料的性能,加速磨损过程。例如,用硬质合金刀具切削钢件时,切削温度常达到800以上,甚至超过1 000 ℃,扩散磨损成为硬质合金刀具主要磨损原因之一。自800 ℃开始,硬质合金中的Co、C、W等元素会扩散到切屑中而被带走。同时,切屑中的Fe也会扩散到硬质合金中,使WC等硬质相发生分解,形成低硬度、高脆性的复合碳化物。由于Co的扩散,会使刀具表面上WC、TiC等硬质相的黏结强度降低,因此加速刀具的磨损。

实验表明,扩散速度随切削温度升高而按指数规律增加,即切削温度升高,扩散磨损会急剧增加。不同元素的扩散速度不同,例如,Ti的扩散速度比C、Co、W等元素低得多,故P(YT)类硬质合金抗扩散能力比K(YG)类强。此外,扩散速度与接触表面的相对滑动速度有关,相对滑动速度愈高,扩散愈快。所以切削速度愈高,刀具的扩散磨损愈快。

4. 化学磨损

化学磨损是在一定温度下,刀具材料与某些周围介质(如空气中的氧、切削液中的极性添加剂硫、氯等)起化学作用,在刀具表面形成一层硬度较低的化合物,而被切屑带走,加速刀具磨损。化学磨损主要发生于较高的切削速度条件下。

5. 热电磨损

热电磨损是在切削区高温作用下,刀具与工件材料会形成热电偶,产生热电势,使刀具与切屑及工件之间有电流通过,加快扩散速度,从而加剧刀具磨损。

3.5.3 刀具的磨损过程及磨钝标准

1. 刀具的磨损过程

根据切削实验,可以得到如图3-34所示的刀具磨损的典型曲线。由图可看出,刀具的磨损过程分为三个阶段:

1) 初期磨损阶段 因为新刃磨的刀具后面存在粗糙不平及显微裂纹、氧化或脱碳等缺陷,而且切削刃锋利,刀具后面与加工表面接触面积较小,压应力较大。这一阶段刀具后面的凸出部分很快被磨平，刀具磨损速度较快。

2）正常磨损阶段　经过初期磨损后，刀具粗糙表面已经磨平，缺陷减少，刀具进入比较缓慢的正常磨损阶段。刀具后面的磨损量与切削时间近似地成比例增加。正常切削时，这个阶段时间较长。

3）急剧磨损阶段　当刀具的磨损带增加到一定限度后，切削力与切削温度均迅速增高。磨损速度急剧增加。生产中为了合理使用刀具，保证加工质量，应该在发生急剧磨损之前就及时换刀。

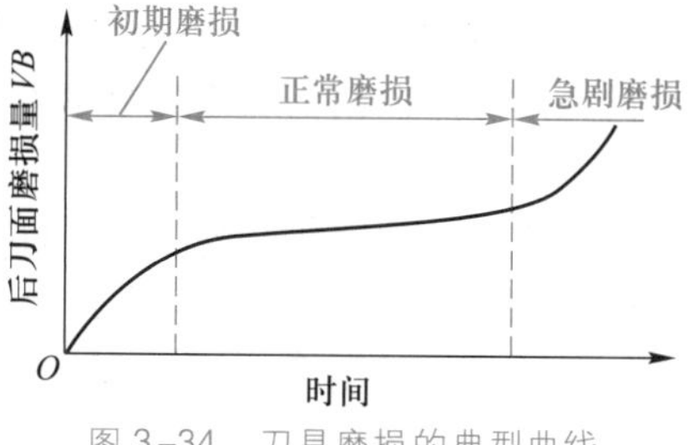

图 3-34　刀具磨损的典型曲线

2. 刀具的磨钝标准

刀具磨损到一定限度后就不能继续使用，这个磨损限度称为磨钝标准。

在生产实际中，常常根据切削中发生的一些现象（如出现火花、振动、啸音，或加工表面粗糙度恶化等）来判断刀具是否已经磨钝。在评定刀具材料的切削性能和试验研究时，都是以刀具表面的磨损量作为衡量刀具的磨钝标准。ISO 标准统一规定以 1/2 背吃刀量处的刀具后面上测定的磨损带宽度 VB 作为刀具的磨钝标准。自动化生产中的精加工刀具则常以沿工件径向的刀具磨损尺寸作为刀具的磨钝标准，称为径向磨损量 NB。磨钝标准的具体数值可参考有关手册。

3.5.4　刀具使用寿命及其与切削用量的关系

1. 刀具使用寿命

刃磨后的刀具自开始切削直到磨损量达到刀具的磨钝标准为止的切削时间，称为刀具使用寿命，以 T 表示。对于重磨刀具，由刀具第一次使用直到报废之前的总切削时间（其中包括多次重磨），称为刀具总使用寿命。

刀具使用寿命以往通常被称为刀具耐用度，是表征刀具材料切削性能优劣的一项综合性指标。在相同切削条件下，使用寿命越高，表明刀具材料的耐磨性越好。在比较不同的工件材料切削加工性时，刀具使用寿命也是一个重要的指标，刀具使用寿命越高，表明工件材料的切削加工性越好。

2. 刀具使用寿命与切削用量的关系

切削用量与刀具使用寿命有着密切的关系，刀具使用寿命则直接影响机械加工生产效率和加工成本。

当工件材料、刀具材料和刀具几何形状确定之后，切削速度对刀具使用寿命的影响最大。一般说，切削速度越高刀具使用寿命越低。它们之间的关系可用试验方法求出，其一般形式为

$$v_c T^m = C_0 \tag{3-21}$$

式中：T——刀具使用寿命（min）；

m——指数，表示 v_c 对 T 的影响程度；

C_0——系数，与刀具、工件材料和切削条件有关。

上式为重要的刀具使用寿命公式，称为泰勒（F. W. Taylor）公式。它在双对数坐标上是一条直线，C_0 为直线在纵坐标上的截距，m 为直线斜率，如图 3-35 所示。耐热性越低的刀具材料，斜率 m 越小，切削速度对刀具使用寿命的影响越大。v_c 稍有提高，使用寿命 T 就会下降很多。如高速钢刀具一般 $m=0.1\sim0.125$，硬质合金刀具一般 $m=0.2\sim0.3$。图 3-35 为各种刀具材料加

工同一种工件材料时的使用寿命曲线,其中陶瓷刀具的使用寿命曲线的斜率比硬质合金和高速钢的都大。

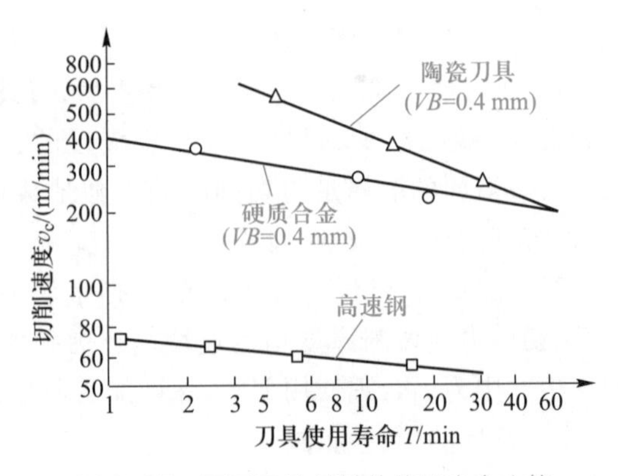

图3-35 不同刀具材料的使用寿命比较

根据类似试验方法,同样可求出进给量f及背吃刀量a_p与使用寿命T的关系

$$f\,T^{m_1}=C_1 \tag{3-22}$$

$$a_pT^{m_2}=C_2 \tag{3-23}$$

综合以上三式,可得到切削用量与刀具使用寿命的一般关系式

$$T=\frac{C_T}{v_c^{\frac{1}{m}}f^{\frac{1}{m_1}}a_p^{\frac{1}{m_2}}} \tag{3-24}$$

令:$x=\dfrac{1}{m},y=\dfrac{1}{m_1},z=\dfrac{1}{m_2}$,则有

$$T=\frac{C_T}{v_c^x f^y a_p^z} \tag{3-25}$$

式中:C_T——使用寿命系数,与刀具、工件材料和切削条件有关;

x、y、z——指数,分别表示各切削用量对刀具使用寿命的影响程度。

用P01(YT5)硬质合金车刀切削$\sigma_b=0.637$ GPa的碳钢时($f>0.7$ mm/r),切削用量与刀具使用寿命的关系为

$$T=\frac{C_T}{v_c^5 f^{2.25} a_p^{0.75}} \tag{3-26}$$

由上式可以看出,切削速度v_c对刀具使用寿命影响最大,进给量f次之,背吃刀量a_p最小。这与三者对切削温度的影响顺序完全一致。反映出切削温度对刀具使用寿命有着重要的影响。

3.5.5 刀具的破损

在切削加工中,刀具有时未经过正常的磨损阶段,就发生损坏而不能继续正常工作,这种情况称为刀具破损。刀具破损有多种形式,如烧刃、卷刃、崩刃、断裂等。刀具破损不仅使加工工作无法正常进行,影响生产率,而且还可能产生废品或造成事故。

1. 刀具破损的主要形式及原因

刀具破损的形式随刀具材料和切削条件的不同而不同。

(1) 工具钢和高速钢刀具的破损形式

工具钢和高速钢刀具的主要破损形式是烧刃、卷刃和折断。

1) 烧刃 烧刃又称"相变磨损"。当切削速度过高时,切削温度超过了一定限度(碳素工具钢超过250 ℃,合金工具钢超过350 ℃,高速钢超过600 ℃),刀具材料的金相组织将会发生变化,由马氏体转变为硬度较低的托氏体、索氏体或硬度更低的奥氏体,从而丧失切削能力。

2) 卷刃 工具钢和高速钢刀具若热处理不当,没有达到应有的硬度,或虽然达到了规定的硬度,但用来切削高硬材料或切削过程中遇到了硬皮或硬质点,则刀刃处可能发生塑性变形或"卷刃",不能再继续工作。

3）折断　钻头、丝锥、拉刀、立铣刀等刀具，如设计、使用不当或负荷过重，则可能发生折断。

（2）硬质合金、陶瓷、立方氮化硼和金刚石刀具的破损形式

硬质合金、陶瓷、立方氮化硼和金刚石刀具由于韧性较低，容易发生崩刃、折断、剥落和热裂。

1）崩刃　崩刃有“微崩”和“崩碎”两种情况。微崩是指刀刃出现微小崩落、缺口或剥落。当刀具前角偏大，刃磨质量欠佳，或工件材料组织、硬度、余量不均，或进行断续切削时，或工艺系统刚度不足产生振动等原因，都可能引起微崩，使刀具丧失一部分切削能力。继续切削时，会导致更大的破损，以至于整个刀刃发生严重崩碎或“掉尖”，使切削工作无法进行。在更恶劣的切削条件下，崩碎或“掉尖”也可能直接发生，而不经过微崩阶段。

2）折断　当切削用量过大，有严重冲击载荷，或操作不当，或刀片、刀体材料有严重缺陷（如有裂纹、残余应力等）时，都可能使刀具产生折断。

3）剥落　如果刀具表层组织存在缺陷或有潜在裂纹，或由于焊接、刃磨不当而产生较大的残余应力，则在切削过程中刀具易产生“表层剥落”，剥落物呈片状，有较大面积。剥落可能发生在刀具前面，也可能发生在后面。涂层硬质合金刀片由于表面涂层材料的线胀系数大于基体材料，涂层后刀片表面有残余张应力，更易产生剥落。

4）热裂　刀片承受交变载荷或热负荷时，由于切削部分表面反复热胀冷缩，产生交变热应力，严重时会导致刀片疲劳开裂，即热裂。

2. 刀具破损的防止措施

1）根据被加工工件材料和加工特点，合理选择刀具材料的种类和牌号。在断续切削或受冲击载荷时，所选刀具应具有较好的韧性。

2）合理确定刀具几何参数，保证切削刃和刀尖具有一定的强度。

3）合理选择切削用量，避免超负荷。

4）保证刀具焊接和刃磨质量，重要工序使用的刀具应检查有无裂纹。

5）尽量减小切削加工中的冲击和振动。

3.5.6　刀具磨损、破损的检测与监控

在自动化加工中，对刀具磨损、破损进行及时的检测与监控是十分重要的，它是保证自动化加工顺利进行的前提。刀具磨损、破损的检测与监控方法很多，有在线的，有离线的；有实时的，有非实时的；有通过力和功率信号进行检测的，也有通过声信号进行检测的等。下面介绍几种常用的方法。

1. 常规方法

刀具磨损最常用的检测与监控方法是记录每把刀具的实际切削时间，并与刀具的使用寿命相比较，当达到规定的使用寿命数值后，发出信号进行换刀。换刀通常安排在某一个工步（或某一次走刀）完成后进行。

刀具破损最简单的检测方法是采用离线方式，用专门的检测装置检查刀具切削后是否有破损发生及破损程度。通常破损的刀具需要更换。

2. 切削力与切削功率检测方法

切削力的变化能直接反映刀具的磨损情况。锋利的刀具切削力小，刀具磨损后切削力增大。在正常切削时，通过切削力的变化幅值，可以判断刀具的磨损程度。而当切削力突然增大或突然

下降很大幅值时,则表明刀具发生了破损。

测力传感器可以安放在刀杆上,也可以安装在主轴的前轴承上。前者虽然效果好,但由于刀具需频繁更换,结构上实现较困难。后者可以不受换刀影响,灵敏度一般也能满足使用要求,故应用较多。这种检测方法是实时的和在线的,且具有较强的抗干扰能力,在加工对象和切削条件相对稳定的情况下,是一种较理想的刀具磨损和破损检测方法。采用这种方法的重要问题,是要通过实验确定刀具磨损与破损的"阈值"。

切削功率检测刀具磨损与破损的方法与切削力检测方法类似。

3. 声发射检测方法

切削加工时,切屑的剥离,工件的塑性变形,刀具与工件之间的摩擦以及刀具的破损等,都会产生声发射。正常切削时,声发射信号小而连续,刀具严重磨损后声发射信号会增大,而当刀具破损时声发射信号会突然增大许多,达到正常切削时的几倍。因而,声发射信号产生阶跃突变,是刀具破损的重要标志。

图3-36所示为声发射钻头破损检测装置系统图。切削加工过程中,一旦钻头破损,安装在工作台上的声发射传感器检测到钻头破损信号,并将其送至钻头破损检测器进行处理。钻头破损检测器内存有以往采集的钻头破损的信号或钻头破损模拟信号,以便与检测信号进行比较。当钻头破损被确认后,发出换刀信号。

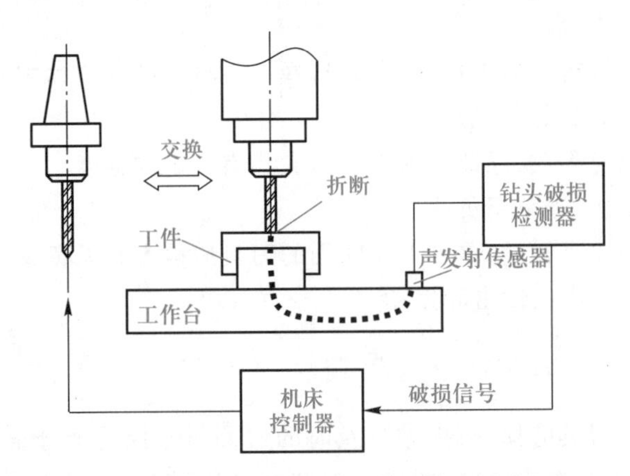

图3-36 声发射钻头破损检测装置系统图

4. 刀具切削状态智能监控

通常,刀具切削状态智能监控过程分为四部分:

1) 信号/数据获取 通过各类传感器,测量力、力矩、振动/加速度、位移、电流/功率、声音、温度、表面粗糙度等参数;

2) 信号/数据处理和特征信息提取 构建映射模型,通过时域分析、频域分析、小波分析、统计分析等方法提取特征信息;

3) 状态分类 通过人工智能算法,如神经网络、模糊推理、支持向量机、统计/回归模型等做出分类判断;

4) 参数调控,根据检测到的刀具的切削状态,自适应调控参数。

刀具切削状态智能监控过程如图3-37所示。

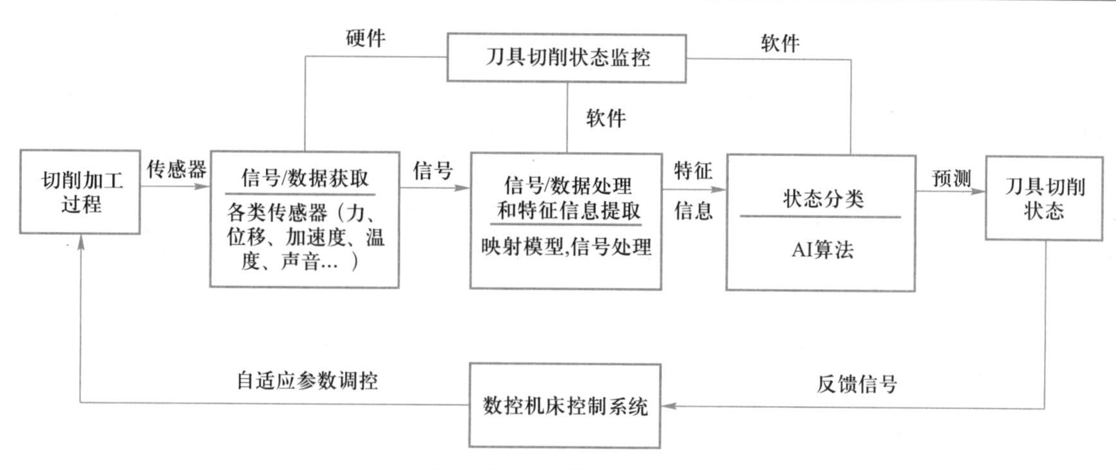

图 3-37 刀具切削状态智能监控过程

3.6 金属切削条件的合理选择

3.6.1 工件材料的切削加工性

1. 工件材料切削加工性的含义

工件材料的切削加工性是指在一定的切削条件下,工件材料切削加工的难易程度,通常可用以下几个指标来衡量:

1）以刀具使用寿命来衡量　在相同切削条件下,刀具使用寿命高,切削加工性好。

2）以切削力和切削温度来衡量　在相同切削条件下,切削力大或切削温度高,则切削加工性差。机床动力不足时,常用此指标。

3）以加工表面质量来衡量　易获得好的加工表面质量,则切削加工性好。精加工时常用此指标。

4）以断屑性能来衡量　在相同切削条件下,以所形成的切屑是否便于清除作为一项指标。对于自动机床、数控机床和自动化程度较高的生产线上常用此指标。

2. 影响工件材料切削加工性的因素

影响工件材料的切削加工性的因素很多,主要有工件材料的物理力学性能、化学成分和金相组织等。

1）材料的物理力学性能的影响　材料的物理力学性能主要指材料的硬度、强度、塑性与韧性和热导率等。材料的硬度和强度越高,切削力就越大,切削温度也越高,所以切削加工性也越差。特别是材料的高温硬度对材料切削加工性影响尤为显著,此值越高,切削加工性越差,刀具磨损十分严重。这正是某些耐热、高温合金切削加工性差的主要原因。

材料的塑性以伸长率 δ 表示。δ 越大则塑性越大,材料切削加工性也越差。其原因是 δ 越大,使材料塑性变形所消耗的功也越大,切屑变形、加工硬化及与刀具表面的冷焊现象比较严重,同时也不易断屑和不易获得好的已加工表面质量。如某些高锰钢和奥氏体不锈钢的加工就属于这种情况。但是,当加工塑性很低的材料时,切屑与刀具前面接触长度过短,切削力和切削热都集中在切削刃附近,加剧了切削刃的磨损,也会使切削加工性变差。

材料韧性高，切削力和切削温度也高，且不易断屑，切削加工性差。

热导率对材料切削加工性的影响与之相反。工件材料的热导率越大，由切屑带走、工件散出的热量就越多，越有利于降低切削区的温度，切削加工性也越好。

2）材料化学成分的影响　材料的化学成分是通过材料的物理力学性能的不同而影响切削加工性的。各种元素对结构钢切削加工性的影响如图3-38所示。

3）材料金相组织的影响　金相组织是决定工件材料物理力学性能的重要因素之一。成分相同的材料，若其金相组织不同，其切削加工性也必然存在差别。钢的各种金相组织的 $T-v_c$ 关系如图3-39所示。一般情况下，钢中铁素体与珠光体的比例关系是影响钢的切削加工性的主要因素。铁素体塑性大，而珠光体硬度较高，故珠光体的含量越少者，允许的切削速度越高，刀具使用寿命越长，切削加工性越好；马氏体比珠光体更硬，因而马氏体含量高者，加工性差。另外，金相组织的形状和大小也影响加工性。如珠光体有球状、片状和针状之分。球状硬度较低，易加工；而针状硬度大，不易加工，即切削加工性差。

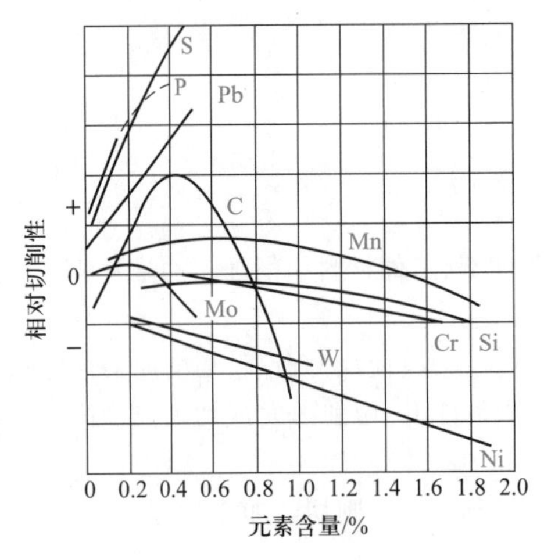

图3-38　各元素对结构钢切削加工性的影响
+表示切削加工性改善；
-表示切削加工性变坏

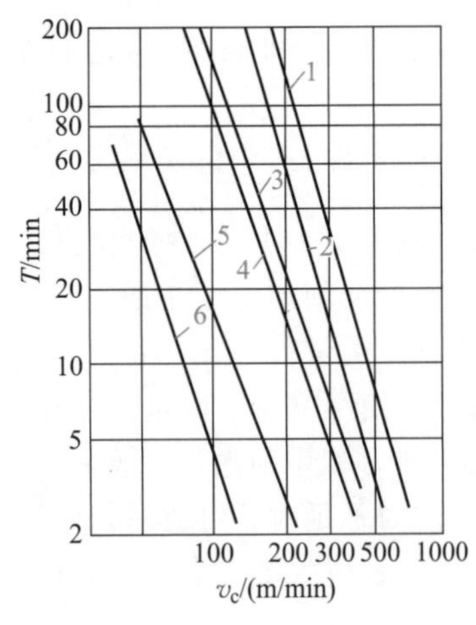

图3-39　钢的各种金相组织的 $T-v_c$ 关系
1—10%珠光体；2—30%珠光体；
3—50%珠光体；4—100%珠光体；
5—回火马氏体（300 HBW）；6—回火马氏体（400 HBW）

3. 改善工件材料切削加工性的途径

从以上分析不难看出，化学成分和金相组织对工件材料切削加工性影响很大，故主要应从这两方面着手改善切削加工性。

1）调整材料的化学成分　在不影响材料使用性能的前提下，可在钢中适当添加一种或几种可以明显改进材料切削加工性的合金元素，如S、Pb、Ca、P等，获得易切钢。易切钢的良好切削加工性表现在：切削力小、易断屑、刀具使用寿命长、加工表面质量好。

2）热处理改变金相组织　生产中常对工件材料进行预先热处理，其目的在于通过改变工件材料的硬度来改善切削加工性。例如：低碳钢经正火处理或冷拔处理，使塑性减少，硬度略有提高，从而改善切削加工性；高碳钢通过球化退火使硬度降低，有利于切削加工。

3.6.2 刀具几何参数的合理选择

1. 前角的选择

增大前角,可减少切削变形,从而减少切削力、切削热和切削功率,提高刀具的使用寿命;还可以抑制积屑瘤的产生,减少振动,改善加工质量。但另一方面,增大前角会削弱切削刃强度和散热情况,过分加大前角,可能导致切削刃处出现弯曲应力,造成崩刃且由于减少了切屑变形,也不利于断屑。

增大前角有利也有弊,在一定条件下应存在一个合理值。由图 3-40 可知,对于不同的刀具材料和工件材料,刀具使用寿命随刀具前角变化的趋势为驼峰形。对应最大刀具使用寿命的前角称为合理前角 γ_{opt},高速钢的合理前角比硬质合金的大。由图 3-41 可知,工件材料不同时,同种刀具材料的合理前角也不相同,加工塑性材料的 γ_{opt} 大于加工脆性材料的 γ_{opt}。

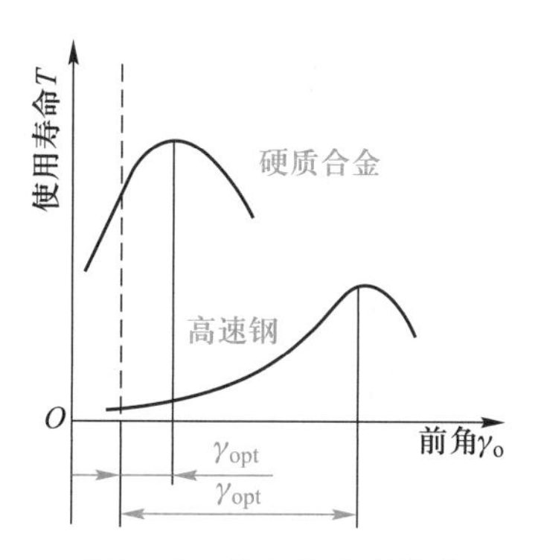

图 3-40 前角的合理数值

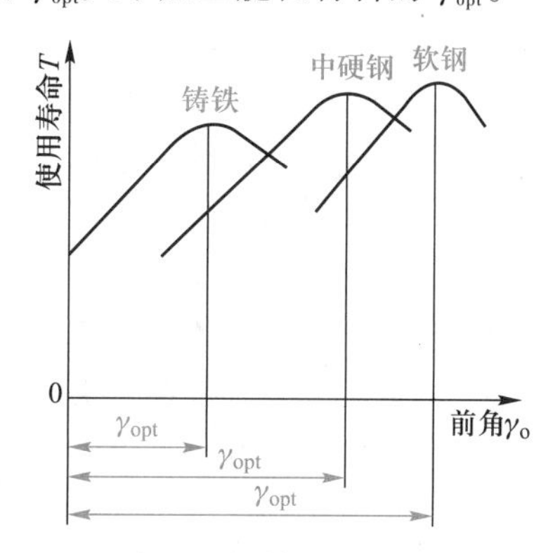

图 3-41 加工不同材料时刀具的合理前角

选择合理刀具前角可遵循下面几条原则:

1)在刀具材料的抗弯强度和韧性较低,或工件材料的强度、硬度较高,或切削用量较大的粗加工,或在断续切削中刀具承受冲击载荷等条件下,为确保刀具强度,宜选用较小的前角,甚至可采用负前角。

2)加工塑性工件材料,或工艺系统刚度差而易引起切削振动,或机床功率不足时,宜选用较大的前角,以减少切削力。

3)对于成形刀具和刃形受前角影响的其他刀具,以及某些自动化加工中不宜频繁更换的刀具,为保证其工作的稳定性和刀具使用寿命,前角应取较小值,或取 0°前角。

硬质合金车刀合理前角的参考值见表 3-5。高速钢车刀的前角一般比表中数值增大 5°~10°。

表 3-5 硬质合金车刀合理前、后角参考值

工件材料种类	合理前角参考范围/(°)		合理后角参考范围/(°)	
	粗车	精车	粗车	精车
低碳钢	18~20	20~25	8~10	10~12
中碳钢	10~15	13~18	5~7	6~8
合金钢	10~15	13~18	5~7	6~8

续表

工件材料种类	合理前角参考范围/(°)		合理后角参考范围/(°)	
	粗车	精车	粗车	精车
淬火钢	-15 ~ -5		8 ~ 10	
不锈钢(奥氏体)	15 ~ 25	15 ~ 25	6 ~ 8	6 ~ 8
灰铸铁	10 ~ 15	5 ~ 10	5 ~ 7	6 ~ 8
铜及铜合金(脆)	10 ~ 15	5 ~ 10	8 ~ 10	8 ~ 10
铝及铝合金	30 ~ 35	35 ~ 40	8 ~ 10	8 ~ 10
钛合金 $\sigma_b \leqslant 1.177$ GPa	5 ~ 10		14 ~ 16	

注:粗加工用的硬质合金车刀,通常都磨有负倒棱及负刃倾角。

2. 后角的选择

增大后角,可增加切削刃的锋利性,减轻刀具后面与已加工表面的摩擦,从而降低切削力和切削温度,改善已加工表面质量。但增大后角也会使切削刃和刀尖的强度降低,减少了散热面积和容热体积,加速刀具磨损。

在规定了刀具后面磨钝标准 *VB* 的情况下,后角较大的刀具达到磨钝标准时,磨去金属的体积较大(图 3-42a),从而加大刀具的磨损值 *NB*,这会影响工件的尺寸精度。

对于后角的合理选择,一般应遵循下列几条原则:

1) 当需要提高刀具强度时,应适当减少后角。如刀具前角采用了较大负前角时,不宜减少后角,以保证切削刀具有良好的切入条件。

2) 当需优先考虑加工尺寸要求时,宜减少后角,以减小 *NB* 值(图 3-42b)。如需优先考虑加工表面质量(如表面残余应力、表面粗糙度等)要求时,则宜加大后角,以减轻刀具与工件之间的摩擦。

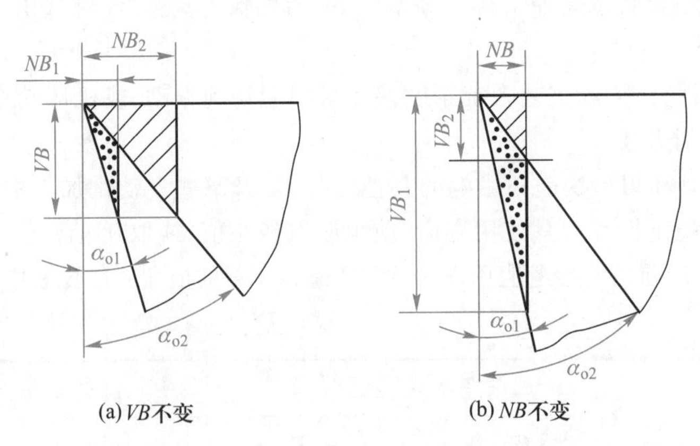

图 3-42　后角大小对刀具磨损体积的影响

表 3-5 列出了硬质合金车刀常用后角的合理数值,可供参考。

3. 主偏角的选择

当背吃刀量和进给量不变时,减少主偏角会使切削厚度减少,切削宽度增加,从而使单位长度切削刃所承受的载荷减轻，同时刀尖圆弧半径增大，有利于散热和增加刀尖强度，从而可提高刀具使用寿命。

但是，减少主偏角会导致背向力增大，加大工件的变形挠度，同时刀尖与工件的摩擦也加剧，容易引起振动，使加工表面的粗糙度值加大，也会导致刀具使用寿命下降。

综合上述两方面，合理选择主偏角的原则主要看工艺系统的刚性如何。系统刚性好，不易产生变形和振动，则主偏角可取小值；若系统刚性差（如切削细长轴），则宜取大值。

4. 副偏角的选择

副偏角的主要作用是最终形成已加工表面。副偏角越小，切削刃痕的理论残留面积的高度也越小，可以有效地减少已加工表面的粗糙度值。同时，还加强了刀尖强度，改善了散热条件。但副偏角过小会增加副切削刃的工作长度，增大副刀具后面与已加工表面的摩擦，易引起系统振动，反而增大表面粗糙度值。

硬质合金车刀主偏角、副偏角的合理选择可参考表 3-6。

表 3-6 硬质合金车刀合理主、副偏角参考值

加工情况		偏角数值/(°)	
		主偏角 κ_r	副偏角 κ_r'
粗车，无中间切入	工艺系统刚度好	45,60,75	5～10
	工艺系统刚度差	60,75,90	10～15
车削细长轴，薄壁件		90,93	6～10
精车，无中间切入	工艺系统刚度好	45	0～5
	工艺系统刚度差	60,75	0～5
车削冷硬铸铁，淬火钢		10～30	4～10
从工件中间切入		45～60	30～45
切断刀、切槽刀		60～90	1～2

5. 刃倾角的选择

刃倾角的作用可归纳为以下几方面：

1）影响切削刃的锋利性。当刃倾角 $\lambda_s \leq 45°$ 时，刀具的工作前角和工作后角将随 λ_s 的增大而增大，而切削刃钝圆半径却随之减少，增大了切削刃的锋利性。

2）影响刀尖强度和散热条件。负刃倾角可以增强刀尖强度，其原因是切入时是从切削刃开始的，而不是从刀尖开始的，如图 3-43 所示，进而改善了散热条件，有利于提高刀具使用寿命。

3）影响切削力的大小和方向。一般刃倾角为正时，切削力降低；为负时，切削力增大。当负刃倾角绝对值增大时，背向力会显著增大，易导致工件变形和工艺系统振动。因此，在工艺系统刚度不足时，应尽量避免采用负刃倾角。

4）影响切屑流出方向。刃倾角 λ_s 的大小和正负直接影响流屑角，即直接影响切屑的流出方向（图 3-44）。当 λ_s 为负值时，切屑流向已加工表面，易划伤已加工表面；λ_s 为正值时，切屑流

向待加工表面。精加工时，常取正刃倾角。

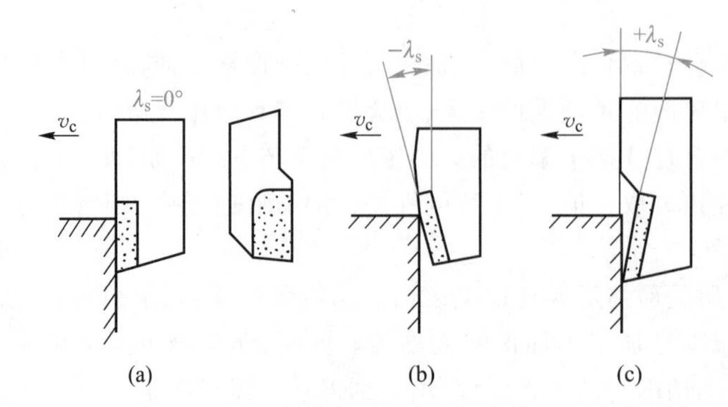

图 3-43 刨削时刃倾角对切削刃受冲击位置的影响

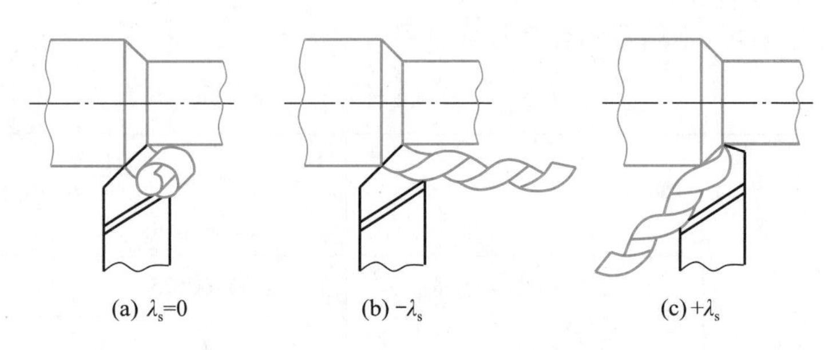

图 3-44 刃倾角对切屑流出方向的影响

刃倾角的选择可参照表 3-7。在微量精加工中，为了提高刀具的锋利性和切薄能力，可采用较大正刃倾角（$\lambda_s=30°\sim60°$），例如大刃倾角外圆精车刀、大刃倾角精刨刀、大螺旋角圆柱铣刀、大螺旋角立铣刀、大螺旋角铰刀和丝锥等，近年来都获得了广泛的应用。

表 3-7 刃倾角 λ_s 数值选用表

λ_s/(°)	0 ~ +5	+5 ~ +10	0 ~ −5	−5 ~ −10	−10 ~ −15	−10 ~ −45	−45 ~ −75
应用 范围	精车钢， 车细长轴	精车 非铁金属	粗车钢和 灰铸铁	粗车余量 不均匀钢	断续车削钢 和灰铸铁	带冲击切 削淬硬钢	大刃倾角刀 具薄切削

除了应合理地选择上述刀具角度参数外，还应合理地选用刀具的刃型尺寸参数。刀具的刃型尺寸参数包括刀尖过渡刃和切削刃过渡区，具体选择可参阅有关资料。

3.6.3 刀具使用寿命的选择

在切削加工中，总希望达到最理想的加工效率、质量和经济性，这就是切削过程的优化问题。在切削过程的优化问题中，首先需要确定控制因素（设计变量）。很明显，选择各种切削过程操作参数（如切削用量和刀具几何参数等）作为控制因素（设计变量）是最适当的。但从前面的分析可以看出，这些切削参数都与刀具使用寿命有联系。因此，常把刀具使用寿命作为中间控制因素，以此将优化指标与切削参数联系起来。

单从加工效率考虑，当刀具使用寿命规定过高，允许采用的切削速度就低，从而使生产效率降低；如果刀具使用寿命规定过低，虽然切削速度可以很高，但装刀、卸刀及调整机床的时间增多，生产效率也会降低。这样就存在一个生产效率为最大时的刀具使用寿命，即最大生产效率刀具使用寿命。同样，从加工成本考虑，也存在一个工序成本为最低的刀具使用寿命，即经济刀具使用寿命。

单件工序时间 t_o 可用下式计算

$$t_o = t_m + t_{ot} + t_{ct}\frac{t_m}{T} \tag{3-27}$$

式中：t_m——机动时间；

t_{ot}——辅助时间；

t_{ct}——一次换刀所消耗的时间；

T——刀具使用寿命。

以外圆车削为例（参考图 3-46），机动时间为

$$t_m = \frac{\pi d_w l_w h}{1\,000 v_c a_p f} \tag{3-28}$$

式中，d_w、l_w、h 分别为加工长度、直径和单边余量。将式（3-21）代入式（3-28），有

$$t_m = \frac{\pi d_w l_w h}{1\,000 v_c a_p f} = \frac{\pi d_w l_w h}{1\,000 C_0 a_p f} T^m$$

将上式代入式（3-27），对 T 求导，并令其为 0，可得到最大生产率刀具寿命为

$$T_p = \frac{1-m}{m} t_{ct} \tag{3-29}$$

式中，m 为泰勒指数（参考式 3-21）。

按同样方法可求得最小加工成本刀具寿命为：

$$T_c = \frac{1-m}{m}\left(t_{ct} + \frac{C_t}{M}\right) \tag{3-30}$$

式中：C_t——磨刀费用（包括刀具成本及折旧费）；

M——工时费（包括操作工人的工资，开机费及均摊到机床上的管理费和其他杂费）。

图 3-45 表示了刀具使用寿命对生产效率和加工成本的影响。

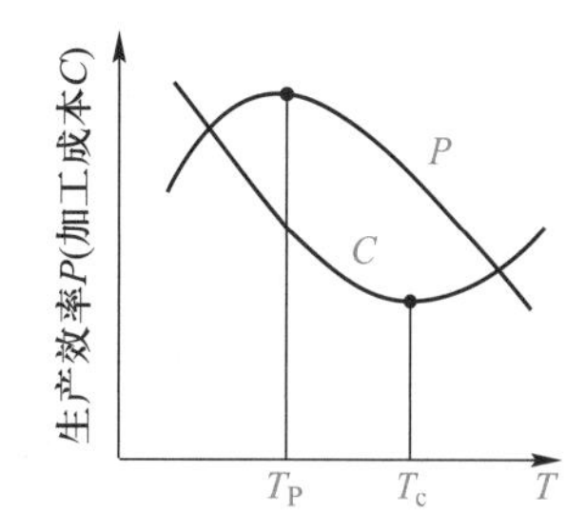

图 3-45　刀具使用寿命对生产效率和加工成本的影响

上述分析表明，在一定切削条件下，并不是刀具使用寿命越高越好。合理的刀具使用寿命的确定，要综合考虑各种因素的影响，不可一概而论。一般刀具使用寿命的制订可遵循以下原则：

1）根据刀具的复杂程度、制造和磨刀成本的高低来选择。铣刀、齿轮刀具、拉刀等结构复杂，制造、刃磨成本高，换刀时间长，刀具使用寿命可选得高些；反之，普通机床上使用的车刀、钻头等简单刀具，因刃磨简单及成本低，刀具使用寿命可取得低些。如齿轮刀具一般为 $T=200\sim300$ min，硬质合金端铣刀一般为 $T=120\sim180$ min，可转位车刀则通常为 $T=15\sim30$ min。

2）多刀机床上的车刀、组合机床上的钻头、丝锥、铣刀以及数控机床上的刀具，刀具使用寿

命应选得高些。

3）精加工大型工件时，为避免切削同一表面时中途换刀，刀具使用寿命应规定至少能完成一次走刀。

3.6.4 切削用量的选择及优化

选择合理的切削用量对保证加工质量、降低加工成本和提高生产率，都具有重要的意义。在机床、刀具和工件材料等条件一定的情况下，切削用量的选择具有灵活性和能动性。目前较先进的做法是进行切削用量优化选择或查询切削数据库。切削用量优化是在一定约束条件下，通过一定算法，选择实现预定目标的最佳切削用量值。切削数据库存储着如《切削用量手册》所收集的大量数据，并建立其管理系统。数据库应存储有各种加工方法（如车、刨、钻、铣、插、拉、磨等）加工各种工程材料的切削数据。用户通过网络可以自行查询或索取所需要的数据。

在不具备上述条件的情况下，不少工厂仍采用一些经验数据，并附以必要的计算获得所需的切削用量。下面对此种常规切削用量选择方法及切削用量优化进行介绍。

1. 常规切削用量选择

(1) 切削用量的选择原则

选择切削用量的原则一般是在保证加工质量的前提下，使 a_p、f、v_c 的乘积最大，即工序的切削时间最短。

但是，提高切削用量要受到工艺装备（机床、刀具）与技术要求（加工精度和表面质量）的限制。粗加工时，一般先按照刀具使用寿命的限制确定切削用量，之后再验算系统刚度、机床与刀具的强度等是否允许。精加工时则主要按表面粗糙度和加工精度要求确定切削用量。

根据切削用量和刀具使用寿命的关系式(3-26)，在 a_p、f、v_c 三者中，a_p 对刀具使用寿命的影响最小，f 次之，v_c 的影响最大。因而，确定切削用量时，应尽可能选择较大的 a_p，其次按工艺装备与技术条件的允许选择最大的 f，最后再根据刀具使用寿命确定 v_c，这样可在保证一定刀具使用寿命的前提下，使 a_p、f、v_c 的乘积最大。

(2) 背吃刀量的选择

背吃刀量 a_p 应根据加工余量确定。粗加工时，除留下精加工的余量外，应尽可能一次走刀切除全部粗加工的余量，这样不仅能在保证一定刀具使用寿命的前提下使 a_p、f、v_c 的乘积大，而且可以减少走刀次数。

在加工余量过大或工艺系统刚度不足等情况下，应将第一次走刀的背吃刀量取大些，可占全部余量的2/3～3/4，而使第二次走刀的背吃刀量小些，以使精加工工序获得较小的表面粗糙度及较高的加工精度。

切削零件为表层有硬皮的铸、锻件或不锈钢等冷硬较严重的材料时，应使背吃刀量超过硬皮或冷硬层，以避免使切削刃在硬皮或冷硬层上切削。

(3) 进给量的选择

背吃刀量选定以后，应选择较大的进给量 f，其合理数值应当保证机床、刀具不致因切削力太大而损坏；切削力所造成的工件挠度不超出工件精度允许的数值；表面粗糙度在允许的范围内。

粗加工时，限制进给量的主要是切削力，一般多根据经验或查手册选取。这时，主要考虑工艺系统刚度、切削力大小和刀具的尺寸等，必要时需进行验算。

在半精加工和精加工时，则应按粗糙度要求，根据工件材料、刀尖圆弧半径、刀具副偏角、切削速度等选择进给量。允许进给量的推荐值可查阅有关资料。

(4) 切削速度的确定

当 a_p 与 f 选定后，可以按刀具使用寿命[式(3-25)]求出切削速度，并应考虑以下几点：

1) 精加工时，应尽量避开积屑瘤易于产生的速度范围。

2) 粗加工时，需对机床功率进行校验。

3) 断续切削时，宜适当降低切削速度，以减少冲击和热应力。

4) 加工大型、细长、薄壁工件时，应选用较低的切削速度；端面车削应比外圆车削的速度高些，以获得较高的平均切削速度，提高生产率。

5) 在易发生振动的情况下，切削速度应避开自激振动的临界速度。

2. 切削用量优化

切削用量优化与一般优化问题相同，有两个基本问题：一是建立优化问题的数学模型，二是寻求适当的方法求解该模型。这里仅讨论切削用量优化问题的数学模型，求解模型的方法可参考有关文献。

优化问题的数学模型有三个要素，即设计变量、目标函数及约束条件。

(1) 设计变量

切削用量优化模型的设计变量是指在切削过程中可以控制的输入变量，即切削用量，包括切削速度、进给量和背吃刀量。其中，背吃刀量 a_p 通常是由工艺过程和毛坯余量所决定的，不能随意改变。所以，切削用量的优化实际上是指求最优的切削速度 v_c 和最优的进给量 f。

(2) 目标函数

目标函数是指优化目标与设计变量之间的函数关系式。切削加工中常用的优化目标有工序最大生产率、最低成本和最大利润等。下面仅以外圆纵车为例(图 3-46)，介绍以最低工序成本为优化目标的目标函数。

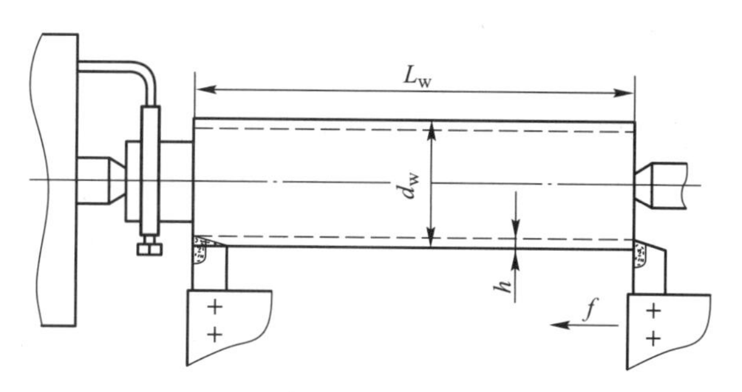

图 3-46 外圆纵车机动工时的计算

设单件工序成本为 C，则有

$$C=t_m M+t_{ct}\frac{t_m}{T}M+\frac{t_m}{T}C_t+t_{ot}M \tag{3-31}$$

式中：M——工时费(元/min)；

t_m——机动工时(min)；

t_{ct}——一次换刀所消耗的时间(min)；

t_{ot}——除换刀时间以外的其他辅助工时(min);

C_t——刀具费用(包括刀具成本及磨刀费用)(元);

T——刀具使用寿命(min)。

将式(3-28)和式(3-25)代入式(3-31),可得到

$$C=\frac{B_1}{v_c f}+B_2 v_c^{x-1} f^{y-1}+t_{ot}M \tag{3-32}$$

式中,$B_1=\frac{\pi d_w l_w h}{1\ 000a_p}M$,$B_2=\frac{\pi d_w l_w h a_p^{z-1}}{1\ 000C_T}(t_{ct}M+C_t)$。

式(3-32)表示了单件工序成本与切削速度 v_c 和进给量 f 之间的函数关系,即为所建立的以单件工序成本最小为优化目标的目标函数。

(3) 约束条件

约束条件是指设计变量的取值范围。在切削过程中,切削用量要受到机床结构、特性及加工要求等方面的限制,常需考虑的约束条件有:

1) 机床技术参数约束

$$\begin{aligned} f_{min}\leqslant f\leqslant f_{max} \\ v_{min}\leqslant v\leqslant v_{max} \end{aligned} \tag{3-33}$$

式中:f_{min}、f_{max}、v_{min}、v_{max}——机床技术参数允许的最小、最大进给量和最小、最大切削速度(或机床转速)。

2) 加工表面粗糙度约束

进给量 f 受已加工表面残留面积高度限制时,应满足的约束条件为

$$f\leqslant\sqrt{0.032\ 1Rar_{\varepsilon}} \tag{3-34}$$

式中:f——进给量(车削时为 mm/r);

Ra——已加工表面粗糙度算术平均偏差值(μm);

r_{ε}——刀尖圆弧半径(mm)。

3) 机床功率约束条件

切削用量受机床功率限制时,应满足的约束条件为

$$C_{F_c}a_p^{x_{F_c}}f^{y_{F_c}}v_c^{z_{F_c}}K_{F_c}v_c\leqslant P_e\eta_m$$

即:

$$v_c^{1+z_{F_c}}f^{y_{F_c}}\leqslant\frac{P_e\eta_m}{C_{F_c}a_p^{x_{F_c}}K_{F_c}} \tag{3-35}$$

式中各符号含义同前。

除上述约束条件外,还可能有其他约束条件,如:为了形成切屑的最小切深,为防止振动的最大切速,工件刚度对径向切削力的限制,刀具使用寿命对切削速度和进给量的限制等。

3.6.5 切削液的合理选用

切削液主要用来降低切削温度和减少切削过程的摩擦。合理选用切削液对减轻刀具磨损、提高加工表面质量及加工精度起着重要的作用。选择切削液时应综合考虑工件材料、刀具材料、加工方法、加工要求等情况。

1）从工件材料方面考虑　切削钢等塑性材料时，需用切削液。切削铸铁、青铜等脆性材料时可不用切削液，原因是其作用不明显。切削高强度钢、高温合金等难加工材料时，属高温高压边界摩擦状态，易选用极压切削油或极压乳化液，有时还需配置特殊的切削液。对于铜、铝及铝合金，为了得到较高的加工表面质量和加工精度，可采用10% ~20%的乳化液或煤油等。

2）从刀具方面考虑　高速钢刀具耐热性差，应采用切削液。硬质合金耐热性好，一般不用切削液，必须使用时可采用低浓度乳化液或多效切削液（多效指润滑、冷却、防锈综合作用好，如高速攻螺纹油），且浇注时要充分连续，否则刀片会因冷热不均而导致破裂。

3）从加工方法方面考虑　钻孔、铰孔、攻螺纹和拉削等工序的刀具与已加工表面摩擦严重，易采用乳化液、极压乳化液或极压切削油。成形刀具、齿轮刀具等价格昂贵，要求刀具使用寿命高，可采用极压切削油（如硫化油等）。磨削加工温度很高，还会产生大量的碎屑及脱落的砂粒，因此要求切削液应具有良好的冷却和清洗作用，常采用乳化液，如选用极压型或多效型合成切削液效果更好。

4）从加工要求方面考虑　粗加工时，金属切除量大，产生的热量多，应着重考虑降低温度，选用以冷却为主的切削液，如3% ~5%的低浓度乳化液或合成切削液。精加工时主要要求提高加工精度和加工表面质量，应选用润滑性能好的切削液，如极压切削油或高浓度极压乳化液，它们可减少刀具与切屑间的摩擦与黏结，抑制积屑瘤。

切削加工中，除采用切削液进行冷却、润滑外，有时也采用固体的二硫化钼作为润滑剂、各种气体作为冷却剂，以减少飞溅造成的不良影响和化学侵蚀作用。

3.7 磨削原理

3.7.1 砂轮

磨削加工的主要工具是砂轮，砂轮是由磨料加结合剂用制造陶瓷的工艺方法制成的。决定砂轮特性的五个要素分别是：磨料、粒度、结合剂、硬度和组织。

1. 磨料

常用的磨料有氧化物系、碳化物系和高硬磨料系三类。氧化物系磨料主要成分是 Al_2O_3；碳化物系磨料通常以碳化硅、碳化硼等为基体。这两类磨料因纯度不同和加入金属元素不同，而分为不同的品种。高硬磨料系中主要有人造金刚石和立方氮化硼。几种常用磨料的特性及适用范围见表3-8。

表3-8　几种常用磨料特性及适用范围

系别	磨料名称	代号	显微硬度/HV	特性	适用范围
氧化物系	棕刚玉	A	2 200 ~2 280	棕褐色，硬度高，韧性大，价格便宜	磨削碳钢、合金钢、可锻铸铁、硬青铜
	白刚玉	WA	2 200 ~2 300	白色，硬度较棕刚玉高，韧性较棕刚玉低	磨削淬火钢、高速钢、高碳钢、非铁金属及薄壁零件

续表

系别	磨料名称	代号	显微硬度/HV	特性	适用范围
碳化物系	黑碳化硅	C	2 820 ~ 3 320	黑色，有光泽，硬度比刚玉高，性脆而锋利，导电和导热性好	磨削铸铁、黄铜、铝、耐火材料及非金属材料
	绿碳化硅	GC	3 280 ~ 3 480	绿色，硬度和脆性比黑碳化硅高，导电和导热性良好	磨削硬质合金、宝石、陶瓷、玉石、玻璃、非铁金属、石材等
高硬磨料系	人造金刚石	D	6 500 ~ 10 000	无色透明或淡黄色、黄绿色、黑色，硬度高，耐磨性好，比天然金刚石脆	磨硬脆材料、硬质合金、宝石、光学玻璃、半导体、切割石材等
	立方氮化硼	CBN	6 000 ~ 8 500	黑色或淡白色，立方晶体，硬度仅次于金刚砂，耐热性高，发热量小	磨削各种高温合金，高钼、高钒、高钴钢，不锈钢，镍基合金钢等

2. 粒度

粒度指磨料颗粒尺寸的大小程度，用粒度标记号来表示。通常使用机械筛机将磨料分为不同的粒度，筛机筛网每英寸线性长度上的孔眼数决定了磨料颗粒的大小。磨料颗粒的大小分为粗磨粒和微粉两大类，F4 ~ F220 为粗磨粒，F230 ~ F2000 为微粉。粒度标记号的数值越小，磨料颗粒尺寸越大。用沉降法检验磨料粒度组成时，中值粒径不大于60 μm的磨粒，称为微粉。磨料粒度对磨削生产效率和加工表面粗糙度有很大影响。一般粗磨使用颗粒较粗的磨粒，精磨使用颗粒较细的磨粒。当工件材料软，塑性大和磨削面积大时，为避免砂轮堵塞，也常采用较粗的磨粒。常用砂轮的粒度及应用范围见表 3-9。

表 3-9 常用砂轮粒度及应用范围

粒度分类		粒度标记	使用范围
粗磨粒	粗粒度	F4 ~ F24	粗磨、荒磨、打磨毛刺，切断钢坯，磨陶瓷和耐火材料
	中粒度	F30 ~ F60	内圆、外圆、平面磨削，无心磨，工具磨等
	细粒度	F70 ~ F100	半精磨、精磨、珩磨、成形磨、工具刃磨等
		F100 ~ F220	精磨、超精磨、珩磨、螺纹磨等
微粉	极细粒度	F230 ~ F2000	精磨、精细磨、超精磨、镜面磨、精研磨、抛光等

3. 结合剂

结合剂作用是将磨粒粘合在一起，使砂轮具有一定的形状和强度。常用的结合剂有：

1) 陶瓷结合剂(代号 V) 陶瓷结合剂由黏土、长石、滑石、硼玻璃和硅石等材料配制而成。

其特点是化学性质稳定，耐水、耐酸、耐热和成本低。除切断砂轮外，大多数砂轮均采用陶瓷结合剂。其砂轮线速度一般为 35 m/s。

2）树脂结合剂（代号 B） 其成分主要为酚醛树脂，少数也有采用环氧树脂的。树脂结合剂强度高，弹性好，多用于高速磨削、切断和开槽等工序。缺点是耐热性差，当磨削温度达到 200～300 ℃时，其结合力大大下降。利用它强度下降时磨粒易于脱落而自励的特点，可在一些对磨削烧伤和磨削裂纹特别敏感的工序（如磨薄壁件、超精磨或刃磨硬质合金等）中采用。

3）橡胶结合剂（代号 R） 多数采用人造橡胶。橡胶结合剂比树脂结合剂弹性更好，使砂轮具有良好的抛光作用。多用于制造无心磨床的导轮和切断、开槽及抛光砂轮。

4）金属结合剂（代号 M） 常用的是青铜结合剂，主要用于制作金刚石砂轮。其特点是形面成形性好，强度高，有一定韧性。缺点是自励性较差。

4. 硬度

砂轮硬度表示磨粒在磨削力的作用下，从砂轮表面脱落的难易程度。砂轮硬，磨粒不易脱落；砂轮软，磨粒易于脱落。选择砂轮硬度时，可参考以下原则：

1）工件硬度 工件材料越硬，砂轮硬度应选软一些，以使磨钝的磨粒尽快脱落，保持工作磨粒的锐利，避免工件因磨削温度过高而产生烧伤。反之，工件材料越软，砂轮硬度应选硬一些，以使磨粒脱落慢些，充分发挥磨粒的切削作用。

2）加工接触面 砂轮与工件接触面大，砂轮硬度应选软些，使磨粒容易脱落，以防止砂轮堵塞。

3）砂轮粒度 砂轮粒度号大，砂轮硬度应选软些，以防止砂轮堵塞。

4）精磨和成形磨 精磨和成形磨时，应选硬一些砂轮，以利于保持砂轮的形状。

砂轮硬度等级见表 3-10。机械加工中，最常使用的砂轮硬度是软（H）至中级（N）。

表 3-10 砂轮硬度等级名称及代号

硬度等级	极软	很软	软	中级	硬	很硬	极硬
代号	A、B、C、D	E、F、G	H、J、K	L、M、N	P、Q、R、S	T	Y

5. 组织

砂轮组织表示磨粒、结合剂、气孔三者之间的比例关系。磨粒在砂轮总体积中所占比例越大，砂轮组织越紧密，气孔越小。砂轮组织通常用 0～14 数字标记（表 3-11），数字越大，表示组织也疏松。紧密组织砂轮适于重压下的磨削，中等组织砂轮适于一般磨削。疏松组织砂轮不易堵塞，适于平面磨、内圆磨等磨削接触面大的工序，以及磨削热敏性强的材料或薄工件。

表 3-11 砂轮组织代号

类别	紧密				中等				疏松					大气孔	
组织号	0	1	2	3	4	5	6	7	8	9	10	11	12	13	14
磨粒占砂轮体积/%	62	60	58	56	54	52	50	48	46	44	42	40	38	36	34

3.7.2 磨削过程切屑形成机理

磨削实际是利用砂轮表面上极多微小磨粒切削刃进行的切削加工，但与一般切削加工相比又有很大不同。首先,磨粒形状和大小很不规则,其顶部的锥角通常为90°~120°,其刃口钝圆半径在几微米到十几微米之间。磨削时,磨粒以较大的负前角钝圆半径对工件进行切削。其次,磨粒在砂轮表面上是随机分布的,磨粒的间距和高低参差不齐。在磨削工件时,有些磨粒可以接触到工件,有些磨粒则接触不到工件。最后,在磨削过程中,磨粒会产生磨损、钝化、碎裂和脱落,而当工作的磨粒脱落后,里面的磨粒就暴露出来参与切削。

磨屑的形成可分三个阶段,图3-47表示了用单个磨粒磨削时磨屑的形成过程。

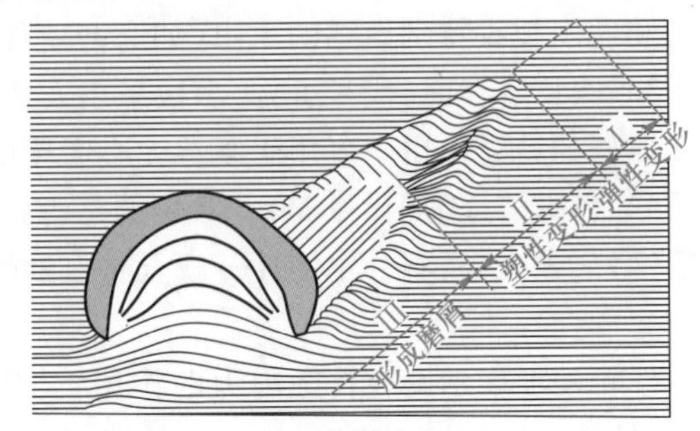

(a) 平面示意图

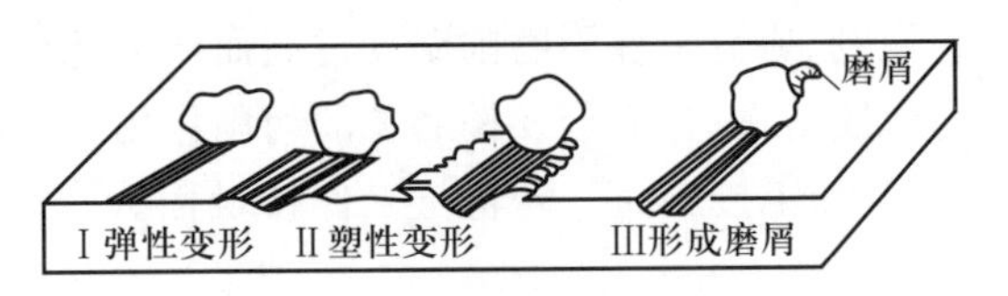

(b) 截面示意图

图3-47 磨屑形成过程

第Ⅰ阶段为弹性变形阶段,也称滑擦阶段。此阶段中,由于磨削深度小,磨粒以大负前角切削,砂轮结合剂及工件、磨床系统的弹性变形,使磨粒开始接触工件时产生退让,磨粒仅在工件表面上滑擦而过,不能切入工件,此时工件表面产生热应力。

第Ⅱ阶段为塑性变形阶段,也称刻划阶段。随着磨粒磨削深度的增加,磨粒已能逐渐刻划进入工件,工件表面由弹性变形逐步过渡到塑性变形,使部分材料向磨粒两旁隆起,工件表面出现刻痕(耕犁现象),但磨粒前面上没有磨屑流出。此时,除磨粒与工件的相互摩擦外,更主要是材料内部发生摩擦。磨削表层不仅有热应力,而且有因弹性、塑性变形所产生的应力。

第Ⅲ阶段为形成磨屑阶段,也称切削阶段。此时,磨粒磨削深度、被切处材料的剪应力和温度都达到一定值,因此材料明显地沿剪切面滑移而形成切屑从磨粒前面流出。这一阶段工件的表层也产生热应力和变形应力。

在上述三个阶段中,除了均产生热应力外,材料也可能产生由于相变而引起的应力。

由于磨粒在砂轮表面上排列的随机性,磨削时,每个磨粒与工件在整个接触过程中,作用情况可分如下三种:

1)只有弹性变形阶段;

2)弹性变形阶段+塑性变形阶段+弹性变形阶段;

3)弹性变形阶段+塑性变形阶段+形成切屑阶段+塑性变形阶段+弹性变形阶段。

3.7.3 磨削力及磨削功率

与切削力相比,磨削力具有如下特征:

1)单位磨削力值很大 由于磨粒几何形状的随机性和几何参数的不合理,使单位磨削力值很大,$k_c = 7 \sim 20\ \mathrm{kN/mm^2}$,远远高于切削加工的单位切削力。

2)三项分力中径向力最大 通常F_p/F_c的比值在1.5~3范围内。

3)磨削力随不同的磨削阶段而变化 由于F_p较大,使工艺系统产生弹性变形。在开始几次进给中,实际径向进给量远小于名义进给量。随着进给次数的增加,工艺系统的变形抗力也逐渐增大，实际进给量逐渐加大，直至达到名义进给量。这一过程可用图 3-48 中的 OA 一段曲线来表示，称为初磨阶段。之后，磨削进入稳定阶段，实际进给量与名义进给量相等(图 3-48 中的 AB 段)。当余量即将磨完时，进行光磨，靠工艺系统的弹性变形恢复，磨削至尺寸要求(参考图 3-48 中的 BC 段)。

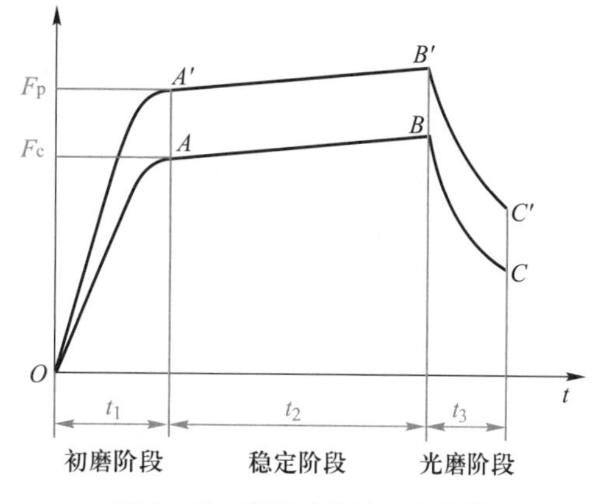

图 3-48 磨削过程的三个阶段

4) 磨削力的构成 在磨削力的构成中，材料剪切所占比重较小，而摩擦所占比重较大，可达 70% ~80%。

磨削力通常也采用经验公式进行估算。磨削力的公式表示如下：

$$F_p = C_F \frac{\pi v_w f_r B}{2v_c} \tan \alpha \tag{3-36}$$

$$F_c = C_F \frac{v_w f_r B}{v_c} + \mu F_p \tag{3-37}$$

式中：F_p、F_c——分别为径向和切向磨削力(N)；

v_w——工件速度(m/s)；

v_c——砂轮速度(m/s)；

f_r——径向进给量(mm)；

B——磨削宽度(mm)；

C_F——切除单位体积的切屑所需的能量(N/mm²)；

α——假设磨粒为圆锥时锥顶半角(°)；

μ——工件和砂轮间摩擦系数。

磨削功率 P_m(kW)为：

$$P_m = \frac{F_c v_c}{1\ 000} \tag{3-38}$$

3.7.4 磨削温度

实验结果表明，磨削过程中砂轮的滑擦、耕犁和形成切屑的能量，绝大部分转化为磨削热。滑擦和耕犁产生的热能，几乎全部传入工件；形成切屑产生的热能也有约一半传入工件。磨削时砂轮的速度高，切除单位切屑体积所需的能量为普通切削加工的 10 ~ 20 倍，产生的磨削热传入工件势必引起工件表层温度显著升高，形成局部高温。

通常磨削温度是指砂轮与工件接触区的平均温度，但只有磨粒与工件接触面的温度才是真正的磨削点温度，它们对磨削过程有各自不同的影响，故将磨削温度区分为：

1) 工件平均温度 指磨削热传入工件而引起的工件温升，它影响工件的形状和尺寸精度。在精密磨削时，为获得高的尺寸精度，要尽可能降低工件的平均温度并防止局部温度不均。

2) 磨粒磨削点温度 指磨粒切削刃与切屑接触部分的温度，是磨削中温度最高的部位，其值可达 1 000 ℃左右，是研究磨削刃的热损伤、砂轮的磨损、破碎和黏附等现象的重要因素。

3）磨削区温度　是砂轮与工件接触区的平均温度，一般有 500～800 ℃，它与磨削烧伤和磨削裂纹的产生有密切关系。

磨削加工工件表面层的温度分布，是指沿工件表面层深度方向温度的变化，它与加工表面变质层的生成机理、磨削裂纹和工件的使用性能有关。

研究表明，磨粒磨削点温度 θ_{dot} 可用下式表示

$$\theta_{dot} \propto v_w^{0.26} v_c^{0.24} f_r^{0.13} \tag{3-39}$$

而砂轮磨削区的温度则用下式表示

$$\theta_A \propto v_w^{0.26} v_c^{0.24} f_r^{0.63} \tag{3-40}$$

式中：v_c、v_w——分别为砂轮及工件的线速度（m/s）；

f_r——径向进给量（mm）。

由上面两式可见，工件速度 v_w 和砂轮速度 v_c 是影响磨削点温度 θ_{dot} 的主要因素，径向进给量影响较小。而对于磨削区温度 θ_A，径向进给量 f_r 成为决定性的影响因素，这是因为 f_r 增加将使砂轮和工件接触区显著增大的缘故。

除 v_w、v_c 和 f_r 外，还有其他影响磨削温度的因素，如工件材料的硬度和强度增高、韧性加大时，θ_{dot} 和 θ_A 均会增高，反之则降低。

上述影响 θ_{dot} 和 θ_A 的各因素对工件温升亦有类似的影响。但工件速度影响略有不同，这是因为 v_w 增加时，工件上被磨削区域与砂轮的接触时间减小，相对地减少了传到工件上的热量，从而减少了在工件表面层产生磨削烧伤和磨削裂纹的可能性。因此，在生产实践中常以增加 v_w 的办法来减少工件表面烧伤和裂纹。

3.7.5　砂轮磨损与修正

同其他切削工具一样，砂轮在加工了一定数量的工件后，同样会产生磨损。加工塑性金属时，可能会导致砂轮堵塞。砂轮磨损或堵塞后如继续使用，将引起振动、噪声、加工表面粗糙度增大，产生裂纹、烧伤和残余拉应力等。为保证砂轮磨削性能和磨削表面质量，必须对磨钝的砂轮进行及时修整。

砂轮磨损的主要形式是磨耗磨损和破碎磨损（图 3-49）。磨耗磨损（图中 $C—C$ 部分）是由于磨粒和工件之间的摩擦而引起的。破碎磨损是指磨粒的破碎（图中 $B—B$）或结合剂上的破碎（图中 $A—A$）。破碎磨损的强烈程度取决于磨削力的大小和磨粒或结合剂的强度。两种磨损类型相比，破碎磨损所消耗砂轮的重量较多。对软砂轮来说，结合剂的破碎比磨粒的破碎要多些。但从磨损后的影响来说，磨耗磨损影响较大，这是因为磨耗磨损直接影响到砂轮磨损表面的大小及磨削力等，而这些因素又反过来影响破碎磨损，从而影响砂轮使用寿命（即砂轮相邻两次修整间的磨削时间）。

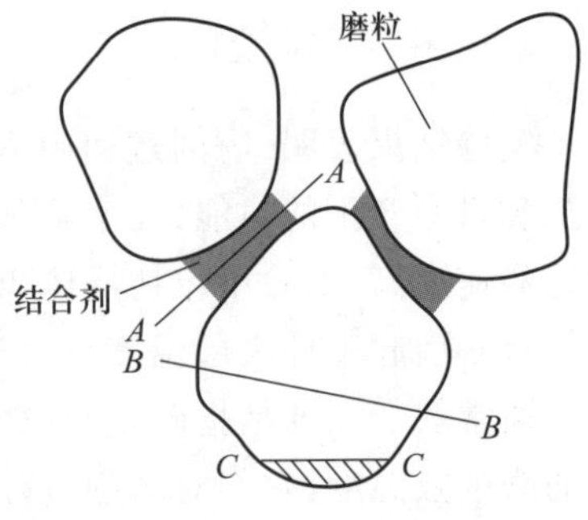

图 3-49　砂轮的磨耗磨损及破碎磨损

砂轮的磨损过程可分为三个磨损期：初期磨损、二期磨损和三期磨损。初期磨损主要是磨粒的破碎磨损。这是由于刚修整过的砂轮表面仍不平整，少数磨粒比较突出，工作时，这些磨粒的负荷比较大，因而迅速破碎。同时，在修整过程中有些磨粒在

修整器的作用下，磨粒内部产生内应力及裂纹。这些磨粒在磨削力作用下也会迅速破碎。因此，初期磨损阶段的曲线较陡。第二期磨损虽有一定数量的磨粒产生破碎磨损，但主要是磨耗磨损，故曲线较初期磨损平缓。第三期磨损主要是结合剂的破碎磨损，所以曲线也较陡。

除磨耗磨损和破碎磨损外，磨削过程中产生的瞬时高温也会引起磨粒的扩散磨损和黏结磨损。实验证明，金刚石磨料中的碳元素扩散溶解于铁内的能力大于氮化硼磨料中元素扩散溶解于铁内的能力，故金刚石砂轮不宜磨削钢料。

砂轮的修整主要目的是去除外层已钝化的磨粒或去除已被磨屑堵塞了的一层磨粒，使新的磨粒显露出来，并使砂轮具有足够数量的有效切削刃，从而保证磨削顺利进行。

常用的修整工具有单颗粒金刚石、碳化硅修整轮、电镀人造金刚石滚轮等。其中最常用的是单颗粒金刚石修整工具。

修整砂轮的合理工艺条件包括选择适宜的修整导程和修整深度，以及安排适当的光修（即修整深度为零）等。

砂轮使用寿命 T 是指砂轮相邻两次修整间的加工时间。砂轮合理使用寿命的参考值见表3-12。

表 3-12 砂轮常用合理使用寿命的数值

磨削种类	外圆磨	内圆磨	平面磨	成形磨
使用寿命 T/s	1 200～2 400	600	1 500	600

3.7.6 磨削液

磨削时，在磨削区会产生极高的温度，为避免工件表面烧伤，保持加工表面完整性并延缓砂轮磨损，常需注入磨削液。磨削液一般应具有的冷却、润滑、洗涤和防锈作用，并应对人体无害、无刺激性和便于储存、使用方便。

磨削液通常分为油基磨削液和水基磨削液。

油基磨削液按其添加物的不同分为矿物油和极压油两种。其中矿物油多以轻质矿物油为主要成分，加入适量的油溶性防锈剂及极压添加剂等组成。极压油则是在矿物油中加入了含硫、氯、磷等化学元素的极压添加剂而形成。极压添加剂在一定温度范围，会与金属表面起化学反应，形成牢固的润滑膜，故有良好的润滑效果。

油基磨削液可用于齿轮磨削、螺纹磨削、成形磨削以及珩磨和精密磨削。极压油则多用于表面质量要求较高的重要磨削工序和难加工材料（如钛合金等）的磨削。

水基磨削液又可分为乳化液、化学合成液及无机盐磨削液。

乳化液由水、矿物油、乳化剂和防锈添加剂等组成，一般先制出乳化油，然后用水稀释成乳化液。为了提高其润滑性能，可在乳化液中添加氯、硫、磷等极压添加剂，稀释后就成为极压乳化剂。极压乳化剂可用来磨削不锈钢、钛合金及纯铁等难加工材料。

化学合成液是以表面活性物质为主要成分，加入水稀释成半透明或透明的水溶性磨削液。与乳化液相比，化学合成液的浸润性及冷却性较好，并因其透明而利于磨削加工，故得到广泛应用。

无机盐磨削液以无机盐(无水碳酸钠、亚硝酸钠、磷酸三钠等)为主要成分,在水中稀释后成为透明水溶液。无机盐磨削液是一种电解质的水溶液,冷却效果好,且由于表面张力大,以及盐离子的吸附作用,不易使砂轮堵塞。但无机盐磨削液也有一些缺点,如导电性强,能降低接线和电动机的绝缘性能,剥蚀磨床涂料,与润滑油混合后会降低润滑效果等。

3.8 高速切削与磨削

3.8.1 高速加工概述

1. 高速加工的概念

高速切削加工技术中的"高速"是一个相对概念。目前,关于高速加工尚无统一定义,一般认为高速加工是指采用超硬材料的刀具,通过极大地提高切削速度和进给速度,来提高材料切除率、加工精度和加工表面质量的现代加工技术。以切削速度和进给速度界定:高速加工的切削速度和进给速度为普通切削的5~10倍。

高速加工切削速度范围因不同的工件材料而异。图3-50列举了几种常用工程材料的高速与超高速加工切削速度范围。

高速加工切削速度范围随加工方法不同也有所不同。例如高速车削的切削速度范围通常为700~7 000 m/min;高速铣削的速度范围是300~6 000 m/min;高速钻削的速度范围是200~1 100 m/min;而高速磨削的速度为100~300 m/s。

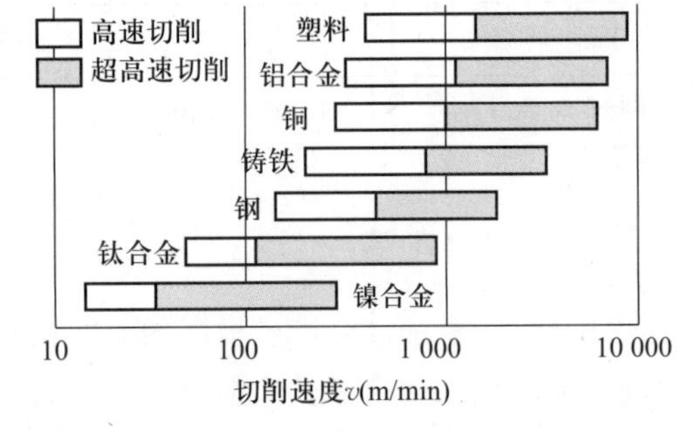

图3-50 高速与超高速切削速度范围

2. 高速加工的特点

与普通机械加工相比,高速加工具有如下特点:

1) 加工效率高 随切削速度和进给率成倍的提高,单位时间内材料切除率增加(与普通机械加工相比,材料去除率可提高3~6倍),切削加工时间大幅度减少。

2) 切削力小 根据切削速度提高的幅度,切削力较常规平均可减少30%以上,有利于刚性较差和薄壁零件的切削加工。

3) 加工精度高 高速切削加工时,切屑以很高的速度排出,带走大量的切削热,切削速度提高愈大,带走的热量愈多,可达90%以上,传递给工件的热量大幅度减少,有利于减少加工零件的内应力和热变形,提高加工精度。

4) 动力学特性好 高速加工中,随切削速度的提高,切削力降低,这有利于抑制切削过程中的振动。机床转速的提高,使切削系统的工作频率远离机床的低阶固有频率,因此高速加工可获得好的表面粗糙度。

5) 可加工硬表面 高速切削可加工硬度45~65 HRC的淬硬钢铁件,在一定条件下可取代磨削加工或某些特种加工。

6) 利于环保 采用高速加工可以实现"干切"和"准干切",避免冷却液可能造成的污染。

3. 高速加工的发展

高速切削研究可追溯到20世纪30年代,德国切削物理学家萨洛蒙(C. J. Salomon)在"高速切削原理”一文中给出了著名的“Salomon 曲线”(图 3-51)——对应于一定的工件材料存在一个临界切削速度,此点切削温度最高,超过该临界值,切削速度增加,切削温度反而下降。萨洛蒙认为在临界切削速度两边有一个不适宜的切削加工区域(有的学者称之为“死区”)。而当切削速度超过该区域继续提高时,切削温度下降到刀具许可的温度范围,便又可进行切削加工。图 3-51 中标出了用高速钢刀具加工非铁金属时的切削适应区与切削不适应区。

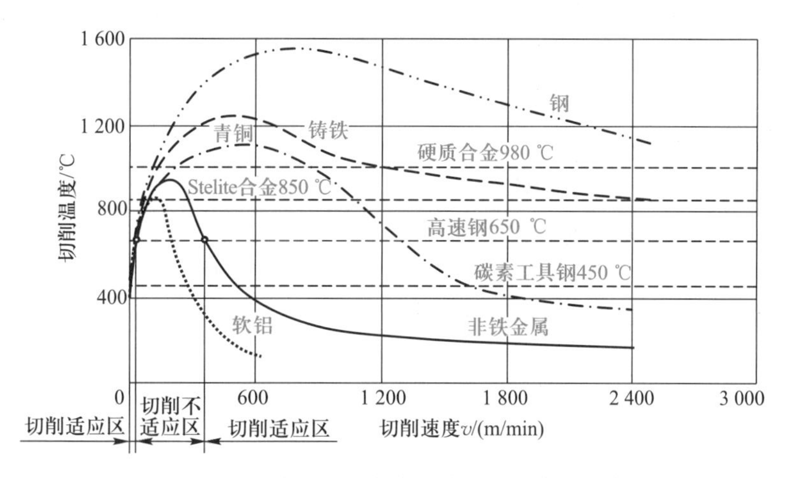

图 3-51 Salomon 切削温度与切削速度曲线

Salomon 理论提出后的一段时间内,由于受到种种条件的限制,高速加工技术进展缓慢。直至近 20 年来,随着材料、信息、微电子、计算机等现代科学技术的迅速发展,大功率高速主轴单元、高性能伺服控制系统和超硬耐磨和耐热刀具材料等关键技术的解决和进步,高速加工技术得到迅速发展和广泛应用。

4. 高速加工的关键技术

与高速加工密切相关的技术主要有:高速加工机理研究、高速加工机床与刀具制造技术;高速加工在线检测与控制技术、高速加工的排屑技术、安全防护技术等。

3.8.2 高速加工机床与刀具

1. 高速加工机床技术

高速加工机床是提供高速加工的主体。高速加工机床技术包括高速单元(功能部件)技术和机床整机技术。高速单元技术包括高速主轴、高速进给系统、高速 CNC 系统等。机床整机技术包括机床床身、冷却系统、安全防护系统等。

(1) 高速主轴

高速主轴是高速加工中心最关键的部件之一。目前,主轴转速在 20 000 ~ 40 000 r/min 的加工中心已很普遍,一些高速加工中心的主轴转速达到 60 000 ~ 100 000 r/min。主轴转速、功率、精度、刚度、动平衡、噪声及热变形特性等是高速主轴的主要性能参数。

高速主轴一般做成电主轴的结构形式,即主轴与电动机合二为一,以实现无中间环节的直接传动,提高可靠性。

主轴轴承是决定主轴寿命和负荷的关键部件。目前,高速主轴主要采用 3 种特殊轴承:陶瓷轴承、静压轴承（液体静压轴承和空气静压轴承）以及磁力轴承（又称磁浮轴承）。

（2）高速进给系统

提高切削进给速度是提升加工效率所必需的。目前，高速加工中心的切削进给速度一般为 20～40 m/min，有的已超过 120 m/min。要实现并准确控制这样高的进给速度，对机床导轨、滚珠丝杠、伺服系统、工作台结构等提出了新的要求。

目前常见的高速进给系统有三种驱动方式：高速滚珠丝杠、直线电动机和虚拟轴机构。直线电动机为非接触的直接驱动方式，移动部件少，无扭曲变形，并具有良好加速和减速特性，加速度可达 2 g，为传统驱动装置的 10～20 倍。

（3）高速 CNC 控制系统

高速加工机床要求 CNC 控制系统具有快速数据处理能力和高的功能化特性，以保证在高速切削时，特别是 4～5 轴坐标联动加工复杂曲面时，仍具有良好的加工性能。

高速 CNC 数控系统的数据处理能力有两个重要指标：一是单个程序段处理时间，二是插补精度。为了适应高速切削，要求单个程序段处理时间要短，为此，需使用 32 位或 64 位 CPU，并采用多处理器结构。为了确保高速下的插补精度，一般要有前馈和大数目超前程序段处理功能。此外，还可采用 NURBS（非均匀有理 B 样条）插补、回冲加速、平滑插补、钟形加减速等轮廓控制技术。

（4）高刚性的床体结构和温控系统

高速加工机床设计的关键之一是在降低运动部件惯量的同时，保持机床基础支承部件高的静刚度、动刚度和热刚度。

为了改善高速加工机床的热特性，常采用温控循环水（或其他介质）来冷却主轴电动机、主轴轴承、直线电动机、液压油箱、电气柜，甚至冷却主轴箱、横梁、床身等大构件。此外，还可采用低膨胀系数的铸铁来作高速加工中心的主轴箱体，以减少主轴的热伸长和主轴部件的热变形。

（5）切屑处理、安全装置和实时监控系统

高速切削会产生大量的切屑，这要求高速加工机床具备高效的切屑处理和清除装置。

在高速加工中产生的切屑以及刀具断裂产生的碎片，会以很高的速度向外飞射，易于造成危险和人身伤害。为此，机床工作时必须用足够厚的防护板将切削区封闭起来，同时还要考虑便于人工观察切削区状况。此外，机床必须装备在线监控系统，以使操作人员在不直接接触切削区的情况下，能够对刀具磨损、破损和主轴运行状况等进行在线识别和监控。

2. 高速加工刀具

（1）高速加工刀具的材料

高速切削加工要求刀具材料与被加工材料的化学亲和力要小，并且具有优异的力学性能、热稳定性、抗冲击性和耐磨性。目前，适合于高速切削的刀具材料主要有涂层刀具、陶瓷刀具、聚晶金刚石（PCD）刀具、立方氮化硼（CBN）等，其中又以聚晶金刚石刀具和聚晶立方氮化硼刀具（PCBN）应用最为广泛。

（2）高速回转刀具与机床接口形式

在传统的镗铣加工中，通常使用 7∶24 锥柄接口。这种接口的主轴端面与刀具存在间隙，在主轴高速旋转和切削力的作用下，主轴的大端孔径膨胀，造成刀具定位精度和连接刚度下降。同时，锥柄的轴向尺寸和重量都较大，不利于快速换刀和机床的小型化。

目前,高速加工推荐采用 HSK 的接口标准。HSK 是德国阿亨大学机床研究所专门为高转速机床开发的新型刀-机接口,并形成了用于自动换刀和手动换刀、中心冷却和端面冷却、普通型和紧凑型等 6 种形式。HSK(图 3-52)是一种小锥度(1 ∶ 10)的空心短锥柄,使用时端面和锥面同时接触,从而形成高的接触刚性。

(3) 高速回转刀具结构

典型的高速铣削刀具可以分为整体式和机夹式两类,小直径的铣刀一般采用整体制造,大直径的刀具则往往采用机夹式。高转速的切削对刀具直径公差和刀具的动平衡有很高的要求,整体式高速铣刀在出厂时经过动平衡检验,使用时直接装夹即可;而机夹式更换刀片或者刀片换位后需要进行动平衡才能继续使用,所以高速切削更常用整体式刀具。

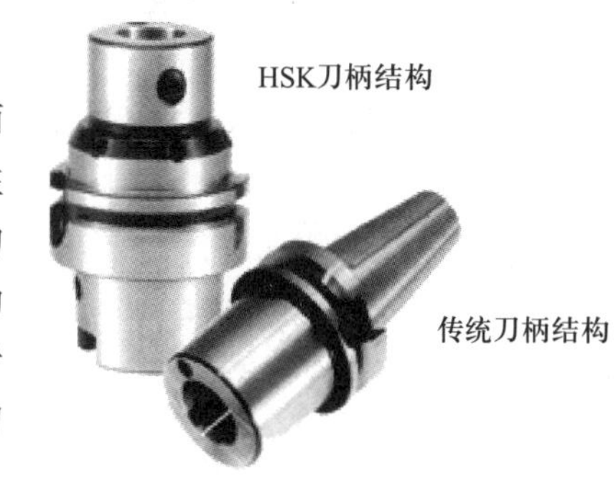

图 3-52 HSK 刀柄与传统刀柄结构比较

此外,刀体应选用强度高的材料,结构设计应力求简单,确保安全,刀齿尽量采用短切削刃、经过优化设计的几何角度,并有良好的断屑能力。

3.8.3 高速切削加工及其应用

1. 不同材料的高速加工

1) 铝、铜合金的高速切削加工 铝、铜合金的强度和硬度相对较低,导热性好,适于进行高速切削加工,不仅可以获得高的生产率,还可以获得好的加工表面质量。切削铝、铜合金可选用的刀具材料有硬质合金、金刚石镀层硬质合金以及 PCD 等。

2) 铸铁与钢的高速切削加工 对铸铁与钢进行高速加工,不仅可以获得高的加工效率和好的表面质量,还可以对淬硬钢和冷硬铸铁进行切削加工,实现以切代磨。由于铁元素与金刚石中的碳元素有很强的亲和力,碳元素容易向含铁的材料扩散,会使金刚石刀具很快磨损,故铸铁与钢的高速切削加工不宜采用金刚石刀具,可以选用涂层硬质合金、陶瓷和 PCBN 等刀具,在超高速切削时应首选 PCBN。

3) 难加工材料的高速切削加工 钛合金、镍合金、硬质合金和高温合金等属于难加工材料,采用合适的 PCD 或 PCBN 刀具进行高速切削可以获得较好的效果。

高速切削的应用范围正在逐步扩大,不仅用于切削金属等硬材料,也越来越多用于切削软材料,如橡胶、各种塑料、木头等,经高速切削后这些软材料被加工表面极为光洁,这对于普通切削加工是很难做到的。

2. 高速加工的应用领域

目前,高速加工的主要应用领域包括航空航天、汽车、模具、仪器仪表等。

1) 航空航天 航空航天工业中许多带有大量薄壁、细筋的大型轻合金整体构件,采用高速加工,材料去除率达 100 ~ 180 cm^3/min,并可获得好的质量。此外,航空航天工业中许多镍合金、钛合金零件,也适于采用高速加工,切削速度达 200 ~ 1 000 m/min。

2) 汽车工业 目前已出现由高速数控机床和高速加工中心组成高速柔性生产线,可以实现多品种、中小批量的高效生产(图 3-53)。

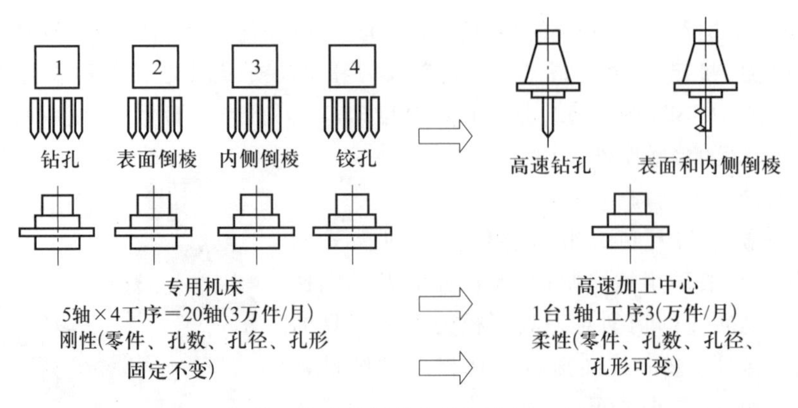

图3-53 汽车轮毂螺栓孔高速加工实例

3）模具制造 传统模具加工过程为：毛坯→粗加工→半精加工→热处理硬化→电火花加工→精加工→手工磨修；采用高速切削后的模具加工过程为：硬化的毛坯→粗加工→半精加工→精加工→极少量手工磨修。用高速铣削代替传统的电火花成形加工，可使模具制造效率提高3～5倍。

4）仪器仪表 主要用于精密光学零件加工。

3. 干切与准干切

干切是指不使用冷却液的切削技术，准干切则指使用最少量冷却液的切削技术。目前，准干切多指“最小量润滑技术(minimal quantity lubrication，MQL)”，这种方法是将压缩空气与少量润滑液混合气化后，喷射到加工区，进行有效润滑，可大大减小刀具-工件及刀具-切屑之间的摩擦，起到抑制温升、降低刀具磨损、避免黏结、提高工件加工表面质量的作用。准干切因使用润滑液量很小(一般为0.03～0.2 L/h，仅为湿切冷却液用量的几万分之一)，不会产生污染。

3.8.4 高速磨削加工及其应用

1. 高速磨削及其特点

以前，普通磨削砂轮线速度一般为30～35 m/s，当高于45 m/s或50 m/s时，便视为高速磨削。但近30年来，由于高速磨削技术的突破性发展(最高磨削速度已达500 m/s)和研究工作的深入，人们发现随着磨削速度的提高，磨削力在$v=100$ m/s前后的某个区间出现陡降，工件表面温度也随之出现回落。目前，常将磨削速度高于100 m/s的磨削称为高速磨削。

与普通磨削相比，高速磨削在单位时间内，通过磨削区的磨粒数是增加的。若采用与普通磨削相同的进给量，则高速磨削时每颗磨粒的切削厚度变薄，载荷减小，这有利于减小磨削表面粗糙度，并可提高砂轮使用寿命。若保持与普通磨削相同的切削厚度，则可相应提高进给量，因而生产效率可比普通磨削高30%～100%。

高速磨削既可以用于精加工又可以用于粗加工，从而可大大减少机床种类，简化工艺流程。

2. 高速砂轮

高速磨削用砂轮应具有强度高、抗冲击性、耐热性和微破碎性好以及杂质含量低等特点。高速磨削砂轮使用较多的磨料是CBN和金刚石，砂轮结合剂以陶瓷和金属结合剂为主。

目前，高速磨削多采用单层超硬磨料砂轮，其中以电镀结合砂轮应用最广。电镀结合砂轮的磨粒突出高度大,能容纳大量磨屑,且制造成本较低。

近来开发了一种新型砂轮——单层高温钎焊超硬磨料砂轮。由于钎焊砂轮结合强度高,砂轮工作线速度可达 300 ~ 500 mm/s,砂轮使用寿命也很高。

3. 高速磨削的应用

目前,高速磨削在以下几方面得到有效应用:

1) 高速深切磨削　高效深磨(high efficiency deep grinding——HEDG)技术起源于德国。1979 年,P. G. Wenner 博士首先提出高效深磨的概念,之后 Guhring Automation 公司创造了 60 kW 强力磨床,砂轮线速度达到 100 ~ 180 m/s。1996 年,德国 Schaudt 公司生产的高速数控曲轴磨床是具有高效深磨特征的典型产品,它能把曲轴坯件直接磨削加工到最终尺寸,圆度误差为 1 μm。

2) 高速精密磨削　如在高速 CNC 磨床上,使用线速度 200 m/s 的薄片 CBN 砂轮一次性纵磨完成曲轴销加工。

3) 难加工材料的高速磨削　研究表明,采用高速磨削可使硬脆材料(如工程陶瓷、光学玻璃等)处于延性域加工状态,从而获得好的表面质量。日本高桥正行等人已成功使用 200 m/s 的砂轮线速度对玻璃进行加工,得到的玻璃表面粗糙度值远远低于普通速度磨削的结果。

本章学习提要

切削过程是指将工件上多余的材料层,通过切削加工被刀具切除成为切屑从而得到所需要的零件几何形状的过程。在这一过程中,始终存在着刀具切削工件和工件材料抵抗切削的矛盾,从而产生一系列物理现象,如切削变形、切削力、切削热与切削温度以及刀具磨损等。本章首先介绍切削刀具的基础知识,之后重点讨论金属切削机理及金属切削过程的基本规律,同时也对脆性材料的切削过程、金属的磨削过程以及高速切削及其进展进行简要介绍。

学习本章内容,在了解切削刀具基础知识和金属切削机理的基础上,重点应掌握金属切削过程的基本规律,并能加以有效的控制,以保证机械加工精度和提高切削效率。

主要术语

刀具前面	主后面	副后面	主切削刃
副切削刃	刀尖	刀具角度	基面
切削平面	正交平面	前角	后角
主偏角	副偏角	刃倾角	刀具材料
高速钢	硬质合金	切削过程	切屑
正交切削模型	三个变形区	剪切角	积屑瘤
剪应变	变形系数	切屑类型	切削力
切削热	切削温度	刀具磨损	刀具破损
刀具使用寿命	切削加工性	切削液	磨削过程
磨削力	磨削温度	砂轮磨损	高速加工
电主轴			

习题与思考题

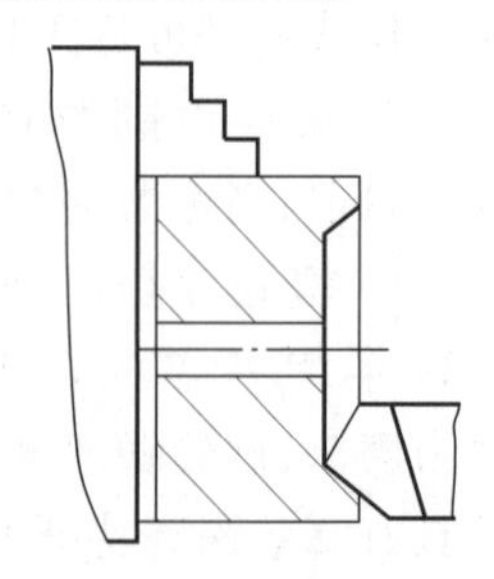
图3-54 题3-2图

3-1 刀具切削参数坐标系和刀具标注角度坐标系是如何定义的？

3-2 图3-54所示为车削工件端面简图，试标出车刀的各标注角度。

3-3 说明切削用量与切削层参数之间的关系。

3-4 刀具切削部分材料应具备哪些性能？为什么？

3-5 常用刀具材料有哪几种？各应用于什么场合？

3-6 画简图说明切屑形成过程。如何表示切屑变形程度？

3-7 积屑瘤是如何产生的？积屑瘤对切削过程有何影响？

3-8 影响切削变形有哪些因素？各因素如何影响切削变形？

3-9 切屑形状分几种？各在什么条件下产生？

3-10 试说明硬脆非金属材料的切削机理。

3-11 切削力是如何产生的？三个切削分力是如何定义的？各分力对加工有何影响？

3-12 影响切削力有哪些因素？各因素对切削力影响规律如何？

3-13 切削热有哪些来源？切削热如何传出？

3-14 影响切削温度因素有哪些？如何影响？

3-15 刀具磨损有哪些形式？如何进行度量？刀具磨钝标准是如何制订的？

3-16 刀具磨损过程有几个阶段？为何出现这种规律？

3-17 切削用量三要素对刀具使用寿命影响程度有何不同？试分析其原因。

3-18 造成刀具磨损的原因主要有哪些？

3-19 刀具破损的主要形式有哪些？高速钢和硬质合金刀具的破损形式有何不同？为什么？

3-20 工件材料切削加工性的衡量指标有哪些？影响工件材料切削加工性的主要因素是什么？如何改善工件材料的切削加工性？

3-21 刀具前角、后角有什么功用？说明选择合理前角、后角的原则。

3-22 主偏角、副偏角有什么功用？说明选择合理主偏角、副偏角的原则。

3-23 刃倾角有什么功用？说明选择合理刃倾角的原则。

3-24 说明最大生产效率刀具使用寿命和经济刀具使用寿命的含义及计算公式。

3-25 说明合理选择切削用量的原则。

3-26 图3-55所示，在C6140车床上，使用硬质合金刀具粗、精车削销轴$\phi30\times105$外圆，工件材料为45钢，毛坯为$\phi36$的圆棒料。试：

1）选择粗车和精车所用刀具材料牌号，选择粗车和精车所用刀具（标注）角度。

2）选择粗车和精车的切削用量（可参考有关手册）。

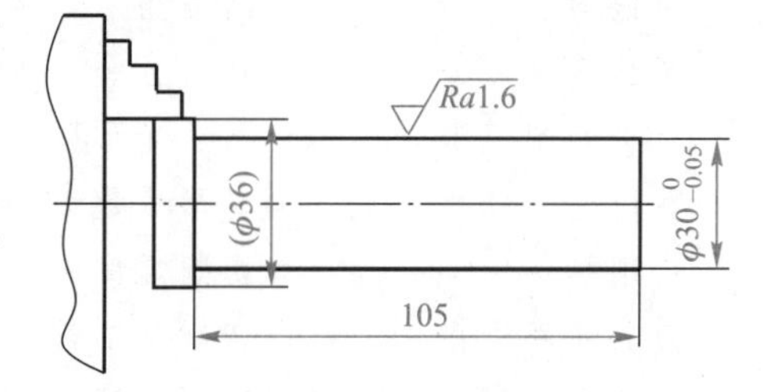

图3-55 题3-26图

3-27 图3-56所示精车轧辊外圆，试优选切削速度和进给量，使轧辊切削时间为最短。写出优化问题的数学模型，画简图标明约束条件、可行域以及最优切削速度和进给量。已知条件及有关要求如下：

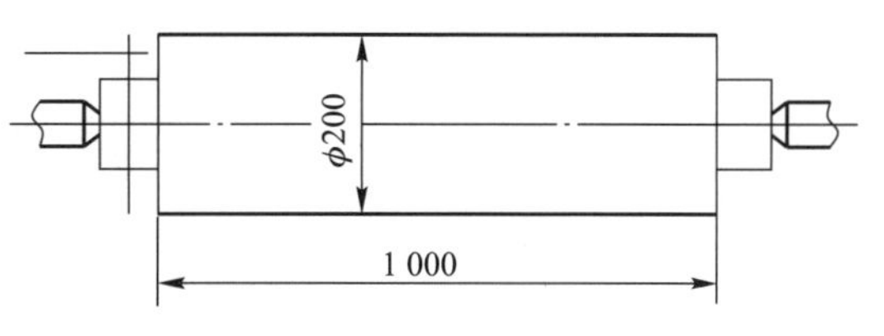

图 3-56　题 3-27 图

1）车床转速范围：$n=5\sim500$ r/min；进给量范围：$f=0.05\sim2.0$ mm/r；

2）精车余量（双边）：2.0 mm；

3）车削过程中不能换刀；

4）残留面积最大高度：$H\leqslant0.02$ mm（刀尖圆角半径 $r=0.5$ mm）

注：残留面积高度近似等于：$H\approx r-\sqrt{r^2-\left(\frac{f}{2}\right)^2}$

5）刀具使用寿命公式：$T=\frac{9.375\times10^8}{v_c^5\times f}$（min），式中 v_c 为切削速度（单位 m/min），f 为进给量（单位 mm/r）

3-28　试举出几种常用磨料的特性及用途。

3-29　磨料粒度是如何规定的？试说明不同粒度砂轮的应用。

3-30　什么是砂轮硬度？砂轮硬度如何分类？经常使用的砂轮硬度范围是什么？

3-31　试述磨削机理。与切削加工相比，磨削有哪些特点？

3-32　高速加工有哪些特点？当前高速加工主要应用在什么领域？

3-33　什么是干切？什么是准干切？干切和准干切有什么意义？

3-34　高速磨削有哪些特点？高速磨削目前主要应用在哪些方面？

第4章　机械加工质量及其控制

学习目标

1）理解机械加工精度、机械加工表面质量的含义。

2）理解工艺系统几何误差、工艺系统受力变形、工艺系统热变形对加工精度的影响，能够初步分析加工误差产生的物理原因，提出控制加工误差的方法。

3）掌握加工误差的统计分析原理与方法，能够运用分布图和 $\bar{x}-R$ 图对工序能力和工艺过程稳定性进行初步分析和判别，理解工艺链理论。

4）理解影响机械加工表面质量的因素及其控制方法，了解机械加工中的振动及其控制方法。

零件是构成机械产品的基本单元，如何保证零件的加工质量，是机械制造技术研究的主要问题之一。零件的加工质量包括零件的机械加工精度和加工表面质量两方面。零件的使用性能和寿命不仅与零件的加工精度有关，还取决于零件的表面质量。

4.1　机械加工精度概述

4.1.1　机械加工精度与加工误差

机械加工精度是指零件加工后的实际几何参数（尺寸、形状和表面间的相互位置）与理想几何参数的接近程度。实际值越接近理想值，加工精度就越高。在机械加工过程中，由于受到各种不同因素的影响，加工后的零件不可能与理想零件完全一致，它们之间总会有大小不同的偏差，这种偏差常常用加工误差来衡量。

加工误差是指加工后零件的实际几何参数（尺寸、形状和表面间的相互位置）与理想几何参数的偏差。加工精度和加工误差是从两个不同的角度来评定加工零件的几何参数的，加工精度的低和高就是通过加工误差的大和小来判定。保证和提高零件加工精度实际上就是限制和降低加工误差。

一般情况下，零件的加工精度越高则加工成本相对越高，生产效率则相对越低。从保证产品的使用性能上分析，没有必要把每个零件都加工得绝对精确，可以允许有一定的加工误差。设计人员应根据零件的使用要求，合理地规定零件所允许的加工误差，即公差。工艺人员则应根据设计要求、生产条件等采取适当的工艺方法，以保证加工误差不超过允许范围，即保证加工误差落在公差带内，并在此前提下尽量提高生产效率和降低成本。

零件的加工精度包含三方面的内容：尺寸精度、形状精度和位置精度。这三者之间是有联系的。通常形状公差限制在位置公差内，而位置公差一般限制在尺寸公差之内。当尺寸精度要求高时,相应的位置精度、形状精度也要求高。但形状精度或位置精度要求高时,相应的尺寸精度不一定要求高,这要根据零件的功能要求来决定。

4.1.2　机械加工工艺系统的原始误差

在机械加工中,零件的尺寸、几何形状和表面间相对位置的形成,取决于工件和刀具在切削运动过程中相互位置的关系。而工件和刀具,又安装在夹具和机床上,并受到夹具和机床的约束。因此,加工精度问题是牵涉到整个工艺系统的精度问题。工艺系统中的各种误差,在不同的具体条件下,以不同的程度和方式反映为加工误差。

工艺系统的误差是“因”,是根源;加工误差是“果”,是表现,因此常把工艺系统的误差称之为原始误差。

工艺系统的原始误差可分为两大类(参考图 4-1):一类是在零件未加工前工艺系统本身所具有的某些误差因素,称为工艺系统原有误差,主要有原理误差、装夹误差、夹具误差、刀具误差、调整误差、机床误差等,其中机床误差、夹具误差和刀具误差也称为工艺系统静误差;另一类是在加工过程中受力、热、磨损等原因的影响,工艺系统原有精度受到破坏而产生的附加误差因素,称为工艺过程原始误差,或动误差。这些原始误差将在不同程度上以不同的形式反映到被加工零件上去,造成加工误差。

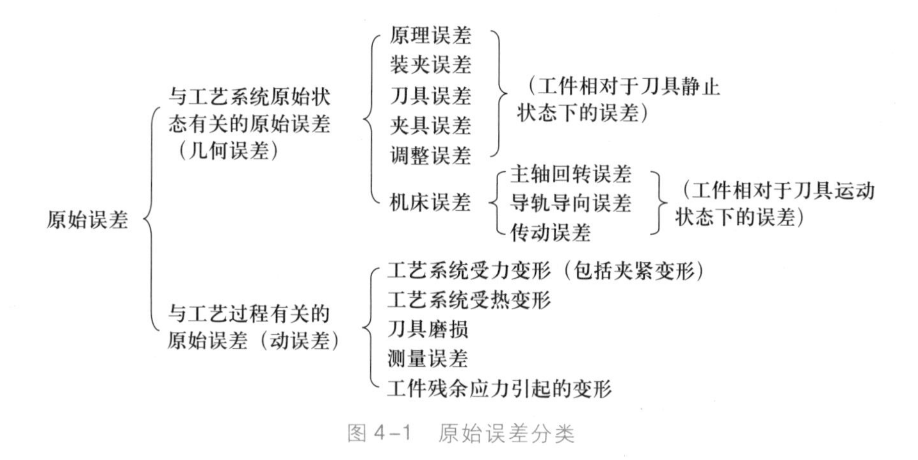

图 4-1　原始误差分类

4.1.3　误差敏感方向

切削加工过程中,由于各种原始误差的影响,会使刀具和工件间正确的几何关系遭到破坏,引起加工误差。不同方向的原始误差对加工误差的影响程度有所不同。当原始误差与工序尺寸方向一致时,原始误差对加工精度的影响最大。下面以外圆车削为例来进行说明。

如图 4-2a 所示,车削时工件的回转轴心是 O,刀尖正确位置在 A,设某一瞬时刀尖相对于工件回转轴心 O 的位置发生变化,移到 A'。$\overline{AA'}$ 即为原始误差 ΔY,由此引起工件加工后的半径由 R_0 变为 $R=\overline{OA'}$。在三角形 OAA' 中有如下关系式:

$$\Delta Y^2 = R^2 - R_0^2 = (R_0+\Delta R)^2 - R_0^2 = 2R_0\Delta R + \Delta R^2$$

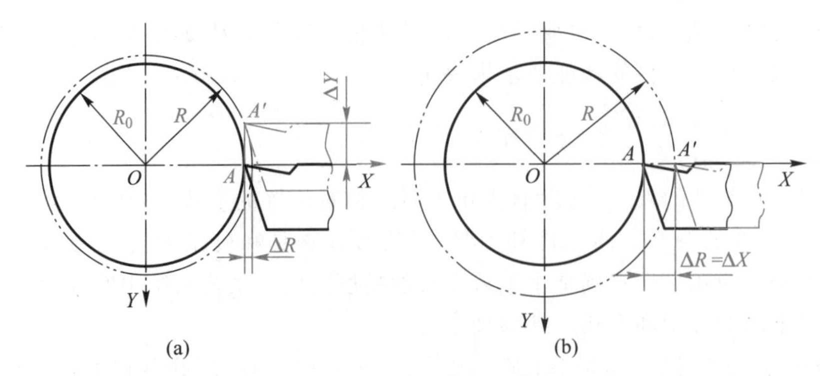

图 4-2　误差的敏感方向

由于 ΔR 很小，ΔR^2 可以忽略不计。因此，刀尖在 Y 方向上的位移引起的半径上（即工序尺寸方向上）的加工误差 ΔR 为

$$\Delta R=\frac{\Delta Y^2}{2R_0} \tag{4-1}$$

若设 $2R_0=50\ \text{mm}$，$\Delta Y=0.1\ \text{mm}$，则得到：

$$\Delta R=0.000\ 2\ \text{mm}$$

可见，ΔY 对 ΔR 的影响很小。但如在 X 方向存在对刀误差 ΔX（图 4-2b），这时引起的半径上（即工序尺寸方向上）的加工误差则为

$$\Delta R=\Delta X \tag{4-2}$$

可以看出：当原始误差的方向恰为加工表面法线方向时，引起的加工误差为最大；而当原始误差的方向为加工表面的切线方向时，引起的加工误差为最小，通常可以忽略。为了便于分析原始误差对加工精度的影响，我们把影响加工精度最大的那个方向（即通过刀刃的加工表面的法向）称为误差的敏感方向。原始误差的方向与误差敏感方向一致时，对加工精度的影响最大。

4.1.4　机械加工精度的获得方法

1. 尺寸精度的获得方法

1）试切法　加工时先在工件上进行试切并测量，根据测量结果与要求尺寸的差值，调整刀具相对于工件加工表面的相对位置，然后再进行试切、测量、调整，最终达到所要求的尺寸精度。试切法的效率低，对操作者的技术水平要求较高，常用于单件、小批生产或高精度零件的加工。

2）调整法　按试切好的工件、标准件或对刀装置等，调整刀具相对于工件加工表面的位置，并在加工过程中保持这一位置，从而获得零件所要求的尺寸精度。调整法多用于成批、大量生产。

3）尺寸刀具法　零件的尺寸精度是由具有一定尺寸的刀具或组合刀具保证的，常用于孔、槽面、成形表面的加工。

4）自动控制法　通过尺寸测量装置、进给机构和控制机构组成的刀具位置控制系统，使加工过程中的尺寸测量、刀具的补偿调整和切削加工等一系列工作自动完成，逐步获得所要求的尺寸精度。自动控制法实质上是自动化了的试切法。

图 4-3 所示为在内圆磨床上用自动控制法磨孔的工作过程。砂轮每走刀一次，离开工件，推杆

4 右移;弹簧压迫推杆 3 右移,同时带动塞规 1 右移,进行测量。若孔径不够大,塞规 1 抵住工件,不能插入孔内。此时没有信号发出,机床继续工作。当孔径磨到一定尺寸后,塞规 1a 插入孔内,触杆 6 右移,触发信号开关,发出信号,机床转入精磨过程。孔径继续加大,直至塞规 1b 也插入孔内,触杆 7 触动信号开关,发出停机信号,磨削过程终止。

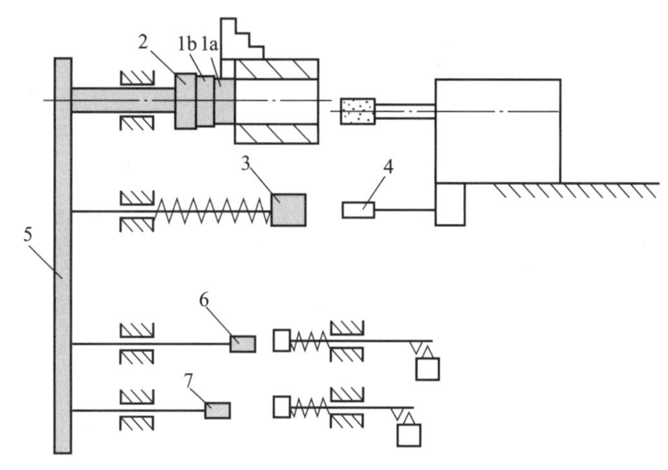

图 4-3 内圆磨床自动控制示意图

1—“通”塞规;2—“止”塞规;3、4—推杆;5—连接杆;

6—“精磨”触杆;7—“停止”触杆

数控加工属于另一类自动控制法。从本质来讲,数控机床加工属于调整法。但不是通过样件(样板)对刀或试切或其他人工方法来进行调整,而是通过编制数控工作程序来确定刀具的工作位置和行程。数控加工实际上是一种自动化的调整法加工。

2. 形状精度的获得方法

1) 成形运动法 使刀具相对于工件作有规律的切削成形运动,从而获得所要求的零件表面形状,如轨迹法、展成法和成形刀具法等,常用于加工圆柱面、圆锥面、平面、球面、螺旋面和齿形面等。

2) 非成形运动法 通过对加工表面形状的检测,由工人对其进行相应的修整加工,以获得所要求的形状精度。尽管非成形运动法是获得零件表面形状精度的最原始方法,效率相对比较低,但当零件形状精度要求很高(超过现有机床设备所能提供的成形运动精度)或形状表面比较复杂时,常采用此方法。例如,0 级平板的加工,就是通过三块平板配刮的方法来保证其平面度要求的。

3. 位置精度的获得方法

1) 一次装夹获得法 零件表面的位置精度在一次安装中,由刀具相对于工件的成形运动位置关系保证。例如,在车床上一次安装,车削工件外圆和端面,则端面对于外圆表面的垂直度主要是靠车床横向溜板(刀尖)运动轨迹与车床主轴回转中心线的垂直度来保证。

2) 多次装夹获得法 通过刀具相对工件的成形运动与工件定位基准面之间的位置关系来保证零件表面的位置精度。例如,在车床上用双顶尖定位、调头两次装夹轴类零件,以完成不同外圆表面的加工。不同安装中加工的外圆表面之间的同轴度,则是通过各自与顶尖孔轴线(工件定位基准)的同轴度间接保证;而各外圆表面与顶尖孔轴线的同轴度又是通过刀尖运动轨迹与工件定位基准面之间的位置关系来保证的。

3）非成形运动法　利用人工，而不是依靠机床精度，对工件的相关表面进行反复的检测和加工，使之达到零件的位置精度要求。

4.1.5 研究机械加工精度的方法

1. 研究机械加工精度的方法

研究机械加工精度的方法有两种：物理方法和数学方法。在实际生产中，这两种方法常常结合起来应用，以判断出影响加工精度的主要因素，见表4-1。

表4-1 研究机械加工精度的方法

分类	分析方法		分析内容
物理方法	单因素分析法	因果图法	可以从加工精度的获得方法切入，逐项分析，以判定原始误差中的主因、次因
	实验测试法		验证分析结果
数学方法	统计分析法	分布图分析法	随机样本，分析系统误差、随机误差
		点图分析法	顺序样本，加工过程中误差随时间的变化趋势，观测有无异常波动

1）物理方法　运用物理学和力学原理研究某一个或某几个确定因素对加工精度的影响，通过分析计算或测试、实验，得出该因素与加工质量指标之间的关系，并以此为依据对工艺过程进行分析和控制。为简单起见，研究时一般不考虑其他因素的同时作用。

2）数学方法　以生产中一批工件的实测结果为基础，运用数理统计方法进行数据处理，根据被测质量指标的统计性质，对工艺过程进行分析和控制。

一般先用数学方法寻找误差的出现规律，初步判断产生加工误差的可能原因，然后运用物理方法进行分析、试验，以便迅速有效地找出影响机械加工质量的主要原因。

2. 保证和提高加工精度的途径

从减少误差技术的角度，可将保证和提高加工精度的途径分成两类，即：

1）误差预防技术　指减少原始误差或减少原始误差的影响，保证和提高加工精度。分析表明，当加工精度达到某一程度后，利用误差预防技术再来提高加工精度所花费的成本将按指数规律增长。

2）误差补偿技术　通过分析、测量、建立数学模型，并以这些信息为依据，人为地在系统中引入补偿误差，使之与系统中现存的表现误差抵消，以减少或消除零件的加工误差。在现有工艺系统条件下，误差补偿技术是一种行之有效而又经济的方法。

4.2 工艺系统原有误差对加工精度的影响及其控制

4.2.1 原理误差

原理误差是指采用理论上近似的加工方法或刀刃形状而产生的误差，所引起的加工误差一般多为形状误差。如：用阿基米德蜗杆滚刀切削渐开线齿轮；在数控机床上用直线插补或圆弧插补方法加工复杂曲面;在普通米制丝杠的车床上加工英制螺纹等,都会由于加工原理误差造成零件的加工表面形状误差。

在实际生产中,采用理论上完全准确的方法进行加工往往会使机床的结构复杂,刀具的制造困难,加工的效率降低。如果采用近似加工方法,则常常可使工艺装备简单化,生产成本降低,故在满足产品精度要求的前提下,原理误差的存在是允许的。

4.2.2 装夹误差与夹具误差

利用夹具装夹工件进行加工时,造成工件加工表面之间尺寸和位置误差的因素主要有:

1) 工件装夹误差 Δ_{zj} 包括定位误差 Δ_{dw} 和夹紧误差 Δ_{jj}。夹紧误差是夹紧工件时引起工件和夹具变形所造成的加工误差。

2) 夹具对定误差 Δ_{dd} 包括对刀误差 Δ_{da} 和夹具位置误差 Δ_{jw}。对刀误差是刀具相对于夹具位置不正确所引起的加工误差,而夹具位置误差是由于夹具相对刀具成形运动位置不正确所引起的加工误差。这些加工误差的大小与夹具的制造、安装和使用密切相关。

例如,图 4-4b 所示夹具用于在轴套零件上按尺寸 30 加工径向孔 ϕ6H9(图 4-4a),并保证所加工孔的轴线与工件 ϕ20H7 孔中心线垂直相交。在该钻床夹具中,钻套轴线相对于定位销台肩面距离(图中 30±0.05)直接影响 30 尺寸。由于夹具制造时衬套孔轴线和定位销轴线的垂直度误差以及钻套与衬套、钻套与钻头之间的间隙(产生夹具对定误差 Δ_{dd}),工件内孔与定位销之间的间隙(产生 Δ_{dw})等原因都会影响到加工孔与工件中心线垂直度和位置度。

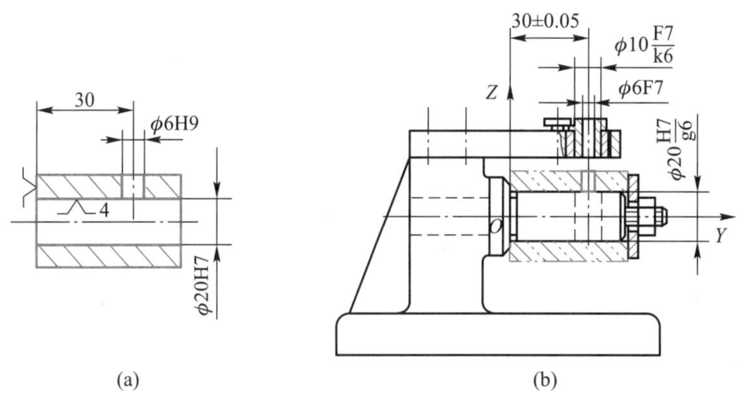

图 4-4 钻 ϕ6H9 径向孔的夹具

在夹具设计时,对于结构上与工件加工精度有关的技术要求都要严格控制。一般情况下,精加工用夹具的有关尺寸公差取工件相应尺寸公差的 1/2 ~ 1/3;粗加工时取 1/5 ~ 1/10。

4.2.3 刀具误差与调整误差

1. 刀具的制造与安装精度

在精密切削时,通过精密刃磨获得足够的刀具锋利度是至关重要的。由切削原理可知,刀具的刃口质量直接影响微量切削的获得。无论是采用精密车削、精密磨削、研磨、超精研等加工方法中的何种方法,加工时所能去除的金属层的最小极限厚度主要取决于刀具或磨粒的刃口钝圆半径。

选择可以使切削刃口钝圆半径小的刀具材料,对刀具刃口进行精细研磨,提高刀具淬火硬度,均有利于实现微薄切削层加工,从而获得高的尺寸精度。对于精密磨削加工而言,除选择适当磨料、粒度和硬度的砂轮外,砂轮的精细修整也非常重要。

采用定尺寸刀具(如钻头、铰刀、键槽铣刀、圆孔拉刀等)时,刀具的尺寸直接影响工件的尺寸精度。采用展成刀具(如齿轮滚刀、插齿刀等)加工时,刀具切削刃的几何形状及有关尺寸误差也会影响工件的加工精度。若采用成形刀具(如成形车刀、成形铣刀、成形砂轮等)进行加工,成形刀具在制造和刃磨后形状不准确,其误差将直接反映到加工表面形状上。对回转体成形表面加工,成形刀具的安装应保证刀具成形刃口所在平面必须通过被加工工件的轴线,否则将会引起工件的形状误差。

在分度转位刀架上安装刀具加工时,还应注意尽量减少分度转位误差对加工精度的影响。如图4-5a所示为立式转塔车床的转塔刀架,其转位误差必然会引起刀尖在工件加工误差敏感方向的位移,对工件的尺寸精度产生影响。若采用图4-5b所示的刀具安装方式,将这类原始误差转移到加工误差的非敏感方向上去,便可有效地提高加工精度。

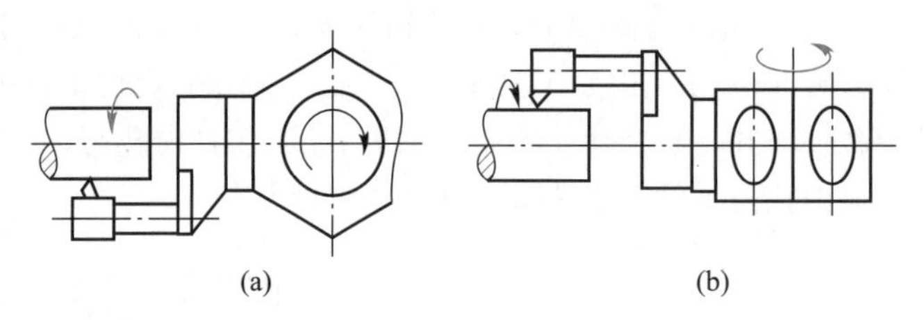

图4-5 立轴转塔车床刀架转位误差的转移

2. 刀具的调整与微量进给精度

在成批及大量生产的调整法加工中,零件加工后的尺寸精度很大程度上取决于刀具的调整精度。当采用一把刀具加工时,主要是调整刀具相对于工件的位置,当同时采用几把刀具加工时,则还需要调整刀具和刀具之间的准确位置。

生产中常采用的刀具调整方法主要有:按标准样块或对刀块(导套)调整刀具及按试切一个工件后的实测尺寸调整刀具。

按标准样块或对刀块(导套)调整刀具时,影响刀具调整精度的主要因素有标准样件本身的尺寸精度、对刀块(导套)相对工件定位元件之间的尺寸精度、刀具调整时的目测精度、切削加工时刀具相对于工件加工表面的弹性退让和行程挡块的受力变形等。

按试切一个工件后的实测尺寸调整刀具时,虽可避免上述一些因素的影响,但对于一批零件,可能导致由于进给机构的重复定位精度和按试切一个工件尺寸调整刀具的不准确性,引起加工后这一批零件尺寸分布中心位置的偏离。

为进一步提高对一批工件尺寸分布中心位置判断的准确性,可采用多试切几个工件(如 n 个)取平均值的方法进行刀具调整。按多次重复测量原理,由于判断不准而引起的刀具调整误差,将由 3σ(试切1个)下降到 $\frac{3\sigma}{\sqrt{n}}$(试切 n 个),σ 为加工误差的标准差。

掌握了加工尺寸偏差后,要靠刀具的微量进给机构来获得刀具相对于工件的准确位置。

微量进给机构常会产生爬行(也称跃进),从而影响微量进给精度。产生爬行的原因在于进给机构中各相互运动零件表面之间存在着摩擦力,其中最主要的是进给系统的最后环节——机床工作台与导轨之间的摩擦力。

提高微量进给精度的主要措施有:

1) 尽量缩短传动链,减小传动丝杠的长径比,消除各传动元件之间的间隙,以提高进给机构的传动刚度;

2) 采用滚珠丝杠螺母副、滚动导轨副或静压螺母、静压导轨,使用性能优越的导轨材料和润滑油,以减小进给机构各传动副之间的摩擦力和静、动摩擦系数差;

3) 合理布置传动机构的结构布局,防止运动部件受扭侧力矩而增大摩擦阻力;

4) 采用新型的微量进给原理,如电致伸缩微量进给机构、尺蠖机构、摩擦驱动机构等。

4.2.4 机床误差

在机械加工中,各切削成形运动本身以及它们之间的位置关系应准确,有时成形运动之间还应保持准确的速比关系,这些都取决于机床的几何精度。由于机床的制造误差、安装误差以及在使用过程中的磨损等原因,都会影响成形运动的精度。机床的几何误差主要包括主轴回转运动误差、导轨导向误差、成形运动间位置关系误差和传动链传动误差等几个方面。

1. 主轴回转误差

主轴回转时,其回转轴线的空间位置应该固定不变,即回转轴线的瞬时速度为零。实际上,由于主轴部件中轴颈、轴承、轴承座孔等的制造误差和配合质量、润滑条件,以及回转过程中多方面动态因素的影响,使瞬时回转轴线的空间位置呈现周期性变化。主轴实际回转线对其理想回转轴线的漂移称为主轴回转误差。

理想回转轴线虽然客观存在,但却无法确定其位置,因此通常是以平均回转轴线(即主轴各瞬时回转轴线的平均位置)来代替。主轴回转误差越小,主轴回转精度越高。

主轴回转误差表现为径向跳动、轴向窜动和角度摆动三种形式,如图 4-6 所示,分别对零件的加工精度产生不同的影响。

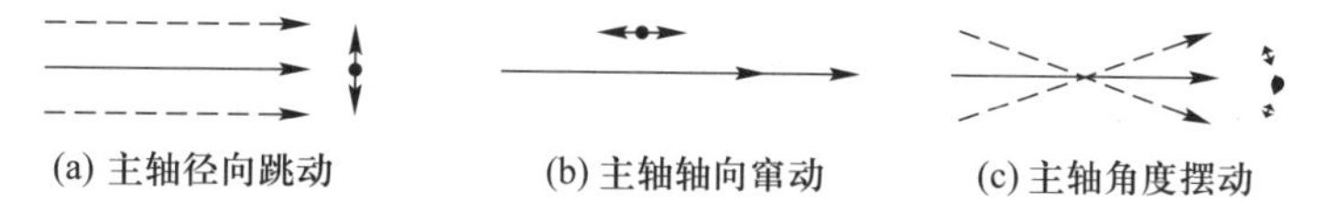

图 4-6 主轴回转误差的形式

主轴回转误差可以通过传感器测量法测量,并在示波器上显示出来(见图 4-7)。在主轴端部连接一个精密测量球 3,球的中心和主轴回转轴心线间有微小偏心距 e,在球的横向(垂直于主轴回转轴线方向)相互垂直的位置上安装两个位移传感器 2、4,并使之与测量球之间保持一定的间隙。当主轴旋转时,由于轴心线的漂移引起测量间隙产生微小的变化,两个传感器产生的信号经放大器 5 放大后,分别输入到示波器 6 的水平和垂直偏置端口。假设测量球的圆度误差很小,可以忽略,主轴若没有回转误差,将在示波器上显示出一个以偏心距 e 为半径的圆。当主轴存在回转误差时,传感器测出误差信号叠加到球心所作的圆周运动上,这时示波器上将描绘出一个非圆的李沙育图形,它是由不重合的每转回转误差曲线叠加而成的。包容该图形半径差为最小的两个同心圆的半径差 ΔR_{min}，即为主轴回转径向漂移量。

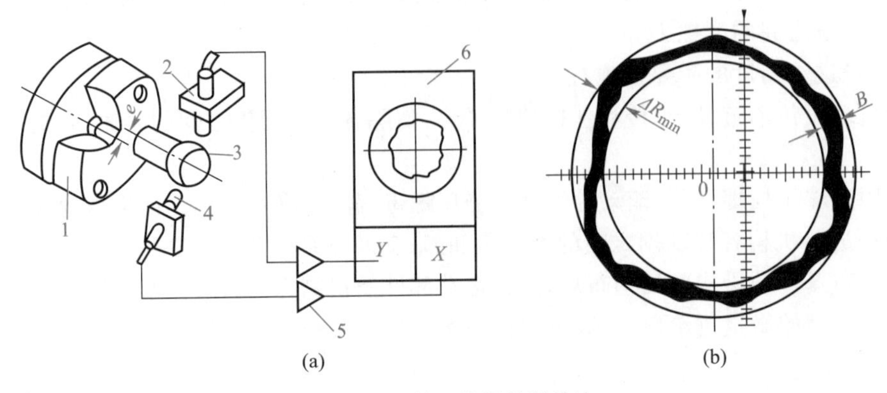

图 4-7　主轴回转误差测量法

1—摆动盘；2，4—位移传感器；3—精密测量球；5—放大器；6—示波器

(1) 径向跳动

产生径向跳动的原因主要是主轴轴承副的制造误差，根据不同的主轴零部件布置情况影响到加工精度。

例如，车床主轴轴承为滑动轴承时，主轴轴颈的圆度误差将在回转过程中引起轴线位置产生瞬时变化，造成径向跳动，在车外圆（或内孔）时会使工件的半径产生变化而影响其圆度，如图 4-8a 所示（图中 O 为轴承孔中心，O_1、O_2 表示轴径中心的两个极端位置）。而轴承内孔有圆度误差时，其影响较小，如图 4-8b 所示。对镗床主轴而言，由于切削力作用方向是变化的，因而当滑动轴承内孔有圆度误差时，将使主轴在回转的过程中产生径向跳动，引起镗孔的圆度误差，如图 4-8c 所示。

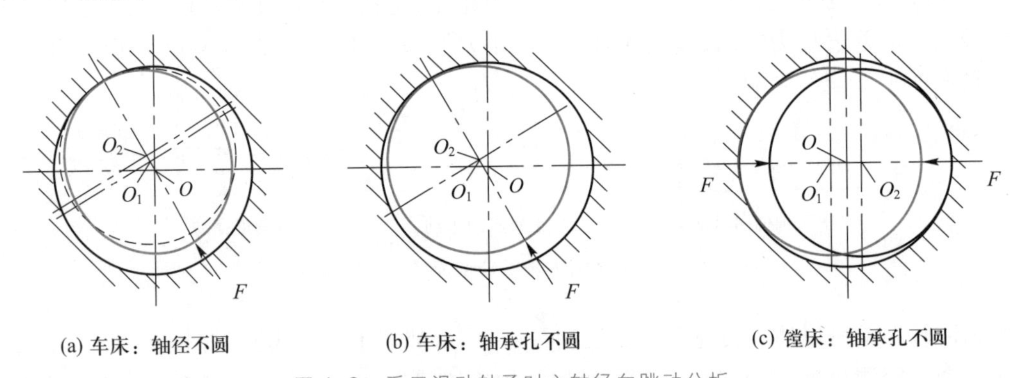

图 4-8　采用滑动轴承时主轴径向跳动分析

当主轴轴承为滚动轴承时，影响径向跳动的因素比较复杂，有外环与箱体孔之间的配合质量、内环与主轴轴颈的配合质量、外环滚道和内环滚道的圆度、外环滚道对其外圆的同轴度、内环滚道对其内孔的同轴度、轴承装配引起的受力变形、滚动轴承的间隙以及滚动体的形状及尺寸一致性等。

滚动轴承外环滚道和内环滚道形状精度对主轴径向跳动的影响与滑动轴承相似。车削时，主要是内环滚道的形状精度影响较大;镗削时,外环滚道的形状精度影响较大。

由于存在误差敏感方向,加工不同表面时,主轴的径向跳动所引起的加工误差也不同。例如,在车床上加工外圆或内孔时,主轴的径向跳动将引起工件的圆度误差,但对于端面加工没有直接影响。

(2) 轴向窜动

滑动轴承主轴的轴向窜动,主要是主轴轴颈的轴向承载面或主轴轴承的承载端面与主轴回转轴线之间的垂直度误差引起的,窜动量决定于这两者中精度较高的一个。因此,通常以较易获得的主轴轴线与端面垂直度来保证主轴有较小的轴向窜动。

滚动轴承主轴的轴向窜动决定于止推轴承两个滚道的精度和滚动体的精度。两个滚道与轴线的垂直度对主轴轴向窜动的影响与滑动轴承相似,窜动量决定于两者中精度较高的一个(图 4-9)。滚动体的形状误差和尺寸一致性,会影响主轴的轴向窜动,形状误差会造成轴向间隙的变化,尺寸不一致会使滚动体承载不均而降低刚度。

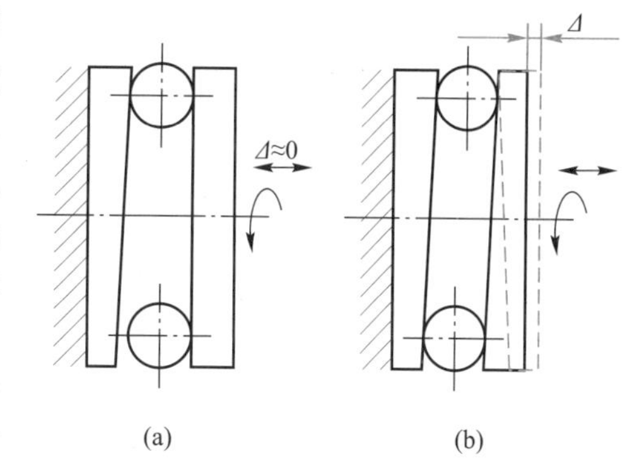

图 4-9 止推轴承端面误差对主轴轴向窜动的影响

根据误差敏感方向的分析,车端面时,主轴的轴向窜动将造成工件端面的平面度误差,以及端面相对于内、外圆的垂直度误差;车螺纹时,会造成螺距误差。主轴的轴向窜动对加工外圆或内孔的影响不大。

(3) 角度摆动

主轴回转的角度摆动对加工误差的影响与主轴径向跳动对加工误差的影响相似,主要区别在于主轴的角度摆动不仅影响工件加工表面的圆度误差,而且影响工件加工表面的圆柱度误差。

主轴的回转精度与主轴部件的制造精度以及切削过程中主轴的受力、受热变形有关。提高主轴的回转精度的主要措施有:

1) 提高主轴部件的制造精度　首先应提高轴承的精度,选用高精度的滚动轴承,或采用高精度的多油楔动压轴承或静压轴承。采用液体或气体静压轴承,均可以大幅度地提高主轴回转精度。其次是提高箱体支承孔、主轴轴颈和与轴承相配合零件有关表面的加工精度。

2) 对滚动轴承进行预紧　通过对滚动轴承施加适当的预紧力可以消除轴承间隙,并产生微量过盈,既可增加轴承刚度,又能对轴承内外圈滚道和滚动体的误差起均化作用,从而可有效提高主轴的回转精度。

3) 采用误差转移法　通过采用专用的工装夹具直接保证工件的精度,使主轴的回转误差不再反映到工件上,这是保证工件形状精度的简单而有效的方法。例如,在外圆磨床上磨削外圆柱面时,为避免工件头架主轴回转误差的影响,工件采用两个固定顶尖支承,主轴只起传动作用。工件的回转精度完全取决于顶尖和顶尖孔的形状误差和同轴度误差,而提高顶尖和顶尖孔的精度要比提高主轴部件的精度容易且经济得多。又如,在镗床上加工箱体类零件上的孔时,可采用带前、后导向套的镗模,刀杆与主轴浮动连接,刀杆的回转精度取决于刀杆和导向套本身的精度及其配合质量,而与机床主轴回转精度无关。

2. 导轨导向误差

机床的直线运动精度主要是指导轨的导向精度。准确的直线运动主要取决于机床导轨的制造精度及其与工作台之间的接触精度。机床导轨精度主要有导轨在水平面内的直线度、导轨在垂直面内的直线度和双导轨间在垂直方向的平行度。接触精度通常以相互配合的导轨面间单位面积的接触斑点个数来衡量。

机床导轨误差对刀具或工件的直线运动精度有直接的影响。它将导致刀尖相对于工件加工表面的位置变化，从而对工件的加工精度，主要是对形状精度产生影响。

例如，普通车床纵导轨只在水平面内有直线度误差 ΔX 时，在车削过程中将使刀尖相对于工件回转轴线在加工面的法线方向（加工误差敏感方向）上产生位移，位移量等于导轨的直线度误差，此时刀尖在水平面内的运动轨迹不是一条直线，由此造成工件的轴向形状误差为

$$\Delta d = 2\Delta X \tag{4-3}$$

当普通车床纵导轨只在垂直面内有直线度误差 ΔY 时，在车削过程中将使刀尖相对于工件回转轴线在加工面的切线方向（加工误差非敏感方向）变化，此时刀尖的运动轨迹也不是一条直线，由此造成工件的轴向形状误差为

$$\Delta d \approx \frac{\Delta Y^2}{d} \tag{4-4}$$

式中：d——工件直径。

由于这项误差很小，一般可忽略不计。

当车床前后纵导轨之间存在平行度误差 Δn（扭曲）时，如图4-10所示，工作台在运动过程中将产生摆动，刀尖运动轨迹为一条空间曲线，造成的加工误差为

$$\Delta R = \Delta X = \frac{H}{B}\Delta n \tag{4-5}$$

一般车床 $H/B \approx 2/3$，故 Δn 对工件加工表面形状误差的影响很大。

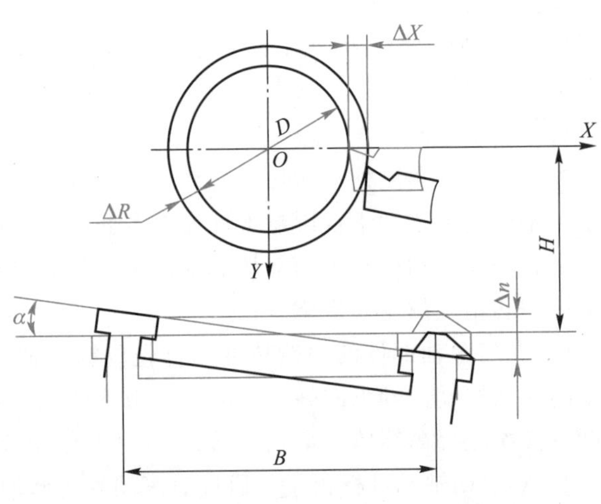

图4-10 导轨扭曲引起的加工误差

零件在平面磨床上加工，一般要求保证工件加工表面的平面度、两表面间的距离尺寸及平行度。故工作台导轨在垂直面内的直线度误差及两导轨间在垂直方向的平行度误差是影响加工表面形状精度的主要因素，几乎1∶1地反映为被加工表面的平面度误差。

除了机床导轨本身的制造误差外，导轨的不均匀磨损和装配质量也是造成直线运动误差的重要原因。为提高机床直线运动精度，可选用90°双三角形导轨，并适当增加工作台导轨面的长度，改善其制造精度、接触精度和精度保持性。采用静压导轨，利用压力油或压缩空气的均化作用，也能进一步提高工作台的直线运动精度和精度保持性。

3. 成形运动间位置关系误差

机床的切削成形运动往往是由几个独立运动复合而成的，各成形运动之间的位置关系精度

对工件的形状精度有很大的影响，所引起的加工误差量值可根据工艺系统中的几何关系求得。

当在车床上加工工件外圆时，若刀具的直线运动在 ZX 平面内与工件回转运动轴线不平行，加工所得工件为圆锥面，如图 4-11a 所示，两端的直径差为

$$\Delta d = 2\Delta X \tag{4-6}$$

若刀具的直线运动与工件回转运动轴线不在同一平面内（空间交错），则加工出来的工件表面为双曲面，如图 4-11b 所示。加工后两端的直径差为

$$\Delta d = 2\Delta r = \frac{H_y^2}{r_0} \tag{4-7}$$

当在车床上加工工件端面时，刀具直线运动应与工件回转运动轴线保持垂直，否则加工后工件端面将产生内凹或外凸，如图 4-11c 所示，平面度误差为

$$\Delta Z = \frac{d}{2}\tan\alpha \tag{4-8}$$

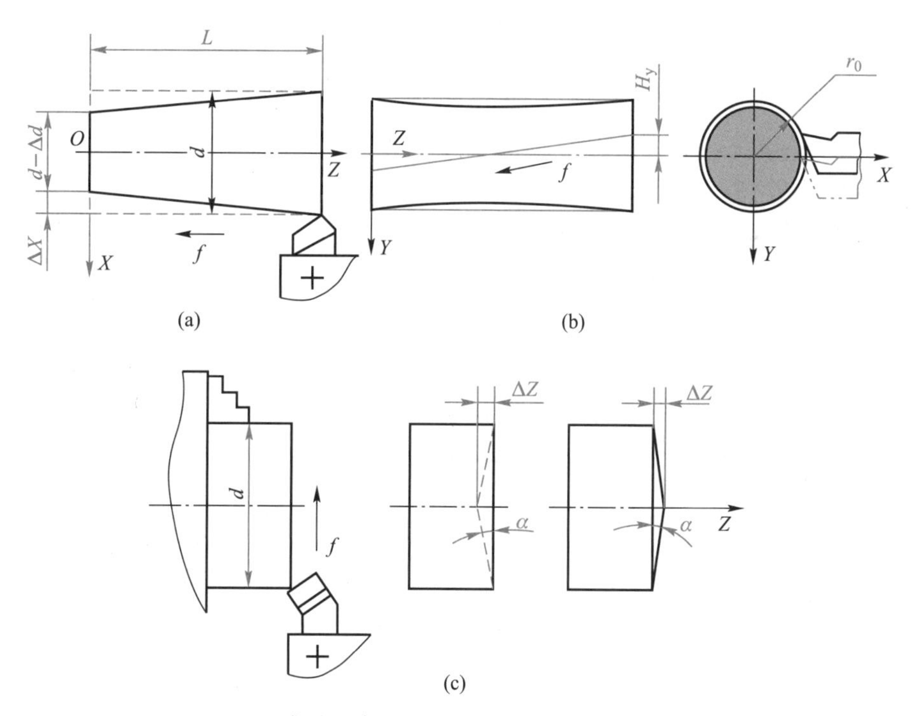

图 4-11　成形运动间位置误差对外圆和端面车削的影响

在卧式镗床上工件进给镗孔时，工件直线进给运动应与镗杆回转轴线平行，否则将造成加工后的内孔呈椭圆形，如图 4-12 所示，圆度误差为

$$\Delta = \frac{d_c}{2}(1-\cos\alpha) \tag{4-9}$$

式中：d_c——刀尖回转直径。

因为 α 很小，所以有

$$\cos\alpha \approx 1-\frac{\alpha^2}{2}$$

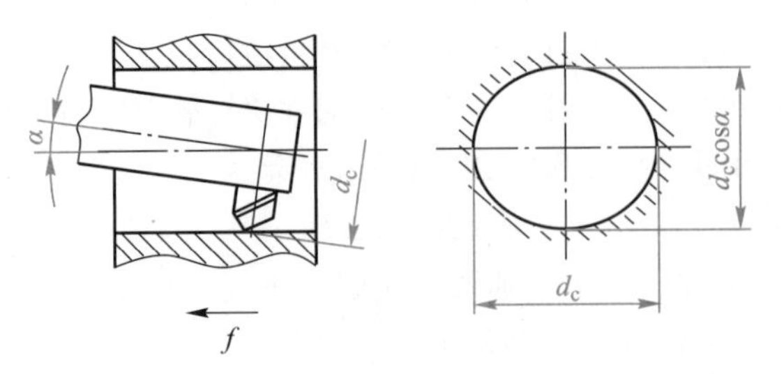

图 4-12 成形运动间位置误差对卧镗内孔的影响

故可得

$$\Delta=\frac{\alpha^2}{4}d_c \tag{4-10}$$

在立式铣床上采用端铣刀对称铣削平面时,如图 4-13a 所示,由于铣刀回转轴线对工作台直线进给运动不垂直,即 $\alpha\neq0$,加工后将造成加工表面下凹的形状误差 Δ。由图中关系可得出

$$\Delta=b\sin\alpha=\left[\frac{d_c}{2}-\sqrt{\left(\frac{d_c}{2}\right)^2-\left(\frac{B}{2}\right)^2}\right]\sin\alpha=\frac{d_c}{2}\left[1-\sqrt{1-\left(\frac{B}{d_c}\right)^2}\right]\sin\alpha \tag{4-11}$$

各成形运动间位置关系精度的保证,通常是在提高有关零部件本身制造精度的基础上,通过机床总装时的调试、检测和精修达到。在有些情况下,还可以采用误差抵消的方法减少加工后的形状误差。如上例中端铣平面,将工件垂直于工作台进给方向横向多次移位走刀加工,加工后的形状误差可由原来的 Δ 减少到 Δ',如图 4-13b 所示。

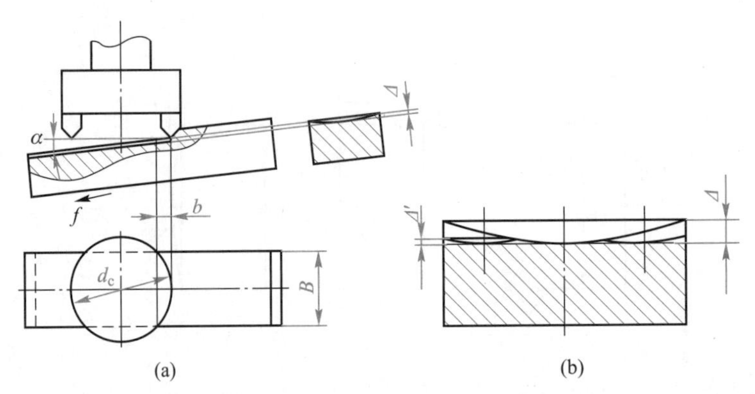

图 4-13 端铣刀对称铣削时的平面度误差和移位加工

4. 传动链传动误差

对于轨迹法加工一般不需要严格保证各成形运动之间的速度关系,但对于展成法加工(如滚齿、插齿等)和一些成形法加工(如车、磨螺纹),则在成形过程中必须要求各成形运动之间具有准确的速度关系。

图 4-14 所示为某滚齿机传动链图。若在滚齿机上用单头滚刀加工直齿轮时,滚刀与工件之间必须保持严格的传动关系——滚刀转一转,工件转过一个齿。机床传动系统中刀具与工件的运动关系可表示为

$$\phi_n=\phi_d\times\frac{64}{16}\times\frac{23}{23}\times\frac{23}{23}\times\frac{16}{16}\times i_c\times i_f\times\frac{1}{96}$$

式中：ϕ_n——工件转角；

ϕ_d——滚刀转角；

i_c——差动轮系的传动比，在滚切直齿时，$i_c=1$；

i_f——分度挂轮传动比。

当传动链中各传动元件如齿轮、蜗轮、蜗杆、丝杠、螺母等有制造误差（主要是影响运动精度的误差）、装配误差（主要是装配偏心）和磨损时，就会破坏正确的运动关系，使工件产生误差。

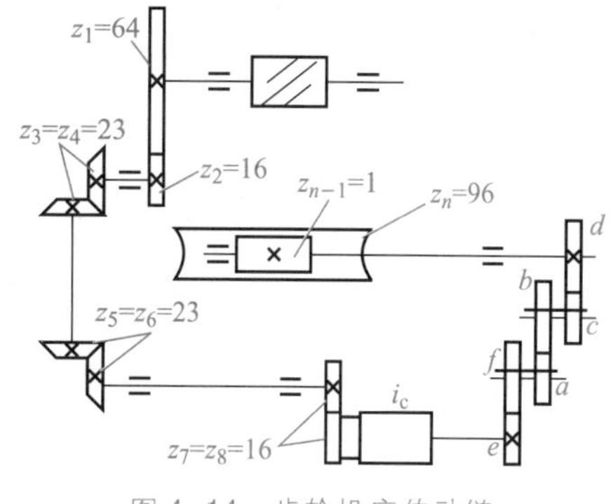

图 4-14　齿轮机床传动链

传动链传动误差一般可用传动链末端件的转角误差来衡量。由于各传动件在传动链中所处的位置不同，它们对工件加工精度（即末端件的转角误差）的影响程度是不同的。若齿轮 z_1 有转角误差 $\Delta\phi_1$，而其他各传动元件无误差，则传到末端件（亦即第 n 个传动元件）上所产生的转角误差 $\Delta\phi_{1n}$ 为

$$\Delta\phi_{1n}=\Delta\phi_1\times\frac{64}{16}\times\frac{23}{23}\times\frac{23}{23}\times\frac{16}{16}\times i_c\times i_f\times\frac{1}{96}=k_1\Delta\phi_1$$

式中，k_1 为 z_1 到末端件的传动比。由于它反映了 z_1 的转角误差对末端元件传动精度的影响，故又称之为误差传递系数。

同样，对于 z_2 有

$$\Delta\phi_{2n}=\Delta\phi_2\times\frac{23}{23}\times\frac{23}{23}\times\frac{16}{16}\times i_c\times i_f\times\frac{1}{96}=k_2\Delta\phi_2$$

$$\vdots$$

对于分度蜗杆有

$$\Delta\phi_{(n-1)n}=\Delta\phi_{n-1}\times\frac{1}{96}=k_{n-1}\Delta\phi_{n-1}$$

对于分度蜗轮有

$$\Delta\phi_{nn}=\Delta\phi_n\times1=k_n\Delta\phi_n$$

由于所有的传动元件都存在误差，因此各传动元件对工件精度影响的综合结果 $\Delta\phi_\Sigma$ 为各传动元件所引起末端元件转角误差的叠加

$$\Delta\phi_\Sigma=\sum_{j=1}^{n}\Delta\phi_{jn}=\sum_{j=1}^{n}k_j\Delta\phi_j \tag{4-12}$$

鉴于传动元件如齿轮、蜗轮等所产生的转角误差，主要是因为制造时的几何偏心或运动偏心及装配到轴上时的安装偏心所引起的，因此可以近似地认为各传动元件的转角误差是转角的正弦函数

$$\Delta\phi_j=\Delta_j\sin(\omega_j t+\alpha_j) \tag{4-13}$$

式中：Δ_j——第 j 个传动元件转角误差的幅值；

α_j——第 j 个传动元件转角误差的初相角；

ω_j——第 j 个传动元件的角频率。

于是，式(4-12)可以写成

$$\Delta\phi_{\Sigma}=\sum_{j=1}^{n}\Delta\phi_{jn}=\sum_{j=1}^{n}k_j\Delta_j\sin(\omega_j t+\alpha_j)=\sum_{j=1}^{n}k_j\Delta_j\sin\left(\frac{1}{k_j}\omega_n t+\alpha_j\right) \tag{4-14}$$

可以看出,传动链传动误差(即末端元件总转角误差)也是周期性变化的。如以末端元件的圆频率为基准,各传动元件引起末端元件的转角误差 $k_j\Delta_j\sin\left(\frac{1}{k_j}\omega_n t+\alpha_j\right)$ 就是它的各次谐波分量。或者说,幅值为 Δ_j、角频率为 ω_j 的第 j 个元件的转角误差 $\Delta\phi_j$ 将在工件上造成幅值为 $k_j\Delta_j$、频率为在工作台每转中出现$\frac{1}{k_j}$次的转角误差 $\Delta\phi_{jn}$。

具体到图4-14所示机床传动链,对于分度蜗轮,$k_j=k_n=1$,即其偏心带来的误差是工作台每转出现一次,通常称为基波分量。对于分度蜗杆,$k_j=k_{n-1}=1/96$,即当工作台每转一周时,由分度蜗杆偏心带来的误差出现96次。其余可类推,它们就是各次谐波分量。

根据上述原理,可以采用谐波分析方法,找出影响滚齿机传动误差的主要环节。其具体做法是:

1)当滚刀轴均匀转动时,测量工作台的转角误差,可得到一条复杂的周期性传动误差曲线,如图4-15a所示。

2)对图4-15a所示曲线进行采样(也可直接从测量仪器中采样)。

3)对采样数据进行傅里叶变换,作出频谱图(图4-15b)。

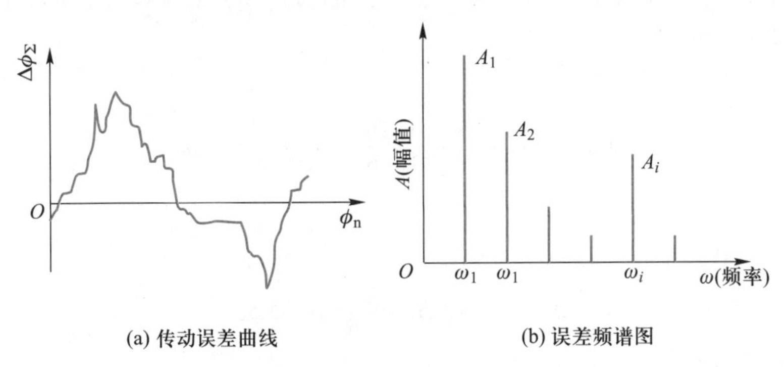

图4-15 传动链误差的频谱分析

4)根据频率的大小判断每种误差分量来自传动链中哪一个传动元件,并根据各种误差分量幅值的大小找出影响传动误差的主要环节。

为了提高传动精度,可采取如下措施:

1)减少传动链中的传动件数目,缩短传动链长度。

2)采用降速传动链,以减小传动链中各元件对末端元件转角误差的影响。

3)提高传动元件,特别是末端传动元件的制造精度和装配精度。

4)采用误差补偿的方法。

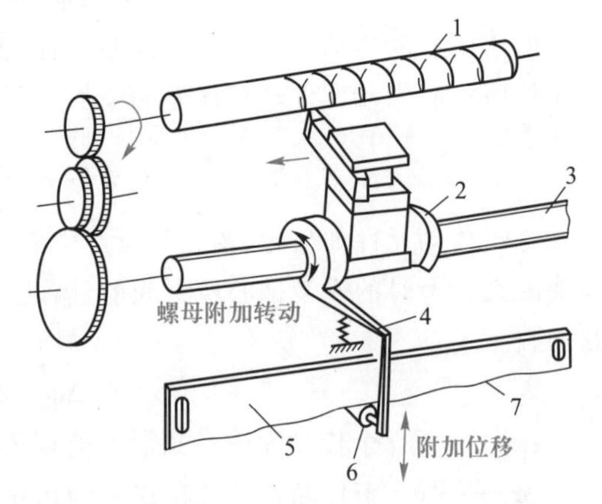

图4-16 螺纹加工机床机械式误差补偿装置

1—工件;2—螺母;3—中空丝杠;4—杠杆;5—校正尺;6—触头;7—校正曲线

图4-16所示为根据误差补偿原理设计的高精

度螺纹加工机床机械式误差补偿装置。根据测量被加工工件1的导程误差,设计出校正尺5上的校正曲线7。校正尺5固定在机床床身上。加工螺纹时,机床传动丝杠带动螺母2及与其相固连的刀架和杠杆4移动。同时校正尺5上的校正误差曲线7通过触头6、杠杆4使螺母2产生一附加转动,从而使刀架得到附加位移,以补偿传动误差。

采用机械式的校正装置只能校正机床静态的传动误差。如果要校正机床静态及动态传动误差,则需要采用计算机控制的传动误差补偿装置。

4.3 加工过程中原始误差对加工精度的影响及其控制

4.3.1 工艺系统受力变形对加工精度的影响

在零件加工过程中,工艺系统在夹紧力、切削力、传动力、惯性力、重力、测量力等的作用下要产生相应的变形和振动,会引起工件在尺寸、形状和位置等方面的加工误差以及表面粗糙度的恶化。研究工艺系统受力变形的规律,提高工艺系统刚度,对于可靠地保证零件机械加工质量是非常重要的。

1. 工艺系统刚度

工艺系统刚度是指工艺系统在受力作用下抵抗其变形的能力。从对零件加工精度的影响角度来看,工艺系统在加工误差敏感方向的变形影响最大。

与物体刚度不同的是,对整个工艺系统而言,由于它是由机床、夹具、刀具和工件等很多零部件所组成,故其受力与变形之间的关系比较复杂,并呈非线性关系。

为切实反映工艺系统对零件加工精度的实际影响,应将工艺系统刚度 K_S 的定义确定为加工误差敏感方向上工艺系统所受外力 F_p 与变形量(或位移量)Δx 之比,即

$$K_S=\frac{F_P}{\Delta x} \tag{4-15}$$

需要说明的是,在误差敏感方向上工件和刀具的相对位移 Δx,不只是 F_P 作用的结果,而是 F_P、F_f、F_c 及其他外力同时作用下的综合结果。考虑到在切削过程中,F_P 是引起加工误差敏感方向上变形量 Δx 的最主要因素,为简化处理,常常将其他作用力忽略。

2. 工艺系统刚度的计算

工艺系统中各组成环节在切削加工过程中,由于受到各种外力作用,会产生不同程度的变形,使刀具和工件的相对位置发生变化,从而产生相应的加工误差。

工艺系统在某一处的法向总变形 Δx 是各个组成环节在同一处的法向变形的叠加。即

$$\Delta x=\Delta x_{jc}+\Delta x_{jj}+\Delta x_d+\Delta x_g \tag{4-16}$$

式中:Δx_{jc}——机床的受力变形;

Δx_{jj}——夹具的受力变形;

Δx_d——刀具的受力变形;

Δx_g——工件的受力变形。

由工艺系统刚度的定义,机床刚度 K_{jc}、夹具刚度 K_{jj}、刀具刚度 K_d 及工件刚度 K_g 亦可分别写为

$$K_{jc}=\frac{F_P}{\Delta x_{jc}},\quad K_{jj}=\frac{F_P}{\Delta x_{jj}},\quad K_d=\frac{F_P}{\Delta x_d},\quad K_g=\frac{F_P}{\Delta x_g}$$

代入式(4-15),得到

$$\frac{1}{K_S}=\frac{1}{K_{jc}}+\frac{1}{K_{jj}}+\frac{1}{K_d}+\frac{1}{K_g} \tag{4-17}$$

此式表明,已知工艺系统各环节组成环节的刚度,即可求得工艺系统的刚度。

3. 切削力作用点位置变化引起的工件形状误差

图 4-17 显示了在普通车床上加工光轴时工艺系统的变形,由图可知

$$x_S=x_M+x_W=x_H+(x_T-x_H)\frac{z}{L}+x_B+x_W=\left(1-\frac{z}{L}\right)x_H+\left(\frac{z}{L}\right)x_T+x_B+x_W$$

式中,x_M、x_W、x_H、x_T、x_B 分别为机床、工件、床头、尾座及刀架部分在刀具切削加工到 z 位置时的变形量。

由:$x_H=\frac{F_P}{K_H}\left(1-\frac{z}{L}\right)$,$x_T=\frac{F_P}{K_T}\left(\frac{z}{L}\right)$,$x_B=\frac{F_P}{K_B}$,$x_W=\frac{F_PL^3}{3EJ}\left(\frac{z}{L}\right)^2\left(1-\frac{z}{L}\right)^2$

可得到

$$K_S=\frac{F_P}{x_S}=\frac{1}{\frac{1}{K_H}\left(1-\frac{z}{L}\right)^2+\frac{1}{K_T}\left(\frac{z}{L}\right)^2+\frac{1}{K_B}+\frac{L^3}{3EJ}\left(\frac{z}{L}\right)^2\left(1-\frac{z}{L}\right)^2} \tag{4-18}$$

式中:K_H、K_T、K_B——机床床头、尾座及刀架部件的实测平均刚度;

E——工件材料弹性模量;

J——工件截面惯性矩。

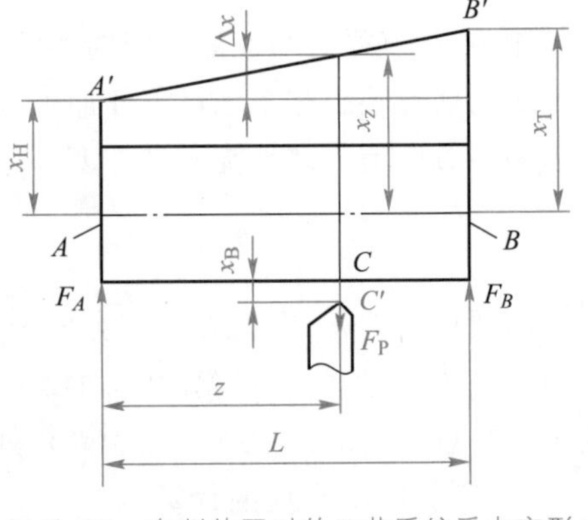

图 4-17 车削外圆时的工艺系统受力变形

机床部件的刚度主要受相关零件本身的刚度及其接合面之间的间隙、接触变形和摩擦力等因素的影响。由于机床部件的组成比较复杂,机床部件刚度尚无合适的简易计算方法,主要还是依靠实验测定的方法获得。

当机床刚度远远大于工件刚度时,上述工艺系统刚度公式可简化为

$$K_S=\frac{1}{\frac{L^3}{3EJ}\left(\frac{z}{L}\right)^2\left(1-\frac{z}{L}\right)^2} \tag{4-19}$$

当工艺系统中工件的刚度很高时,工件的变形可忽略不计,上述系统刚度公式可简化为

$$K_S=\frac{1}{\frac{1}{K_H}\left(1-\frac{z}{L}\right)^2+\frac{1}{K_T}\left(\frac{z}{L}\right)^2+\frac{1}{K_B}} \tag{4-20}$$

由以上分析可知,工艺系统刚度随刀具位置的变化而变化,结果使所加工出来的工件产生圆柱度误差。在已知切削力数值及系统部件刚度数值的情况下,根据上述各式,可通过计算刀尖相对于工件的位移量得知工件的形状误差数值。

刀架的刚度在加工过程中变化较小,通常只会造成加工尺寸误差。

4. 加工过程中切削力变化产生的加工误差

在工件的加工过程中，由于加工余量不均或工件材料硬度不均，将会引起切削力的改变，使工艺系统的变形发生变化，从而造成加工误差。

图 4-18 所示为车削一个有圆度误差的毛坯。车削前，将车刀调整到双点画线所示位置。工件在每一转的过程中，背吃刀量不断发生变化，$a_{p1}>a_{p2}$。背吃刀量大时，切削力大，刀具相对工件的位移也大；背吃刀量小时，切削力小，刀具相对工件的位移也小，使得 $x_1>x_2$。其结果是毛坯的椭圆形误差在加工后仍以一定的比例反映在工件的表面上。

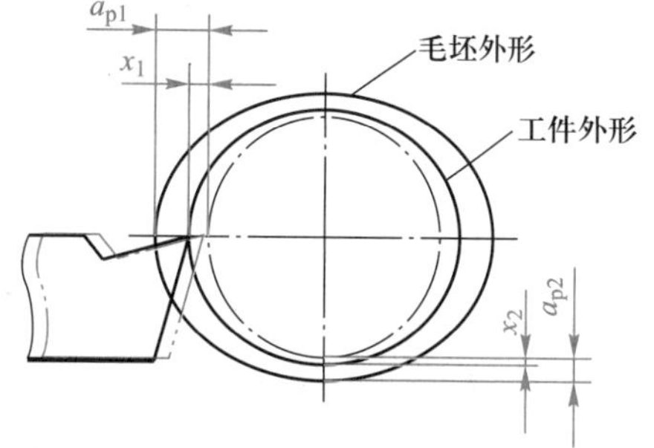

图 4-18 误差复映现象

由于工艺系统的受力变形，工件加工前的误差 Δ_B 以类似的形状反映到加工后的工件上去，造成加工后误差 Δ_W，这种现象称为误差复映。误差复映的程度通常以误差复映系数 ε 表示。由图 4-18 有

$$\Delta_B = a_{p1} - a_{p2}$$

和

$$\Delta_W = x_1 - x_2 = \frac{F_{P1} - F_{P2}}{K_S} \approx \frac{C_{F_P} f^{y_{F_P}}}{K_S} [(a_{p_1} - x_1) - (a_{p2} - x_2)]$$

可得

$$\varepsilon = \frac{\Delta_W}{\Delta_B} = \frac{x_1 - x_2}{a_{p1} - a_{p2}} = \frac{C_{F_P} f^{y_{F_P}}}{K_S + C_{F_P} f^{y_{F_P}}}$$

在一般情况下，因 K_S 远大于 $C_{F_P} f^{y_{F_P}}$，故可在简化计算时取

$$\varepsilon = \frac{\Delta_W}{\Delta_B} = \frac{C_{F_P} f^{y_{F_P}}}{K_S} \tag{4-21}$$

式中：C_{F_P}——径向切削力系数；

f——进给量；

y_{F_P}——进给量对切削力的影响指数。

由上式可见，为减少误差复映，主要的措施是提高工艺系统的刚度。有时也可通过改变进给量及刀具材料或切削角度来达到。一般地说，误差复映系数是一个小于 1 的数，表明该工序有一定的误差修正能力。在加工精度要求较高的情况下，可以通过多道工序或多次走刀加工将工件毛坯的误差逐步减小到零件公差所允许的范围之内。

5. 机床部件刚度静态测定

刚度的静态测定是在机床不工作状态下，模拟切削时的受力情况，对机床施加静载荷，然后测出机床各部件在不同静载荷下的变形，就可作出各部件的刚度特性曲线并计算出其刚度。

图 4-19 所示为对一台中心高 200 mm 车床的刀架部件施加静载荷得到的变形曲线。由图可见：

1）变形与作用力不是线性关系，反映刀架变形不纯粹是弹性变形。

2）加载与卸载曲线不重合，两曲线中包容的面积代表了加载-卸载循环中所损失的能量，即外力在克服部件内零件间的摩擦和接触塑性变形所作的功。

3）卸载后曲线不回到原点，产生了残余变形。在反复加载、卸载后，残余变形逐渐接近于零。

4）部件的实际刚度远比按实体所估算的小。这是因为机床部件由许多零件组成，零件之间

存在着接合面、配合间隙和刚度薄弱环节，机床部件刚度受这些因素影响，特别是薄弱环节对部件刚度影响较大。

由于机床部件的刚度曲线不是线性的，其刚度 $K=dF_p/dx$（dF_p 和 dx 分别为 F_p 和 Δx 的增量）不是常数。通常所说的部件刚度是指它的平均刚度——曲线两端点的连线的斜率。对本例，刀架的（平均）刚度是

$$k=\frac{2\ 400}{0.052}=46\ 154\quad (\text{N/mm})$$

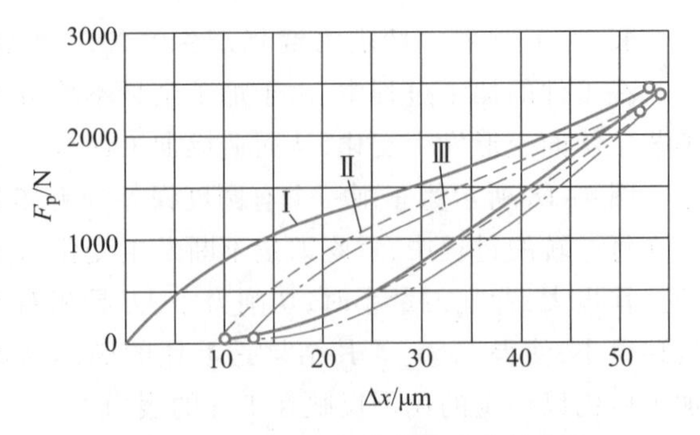

图 4-19 车床刀架的静刚度特性曲线

Ⅰ—第一次加载曲线；Ⅱ—第二次加载曲线；Ⅲ—第三次加载曲线

影响机床部件刚度的因素：

1）连接表面间的接触变形 零件表面总是存在着宏观的几何形状误差和微观的几何形状误差，零件之间接合表面的实际接触面积只是理论接触面的一小部分，真正处于接触状态的只是一些凸峰。当外力作用时，这些接触点处将产生较大的接触应力，并产生接触变形，其中有表面层的弹性变形，也有局部塑性变形。这就是部件刚度曲线不呈直线，以及部件刚度远比同尺寸实体的刚度要低得多的原因之一。

2）薄弱零件本身的变形 在机床部件中，薄弱零件受力变形对部件刚度的影响很大。例如溜板部件中的楔铁，由于其结构细长，加工时又难以做到平直，以致装配后与导轨配合不好，容易产生变形。又如，滑动轴承衬套因形状误差而与壳体接触不良。由于楔铁和轴承衬套等零件极易变形，故造成整个部件刚度大大降低。

3）零件表面间摩擦力的影响 机床部件受力变形时，零件间连接表面会发生错动，加载时摩擦力阻碍变形的发生，卸载时摩擦力阻碍变形的恢复，故表面间摩擦力是造成加载和卸载刚度曲线不重合重要原因之一。

4）接合面的间隙 部件中各零件间如果有间隙，那么只要受到较小的力（克服摩擦力）就会使零件相互错动。如果载荷是单向的，那么在第一次加载消除间隙后对加工精度的影响较小；如果工作载荷不断改变方向（如镗床、铣床的切削力），则间隙的影响就不容忽视。而且，因间隙引起的位移，在去除载荷后不会恢复。

6. 提高工艺系统刚度的措施

1）提高工件在加工时的刚度 在选择工件的加工和装夹方式时，要根据其结构特点，尽量采用有利于减少加工中工件受力变形的方案。例如，加工薄壁套类工件时，容易产生夹紧变形，造成形状误差如图 4-20a 所示，可采用均匀夹紧等方法（图 4-20b）来解决局部变形问题。对细长轴类零件的加工，可采用中心架、跟刀架或前后支承架等措施，也可采取大进给反向切削（向尾座方向进给）的方法，改善工件的受力状态，减小工件的弯曲变形。

2）提高刀具在加工时的刚度 提高刀具的刚度，首先要从刀具材料、结构和热处理等方面采取相应的措施，减少切削力及其对刀具变形的影响。对于钻孔和镗孔这些刀具刚度比较弱的加工，可通过采用附加支承（钻套和镗套）来加强刀具在加工时的刚性，或采用对称刃口的刀具，以平衡切削力，减小刀具的变形。

3）提高机床和夹具的刚度 在设计机床和夹具时，要合理设计各零部件，防止因个别零件

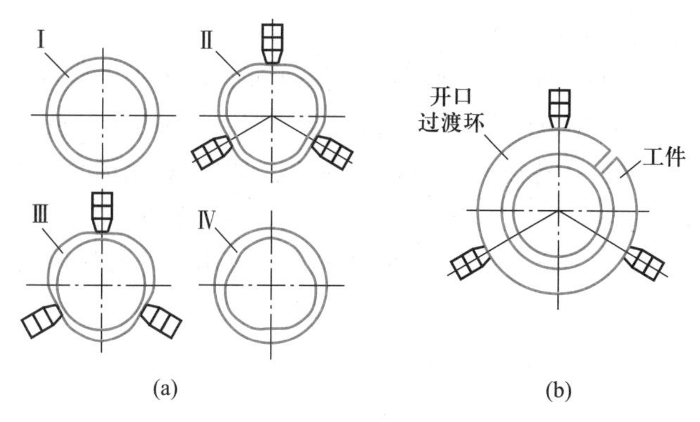

图 4-20 套筒夹紧变形误差

Ⅰ—毛坯;Ⅱ—夹紧后;Ⅲ—镗孔后;Ⅳ—松开后

刚度较差而使整体刚度下降。并注意刚度平衡,防止有局部低刚度环节出现。对于基础件和支承件,要特别注意其截面形状。通常在截面积相等时,空心截形比实心截形刚度高,封闭截形比开口截形好。在适当部位设置加强筋也有良好效果。

应尽量减少连接面数目,并尽量提高零件配合面的形状精度,减小表面粗糙度值,增大连接时的实际接触面积,以减少总的接触变形。装配时,采取预紧措施,可消除结合面间的间隙和提高接触刚度。

此外,为减小由于部件自重引起机床结构变形对加工精度的影响,可采用加配重和人为制造与变形影响相反方向误差的办法补偿或抵消原始误差。

4.3.2 工艺系统受热变形对加工精度的影响

工艺系统受热变形对加工精度的影响很大,尤其是在精密零件和大型零件的加工过程中,工艺系统的温度控制就更为重要。

1. 工艺系统的热源

引起工艺系统变形的热源可分为内部热源和外部热源两大类。

内部热源主要来自切削热,磨削热,机床各传动副的摩擦热,电动机、液压、冷却等系统耗能的转换热等。内部热源主要通过热传导的方式传递到工艺系统的各部位。外部热源则主要来自于环境温度的变化,阳光、照明和取暖设备的辐射热以及人体温度等。这些热源将不同程度地造成工艺系统的变形,破坏系统的原有几何精度,引起零件的加工误差。因此,在进行精密加工和测量时,往往要对工艺系统的恒温条件提出严格的要求。

2. 工艺系统热变形对加工精度的影响

(1) 机床热变形对加工精度的影响

一般情况下,机床的体积较大,热容量大,虽温升不高,但达到热平衡的时间较长。由于机床结构形式和工作条件不同,引起机床热变形的热源和变形方式也不相同。车、铣、镗床类机床的主要热源是主轴箱的发热;磨床的热源是磨头轴承和液压系统的发热。另外,机床导轨的摩擦发热、堆积的切屑热量、切削液的温度变化等都是不可忽视的热源。机床在这些影响因素作用下,将造成其各部分的受热变形以及变形的不均匀,使原有的相互位置精度遭到破坏,从而产生工件的加工误差。对于精密机床来说,还需特别注意外部温度环境对机床热变形的影响。

(2) 工件热变形对加工精度的影响

工件的热变形主要受切削热或磨削热影响。各种加工方法所产生的加工热量是不同的，其中，传递给工件的热量所占比例也不同。一般情况下，传给工件的热量在车削加工、铣削加工、刨削加工时约占加工热的30%；钻孔或卧式镗孔时则超过50%；磨削时多达80%以上。

对于一些简单的均匀受热工件，如车、磨轴类件的外圆，待加工后冷却到室温时其长度和直径将有所收缩，由此而产生尺寸误差 ΔL。这种加工误差可用简单的热伸长公式进行估算

$$\Delta L=\alpha L\Delta\theta \tag{4-22}$$

式中：L——工件热变形方向的尺寸(mm)；

α——工件的热膨胀系数(1/℃)；

$\Delta\theta$——工件的平均温升(℃)。

在精密丝杠磨削加工中，工件的热伸长将引起螺距的累积误差。

当工件受热不均时，如磨削零件单一表面，由于工件单面受热而产生向上翘曲变形 y，加工冷却后将形成中凹的形状误差 y'，如图4-21a所示。y'的量值可根据图4-21b所示几何关系求得。

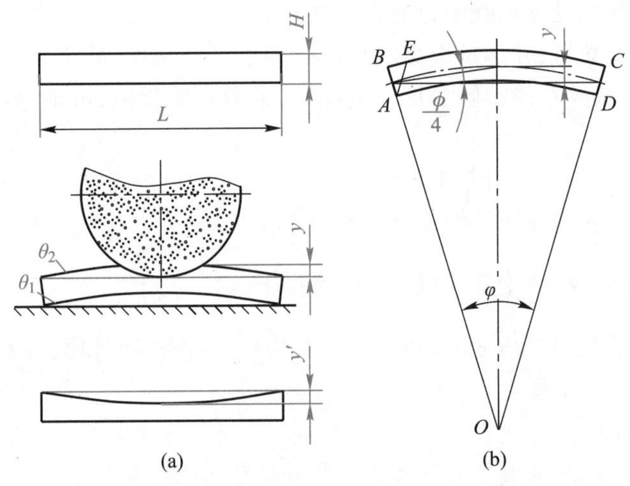

图4-21 平板磨削加工时的翘曲变形及其计算

由于中心角 ϕ 很小，故中性层的弦长可近似为原长 L，于是有

$$y'=y\approx\frac{L}{2}\sin\left(\frac{\phi}{4}\right)\approx\frac{L\phi}{8}$$

作 $AE//CD$，$\overline{BE}$可近似等于 L 的热伸长 ΔL，则

$$\overline{BE}\approx\Delta L=\alpha L(\theta_2-\theta_1)=\alpha L\Delta\theta$$

$$\phi=\frac{\overline{BE}}{\overline{AB}}\approx\frac{\alpha L\Delta\theta}{H}$$

得：

$$y'\approx\frac{\alpha L^2\Delta\theta}{8H} \tag{4-23}$$

由此可知，工件的长度 L 越大，厚度 H 越小，则中凹形状误差 y'就越大。在铣削或刨削薄板

零件平面时，也有类似情况发生。为减小工件的热变形带来的加工误差，应控制工件上下表面的温差 $\Delta\theta$。

(3) 刀具热变形对加工精度的影响

尽管在切削加工中传入刀具的热量很少，但由于刀具的尺寸和热容量小，故仍有相当程度的温升，从而引起刀具的热伸长并造成加工误差。

图 4-22 所示为车刀热伸长量与切削时间的关系。其中 A 是车刀连续切削时的热伸长曲线。切削开始时，刀具的温升和热伸长较快，随后趋于缓和，逐步达到热平衡（热平衡时间为 t_b）。当切削停止时，刀具温度下降较快，使刀具热伸长量较快地减小，以后逐渐减缓，如图中曲线 B。

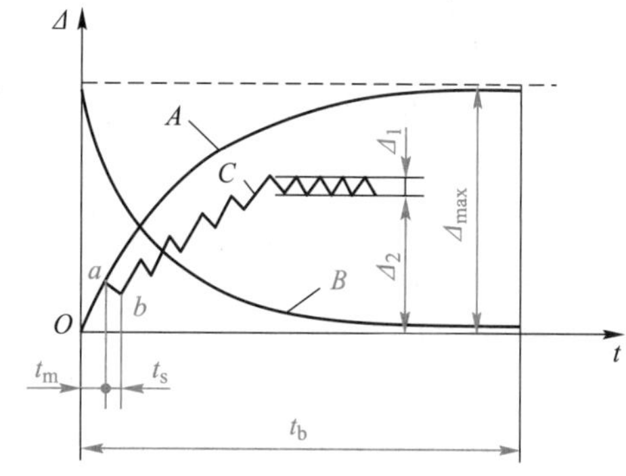

图 4-22 刀具热伸长量与切削时间的关系

图中 C 为加工一批短小轴件的刀具热伸长曲线。在工件的切削时间 t_m 内，刀具伸长到 a，在装卸工件时间 t_s 内，刀具又冷却收缩到 b，在加工过程中逐渐趋于热平衡。

3. 控制工艺系统热变形的主要措施

1）减少热量产生和传入　要正确选用切削和磨削用量、刀具和砂轮，还要及时地刃磨刀具和修整砂轮，以免产生过多的加工热。从机床的结构和润滑方式，要注意减少运动部件之间的摩擦，减少液压传动系统的发热，隔离电动机、齿轮变速箱、油池、冷却箱等热源，使系统的发热及其对加工精度的影响得以控制。

2）加强散热能力　采用高效的冷却方式，如喷雾冷却、冷冻机强制冷却等，加速系统热量的散出，有效地控制系统的热变形。

3）均衡温度场　在机床设计时，采用热对称结构和热补偿结构，使机床各部分受热均匀，热变形方向和大小趋于一致，或使热变形方向为加工误差非敏感方向，以减小工艺系统热变形对加工精度的影响。

4）控制环境温度　精密加工应在恒温室内进行。

4.3.3 工艺系统磨损对加工精度的影响

在力的作用下，工艺系统各部分的有关摩擦表面之间不可避免地要产生磨损，使工艺系统原有精度遭到破坏，因而对零件的加工精度产生影响。

1. 工艺系统磨损对加工精度的影响

1）机床磨损对加工精度的影响　机床有关零部件的磨损，将影响机床上工件和工具的运动精度及其相互之间的位置关系、速比关系，破坏机床成形运动的原有精度，造成被加工零件的形状和位置误差。例如，主轴部件的较大磨损将引起主轴回转精度的下降，造成工件的圆度误差；机床导轨的不均匀磨损造成运动部件直线运动精度及其与主轴回转运动间位置精度的破坏，引起工件的轴向形状误差；机床内传动链零部件的磨损将引起传动精度的下降，造成一些特殊表面（如丝杠、螺纹等）加工的形状误差。

2）刀具磨损对加工精度的影响　刀具在切削过程中的磨损是不可避免的，其结果是造成工件的尺寸和形状误差。在调整法加工时,刀具或砂轮的磨损将会扩大一批工件的尺寸分散范围。成形刀具刃口的不均匀磨损将直接造成工件的形状误差。

3）夹具磨损对加工精度的影响 夹具定位元件和对刀元件的磨损会造成定位误差和对刀导引误差,影响被加工表面与定位基准面之间的尺寸精度和位置精度。

4）量具磨损对加工精度的影响 量具测头或传动元件的较大磨损,会使测量精度下降,影响零件的试切精度,造成加工误差。

2. 减少工艺系统磨损的措施

导轨磨损是机床精度下降的主要原因之一。可采用耐磨合金铸铁、镶钢导轨、贴塑导轨、滚动导轨、导轨表面淬火、合理润滑等措施提高导轨的耐磨性。

正确地选用刀具材料,合理地选择刀具参数和切削用量,正确地刃磨刀具,合理地使用冷却润滑液等,均可以有效地减少刀具磨损。

为防止夹具磨损所带来的加工误差增大,要提高夹具中易磨损件(如定位心轴、定位销、钻套等)的耐磨性,并注意及时更换磨损超限的夹具元件。

4.3.4 测量误差对加工精度的影响

测量误差是由于量具本身测量方法及测量操作误差等的影响,造成对零件加工精度正确评价的偏差。

计量器具误差是由示值误差、示值稳定性、回程误差和灵敏度等四个方面综合起来的极限误差。计量器具误差会对被测零件加工尺寸、形状和相关表面之间的位置测量精度产生直接的影响。

为了减小测量误差对加工精度的影响,根据被测零件的精度要求合理地选择和正确地使用计量器具是很重要的。一般情况下,选择量具应遵循十分之一法则,即要求使用量具的分辨率不大于被测尺寸公差的1/10。在某些特殊情况下(如被测量公差很小时),允许采用三分之一原则。

4.3.5 工件残余应力对加工精度的影响

当外部载荷去除以后,仍残存在工件内部的应力,称为残余应力。工件中的残余应力往往处于一种不稳定的平衡状态,在外部某种因素的作用下,很易失去原有的平衡,以达到一种新的较稳定的平衡状态。残余应力的重新分布过程中,工件将产生相应的变形,破坏原有的加工精度。对已加工好的零件,如果存在残余应力,经过一段时间后,也有可能由于残余应力的释放而使零件产生变形,使精度下降。工件的残余应力引起的变形,尤其在精密和超精密加工时是不可忽视的误差影响因素。

1. 工件残余应力对加工精度的影响

1）毛坯制造及热处理过程中产生的残余应力 在铸、锻、焊及热处理过程中,由于工件各部分不均匀的热胀冷缩以及金相组织转变时的体积改变,工件内部会产生很大的残余应力。工件结构越复杂、壁厚相差越大、散热条件越差,残余应力就越大。

如图4-23a所示铸件,B部分比A、C两部分厚得多,铸造冷却后将在B部分产生拉应力,相应在A、C部分产生压应力与之平衡,如图4-23b所示。若在A部切开一个缺口,则A内的压应力消失,B、C处的残余应力重新分布,使铸件产生弯曲变形,如图4-23c所示。

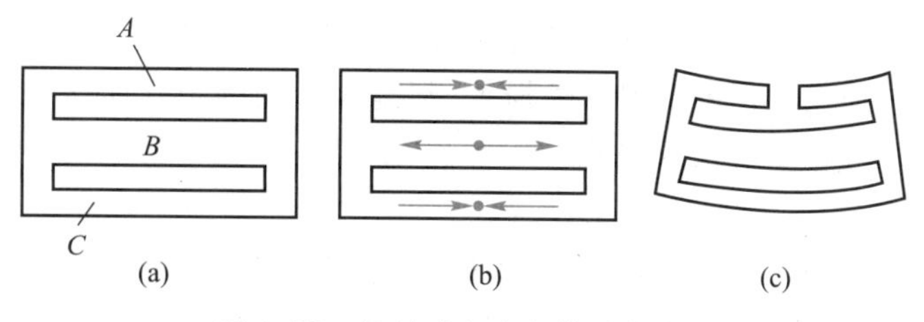

图 4-23 铸件残余应力的形成过程

2）工件冷校直产生的残余应力　细长轴类零件加工时，通常采用冷校直的方法纠正弯曲变形。这时，将会在工件内部产生残余应力。

3）工件切削产生的残余应力　工件在切削过程中，表层产生塑性变形，晶格扭曲、拉长，比重减小，比容增大。外层的体积膨胀会受到内层阻碍，使表层产生压应力，而里层产生与之平衡的拉应力。有残余应力的工件，在加工后将会由于残余应力的重新分布而发生变形，破坏原来的加工精度。

切削加工时，若表层金属温度很高，会产生热塑性变形，加工完毕逐渐冷却后，将在表层产生拉应力，而里层产生压应力。在磨削时，由于发热现象更为严重，表层的拉应力可能超过强度极限而导致裂纹。

2. 减小工件残余应力变形的措施

1）合理设计零件，使其各部壁厚均匀、结构对称。

2）采取必要的热处理措施，如铸、锻、焊接零件毛坯在机械加工前的退火、回火处理，重要零件机械加工过程中适当安排时效处理等。对精度稳定性要求很高的零件（如精密主轴），在淬火后还应进行冰冷处理，消除残余奥氏体，减少组织应力。

3）安排合理的机械加工工艺过程，使工件在粗、精加工之间有一定的自然时效时间，以消除或减小残余应力变形对精密零件加工精度的影响。

4）精度要求比较高的细长轴类零件（如丝杠等）加工，不允许进行冷校直，一般采用加大毛坯余量，经过多次切削和时效处理来消除残余应力，或采用热校直的方法纠正工件的弯曲。

4.4 加工误差的统计分析

前面运用单因素分析法，对影响加工精度的各种主要因素进行了分析。实际生产中，影响加工精度的因素错综复杂，还需要通过对生产现场中实际加工出的一批工件进行测量，运用数理统计的方法，分析加工误差的性质及变化规律，找出影响加工精度的主要因素。

4.4.1 加工误差的统计性质

在零件加工过程中，各种原始误差会造成性质不同的加工误差。

1. 系统误差

在相同的工艺条件下加工一批工件，若加工误差大小和方向不变，或按加工顺序作有规律的变化，这种误差即为系统误差。前者称为常值系统误差，后者称为变值系统误差。

机床、夹具、刀具和量具本身的制造误差，机床、夹具和量具的磨损，加工过程中刀具的调整以及它们在恒力作用下的变形等造成的加工误差,一般都是常值系统误差。机床、夹具和刀具等在热平衡前的热变形,加工过程中的刀具磨损等,都是随时间的顺延而做规律性变化的,故它们所造成的加工误差,一般是变值系统误差。

2. 随机误差

在相同工艺条件下,加工一批零件时,产生的大小和方向不同且无变化规律的加工误差,称为随机误差。加工前毛坯或零件本身的误差(加工余量不均、材质软硬不等)、工件的定位误差、机床热平衡后的温度波动以及工件残余应力变形等所引起的加工误差等,都属于随机误差。这类误差产生的原因是随机的,但有一定的统计规律。

4.4.2 机械加工误差的分布规律

机械加工中常见的误差分布规律有正态分布、平顶分布、双峰分布、偏态分布等,如图 4-24 所示。

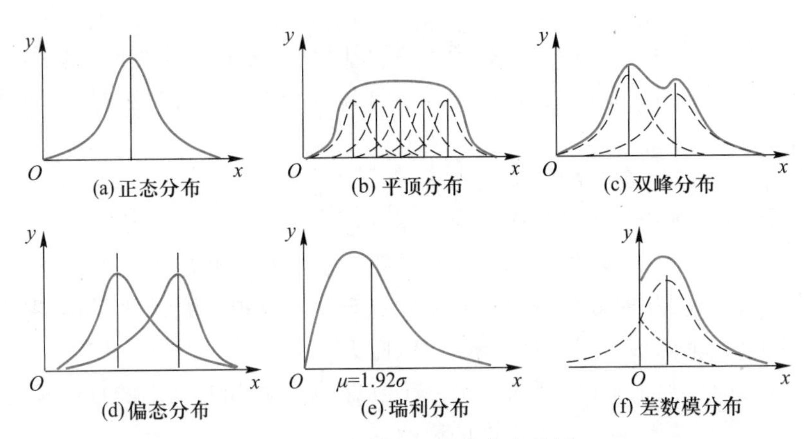

图 4-24　机械加工误差分布规律

1. 正态分布(图 4-24a)

实践证明,若无某种优势误差因素影响,在机床上用调整法加工一批零件时,得到的实验分布曲线与正态分布曲线接近。正态分布(图 4-25)的概率密度函数表达式为

$$y=\frac{1}{\sigma\sqrt{2\pi}}\mathrm{e}^{-\frac{1}{2}\left(\frac{x-\mu}{\sigma}\right)^2}\quad(-\infty<x<+\infty,\sigma>0)\qquad(4-24)$$

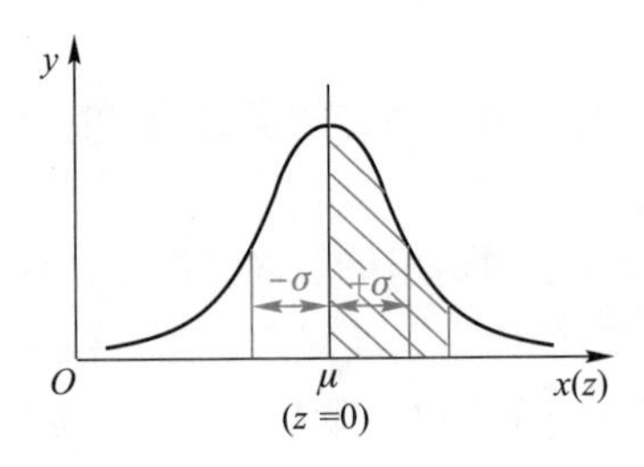

图 4-25　正态分布曲线

式中:y——分布的概率密度;

x——随机变量;

μ——正态分布随机变量总体的算术平均值;

σ——正态分布随机变量的标准差。

由式(4-24)及图 4-25 可知正态分布曲线具有如下性质:

1) 正态分布曲线是关于 $x=\mu$ 的对称曲线。

2) 当 $x=\mu$ 时,曲线取得最大值:

$$y_{\max}=\frac{1}{\sigma\sqrt{2\pi}} \tag{4-25}$$

3）在 $x=\mu\pm\sigma$ 处，曲线有拐点；当 $x\to\pm\infty$ 时，曲线接近 x 轴，即 x 轴为分布曲线的渐近线。

4）如果改变 μ 值，分布曲线将沿横坐标移动而不改变其形状（图 4-26a），这说明 μ 是表征分布曲线位置的参数。

5）从式(4-25)可以看出，分布曲线的最大值 $y_{\max}$ 与 σ 成反比。由于分布曲线所围成的面积总是等于 1，因此 σ 愈小，分布曲线两侧愈向中间收紧。反之，当 σ 增大时，$y_{\max}$ 减小，分布曲线愈平坦地沿横轴伸展（图 4-26b）。可见 σ 是表征分布曲线形状的参数，它刻画了随机变量 x 取值的分散程度。

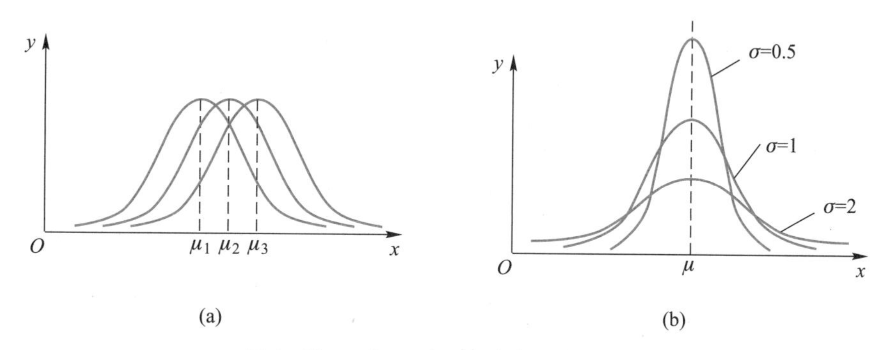

图 4-26　μ 和 σ 对正态分布曲线的影响

平均值 $\mu=0$，标准差 $\sigma=1$ 的正态分布称为标准正态分布，记为

$$x(z)\sim N(\mu,\sigma^2)$$

由分布函数的定义可知，正态分布函数是正态分布概率密度函数的积分：

$$F(x)=\frac{1}{\sigma\sqrt{2\pi}}\int_{-\infty}^{x}\mathrm{e}^{-\frac{1}{2}\left(\frac{x-\mu}{\sigma}\right)^2}\mathrm{d}x \tag{4-26}$$

由上式可知，$F(x)$ 为正态分布曲线上下积分限间包含的面积，它表示了随机变量 x 落在区间 $(-\infty,x)$ 上的概率。为了计算方便，将标准正态分布曲线的值制成表 4-2。任何非标准的正态分布都可以通过坐标变换 $z=\frac{x-\mu}{\sigma}$ 变为标准的正态分布，故可以利用标准正态分布的函数值，求各种正态分布的函数值。

令：$z=\frac{x-\mu}{\sigma}$，则有

$$F(z)=\frac{1}{\sqrt{2\pi}}\int_{0}^{z}\mathrm{e}^{-\frac{z^2}{2}}\mathrm{d}z \tag{4-27}$$

$F(z)$ 为图 4-25 中阴影部分的面积。对于不同 z 值的 $F(z)$，可由表 4-2 查出。

当 $z=\pm3$ 时，即 $x-\mu=\pm3\sigma$ 时，由表 4-2 查得 $2F(3)=0.498\ 65\times2=99.73\%$。这说明随机变量 x 落在 $\pm3\sigma$ 范围内的概率为 99.73%，落在此范围以外的概率仅 0.27%。因此，可以认为正态分布的随机变量的分散范围是 $\pm3\sigma$，这就是所谓的 $\pm3\sigma$ 原则。

表4-2 $F(z)$值

z	$F(z)$	z	$F(z)$	z	$F(z)$	z	$F(z)$
0.0	0.000 0	0.80	0.288 1	1.80	0.464 1	2.80	0.497 4
0.05	0.019 9	0.90	0.315 9	1.90	0.471 3	2.90	0.498 1
0.10	0.039 8	1.00	0.341 3	2.00	0.477 2	3.00	0.498 65
0.15	0.059 6	1.10	0.364 3	2.10	0.482 1	3.20	0.499 31
0.20	0.079 3	1.20	0.384 9	2.20	0.486 1	3.40	0.499 66
0.30	0.117 9	1.30	0.403 2	2.30	0.489 3	3.60	0.499 841
0.40	0.155 4	1.40	0.419 2	2.40	0.491 8	3.80	0.499 928
0.50	0.191 5	1.50	0.433 2	2.50	0.493 8	4.00	0.499 968
0.60	0.225 7	1.60	0.445 2	2.60	0.495 3	4.50	0.499 997
0.70	0.258 0	1.70	0.455 4	2.70	0.496 5	5.00	0.499 999 7

$\pm3\sigma$的概念是一个重要概念，在研究加工误差时应用很广。6σ的大小代表了某种加工方法在一定条件下所能达到加工精度。所以在一般情况下，应使所选择加工方法的标准差σ与公差带T之间具有下列关系：

$$6\sigma \leqslant T$$

正态分布总体的μ和σ通常是不知道的，但可以通过它的样本平均值$\bar{x}$和样本标准差s来估计。这样，成批加工一批工件，抽检其中一部分，即可判断整批工件的加工精度。

2. 平顶分布（图4-24b）

当加工工艺过程中存在有比较显著的变值系统误差时（如刀具的线性磨损），会引起正态分布曲线分布中心随着时间平移，使工件的尺寸误差出现平顶分布的情况。

3. 双峰分布（图4-24c）

由两台机床同时进行一批零件的某道工序加工时，如果这两台机床的精度不同或调整尺寸不一致，则可能造成这一批工件尺寸误差的双峰分布。

4. 偏态分布（图4-24d）

当加工过程受到某些人为因素控制时，将会造成加工误差的偏态分布。例如，试切法加工工件外圆或内孔时，为了尽量避免不可修复的废品出现，操作者主观地使外圆加工尺寸宁大勿小，而使内孔的尺寸宁小勿大，结果造成一批工件加工尺寸分布的偏态。

5. 瑞利分布（图4-24e）

瑞利分布是二维正态分布在只考虑平面向量模情况下转换成一维分布，某些几何误差（如直线与直线平行度、同轴度、端面圆跳动误差等）在不考虑系统误差的情况下接近瑞利分布。瑞利分布只有一个特征值，其平均值与标准差存在确定关系：$\mu=1.92\sigma$。

6. 差数模分布（图4-24f）

某些误差（如对称度、直线与平面的平行度、相邻周节误差等）在稳定工艺条件下，本身接近正态分布，但度量时因取绝对值，使正态分布大于零部分与小于零部分对零轴线映射后叠加，形成差数模分布。

4.4.3 分布图分析法

分布图分析法是通过测量一批零件加工后的实际尺寸或误差,作出尺寸或误差的直方图或分布曲线,然后对直方图或分布曲线的位置(相对于理想尺寸)和形状(分散范围)进行分析,从而判断这种加工方法产生误差的性质和大小。

以下通过一实例说明直方图绘制过程及分布图分析法的应用。

【例 4-1】 加工一批隔环零件孔,孔径要求为 $\phi 60^{+0.1}_{0}$ mm,试绘制该工序工件孔径尺寸的直方图,并对其进行分析。

【解】 分析过程如下:

1. 绘制直方图

(1) 采集数据

首先确定样本容量。若样本容量太小,不能准确反映总体的实际分布;若样本容量太大,则又增加了测量与计算的工作量。实际生产中,通常取样本容量 $n=50\sim200$。本例取 $n=100$ 件。对随机抽取的 100 个样件,用数显游标卡尺逐个进行测量,测量数据列于表 4-3 中。

表 4-3 孔径尺寸偏差的实测值 mm

60.11	60.08	60.05	60.06	60.06	60.08	60.06	60.1	60.09	60.06
60.03	60.02	60.08	60.07	60.08	60.05	60.1	60.07	60.06	60.07
60.05	60.06	60.09	60.07	60.05	60.08	60.04	60.06	60.06	60.08
60.04	60.1	60.08	60.04	60.05	60.07	60.07	60.1	60.1	60.08
60.05	60.03	60.05	60.06	60.07	60.04	60.02	60.04	60.06	60.04
60.09	60.08	60.06	60.07	60.06	60.06	60.07	60.06	60.07	60.06
60.05	60.05	60.04	60.03	60.05	60.04	60.09	60.03	60.07	60.06
60.06	60.06	60.07	60.1	60.04	60.08	60.07	60.05	60.06	60.1
60.11	60.1	60.08	60.09	60.08	60.07	60.07	60.1	60.11	60.08
60.08	60.09	60.08	60.08	60.12	60.07	60.11	60.09	60.07	60.08

(2) 确定分组数 k、组距 d、各组组界

1) 初选分组数 k' 选择分组数 k 要适当,组数过多,组距则太小,分布图会被频数随机波动所歪曲;组数太少,组距则太大,分布特征将被掩盖。推荐使用下面公式确定分组数 k

$$k=\sqrt{N}$$

将 $N=100$ 代入,得到 $k=10$。

2) 确定组距 d 找出孔径最大值 $x_{max}=60.12$ mm,最小值 $x_{min}=60.02$ mm,按下式初步计算组距

$$d=\frac{R}{k-1}=\frac{x_{max}-x_{min}}{k-1}=\frac{(60.12-60.02)\text{ mm}}{10-1}=0.011\text{ mm}$$

组距应是量具最小读数值的整数倍,数显游标卡尺的最小读数值是 0.01 mm,故取 $d=0.01$ mm。

3) 确定分组数 k

$$k=\frac{R}{d}+1=\frac{0.1}{0.01}+1=11$$

4）确定组界　各组组界按下式确定：

$$x_{\min}+(i-1)d\pm\frac{d}{2}\quad(i=1,2,\cdots k)$$

可求得本例中各组的组界分别为60.02，60.03，60.04，⋯ ，60.12。为避免质量指标值落在组界上，可使组界左移（或右移）最小刻度值（分辨率）的二分之一，最终确定组界为60.015，60.025，60.035，⋯ ，60.115。

（3）作频数分布表

统计各组频数，做频数分布表，见表4-4。

表4-4　频数分布表

组号	1	2	3	4	5	6	7	8	9	10	11
组距	60.015～60.025	60.025～60.035	60.035～60.045	60.045～60.055	60.055～60.065	60.065～60.075	60.075～60.085	60.085～60.095	60.095～60.105	60.105～60.115	60.115～60.125
频数	2	4	8	11	19	17	17	7	9	4	1

（4）作直方图

以纵坐标为频数，横坐标为数据观测值，以组距 d 为底边，以数据落入各组的频数 f_i 为高，画出一系列的矩形，便得到直方图。为了便于观察与分析，常常在直方图的下方标出公差带。本例直方图如图4-27所示。

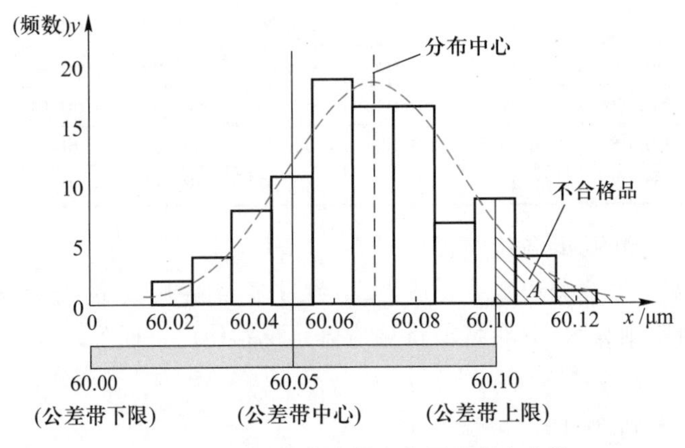

图4-27　隔环零件孔径直方图及分布曲线

（5）作分布曲线

为了直观显示加工误差的分布情况，可以在直方图上叠加画出分布曲线（如图4-27中虚线所示），为此需计算样本的平均值 $\bar{x}$ 和标准差 s，公式如下

$$\bar{x}=\frac{1}{n}\sum_{i=1}^{n}x_i \tag{4-28}$$

$$s=\sqrt{\frac{1}{n-1}\sum_{i=1}^{n}(x_i-\bar{x})^2} \tag{4-29}$$

将样本数据代入上式，计算得到：$\bar{x}=60.07$，$s=0.022$。

2. 分布图分析法的应用

(1) 判别加工误差性质

如前所述，假如加工过程中没有明显的变值系统误差，其加工尺寸分布接近正态分布（几何误差除外），这是判别加工误差性质的基本方法之一。

生产中抽样后算出 $\bar{x}$ 和 s，绘出分布图，如果 $\bar{x}$ 值偏离公差带中心，则加工过程中，工艺系统存在常值系统误差（又称均值误差），其值等于分布中心与公差带中心的偏移量。如在图 4-27 中，常值系统误差 $\Delta_S=(20.07-20.05)\ mm=0.02\ mm$。

正态分布的标准差 σ 的大小表明随机变量的分散程度。如样本的标准差 s 较大，说明工艺系统随机误差显著。

(2) 确定工序能力系数

可以用工序能力系数 C_P 来表示工序能力的大小。当加工误差接近正态分布时，工序能力系数按下式计算

$$C_P=\frac{T}{6\sigma} \tag{4-30}$$

式中，T 为工序尺寸公差。

根据工序能力系数 C_P 的大小，可将工序能力分为五个等级，见表 4-5。一般情况下，工序能力不应低于二级，即要求 $C_P>1$。

表 4-5 工序能力等级

工序能力系数	工序能力等级	说明
$C_P>1.67$	特级	工序能力过高，可以允许有异常波动，不经济
$1.67\geqslant C_P>1.33$	一级	工序能力足够，可以允许有一定的异常波动
$1.33\geqslant C_P>1.00$	二级	工序能力勉强，需密切注意
$1.00\geqslant C_P>0.67$	三级	工序能力不足，会出现少量不合格品
$0.67\geqslant C_P$	四级	工序能力很差，必须加以改进

根据式(4-30)，可计算出例 4-1 工序的工序能力系数 $C_P=0.1/(6\times0.022)=0.76$，属三级工序，工序能力不足。

需要指出的是，$C_P>1$ 只说明工序能力足够，但并不能保证所加工的零件均是合格品。若存在较大的常值或变值系统误差，仍可能出现不合格品。只有当 $T\geqslant6\sigma+2|\Delta_S|$ 时，才不会产生不合格品。为此，又引入实际工艺能力系数 C_{PK}

$$C_{PK}=\frac{T-2\Delta_S}{6\sigma} \tag{4-31}$$

工序能力系数 C_P 表示工艺过程本身的能力，而实际工艺能力系数 C_{PK} 则表示工艺过程满足加工质量要求的能力，实际上是对“工艺过程能力”和“质量控制能力”的综合，两者侧重点不同，常需同时加以考虑。

(3) 计算不合格品率

通过分布曲线不仅可以掌握某道工序随机误差的分布范围，而且还可根据分布曲线和公差

带之间的相对位置得知不同误差范围内出现的零件数占全部零件数的百分比，估算在采用调整法加工时产生不合格品的可能性及其数量。

在图4-27中，正态分布曲线向下超出公差带的部分面积即表示不合格品率。

做变量变换
$$z_1=\frac{T_U-\bar{x}}{\sigma}=\frac{60.10-60.07}{0.022}=1.36$$

式中 T_U 为公差带的上限。查表4-2，有 $F(z_1)=0.9128$。可求出 A 的面积，即不合格品率为
$$1-0.9128=0.0872=8.72\%。$$

（4）减少不合格品的措施

1）提高工序能力。

2）减小常值系统误差　由图4-27可见，尺寸分布中心与公差带中心存在偏差 Δ_S。若能消除此偏差，则可明显减小不合格品率。在分布中心与公差带中心重合情况下，做变量变换
$$z'_1=\frac{T_U-\bar{x}}{\sigma}=\frac{60.10-60.05}{0.022}=2.27$$

查表4-2，经线性插值得到 $F(z'_1)=0.9883$。可求出不合格率为
$$2\times(1-0.9883)=0.0234。$$

实际生产中要想完全消除常值系统误差往往很困难，但要将其限制在一定范围之内。机械加工中，通常要求将均值误差限定在1倍 σ 内。

3）增大不合格品的可修复性　对于轴径加工而言，超出公差带以外的过大尺寸零件是可修复品，而过小尺寸零件是不可修复品，孔径加工则刚好相反。据此，在不能提高工序能力的情况下，可以考虑通过调整刀具位置或其他加工方法后退车刀，使图4-27中分布曲线中心尺寸右移使曲线左端（$\bar{x}+3\sigma$ 处）与公差带上极限尺寸对齐。这时就不会出现不可修复不合格品，而只有尺寸过大的可修复不合格品。但随之必带来更大的测量和修复加工的工作量。

具体采取什么措施提高合格品率，要根据实际情况综合分析后确定。

4.4.4 点图分析法

用分布图法分析研究加工误差时，需在全部工件加工之后，才能绘制出分布曲线，故不能反映出零件加工的先后顺序。因此，这种方法不能将按照一定规律变化的系统误差和随机误差区分开，也不能在加工进行过程中提供控制工艺过程的资料。为了克服这些不足，更利于批量生产的工艺过程质量控制，在生产实践中出现了点图分析法。

1. 单值点图

如果按加工顺序逐个地测量一批工件的尺寸，以加工序号为横坐标，工件尺寸（或误差）为纵坐标，就可作出如图4-28a所示点图。为了缩短点图长度，可将顺次加工出的几个工件编为一组，以工件组序为横坐标，纵坐标保持不变，同一组内各工件可根据尺寸（或误差）分别点在同一组号的垂直线上，就可以得到图4-28b所示点图。

假如把点图的上下极限点包络成两根平滑的曲线，并作出这两根曲线的平均值曲线，如图4-28c所示，就能较清楚地揭示出加工过程中误差的性质及其变化趋势。平均值曲线表示了瞬时分散中心的变化情况，而上下两条包络线的宽度则反映了分散范围随时间变化的情况。

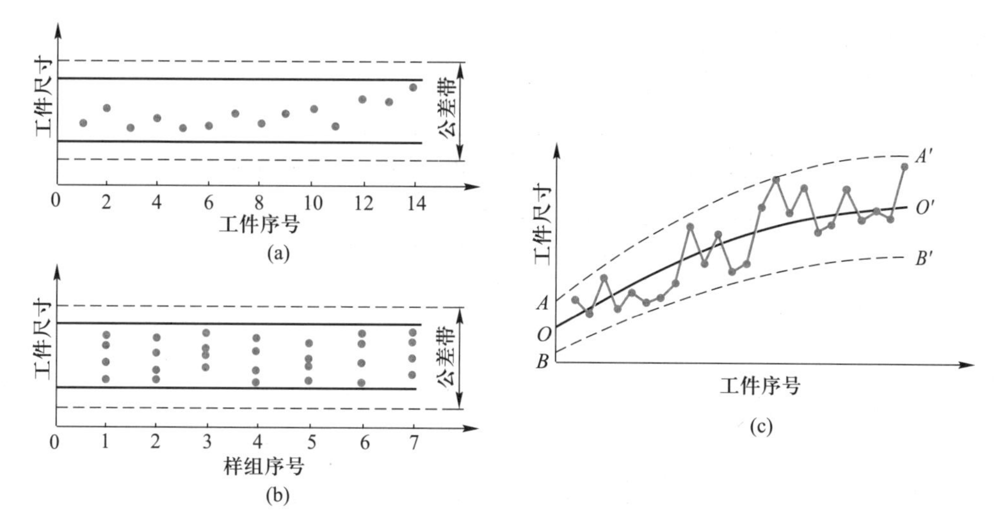

图 4-28　单值点图

单值点图上画有上下两条控制界限线(图 4-28 中用实线表示)和两极限尺寸线(用虚线表示),作为控制不合格品的参考界限。

2. $\bar{x}$-R 图

$\bar{x}$-R 图(又称均值-极差控制图)是由小样本(样组)均值 $\bar{x}$ 的点图和小样本极差 R 的点图组成,横坐标是按时间先后采集的小样本组序号,纵坐标分别是小样本均值 $\bar{x}$ 和极差 R。

以下通过在无心磨床上磨削圆柱销为例说明 $\bar{x}$-R 图的建立及其应用。

【例 4-2】　零件直径要求为 $\phi8_{-0.04}^{\ 0}$ mm,加工过程中每隔一段时间连续抽取 5 个工件采用千分比较仪进行测量,比较仪按 7.96 mm 调整零点,共测得 20 组工件的 100 个数据列于表 4-6。试绘制 $\bar{x}$-R 控制图,并对工艺过程稳定性进行判别。

表 4-6　圆柱销磨削加工的实测数据及分析　μm

组号	测量值					$\bar{x}$	R	组号	测量值					$\bar{x}$	R
	x_1	x_2	x_3	x_4	x_5				x_1	x_2	x_3	x_4	x_5		
1	30	25	18	21	29	24.6	12	11	26	27	24	25	25	25.4	3
2	37	29	28	30	35	31.8	9	12	22	22	20	18	22	20.8	4
3	31	30	33	35	30	31.8	5	13	28	20	17	28	25	23.6	11
4	35	40	35	35	38	36.6	5	14	24	25	28	34	20	26.2	14
5	36	30	43	45	35	37.8	15	15	29	28	23	24	34	27.6	11
6	43	35	38	30	45	38.2	15	16	38	35	30	33	30	33.2	8
7	35	18	25	21	18	23.4	17	17	28	27	35	38	31	31.8	11
8	21	18	11	23	28	20.2	17	18	30	31	29	31	40	32.2	11
9	20	15	21	25	19	20	10	19	28	38	32	28	30	31.2	10
10	26	31	24	25	26	26.4	7	20	33	40	38	33	30	34.8	10
平均值:$\bar{\bar{x}}=28.88$,$\bar{R}=10.25$															

【解】 分析过程如下：

根据以上数据作出 $\bar{x}$-R 图如图 4-29 所示。

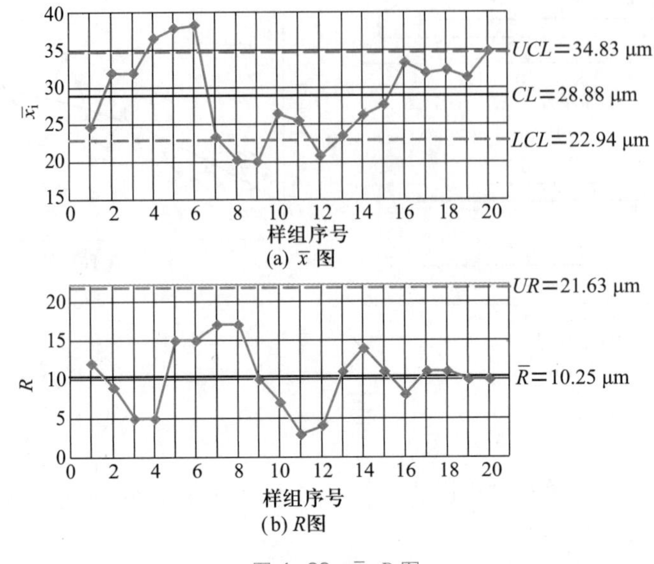

图 4-29　$\bar{x}$-R 图

在 $\bar{x}$ 点图上，$\bar{\bar{x}}$ 是小样本平均值的均值线，UCL、LCL 是小样本均值 $\bar{x}$ 的上、下控制线。在 R 点图上，$\bar{R}$ 是小样本极差 R 的均值线，UR 是小样本极差的上控制线。其中

$$\bar{\bar{x}}=\frac{1}{n}\sum_{i=1}^{n}\bar{x}_i \tag{4-32}$$

$$UR=D\bar{R} \tag{4-33}$$

$$\bar{R}=\frac{1}{n}\sum_{i=1}^{n}R_i \tag{4-34}$$

$$UCL=\bar{\bar{x}}+A\bar{R} \tag{4-35}$$

$$LCL=\bar{\bar{x}}-A\bar{R} \tag{4-36}$$

式中：n——一批工件的分组数；

$\bar{x}_i$——第 i 组工件的平均尺寸；

R_i——第 i 组工件的尺寸极差；

A、D——系数，如表 4-7。

表 4-7　A、D 系数值

每组件数	A	D
4	0.73	2.28
5	0.58	2.11
6	0.48	2.00

$\bar{x}$ 点图反映的是工艺过程质量指标分布中心（系统误差）的变化，R 点图则反映工艺过程质量指标分散范围（随机误差）的变化，因此这两个点图必须联合使用。

生产过程稳定时，在 $\bar{x}-R$ 图中没有点超出控制线，大部分点在均值线上下波动，小部分点在控制线附近，点没有明显的上升或下降倾向和周期性波动等规律性变化。否则，表明工艺过程不稳定。

由图 4-29 显见，$\bar{x}$ 图中有多个点超出控制线，表明工艺过程不稳定。在工艺过程出现非稳定趋势时，要根据点的分布和超限情况查找原因，及时调整机床和加工状态。

对于计量型数据而言，$\bar{x}-R$ 控制图是最常用最基本的控制图，它不仅适用于计量值接近正态分布的情况，只要计量值的分布不是非常的不对称，$\bar{x}-R$ 控制图也适用。

下面是一个通过分布图与 $\bar{x}-R$ 控制图联合使用改进工艺过程的工程实例。

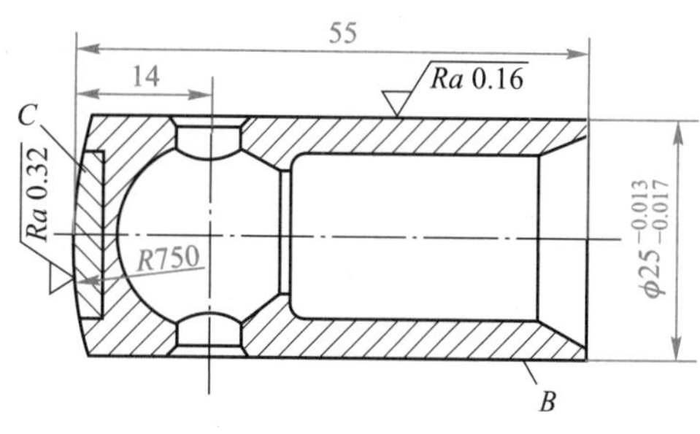

图 4-30 球面挺杆

【例 4-3】 磨削挺杆球面（图 4-30），要求球面对于外圆柱面（定位面，已加工好）跳动不大于 0.05 mm，使用百分表测量球面跳动，百分表的刻度值为 0.01 mm，但可估计到 0.005 mm。按时间顺序连续抽取 100 个零件进行测量，测量数据列于表 4-8。试对该工序质量进行分析。

【解】 分析过程如下：

表 4-8 球面挺杆跳动测量数据及计算 μm

样组号	样件测量值				$\bar{x}$	R	样组号	样件测量值				$\bar{x}$	R
	x_1	x_2	x_3	x_4				x_1	x_2	x_3	x_4		
1	30	18	20	20	22	12	14	30	10	10	30	20	20
2	15	22	25	20	20.5	10	15	30	30	20	10	22.5	20
3	15	20	10	10	13.75	10	16	30	10	15	25	20	20
4	30	10	15	15	17.5	20	17	15	10	35	20	20	25
5	25	20	20	30	23.75	10	18	30	40	20	30	30	20
6	20	35	25	20	25	15	19	20	30	10	20	20	20
7	20	20	30	30	25	10	20	10	35	10	40	23.75	30
8	10	30	20	20	20	20	21	10	10	20	20	15	10
9	25	20	25	15	21.25	10	22	10	10	10	30	15	20
10	20	30	10	15	18.75	20	23	15	20	45	20	25	30
11	10	10	20	25	16.25	15	24	10	20	20	30	20	20
12	10	10	10	30	15	20	25	15	10	15	20	15	10
13	10	50	30	20	27.5	40							
$\bar{x}$ 图：$UCL=\bar{\bar{x}}+A\bar{R}=33.8$					R 图：$UCL=D\bar{R}=41.7$					总和		512.5	457
$LCL=\bar{\bar{x}}-A\bar{R}=7.2$					$LCL=0$					$\bar{\bar{x}}=20.5$，$\bar{R}=18.28$			

1）根据检测数据，作分布图（图4-31），直观可见接近瑞利分布。

2）计算平均值与标准差：$\bar{\bar{x}}=20.5, s=8.95$

如前所述，瑞利分布只有一个特征值，平均值与标准差存在确定关系：$\mu=1.92\sigma$。上面数值不完全符合此关系，说明存在常值系统误差，应该符合瑞利综合分布。为简化计算，下面仍按瑞利分布处理。又由图4-31可见，直方图出现了锯齿形，其原因是测量工具测量精度不够（使用百分表测量，又要估计到0.005 mm），这是本例的一项瑕疵。

3）计算工序能力指数

$$C_P=\frac{T}{5.25\ s}=\frac{50}{5.25\times 8.95}=1.06$$

$$C_{PK}=\frac{T-2\Delta_S}{5.25\ s}=\frac{50-2\times(20.5-1.92\times 8.95)}{5.25\times 8.95}=0.92$$

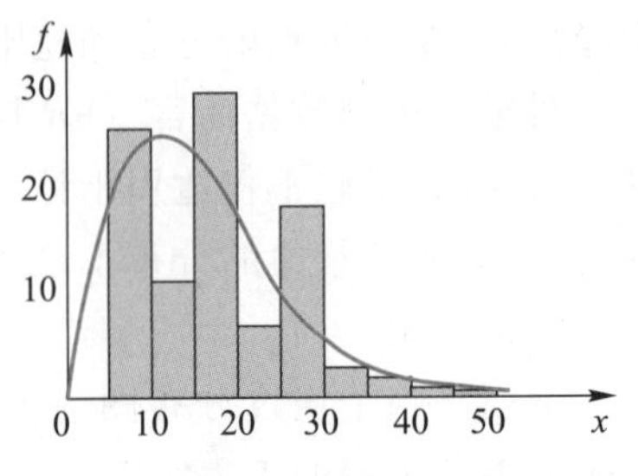

图4-31 磨削球面挺杆直方图

注：瑞利分布的分散范围按概率99.73%计为5.25σ（分布系数$k=1.14$）。

4）由前面分析可知，瑞利分布（或瑞利综合分布）虽非正态分布，但分布曲线也并非是非常的不对称，故可以使用$\bar{x}-R$控制图。

计算$\bar{x}-R$图控制限（表4-8最下面一行），作$\bar{x}-R$控制图，如图4-32所示。

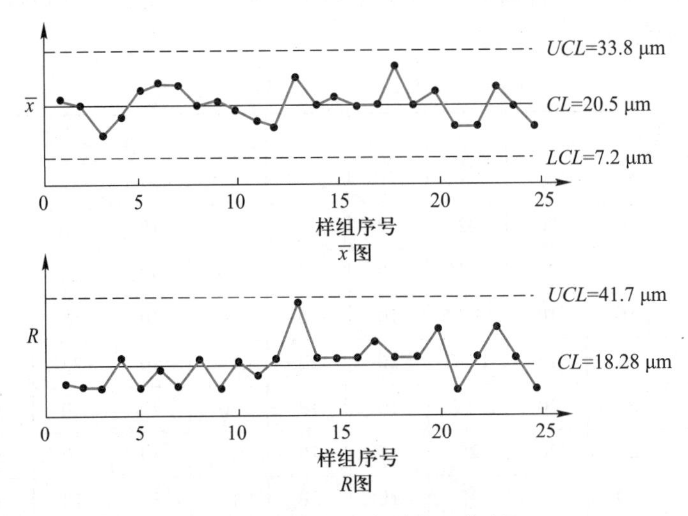

图4-32 球面挺杆磨削$\bar{x}-R$控制图

5）初步观察，图4-32呈现的是稳定的工艺过程。但仔细观察，R图上12～20点连续9个点出现在中心线的上侧，按$\bar{x}-R$图判异规则，可判断工艺过程不稳定。且由上面计算得到工艺能力指数C_{PK}小于1，也会出现不合格品。

为此，对机床进行了检修，发现夹具（弹簧夹头）精度不足。更换弹簧夹头，并适当加大了弹簧夹头拉杆拉力，以提高定心精度。

6）对改进后的球面磨削工序进行验证，加工100件，测量数据及计算结果列于表4-9。

作直方图，如图4-33所示。

表 4-9　改进后球面挺杆跳动测量数据及计算　　μm

样组号	样件测量值				$\bar{x}$	R	样组号	样件测量值				$\bar{x}$	R
	x_1	x_2	x_3	x_4				x_1	x_2	x_3	x_4		
1	20	30	15	15	20	15	14	20	15	30	25	22.5	15
2	20	20	15	20	18.75	5	15	25	20	10	15	17.5	15
3	25	10	20	20	18.75	15	16	20	15	10	15	15	10
4	10	20	10	40	20	30	17	10	10	20	20	15	10
5	40	15	15	25	23.75	25	18	15	20	20	10	16.25	10
6	25	30	15	40	27.5	25	19	20	20	30	20	22.5	10
7	30	15	10	30	21.25	20	20	15	10	20	25	17.5	15
8	10	10	10	20	12.5	10	21	25	10	20	20	18.75	15
9	20	20	30	15	21.25	15	22	30	15	30	40	28.75	25
10	10	10	35	25	20	25	23	20	10	15	10	13.75	10
11	10	10	15	10	11.25	5	24	10	20	10	20	15	10
12	10	10	10	20	12.5	10	25	10	10	20	25	16.25	15
13	15	20	15	10	15	10							
$\bar{x}$ 图：$UCL=\bar{\bar{x}}+A\bar{R}=29.3$ $LCL=\bar{\bar{x}}-A\bar{R}=7.6$					R 图：$UCL=D\bar{R}=33.74$ $LCL=0$					总和		461.3	370
										$\bar{\bar{x}}=18.45$，$\bar{R}=14.8$			

计算工序能力指数

$$C_P=\frac{T}{5.26s}=\frac{50}{5.26\times 7.84}=1.21$$

$$C_{PK}=\frac{T-2\Delta_S}{5.26s}=\frac{50-2\times(18.45-1.92\times 7.84)}{5.26\times 7.84}=1.05$$

可见改进后工序能力有所提升，已基本满足加工要求。

作 $\bar{x}-R$ 控制图，如图 4-34 所示。由图可见，已达到工艺过程稳定状态，可以正常生产。

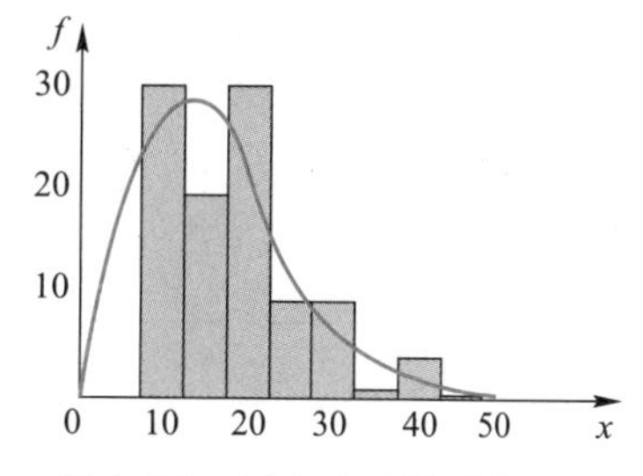

图 4-33　例 4-2 改进后直方图

4.4.5　相关分析与工艺链理论

相关分析是分析两个变量或两种质量特性之间有无相关性及相关关系如何的一种方法。在分析产生质量问题的原因时，有的变量之间虽然存在密切关系，但却不能由一个变量的数值精确地求出另一个变量的数值，这种关系就是相关关系。相关图（又称散布图）就是将两个具有相关关系变量的数据对应列出，并以点的形式画在坐标图上，进行观察与分析。

1. 作相关图的程序

1）选定分析对象。相关图具体对象的选定，可以是研究质量特性值与因素之间的关系，也可以是两个质量特性之间的关系，或者是研究影响质量特性值的两个因素间的关系。

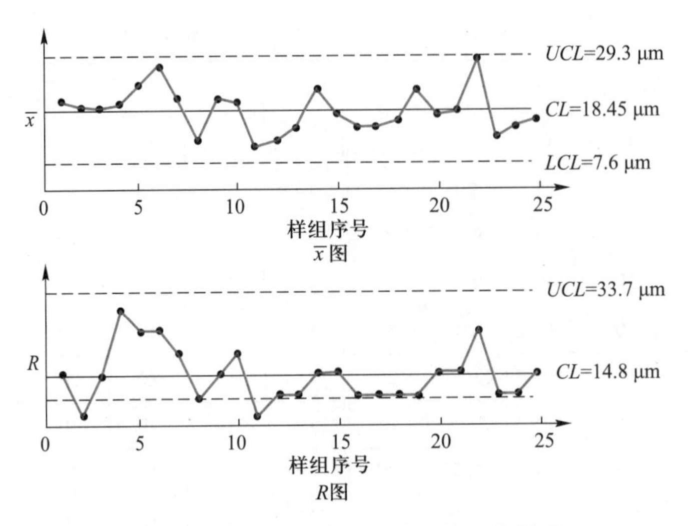

图 4-34　改进后球面挺杆磨削 $\bar{x}$-R 控制图

2）收集数据。作相关图的数据一般应在 30 组以上，数据太少相关不明显，致使判断不准确；而数据太多，计算的工作量太大。

3）建立直角坐标系。建立坐标系时，注意相关图的横、纵坐标轴上尺寸范围应基本相等，以便分析其相关关系。

4）描点。将各组对应的数据逐一按坐标位置描点，如有完全相同的数据组，则在点上加一个圈表示重复。

5）特殊点的处理。当相关图上出现个别偏离分布趋势的异常点时，则应查明原因。如由于测量误差、操作条件变化或数据记录错误，则应删除或校正，否则应予以保留，并分析其产生的原因。

2. 相关图的分析

相关图的分析判断方法有对照典型图例法、简单象限法、回归分析法等，其中对照典型图例法（见表 4-10）具有简单、直观的特点，应用较多。

表 4-10　对照典型相关图分析

图例	y O x	y O x	y O x	y O x	y O x	y O x
名称	强正相关	强负相关	弱正相关	弱负相关	曲线相关	不相关
特征	x 变量变大，y 变量随之变大	x 变量变大，y 变量随之变小	x 变量变大，y 变量大致变大	x 变量变大，y 变量大致变小	x 与 y 构成曲线形状	x 变量与 y 变量无关
	点分布密集；相关关系明显，呈直线趋势；控制住 x，y 也得到相应控制		点分布散；相关关系大体呈直线趋势；除 x 因素影响 y 外，还需考虑其他因素		x 与 y 呈非线性关系	x 与 y 无规律可循

也可以通过计算相关系数确定两变量之间是否存在线性相关以及相关性的强弱。相关系数的计算公式如下

$$r=\frac{\sum_{i=1}^{n}(x_i-\bar{x})(y_i-\bar{y})}{\sqrt{\sum_{i=1}^{n}(x_i-\bar{x})^2\sum_{i=1}^{n}(y_i-\bar{y})^2}} \tag{4-37}$$

式中：x_i、y_i——数据点 i 的坐标值；

$\bar{x}$、$\bar{y}$——x_i、y_i 的平均值；

n——数据点个数。

相关系数值可以为正，也可以为负。正值表示正相关；负值表示负相关。r 的绝对值在 0～1 之间，绝对值越大，表示相关关系越密切。为方便检验相关关系的显著性，制成相关系数临界值表，如表 4-11 所示。式中 f 为自由度数。

【例 4-4】 图 4-35 所示曲轴端面 A、B 粗加工过程如下：

1）工序 1：铣端面 A，保证 A、B 面距离尺寸 L_1；

2）工序 2：粗车端面 B，保证 A、B 面距离尺寸 L_2。

分别测量尺寸 L_1 和 L_2 的偏差 ΔL_1 和 ΔL_2，列于表 4-12。试确定粗车工序是否存在误差复映。

【解】 1）作相关图 如图 4-36 所示，直观判断 ΔL_1 和 ΔL_2 存在弱相关关系。

2）计算相关系数 根据式（4-37）可求出：$r=0.56$

查表 4-11，$f=n-2=34-2=32$，通过插值可求出 $r_\alpha(1\%)=0.442$。$r>r_\alpha(1\%)$，表明 ΔL_1 和 ΔL_2 存在显著的相关关系，即说明粗车前后尺寸存在明显的误差复映。因此，为保证尺寸 L_2 的精度，也需合理控制尺寸 L_1 的精度。

从上面的分析还可以看出，直观判断虽然简单、方便，但可能存在判断偏差，只有通过数值分析才能对相关性作出准确判断。

3. 工艺链理论

（1）工艺链的概念

机械加工中，由于工艺系统的复杂性，往往很难从工艺系统本身的物理性质来定量确定系统对加工精度的影响。虽然在某些情况下，经过相当的简化后，也可以建立起某些关系式（例如由于工艺系统受力变形所引起的加工误差与毛坯误差之间的关系式等），但这些关系式都是在理想化的条件导出的，因此大都难于通过试验加以验证。考虑到实际加工过程中影响加工质量的因素众多，且有许多因素是不可知的或不可控的，不妨将工艺系统作为一个整体来看待，并从总体上研究系统对加工质量的影响。此时，可以将加工前后的误差视为系统的输入和输出，并完全抛开对系统内部结构的研究，而将工艺系统视为“黑箱”来处理。这就引出了工艺链的理论。

所谓工艺链，就是指为使工件获得一定的尺寸、形状和位置精度以及一定的表面粗糙度而在工件上完成的一连串工序。对于每一个工序，所关心的是工序输出的误差值与输入的误差值之间的关系。

表 4-11 相关系数 r 的临界值表

$f=n-2$	$r_\alpha(5\%)$	$r_\alpha(1\%)$	$f=n-2$	$r_\alpha(5\%)$	$r_\alpha(1\%)$	$f=n-2$	$r_\alpha(5\%)$	$r_\alpha(1\%)$	$f=n-2$	$r_\alpha(5\%)$	$r_\alpha(1\%)$
6	0.707	0.834	20	0.422	0.537	40	0.304	0.393	70	0.232	0.302
8	0.632	0.765	25	0.381	0.487	45	0.288	0.372	80	0.217	0.283
10	0.576	0.708	30	0.349	0.449	50	0.273	0.354	90	0.205	0.267
15	0.482	0.605	35	0.325	0.418	60	0.250	0.325	100	0.194	0.254

表 4-12 工序尺寸偏差数据

mm

ΔL_1	0.80	1.00	1.10	1.20	1.40	1.50	1.60	0.90	1.00	1.20	1.20	1.40	1.50	1.60	0.90	1.00	0.80
ΔL_2	-0.05	0.01	0.01	0.09	0.15	0.08	0.08	0.04	-0.01	-0.04	0.11	0.03	0.15	0.13	-0.05	-0.05	-0.05
ΔL_1	1.20	1.3	1.40	1.50	1.60	1.00	1.00	1.20	1.30	1.40	1.50	1.70	1.00	1.1	1.20	1.30	1.40
ΔL_2	-0.07	0.1	-0.05	-0.05	0.15	-0.06	0.05	0.02	-0.06	-0.02	-0.02	0.15	-0.09	0.0	-0.02	-0.05	0.07

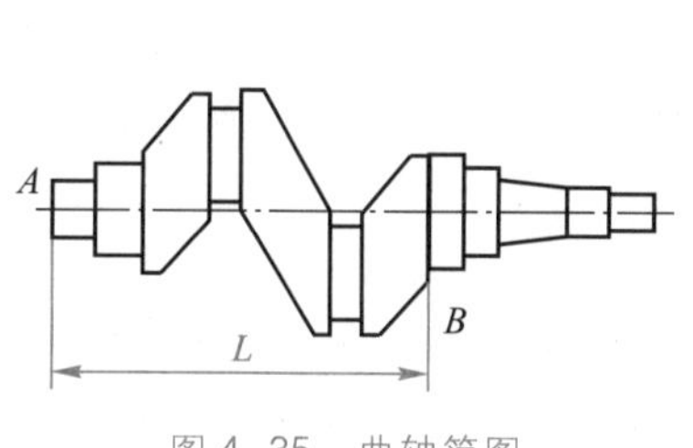

图 4-35　曲轴简图

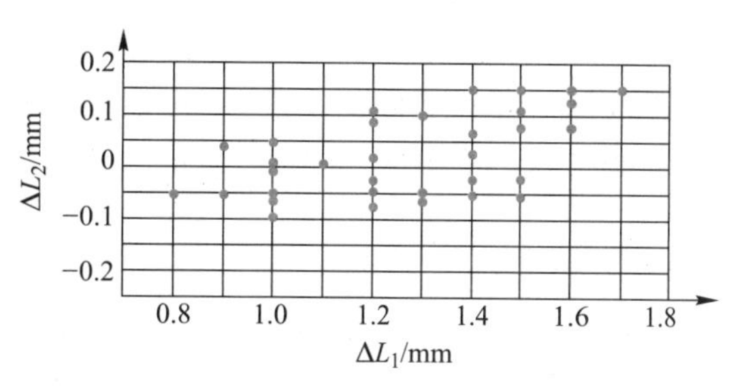

图 4-36　粗车前后尺寸相关图

图 4-37 所示为由 n 个工序组成的工艺链。对于第 j 个工序，其输入误差用 $e_{i,j}$ 来表示，输出误差用 e_o 来表示。在工艺链中，前一工序的输出误差就是后一工序的输入误差，而整个工艺链正是通过每个工序将输入误差转变为输出误差的，一步步逐渐地减小误差值，最后使其达到所要求的值。

e_{i1} → 工序 1 → e_{o1}　e_{i2} → 工序 2 → e_{o2} … $e_{i,n-1}$ → 工序 $n-1$ → $e_{o,n-1}$　$e_{i,n}$ → 工序 n → $e_{o,n}$

图 4-37　由 n 个工序组成的工艺链

（2）工艺链基本公式

经验表明，对于工艺链中的每一个工序，输出与输入误差之间大都存在着线性相关的关系。对于第 j 个工序，其输出误差 $e_{o,j}$ 与输入误差 $e_{i,j}$ 之间的关系可用下面的公式表示：

$$e_{o,j}=h_j\cdot e_{i,j}+e_j \tag{4-38}$$

上式即为工艺链的基本公式，该式表明工序输出总误差由两部分组成：$h_j\cdot e_{i,j}$ 称为遗传误差项（h_j 称为遗传系数），它是前一工序零件误差（或毛坯误差）转移到本工序的那一部分误差，即本工序输出误差中与输入误差有关的那一部分；e_j 称为自有误差项，它是本工序自身产生的误差，即输出误差中与输入误差无关的那一部分。

通常的情况下，遗传系数总是小于 1 而大于零。即上一工序的误差转移到本工序后，一般都减小了，也即本工序对上一工序的误差或多或少的都有些修正作用。h_j 值愈小，说明修正作用愈强。但在某些个别的情况下，也可能出现 h_j 值大于或等于 1 的情况。此时输入误差不但没有被修正，反而增加了本工序的自有误差，结果使得本工序的加工误差大于上一工序的误差，这是一种不正常的情况。通过对工艺链的分析，就可以找出这样的工序，并设法加以改进。

需要指出的是输出误差 $e_{o,j}$ 与输入误差 $e_{i,j}$ 都是随机变量，两者之间的关系只能是相关的关系，因此式（4-38）不应理解成函数表达式，而应理解成两个随机变量线性回归方程式。

既然是相关关系，就有一个相关紧密程度的问题。可以用线性相关系数 r 来表示输出误差与输入误差线性相关的密切程度，并可以通过显著性检验来判定两者相关的可信性。实践表明，对于大多数工序而言，输出误差与输入误差的线性相关关系都是显著的，即前一工序的误差对后一工序的误差都有一定的影响。在极少的情祝下，输出误差与输入误差无关，这种情况多发生在自有误差过大的工序中，由于自有误差项过大，以至于遗传误差完全被掩盖了。对于这样的工序当然应该引起特别的注意，并应查出原因加以解决。

式(4-38)也可以理解为是对“误差复映”的另一种解释。实际上,误差复映只考虑工艺系统受力变形因素(而在实际加工中,不可能完全排除其他误差因素),因而无法得到准确的试验验证,某些文献上给出的“生产法测量工艺系统静刚度”也只能是纸上谈兵,无法得到正确的结果。

(3) 精度系数

由统计学原理可以推导出工序输入误差的标准差 $S_{i,j}$ 与输出误差的标准差 $S_{o,j}$ 之比就等于相关系数 r_j 与回归方程式(4-38)中遗传系数 h_j 的比值。这个比值的大小反映了工序精度提高的能力,称之为精度系数,用 k_a 表示,即:

$$k_a=\frac{S_{i,j}}{S_{o,j}}=\frac{r_j}{h_j} \tag{4-39}$$

式(4-39)是工艺链中又一重要公式,它主要用来评价工序的精度能力,k_a 值愈大,工件通过本工序后精度提高的愈多。式(4-39)的另一个用途是用来确定上一工序的公差。若将公差视为误差的分散范围,只要输出误差与输入误差的分布情况相近,以下关系总是成立的,即

$$\frac{T_j}{T_{j-1}}=\frac{S_{o,j}}{S_{i,j}}=\frac{h_j}{r_j} \tag{4-40}$$

式中,T_j 和 T_{j-1} 分别代表本工序和上工序的公差。由试验数据确定出 h_j 值和 r_j 值以后,已知 T_j 即可由式(4-40)求出 T_{j-1}。这就为合理地确定各工序公差提供了科学的方法。

【例 4-5】 用工艺链理论对【例 4-4】粗车工序效能进行评价。

【解】 根据表 4-11 的数据,可建立端面 A、B 粗加工工序 ΔL_2 与 ΔL_1 的回归方程,即

$$\Delta L_2=0.163\times\Delta L_1-0.184$$

根据表 4-11 的数据和上面的回归方程,并对照公式(4-37)、(4-38)、(4-39)、(4-40),可以得到如下结论:

1) $r=0.56$,粗车端面前后尺寸 L 数值密切相关;

2) $h_j=0.163$,遗传系数 h 较小,$k_a=r/h_j=3.44$,精度系数 k_a 较大,工序有较强校正能力;

3) 相对于工序公差要求($T_2=0.5$ mm),自有误差较小,可以接受;

4) 由式(4-40)可确定工序1的公差为 1.72 mm(较当前要求的 $T_1=1$ mm 更加宽松)。

经验表明,在绝大多数的情况下,整个工艺过程的自有误差(及其方差)总是远大于毛坯的遗传误差(及其方差)。因此,应该把注意力集中在工艺过程的自有误差上。由于 h_j 通常总是小于1,在自有误差项中愈是后面的工序,对最后结果影响愈大。这就进一步提示我们,提高零件加工精度的关键在于减小最后几道工序的自有误差。

4.5　机械加工表面质量的影响因素及改善措施

4.5.1　机械加工表面质量及其对机械零件使用性能的影响

1. 加工表面质量

加工表面质量包括两个方面的内容:加工表面的几何形状误差和表面层金属的力学性能和化学性能。表面完整性不仅描述加工表面的几何特征和物理化学特征,也包括其力学性能和金相特征,从而影响到机械零件的使用性能和使用寿命。

(1) 加工表面的几何形状误差

加工表面的几何形状误差,包括如下四个部分,如图 4-38 所示。

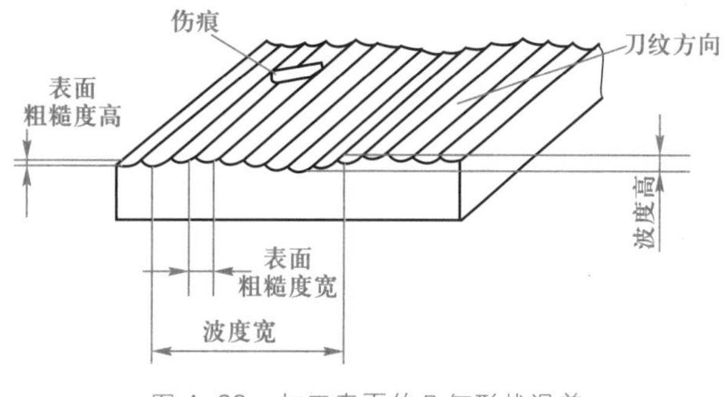

图 4-38 加工表面的几何形状误差

1) 表面粗糙度 表面粗糙度是加工表面的微观几何形状误差,其波长与波高比值一般小于 50。

2) 波度 加工表面不平度中,波长与波高的比值等于 50 ~ 1 000 的几何形状误差称为波度,它通常是由于机械加工中的振动引起的。当波长与波高比值大于 1 000 时,称为宏观几何形状误差。例如,平面度误差、圆度误差、圆柱度误差等,它们属于加工精度范畴。

3) 纹理方向 纹理方向是指表面刀纹的方向,有平行直线型、交叉直线型、同心圆型、放射型、迂回型等,它取决于表面形成过程中所采用的机械加工方法。

4) 伤痕 伤痕是在加工表面上一些个别位置上出现的缺陷,例如砂眼、气孔、裂纹、划痕等。

(2) 表面层金属的力学性能和化学性能

由于机械加工中力因素和热因素的综合作用,加工表面层金属的力学性能和化学性能将发生一定的变化,主要反映在以下几个方面:

1) 表面层金属的冷作硬化 表面层金属硬度的变化用硬化程度和硬化层深度两个指标来衡量。一般机械加工中,硬化层的深度可达 0.05 ~ 0.30 mm;若采用滚压加工,硬化层的深度可达几毫米。

2) 表面层金相组织变化 机械加工中,由于切削热的作用,可能会使表面层金属的金相组织发生变化。例如,在磨削淬火钢时,由于磨削热的影响会引起淬火钢的马氏体的分解,或出现回火组织等。

3) 表面层金属的残余应力 由于切削力和切削热的综合作用,表面层金属晶格会发生不同程度的塑性变形或产生金相组织的变化,使表面层金属产生残余应力。

2. 加工表面质量及其对零件使用性能的影响

机械加工表面质量(或称机械加工表面完整性)主要包括表面粗糙度、加工硬化及残余应力三项内容。实践证明,表面粗糙度和加工表面变质层会对零件乃至机器的使用性能和寿命产生很大影响。

(1) 影响耐磨性

粗糙度值大的表面间结合时,由于实际接触面积小,接触应力很大,易磨损,耐磨性差(见图 4-39)。这种零件装配后,由于接触刚度小,会影响整台机器的工作精度,甚至不能正常工作。一般认为,表面粗糙度值越小,实际接触面积越大,耐磨性较好,但并非表面粗糙度值越小越好,如果表面粗糙度值过小,一方面增加制造成本,另一方面可能会破坏润滑油膜,造成干摩擦而引起剧烈磨损。如机床导轨面的表面粗糙度 Ra 值一般以 1.6～0.8 μm 为宜。

加工硬化了的表面,硬化到一定程度能使耐磨性提高,但硬化程度再增大反会使结晶组织出现过度变形,甚至产生裂纹或剥落,使磨损加剧,耐磨性反而降低(图 4-40)。

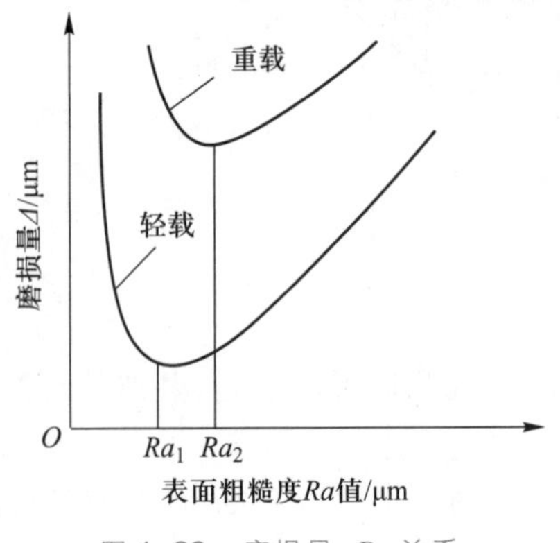

图 4-39 磨损量-Ra 关系

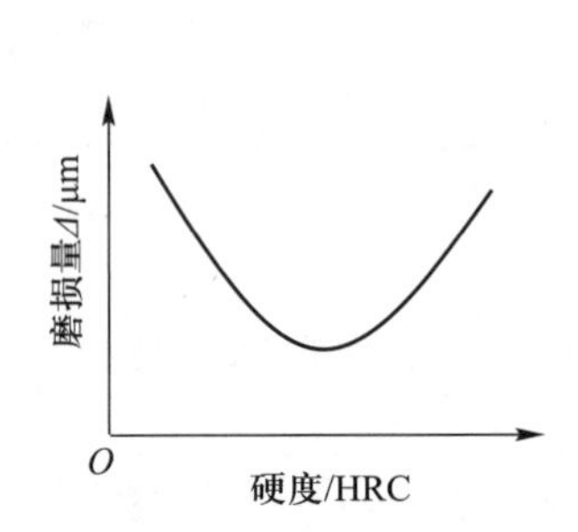

图 4-40 磨损量-硬化关系

(2) 影响疲劳强度

交变载荷作用时,表面粗糙度、划痕及微裂纹等均会引起应力集中,从而降低疲劳强度。加工表面粗糙度的纹路方向对疲劳强度也有较大影响,当纹路方向与受力方向垂直时,疲劳强度明显降低。一般加工硬化可提高疲劳强度,但硬化过度则会所得其反。

残余应力对疲劳强度影响也较大:残余应力为压应力时,可部分抵消交变载荷施加的拉应力,阻碍和延缓裂纹的产生或扩大,从而提高疲劳强度;但为拉应力时,则会大大降低疲劳强度。

有些加工方法,如滚压加工,可减小表面粗糙度值、强化表面层,使表层呈压应力状态,从而防止产生微裂纹,提高疲劳强度。如,中碳钢零件经滚压加工后,其疲劳强度可比只精车的提高 30%～80%。

(3) 影响耐蚀性

表面粗糙度值大的表面,腐蚀性物质(气体或液体)容易渗透到表面的凸凹不平处,从而产生化学或电化学作用而被腐蚀。

表面微裂纹处容易受腐蚀性气体或液体的侵蚀。如零件表面有残余压应力,则能阻止微裂纹的扩展,从而在一定程度上提高零件的耐蚀性。

(4) 影响配合性质

影响配合性质的最主要因素是表面粗糙度。对于间隙配合表面,经初期磨损后,间隙会有所增大。表面粗糙度值越大,初期磨损量越大,严重时会影响密封性能或导向精度。对于过盈配合,表面粗糙度值越大,两配合表面的凸峰在装配时易被挤掉,造成过盈量减小,从而可能影响过盈配合的连接强度。

(5) 影响接合面的密封性

两粗糙不平的接合表面仅在局部峰点处接触,其余部分必然产生缝隙,从而影响密封性。对于接合表面间无相对滑动的静密封表面,如微观不平的谷底过深,装配后密封材料还不能完全填满这些谷底,将在密封面处留下渗漏间隙。对于有相对滑动的动密封表面,其粗糙度值大小应适当,以利于形成一定厚度的润滑油膜。

此外,加工表面质量对运动平稳性和噪声等也有影响。

4.5.2 切削加工表面的形成过程

要研究机械加工表面质量,有必要首先回顾一下切削加工中已加工表面的形成过程。

在3.2节中已讲述了切削层金属经过第一、二变形区变形后流出,形成切屑,经过第三变形区形成已加工表面。但此时把刀具过于理想化了,认为刀具刃口绝对尖锐且无磨损。

实际上,刀具再尖锐,刃口也会存在钝圆半径 r_n,如图4-41所示。其 r_n 值主要由刀具材料的晶粒结构及刃磨质量决定。一般情况下:高速钢 r_n 为 10 ~ 18 μm,最小可达 5 μm;硬质合金 r_n 为 18 ~ 32 μm,如用细粒度金刚石砂轮刃磨,最小可达 3 ~ 6 μm。刀具前角 γ_o 和后角 α_o 越大,刃磨质量越好,r_n 值会越小;刀具磨损后,r_n 值会增大。

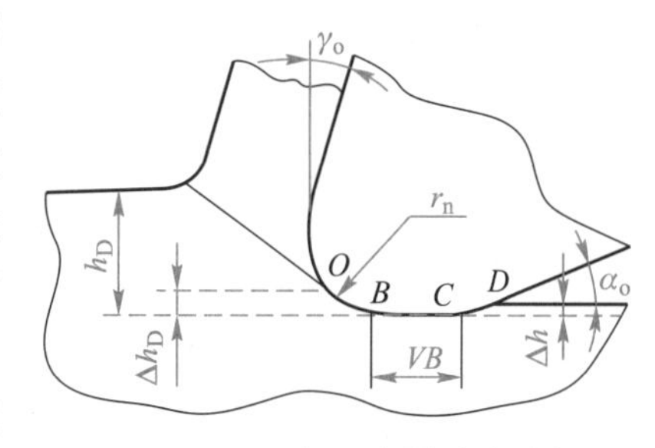

图 4-41 已加工表面形成过程

再者,在毗邻刃口的后面部分经过切削后磨损,形成宽度为 *VB* 的窄棱面,相应部分的后角变为零度,就使得第三变形区的变形变得更复杂化。

由于刀具有 r_n 的存在,刀具就不能把切削层厚度 h_D 全部切下来,而留下一薄层 Δh_D,即当切削层 h_D 经 *O* 点时,*O* 点的上部分经刀具前面流出成为切屑,下部分则在刃口作用下经严重的挤压摩擦产生塑性变形,直到完全脱离刀具后面,又因其深处基体的弹性变形产生了弹性恢复 Δh 并留在加工表面上。

在此过程中,除长度 *VB* 与刀具后面接触外,又增加了 *CD* 段的接触,从而增大了刀具后面与加工表面间的摩擦挤压,加剧了加工表面的塑性变形,甚至引起表层的非晶质化、纤维化及加工硬化等。此时,*O* 点可认为是切削层金属的分流点。

4.5.3 机械加工表面粗糙度影响因素及改进措施

1. 机械加工表面粗糙度基本概念

经过切(磨)削加工后的表面总会有微观几何形状的不平度,其高度称粗糙度。粗糙度包括进给方向的粗糙度和切削(速度)方向的粗糙度(图4-42)。通常所说的粗糙度多指进给方向的粗糙度。

粗糙度分为理论(理想)粗糙度和实际粗糙度。

把刀具切削刃看成纯几何线时,切削刃相对于工件运动所形成表面的微观不平度称理论(理想)粗糙度。其数值取决于残留面积的高度。

生产中实际粗糙度要远远大于理论粗糙度。只有高速切削塑性材料时,加工表面的实际粗糙度才比较接近理论粗糙度,因为切削过程中的积屑瘤、鳞刺及振动等因素的影响结果都会叠加在理论粗糙度之上,使

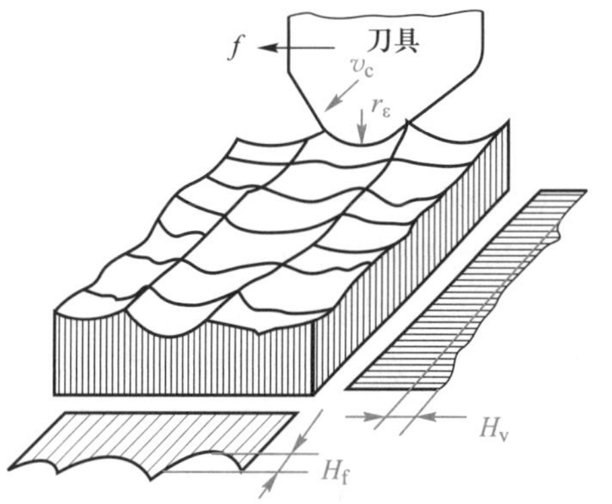

图 4-42 表面粗糙度

得实际粗糙度加大。

在生产现场，通常使用比较法估测表面粗糙度，将被测表面与表面粗糙度样块进行比较对照，确定被测表面的表面粗糙度等级。

表面粗糙度准确的测量方法是使用表面轮廓仪测量。表面轮廓仪使用金刚石探针在被测表面上直线扫过，实时记录高度测量值，属于接触式测量，其测量精度受到探针头圆弧半径大小的影响，探针头越尖、表面越光滑，探针头路径与实际轮廓越接近。

采用光学干涉显微镜，运用光波干涉原理，向被测的反光表面发射光束并记录来自入射光和反射光的干涉条纹，可以测量表面三维形貌。而要测量表面三维微观形貌，则需使用扫描电子显微镜（SEM）、扫描隧道显微镜（STM）、原子力显微镜（AFM）。

2. 切削加工表面粗糙度产生的原因

切削加工表面的实际粗糙度是由理论粗糙度、积屑瘤与鳞刺、切削机理的变化、切削刃与工件相对位置变化（颤振）、切削刃损坏及刀具的边界磨损等原因造成的。

（1）理论粗糙度

由前述不难看出，理论粗糙度是产生实际粗糙度的最基本原因。

外圆车削时的加工表面实际上是有残留面积的螺旋表面，其残留面积的高度即为理论不平度，亦称理论（理想）粗糙度，如图4-43所示。

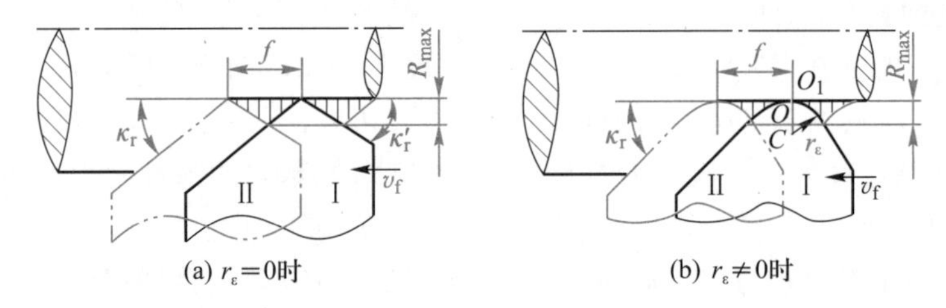

(a) $r_\varepsilon=0$时　　(b) $r_\varepsilon\neq0$时

图4-43　残留面积高度 $R_{\max}$

当 $r_\varepsilon=0$ 时，残留面积最大高度为

$$R_{\max}=\begin{cases}\dfrac{f}{\cot\kappa_r+\cot\kappa_r'}, & (r_\varepsilon=0)\\[2ex] \dfrac{f^2}{8r_\varepsilon} & (r_\varepsilon\neq0)\end{cases} \tag{4-41}$$

可看出：刀具几何参数中的主偏角 κ_r、副偏角 κ_r'和刀尖圆弧半径 r_ε 及切削用量中的进给量 f 是产生理论粗糙度的最基本因素。

（2）积屑瘤和鳞刺的影响

积屑瘤的概念已在3.2中讲述过，切削塑性材料、刀具前角较小、中等切削速度时，易形成积屑瘤。积屑瘤不断的生成与脱落，会严重影响加工表面的粗糙度。

鳞刺是指切削加工表面在切削速度方向上产生的鱼鳞片状的毛刺。鳞刺的特点是：其晶粒与基体材料的晶粒相互交错，二者之间无分界线，鳞刺表面微观呈鳞片状，有一定高度，其宽度近似垂直于切削速度方向。

高速钢、硬质合金或陶瓷刀具在切削低碳钢、中碳钢、铬钢、不锈钢、铝合金、紫铜等塑性金属时，无论是车、刨、钻、插、滚齿、插齿和螺纹加工工序中都可能产生鳞刺，它在各种切削速度 v_c，甚至在很低切速（v_c = 1.7 m/min）下切钢、板牙切螺纹时也能产生。鳞刺的出现会使表面粗糙度值加大，常常成为塑性金属材料精加工的一大障碍。

（3）切屑变形的影响

在挤裂切屑或单元切屑形成的过程中，由于单元切屑周期性地断裂往切削表面以下深入，在加工表面上留下了挤裂痕迹而呈波浪形（图 4-44a）。在崩碎切屑形成过程中，从主切削刃处开始的裂纹在接近主应力方向斜着向下延伸，造成加工表面的凸凹不平（图 4-44b）。

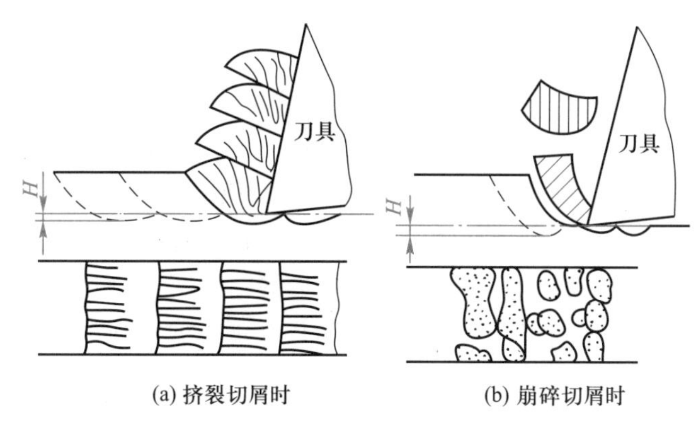

(a) 挤裂切屑时　　(b) 崩碎切屑时

图 4-44　非连续切屑及加工表面

（4）切削刃损坏及刀具边界磨损

切削刃损坏使表面粗糙度值加大。当刀具在副后面产生边界磨损时，在加工表面上会形成锯齿状凸起，使表面粗糙度值加大。

3. 切削加工表面粗糙度的控制

由前述可知，影响实际表面粗糙度的因素包括：刀具几何参数（κ_r、κ_r'、γ_o 和 r_ε）、切削用量（f、v_c）、工件材料、切削液及刀具磨损等。控制表面粗糙度的具体措施可从刀具、工件和切削条件三个方面来考虑。

（1）刀具方面

1）适当地减小 κ_r、κ_r' 或增大 r_ε，以减小残留面积高度 R_{max}，即减小理论粗糙度。

2）增大 γ_o，使塑性变形减小，也可抑制积屑瘤和鳞刺的生成。

3）采用稍大于 f 的修光刃（即 $\kappa_r'=0°$），如：宽刃刨刀或车刀、带修光刃的端铣刀，均能减小 R_{max}。

4）提高刀面和切削刃的刃磨质量，减小刀面和切削刃的表面粗糙度，减小与加工表面间的摩擦及表面粗糙度的复映，有利于抑制积屑瘤和鳞刺的生成。

5）采用能减小与钢的摩擦系数的 TiN、TiC 涂层刀具，以减小黏结以及积屑瘤与鳞刺的生成。

6）严格控制刀具磨损值，特别是刀具后面磨损和边界磨损，要及时换刀。

（2）工件方面

加工塑性较大的低碳钢时，可预先将工件进行调质处理，提高其硬度、降低塑性，可以抑制积屑瘤和鳞刺的生成，减小表面粗糙度。

（3）切削条件方面

1）切削中碳钢时可降低切削速度（v_c<5 m/min）或提高切削速度（v_c>30 m/min），以避开积屑瘤生长区。

2）减小进给量 f，不仅减小了残留面积高度 R_{max}，也减小了刀-屑接触区的法向应力，避免刀-屑间黏结，从而可抑制积屑瘤和鳞刺的生成。

3）采用加热切削或低温切削，以避免积屑瘤和鳞刺的生成。

4）使用性能好的切削液，减小摩擦，抑制积屑瘤和鳞刺的生成，以减小表面粗糙度。

5）防止机床加工系统的高频振动，也可减小表面粗糙度值。

4. 磨削表面粗糙度及其控制

由3.7节可知，磨削表面是由随机分布在砂轮表面的几何形状不规则的磨粒，经对工件表面的滑擦、刻划和切削三个阶段形成的。磨削与切削不同的是：在滑擦阶段，工件表面只有弹性变形；在刻划阶段，磨粒把工件表面刻划出沟痕的同时，也使材料挤向两侧面而生隆起，虽有塑性变形，但仍无切屑形成；只有在多次刻划后才因疲劳断裂或脱落而形成切屑。

磨削表面粗糙度同切削一样，也有两个方向，既沿磨削速度方向和垂直于磨削速度方向（磨削方向）。一般前者数值较小，可忽略不计。通常所说磨削表面粗糙度是指垂直于磨削方向的。假定磨粒切削刃在砂轮表面的分布是均匀的且高度一致，则垂直于磨削方向的最大不平度 R_{max} 值可用下式表示

$$R_{max}=\left(\frac{v_w}{\left(2v_c m\frac{B}{f_a}\right)}\right)^{\frac{2}{3}}\left(\frac{R_w+R_s}{2R_wR_s}\right)^{\frac{1}{3}} \tag{4-42}$$

式中：v_c、v_w——分别表示砂轮和工件的速度；

R_s、R_w——分别表示砂轮和工件的半径；

m——砂轮圆周单位长度的磨粒数，与粒度有关：粒度号越大，m 值越大；

$\frac{B}{f_a}$——砂轮宽度与轴向进给量之比值。

不难看出，要减小磨削表面粗糙度可采取以下措施：

1）采用粒度号大的砂轮，磨粒细，m 值增大，Ra 减小，但磨粒不宜太细，否则会造成砂轮堵塞，使 Ra 增大。

2）提高砂轮速度 v_c 或降低工件速度 v_w，即 v_c/v_w 比值增大，可使 Ra 减小（图4-45a,b）。因 v_c 提高，塑性变形减少，使隆起残余量 ξ 减小（图4-45c）。

3）使用直径较大砂轮可使 Ra 减小。

4）加大砂轮宽度 B，使得参加工作的磨粒数增多，每颗磨粒的磨削量将减少，即单颗磨粒的最大切削厚度 h_{Dgmax} 减小，并减小轴向进给量 f_a，使 $\frac{f_a}{B}$ 比值减小，Ra 值当然降低（图4-46）。

5）增大径向进给量 f_r（或磨削深度 a_p），会使表面粗糙度值增大。因 f_r 增大，可使塑性变形增大，从而使 Ra 增大（图4-47）；增加光磨次数则可使 Ra 减小。

6）提高砂轮修整质量，可使 Ra 减小。实践证明：修整用的金刚石工具越锋利、修整导程越小、修整深度越小、修出磨粒的微刃越多越细、刃口等高性越好，则 Ra 越小。

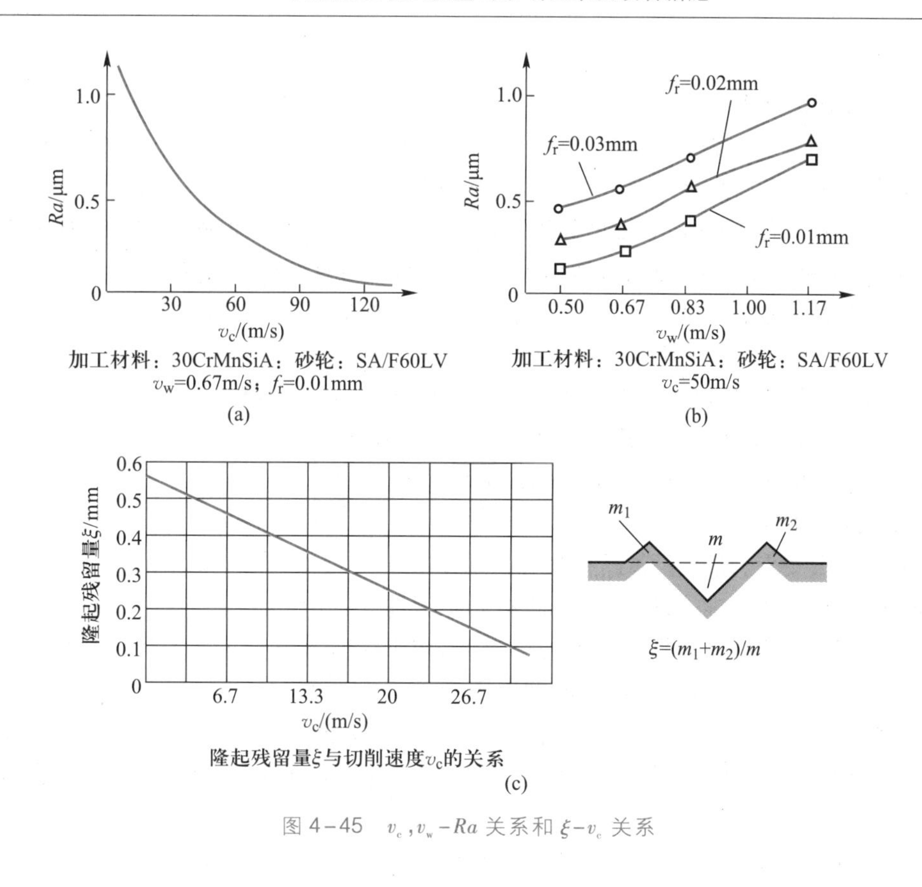

图 4-45　v_c，v_w-Ra 关系和 ξ-v_c 关系

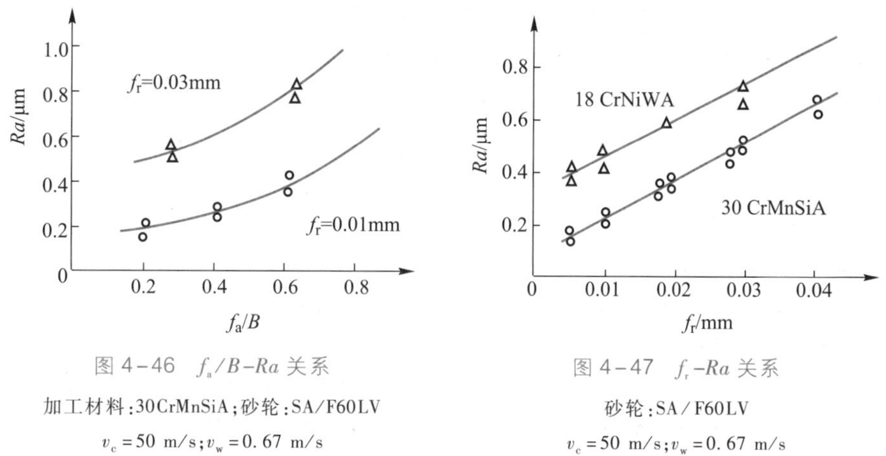

图 4-46　f_a/B-Ra 关系

加工材料:30CrMnSiA;砂轮:SA/F60LV

v_c = 50 m/s;v_w = 0.67 m/s

图 4-47　f_r-Ra 关系

砂轮:SA/F60LV

v_c = 50 m/s;v_w = 0.67 m/s

此外,砂轮硬度、磨削液性能及其浇注方法等也对磨削表面粗糙度有一定影响。

4.5.4　加工表面变质层影响因素及改进措施

机械加工后的工件表面,材料的物理力学性能与基体相比发生了不小的变化,即产生了加工变质层。这种加工变质层常用表面层的加工硬化与残余应力来表示。

1. 加工硬化

(1) 加工硬化的概念

经切(磨)削加工过的表面,其硬度往往比基体的硬度高出1~2倍,硬化层深度可达几十微米至几百微米。这种不经热处理造成的表面硬化现象称加工硬化或冷作硬化。

这种硬化了的表面,固然由于硬度的提高使耐磨性得到了提高,但脆性增加会使冲击韧性降低,同时也给后续加工带来了困难,且增加了刀具磨损,使刀具使用寿命减少。

由切削加工表面的形成过程可知,切削层金属经受塑性变形时,切削层以下的一部分金属也将产生塑性变形;再加上刀具刃口钝圆半径 r_n 的存在,O 点以下的部分 Δh_D 未被切下(图4-48),而是经受 r_n 的挤压产生了很大的附加塑性变形。由于基体材料的弹性恢复,刀具后刀面又继续与已加工表面接触摩擦,使加工表面再次产生变形。

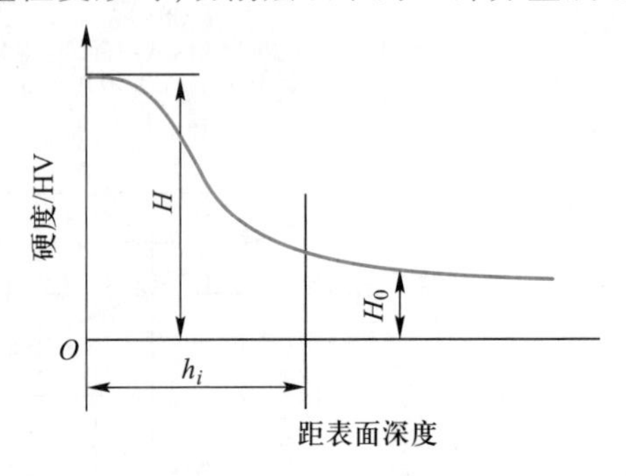

图4-48 加工硬化与表面深度的关系

经过上述几次变形,使得金属晶格发生扭曲,晶格被拉长、破碎,位错运动困难,阻碍了金属的进一步塑性变形,而使金属强化,硬度显著提高。但另一方面,加工表面还要受到切削温度的影响,当切削温度低于相变点 A_{c1} 时,表层将被弱化,硬度将降低;若温度高于 A_{c1} 时将产生相变。因此,加工表面的硬度将是这种强化、弱化及相变综合作用的结果:当以塑性变形为主时,表面要产生硬化;当切削温度起主导作用时,要由弱化程度和相变情况而定。

从切削层剖面显微照片可看出,在已加工表面形成过程中,塑性变形已达到了表层以下相当大的深度,越接近已加工表面,变形硬化越严重(图4-48)。

加工硬化通常用硬化程度 N 和硬化层深度 Δh_d 来衡量。

硬化程度为

$$N=\frac{H}{H_0}\times 100\% \tag{4-43}$$

式中:H_0——基体的显微硬度(HV);

H——硬化层显微硬度(HV)。

硬化层深度是指加工硬化层深入基体的距离,以微米(μm)计。

(2) 影响加工硬化的因素

1) 刀具方面 首先是刀具几何参数,主要是 γ_o、α_o 和 r_n。前角 γ_o 越大,切削变形越小,加工硬化程度 N 和硬化层深度 Δh_d 均减小(图4-49);后角 α_o 越大,与刀具后面的摩擦越小,加工硬化越小;刃口钝圆半径 r_n 越小,挤压摩擦越小,弹性恢复层 Δh_d 越小,硬化层越小(图4-50)。

其次是刀具磨损,刀具后面磨损 VB 值越大,硬化层深度 Δh_d 越大(图4-51)。

此外,刀具刃磨质量也有重要影响,刀具前后面刃磨质量越好,硬化越小。

2) 工件方面 研究表明,工件材料硬度越低、塑性增大,加工硬化 N 和硬化层深度 Δh_d 越大。就结构钢而言,含碳(C)量少,塑性变形大,硬化严重。

3) 切削条件方面 切削用量 v_c、f、a_p 对加工硬化的影响如图4-52、图4-53和图4-54所示。使用切削液,可减轻加工硬化,切削液性能越好,硬化越能减轻。

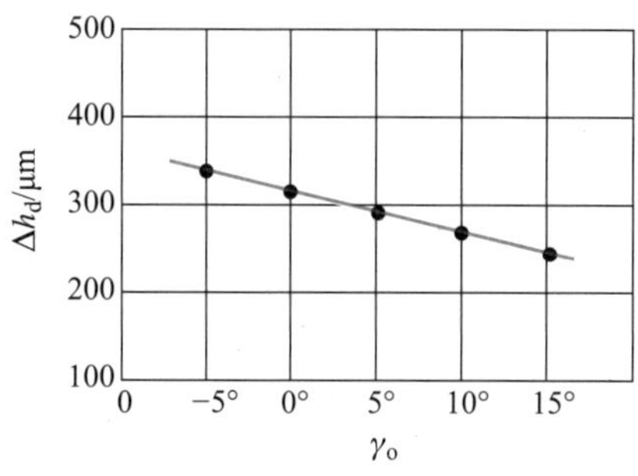

图 4-49　$\Delta h_d-\gamma_o$ 关系曲线

刀具:K15(YG6X)端铣刀;工件材料:06Cr18Ni11Ti

$v_c=51.7$ m/min;$a_p=0.5\sim3$ mm;$f_z=0.5$ mm/Z

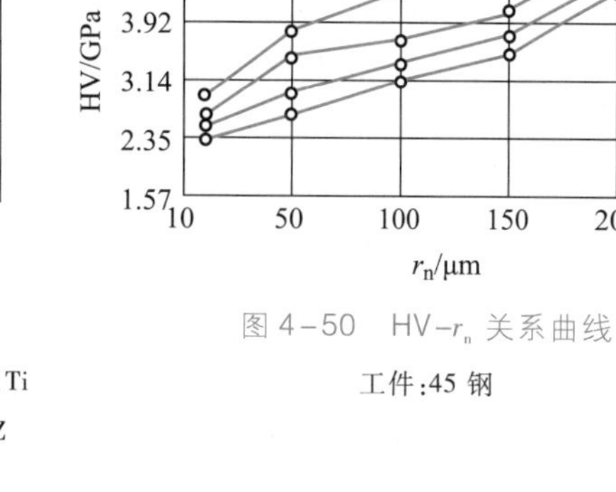

图 4-50　$HV-r_n$ 关系曲线

工件:45 钢

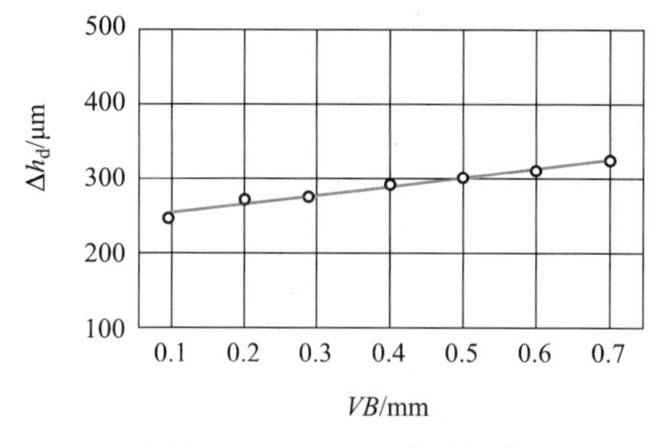

图 4-51　Δh_d-VB 关系曲线

实验条件同图 4-48

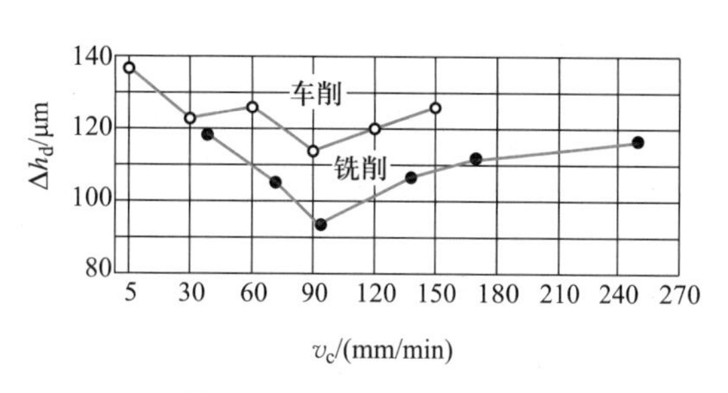

图 4-52　Δh_d-v_c 关系曲线

刀具:硬质合金;工件材料:45 钢;

车削用量:$a_p=0.5$ mm,$f=0.14$ mm/r;

铣削用量:$a_p=3$ mm,$f_z=0.04$ mm/Z

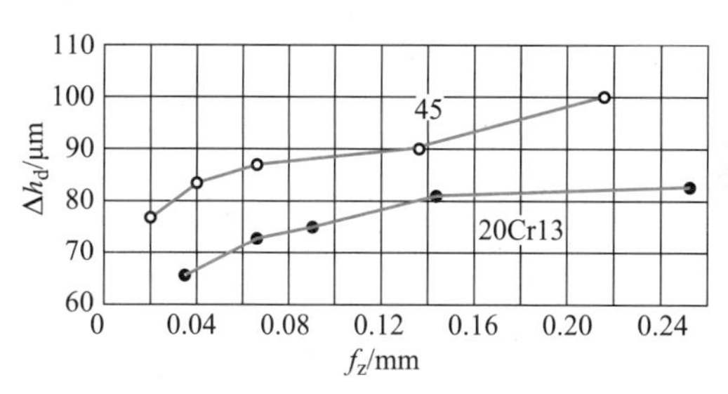

图 4-53　Δh_d-f 关系曲线

刀具:单齿硬质合金端铣刀;

切削条件:$a_p=2.5$ mm,$v_c=320$ m/min(45 钢),

$v_c=180$ m/min(20Cr13)

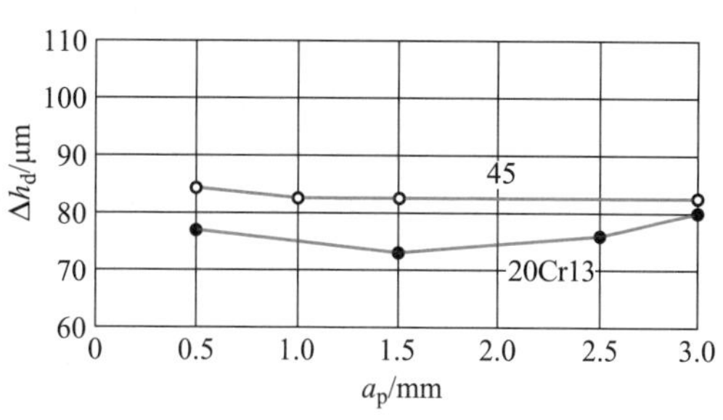

图 4-54　Δh_d-a_p 关系

刀具:单齿硬质合金端铣刀;工件:45 钢,20Cr13;

切削条件:$v_c=320$ m/min,$f_z=0.075$ mm/Z(45 钢),

$v_c=180$ m/min,$f_z=0.07$ mm/Z(20Cr13)

(3) 控制加工硬化的措施

1) 选择较大的 γ_o、α_o 及较小的 r_n。

2) 合理确定 VB 值。

3) 提高刀具刃磨质量。

4）合理选择切削用量，尽量选择较高 v_c 和较小的 f。

5）使用性能好的切削液。

2. 残余应力

残余应力的问题已在4.3节中介绍，此处仅就影响切削加工残余应力的因素作进一步的说明。

（1）刀具方面

1）刀具几何参数　刀具前角 γ_o 对残余应力有很大影响，图4-55给出了硬质合金刀具切削45钢时，刀具前角 γ_o 对残余应力的影响规律。当 γ_o 由正变为负时，表层残余拉应力逐渐减小。这是因为 γ_o 减小，r_n 增大，刀具对加工表面的挤压与摩擦作用加大，从而使残余拉应力减小；当 γ_o 为较大负值且切削用量合适时，甚至可得到残余压应力。

2）刀具磨损　刀具后面磨损 VB 值增大，使后面与加工表面摩擦增大，也使切削温度升高，从而由热应力引起的残余应力的影响增强，使加工表面呈残余拉应力，同时使残余拉应力层深度加大（图4-56）。

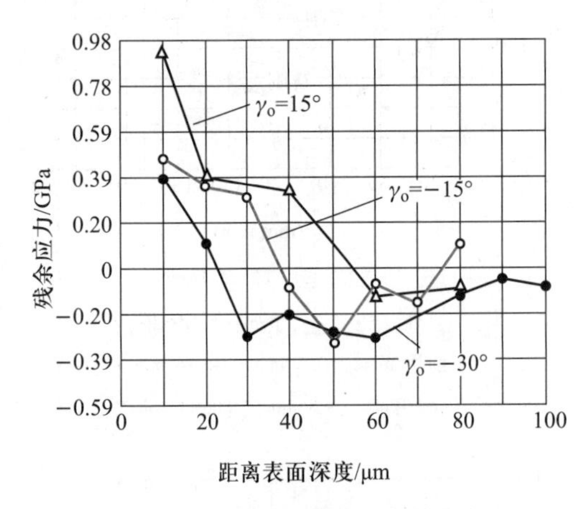

图4-55　前角对残余应力的影响

刀具：硬质合金刀具；工件：45钢；

切削条件：$v_c=150$ m/min，$a_p=0.5$ mm，$f=0.05$ mm/r

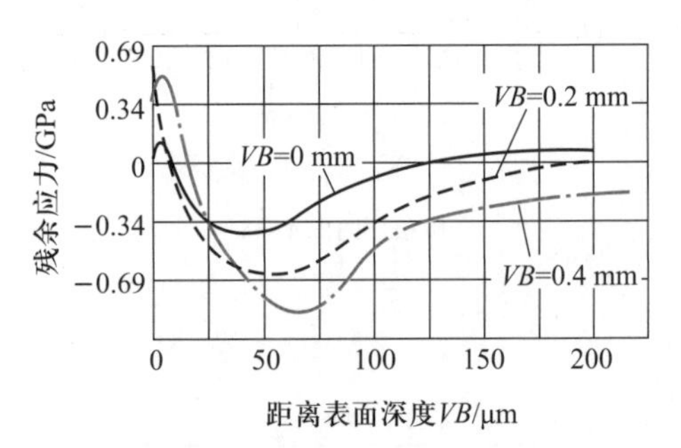

图4-56　VB-残余应力

刀具：单齿硬质合金端铣刀；工件：合金钢；轴向前角：0°；

径向前角：-15°，$\alpha_o=8°$，$\kappa_r=45°$，$\kappa_r'=5°$

（2）工件方面

工件材料塑性越大，切削加工后产生的残余拉应力越大，如工业纯铁、奥氏体不锈钢等。切削灰铸铁等脆性材料时，加工表面易产生残余压应力，原因在于刀具的后面挤压与摩擦使得表面产生拉伸变形，待与刀具后面脱离接触后，在里层的弹性恢复作用下，使得表层呈残余压应力（图4-57）。

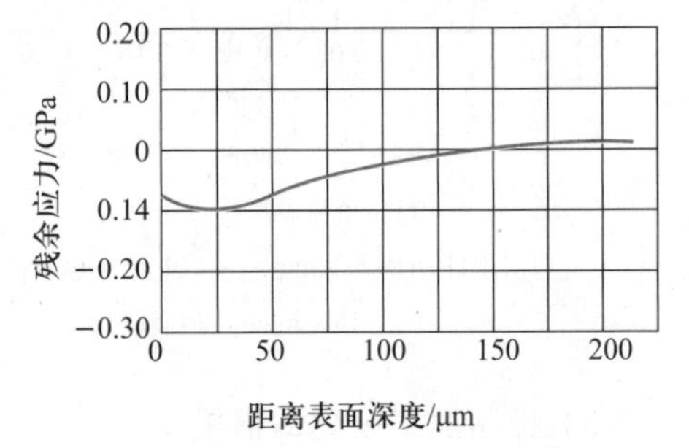

图4-57　刨削铸铁时的残余应力

$\gamma_o=12.5°$，$\kappa_r=53°$，$r_\varepsilon=1$ mm，工件：合金钢；

切削条件：$v_c=36$ m/min，$a_p=2.5$ mm，$f=0.21$/行程

（3）切削条件方面

切削用量三要素中的切削速度 v_c 和进给量 f 对残余应力的影响较大（图4-58和图4-59）。因为 v_c 增加，切削温度升高，此时由切削温度引起的热应力逐渐

起主导作用，故随着 v_c 增加，残余应力将增大，但残余应力层深度减小。进给量 f 增加，残余拉应力增大，但压应力将向里层移动。背吃刀量 a_p 对残余应力的影响不显著。

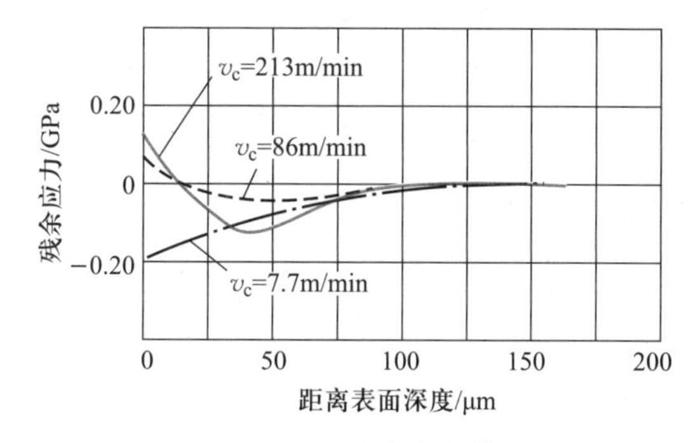

图 4-58 v_c 对残余应力的影响

工件：45 钢；刀具：硬质合金可转位刀具；

切削条件：$a_p = 0.3$ mm，$f = 0.05$ mm/r，不加切削液

$\gamma_o = 5°$，$\alpha_o = \alpha_o' = 5°$，$\lambda_s = -5°$，$\kappa_r = 75°$，$r_\varepsilon = 0.8$ mm

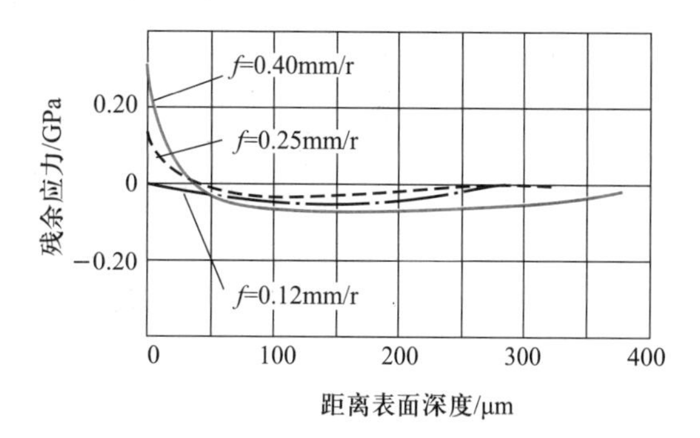

图 4-59 f 对残余应力的影响

工件：45 钢；刀具：硬质合金可转位刀具；

切削条件：$v_c = 86$ m/min，$a_p = 2$ mm，不加切削液

3. 磨削烧伤与磨削裂纹及其控制措施

(1) 磨削烧伤

磨削工件时，当工件表面层温度达到或超过金属材料相变温度时，表层金属材料的金相组织将发生变化，表层显微硬度也相应变化，并伴随有残余应力产生，甚至出现微裂纹，同时出现彩色氧化膜，这种现象称磨削烧伤。

在磨淬火钢时，由于磨削区温度不同可能产生以下三种烧伤：

1) 回火烧伤　当磨削区温度超过马氏体转变温度而未达到相变温度时，此时表层金相组织将由原来的马氏体组织转变为硬度较低的回火组织（索氏体或屈氏体），此现象称为回火烧伤。

2) 淬火烧伤　当磨削区温度超过相变温度，由于磨削液的冷却作用，最外层会出现二次淬火，形成二次淬火马氏体组织，其硬度比原马氏体高，该层厚度一般只有 4～6 μm，但该层以下由于冷却缓慢则形成了比原回火马氏体硬度低得多的过回火组织，此现象称为淬火烧伤。

3) 退火烧伤　当磨削不用磨削液时，工件表面的磨削温度会超过相变温度，由于工件冷却十分缓慢，磨后表面硬度大大降低，此现象称为退火烧伤。

图 4-60 给出了磨削淬火高速钢表面层硬度的变化情况。

不难看出：在距加工表面 50 μm 处硬度很高，这是因为回火马氏体转变为奥氏体后，由于急剧冷却作用又转变为二次淬火马氏体组织。再往深处由于冷却缓慢，都转变为比原回火马氏体硬度还低的过回火组织，硬度逐渐降低，直到 100 μm 左右时硬度最低。再往深处，这种过回火组织又逐渐减少，硬度又逐渐增高，达 175 μm 深度以后，因未受到磨削温度的作用，金相组织没有变化，从而保持了基体硬度。

其他钢件磨削烧伤后表层硬度和组织变化情况与淬火高速钢大体相似，只是磨削温度作用的深度不同。再有工件材料的化学成分不同（碳和合金元素含量），对烧伤敏感程度是不相同的：碳和合金元素含量高者，导热性差，磨削温度高，易产生磨削烧伤；碳含量相同时，淬火硬度越高者，马氏体越不稳定，越易产生磨削烧伤；而淬火后回火的工件，组织较稳定，不易产生磨削烧伤。

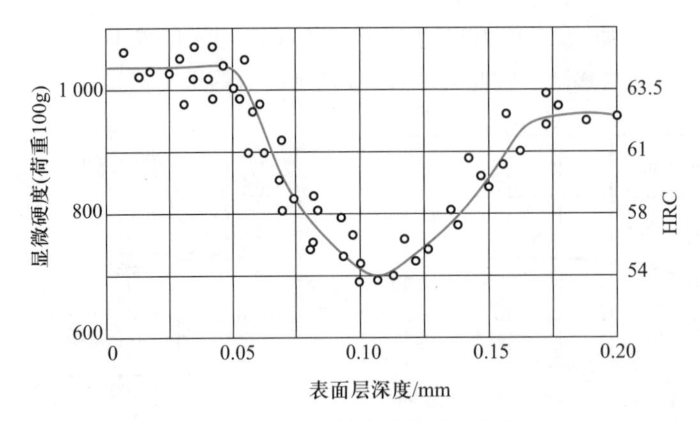

图4-60 磨削烧伤层的硬度变化

产生磨削烧伤的工件表面的物理力学性能和使用寿命大大降低,甚至成为废品。造成磨削烧伤的原因主要是磨削温度过高。

(2) 磨削裂纹

由于磨削温度很高,故磨削表面的残余应力常常是由磨削温度引起的热应力和金相组织相变引起的体积应力占主导地位而产生。一般情况下,磨削表面多呈残余拉应力,磨削淬火钢、渗碳钢及硬质合金工件时,常常在垂直于磨削方向上产生微小龟裂,严重时发展成龟壳状微裂纹,有的裂纹不在工件外表面,而是在表面层下,用肉眼根本无法发现。裂纹的方向常与磨削方向垂直或呈网状,并且与烧伤同时出现。其危害是降低零件的疲劳强度,甚至出现早期低应力断裂。

(3) 磨削烧伤与磨削裂纹的控制措施

磨削烧伤和磨削裂纹产生的主要原因是磨削区高温,因此必须设法减少磨削热的产生,加速磨削热的传出。

1) 选择合理的磨削用量 研究表明,磨削区温度可表示为

$$\theta \propto f_r^{0.63} v_c^{0.26} v_w^{0.24} \tag{4-44}$$

不难看出,砂轮径向进给量f_r(或磨削深度a_p)对平均温度影响最大,因为它使砂轮与工件接触区增大;v_c、v_w对θ的影响不如f_r大。此外,轴向进给量f_a、工件材料的强(硬)度、韧性增加均会使θ有所升高。从热量传出的角度考虑,v_c的增加会使砂轮与接触区接触时间减少,传到工件上热量相对减少,从而会减少产生磨削烧伤与磨削裂纹的可能性,生产中采用高速磨削的原因即在于此。

2) 提高冷却效果 常规冷却方法的冷却效果较差,因为高速回转的砂轮表面会产生强大气流层,使得磨削液的很少部分进入磨削区,而大量磨削液只能喷注在已离开磨削区的已加工表面上。

可用下列方法来改善:

① 采用高压大流量法 此法不但可以增强冷却作用,而且也增强了对砂轮的冲洗作用,使砂轮不易堵塞,但此时机床必须有防止磨削液飞溅的防护罩。

② 安装带空气挡板的喷嘴 为减轻高速回转砂轮表面处的高压附着气流作用,可安装带空气挡板的喷嘴(图4-61),以使磨削液能顺利喷注到磨削区,这对高速磨削更重要。

③ 采用磨削液雾化法或内冷却法 采用专门装置将磨削液雾化,使其带走大量磨削热,增强冷却效果;也可采用内冷却砂轮,其工作原理如图4-62所示。经过严格过滤的磨削液由锥形

套1经空心主轴法兰套2引入砂轮的中心腔3内,由于离心力的作用,磨削液经由砂轮内部有径向小孔的薄壁套4的孔隙甩出,直接浇注到磨削区。

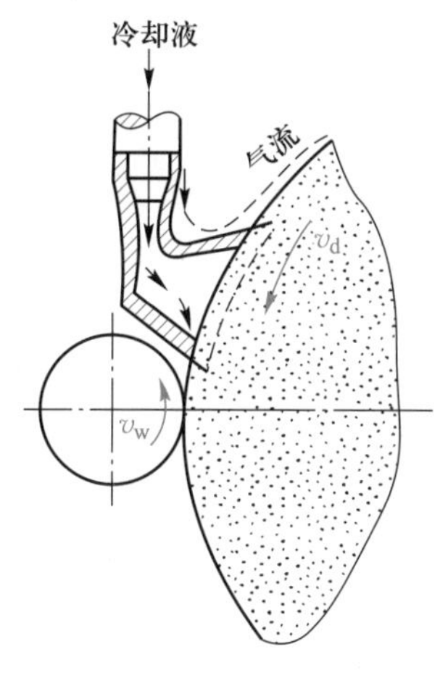

图4-61 带空气挡板的冷却喷嘴

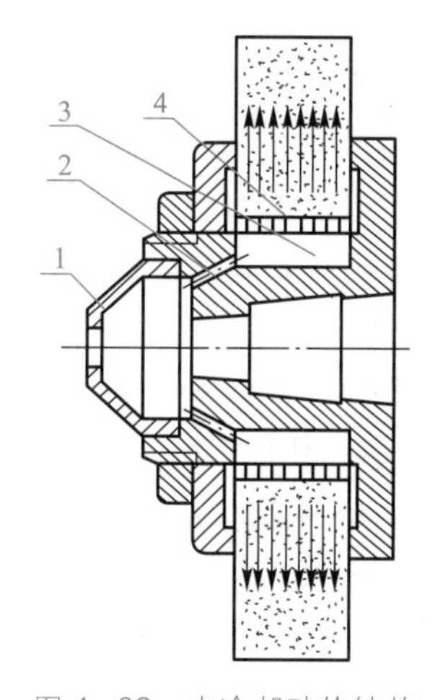

图4-62 内冷却砂轮结构

1—锥形盖;2—主轴法兰套;3—砂轮中心腔;4—薄壁套

3) 正确选用砂轮 包括正确选用磨料、结合剂、粒度、硬度与组织,在此不再详述。

4) 选用新结构和新工艺 选用新结构的开槽砂轮、采用砂轮在线修整工艺等也可较好地解决磨削烧伤与磨削裂纹问题。

4.6 机械加工过程中的振动及其控制

4.6.1 概述

一般说来,机械加工过程中的振动是一种对机械加工十分有害的现象,它对机械加工有很大影响:

1) 影响加工表面粗糙度 当振动频率较高时会产生微观不平度,振动频率较低时会产生波(纹)度。

2) 影响生产效率 机械加工过程一旦产生振动,就要减小切削用量,使得机床刀具性能得不到充分发挥,从而限制生产效率的提高。

3) 影响刀具寿命 振动将使加工系统持续承受动态交变载荷作用,刀具易磨损,甚至崩刃,特别像硬质合金与陶瓷等韧性差的刀具更是如此。

4) 影响机床与夹具的使用寿命 振动会使机床、夹具零部件间的连接产生松动,间隙加大,接触刚度减小,精度降低,使用寿命缩短。

5) 产生噪声污染 机械加工中的振动所引起的噪声有害于操作者的健康。

机械加工过程中的振动,就其产生的原因可分为强迫振动和自激振动。

4.6.2 强迫振动及其控制措施

1. 强迫振动的成因

强迫振动又称受迫振动,它是外界周期性的干扰力作用引起的不衰减振动。它与一般机械中的强迫振动一样，其频率与干扰力的频率相同或成倍数关系。

强迫振动的振源有机外与机内之分。机外振源均通过地基把振动传给机床，可用隔振地基隔离。机内振源可分为下列三种：

1）高速回转零部件质量的不平衡　如：电动机转子、皮带轮、联轴节、砂轮及回转工件等质量的不平衡将引起周期性振动。

2）机床传动件的制造误差和缺陷　如：传动齿轮的齿距误差引起传递运动的不均匀、主轴与轴承间隙过大、主轴轴径圆度超差、轴承精度不高、皮带接头不均匀以及液压系统的油压脉动等均能引起振动。

3）切削过程中的冲击　多刃多齿刀具的制造误差、断续切削及工件材料的硬度不均、加工余量不均等均会引起切削过程的不平稳，有冲击和振动产生。

2. 强迫振动的特点

1）强迫振动是在外界周期性干扰力的作用下产生的，但振动本身并不能引起干扰力的变化。如作用在加工系统上的干扰力是简谐激振力 $F=F_0\sin\omega t$，则强迫振动的稳态过程也是简谐振动，只要这个激振力存在，该振动就不会被阻尼衰减掉。

2）不管加工系统本身的固有频率多大，强迫振动的频率总与外界干扰力的频率相同或成倍数关系。

3）强迫振动振幅的大小在很大程度上取决于干扰力的频率 ω 与加工系统固有频率 ω_0 的比值 $\frac{\omega}{\omega_0}$，当 $\frac{\omega}{\omega_0}=1$ 时，振幅达最大值，此现象称“共振”。

4）强迫振动振幅的大小除了与 $\frac{\omega}{\omega_0}$ 有关外，还与干扰力、系统刚度及阻尼系数有关：干扰力越大，系统刚度和阻尼系数越小，则振幅越大。

3. 强迫振动的消除与控制措施

1）消振、隔振与减振　消除强迫振动的最有效办法就是找出振源并消除之，如不能消除，则可用隔振的办法。如：用隔振地基隔绝邻近机床振动的影响，精密机床、精密仪器常用空气垫隔振也是有效的办法。还可用动力式减振器，其原理如图4-63所示。

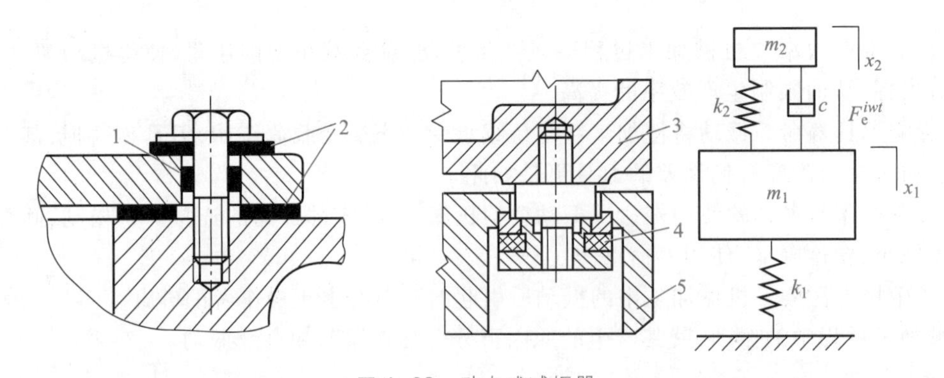

图4-63　动力式减振器

1—橡皮圈；2—橡皮垫；3—主振动系统质量 m_1；4—弹簧阻尼元件；5—附加质量 m_2

动力式减振器是用弹性元件 k_2 把附加质量 m_2 连接到振动系统（m_1、k_1）的减振装置。它是利用附加质量的动力作用,使弹性元件附加给振动系统的力与干扰力尽量平衡,以此来消耗振动能量。

2）消除回转件质量的不平衡　加工系统的振动多数是因回转零件的质量不平衡引起的,因此必须解决高速回转零件质量的不平衡问题,有条件的还应进行动平衡。

3）提高传动零件的制造精度。

4）提高加工系统的刚度,增加系统阻尼。

5）改变机床转速,使用不等齿距刀具。

4.6.3 自激振动及其抑制措施

1. 基本概念

在机械加工过程中,由该加工系统本身引起的交变切削力反过来加强和维持系统自身振动的现象称自激振动。因切削过程中产生的这种振动频率较高,故通常又称颤振。它严重地影响机械加工表面质量和生产效率。大多数情况下,振动频率与加工系统的固有频率相近。由于维持振动所需的交变切削力是由加工系统本身产生的,所以加工系统本身运动一停止,交变切削力也就随之消失,自激振动也就停止。图 4-64 给出了机床自激振动的闭环系统。

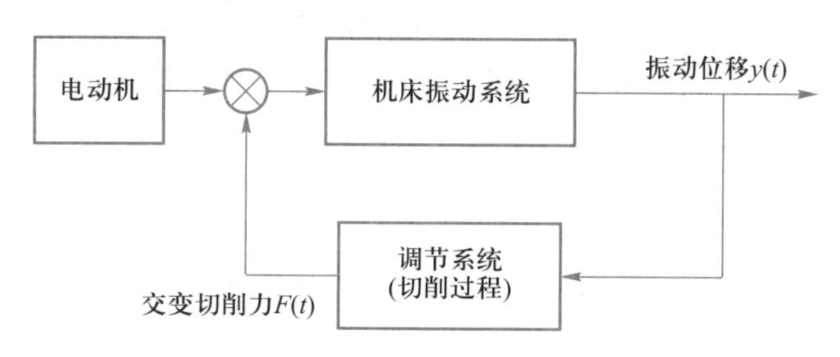

图 4-64　机床自激振动闭环系统

用传递函数概念来分析,机械加工系统是由一个振动系统和调节系统组成的闭环系统。激励机械加工系统产生振动的交变切削力是由切削过程产生的,而切削过程同时又受机械加工系统振动的影响,加工系统的振动一旦停止,交变切削力也就随之消失。如果切削过程很平稳,即使系统存在产生自激振动的条件,也因切削过程没有交变切削力而不会产生自激振动。但在实际加工过程中,偶然性的外界干扰(工件材料硬度不均、加工余量不均等)总是存在的,这种偶然性的外界干扰所产生的切削力变化就会作用在机械加工系统上,使机械加工系统产生振动,这种振动又将引起工件与刀具间相对位置的周期性变化,从而导致切削过程产生维持振动的交变切削力。如果加工系统不存在产生自激振动的条件,由偶然性外界干扰引发的强迫振动将因系统存在阻尼而逐渐衰减;如果加工系统存在产生自激振动的条件,就可能会使机械加工系统产生持续的振动。

2. 自激振动的特点

1）自激振动是一种不衰减振动,振动过程本身能引起某种力的周期性变化,振动系统能通过这种力的变化,从不具备交变特性的能源中周期性地获得能量补充,从而维持这个振动。外部干扰可能在最初激发振动时起作用,但它不是产生这种振动的内在原因。

2）自激振动的频率等于或接近于系统的固有频率,即自激振动的频率由振动系统本身的振动参数所决定，这与强迫振动有根本区别。

3）自激振动能否产生及振幅的大小取决于振动系统在每一个周期内获得和消耗的能量对比情况，如图4-65所示。图中E^+表示获得能量，E^-表示消耗能量。只有$E^+=E^-$时系统才处于稳定状态。

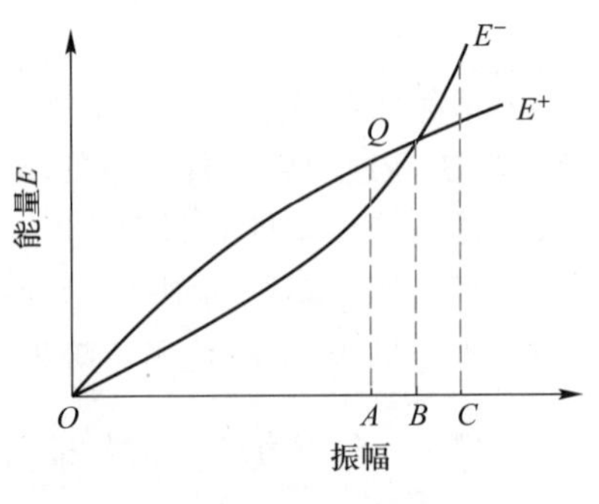

图4-65　自激振动系统的能量关系

当振幅为某一数值A时，获得能量大于消耗能量，振幅将不断增大，直到二者相等；若情况相反，振幅则不断减小，也直到二者相等为止。如振幅为任意数值时，获得能量小于消耗能量，自激振动根本就不可能产生。

3. 自激振动的激振机理

关于机械加工过程中自激振动产生的机理，许多学者曾提出了不同的学说，下面仅介绍其中两种比较公认的理论。

（1）再生自激振动机理

在稳定的切削过程中，由于偶然的干扰（刀具切削在工件材料硬质点上或加工余量不均等），使加工系统产生了振动并在加工表面上留下振纹。当第二次走刀时，刀具就将在有振纹的表面上切削，使得切削厚度发生变化，导致切削力作周期性地变化，这种由切削厚度的变化而使切削力变化的效应称再生效应，由此产生的自激振动称再生自激振动，如图4-66所示。

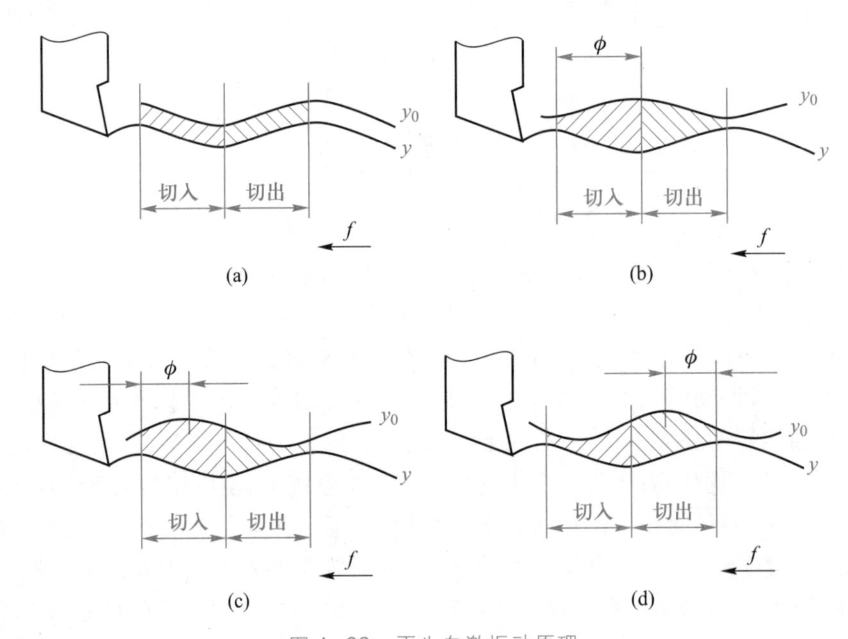

图4-66　再生自激振动原理

图4-66a表示前一次走刀振纹y_0与后一次走刀振纹y无相位差，即$\phi=0$，切入和切出的半个周期内平均切削厚度是相等的，故切出时切削力所作的正功（获得能量）等于切入时所作负功（消耗能量），系统无能量获得。图4-66b表示y_0与y相位差$\phi=\pi$时，切入与切出的半周期内平均切削厚度仍相等，系统仍无能量获得。图4-66c表示y超前于y_0，即$0<\phi<\pi$，此时切出半周期

中的平均切削厚度比切入半周期的小，系统所做正功的值小于所做负功的值，系统消耗能量。图4-66d中 y 滞后于 y_0，即 $0>\phi>-\pi$，此时切出比切入半周期中的平均切削厚度大，正功大于负功，系统获得能量，便产生了自激振动。不难看出，y 滞后于 y_0 是产生再生自激振动的必要条件。

（2）振型耦合自激振动机理

前述的再生自激振动机理主要是对单一自由度振动系统而言，即对切削速度方向的振动系统或对垂直于切削速度方向的振动系统而言。而实际生产中，机械加工系统一般是具有不同刚度和阻尼的弹簧系统，具有不同方向性的各弹簧复合在一起，满足一定的组合条件就会产生自激振动，这种复合在一起的自激振动机理称振型耦合自激振动机理。图4-67给出了车床刀架的振型耦合模型。在此，把车床刀架振动系统简化为两自由度振动系统，并假设加工系统中只有刀架振动，其等效质量 m 用相互垂直的等效刚度分别为 k_1、k_2 的两组弹簧支持着。弹簧轴线 x_1、x_2 称刚度主轴，分别表示系统的两个自由度方向。x_1 与切削点的法向 X 成 α_1 角，x_2 与 X 成 α_2 角，切削力 F 与 X 成 β 角。如果系统在偶然因素的干扰下，使质量 m 在 x_1、x_2 两方向都产生振动，其刀尖合成运动轨迹为：

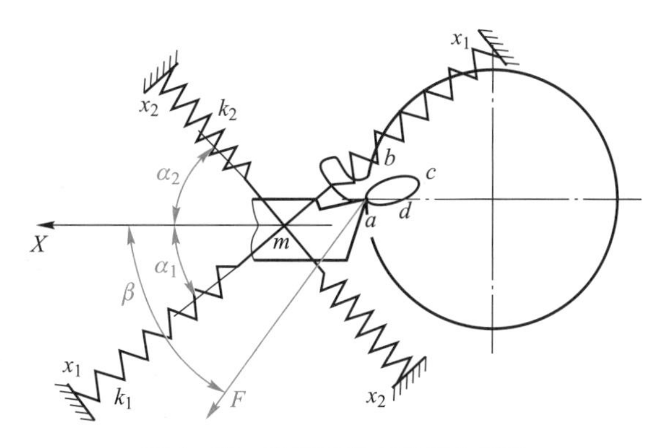

图4-67　车床刀架振型耦合模型

1）当 $k_1=k_2$ 时，则 x_1 与 x_2 无相位差，轨迹为一直线；

2）当 $k_1>k_2$ 时，则 x_1 超前于 x_2，轨迹为一椭圆，运动是逆时针方向，即 $d\to c\to b\to a$；

3）当 $k_1<k_2$ 时，则 x_1 滞后于 x_2，轨迹仍为一椭圆，运动是顺时针方向，即 $a\to b\to c\to d$。

从能量的获得与消耗的观点看，刀尖沿椭圆轨迹 $a\to b\to c\to d$ 作顺时针方向运动时，因 x_1 为低刚度主轴，且位于切削力 F 与法向 X 的夹角 β 之内，切入半周期内（$a\to b\to c$）的平均切削厚度比切出半周期内（$c\to d\to a$）的小，所以此时有能量获得，振动能够维持。而刀尖沿 $d\to c\to b\to a$ 作逆时针方向运动或作直线运动时，系统不能获得能量，因此不可能产生自激振动。

4. 自激振动的抑制措施

为了控制或消除自激振动，常常采用下列措施：

（1）消除或控制自激振动产生的条件

1）减小切削或磨削时的重叠系数　切削或磨削时两次走刀间的重叠情况如图4-68所示，则重叠系数 μ 可表示为

$$\mu=\frac{b_{\mathrm{d}}}{b}\qquad（外圆车削）\tag{4-45}$$

$$\mu = \frac{B-f_a}{B} \quad (外圆磨削) \tag{4-46}$$

式中：b_d——等效切削宽度，即本次切削实际切到上次切削残留振纹在垂直于振动方向（X_D）上的投影宽度；

b——本次切削在垂直于振动方向（X_D）上的切削宽度；

B——砂轮宽度；

f_a——轴向进给量。

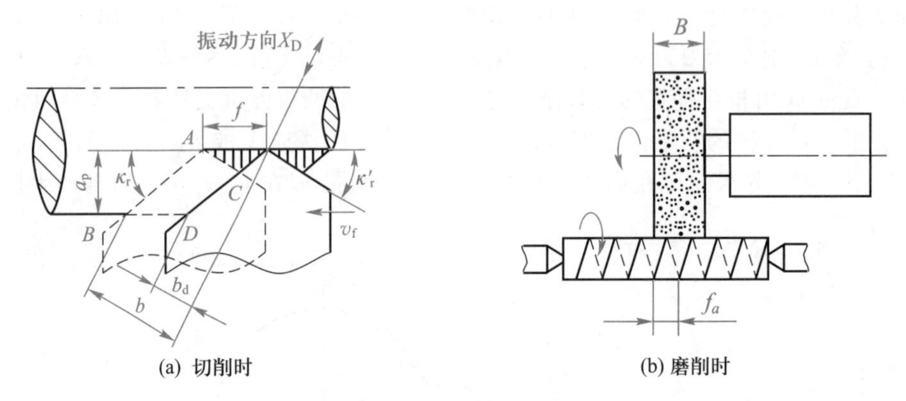

(a) 切削时 (b) 磨削时

图4-68 重叠情况示意图

重叠系数 μ 直接影响再生自激振动，它取决于加工方式、刀具几何参数和切削用量等。图4-69给出了不同加工方式的重叠系数。

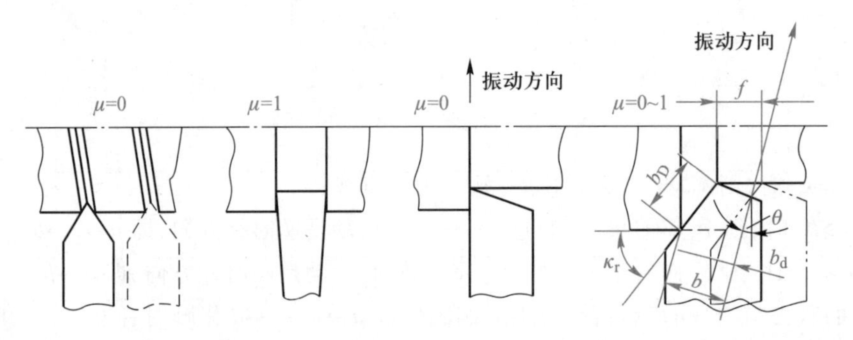

图4-69 重叠系数与加工方式的关系

不难看出，车三角螺纹和用 $\kappa_r=90°$ 车刀车外圆时的 $\mu=0$，一般情况下不会产生再生自激振动；而切断车刀切断时 $\mu=1$，必须设法解决再生自激振动问题。

2）尽量减小切削刚度系数　增加切削厚度 h_D（或进给量 f）、增大刀具前角 γ_o 与增大主偏角 κ_r、适当提高切削速度 v_c、改善材料切削加工性，均可减少切削刚度系数。

3）尽量增大切削阻尼　适当减小刀具后角 α_o，一般取 $\alpha_o=2°\sim3°$为宜，必要时还可在刀具后面上磨出消振棱（图4-70）。

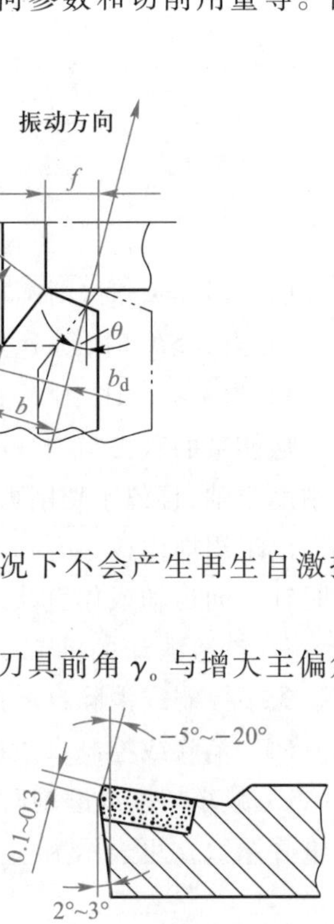

4）调整振动系统低刚度主轴的位置　图4-67中的 x_1 轴即为低刚度主轴。理论分析和实验表明，削扁镗杆的低刚度主轴相对于

−5°~−20°
0.1~0.3
2°~3°

图4-70 车刀消振棱

X 轴的方位角对镗刀系统的稳定性有重要影响。图 4-71c 即为低刚度主轴 x_1 的方位角 α_1 不落在切削力 F 与法向 X 轴的夹角 β 范围之内的削扁镗杆结构示意图。

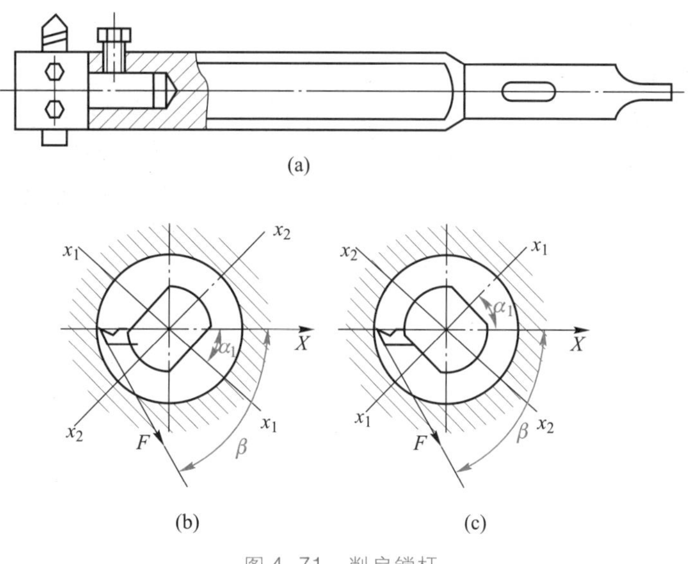

图 4-71 削扁镗杆

(2) 提高加工系统动态特性

1) 提高加工系统的刚度 提高加工系统薄弱环节的刚度,可有效提高加工系统的稳定性。提高各零件接合面间的接触刚度、对滚动轴承施加预载荷、加工细长轴时采用中心架或跟刀架、镗孔时对镗杆加镗套等措施,都可提高加工系统刚度。

2) 增加加工系统阻尼 加工系统的阻尼来源于工件材料的内阻尼、接合面上的摩擦阻尼及其他附加阻尼。

材料内摩擦产生的阻尼称内阻尼。不同材料的内阻尼不同,铸铁的内阻尼比钢大,故机床床身、立柱等大型支承件一般用铸铁制造。除了选用内阻尼较大的材料制造零件外,有时还可将大阻尼材料附加到内阻尼较小的材料上以增大零件的内阻尼。

零件接合面上的摩擦阻尼是机床阻尼的主要来源,应通过各种途径加大接合面间的摩擦阻尼。对机床的活动接合面应注意调整其间隙,必要时可施加预紧力以增大摩擦阻尼;对于机床的固定接合面,应选择适当的加工方法、表面粗糙度及比压。

(3) 采用各种减振装置

实际生产中,可视具体情况选用不同形式的减振装置。

1) 摩擦式减振器 图 4-72 所示为安装在滚齿机上的固体摩擦式减振器。它是靠飞轮 1 与摩擦盘 4 之间的摩擦垫 2 来消耗振动能量的,减振效果取决于靠螺母 5 调节的弹簧 3 压力的大小。

2) 冲击式减振器 图 4-73 所示为冲击式减振镗刀与减振镗杆。冲击式减振器是由一个与振动系统刚性连接的壳体和一个在体内自由冲击的质量所组成。当系统振动时,由于自由质量反复冲击壳体而消耗了振动能量,故可显著衰减振动。它的结构简单、体积小、重量轻,在一定条件下减振效果良好,适用频率范围也较宽,故应用较广。冲击式减振器特别适于高频振动的减振,但冲击噪声较大是其弱点。

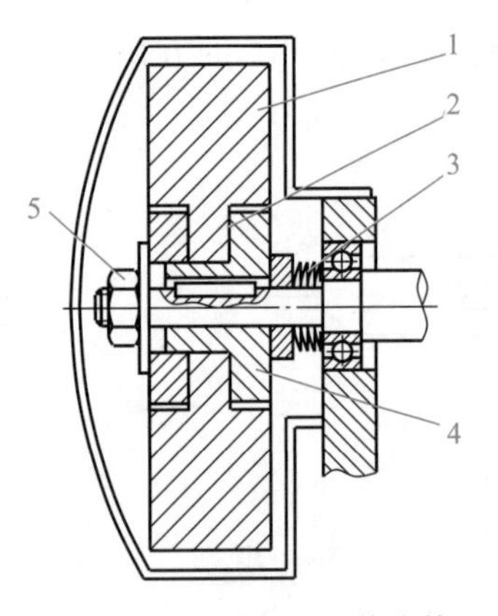

图4-72　滚齿机用固体摩擦式减振器

1—飞轮；2—摩擦垫；3—弹簧；4—摩擦盘；5—螺母

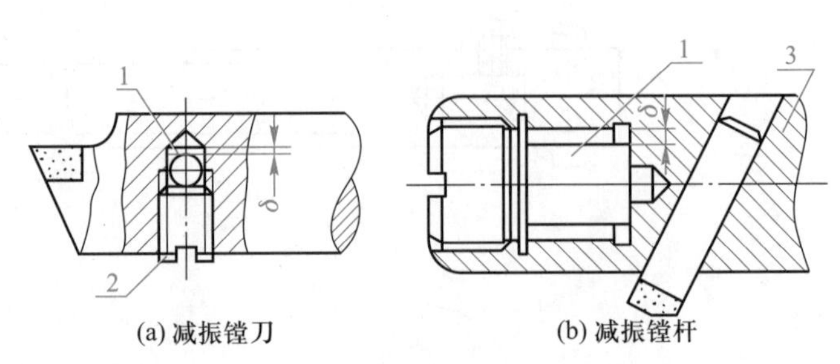

(a) 减振镗刀　　(b) 减振镗杆

图4-73　冲击式减振镗刀与减振镗杆

1—冲击块；2—紧定螺钉；3—镗刀杆

本章学习提要

本章首先介绍机械加工质量的内涵，然后重点讨论影响机械加工精度和表面质量的误差因素及其控制方法，并对加工误差的统计方法进行说明，最后介绍机械加工中的振动问题。

学习本章内容，应学会综合运用力学、物理学、工程材料等学科知识分析加工误差产生的物理原因，从而找出控制加工误差的方法。同时还应学会运用统计学方法对加工误差进行统计分析，从加工误差的统计特征，确定出加工误差的变化规律及可能采取的控制方法。

在影响机械加工精度的诸多误差因素中，机床的几何误差、工艺系统的受力变形和受热变形占有突出的位置，学习者应了解这些误差因素是如何影响加工误差的。在影响机械加工表面质量的诸多因素中，切削用量、刀具几何角度以及工件、刀具材料等起重要作用，学习者应了解这些因素对加工表面质量的影响规律。

机械加工中的振动通常是有害的。学习者应了解机械加工中强迫振动和自激振动的特征及其识别方法，了解自激振动产生的机理以及消除和减弱振动的方法。

学习本章内容，应特别注意理论联系实际，特别注意综合运用所学过的知识分析和解决实际问题。

主要术语

机械加工精度	加工误差	尺寸精度	形状精度
位置精度	原始误差	误差敏感方向	原理误差
测量误差	装夹误差	夹具误差	刀具误差
刀具调整误差	机床几何误差	主轴回转误差	导轨导向误差
传动链传动误差	误差转移	误差补偿	工艺系统刚度
误差复映	工艺系统受力变形	工艺系统受热变形	工艺系统磨损
残余应力	系统误差	随机误差	常值系统误差
变值系统误差	统计分析法	分布图分析法	点图分析法

均值-极差控制图	工序能力	工艺过程稳定	相关分析
工艺链	加工表面质量	表面粗糙度	加工表面变质层
加工硬化	残余应力	磨削烧伤	磨削裂纹
强迫振动	自激振动	再生振动机理	振型耦合振动机理
工艺系统阻尼			

习题与思考题

4-1　在车床上车削轴类零件的外圆 A 和台肩面 B，如图 4-74 所示。经测发现 A 面有圆柱度误差，B 面对 A 面有垂直度误差。试从机床几何误差影响的角度，分析产生以上误差的主要原因。

4-2　在平面磨床上采用调整法加工一批平板零件，图样要求其厚度尺寸 $H=20^{+0.10}_{-0.02}$ mm，如图 4-75 所示。若已知本工序加工的标准差为 $\sigma=0.01$ mm，且只考虑调整误差的影响时，试通过分析计算决定采用哪种调整方法（即按试切一个工件的尺寸或按试切一组工件的平均尺寸调整）方可满足图样要求？

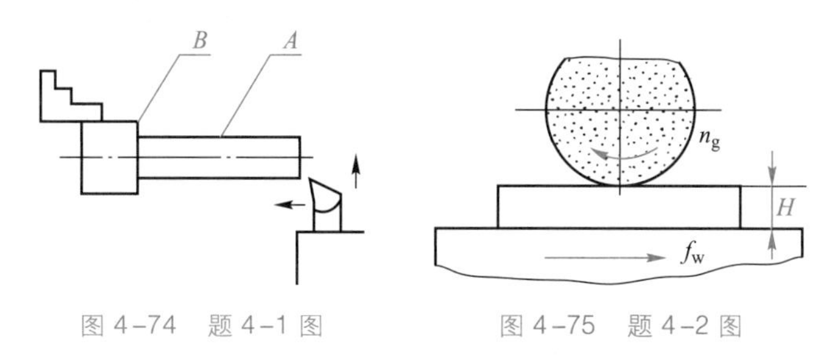

图 4-74　题 4-1 图　　图 4-75　题 4-2 图

4-3　假设工件的刚度极大，且车床床头刚度大于尾座刚度，试分析如图 4-76 所示的三种加工情况，加工后工件表面会产生何种形状误差？

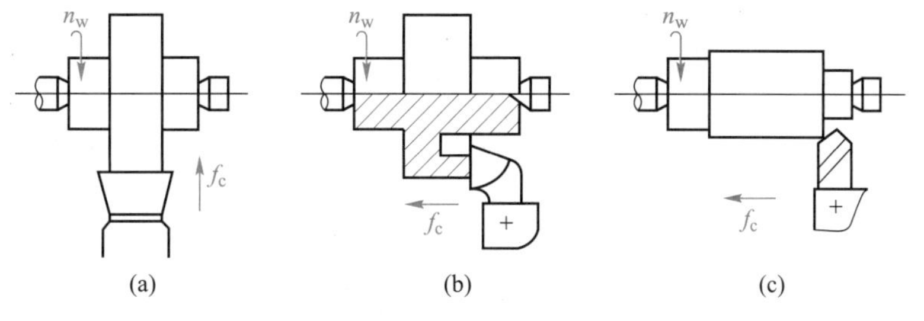

图 4-76　题 4-3 图

4-4　在三台不同的车床上加工同一批工件的外圆柱面，结果分别产生如图 4-77 所示三种形状误差，试分析形成这三种误差的主要原因。

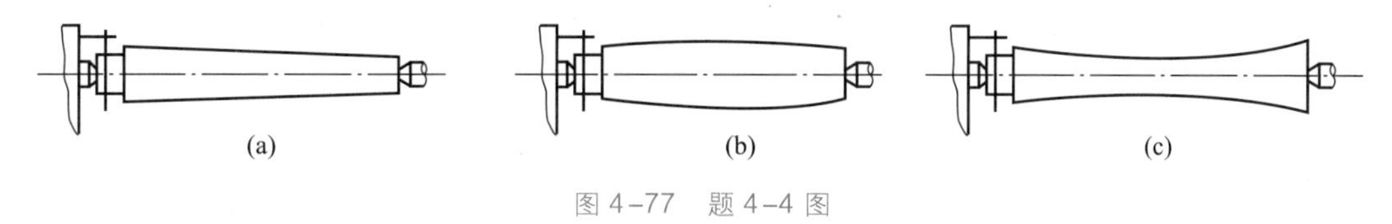

图 4-77　题 4-4 图

4-5 在铣床上用夹具装夹加工一批轴件上的键槽,如图4-78所示。已知铣床工作台面与导轨的平行度误差为0.05/300,夹具两定位V形块夹角$\alpha=90°$,交点A的连线与夹具体底面的平行度误差为0.01/150,阶梯轴工件两端轴颈尺寸为$\phi20\pm0.05$ mm。试分析计算在只考虑上述因素影响时,加工后键槽底面对$\phi35$ mm下母线之间的平行度,并估算最大值(不考虑两轴颈与$\phi35$ mm外圆的同轴度误差)。

4-6 如果被加工齿轮分度圆的直径$D=100$ mm,滚齿机滚切传动链中最后一个交换齿轮的分度圆直径$d=200$ mm,分度蜗轮副的降速比为1:96。若此交换齿轮的齿距累积误差$\Delta F=0.12$ mm,试求由此引起的工件的齿距偏差。

4-7 横磨一刚度很大的工件时,径向磨削力$F_x=100$ N,头、尾架刚度分别为50 000 N/mm和40 000 N/mm,工件尺寸如图4-79所示,试分析加工后工件的形状,并计算形状误差。

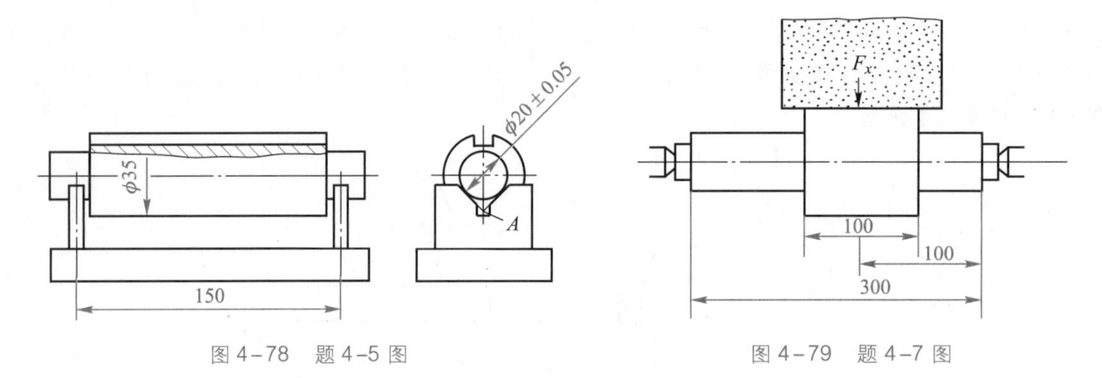

图4-78 题4-5图 图4-79 题4-7图

4-8 如图4-80所示,零件安装在车床三爪卡盘上钻孔(钻头安装在尾座上)。加工后测量,发现孔径偏大。试分析造成孔径偏大的可能原因。

4-9 图4-81为精镗活塞销孔工序的示意图,工件以止口面及半精镗过的活塞销孔定位,试分析影响工件加工精度的工艺系统的各种原始误差因素。

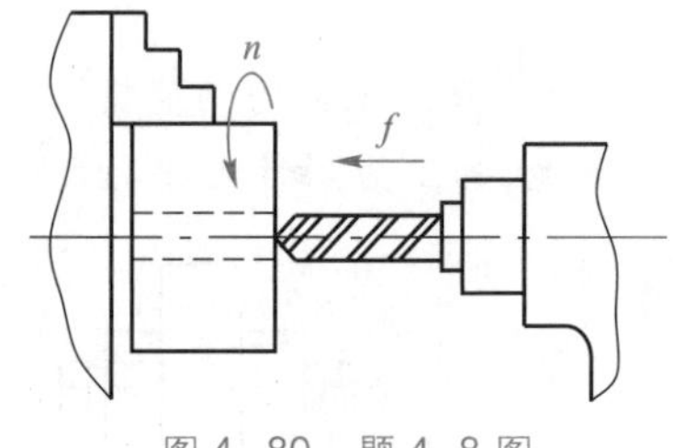

图4-80 题4-8图

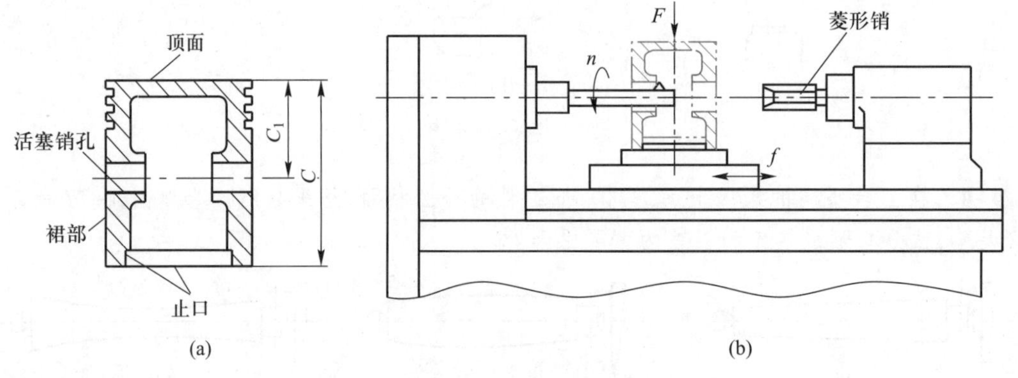

图4-81 题4-9图

4-10 在车床上用三爪卡盘装夹精镗一批薄壁铜套的内孔，如图 4-82 所示。工件以 ϕ50h7 外圆定位，采用调整法加工。试分析影响镗孔的尺寸、形状以及孔对已加工外圆 ϕ46h6 同轴度误差的主要因素有哪些？并分别指出这些因素产生的加工误差的性质。

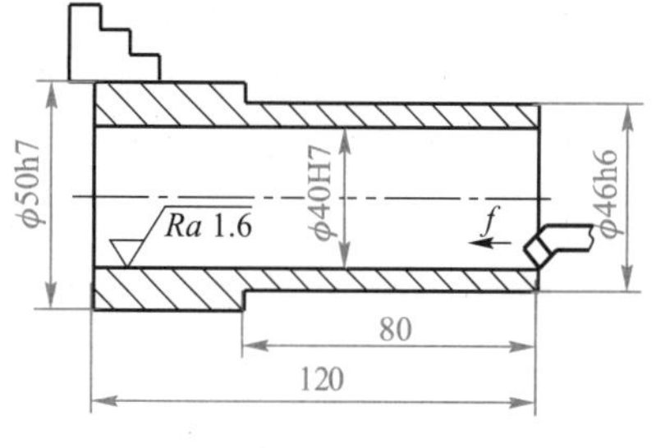

图 4-82 题 4-10 图

4-11 在镗床上镗一孔径尺寸为 $\phi150^{+0.035}_{0}$ mm 的箱体孔。由于切削热的影响，工件内孔温度将会升高 15 ℃，问应如何控制孔的加工尺寸才能保证孔径精度？

4-12 加工一批小轴，其直径尺寸要求为 $\phi16^{0}_{-0.03}$ mm，加工后随机抽取 100 件，测量直径尺寸接近正态分布，其算术平均值 $\bar{x}=15.976$ mm，标准差 $s=0.004$ mm。试：1) 画出加工误差分布曲线，并在图中标出公差带；2) 计算不合格率；3) 计算该工序能力系数 C_P 和实际工序能力系数 C_{PK}，并对其进行评价。

4-13 在两台自动车床上加工同一批小轴零件的外圆，要求保证直径为 $\phi12\pm0.02$ mm。在第一台车床加工的工件尺寸接近正态分布，平均值 $\bar{x}_1=12.005$ mm，标准差 $\sigma_1=0.004$ mm。在第二台车床加工的工件尺寸也接近正态分布，且 $\bar{x}_2=12.015$ mm，标准差 $\sigma_2=0.0025$ mm。试分析：① 哪台机床本身的精度比较高？② 计算并比较两台机床加工的不合格品情况，分析减少不合格品的措施。

4-14 在磨床上磨削一批工件的外圆，若加工测得本工序尺寸接近正态分布，$\sigma=0.005$ mm，零件尺寸公差 $T=0.01$ mm，尺寸分布对称于公差带。求加工的不合格品率。

4-15 加工一批工件的外圆，图样要求尺寸为 $\phi30\pm0.07$ mm，加工后测得尺寸按正态分布，有 8% 不合格品，且其中一半为可修复不合格品。试分析该工序的工序能力系数。

4-16 在无心磨床上磨削圆柱销，直径要求为 $\phi8^{0}_{-0.040}$ mm。每隔一段时间连续抽取 5 个工件进行测量（使用千分比较仪测量，按 7.960 mm 调整零点），得到一组数据，共测得 20 组工件 100 个数据，列于表 4-13，表中数据为千分比较仪读数值，单位 μm。

试：1) 画直方图，并在图中标出公差带，在直方图上叠加绘出分布曲线；

2) 计算工序能力系数 C_p 和 C_{pk}，估算不合格品率；

表 4-13 题 4-16 表

μm

组号	测量值					组号	测量值				
	X_1	X_2	X_3	X_4	X_5		X_1	X_2	X_3	X_4	X_5
1	30	25	18	21	29	11	26	27	24	25	25
2	37	29	28	30	35	12	22	22	20	18	22
3	31	30	33	35	30	13	28	20	17	28	25
4	35	40	35	35	38	14	24	25	28	34	20
5	36	30	43	45	35	15	29	28	23	24	34
6	43	35	38	30	45	16	38	35	30	33	30
7	35	18	25	21	18	17	28	27	35	38	31
8	21	18	11	23	28	18	30	31	29	31	40
9	20	15	21	25	19	19	28	38	32	28	30
10	26	31	24	25	26	20	33	40	38	33	30

3）画出 $\bar{x}-R$ 图；

4）对 $\bar{x}-R$ 图进行分析，判断工艺过程是否稳定，有无变值系统误差。

4-17 加工某支座零件轴承孔，孔径要求为 $\phi160^{+0.040}_{0}$ mm。加工过程如下：

1）工序1 半精车轴承孔至 $D_1=\phi158^{+0.250}_{0}$ mm；

2）工序2 精车轴承孔至 $D_2=\phi160^{+0.040}_{0}$ mm。

选择50个零件，测量 D_1 和 D_2，测量结果列于表4-14。

试：1）确定工序尺寸 D_1 和 D_2 的相关性；

2）建立工序尺寸 D_1 和 D_2 的工艺链方程，并据此确定工序尺寸 D_1 的公差。

表4-14 题4-17表 mm

D_1	D_2	D_1	D_2	D_1	D_2	D_1	D_2	D_1	D_2
158.18	160.032	158.15	160.019	158.15	160.008	158.14	160.024	158.15	160.028
158.03	160.013	158.16	160.012	158.13	160.027	158.03	160.012	158.11	160.016
158.07	160.017	158.12	160.025	158.19	160.004	158.01	160.004	158.12	160.022
158.02	160.016	158.20	160.014	158.22	160.038	158.23	160.024	158.10	160.011
158.09	160.008	158.12	160.009	158.05	160.020	158.08	160.023	158.02	160.004
158.16	160.030	158.02	160.028	158.18	160.009	158.14	160.012	158.09	160.019
158.26	160.036	158.15	160.022	158.00	160.016	158.08	160.014	158.16	160.020
158.03	160.012	158.18	160.019	158.21	160.016	158.11	160.012	158.06	160.029
158.08	160.009	158.12	160.024	158.16	160.018	158.20	160.035	158.17	160.023
158.25	160.030	158.10	160.023	158.13	160.026	158.19	160.020	158.21	160.032

4-18 试比较试切调整法与样件调整法的特点。为什么试切调整法可以减少常值系统误差？

4-19 机械加工质量的概念是什么？包含哪几项内容？

4-20 机械加工表面质量对零件使用性能有哪些影响？

4-21 简述机械加工表面粗糙度的概念及影响切削加工表面粗糙度的因素。如何减小切削加工表面的表面粗糙度？

4-22 如何减小磨削表面粗糙度？

4-23 何谓加工硬化和残余应力？常用何种指标衡量？如何控制？

4-24 什么是磨削烧伤？如何控制？什么是磨削裂纹？如何控制？

4-25 机械加工中的振动有哪几类？对机械加工有何影响？

4-26 什么是机械加工的强迫振动？机械加工中的强迫振动有什么特点？如何消除和控制？

4-27 何谓机械加工中的自激振动？自激振动有什么特点？控制自激振动的措施有哪些？

4-28 试述机械加工中的自激振动的两种理论。

第 5 章　机械加工工艺过程设计

学习目标

1）掌握并能正确运用选择定位基准的原则，理解经济加工精度概念，掌握制订工艺路线的基本原则和方法（加工方法选择、加工阶段划分、加工顺序安排、工序集中与工序分散）。

2）理解成组工艺过程设计方法，理解数控加工工艺的特点。

3）理解加工余量概念，掌握工序尺寸及其公差的确定方法，掌握并能正确运用工艺尺寸链求解工序尺寸及其公差。

4）了解计算机辅助工艺过程设计的意义及工作原理。

5）理解工时定额的组成，了解提高生产效率的方法，理解工艺成本概念，了解工艺方案比较方法。

5.1　制订机械加工工艺规程的步骤和方法

5.1.1　机械加工工艺规程及其作用

将制订好的零（部）件的机械加工工艺过程按一定的格式（通常为表格或图表）和要求描述出来，作为指令性技术文件，即为机械加工工艺规程。包括：

机械加工工艺过程卡——为说明零件机械加工工艺过程的工艺文件；

工序卡——对每道工序作详细说明、可直接用于指导工人操作的工艺文件；

检验工序卡——对成批或大批量生产中重要检验工序作详细说明、指导检验的工艺文件；

机床调整卡——大批量生产中对由自动线、流水线上的机床以及由自动机或半自动机完成的工序，为调整工提供机床调整依据的工艺文件。

不同的生产类型对工艺规程的要求不同。单件小批生产由于生产的分工粗略，通常只需说明零件的加工工艺路线（即其加工工序顺序），填写工艺过程卡（表 5-1）。对于大批量生产，因其生产组织严密、分工细致，工艺规程应尽量详细，要求对每道加工工序的加工精度、操作过程、切削用量、使用的设备及刀、夹、量具等均作出具体规定。因此，除了工艺过程卡外，还应有相应的加工工序卡（表 5-2）。此外，必要时还需要检验工序卡和机床调整卡。中小批量生产经常采用机械加工工艺卡，其详细程度介于工艺过程卡和加工工序卡之间。

无论何种生产类型，工艺规程都是必不可少的，它的意义和重要性在于：

1）工艺规程是指导生产的主要技术文件　机械加工车间生产的计划、调度，工人的操作，零件的加工质量检验，加工成本的核算，都是以工艺规程为依据的。处理生产中的问题，也常以工艺规程作为共同依据。如处理质量事故，应按工艺规程来确定各有关单位、人员的责任。

表 5-1 机械加工工艺过程卡片

		机械加工工艺过程卡片		产品型号		零件图号			
				产品名称		零件名称		共 页	第 页
材料牌号		毛坯种类		毛坯外形尺寸		每毛坯可制件数		每台件数	备注
工序	工序名称	工序内容	车间	工段	设备	工艺装备		工时	
								准终	单件

描图	描校	底图号	装订号

										设计（日期）	审核（日期）	标准化（日期）	会签（日期）	
标记	处数	更改文件号	签字	日期	标记	处数	更改文件号	签字	日期					

表 5-2 机械加工工序卡片

	机械加工工序卡片	产品型号		零件图号			
		产品名称		零件名称		共 页	第 页

车间	工序号	工序名称	材料牌号
毛坯种类	毛坯外形尺寸	每毛坯可制造件数	每台件数
设备名称	设备型号	设备编号	同时加工件数

夹具编号	夹具名称	切削液	
工位器具编号	工位器具名称	工序工时	
		准终	单件

	工步号	工步内容	工艺设备	主轴转速	切削速度	进给量/(mm/r)	切削深度	进给次数	工步时间/min	
									机动	辅助
描图										
描校										
底图号										
装订号										

											设计(日期)	审核(日期)	标准化(日期)	会签(日期)	
	标记	处数	更改文件号	签字	日期	标记	处数	更改文件号	签字	日期					

2）工艺规程是生产准备工作的主要依据　车间要生产新零件时，首先要制订该零件的机械加工工艺规程，再根据工艺规程进行生产准备。准备工作包括新零件加工工艺中的关键工序的分析研究，准备所需的刀具、夹具、量具（外购或自行制造），原材料及毛坯的采购或制造，新设备的购置或旧设备改装等。准备工作必须根据工艺规程来进行。

3）工艺规程是新建机械制造厂（车间）的基本技术文件　新建（扩建）批量或大批量机械加工车间（工段）时，应根据工艺规程确定所需机床的种类和数量以及在车间的布置，再由此确定车间的面积大小、动力和吊装设备配置以及所需工人的工种、技术等级、数量等。

机械加工工艺规程一旦制订实施，一切生产人员都不得违反。但在执行过程中可根据实施效果，对工艺规程进行修改和补充。这是一项严肃认真的工作，必须经过充分的讨论和严格的审批手续。工艺规程自身也在不断地修改补充，更加合理、完善，对生产起到更好的指导作用。

5.1.2　机械加工工艺规程的设计原则

编制机械加工工艺规程应遵循以下原则：

1）编制工艺规程应以保证零件加工质量，达到设计图纸规定的各项技术要求为前提。

2）在保证加工质量的基础上，应使工艺过程有较高的生产效率和较低的成本。

3）应充分考虑和利用现有生产条件，尽可能做到平衡生产。

4）尽量减轻工人劳动强度，保证安全生产，创造良好、文明的劳动条件。

5）积极采用先进技术和工艺，力争减少材料和能源消耗，并应符合环境保护要求。

5.1.3　制订机械加工工艺规程所需的原始资料

制订零件的机械加工工艺规程时，需具备下列原始资料：

1）产品的全套装配图及零件图。

2）产品的验收质量标准。

3）产品的生产纲领及生产类型。

4）零件毛坯图及毛坯生产情况。零件毛坯图通常由毛坯车间技术人员设计。机械加工工艺人员应研究毛坯图并了解毛坯的生产情况，如了解毛坯的余量、结构工艺性、铸件的分型面和浇冒口位置、模锻件的起模斜度和飞边位置等，以便正确选择零件加工时的装夹部位和装夹方法，合理确定工艺过程。

5）本厂（车间）的生产条件。应全面了解工厂（车间）设备的种类、规格和精度状况，工人的技术水平，现有的刀具、夹具、量具规格，以及专用设备、工艺装备的设计制造能力等。

6）各种有关手册、标准等技术资料。

7）国内、外先进工艺及生产技术的发展与应用情况。

5.1.4　机械加工工艺规程的设计步骤及内容

设计零件的机械加工工艺规程的步骤及其内容如下：

1）分析零件工作图和产品装配图　阅读零件工作图和产品装配图，以了解产品的用途、性能及工作条件，明确零件在产品中的位置、功用及其主要的技术要求。

2）工艺审查　主要审查零件图上的视图、尺寸和技术要求是否完整、正确；分析各项技术要求制订的依据，找出其中的主要技术要求和关键技术问题，以便在设计工艺规程时采取措施予以保证；审查零件的结构工艺性。

3）确定毛坯的种类及其制造方法　毛坯是由原材料变成零件过程的第一步，它不但影响毛坯制造的工艺和费用，而且对零件机械加工工艺过程也有极大的影响，是保证工艺规程设计质量的重要环节。

常用的机械零件的毛坯有铸件、锻件、焊接件、型材、冲压件以及粉末冶金、成形轧制件等。零件的毛坯种类有的已在图纸上明确，如焊接件。有的随着零件材料的选定而确定，如选用铸铁、铸钢、青铜、铸铝等，此时毛坯必为铸件，且除了形状简单的小尺寸零件选用铸造型材外，均选用单件造型铸件。对于材料为结构钢的零件，除了重要零件如曲轴、连杆明确是锻件外，大多数只规定了材料及其热处理要求，这就需要工艺规程设计人员根据零件的作用、尺寸和结构形状来确定毛坯种类。如作用一般的阶梯轴，若各阶梯的直径差较小，则可直接以圆棒料作毛坯；重要的轴或直径差大的阶梯轴，为了减少材料消耗和切削加工量，则宜采用锻件毛坯。常用毛坯的特点及适用范围见表5-3。

表5-3　常用毛坯的特点及适用范围

毛坯种类	制造精度(IT)	加工余量	原材料	工件尺寸	工件形状	力学性能	适用生产类型
型材		大	各种材料	小型	简单	较好	各种类型
型材焊接件		一般	钢材	大、中型	较复杂	有内应力	单件
砂型铸造	13级以下	大	铸铁、铸钢、青铜	各种尺寸	复杂	差	单件小批
自由锻造	13级以下	大	钢材为主	各种尺寸	较简单	好	单件小批
普通模锻	11～15	一般	钢、锻铝、铜等	中、小型	一般	好	中批、大批量
钢模铸造	10～12	较小	铸铝为主	中、小型	较复杂	较好	中批、大批量
精密锻造	8～11	较小	钢材、锻铝等	小型	较复杂	较好	大批量
压力铸造	8～11	小	铸铁、铸钢、青铜	中、小型	复杂	较好	中批、大批量
熔模铸造	7～10	很小	铸铁、铸钢、青铜	小型为主	复杂	较好	中批、大批量
冲压件	8～10	小	钢	各种尺寸	复杂	好	大批量
粉末冶金件	7～9	很小	铁基、铜基、铝基材料	中、小尺寸	较复杂	一般	中批、大批量
工程塑料件	9～11	较小	工程塑料	中、小尺寸	复杂	一般	中批、大批量

4）拟订机械加工工艺路线　这是机械加工工艺规程设计的核心部分，其主要内容有：选择定位基准；确定加工方法；安排加工顺序以及安排热处理、检验和其他工序等（见5.2节和5.3节）。

5）确定各工序所需的机床和工艺装备　工艺装备包括夹具、刀具、量具、辅具等。机床和工艺装备的选择应在满足零件加工工艺的需要和可靠地保证零件加工质量的前提下，与生产批量和生产节拍相适应，并应优先考虑采用标准化的工艺装备和充分利用现有条件，以降低生产准备费用。对必须改装或重新设计的专用机床、专用或成组工艺装备，应在进行经济性分析和论证的基础上提出设计任务书。

6）确定各工序的加工余量，计算工序尺寸和公差（见5.5节和5.6节）。

7）确定切削用量（见3.6节）。

8）确定各工序工时定额（见5.8节）。

9）评价工艺路线　对所制订的工艺方案应进行技术经济分析，并应对多种工艺方案进行比较，或采用优化方法，以确定出最优工艺方案（见5.8节）。

10）填写或打印工艺文件。

5.2　定位基准的选择

拟订加工路线的第一步是选择定位基准。定位基准选择得合理与否，将直接影响所制订的零件加工工艺规程的质量。基准选择不当，往往会增加工序，或使工艺路线不合理，或使夹具设计困难，甚至达不到零件的加工精度（特别是位置精度）要求。因此，工艺规程设计人员应根据零件图的技术要求，从保证零件精度要求出发，合理选择定位基准。

在选择定位基准时，通常按如下次序考虑：

1）选择精基准　选择零件上的哪一组（个）表面作为精基准，方能保证零件的精度要求？是否需要第二组（个）表面作为精基准，又如何转换？

2）选择粗基准　为了加工出上述精基准，应选择哪一组（个）毛坯面作为粗基准？

粗、精基准的用途不同，因此在选择时所考虑的侧重点也不同，下面对它们的选择原则分别加以说明。

5.2.1　精基准的选择

选择精基准时，应重点考虑如何减少工件的定位误差，保证加工精度，并使夹具结构简单，工件装夹方便。具体选择原则为：

1.“基准重合”原则

应尽量选择加工表面的设计基准作为定位精基准，这称之为“基准重合”原则。采用这一原则，可避免由于基准不重合而产生的定位误差。在对加工面位置尺寸和位置关系有决定性影响的工序中，特别是当位置公差要求很严时，一般不应违反这一原则。否则，将由于存在基准不重合误差，而增大加工难度。

2.“基准统一”原则

若工件以某一组表面作为精基准定位，可以比较方便地在各工序中加工出大多数（或所有）其他表面，则应尽早地把这一组基准表面加工出来，并达到一定精度，在后续工序中均以其作为精基准加工其他表面。这称之为“基准统一”的原则。采用的基准统一，由于其他表面大多是以同一精基准安装后加工的，避免了因基准转换而产生的误差，所以易于保证各表面之间的位置精度。此外，采用的基准统一，可以减少夹具的类型及数量，从而减少零件的制造成本，在自动化生产中，可减少工件的搬动和翻转次数，因此得到广泛的应用。

图5-1所示为某厂批量生产的X62W型铣床立柱简图，该零件选择立导轨 A、C 面为统一精

基准。在最初的工序中，首先将立导轨加工好，以后的各工序均以此为精基准，依次加工出底面1、悬梁导轨2、侧面4以及孔系3（轴孔Ⅰ～Ⅴ），以保证轴孔Ⅴ（主轴孔）、悬梁导轨及底面与立导轨的垂直度；侧面与Ⅲ轴孔的平行度以及轴孔Ⅰ～Ⅴ间的中心距和平行度。

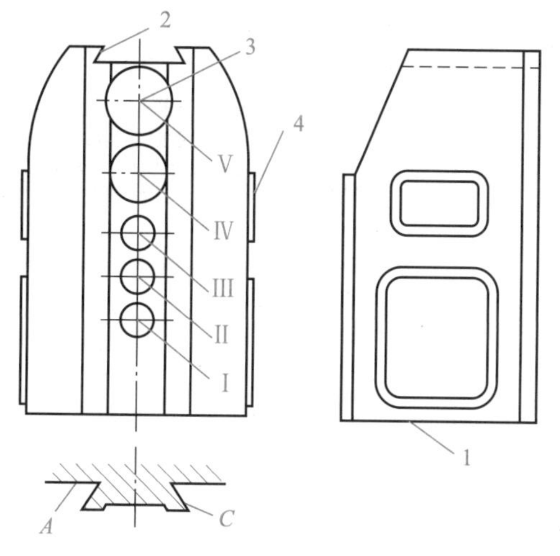

图5-1　X62W型铣床立柱简图
1—底面；2—悬梁导轨；3—孔系；4—侧面

在实际生产中，经常使用的统一基准形式有：

1）轴类零件常使用两顶尖孔作统一精基准；

2）箱体类零件常使用一面两孔（一个较大的平面和两个距离较远的销孔）作统一精基准；

3）盘套类零件常使用止口面（一端面和一短圆孔）作统一精基准；

4）套类零件用一长孔和一止推面作统一精基准。

需要指出，采用统一基准原则常常会带来基准不重合问题。此时，需针对具体问题进行具体分析，根据实际情况选择精基准。

3. “互为基准”的原则

对某些位置精度要求高的表面，可以采用互为基准、反复加工的方法来保证其位置精度，这就是“互为基准”的原则。

如某厂生产的卧式铣床主轴（图5-2），前端7∶24锥孔（图中3）对支承轴径（图中1、2）的同轴度要求很高，为了保证这一要求，该厂在工艺过程制订中就遵循了互为基准的原则。有关的工艺过程如下：先分别以精车后的前后支承轴径1、2为基准粗，精车锥孔（通孔已钻出）及后端ϕ38H9锥孔（图中4，作辅助基准）；分别以7∶24锥孔和ϕ38H9锥孔定位装前、后堵，粗、精磨支承轴径及各外圆面；以支承轴径为基准粗，精磨7∶24锥孔。通过这样互为基准、反复加工的方法，确保两者的同轴度误差满足设计要求。

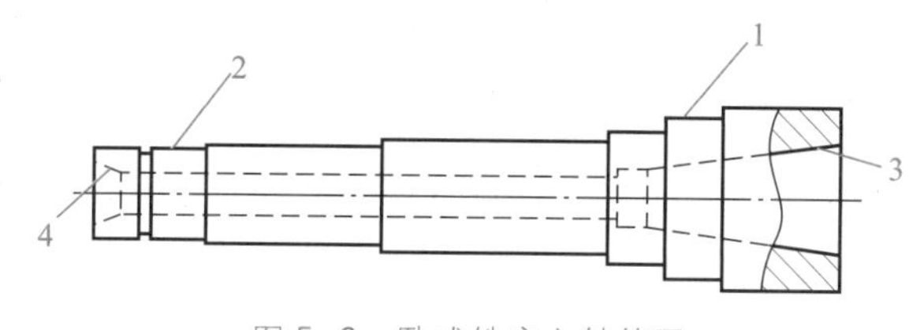

图5-2　卧式铣床主轴简图

4. “自为基准”的原则

对一些精度要求很高的表面，在精密加工时，为了保证加工精度，要求加工余量小而且均匀，这时可以已经精加工过的表面自身作为定位基准，这就是“自为基准”的原则。如图5-3所示的床身导轨，在磨削前通过精刨或精铣已达到一定精度，磨削时希望余量小而均匀，安装时可以导轨面自身为定位基准，通过调整工件下面的四个楔铁，用百分表找正导轨面定位。

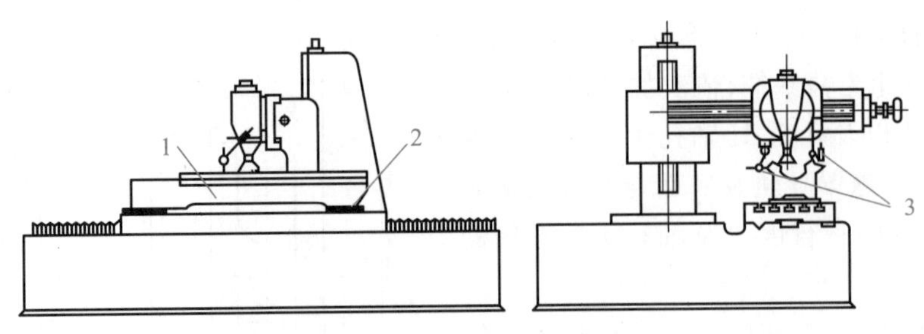

图 5-3　床身导轨面自为基准定位

1—工件;2—调整用楔块;3—找正用百分表

5. 便于装夹的原则

所选的精基准,尤其是主要定位面,应有足够大的面积和精度,以保证定位准确可靠。同时,还应使夹紧机构简单,操作方便。

5.2.2　粗基准的选择

粗基准的选择对保证加工余量的均匀分配和加工面与非加工面(作为粗基准的非加工面)的位置关系具有重要影响。如图 5-4a 所示法兰盘零件,其毛坯铸造时毛坯孔与外圆表面难免有偏心。加工时,若以不加工外圆表面 1 作粗基准定位(如用三爪卡盘夹外圆),则加工后内孔 2 与外圆 1 同轴,可以保证零件壁厚均匀,但加工面(内孔)2 加工余量不均匀,如图 5-4b 所示。若以零件毛坯孔 3 作粗基准定位(如用四爪卡盘夹外圆 1,以毛坯孔 3 直接找正),则加工面(内孔)2 与毛坯孔 3 同轴,可以保证加工余量均匀,但加工面(内孔)2 与不加工外圆表面 1 不同轴,即壁厚不均匀,如图 5-4c 所示。由此可确定选择粗基准的两条基本原则是:

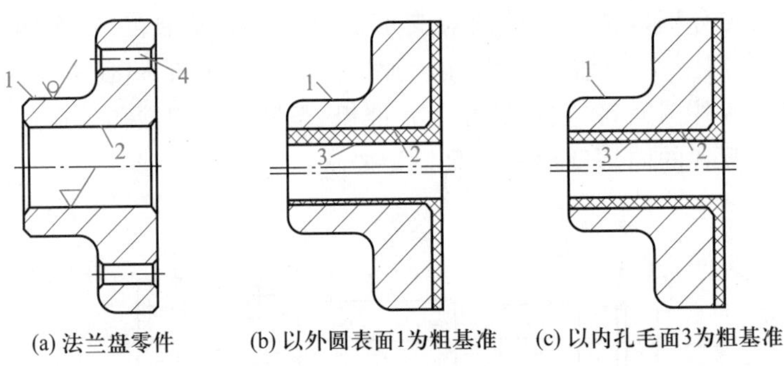

图 5-4　粗基准选择比较

1—外圆表面(不加工);2—内孔加工面;3—毛坯孔;4—均布孔

1. 保证相互位置要求原则

如果必须保证工件上加工面与不加工面的相互位置要求,则应以不加工面作为粗基准。如图 5-4a 所示法兰盘零件,若要求壁厚均匀,则图 5-4b 的选择是正确的。

2. 余量均匀分配原则

如果首先要求保证工件某重要表面加工余量均匀时,应选择该表面的毛坯面作为粗基准。

以车床床身加工为例,导轨面是床身的重要表面,不但精度要求高,而且要求材料的组织致密,金相组织均匀。为此在铸造时,置导轨面于下方,并采取激冷措施。这时,若以导轨面为粗基准加工底面,再以底面为基准加工导轨面,即可保证其余量均匀(图 5-5a),否则若以底面为粗基准加工导轨面(图 5-5b)就无法满足这一要求。

除上述两条基本原则外,选择粗基准时还应考虑以下两点:

3. 便于工件装夹原则

选择粗基准应使定位准确,夹紧可靠,夹具结构简单,操作方便。为此要求选用的粗基准面尽可能平整、光洁,且有足够大的尺寸,不允许有锻造飞边,铸造浇、冒口或其他缺陷,也不宜选用铸造分型面作粗基准。若无法避免,则应在使用前对其修整。

4. 粗基准在一个定位方向上只允许使用一次原则

因为粗基准本身是毛坯表面,精度和表面粗糙度均较差,若工件两次安装中,重复使用同一粗基准,则在两次安装中加工出的各表面之间将会有较大的位置误差。例如,图 5-4a 所示法兰盘零件,若重复使用外圆表面 1 定位加工孔 2 和均布孔 4,由于外圆表面 1 是毛面,两次安装将可能造成较大的定位误差,从而造成均布孔 4 对于孔 2 的位置度误差。正确的作法是先以外圆表面作粗基准定位,加工孔 2,再以加工过的孔 2 作精基准定位,加工均布孔 4,以保证均布孔 4 对于孔 2 的位置度要求。

上述的粗基准选择原则,每一条都只说明了一个问题,在具体选择时,和精基准的选择一样,要在分析具体情况的基础上,抓住主要矛盾,然后作出决定。

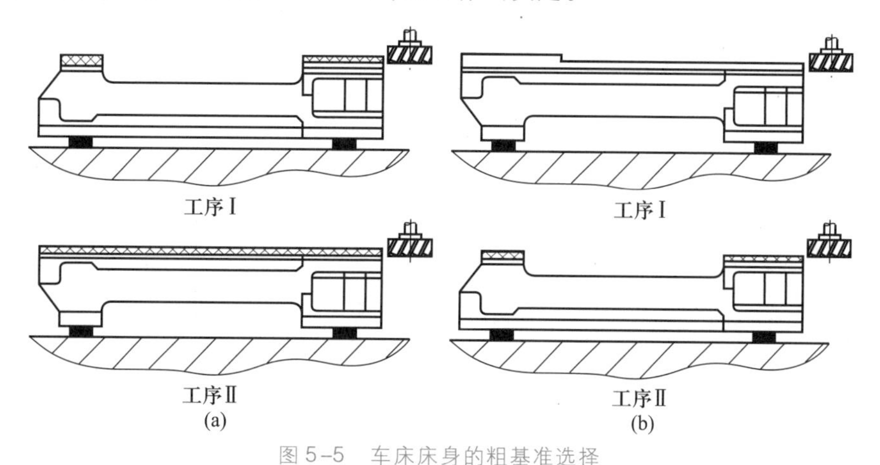

图 5-5 车床床身的粗基准选择

5.2.3 定位基准选择实例分析

图 5-6 所示为某数控车削加工中心的主轴箱箱体零件,材料为 HT200,表 5-4 为其单件小批生产的加工工艺过程。

该箱体毛坯为铸件,单件小批生产时,一般采用木模手工造型,毛坯精度较低,不适合使用夹具安装,在加工之前,需要划线,然后按划线找正进行加工。主轴孔是箱体的重要工作表面,要求加工余量尽可能均匀,故划线以主轴孔的毛孔为主要基准,并兼顾底面及其他表面。即该零件以主轴孔的毛孔作为粗基准。

箱体底面是零件的安装面,也是零件的主要设计基准,且该平面面积较大,适于作定位精基准。故在该箱体加工工艺过程中,先把底面加工出来,使之达到一定的精度,并配合左侧面和前端面,在后续工序中用它们作为统一定位精基准,这既符合基准统一原则,也符合基准重合原则。

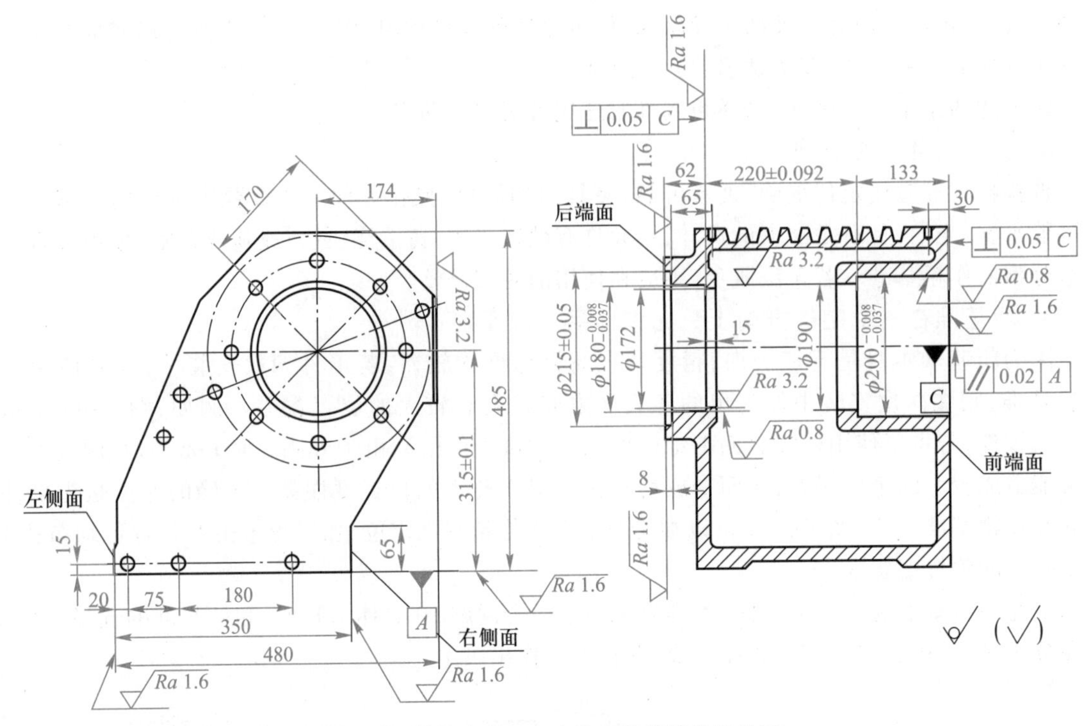

图5-6　数控车削加工中心主轴箱箱体零件图

表5-4　数控车削中心主轴箱箱体加工工艺过程

工序号	工序内容	定位基准
1	铸造	
2	时效	
3	划线:考虑主轴孔加工余量均匀,划加工底面、两侧面的加工线	主轴孔毛孔
4	粗、精铣底面	按划线找正
5	粗、精铣左右侧面	按划线找正
6	粗铣顶面	底面
7	粗镗 $\phi200$、$\phi180$ 主轴支承孔及 $\phi190$、$\phi172$ 孔、半精镗 $\phi200$、$\phi180$ 主轴支承孔	底面、左侧面、前端面
8	粗、精铣主轴支承孔前、后端面及台阶面	主轴孔、底面
9	精镗 $\phi200$、$\phi180$、$\phi215$ 孔,$\phi200$、$\phi180$ 孔留研磨量 0.01 mm	底面、左侧面、前端面
10	钻底面 $4\times\phi22$ 孔及钻攻左、右、顶面螺纹孔	底面、左侧面、前端面
11	钻、攻前、后端面螺纹孔	底面、左侧面、前端面
12	研磨 $\phi200$、$\phi180$ 主轴支承孔,保证表面粗糙度和加工精度达到图纸要求	底面、左侧面、前端面
13	非工作表面喷漆	
14	检验	

由于主轴支承孔前、后端面和台阶面对两孔中心线有垂直度要求，故在第 8 道工序中，以半精加工过的主轴孔作为定位精基准，粗、精铣主轴支承孔前、后端面，同样体现了基准重合原则。

5.3 工艺路线的拟订

拟订工艺路线是工艺规程设计的关键步骤。工艺路线的优劣，对零件的加工质量、生产率、生产成本以及工人的劳动强度，都有很大影响。通常，具体拟订时，往往设定几个工艺路线方案，经分析比较后，选择其中最优的一个方案。

在正确选择定位基准后，拟订工艺路线主要解决的问题是选择加工方法，确定加工顺序，划分加工工序。

5.3.1 加工方法的选择

既要保证零件的加工质量，又要使加工成本最低，是选择加工方法的基本原则。为此，必须熟悉各种加工方法所能达到的经济精度及表面粗糙度。

1. 加工经济精度

各种加工方法所能达到的加工精度和表面粗糙度，都有一定的范围。任何一种加工方法，只要仔细刃磨刀具、调整机床，选择合理的切削用量，精心操作，就可以获得较高的加工精度。统计资料表明，任何一种加工方法，加工误差与加工成本之间的关系大体符合图 5-7 所示的曲线形状。图中横坐标 δ 表示加工误差，纵坐标 C 表示加工成本。由图可见，对于一种加工方法而言，加工误差小到一定程度后（曲线 A 点左侧），若再减小，则加工成本急剧增加；加工误差大到一定程度后（曲线 B 点右侧），即使加工误差再增大许多，加工成本却降低很少。说明一种加工方法在曲线 A 点左侧或 B 点右侧都是不经济的。

图 5-7 所示曲线的 AB 段，表示选用的加工方法与要求的加工精度相适应，这一段曲线所对应的精度范围称为加工经济精度。

加工经济精度可定义为：在正常的加工条件下（使用符合质量标准的设备、工艺装备和标准技术等级的工人、合理的工时定额）所能达到的加工精度和表面粗糙度。

应当指出，随着机械制造技术水平的不断提高，各种加工方法的经济精度也是在不断提高的。图 5-8 表示了经济精度与年代的关系，不难看出，原来精密加工才能达到的经济精度，现在一般加工就能达到了。

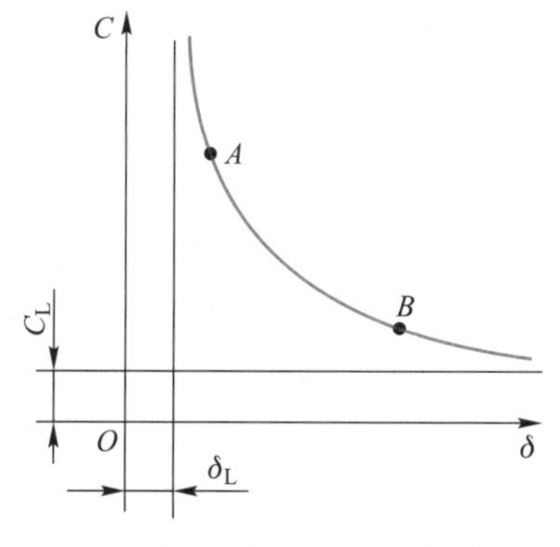

图 5-7 加工误差与加工成本的关系

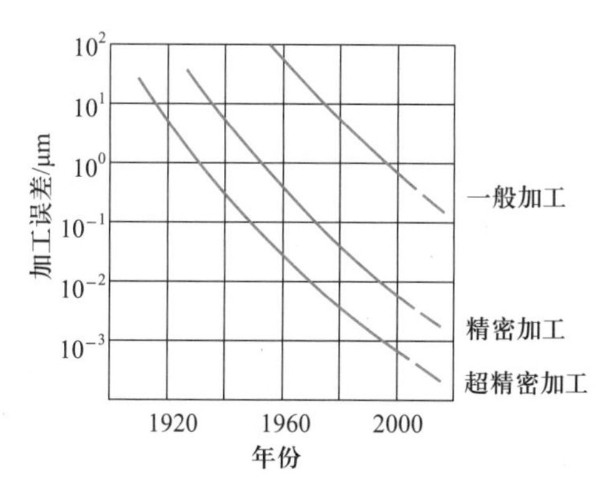

图 5-8 加工精度与年代的关系

表5-5,表5-6,表5-7为典型表面的各种加工方法所能达到的经济精度和表面粗糙度,可供选择时参考。

表5-5 外圆加工中各种加工方法的加工经济精度及表面粗糙度

加工方法	加工情况	加工经济精度(IT)	表面粗糙度 *Ra* 值/μm
车	粗车	12~13	10~80
	半精车	10~11	2.5~10
	精车	7~8	1.25~5
	金刚石车(镜面车)	5~6	0.02~1.25
铣	粗铣	12~13	10~80
	半精铣	11~12	2.5~10
	精铣	8~9	1.25~5
车槽	一次行程	11~12	10~20
	二次行程	10~11	2.5~10
外磨	粗磨	8~9	1.25~10
	半精磨	7~8	0.63~2.5
	精磨	6~7	0.16~1.25
	精密磨(精修整砂轮)	5~6	0.08~0.32
	镜面磨	5	0.008~0.08
抛光			0.008~1.25
研磨	粗研	5~6	0.16~0.63
	精研	5	0.04~0.32
	精密研	5	0.008~0.08
超精加工	精	5	0.08~0.32
	精密	5	0.01~0.16
砂带磨	精磨	5~6	0.02~0.16
	精密磨	5	0.01~0.04
滚压		6~7	0.16~1.25

注:加工非铁金属时,表面粗糙度 *Ra* 值取小值。

表5-6 孔加工中各种加工方法的加工经济精度及表面粗糙度

加工方法	加工情况	加工经济精度(IT)	表面粗糙度 *Ra* 值/μm
钻	ϕ15 mm以下	11~13	5~80
	ϕ15 mm以上	10~12	20~80
扩	粗扩	12~13	5~20
	精扩	9~11	1.25~10
铰	半精铰	8~9	1.25~10
	精铰	6~7	0.32~5
	手铰	5	0.08~1.25
拉	粗拉	9~10	1.25~5
	精拉	7~9	0.16~0.63

续表

加工方法	加工情况	加工经济精度(IT)	表面粗糙度 *Ra* 值/μm
推	半精推 精推	6 ~ 8 6	0.32 ~ 1.25 0.08 ~ 0.32
镗	粗镗 半精镗 精镗(浮动镗) 金刚镗	12 ~ 13 10 ~ 11 7 ~ 9 5 ~ 7	5 ~ 20 2.5 ~ 10 0.63 ~ 5 0.16 ~ 1.25
内磨	粗磨 半精磨 精磨 精密磨(精修整砂轮)	9 ~ 11 9 ~ 10 7 ~ 8 6 ~ 7	1.25 ~ 10 0.32 ~ 1.25 0.08 ~ 0.63 0.04 ~ 0.16
珩	粗珩 精珩	5 ~ 6 5	0.16 ~ 1.25 0.04 ~ 0.32
研磨	粗研 精研 精密研	5 ~ 6 5 5	0.16 ~ 0.63 0.04 ~ 0.32 0.008 ~ 0.08
挤	滚珠、滚柱扩孔器,挤压头	6 ~ 8	0.01 ~ 1.25

注:加工非铁金属时,表面粗糙度 *Ra* 值取小值。

表 5-7 平面加工中各种加工方法的加工经济精度及表面粗糙度

加工方法	加工情况	加工经济精度(IT)	表面粗糙度 *Ra* 值/μm
周铣	粗铣 半精铣 精铣	11 ~ 13 8 ~ 11 6 ~ 8	5 ~ 20 2.5 ~ 10 0.63 ~ 5
端铣	粗铣 半精铣 精铣	11 ~ 13 8 ~ 11 6 ~ 8	5 ~ 20 2.5 ~ 10 0.63 ~ 5
车	半精车 精车 细车(金刚石车)	8 ~ 11 6 ~ 8 6	2.5 ~ 10 1.25 ~ 5 0.02 ~ 1.25
刨	粗刨 半精刨 精刨 宽刀精刨	11 ~ 13 8 ~ 11 6 ~ 8 6	5 ~ 20 2.5 ~ 10 0.63 ~ 5 0.16 ~ 1.25

续表

加工方法	加工情况	加工经济精度(IT)	表面粗糙度 *Ra* 值/μm
插			2.5~20
拉	粗拉(铸造或冲压表面) 精拉	10~11 6~9	5~20 0.32~2.5
平磨	粗磨 半精磨 精磨 精密磨	8~10 8~9 6~8 6	1.25~10 0.63~2.5 0.16~1.25 0.04~0.32
研磨	粗研 精研 精密研	6 5 5	0.16~0.63 0.04~0.32 0.008~0.08
砂带磨	精磨 精密磨	5~6 5	0.04~0.32 0.01~0.04
刮	25×25 mm² 内点数：8~13 13~20 20~25		0.32~1.25 0.08~0.32 0.04~0.08
滚压		7~10	0.16~2.5

注：加工非铁金属时，表面粗糙度 *Ra* 值取小值。

2. 加工方法的选择

在分析研究零件图的基础上，选择各表面的加工方法时，一般先选择零件上精度要求最高的表面的加工方法，这通常是指该表面的终加工方法。主要应考虑以下问题：

1）加工表面的精度和表面粗糙度要求　根据这些要求，选择与之相符合的加工经济精度对应的加工方法。满足要求的加工方法可能会有多种，再结合其他条件，最后确定一种。

2）零件的材料和热处理要求　零件材料和热处理是影响加工方法选择的重要因素。如有色金属精加工，因材料过软容易堵塞砂轮而不宜采用磨削；钢件和铸铁可采用磨削，而一般淬火表面只能采用磨削。

3）零件的生产类型　所选择的加工方法应与生产类型相适应。大批大量生产，应采用一些高生产率的加工方法，如加工孔、内键槽、内花键等可以采用拉削的方法；当批量不大时，则采用一般的钻、铰、镗、插等方法。

4）本厂现有技术水平、生产条件等　技术人员应对本单位的设备种类和数量、加工范围、精度水平以及工人的技术水平有充分的了解，应尽量利用本厂资源，并不断对原有设备和工艺装备进行技术改造，挖掘企业潜力，创造经济效益。

3. 典型表面的加工路线

在长期生产实践中，对机械零件的各种不同要求的典型表面，如外圆、内孔、平面等，形成了若干行之有效的加工路线，可供设计工艺过程时参考。

(1) 外圆表面的加工路线

图 5-9 给出了外圆表面的典型加工路线,以及路线中各工序所能达到的精度和粗糙度。这些路线可概括成四条基本路线:

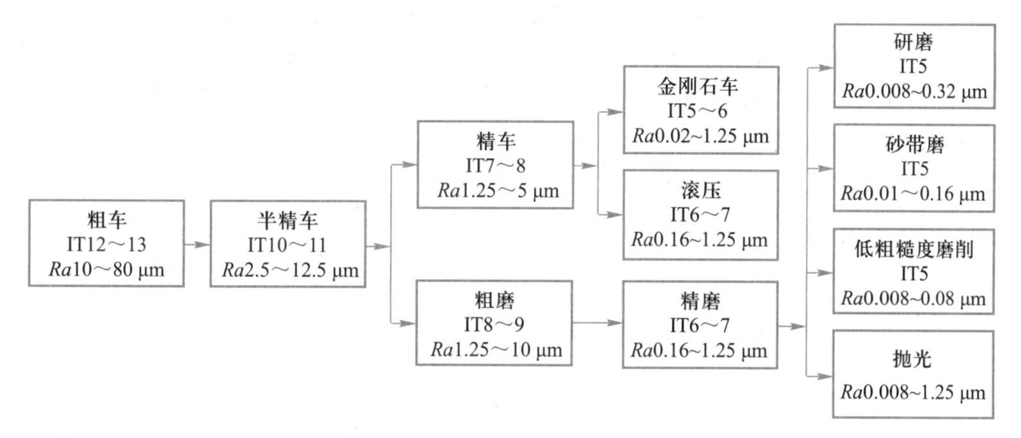

图 5-9 外圆表面的典型加工工艺路线

1) 粗车—半精车—精车 这是应用最广泛的一条工艺路线。只要工件材料可以进行切削加工,精度要求不高于 IT7、表面粗糙度 *Ra* 值≥0.8 μm 的零件表面,均可采用此加工路线。如果精度要求较低,可只取到半精车,甚至只取到粗车。

2) 粗车—半精车—粗磨—精磨 此工艺路线主要用于黑色金属材料,特别是结构钢零件和半精车后有淬火要求的零件。表面精度要求不高于 IT6、表面粗糙度 *Ra* 值不小于 0.16 μm 的外圆表面,均可安排此工艺路线。

3) 粗车—半精车—粗磨—精磨—光整加工 若采用第二条工艺路线仍不能满足精度、尤其是粗糙度的要求,可采用此工艺路线,即在精磨以后增加一道光整加工工序。常用的光整加工方法有研磨、砂带磨削、低粗糙度磨削、超精加工以及抛光等。

图 5-10 为外圆表面研磨示意图。研磨时工件旋转,研具作轴向往复运动。在工件与研具之间放置研磨剂。研磨剂通常由磨料(氧化铝,碳化硅等)与煤油、润滑油等混合而成。为了存留研磨剂,工件与研具之间应有 0.02～0.05 mm 的间隙。研磨速度一般为 0.3～1 m/s。研具通常由铸铁或硬木制成,研具磨损以后可通过调整研具夹的开口间隙来补偿。

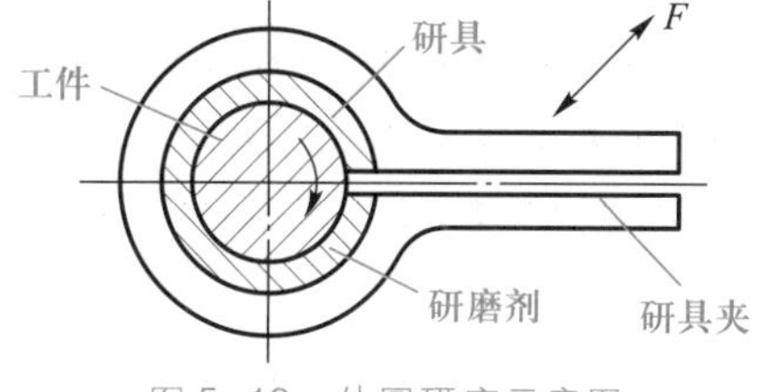

图 5-10 外圆研磨示意图

低粗糙度磨削的原理与普通磨削相同,但对机床的要求高(主轴回转误差小于 1 μm,工作台进给速度在小于 10 mm/min 时无爬行且往复速度差不大于 10%)。采用细颗粒砂轮(F100～F280),并经仔细修整。通过合理选择切削用量,增加清磨次数等措施,磨削后的表面不但表面粗糙度低,而且尺寸精度和形状精度也较高。

抛光是用敷有细磨粉或软膏磨料的布轮、布盘或皮轮、皮盘等软质工具,靠机械滑擦和化学作用来减小加工表面的粗糙度。抛光的加工余量小到可以忽略,对尺寸误差和形状误差没有纠正能力。

4）粗车—半精车—精车—金刚石车　此加工路线主要适用于工件材料不宜采用磨削加工的高精度外圆表面，如铜、铝等有色金属及其合金以及非金属材料的零件表面。金刚石车是在精密车床上用金刚石车刀（也可用涂层硬质合金刀具或陶瓷刀具代替），采用高速、小切深、小进给量进行车削。车床的主运动系统多采用液体静压或空气静压轴承，进给运动系统多采用液体静压或空气静压导轨，因而主运动平稳，进给运动均匀而无爬行，可以获得较高的加工精度和较小的表面粗糙度值。目前，这种方法已用于尺寸精度为0.1 μm数量级和表面粗糙度 *Ra* 值为0.01 μm数量级的超精密加工中。

（2）孔的加工路线

图5-11是典型的孔的加工路线框图，可把它归纳为以下四条基本的加工路线：

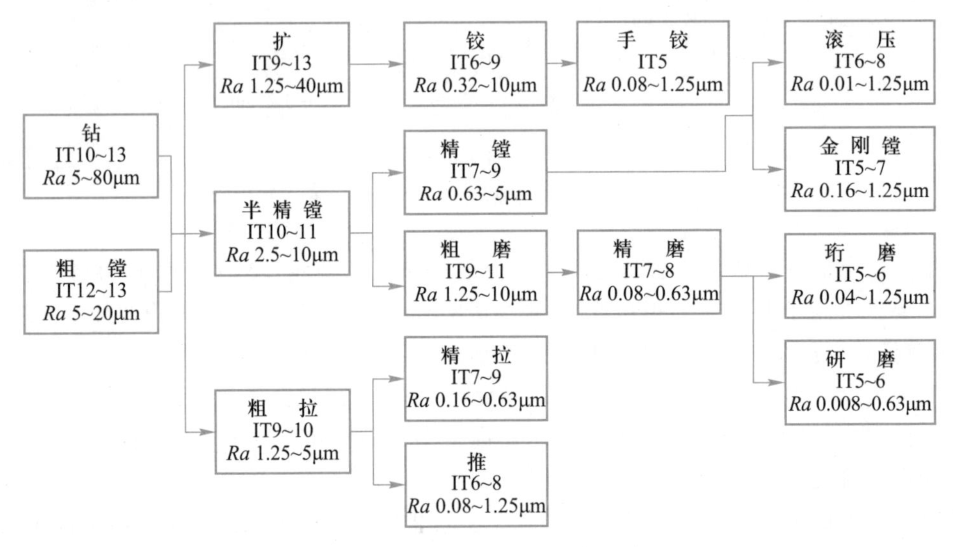

图5-11　孔的典型加工工艺路线

1）钻—扩—铰　此工艺路线主要用于直径小于 ϕ50 mm的中小孔加工，在各种生产类型中都有应用。加工后孔的尺寸精度通常达IT6～8，表面粗糙度 *Ra* 值为0.8～3.2 μm。若尺寸、形状精度和表面粗糙度要求还要高，可在铰后安排一次手铰。由于铰削加工对孔的位置误差的纠正能力差，因此孔的位置精度主要由钻—扩来保证。位置精度要求高的孔不宜采用此加工方案。

2）钻（粗镗）—半精镗—精镗—浮动镗（或金刚镗）　这也是一条应用非常广泛的加工路线，在各种生产类型中都有应用。用于加工未经淬火的黑色金属及有色金属等材料的高精度孔和孔系（IT5～7级，表面粗糙度 *Ra* 值为0.16～1.25 μm）。与钻—扩—铰工艺路线不同的是：① 所能加工的孔径范围大，一般孔径不小于 ϕ18 mm即可采用装夹式镗刀镗孔；② 加工出孔的位置精度高，如金刚镗多轴镗孔，孔距公差可控制在±0.005～±0.01 mm，常用于加工位置精度要求高的孔或孔系，如连杆大小头孔，机床主轴箱孔系等。

一般有色金属零件上直径较小的单个孔采用金刚镗，直径较大的孔及孔系采用浮动镗。不管哪种方法，都要求精镗达到一定的精度。

金刚镗是指在精密镗头上安装刃磨质量良好的金刚石镗刀头（现常用涂层硬质合金刀具或陶瓷刀具代替）进行镗削，其工艺特点与金刚石车外圆相同。

浮动镗刀块属定尺寸刀具，插在镗刀杆的方槽中，不夹紧，可沿刀杆径向自由滑动，如图 5-12 所示。切削时两刀刃所受的切削力相等，可获得高尺寸精度和低表面粗糙度。但对孔的几何误差的纠正能力很差，所以孔的几何精度应在精镗时保证。浮动镗刀块的结构如图 5-13 所示。刀刃重磨以后可通过微调机构恢复到原来的直径。

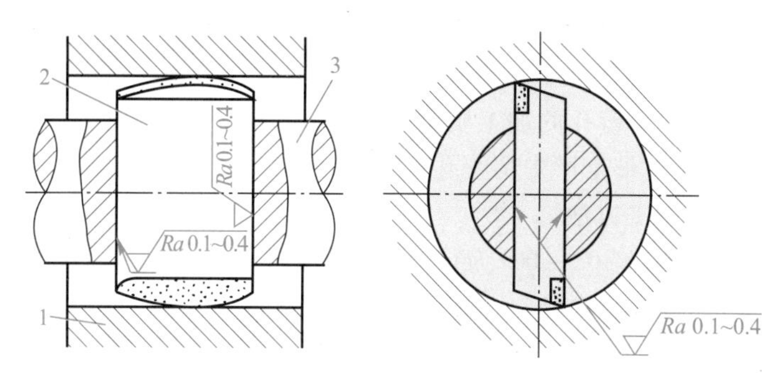

图 5-12 浮动镗刀块在镗杆上的安装

1—工件；2—镗刀块；3—镗杆

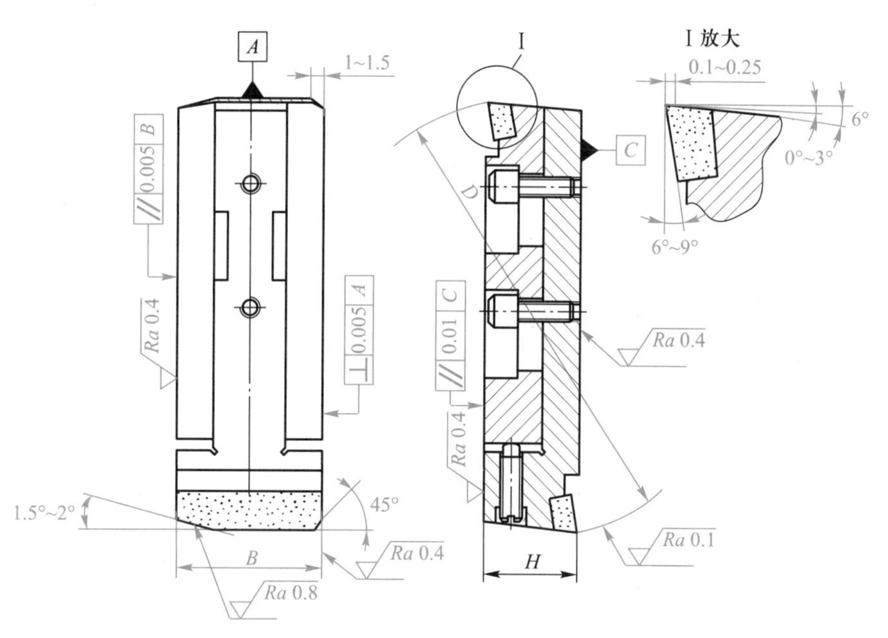

图 5-13 浮动镗刀块的结构

由于浮动镗刀加工生产率高，所以广泛应用于批量生产的箱体孔系加工。

3）钻（粗镗）—半精镗—粗磨—精磨—研磨（或珩磨） 这条工艺路线用于黑色金属特别是淬硬零件的高精度的孔加工。其中，研磨孔的原理和工艺与前述外圆研磨相同，只是此时研具是一圆棒。一般工件固定不动，研具作回转和往复运动。为了延长研具使用寿命，常将其做成可调整形式。

珩磨是一种常用的孔的光整加工方法。它用 2 ~ 8 块细粒度的砂条（F150 ~ F230），沿圆周均匀排列组成珩磨头，加工时珩磨头旋转并作上下往复进给，使加工表面产生网状加工纹路，如图 5-14

所示。珩磨头按加工孔径大小设计。各砂条在机械或液压力的作用下压向孔的表面,产生所需的径向切削压力(0.4~1.5 MPa)。珩磨头与机床主轴采用浮动连接,即以被加工孔自身定位,以避免主轴回转误差影响珩孔精度。珩磨可提高孔的尺寸和形状精度,但对孔的位置误差无纠正能力。珩孔的加工质量与珩孔前孔的质量有关,通常珩孔后尺寸和形状精度可提高一级。由于珩孔的加工质量及生产效率都很高,目前普遍被用作大批量生产中精密孔(如发动机气缸孔、连杆大头孔等)的终加工方法。

珩磨的加工纹路交叉角以30°~60°为佳,它可以通过合理选择珩磨头的旋转速度和轴向往复速度来调整。合成后的切削速度为100~300 m/min。

4) 钻(粗镗)—粗拉—精拉　此加工路线多用于大批量生产中加工盘套类零件的圆孔、单键孔和花键孔。加工出的孔的尺寸精度可达IT7,且加工质量稳定,生产效率高。当工件上无铸出或无锻出的毛坯孔时,第一道工序安排钻孔;若有毛坯孔,则安排粗镗孔;如毛坯孔的精度好,也可直接拉孔。

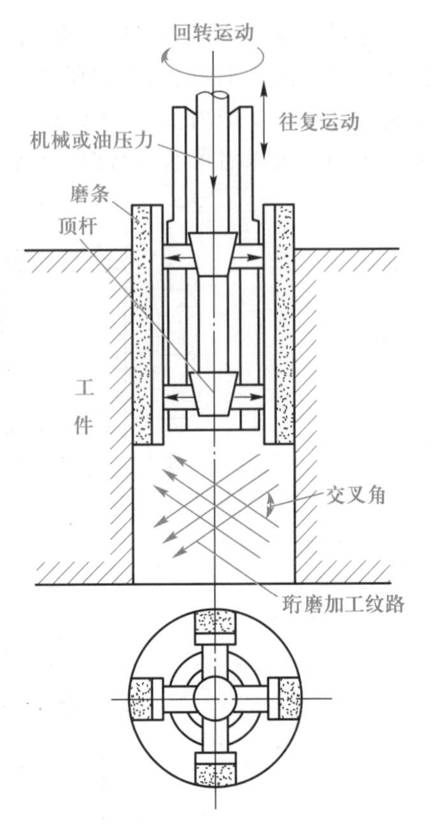

图5-14　珩孔工作原理

4. 平面加工路线

图5-15为常见平面加工路线框图,可概括为五条基本工艺路线:

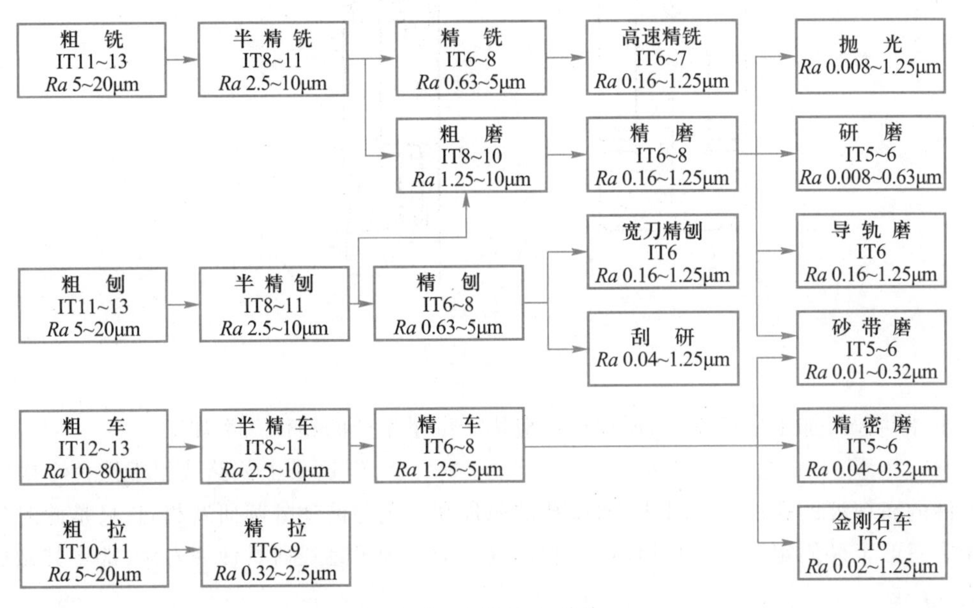

图5-15　平面加工路线

1) 粗铣—半精铣—精铣—高速精铣　铣削是平面加工中用得最多的方法。若采用高速精铣作为终加工,不但可达到较高的精度,而且可获得较高的生产效率。高速精铣的工艺特点是:高速(v=200~300 m/min),小进给(f=0.03~0.10 mm/齿),小吃深(a_p<2 mm),其精度和效率主要取决于铣床的精度和铣刀的材料、结构和精度,以及工艺系统的刚度。

2)粗铣(刨)—半精铣(刨)—粗磨—精磨—研磨、精密磨、砂带磨或抛光　此工艺路线主要用于淬硬表面或高精度表面的加工,淬火工序可安排在半精铣(刨)之后。

3)粗刨—半精刨—精刨—宽刀精刨或刮研　刨削的生产率较铣削低,但机床运动精度的调整以及刨刀的刃磨和调整容易,适合于单件小批生产,以及狭长平面的加工。刮研是获得精密平面的传统加工方法,由于其生产率低,劳动强度大,在批量生产中已逐渐被其他机械加工方法代替。

4)粗车—半精车—精车—金刚石车　此加工路线主要用于非铁金属零件的平面加工,这些零件有时就是外圆或内孔的端面。如果是黑色金属,则在精车以后安排精磨、砂带磨等工序。

5)粗拉—精拉　这是一条适合于大批量生产的加工路线,主要特点是生产率高,特别是对台阶面或有沟槽的表面,优点更为突出。如发动机缸体的底平面、曲轴轴瓦的半圆孔及分界面,都是一次拉削完成的。由于拉削设备和拉刀价格昂贵,因此只有在大批量生产中使用才经济。

5.3.2 加工阶段的划分

为了保证零件的加工质量、生产效率和经济性,通常在安排工艺路线时,将其划分成几个阶段。对于一般精度零件,可划分成粗加工、半精加工和精加工三个阶段。对精度要求高和特别高的零件,还需安排精密加工(含光整加工)和超精密加工阶段。各阶段的主要任务是:

1)粗加工阶段　主要去除各加工表面的大部分余量,并加工出精基准。

2)半精加工阶段　减少粗加工阶段留下的误差,使加工面达到一定的精度,为精加工做好准备,并完成一些精度要求不高的表面的加工。

3)精加工阶段　主要是保证零件的尺寸、形状、位置精度及表面粗糙度,这是相当关键的加工阶段。大多数表面至此加工完毕,也为少数需要进行精密加工或光整加工的表面做好准备。

4)精密和超精密加工阶段　采用一些高精度的加工方法,如精密磨削、珩磨、研磨、金刚石车削等,进一步提高表面的尺寸、形状精度,降低表面粗糙度,最终达到图纸的精度要求。

对零件的加工过程划分加工阶段,有以下好处:

1)有利于保证零件的加工质量　当零件的精度要求高时,如果将加工面从毛坯开始到最终的加工都集中在一道工序中连续完成,则由于在粗加工时夹紧力大,切削厚度大,切削力大,切削热多,零件因受力变形、受热变形及残余应力等引起的加工误差,无后续工序加以纠正,从而难以保证加工精度。

2)可以及时发现毛坯的缺陷　粗加工时切除的余量大,容易发现毛坯的缺陷,此时实施报废可以避免以后精加工的经济损失。

3)合理安排加工设备和操作工人　粗、精加工对设备的要求不同。粗加工要求设备的功率大、生产率高,对精度和工人的技术水平要求不高;精加工则要求用精度高但功率不大的设备,而对工人的技术水平要求高。粗、精加工分开可分别安排适合各自要求的设备和操作工人,有利于延长精加工设备的寿命。

4)便于组织生产　粗、精加工对生产环境条件的要求不同。比如,精加工和精密加工要求环境清洁、恒温,划分加工阶段之后,可以为精加工创造所要求的环境条件。此外,零件在加工过程中,往往要插入热处理工序,划分加工阶段便于热处理工序的插入。

零件的加工过程具体划分哪几个加工阶段,应根据具体条件加以确定,通常需考虑以下几方面:

1）零件的技术要求 一般精度的零件可划分为粗加工和精加工两个阶段,高精度零件可分为粗加工、半精加工和精加工三个阶段,更高精度的零件可安排粗加工、半精加工、精加工和精密加工四个阶段或更多的加工阶段。

2）生产纲领和生产条件 在大批量生产中,为了更合理地安排设备,加工阶段一般划分得比较细;单件小批生产中则划分得比较粗,有时将粗、精加工混在一起。在自动化生产中,为了在一次安装中加工出尽可能多的表面,有时也将粗、精加工混在一起。如采用加工中心加工时,既要求机床有较大功率、刚度和精度,同时也要求毛坯有较高的精度,使余量小而均匀,以保证加工过程中不产生大的受力变形和受热变形。

3）毛坯的情况 毛坯的精度和质量对加工阶段的划分有直接影响。如毛坯精度低(如自由锻、砂型铸造等),可以在粗加工前增加一道荒加工工序,其主要目的是暴露毛坯的质量问题,如砂眼、气孔、夹砂等。如果毛坯的精度高、质量好(如精密铸造、精密锻造等),则一开始就可进入半精加工阶段。

5.3.3 加工顺序的安排

1. 机械加工工序的安排原则

零件上的全部加工表面应安排一个合理的加工顺序,这对保证零件质量、提高生产率和降低成本至关重要。在安排加工顺序时一般应遵循以下原则:

1）先基准面后其他 应首先安排被选作精基准的表面的加工,再以加工出的精基准为定位基准,安排其他表面的加工。应当注意:此原则不但是指在加工工艺路线的开头要先把基准面加工出来,而且也指在精加工阶段开始时应先对基准面进行精加工,以提高定位精度,然后再安排其他表面的精加工。比如,精度要求高的轴类零件,第一道加工工序就是以外圆面为粗基准加工两端面及顶尖孔,再以顶尖孔定位完成各表面的粗加工;精加工开始前首先要修整顶尖孔,以提高轴在精加工时的定位精度,然后再安排各外圆面的精加工。

2）先粗后精 这是指先安排各表面粗加工,后安排精加工。如前所述,对于精度要求高的零件,粗、精加工应分成两个阶段。

3）先主后次 是指先安排主要表面加工,再安排次要表面加工。主要表面是指零件图上精度和表面质量要求比较高的表面,通常是零件的设计基准(装配基准)以及主要工作面,如轴上的支承轴径、安装齿轮的孔等。它们的质量对整个零件的加工质量影响很大。它们的加工工序往往也多,因此应先安排它们的加工顺序,然后再将次要表面(如轴上的无配合尺寸外圆面、越程槽以及键槽等)的加工适当地安插在它们的前后。当次要表面与主要表面之间有位置精度要求时,一般需将其加工安排在主要表面加工之后。

4）先面后孔 这主要是指箱体和支架类零件的加工而言。一般这类零件上既有平面,又有孔或孔系,这时应先将平面(通常是装配基准)加工出来,再以平面为基准加工孔或孔系。此外,在毛坯面上钻孔或镗孔,容易使钻头引偏或打刀。此时也应先加工面,再加工孔,以避免上述情况的发生。

2. 热处理和表面处理工序的安排

1）为了改善工件材料切削性能而进行的热处理工序（如退火、正火等），应安排在切削加工之前进行。

2）为了消除内应力而进行的热处理工序（如退火、人工时效等），最好安排在粗加工之后，精加工之前进行；有时也可安排在切削加工之前进行。

3）为了改善工件材料的力学物理性质而进行的热处理工序（如调质、淬火等）通常安排在粗加工后、精加工前进行。其中，渗碳淬火一般安排在切削加工后，磨削加工前进行。而表面淬火和渗氮等变形小的热处理工序，允许安排在精加工后进行。

4）为了提高零件表面耐磨性或耐蚀性而进行的热处理工序以及以装饰为目的的热处理工序或表面处理工序（如镀铬、镀锌、氧化、发黑等）一般放在工艺过程的最后。

3. 辅助工序的安排

辅助工序的种类很多，如检验、去毛刺、清洗、平衡、去磁等，它们也是工艺过程的重要组成部分。

检验工序是保证零件加工质量合格的关键工序之一。在工艺规程中，应在下列情况下安排常规检验工序：

1）重要工序的加工前后。

2）不同加工阶段的前后，如粗加工结束、精加工前；精加工后、精密加工前。

3）工件从一个车间转到另一个车间前后。

4）零件的全部加工结束以后。

此外，对于某些零件需要的特殊检验，如 X 射线检查、超声波探伤检查，应安排在工艺过程的开始。用于表面质量检验的磁力探伤荧光检验，安排在精加工前后。密封性检验、平衡和重量检验等，通常安排在工艺过程的最后阶段。

零件切削加工结束以后，若有合装加工，在合装前应安排去毛刺工序。进入装配前应安排清洗工序。

5.3.4 工序的集中与分散

零件的加工顺序确定以后，在安排各工序的具体加工内容时，可有两种设计思路：一种是工序数多而各工序的加工内容少，称之为工序分散；另一种是工序数少而各工序的加工内容多，称之为工序集中。

工序集中具有以下特点：

1）在一次安装中可加工出多个表面，不但减少了安装次数，而且易于保证这些表面之间的位置精度；

2）有利于采用高效的专用机床和工艺装备；

3）所用机器设备的数量少，生产线的占地面积小，使用的工人也少，易于管理；

4）机床结构通常较为复杂，调整和维修比较困难。

工序分散的特点是：

1）使用的设备较为简单，易于调整和维护；

2）有利于选择合理的切削用量；

3）使用的设备数量多，占地面积较大，使用的工人数量也多。

工序设计时，究竟是采取工序分散还是工序集中，应根据生产纲领、零件的技术要求、产品的市场前景以及现场的生产条件等因素综合考虑后决定。

传统的流水线、自动线生产，多采用工序分散的组织形式（个别工序亦有相对集中的情况，例如，箱体类零件采用组合机床加工孔系）。对于大批量生产而言，这种组织形式可以获得高的生产效率和低的生产成本，缺点是柔性差，转换困难。对于多品种、中小批量生产，为便于转换和管理，多采用工序集中方式。数控加工中心采用的便是典型的工序集中方式。由于市场需求的多变性，对生产过程的柔性要求越来越高，工序集中将越来越成为生产的主流方式。

5.3.5 工艺路线拟定实例

图5-16所示为多用磨床油缸筒零件图，试拟定其单件小批生产的工艺路线。

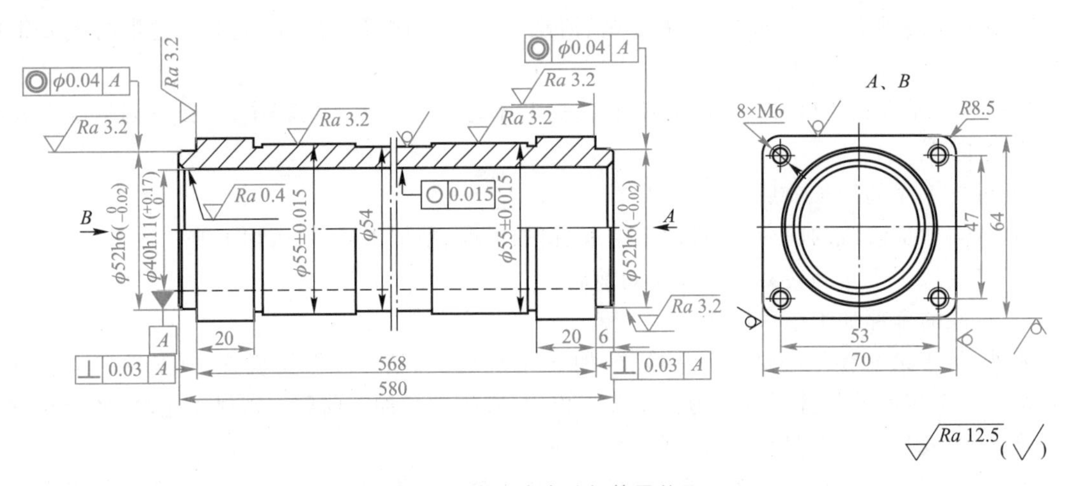

图5-16 多用磨床油缸筒零件图

1. 选择加工方法

该油缸筒为薄壁筒形零件，毛坯为铸件。其重要表面为φ40H11内孔、φ52h6外圆面及φ55外圆面。其中φ40H11内孔和φ52h6外圆是零件的功能表面，两者有较高的同轴度要求。φ55外圆面则是为了保证加工内孔时定位可靠而设置的附加基准面。

φ40H11内孔的尺寸精度要求不高，但表面粗糙度要求较高。为使表面粗糙度 *Ra* 值达到0.4 μm，最后一道工序应采用珩磨或研磨等光整加工方法，根据生产批量并结合具体的生产条件，拟订其加工路线为：钻—扩—镗—珩磨。

φ52h6外圆，尺寸精度h6，表面粗糙度 *Ra* 值为3.2 μm，最后一道工序可采用精车，根据生产批量并结合具体的生产条件，该外圆的加工路线拟订为：粗车—半精车—精车。

2. 划分加工阶段

根据加工质量，该零件加工可划分为粗加工、精加工和光整加工三个阶段。

粗加工阶段包括钻、扩内孔，粗车、半精车外圆及倒角等；精加工阶段包括镗孔和精车外圆；光整加工阶段包括珩磨内孔及其他次要表面的加工。

3. 加工顺序的安排

先安排作为精基准的表面的加工,2 个 $\phi55$ 外圆为加工内孔时的精基准,故这两个面的加工安排在镗孔之前进行。

在主要表面和次要表面加工顺序的安排上,先安排主要表面的加工,螺纹孔、倒角等次要表面的加工可穿插在其中进行。

在钻内孔之前,须先平端面。

为改善工件材料的切削性能,在粗加工前安排一次退火处理;为消除内应力,在粗加工后安排一次时效处理。

4. 工艺路线的拟订

考虑到上述各个方面的因素,拟订磨床油缸筒工艺路线如表 5-8 所示。

表 5-8 多用磨床油缸筒工艺路线

序号	工序名称	定位基准
1	铸造	
2	退火	
3	平端面	2×$\phi55$ 外圆
4	以 $\phi52h6$ 外圆找正划孔加工线	
5	钻孔、孔口一端倒角	按划线
6	粗车各外圆及端面	一头 $\phi52h6$ 外圆及另一头孔口短锥面
7	扩孔、孔口另一端倒角	一头 $\phi52h6$ 外圆及另一头 $\phi55$ 外圆
8	时效	
9	去毛刺、涂漆	
10	磨削 $\phi55$ 外圆	一头 $\phi52h6$ 外圆及另一头孔口短锥面
11	镗孔	2×$\phi55$ 外圆
12	精车 $\phi52h6$ 外圆	$\phi40H11$ 内孔
13	两头方台涂漆	
14	珩磨内孔	$\phi40H11$ 内孔本身
15	钻孔攻螺纹	

5.3.6 成组工艺过程设计

在实施成组技术的条件下,需要为零件组制订成组工艺过程。其设计方法主要有两种:综合零件法和综合路线法。

1. 综合零件法

综合零件又称复合零件(或主样件),它包含了零件组内所有零件的结构要素。综合零件可以是一个实际零件,但更多情况是一个假想零件。图 5-17 所示为一综合零件构成的示意图。

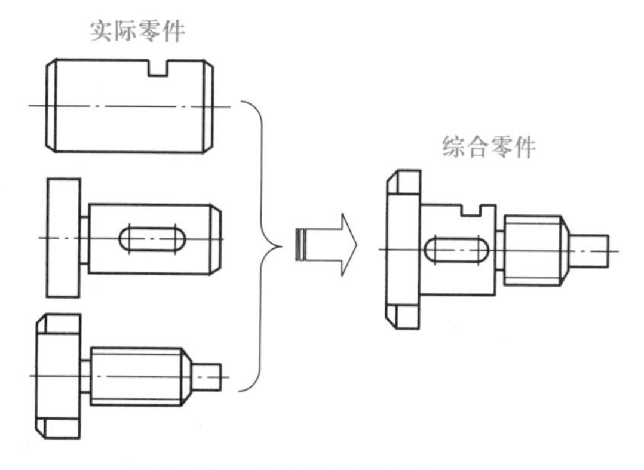

图 5-17 综合零件构成的示意图

综合零件既然包含了零件组内所有零件的结构要素，则按综合零件编制的工艺规程就应该包含零件组内所有零件的工艺内容。

图5-18为以图5-17所示综合零件为基础制订的零件组成组工艺过程卡。在该卡片左上角给出了零件组特征矩阵（即码域矩阵），右上角给出了该零件组的综合零件，左下角为零件组工艺过程，右下角则显示了该零件组内各零件的工艺过程。显然，该零件组内各零件的工艺过程与零件组工艺过程一致，是零件组工艺过程的一部分（或全部）。

车间	成组工艺过程卡	零件组代号		页
特征矩阵		综合零件		

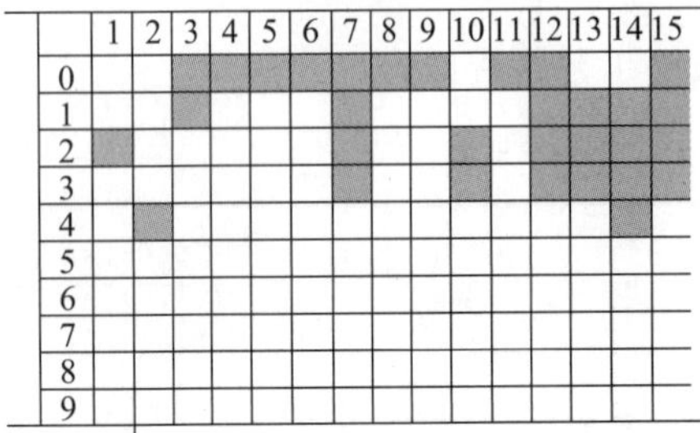

	1	2	3	4	5	6	7	8	9	10	11	12	13	14	15
0			■	■	■	■	■	■	■		■	■			■
1			■				■					■	■	■	■
2	■						■			■		■	■	■	■
3							■			■		■	■	■	■
4		■												■	
5															
6															
7															
8															
9															

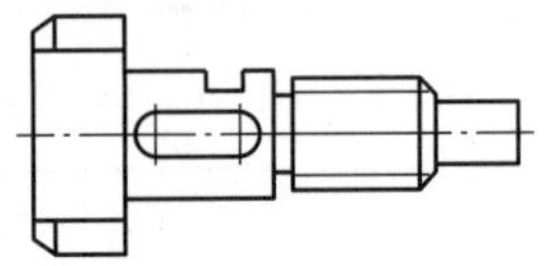

工序号	工序名称及内容	机床	适用零件						
			A	B	C	D	E	F	G
1	车右端面，打中心孔，车外圆(留磨量)	C6132	√	√	√	√	√	√	√
	车螺纹、倒角、车槽、切断								
2	车左端面，打中心孔，倒角	C6132	√	√	√	√	√	√	√
3	铣键槽(铣横槽、铣扁)	X51W	√	√		√		√	
4	调质			√	√				
5	研中心孔	C6132		√	√				
6	磨外圆	M121	√	√	√		√		

图5-18　小轴零件成组工艺过程卡片

综合零件法通常适用于回转类零件成组工艺过程设计。

2. 综合路线法

对于非回转类零件，构造综合零件比较困难，有时虽然勉强构成了“综合零件”，但该“综合零件”往往不像是零件，也就难以为其制订工艺过程。此时，设计成组工艺过程一般采用综合路线法。

综合路线法又称复合路线法，这种方法是先制订零件组内各个零件的工艺过程，然后将这些工艺过程的内容综合起来，形成零件组的工艺过程。同样，零件组内每个零件的工艺过程是零件组工艺过程的一部分（或全部）。

表5-9所示为用综合路线法构建零件组成组工艺过程的一个示例。其中零件A需要经过铣底面—镗孔—钻孔—锪孔4个工序；零件B需要经过铣底面—镗孔—钻孔（预钻铣槽孔）—铣槽4个工序；零件C需要经过铣底面—钻孔（预钻铣槽孔）—铣槽3个工序；零件D需要经过铣底面—镗孔—钻孔—锪孔4个工序。将这几个零件的工艺过程综合起来，就形成了零件组的工艺过程：铣底面—镗孔—钻孔（预钻铣槽孔）—铣槽—锪孔。

综合路线法不需要构建综合零件，但需先制订零件组内各零件工艺过程。当零件组内零件数目较多时，这种方法需要较大工作量。

表 5-9 用综合路线法构建零件组成组工艺过程示例

零件			
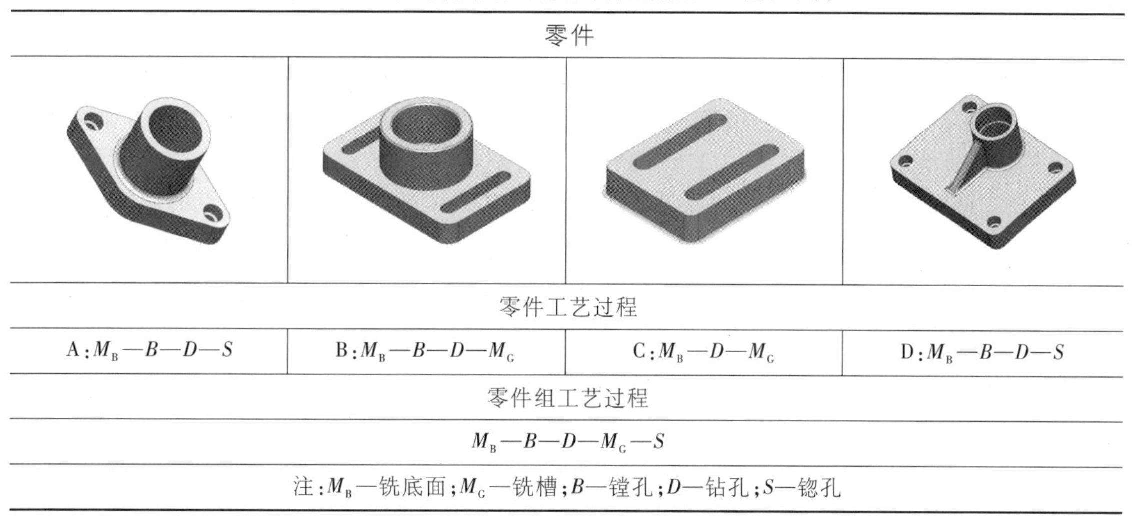			
零件工艺过程			
A:M_B—B—D—S	B:M_B—B—D—M_G	C:M_B—D—M_G	D:M_B—B—D—S
零件组工艺过程			
M_B—B—D—M_G—S			
注:M_B—铣底面;M_G—铣槽;B—镗孔;D—钻孔;S—锪孔			

5.4 数控加工工艺

5.4.1 数控加工的合理选用

数控加工是指用数控机床来加工零件。它可以按事先设计的加工程序,自动完成加工。与普通加工相比,数控加工具有自动化程度高、加工质量稳定、可以实现多轴联动、工序集中、工人劳动强度低等优点,因而获得越来越广泛的应用。

但数控加工也存在投资大、加工费用高、技术要求高等缺陷。何种零件适合于数控加工,哪些工序、哪些内容适合于数控加工,以及数控加工与普通加工怎样合理组合等,应根据工厂的实际情况全面考虑,一般可参考以下原则:

1) 形状复杂、加工面多、加工量大、生产批量较小的零件(如批量较小的复杂箱体类零件)适于数控加工。

2) 普通机床无法加工,或需要使用复杂工装才能加工的零件表面(如复杂轮廓面或复杂空间曲面),适于数控加工。

3) 加工精度要求高的零件(如某些径向尺寸和轴向尺寸精度要求均很高的轴类零件)适于数控加工。

4) 零件上某些尺寸难以测量和控制的情况(如具有不开敞内腔加工面的壳体或盒型零件),适于数控加工。

5) 零件一次装夹,可完成铣、镗、钻、铰、攻螺纹等多种操作的情况,适于数控加工。

需要指出的是,随着数控技术的发展和普及,数控加工的应用范围会不断扩大,数控加工件所占比例会不断上升。

5.4.2 数控加工工艺过程设计

1. 数控加工工艺特点

前面介绍的工艺规程制订的基本原则与方法,如基准的选择、加工顺序安排、加工路线拟订等，同样适合于数控加工。但在具体工艺过程设计中，与常规加工工艺相比又有所不同。在数控机床上加工零件时，数控机床完全受控于程序指令，加工的全部过程都是严格按程序指令自动进行的。因此，数控加工工艺设计要求详细、具体和完整。如工件在机床（或夹具）上装夹位置、工序内工步的安排、刀具选用、切削用量、走刀路线等，都必须在工艺设计中认真考虑和明确规定。

虽然数控机床自动化程度高，但自行调整能力较差。因此，数控加工工艺设计应十分严密、准确，必须注意到加工中的每一个细节，如每个坐标尺寸的计算、对刀点和换刀点的确定、攻螺纹时的排屑动作等。程序须经验证正确后，方可进行正式加工。大量实践证明，数控加工中出现差错和失误，多为工艺设计时考虑不周或编程时粗心大意所致。所以，数控编程人员必须具有扎实的工艺基础知识和严谨的工作作风。

2. 数控加工工艺过程设计中的几个主要问题

（1）零件工艺分析

对数控加工零件进行工艺分析除一般工艺性分析内容外，应着重审查零件结构与尺寸标注是否便于数控加工和数控编程，列举几点如下：

1）零件图样尺寸标注应适应数控加工的特点　传统零件尺寸标注方法多按照装配要求和零件使用特性分散地从设计基准标注，往往不利于坐标计算和程序编制。应尽量改成从同一基准标注尺寸，或给出相应的坐标值。

2）零件的内腔和外形尽量统一　如果内腔和外形具有统一的几何表达，工艺上可以减少刀具数量和换刀次数，不仅方便编程，更可提高生产效率。

3）内槽圆角半径不能过小　内槽圆角半径增大，可以采用较大直径的铣刀来加工，进给次数相应减少，不仅生产效率高，表面加工质量也会好一些。

4）槽底圆角半径不能过大　槽底圆角半径 r 越大（图5-19），铣刀端刃铣削平面的能力越差，效率也越低。当 r 大到一定程度时，必须用球头刀加工，工艺性变差。

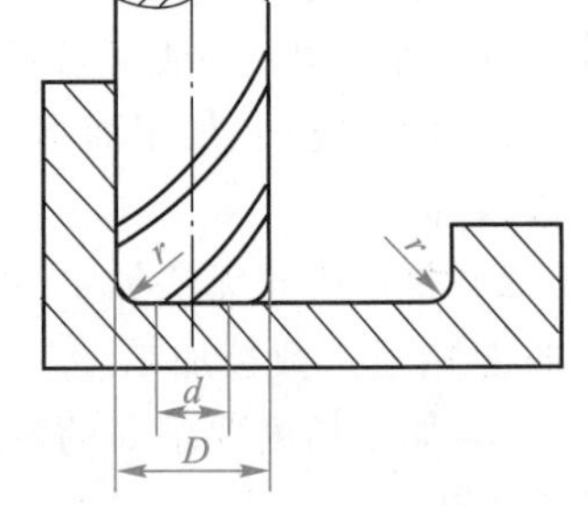

图5-19　底面加工工艺性

（2）零件装夹与夹具选择

数控机床上被加工零件的装夹方法与一般机床一样，也要合理地选择定位基准和夹紧方案。装夹工件一般要考虑以下两个原则：

1）应尽量减少装夹次数，力争做到在一次装夹后能加工出全部待加工表面，以充分发挥数控机床的效能。

2）零件需要二次装夹时，要尽可能利用同一基准面来加工另一些待加工面，这样可以减少加工误差。

数控机床使用的夹具，一般只需要“定位”和“夹紧”两项功能，因而其结构相对较简单，但精度要求较高，且在机床上安装时应实现完全定位。数控机床常用的夹具有通用夹具、组合夹具、通用可调整夹具及专用夹具等。其中，孔系组合夹具由于其精度高、刚性好（相对于槽系组合夹具）、适用性强等特点，得到广泛应用。

（3）工步划分

在数控机床上加工多采用工序集中原则，希望一次装夹完成尽可能多的加工工作。这不仅可以提高加工效率，而且易于保证各加工面之间的位置精度。

常规工艺通常按加工表面来划分工步。数控加工的工步划分则比较灵活，并常常按刀具来划分工步。例如,图 5-24 所示零件,4 个 M10 螺孔的加工,需要使用 4 把刀具——中心钻、ϕ8.5 麻花钻、ϕ18 麻花钻和 M10 丝锥,因而可以划分 4 个工步。实际的加工过程是先用中心钻按坐标尺寸钻出 4 个中心孔(这是为了防止直接使用麻花钻钻孔产生偏心而增加的工步),然后用 ϕ8.5 麻花钻钻出 4 个螺纹底孔,再用 ϕ18 麻花钻(锋角 90°)对 4 个螺纹底孔倒角,最后用丝锥完成 4 个螺孔攻螺纹。

在很多情况下,为提高生产率,在数控机床上一次装夹完成粗、精加工。这除了要求零件结构和毛坯设计与之适应外,在工艺安排上也应加以考虑。如对于结构刚性较差、精度要求较高的零件,应将粗、精加工分开,且在粗加工后安排暂停指令,略微松开压板(或其他夹紧装置),以使工件弹性变形得以恢复,然后再用较小的夹紧力夹紧工件,进行精加工。

(4) 走刀路线规划

走刀路线是指加工过程中刀具(严格说是刀位点)相对于被加工零件的运动轨迹。即刀具从起刀点开始运动起,直至返回该点并结束加工程序所经过的路径,包括切削加工的路径及刀具引入、返回等非切削空行程。通常应在保证加工质量的前提下,使走刀路线最短。下面对走刀路线规划中的几个共性问题进行说明。

1) 点位加工　点位控制的数控机床,一般只要求准确定位,刀具相对工件的运动路线无关紧要,通常可以按空程最短来安排走刀路线。但对于位置精度要求较高的孔系加工,则要注意加工顺序和走刀路径的安排,安排不当时,就有可能将坐标轴的反向间隙带入而影响位置精度。如图 5-20 所示,要加工 4 个尺寸相同的孔,有两种加工路线。按图 5-20a 所示路线加工时,D 孔定位方向与 A、B、C 孔相反,X 轴反向间隙会影响 D 孔的位置精度。按图 5-20b 所示路线,加工完 C 孔后多移动一段距离,然后再折返回来加工 D 孔,可避免反向间隙的引入,保证孔系位置精度。

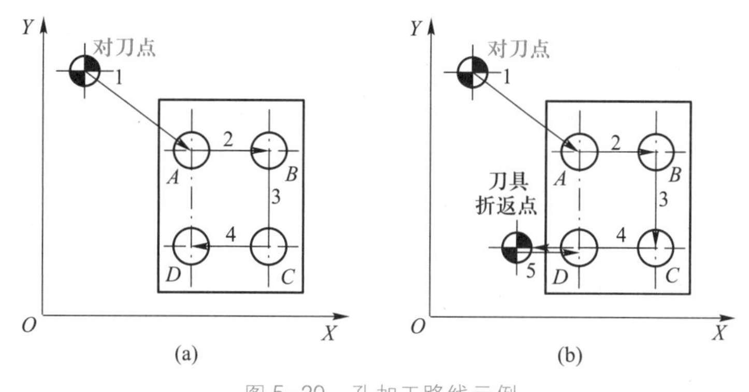

图 5-20　孔加工路线示例

2) 内、外轮廓面加工　仅以内、外圆加工为例说明,如图 5-21 所示。刀具应从切向进入圆周加工,且当加工完成后,不要在切点处取消刀具补偿,而要安排一段沿切向继续运动距离。

3) 型腔加工　图 5-22 所示为加工型腔的三种加工路线。其中图 5-22a、b 所示分别为行切法和环切法加工的走刀路线;图 5-22c 所示为先用行切法最后环切一刀光整轮廓表面。三种方案中,图 5-22a 所示方案最差,图 5-22c 所示方案最好,不仅走刀路径短,且有利于保证加工精度。

4) 刀具轴向切入切出　进给路线中每段进给运动,均有加减速过程。为使切削平稳,切削工件应尽量避开加减速区间。刀具加速运动完成后接触工件,该距离为切入距离;刀具离开工件后再减速,此距离为切出距离。对于已加工面,刀具轴向切入切出距离一般取 2 ~ 5 mm。

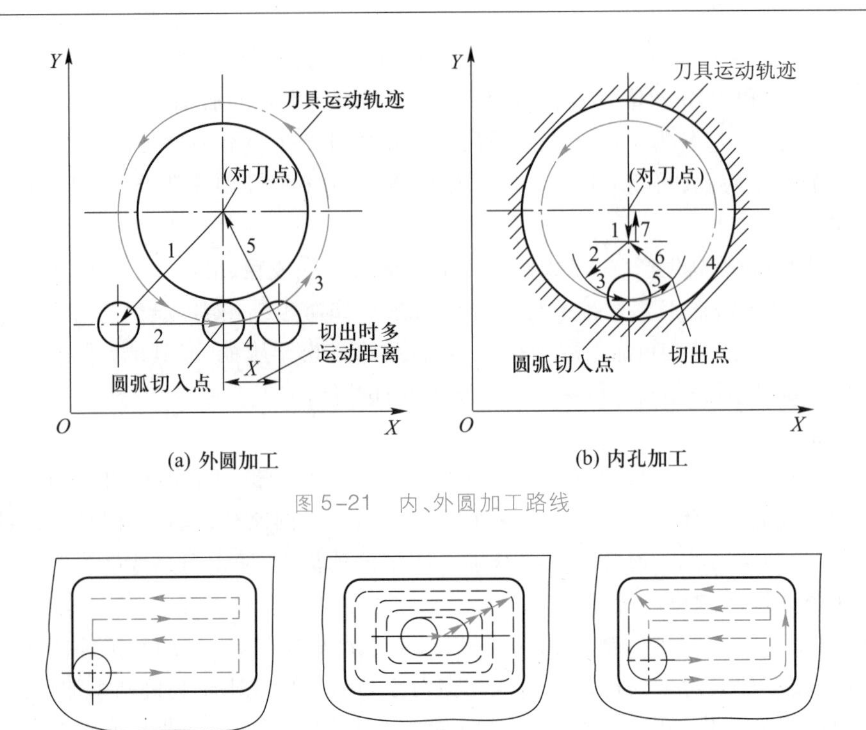

图5-21　内、外圆加工路线

图5-22　型腔加工路线

5）高速加工路径规划　数控机床具有高精度、高刚性和高速度的特点，为充分发挥数控机床的功效，常常采用高速加工方法。为适应高速加工的特点，除需要合理选择刀具和加工参数外（参见3.8节），加工路径的选择和采用的编程策略极为重要。要尽可能保证刀具运动轨迹光滑平稳，并尽量使刀具载荷均匀，因为这会直接影响加工质量和机床主轴等零件的寿命。

（5）针对数控加工的工艺处理

针对数控加工的工艺处理包括编程原点及工件坐标系的确定、对刀点与换刀点的选择、刀具运动轨迹的计算等。

1）编程原点　数控编程原点的确定主要考虑便于编程和测量，并应尽量与设计基准重合，但不一定与定位基准相一致。例如，图5-23所示零件要求在数控加工中心上加工 ϕ80H7 孔和4×ϕ24H7 孔。4×ϕ24H7 孔以 ϕ80H7 孔为基准，故编程原点应选在 ϕ80H7 孔的中心。工件的定位基准为 A 面和 B 面，可以保证各项加工精度。若编程零点选在 C 点，编程时不仅计算繁杂，还存在由于基准不重合而引起的尺寸链换算误差。

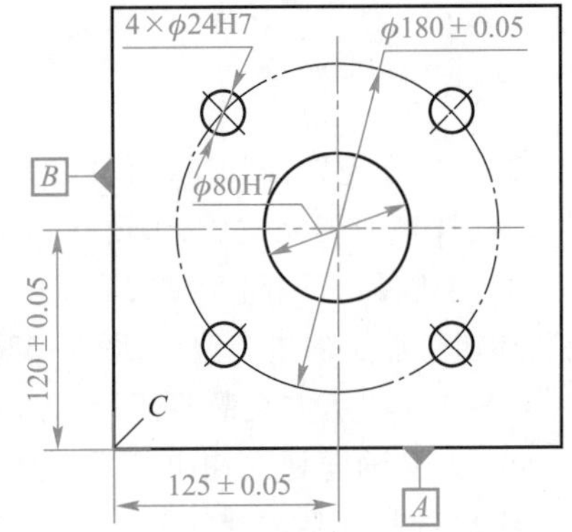

图5-23　编程原点选择示例

2）对刀点与换刀点　对刀点是刀具相对于工件运动的起始点。对刀点的选择应使找正容易，便于检查，并易于数据处理和程序编制。对刀点可以选在工件上，也可以选在工件外（夹具或机床上），但应与零件定位基准有一定位置关系。对刀点应尽量选在零件的设计基准或定位基准上。

加工过程需要换刀时,应规定换刀点,即刀架转位换刀的位置。换刀点一般设在工件或夹具的外部,以刀架转位时不碰工件和夹具为准。

5.4.3 数控加工工艺实例

图 5-24 所示的壳体零件,材料为 HT300,加工面有上表面、底面、$\phi 80^{+0.054}_{0}$孔、4×M10 螺孔及环槽。其中,环槽难以在普通机床上加工,需安排数控加工。考虑数控加工环槽时,可以较方便地将顶面和 4×M10 螺孔一并加工出来,故确定数控加工内容为环槽、顶面和 4×M10 螺孔。工件底面和 $\phi 80^{+0.054}_{0}$孔作为定位基准面,可在普通镗铣床上先行加工。以下仅介绍其数控加工工序。机床选用立式加工中心,数控系统为 FANUC-BESKTCM 系统。

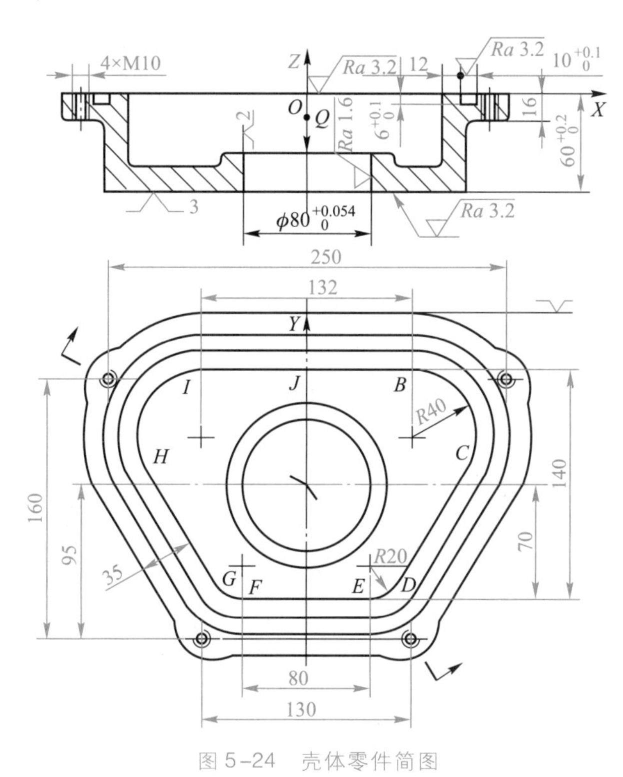

图 5-24 壳体零件简图

1. 工序设计

(1) 选择定位、夹紧方案

根据本工序的技术要求和零件结构特点,选择底面、$\phi 80^{+0.054}_{0}$孔和零件后侧面作为定位基准。采用孔系组合夹具,其基础板限制工件 $\widehat{X}$、$\widehat{Y}$、$\overrightarrow{Z}$ 三个自由度,圆柱销(专用件)限制工件 $\overrightarrow{X}$、$\overrightarrow{Y}$ 两个自由度,移动 V 形块(合件)限制一个自由度 $\widehat{Z}$,通过螺旋压板将零件从上往下压紧,夹紧力的作用点为 $\phi 80^{+0.054}_{0}$孔的上端面。

(2) 选择加工方法、拟订加工路线

本工序加工精度、表面粗糙度要求均不是很高,上表面和$10^{+0.1}_{0}$ mm 环槽采用铣削一次走刀加工即可达到图纸要求;4×M10 螺纹孔采取先打中心孔再钻底孔的方法,螺纹底孔采用钻头进行倒角。

根据先面后孔的原则,安排各表面的加工顺序为:铣上平面→钻 4×M10 中心孔→钻4×M10 底孔→4×M10 螺纹底孔倒角→4×M10 攻螺纹→铣环槽。

(3) 切削用量的选择

根据加工精度、工件材料、刀具材料等因素,参照有关手册提供的切削用量资料,确定切削用量如下:

铣平面主轴转速 280 r/min,进给速度 60 mm/min;

钻中心孔主轴转速 1 000 r/min,进给速度 100 mm/min;

钻螺纹底孔主轴转速 500 r/min,进给速度 50 mm/min;

螺纹孔口倒角主轴转速500 r/min,进给速度 50 mm/min;

攻螺纹主轴转速 60 r/min,进给速度 90 mm/min;

铣槽主轴转速 300 r/min,进给速度 30 mm/min。

(4) 刀具选择

根据工序内容的安排,查阅有关工具系统资料,选用6把刀具,其中 T1 号刀为 ϕ80 mm 不重磨硬质合金端铣刀,用于铣上平面;T2 号刀为 ϕ3 mm 中心钻,用于钻中心孔;T3 号刀为 ϕ8.5 mm 麻花钻,用于钻螺纹底孔;T4 号刀为 ϕ18 mm 麻花钻(90°锋角),用于螺纹孔口倒角;T5 号为 M10×1.5 丝锥,用于螺纹孔攻螺纹;T6 号为 $\phi 10_{0}^{+0.03}$ mm 高速钢立铣刀,用于铣$10_{0}^{+0.1}$ mm 环槽。

(5) 填写数控加工工艺卡(表 5-10)

表 5-10 壳体数控加工工艺卡

零件号	JS-1-26	零件名称	壳体	材料	HT300	
程序编号	00618	机床型号	HM500	制表	(姓名)	
工序内容	刀具号	刀具种类	主轴转速	进给速度	长度补偿量	半径补偿量
铣平面	T1	ϕ80 硬质合金端铣刀	S280	F60	D1	D21
钻 4×M10 中心孔	T2	ϕ3 中心钻	S1000	F100	D2	
钻 4×M10 底孔	T3	ϕ8.5 高速钢钻头	S500	F50	D3	
螺纹孔口倒角	T4	ϕ18 钻头(90°锋角)	S500	F50	D4	
攻螺纹 4×M10	T5	M10×1.5 丝锥	S60	F90	D5	
铣 10 mm 宽环槽	T6	ϕ10 高速钢立铣刀	S300	F30	D6	D26

2. 工艺处理

零件坐标系统的设定如图 5-24 所示,坐标原点为孔轴线与零件上平面的交点。

对刀点选在 $\phi 80_{0}^{+0.054}$ 孔轴线与 $\phi 80_{0}^{+0.054}$ 孔的上端面的交点,换刀点选在所定零件坐标系(0,0,15)点。

刀具轨迹坐标计算包括:4×M10 螺纹孔中心坐标计算,环槽各基点(J、B、C、D…)及四个圆弧的圆心坐标计算等。

5.5 加工余量

5.5.1 加工余量的概念

1. 加工总余量与工序(工步)余量

加工总余量即毛坯余量,是指毛坯尺寸与零件设计尺寸之差,也就是某加工表面上切除的金属层总厚度。工序(工步)余量是指相邻两工序(工步)的尺寸之差,也就是某道工序(工步)所切除的金属层厚度。显然有

$$Z_S=\sum_{i=1}^{n}Z_i \tag{5-1}$$

式中:Z_S——某表面加工总余量;

n——该表面的机械加工工序(工步)数;

Z_i——该表面第 i 个工序(工步)加工余量。

设某加工表面上道工序(工步)的尺寸为 a,本道工序(工步)的尺寸 b,则本道工序(工步)的基本余量 Z_b 可表示成:

对于被包容面(图 5-25a、c)

$$Z_b=a-b \tag{5-2}$$

对于包容面(图 5-25b、d)

$$Z_b=b-a \tag{5-3}$$

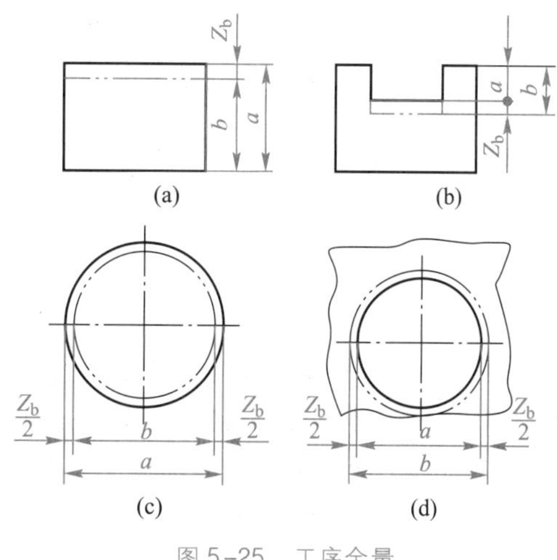

图 5-25 工序余量

工序(工步)余量有单边余量和双边余量之分。通常平面加工属于单边余量(图 5-25a、b),回转面(外圆、内孔等)和某些对称平面(键槽等)加工属于双边余量(图 5-25c、d)。双边余量各边余量等于工序(工步)余量的一半(图 5-25c、d)。

2. 最大余量、最小余量、平均余量、余量公差

由于毛坯和工序尺寸不可避免存在误差,因此各工序余量也必然在某一公差范围内变化。余量作为尺寸,也有公称尺寸,上、下极限偏差和公差,即有基本余量[余量公称尺寸,见式(5-2)和式(5-3)、最大余量、最小余量和余量公差(余量变动量)],参见图 5-26(图中显示的是单边余量,双边余量的情况图中各余量尺寸取相应值的 1/2)。

$$\text{最大余量}:\begin{cases}Z_{max}=a_{max}-b_{min} & (\text{被包容尺寸})\\ Z_{max}=b_{max}-a_{min} & (\text{包容尺寸})\end{cases} \tag{5-4}$$

$$\text{最小余量}:\begin{cases}Z_{min}=a_{min}-b_{max} & (\text{被包容尺寸})\\ Z_{min}=b_{min}-a_{max} & (\text{包容尺寸})\end{cases} \tag{5-5}$$

$$\text{平均余量}:\begin{cases}Z_m=a_m-b_m & (\text{被包容尺寸})\\ Z_m=b_m-a_m & (\text{包容尺寸})\end{cases} \tag{5-6}$$

余量公差：$T_Z=Z_{max}-Z_{min}=T_a+T_b$　　(5-7)

式中：Z_{max}，Z_{min}——最大，最小余量；

Z_m——平均余量；

T_Z——余量公差；

a_{max}，a_{min}——前工序上、下极限尺寸；

b_{max}，b_{min}——本工序上、下极限尺寸；

a_m，b_m——前工序和本工序平均尺寸；

T_a，T_b——前工序和本工序尺寸公差。

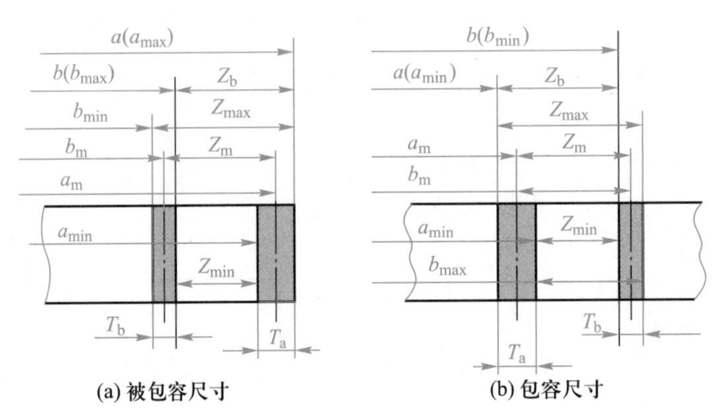

图5-26　工序余量与工序尺寸的关系

3. 加工余量及工序尺寸公差对机械加工的影响

加工余量的大小对零件加工质量和生产率均有较大的影响。加工余量过大，不仅增加了机械加工量、降低了生产效率，而且浪费原材料和能源，增加刀具等工具消耗，使加工成本升高。有时，还不能保存零件最耐磨的表面层。如车床的导轨面，过大的余量会将导轨面耐磨的表面层切去。余量过小则不能保证消除前工序的各种误差和表面的缺陷层。因此，合理确定加工余量的大小是制订工艺规程的重要任务之一。

工序尺寸公差给得过小，无形中提高了工序的加工精度，增加了工序加工成本。上工序公差给得过大，会使余量变动量大，有可能会影响本工序的加工质量；当用夹具定位夹紧时，可能会因尺寸变动太大而不能确保安装。因此，工序尺寸公差应根据整个工艺过程的安排来合理确定。

4. 影响工序余量的因素

为了合理确定工序余量，必须了解影响工序余量的各项因素：

1）上工序留下的表面粗糙度 Rz 和表面缺陷层深度 H_a

如图5-27所示，本工序必须将上工序留下的表面粗糙度和表面缺陷层全部切去，即在加工余量中必须包含 Rz 和 H_a。各种加工方法的 Rz 和 H_a 值可参考表5-11。

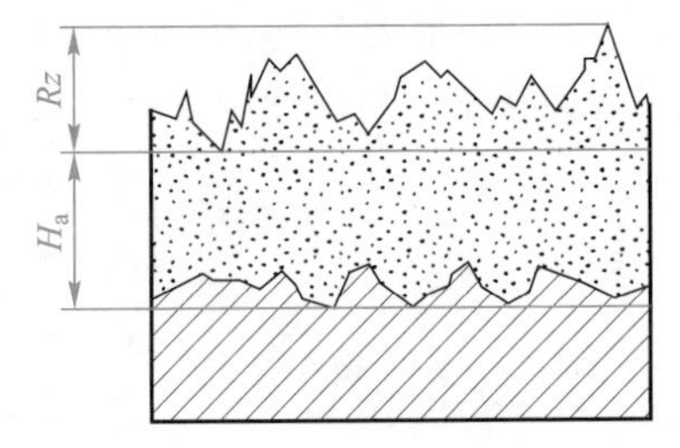

图5-27　加工表面的粗糙度和缺陷层

表 5-11 各种加工方法的表面粗糙度 Rz 和表面缺陷层 H_a 的数值 μm

加工方法	Rz	H_a	加工方法	Rz	H_a
粗车内外圆	15～100	40～60	磨端面	1.7～15	15～35
精车内外圆	5～40	30～40	磨平面	1.5～15	20～30
粗车端面	15～225	40～60	粗刨	15～100	40～50
精车端面	5～54	30～40	精刨	5～45	25～40
钻	45～225	40～60	粗插	25～100	50～60
粗扩孔	25～225	40～60	精插	5～45	35～50
精扩孔	25～100	30～40	粗铣	15～225	40～60
粗铰	25～100	25～30	精铣	5～45	25～40
精铰	8.5～25	10～20	拉	1.7～35	10～20
粗镗	25～225	30～50	切断	45～225	60
精镗	5～25	25～40	研磨	0～1.6	3～5
磨外圆	1.7～15	15～25	超精加工	0～0.8	0.2～0.3
磨内圆	1.7～15	20～30	抛光	0.06～1.6	2～5

2）上工序留下的需要单独考虑的空间误差 ε_a ε_a 是指工件上有些不包括在尺寸公差范围内的形状和位置误差，而这些误差又必须在加工中得到纠正，因此在确定加工余量时必须将这些误差考虑进去。属于这一类的误差有直线度、位置度、同轴度、平行度以及轴线与端面的垂直度等。图 5-28 表示了轴线直线度误差对加工余量的影响。

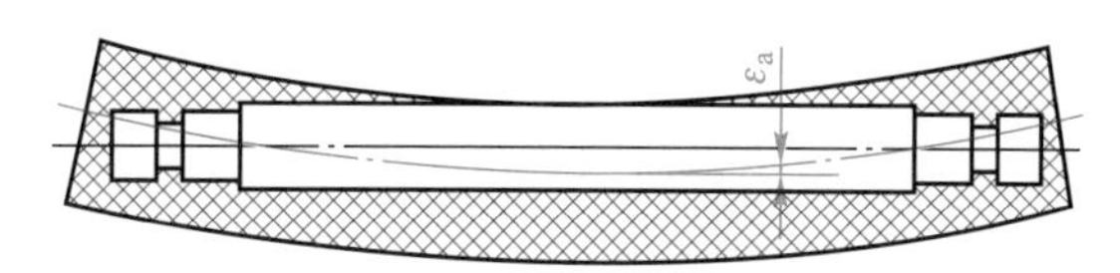

图 5-28 轴线弯曲对加工余量的影响

3）本工序的安装误差 ε_b 由于装夹时的定位和夹紧误差会直接影响加工表面与切削刀具的相对位置，加工余量中应包含这项误差。

由于 ε_a 和 ε_b 都是有方向的，因此在计算余量时应采用矢量相加的方法，取矢量和的模进行计算。

由上述分析可得到工序最小余量的计算公式为

对于单边余量：

$$Z_{min}=Rz+H_a+|\vec{\varepsilon}_a+\vec{\varepsilon}_b| \tag{5-8}$$

对于双边余量：

$$Z_{min}=2(Rz+H_a)+2|\vec{\varepsilon}_a+\vec{\varepsilon}_b| \tag{5-9}$$

5.5.2 确定加工余量的方法

1. 分析计算法

在影响因素清楚、统计分析资料齐全的情况下，可以采用分析计算法，用式(5-8)或式(5-9)计算出工序余量。计算时，应根据所采用的加工方法的特点，将计算式合理简化，如：

1）采用浮动镗刀镗孔或浮动铰刀铰孔或拉刀拉孔，由于这些加工方法不能纠正位置误差，

可将式(5-9)简化为

$$Z_{min}=2(Rz+H_a) \tag{5-10}$$

2）无心磨床磨削外圆时无装夹误差，故算式可简化为

$$Z_{min}=2(Rz+H_a)+2\left|\vec{\varepsilon}_a\right| \tag{5-11}$$

3）精密加工方法如研磨、珩磨、抛光等，加工时仅去掉上工序留下的加工痕迹，因此计算式可简化为

$$\begin{aligned} &Z_{min}=Rz\quad(\text{单边})\\ &Z_{min}=2Rz\ (\text{双边}) \end{aligned} \tag{5-12}$$

分析计算法确定加工余量的过程较为复杂，多用于大批量生产或贵重材料零件的加工。对于单件小批生产，目前大部分工厂都采用查表法或经验法来确定工序余量和总余量。

2. 查表法

查表法是根据《机械加工工艺手册》提供的资料查出各表面的总余量以及不同加工方法的工序余量，方便迅速，使用广泛。但表中提供的数据不一定与具体加工情况完全相符，余量值大多偏大，须根据工厂的具体情况加以修正。

需要指出的是，目前国内各种手册所给的余量多数为基本余量，基本余量等于最小余量与上一工序尺寸公差之和，即基本余量中包含了上一工序尺寸公差，此点在应用时需加以注意。

还需注意，各种铸、锻件的总余量已由有关国家标准给出，并由热加工工艺人员在毛坯图上标定。对于圆棒料毛坯，在选用标准直径的同时，总余量也就确定。因此，用查表法确定加工余量时，粗加工工序余量一般应由总余量减去后续各半精加工和精加工的工序余量之和而求得。

3. 经验法

由一些有经验的工艺设计人员或工人根据经验确定余量。这种方法大都用于单件小批生产。

5.6 工序尺寸及其公差

5.6.1 工序尺寸及其公差的确定

工序尺寸及其公差的确定有两种情况：一种是工序尺寸及其公差与零件上某设计尺寸或其他工序尺寸相关，需要通过解算尺寸链来确定。另一种是工序尺寸及其公差仅与工序余量有关，如加工过程中不存在基准转换的情况。此时，可按如下方法确定各工序尺寸和公差：

1）确定该加工表面的总余量，再根据加工路线确定各工序的基本余量，并核对第一道工序的加工余量是否合理。

2）自终加工工序起，即从设计尺寸开始，至第一道工序，逐次加上（对被包容面）或减去（对包容面）各工序的基本余量，便可得到各道工序的公称工序尺寸。

3）除终加工工序外，根据各工序的加工方法及其经济加工精度，确定其工序公差和表面粗糙度。

4）按“入体原则”以单向偏差方式标注工序尺寸，并可作适当调整。

【例 5-1】 某连杆大头孔的设计尺寸为 $\phi 61.5^{+0.018}_{0}$(IT6),表面粗糙度 Ra 值为0.4 μm,毛坯为锻件,采用的加工路线为:粗镗—半精镗—精镗—细镗—滚压。试确定各工序的工序尺寸及其公差,以及表面粗糙度。

【解】

(1) 确定总余量和各工序余量

1) 确定总余量　查表并根据大头孔为剖分孔这一特点,确定大头孔的直径总余量为4.5 mm,毛坯尺寸偏差为$^{+0.7}_{-1.5}$。

2) 确定工序余量　滚压工序余量:根据试验定为0.003 mm;细镗余量:查表确定为0.3 mm;根据该厂资料精镗余量定为0.7 mm;半精镗余量为1.5 mm(由于连杆大头孔为剖分孔,因此在合装前孔的余量定得较大);粗镗余量为(4.5-1.5-0.7-0.3-0.003) mm≈2 mm。

(2) 确定各工序的加工经济精度和表面粗糙度

由于细镗的下道工序为滚压,其目的仅是降低表面粗糙度,因此细镗工序的尺寸精度应达到图纸要求,取工序公差为0.018 mm;根据细镗所达到的经济表面粗糙度以及滚压一般能提高表面粗糙度1~2级,确定细镗表面粗糙度 Ra 值为0.8 μm。由细镗余量表可知,精镗必须达到IT8(公差0.046 mm),其表面粗糙度 Ra 值为1.6 μm;半精镗经查表得其经济精度为IT11(公差0.19 mm),表面粗糙度 Ra 值为3.2 μm;粗镗查表经济精度为IT12(公差0.4 mm),表面粗糙度 Ra 值为6.3 μm。根据上述数据,即可计算出各工序的公称尺寸,并将工序公差以入体的原则标注在公称工序尺寸上,所有的计算结果及其工序尺寸的标注见表5-12。

表5-12　连杆大头孔各工序的工序尺寸、公差及表面粗糙度的确定

工序名称	工序余量/mm	初定工序		公称工序尺寸/mm	以"入体原则"单向偏差标注	调整后的工序尺寸	
		经济精度/mm	粗糙度 Ra 值/μm			工序尺寸	粗糙度 Ra 值/μm
滚压	0.003	H6($^{+0.018}_{0}$)	0.4	—	—	$\phi 61.5^{+0.018}_{0}$	0.4
细镗	0.3	H6($^{+0.018}_{0}$)	0.8	61.5-0.003=61.497	$\phi 61.497^{+0.018}_{0}$	$\phi 61.5^{+0.015}_{-0.003}$	0.8
精镗	0.7	H8($^{+0.046}_{0}$)	1.6	61.497-0.3=61.2	$\phi 61.2^{+0.046}_{0}$	$\phi 61.2^{+0.05}_{0}$	1.6
半精镗	1.5	H11($^{+0.19}_{0}$)	3.2	61.2-0.7=60.5	$\phi 60.5^{+0.19}_{0}$	$\phi 60.5^{+0.15}_{0}$	3.2
粗镗	2	H12	6.3	60.5-1.5=59	$\phi 59^{+0.4}_{0}$	$\phi 59^{+0.4}_{0}$	6.3
锻	—	—	—	59-2=57	—	$\phi 57^{+0.7}_{-1.5}$	—

5.6.2 尺寸链概述

1. 尺寸链的定义与组成

由若干相互有联系的尺寸按一定顺序首尾相接形成的尺寸封闭图形定义为尺寸链。在零件加工过程中,由同一零件有关工序尺寸所形成的尺寸链,称为工艺尺寸链。在机器设计和装配过程中,由有关零件设计尺寸形成的尺寸链,称为装配尺寸链。

图5-29是工艺尺寸链的一个示例。工件上尺寸 $A_1=30^{\ 0}_{-0.1}$ mm 已加工好,现以底面 A 定位,

用调整法加工台阶面 B，直接保证尺寸 A_2。显然，尺寸 A_1 和 A_2 确定以后，在加工中未予直接保证的尺寸 A_0 也就随之确定。尺寸 A_0、A_1 和 A_2 构成了一个尺寸封闭图形，即工艺尺寸链，如图 5-29b 所示。

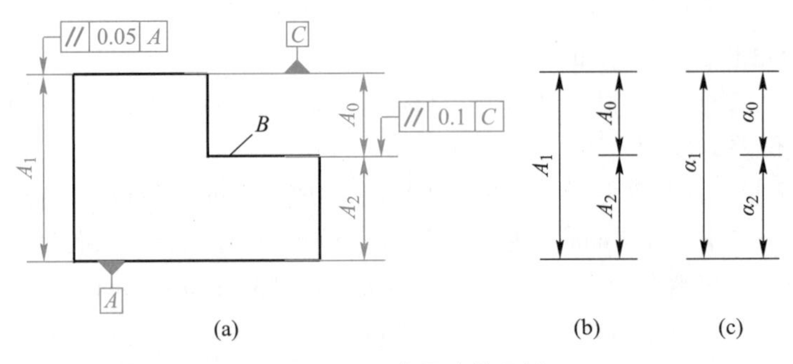

图 5-29 工艺尺寸链示例

组成尺寸链的每一个尺寸，称为尺寸链的尺寸环。各尺寸环按其形成的顺序和特点，可分为封闭环和组成环。凡在零件加工过程或机器装配过程中最终形成的环（或间接得到的环）称为封闭环，如图 5-29 中的尺寸 A_0。尺寸链中除封闭环以外的各环，称为组成环，如图 5-29 中的尺寸 A_1 和 A_2。对于工艺尺寸链来说，组成环的尺寸一般是由加工直接得到的。

组成环按其对封闭环影响又可分为增环和减环。凡该环变动（增大或减小）引起封闭环同向变动（增大或减小）的环，称为增环。反之，由于该环变动（增大或减小）引起封闭环反向变动（减小或增大）的环，称为减环。如图 5-29 所示，A_1 为增环，A_2 为减环。

2. 尺寸链的分类

按尺寸环各尺寸环的几何特征和所处的空间位置可分为直线尺寸链、角度尺寸链、平面尺寸链和空间尺寸链。

1）直线尺寸链 它的尺寸环都位于同一平面的若干平行线上，如图 5-29b 所示的尺寸链。这种尺寸链在机械制造中用得最多，是尺寸链最基本的形式，也是本节要讨论的重点。

2）角度尺寸链 各尺寸环均为角度尺寸的尺寸链称为角度尺寸链。图 5-30 所示为角度尺寸链两种常见的形式，其中图 5-30a 为具有公共角顶的封闭角度图形，图 5-30b 是由角度尺寸构成的封闭角度多边形。

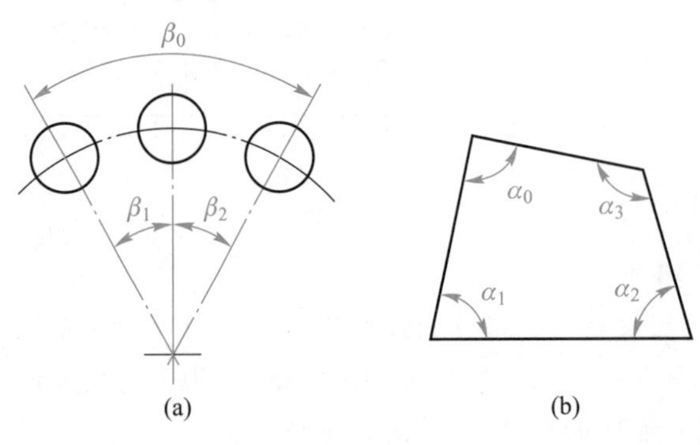

图 5-30 角度尺寸链示例

另一类角度尺寸链是由平行度、垂直度等位置关系构成的尺寸链。例如，图 5-29a 所示工件，C 面对 A 面的平行度（用 α_1 表示）已经确定。加工 B 面时，不仅得到尺寸 A_2，同时也得到了 B 面对 A 面的平行度 α_2。α_1、α_2 以及 B 面对 C 面的平行度 α_0 构成了一个角度尺寸链，如图 5-29c 所示。

角度尺寸链的表达形式和计算方法均与直线尺寸链相同。

3）平面尺寸链　平面尺寸链由直线尺寸和角度尺寸组成，且各尺寸均处于同一个或几个相互平行的平面内。如图 5-31a 所示的箱体零件中，坐标尺寸 X、Y_1 和 Y_2 与孔心距 L_0 和夹角 α_0 构成一平面尺寸链（图 5-31b）。在该尺寸链中，参与组成的尺寸不仅有直线尺寸（X、Y_1、Y_2、L_0），还有角度尺寸（α_0 以及各坐标尺寸之间的夹角——其基本值为 90°），而且封闭环也不仅有直线尺寸 L_0，还有角度尺寸 α_0。

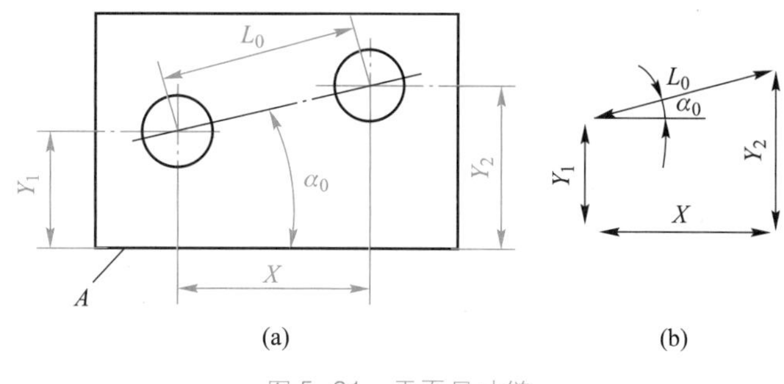

图 5-31　平面尺寸链

4）空间尺寸链　组成环位于几个不平行平面内的尺寸链，称为空间尺寸链。空间尺寸链在空间机构运动分析和精度分析中，以及具有空间角度关系的零部件设计和加工中会遇到。

平面尺寸链和空间尺寸链的分析计算较为复杂，本书不作讨论。

5.6.3　尺寸链的基本计算方法

1. 极值法

采用极值算法，考虑最不利的极端情况。例如，当尺寸链各增环均为上极限尺寸 $A_{j\max}$（相应的为上极限偏差 ES_j），而各减环均为下极限尺寸 $A_{k\min}$（相应的为下极限偏差 EI_k）时，封闭环有上极限尺寸 $A_{0\max}$（相应的为上极限偏差 ES_0）。这种计算方法比较保守，但计算比较简单，因此应用较为广泛。

（1）公称尺寸计算公式

$$A_0 = \sum_{j=1}^{m} A_j - \sum_{k=m+1}^{n-1} A_k \tag{5-13}$$

式中：A_0——封闭环的公称尺寸；

A_j——增环的公称尺寸；

A_k——减环的公称尺寸；

m——增环数；

n——尺寸链总环数。

式(5-13) 表示封闭环的公称尺寸等于各增环公称尺寸之和减去各减环公称尺寸之和。

(2) 偏差及公差计算公式

$$ES_0=\sum_{j=1}^{m}ES_j-\sum_{k=m+1}^{n-1}EI_k \tag{5-14}$$

$$EI_0=\sum_{j=1}^{m}EI_j-\sum_{k=m+1}^{n-1}ES_k \tag{5-15}$$

式中：ES_0、EI_0——封闭环的上、下极限偏差；

ES_j、EI_j——增环的上、下极限偏差；

ES_k、EI_k——减环的上、下极限偏差。

上面两式为直线尺寸链极值算法偏差计算公式，其含义是直线尺寸链封闭环的上(下)极限偏差等于各增环上(下)极限偏差之和减去各减环下(上)极限偏差之和。

直线尺寸链极值法公差计算公式为

$$T_{0L}=\sum_{i=1}^{n-1}T_i \tag{5-16}$$

式中：T_{0L}——封闭环公差(极值公差)；

T_i——组成环的公差。

上式表明直线尺寸链封闭环的公差等于各组成环公差之和。

(3) 平均尺寸计算公式

直线尺寸链极值法平均尺寸计算公式为

$$A_{0M}=\sum_{j=1}^{m}A_{jM}-\sum_{k=m+1}^{n-1}A_{kM} \tag{5-17}$$

式中：A_{0M}、A_{jM}、A_{kM}——封闭环、增环和减环的平均尺寸。

上式表明直线尺寸链封闭环的平均尺寸等于各增环平均尺寸之和减去各减环平均尺寸之和。

【例5-2】 图5-32所示尺寸链中，已知 $A_1=15\pm0.09$ mm，$A_2=10_{-0.15}^{\ 0}$ mm，$A_3=35_{-0.25}^{\ 0}$ mm，求封闭环 A_0 的大小和偏差。

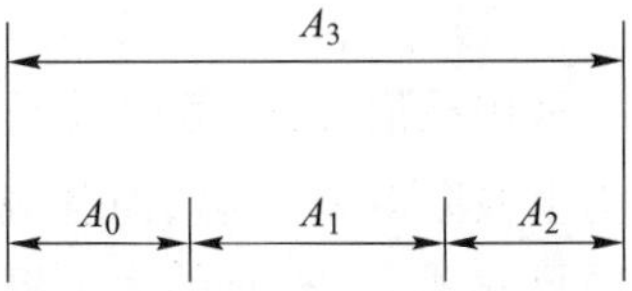

【解】 该尺寸链中 A_3 是增环，A_1 和 A_2 是减环。由式(5-13)，有：

$$A_0=A_3-(A_1+A_2)=35\text{ mm}-(15+10)\text{ mm}=10\text{ mm}$$

图5-32 尺寸链示例

由式(5-14)，有：

$$ES_{A_0}=ES_{A_3}-(EI_{A_1}+EI_{A_2})$$
$$=0-(-0.09-0.15)\text{ mm}=0.24\text{ mm}$$

由式(5-15)，有：

$$EI_{A_0}=EI_{A_3}-(ES_{A_1}+ES_{A_2})=-0.25\text{ mm}-(0.09+0)\text{ mm}=-0.34\text{ mm}$$

最后结果为：$A_0=10_{-0.34}^{+0.24}$ mm

2. 概率法

极值法计算尺寸链时，必须满足封闭环公差等于组成环公差之和这一要求。在大批量生产中，尺寸链中各增、减环同时出现相反的极限尺寸的概率很低，特别当环数多时，出现的概率更低。当封闭环公差较小、组成环环数较多时，采用极值算法会使组成环的公差过小，以致加工成本上升甚至无法加工。根据概率统计原理和加工误差分布的实际情况,采用概率法求解尺寸链更为合理。

由前述可知,封闭环的公称尺寸是增环、减环的公称尺寸的代数和。根据概率论,若将各组成环视为随机变量,则封闭环(各随机变量之和)也为随机变量,且有:

1）封闭环的平均值等于各组成环的平均值的代数和;

2）封闭环的方差(标准差的平方)等于各组成环方差之和,即

$$\sigma_0^2=\sum_{i=1}^{n-1}\sigma_i^2$$

式中:σ_0——封闭环的标准差;

σ_i——第 i 个组成环的标准差。

下面分两种情况进行讨论:

(1) 组成环接近正态分布的情况

若各组成环的尺寸分布均接近正态分布,则封闭环尺寸分布也近似为正态分布。假设尺寸链各环尺寸的分散范围与尺寸公差相一致,则有:① 尺寸链各尺寸环的平均尺寸等于各尺寸环尺寸的平均值;② 各尺寸环的尺寸公差等于各环尺寸标准差的 6 倍,即

$$T_0=6\sigma_0,T_i=6\sigma_i$$

由此可以引出两个概率法基本公式:

1）平均尺寸计算公式

$$A_{0\mathrm{M}}=\sum_{j=1}^{m}A_{j\mathrm{M}}-\sum_{k=m+1}^{n-1}A_{k\mathrm{M}} \tag{5-18}$$

该式表明在组成环接近正态分布的情况下,尺寸链封闭环的平均尺寸等于各组成环的平均尺寸的代数和。显然,此式与(5-17)式相同。

2）公差计算公式

$$T_{0\mathrm{Q}}=\sqrt{\sum_{i=1}^{n-1}T_i^2} \tag{5-19}$$

该式表明在组成环接近正态分布的情况下,封闭环的公差等于各组成环公差的平方和的平方根。式中 $T_{0\mathrm{Q}}$ 称为平方公差。

(2) 组成环偏离正态分布的情况

当尺寸链中各组成环偏离正态分布时,只要尺寸链组成环数目足够多,且不存在尺寸分散带较其余各组成环大许多又偏离正态分布很远的组成环,则不论组成环分布情况如何,封闭环的分布总是接近正态分布。为便于计算,引入分布系数 k 和分布不对称系数 α。分布系数 k 的定义如下:

$$k=\frac{6\sigma}{T} \tag{5-20}$$

分布不对称系数 α 的定义如下

$$\alpha=\frac{2\Delta}{T} \tag{5-21}$$

式中,Δ 为分布中心的偏移量,如图 5-33 所示。几种常见的误差分布的分布系数 k 和分布不对称系

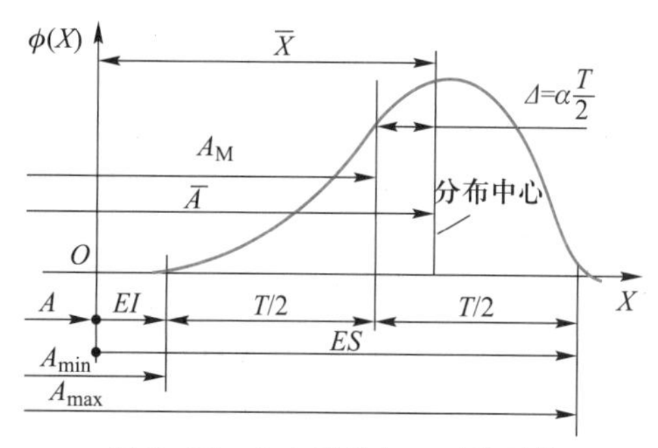

图 5-33　分布系数与不对称系数

数 α 的数值列于表 5-13 中。

表 5-13 几种常见误差分布的分布系数 k 和分布不对称系数 α

分布特征	正态分布	三角分布	均匀分布
分布曲线	3α 3α		
α	0	0	0
k	1	1.22	1.73

分布特征	瑞利分布	偏态分布	
		外尺寸	内尺寸
分布曲线	$\alpha T/2$	$\alpha T/2$	$\alpha T/2$
α	-0.28	0.26	-0.26
k	1.14	1.17	1.17

1）公差计算公式　由式(5-20)，可得 $T=\dfrac{6\sigma}{k}$。仿照式(5-19) 的推导过程可得到

$$T_{0S}=\sqrt{\sum_{i=1}^{n-1}k_i^2T_i^2} \tag{5-22}$$

上式即为一般情况下概率法公差计算公式，T_{0S} 称为统计公差，式中 k_i 为组成环 A_i 的分布系数。

在实际问题中，分布系数往往难以准确获得，为计算方便，可作如下近似处理。

令　$k_1=k_2=\cdots=k_{n-1}=k$，于是得到近似概率算法公差计算公式

$$T_{0E}=k\sqrt{\sum_{i=1}^{n-1}T_i^2} \tag{5-23}$$

T_{0E} 称为当量公差，k 值常取 1.2～1.6。

2）平均尺寸计算公式　在采用概率法计算出封闭环的公差后，需通过计算尺寸平均值来确定公差带的位置。由式(5-21)可知各组成环尺寸平均值 $\overline{A}_i$ 与平均尺寸 A_{iM} 之间的关系如下

$$\overline{A}_i=A_{iM}+\frac{1}{2}\alpha_iT_i \tag{5-24}$$

根据概率统计原理，封闭环的平均值等于各组成环的平均值的代数和，即

$$\overline{A}_0=\sum_{j=1}^{m}\overline{A}_j-\sum_{k=m+1}^{n-1}\overline{A}_k \tag{5-25}$$

将式(5-24)代入式(5-25),并考虑到封闭环总是接近正态分布,即 $\alpha_0=0$,于是有

$$A_{0M}=\sum_{j=1}^{m}\left(A_{jM}+\frac{1}{2}\alpha_j T_j\right)-\sum_{k=m+1}^{n-1}\left(A_{kM}+\frac{1}{2}\alpha_k T_k\right) \tag{5-26}$$

该式即为用概率法求算尺寸链平均尺寸的计算公式。

【例 5-3】 用概率法求解图 5-32 所示尺寸链。

【解】

1)将已知各尺寸改写成双向对称偏差形式

$$A_1=15\pm0.09\ \text{mm},A_2=9.925\pm0.075\ \text{mm},A_3=34.875\pm0.125\ \text{mm}$$

2)求出封闭环的平均尺寸

$$A_{0M}=A_{3M}-(A_{1M}+A_{2M})=(34.875-9.925-15)\ \text{mm}=9.95\ \text{mm}$$

3)求封闭环公差。假定各组成环均接近正态分布,则由式(5-19)得

$$T_0=\sqrt{0.18^2+0.15^2+0.25^2}\ \text{mm}\approx0.34\ \text{mm}$$

最后有　$A_0=9.95\pm0.17\ \text{mm}=10^{+0.12}_{-0.22}\ \text{mm}$

显然,与极值法相比(见例 5-2),封闭环的尺寸变动范围要小许多。

5.6.4　工艺尺寸链的应用

下面就机械加工中经常遇到的几种工艺尺寸链问题进行说明。

1. 定位(测量)基准与设计基准不重合时的尺寸换算

当所选的定位(测量)基准与设计基准不重合时,需要通过解算尺寸链求出所需要的调整尺寸或测量尺寸作为工序尺寸。

【例 5-4】 图 5-29a 所示零件,若 $A_1=30^{\ 0}_{-0.1}$ mm,$A_0=10\pm0.1$ mm。求调整尺寸 A_2。

【解】 该例属于定位基准与设计基准不重合的情况。首先画出尺寸链如图 5-29b 所示。由题可知,A、C 面已加工好,尺寸 A_1 已获得,铣 B 面时直接保证尺寸 A_2,因而 A_1 和 A_2 是尺寸链的组成环。A_0 是通过 A_1 和 A_2 间接保证的,因此是封闭环。又 A_1 为增环,A_2 为减环。由式(5-13),有

$$A_0=A_1-A_2$$

$$10\ \text{mm}=30\ \text{mm}-A_2$$

$$A_2=20\ \text{mm}$$

由式(5-14),有

$$ES_{A_0}=ES_{A_1}-EI_{A_2}$$

$$0.1\ \text{mm}=0-EI_{A_2}$$

$$EI_{A_2}=-0.1\ \text{mm}$$

同理,由式(5-15)可求出 $ES_{A_2}=0$

最后结果为:$A_2=20^{\ 0}_{-0.1}$ mm。

上面的例子讨论的是定位基准与设计基准不重合时,工序尺寸的换算问题。下面的例子将讨论测量基准与设计基准不重合时工序尺寸的换算问题。

【例 5-5】 图 5-34a 所示零件,设计尺寸为$10^{\ 0}_{-0.36}$ mm 和$50^{\ 0}_{-0.17}$ mm。因尺寸$10^{\ 0}_{-0.36}$ mm 不便测

量，改测尺寸 x。试确定尺寸 x 的数值和偏差。

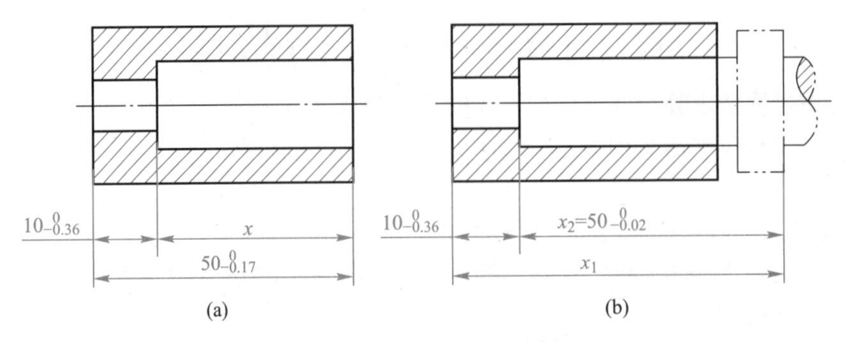

图5-34　测量尺寸链示例

【解】 本例中，尺寸$10_{-0.36}^{0}$ mm、$50_{-0.17}^{0}$ mm 和 x 构成一个直线尺寸链。由于尺寸$50_{-0.17}^{0}$ mm 和 x 是直接测量得到的，因而是尺寸链的组成环。尺寸$10_{-0.36}^{0}$ mm 是间接得到的，是封闭环。由式(5-13)，式(5-14)，式(5-15) 可求出

$$x=40_{0}^{+0.19}\ \mathrm{mm}$$

即为了保证设计尺寸$10_{-0.36}^{0}$ mm 合乎要求，应规定测量尺寸 x 落在上面计算的结果范围内。

在实际生产中可能出现这样的情况：x 测量值虽然超出了$40_{0}^{+0.19}$ mm 的范围，但尺寸$10_{-0.36}^{0}$ mm不一定超差。例如，测量得到 $x=40.36$ mm，而尺寸 50 mm 刚好为最大值，此时尺寸 10 mm 处在公差带下限位置，并未超差。这就出现了所谓的“假废品”。只要测量尺寸 x 超差量小于或等于其他组成环公差之和时，就有可能出现假废品。为此，需对零件进行复查，加大了检验工作量。为了减小假废品出现的可能性，有时可采用专用量具进行检验，如图 5-33b 所示。此时通过测量尺寸 x_1 来间接确定尺寸$10_{-0.36}^{0}$ mm。若专用量具尺寸 $x_2=50_{-0.02}^{0}$ mm，则由尺寸链可求出

$$x_1=60_{-0.36}^{-0.02}\ \mathrm{mm}$$

可见，采用适当的专用量具，可使测量尺寸获得较大的公差，并使出现假废品可能性大为减小。

2. 工序基准是尚待加工的设计基准

【例 5-6】 加工一齿轮内孔和键槽，设计尺寸（图 5-35a）为：$D_2=\phi\,40_{0}^{+0.025}$ mm，$H=43.3_{0}^{+0.2}$ mm。有关加工工序如下

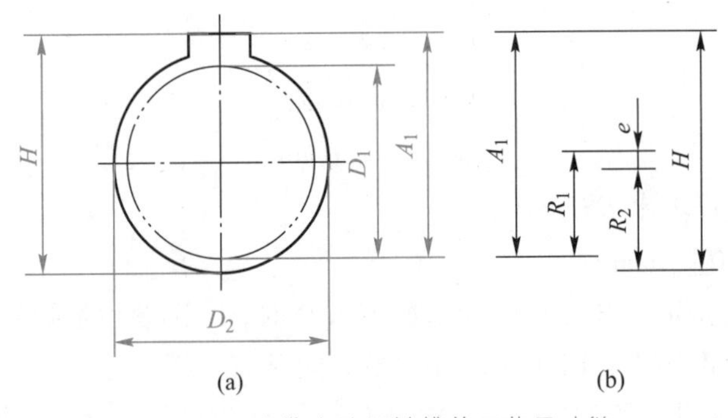

图5-35　齿轮内孔及键槽的工艺尺寸链

1）镗内孔至 $D_1=\phi 39.6^{+0.05}_{0}$ mm；

2）插键槽保证尺寸 A_1；

3）热处理；

4）磨内孔至图纸尺寸 $D_2=\phi 40^{+0.025}_{0}$ mm。

求工序尺寸 A_1。

【解】 根据题意可列出尺寸链，如图 5-35b 所示，其中 $R_1=D_1/2$，$R_2=D_2/2$，e 为磨孔与镗孔的轴线偏移量。若已知磨孔与镗孔的同轴度误差为 0.03 mm，则有 $e=\pm0.015$ mm。

根据加工过程，可知键槽深度设计尺寸 $H=43.3^{+0.2}_{0}$ mm 是间接保证的，为封闭环；其余各尺寸为组成环。其中 A_1、R_2、e 为增环，R_1 为减环。

由式(5-13)，式(5-14)，式(5-15) 可求出

$$A_1=43.1^{+0.1725}_{+0.04}\text{ mm}=43.14^{+0.1325}_{0}\text{ mm}$$

解题时需注意：当尺寸链中的尺寸取原尺寸的一半时，公称尺寸及其公差(偏差)均应取一半。

【例 5-7】 连杆厚度尺寸要求如图 5-36a 所示。为了使连杆在加工过程中安装方便，开始加工时小头的厚度亦按大头要求加工，到加工后期再将小头铣薄。有关的加工工序如下：

1）精磨大、小头两端面保证尺寸 $L_1=36^{-0.18}_{-0.25}$ mm；

2）小头铣薄：

工位 1 以连杆一端面定位，按尺寸 L_2 调整刀具，铣削小头一端面，如图 5-36b 所示。

工位 2 连杆翻身，加垫安装，刀具位置不变，铣削小头另一端面，同样保证尺寸 L_2，如图 5-36c 所示。

求铣刀调整尺寸 L_2。

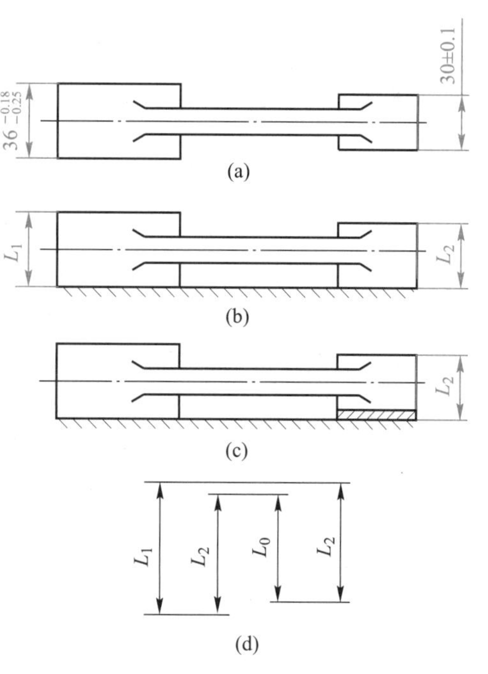

图 5-36 连杆小头铣薄工序及其工艺尺寸链

【解】

1）建立尺寸链 根据题意可列出尺寸链，见图 5-36d。

2）判断各环性质 根据工艺过程可知，小头厚度尺寸 $L_0=30\pm0.10$ mm 是间接保证的，因而是封闭环，其余各尺寸为组成环，其中两个 L_2 均为增环，L_1 为减环。

3）由式(5-13)，式(5-14)，式(5-15) 可求出 $L_2=33^{-0.075}_{-0.14}$ mm

3. 余量校核

在工序尺寸确定后，常需对工序余量进行校核，以确定余量是否合理。

【例 5-8】 图 5-37a 所示小轴，有关轴向尺寸的加工过程(图 5-37b)为：

1）半精车端面 A，精车端面 B，保证两者之间的尺寸 $A_1=49.6^{+0.2}_{0}$ mm；

2）调头，以 A 面为基准半精车端面 C，保证总长尺寸 $A_2=80^{-0.05}_{-0.20}$ mm；

3）热处理；

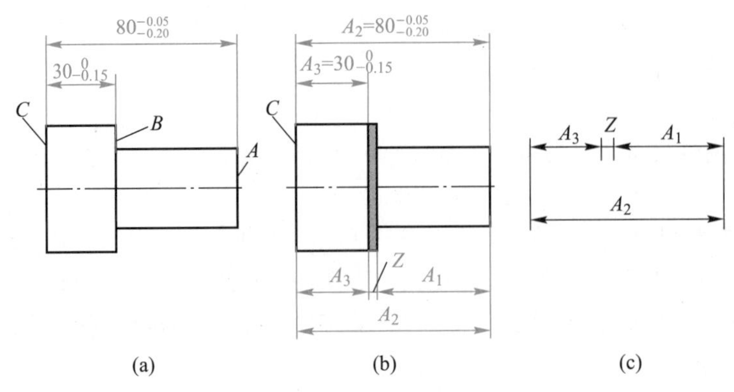

图 5-37 校核余量的尺寸链

4）以 C 面为基准磨端面 B，保证尺寸 $A_3=30^{\ 0}_{-0.15}$ mm。
试校核端面 B 的磨削余量。

【解】

1）列出尺寸链 如图 5-37c 所示。

2）判断各环性质 Z 为封闭环，A_2 为增环，A_1、A_3 为减环。

3）计算 由式(5-13)，式(5-14)，式(5-15)可求出

$$Z=0.4^{+0.1}_{-0.4}\ \text{mm}$$

由计算结果可知最小余量为零，因此需要对工序尺寸进行调整。A_2、A_3 为设计尺寸，保持不变。若令最小余量为 0.1 mm，则从计算式可知，如将工艺尺寸 $A_1=49.6^{+0.2}_{\ 0}$ mm 改为 $A_1=49.6^{+0.1}_{\ 0}$ mm，此时 $Z=0.4^{+0.10}_{-0.30}$ mm，可满足对最小余量的要求，余量变动量较合适。此时 $TA_1=0.1$ mm，仍在精车的经济精度的范围内，不会给加工增加困难。

4. 有表面处理工序的工艺尺寸链计算

表面处理是指表面渗碳、渗氮等渗入类以及镀铬、镀锌等镀层类的表面处理。渗入类表面处理通常在精加工以前完成渗入，精加工后应使渗入层厚度符合设计要求，因此设计要求的渗入层厚度为封闭环。镀层类表面处理在大多数情况下是通过控制电镀工艺参数来保证镀层厚度的，因此最后获得的电镀后的零件尺寸为封闭环。

【例 5-9】 图 5-38a 所示偏心零件，表面 A 要求渗碳处理，渗碳层厚度规定为 0.5～0.8 mm。与此有关的加工过程如下：

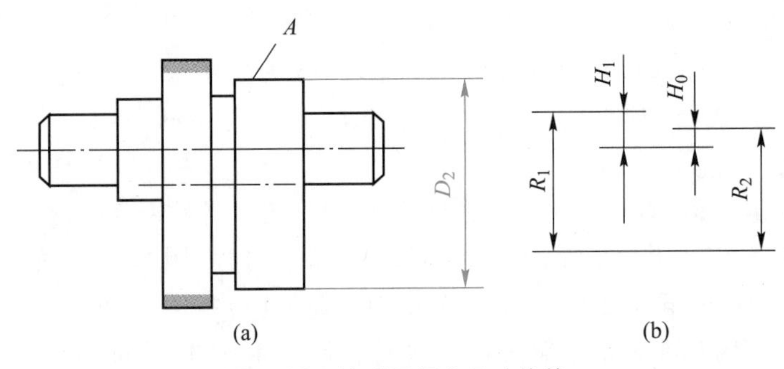

图 5-38 渗碳层深度尺寸换算

1）精车 A 面，保证直径尺寸 $D_1=\phi 38.4_{-0.1}^{\ 0}$ mm；

2）渗碳处理，控制渗碳层厚度 H_1；

3）精磨 A 面，保证直径尺寸 $D_2=\phi 38_{-0.016}^{\ 0}$ mm。

试确定 H_1 的数值。

【解】 根据工艺过程建立尺寸链，如图 5-38b 所示（忽略精磨 A 面与精车 A 面的同轴度误差）。在该尺寸链中，H_0 是最终的渗碳层厚度，是间接保证的，因而是封闭环。根据已知条件：

$R_1=19.2_{-0.05}^{\ 0}$ mm，$R_2=19_{-0.008}^{\ 0}$ mm，$H_0=0.5_{\ 0}^{+0.3}$ mm，可解出

$$H_1=0.7_{+0.008}^{+0.25}\ \text{mm}$$

即在渗碳工序中，应保证渗碳层厚度为 0.708～0.95 mm。

5.6.5 工艺尺寸链的图表法

当零件在某一尺寸方向上的加工尺寸较多，加工时须多次转换工艺基准时，需要解算的工艺尺寸链也多，这可以用前面讲过的方法逐次求解，但易遗漏和出错。若用图表法求解，能把该工艺过程及各工序尺寸的获得用图直观清晰地表达出来，不但可准确地查找出全部工艺尺寸链，而且使得工艺尺寸链的查找及其解算结果表达得十分清晰明了，并可将其解算过程编成软件由计算机完成。下面结合一个具体例子介绍这种方法。

【例 5-10】 加工图 5-39 所示的零件，毛坯为圆钢，其轴向有关表面的加工过程如下：

1）以 A 面定位，粗车 D 面，保证 A、D 面距离尺寸 L_1；钻通孔。

2）以 D 面定位，粗车 A 面，保证 A、D 面距离尺寸 L_2；又以 A 面为测量基准，粗车 C 面，保证 C、A 面距离尺寸 L_3。

3）以 A 面定位，粗、精车 B 面，保证 A、B 面距离尺寸 L_4；精车 D 面，以 B 面为测量基准，保证 B、D 面距离尺寸 L_5。

4）以 B 面定位，精车 A 面，保证 A、B 面距离尺寸 $L_6=6\pm0.1$ mm；以 A 面为测量基准，精车 C 面，保证设计尺寸 $27_{\ 0}^{+0.14}$ mm。

加工完毕。

试求工序尺寸 L_1～L_5 及下料尺寸 L_b。

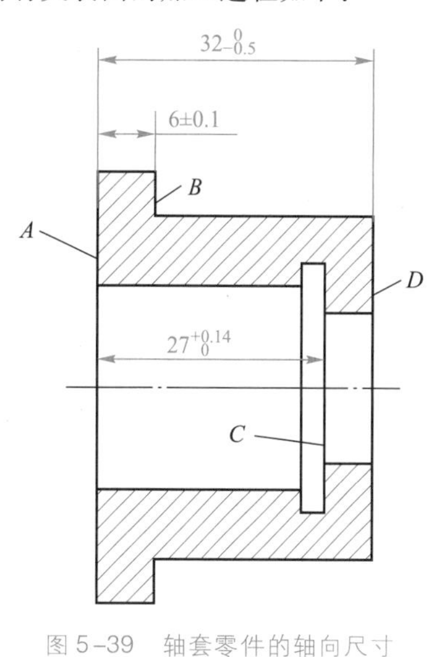

图 5-39 轴套零件的轴向尺寸

【解】

（1）图表设计

图表由两部分组成：一部分是根据确定的工艺过程绘制的尺寸联系图；另一部分是为计算有关工艺尺寸所需的数据表格。表 5-14 为本例设计的工艺尺寸链追踪图表。

（2）绘制加工过程的尺寸联系图

1）先将零件图按一定比例在图表左上方绘制简图，标出各加工表面的符号。为了计算方便，将与计算有关的设计尺寸改写成双向对称偏差，标在图上。

2）在表的第 1、2 列中，填写好加工工序顺序及其加工内容。

3）由各加工表面 A、B、C、D 向下引直线，根据工序顺序用规定的符号（表 5-14 中右边底栏

所示带圆点的箭线，箭头指向加工面，圆点表示测量基准）依次将各工序尺寸在图上标出。若工序尺寸是设计尺寸，则在尺寸符号上加一方框。凡在加工中未直接获得的设计尺寸（称为结果尺寸），标在结果尺寸栏内（尺寸联系图最下方，两端为圆点），见表5-14。

表5-14　工艺尺寸链的追踪图表

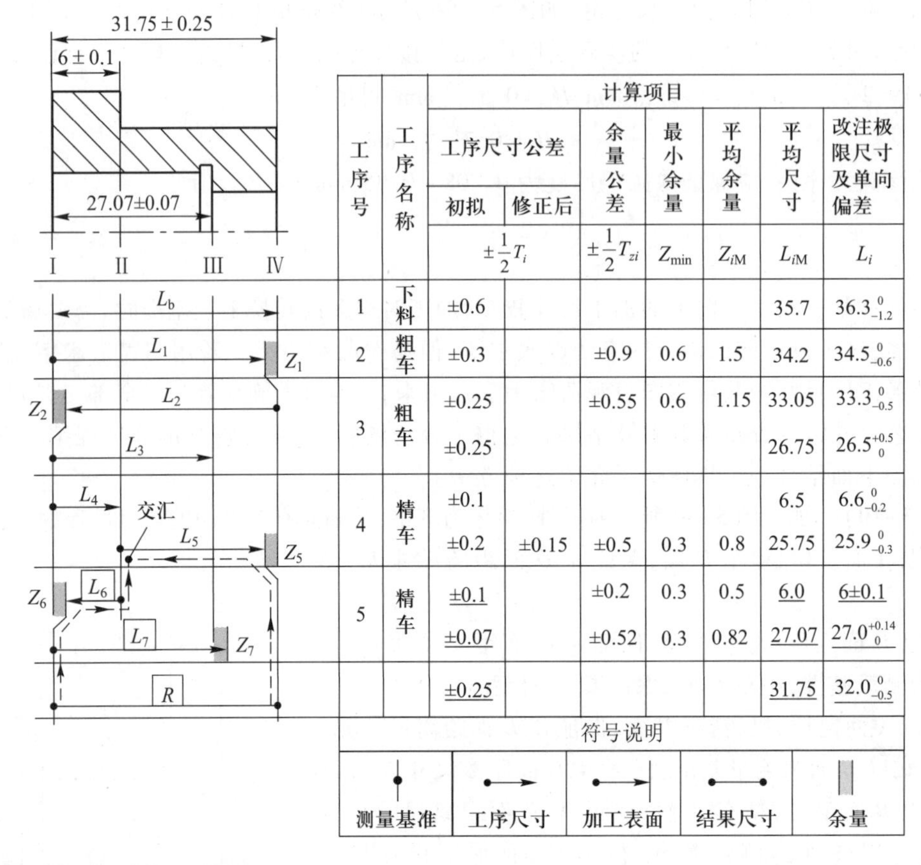

工序号	工序名称	计算项目						
		工序尺寸公差		余量公差	最小余量	平均余量	平均尺寸	改注极限尺寸及单向偏差
		初拟	修正后					
		$\pm\frac{1}{2}T_i$		$\pm\frac{1}{2}T_{zi}$	$Z_{\min}$	Z_{iM}	L_{iM}	L_i
1	下料	±0.6					35.7	$36.3_{-1.2}^{0}$
2	粗车	±0.3		±0.9	0.6	1.5	34.2	$34.5_{-0.6}^{0}$
3	粗车	±0.25		±0.55	0.6	1.15	33.05	$33.3_{-0.5}^{0}$
		±0.25					26.75	$26.5_{0}^{+0.5}$
4	精车	±0.1					6.5	$6.6_{-0.2}^{0}$
		±0.2	±0.15	±0.5	0.3	0.8	25.75	$25.9_{-0.3}^{0}$
5	精车	±0.1		±0.2	0.3	0.5	6.0	6±0.1
		±0.07		±0.52	0.3	0.82	27.07	$27.0_{0}^{+0.14}$
		±0.25					31.75	$32.0_{-0.5}^{0}$

符号说明				
测量基准	工序尺寸	加工表面	结果尺寸	余量

绘制尺寸联系图时应注意：

① 加工顺序不能颠倒，亦不能遗漏；

② 加工余量按“入体”的位置标注；

③ 第一次车削的外圆台阶面或台阶孔面的余量可不绘出，如本例中的 L_3、L_4。

（3）追踪尺寸链

根据以下规则，可在尺寸联系图上方便地找到各尺寸链。

1）结果尺寸链追踪　从各结果尺寸两端起，同步沿加工面线上溯，凡遇到尺寸线的圆点则越过并继续上溯，遇到箭头（即加工面）拐弯，逆箭头方向水平前进，遇到圆点（测量基准）则又转为沿着该工艺基准面上溯，直至与另一端的追踪线相交为止。凡追踪线经过的尺寸线即是尺寸链的组成环，结果尺寸则是封闭环。

本例中，从结果尺寸 R 起往上追踪，得到由 L_5、L_6、R 组成的尺寸链，如图5-40a所示。表5-14中用虚线标出了 R 尺寸链的追踪过程。

2）余量尺寸链追踪　余量也是封闭环，以同样的方法由余量 Z_7、Z_6、Z_5、Z_2、Z_1 可追踪得尺寸链，分别如图 5-40b、c、d、e、f 所示。

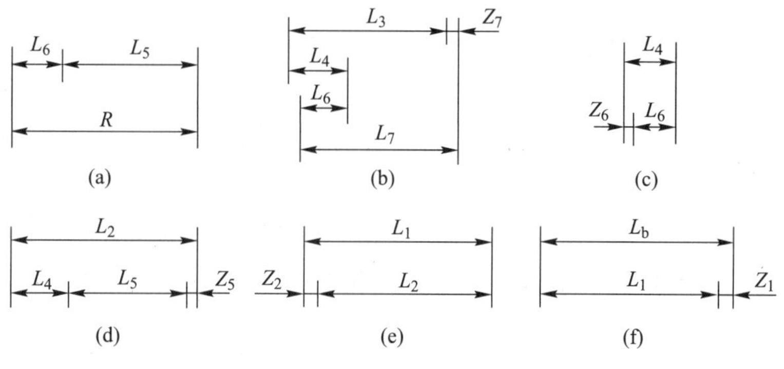

图 5-40 追踪得到的尺寸链

(4) 初拟各工序尺寸公差

如果工序尺寸是设计尺寸（如尺寸 L_6 和 L_7），则该工序的公差取图纸所标注的公差。对于中间工序尺寸，其公差可按加工经济精度或根据工厂实际情况给出。初拟公差列入工序公差一栏的“初拟”一项中。

(5) 校核结果尺寸公差，修正“初拟”工序尺寸公差

根据已建立的尺寸链和初拟的工序尺寸公差，可以计算出作为封闭环的结果尺寸公差。若该值小于或等于设计公差，则所拟公差可以肯定。否则，需对所拟公差加以修正。修正的原则之一是首先考虑缩小公共环的公差；原则之二是考虑加工实际可能性，优先压缩那些压缩后不会给加工带来很大困难的组成环公差。对修正后的公差，需重新进行校核，若不符合要求，还需进行修正，直至所有结果尺寸公差均得到满足为止。

在本例中用初拟工序尺寸公差通过图 5-40a 所示的尺寸链，求结果尺寸 R 的公差（采用极值算法），结果发现 R 超差。考虑到压缩工序尺寸 L_5 比较容易，将其压缩到±0.15 mm。压缩后再代入上述尺寸链中计算，不再超差，于是工序尺寸公差确定下来。修正后的公差记入工序公差栏中“修正后”项中。

(6) 计算工序余量公差和平均余量

各工序尺寸公差确定以后，即可由余量尺寸链计算出余量公差（或余量变动量），记入余量公差栏中。余量公差求出后，再根据最小余量可求出平均余量，记入平均余量栏中。

(7) 计算中间工序平均尺寸

在各尺寸链中首先找出只有一个未知数的尺寸链，并解出此未知数。例如，在图 5-40a 所示的尺寸链中，R 和 L_6 是已知的，解此尺寸链，可求出的 L_5 平均尺寸。在图 5-40c 所示尺寸链中，L_6 为已知，Z_6 求出后也变为已知，于是可解出 L_4。在图 5-40b 所示尺寸链中，L_6、L_7 为已知，L_4、Z_7 求出后变为已知，于是可解出 L_3。如此进行下去，可解出全部未知的工序尺寸。

至此，各工序尺寸、公差及余量已全部确定，并按平均尺寸和对称偏差形式给出。有时为了符合生产上的习惯，也可将求出的工序尺寸及公差按入体原则标注成极限尺寸和单向偏差的形式，如计算表中最后一栏所示。

5.7 计算机辅助工艺过程设计(CAPP)

5.7.1 CAPP意义

计算机辅助工艺过程设计(computer aided process planning,CAPP)是指用计算机辅助工艺设计人员来编制零件的机械加工工艺规程。

传统上,工艺过程设计(或工艺规程编制)依靠工艺设计人员的个人经验,采用手工方法完成。人工设计方法存在着设计效率低、周期长、成本高,设计质量参差不齐,以及难以实现标准化,不利于生产管理等问题。

为了解决上述问题,采用计算机辅助工艺过程设计是一种有效方法。计算机辅助工艺过程设计不仅可以从根本上解决人工设计效率低,周期长,成本高的问题,而且可以提高工艺过程设计的质量,并有利于实现工艺过程设计的优化和标准化。计算机辅助工艺过程设计可以使工艺设计人员从烦琐重复的工作中解放出来,集中精力去提高产品质量和工艺水平。此外,计算机辅助工艺过程设计还是连接CAD和CAM系统的桥梁,是发展计算机集成制造的不可缺少的关键技术。

5.7.2 CAPP系统工作原理

目前实际使用的CAPP系统,按其工作原理可划分为三种类型,即派生式CAPP系统、创成式CAPP系统和半创成式CAPP系统。

1. 派生式CAPP系统

派生式(又称变异式,或样件法)CAPP系统,以成组技术为基础。首先按成组技术原理,对企业现有零件分类归组,并用综合零件法或综合路线法,制订零件组的成组工艺规程,即零件组的标准工艺规程。这些标准工艺规程以一定的形式存储在计算机的数据库中。当需要设计一个新零件的工艺规程时,计算机根据输入零件的成组编码(也可以根据输入的零件有关信息,由计算机自动生成成组编码),查找零件所属的零件组(零件组通常以码域矩阵的形式存储在计算机内),检索并调出相应零件组的标准工艺规程。在此基础上,根据每个零件的结构和工艺特征,对标准工艺规程进行删改和编辑,便可得到该零件的工艺规程。

对标准工艺规程的删改和编辑的工作可通过人机交互方式完成,也可以按事先存入计算机的编辑修改规则,根据输入的零件有关信息自动实现。图5-41a和b分别表示了派生式CAPP系统建立和工作的两个阶段:准备阶段和使用阶段。

派生式CAPP系统程序设计简单,易于实现,特别适用于回转类零件的工艺规程设计,目前仍是回转类零件计算机辅助工艺规程设计的一种有效方式。派生式CAPP系统在划分零件组和制订零件组标准工艺规程时,通常以企业现有工艺规程为基础,因而具有较浓厚的企业色彩和较大的局限性。

2. 创成式CAPP系统

创成式(或生成式)CAPP系统与派生式CAPP系统不同,它不是依靠对已有的标准工艺规程进行编辑和修改来生成新的工艺规程,而是根据输入的零件信息,按存储在计算机内的工艺决策算法和逻辑推理方法,从无到有地生成零件的工艺规程。

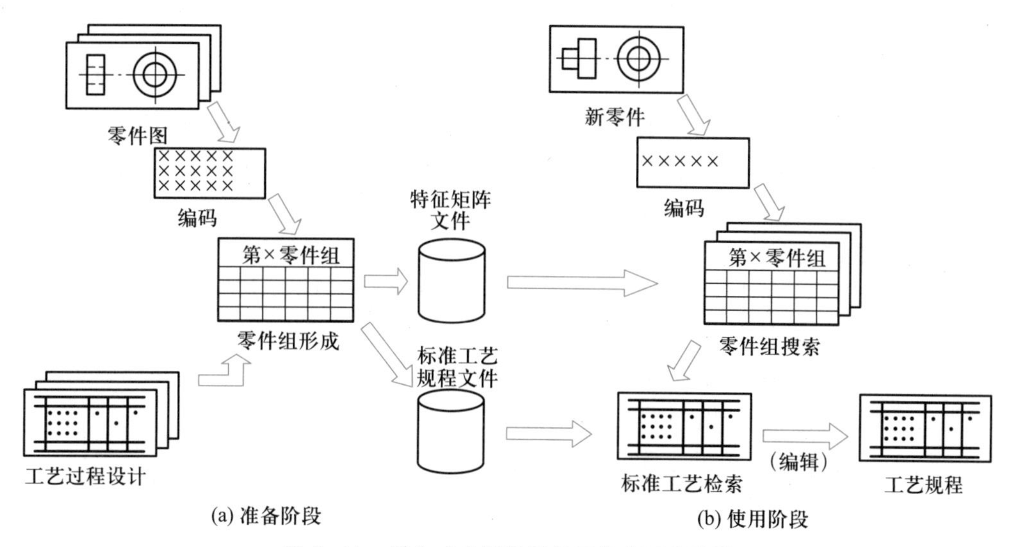

图 5-41 派生式 CAPP 系统工作的两个阶段

图 5-42 所示为某创成式 CAPP 系统框图。

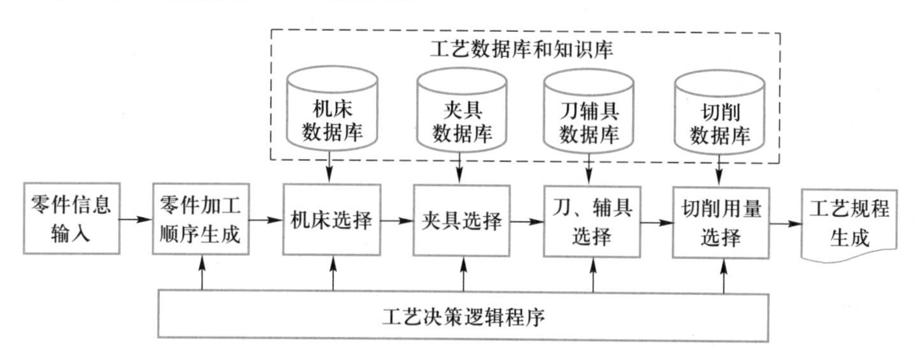

图 5-42 创成式 CAPP 系统工作原理

创成式 CAPP 系统一般不需要人工干预,自动化程度较高,且决策更科学,更具有普遍性。但由于目前工艺过程设计经验的成分居多,理论还不完善,完全使用创成方法进行工艺过程设计还有一定的困难。

3. 半创成式 CAPP 系统

派生式 CAPP 系统以企业现行工艺和个人经验为基础,难以保证设计结果最优,且局限性较大;完全的创成式 CAPP 系统目前还不成熟。将两种方法结合起来,互相取长补短,是一种较好的解决方案,这就是半创成式(或综合式)CAPP 系统。在半创成式 CAPP 系统中,通常对于可以采用创成的部分尽量采用创成方法,在难以实现创成的部分,则采用派生方法或交互方法。

半创成式 CAPP 系统汇集了派生式系统和创成式系统的优点,又克服两者的不足,因而得到广泛的应用。

5.7.3 CAPP 关键技术

1. 零件信息输入

目前实际使用的 CAPP 系统,其零件信息输入方式主要有三种:

(1) 成组编码法

成组编码法以零件的成组编码作为零件输入信息。目前的成组编码虽然可以较充分地反映零件在结构、材料和工艺三个方面的总体特征,但通常不能详尽地描述零件的每一个加工面特征,即输入信息较粗糙,也不完整。因此,成组编码法一般多用于只需制订简单工艺路线的场合,且通常只适用于派生式 CAPP 系统的信息输入。

(2) 型面描述法

型面描述法的基本思路是:① 任何一个零件加工表面均由一些基本型面(如平面、圆柱面、圆锥面、螺纹面等)构成;② 各型面的组合有一定规律可循。如回转体零件可以按型面在零件上的位置顺序加以描述,计算机可根据输入的型面数据构成完整的零件模型;③ 每个型面均可用一组特征参数来进行详尽描述;④ 各种型面均与一定的加工方法相对应。

型面描述法通常采用菜单形式和交互方法输入零件信息,操作方便,且可完整地描述零件的几何和工艺信息,是目前 CAPP 系统使用较多的一种信息输入方法。型面描述法的缺点主要是输入工作量大,占用时间较长。

(3) 从 CAD 系统直接获取零件信息

这是 CAPP 系统零件信息输入最理想的方法。但由于目前使用的 CAD 系统多数以实体造型为基础,故由 CAD 系统所设计的零件缺少工艺信息(如材料信息、精度信息等)。为此,常需采用特征识别的方法补充输入工艺信息,这无疑又增加了零件信息输入的工作量。根本的解决方法是发展基于特征造型的 CAD 系统。

2. 工艺决策

创成式 CAPP 系统的核心是构造适当的工艺决策算法。这可以借用一定形式的软件设计工具来实现。常用的有决策树和决策表等。

(1) 决策树

决策树由节点和分支构成。节点有根节点、终节点和中间节点之分。根节点表示决策行为的出发点;终节点列出应采取的行动,它没有后继节点。中间节点则都具有一个前驱节点和一个以上的后继节点,中间节点表示一次测试或判断,由中间节点处可引出新的分支。分支连接两个节点,分支的上方给出向某一种状态转换的可能性或条件(确定性条件)。若条件满足,则继续沿分支前进;若条件不满足,则回到出发节点,并转向另一分支。

图 5-43 给出了确定表面加工方法决策树(部分)的示例。

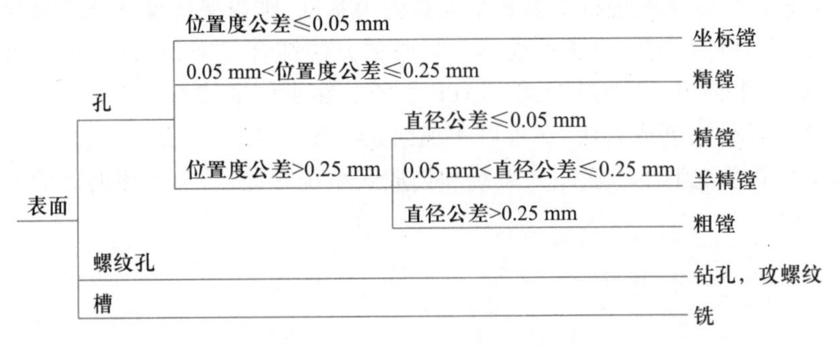

图 5-43 加工方法选择决策树示例

采用决策树进行决策的特点是直观,易于理解,便于编程。缺点是难以扩展和修改。

(2) 决策表

决策表是表达各种事物间逻辑关系的一种表格。例如图 5-43 所示的决策树可以用表 5-15 所示的决策表来表达。在决策表中用双线将表划分为 4 个区域。上面两个区域表示条件,其中左上区是条件说明,即列举出各种可能的条件;右上区为满足条件的各种组合(每一列代表一种组合),用 T 表示满足所在行的条件。下面两个区表示决策行动。左下区是决策说明,即列举出各种可能的决策行动。右下区为各列所对应的决策行动,用×表示将采取所在行的决策行动。决策表右部每一列均可视为一条决策规则。决策表条件之间是“与”的关系,决策行动之间也是“与”的关系。

表 5-15 加工方法选择决策表示例

槽	T						
螺纹孔		T					
孔			T	T	T	T	T
位置度公差≤0. 05 mm			T				
0. 05 mm<位置度公差≤0. 25 mm				T			
位置度公差>0. 25 mm					T	T	T
直径公差≤0. 05 mm					T		
0. 05 mm<直径公差≤0. 25 mm						T	
直径公差>0. 25 mm							T
粗镗			×	×	×	×	×
半精镗			×	×	×	×	
精镗				×	×		
坐标镗			×				
铣		×					
钻孔,攻螺纹	×						

决策表可通过分解(分成若干子表)、合并(几个表合成一个表)、连接等方法来描述多层次联系的复杂决策逻辑。决策表的逻辑关系表达比决策树更清晰,格式更紧凑,且也便于编程。决策表同样存在难以扩展和修改的弱点。

3. CAPP 专家系统

派生式 CAPP 系统利用成组技术原理和典型工艺过程进行工艺决策,经验性较强。创成式 CAPP 系统利用工艺决策算法(如决策树、决策表等)和逻辑推理方法进行工艺决策,较派生式前进了一步,但存在着算法死板、结果唯一、系统不透明等弱点;且程序编制工作量大,修改困难。采用专家系统可以较好地解决上述问题。

(1) 专家系统定义

专家系统是在特定领域里具有与该领域人类专家相当智能水平的计算机知识处理系统。专家系统主要用来处理现实世界中提出的需由专家分析和判断的复杂问题，而工艺过程设计正属于这类复杂问题。因此，在 CAPP 系统中，特别适合采用专家系统技术。

(2) 专家系统的构成

专家系统由知识库、数据库和推理机三个基本部分组成，如图 5-44 所示。

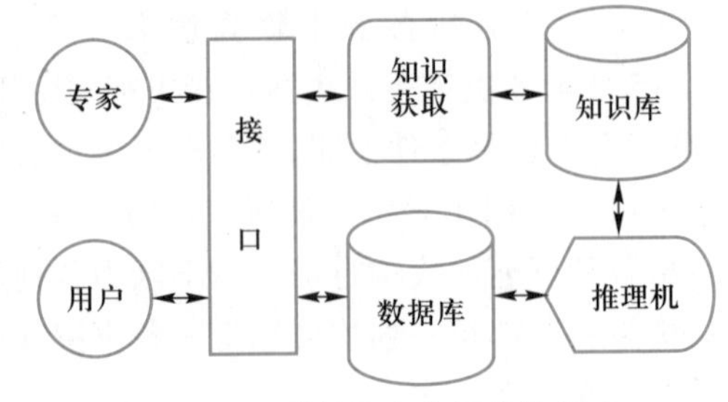

图 5-44 CAPP 专家系统的组成

1) 知识库。知识库用于存储专门领域知识，在 CAPP 专家系统中，知识库用来存储各种工艺知识。这些知识通常有三种类型：第一种类型的知识属于事实知识，如手册、资料等共有的知识；第二种类型的知识属于过程知识，如各种推理原则、规则、方法等；最后一种知识是控制知识，主要指系统本身的控制策略。

2) 数据库。数据库用于存放数据与事实，包括机床、夹具、刀具、量具、材料等生产资料数据及加工余量、切削参数等工艺数据，也包括由用户（或 CAD 接口）输入的零件信息和由推理得到的事实（中间结果和最终结果）。

3) 推理机。它包含了推理方式和控制策略，通过知识库的相关知识与数据库的信息的匹配，由问题导出结论。

(3) 知识的表达与获取

专家系统中常用的知识表达方法有谓词逻辑、语义网络、框架和产生式规则等。其中，产生式规则较符合工艺过程设计中人的思维方式，并且简单、直观、易于理解和使用，也易于修改和扩展，因而在 CAPP 系统中得到广泛应用。

产生式规则的一般表达形式为

IF 〈条件 1〉
AND 〈条件 2〉
OR 〈条件 3〉
⋮
THEN 〈结论 1〉可信度 a%
〈结论 2〉可信度 b%
⋮ ⋮

产生式规则中结论的可信度使专家系统能进行非确定性推理。产生式规则的缺点是格式较死板，在某些情况下需重复搜索而影响效率。

知识的获取通常由知识工程师来完成，也可由工艺人员会同软件工程师一同来完成。

(4) 推理机制

所谓推理是指依据一定的原则，从已知的事实和知识推出结论的过程。CAPP 专家系统的推理机制属于基于知识的推理，通常采用反向推理的控制策略。

反向推理又称目标驱动，其基本思想是先确定一个目标，然后在知识库中找出能够导出该目标的规则集，若某条规则的前提条件与数据库事实相匹配，就执行该规则。该规则的前提条件成为新的子目标，再去寻找导出子目标的规则。依此继续搜索，直至初始状态。如果搜索中有多条规则可匹配，可采用规则优先级的方法，执行优先级高的规则。若执行某条规则导出的子目标无法达到初始状态,则返回执行第二条规则,依此类推。

例如,箱体零件上7级精度孔的加工路线即可采用反向推理的方法加以确定。在知识库中,预先存放相关知识(规则)有:

规则1 IF 加工表面为箱体零件上的孔
AND 孔径>20 mm
AND 工件材料为非淬火钢
AND 孔径精度 IT=7~8
THEN 加工工序为精镗

规则2 IF 加工工序为精镗
THEN 前序加工为半精镗

规则3 IF 加工工序为半精镗
THEN 前序加工为粗镗

规则4 IF 加工工序为粗镗
THEN 工件毛坯上有孔

按反向推理方法,由最终目标(7级精度孔)与规则1匹配,导出最终加工方法为精镗;再由规则2导出前一工序为半精镗……直至达到初始状态(毛坯孔)为止。于是,可以确定出加工路线:粗镗—半精镗—精镗。

5.8 工艺过程经济分析

5.8.1 时间定额与提高生产效率的途径

1. 时间定额

时间定额是指在一定生产条件下,规定生产一件产品或完成一道工序所需消耗的时间。时间定额是安排作业计划、进行成本核算、确定设备数量、人员编制及规划生产面积的重要依据,是工艺规程的重要组成部分。合理地确定时间定额对保证产品质量、提高生产效率、降低生产成本都是十分重要的。以下讨论工序时间定额。

工序时间定额由以下几部分组成:

1) 基本时间(T_m) 基本时间是指直接用于改变生产对象的尺寸、形状、相互位置,以及表面状态或材料性质等的工艺过程所消耗的时间。对于切削加工而言,基本时间是指切去材料所消耗的机动时间,包括真正用于切削加工的时间以及切入与切出时间。机械加工工序的基本时间通常可以用计算方法来确定。

2) 辅助时间(T_a) 辅助时间指为实现工艺过程而必须进行的各种辅助动作所消耗的时间。例如装卸工件、开停机床、改变切削用量、测量工件以及进退刀等。确定辅助时间的方法主要有两种:① 在大批量生产中,将各辅助动作分解,然后采用实测或查表的方法确定各分解动作所需消耗的时间,再累加之。② 在中小批生产中,按基本时间的一定百分比进行估算,并在实际生产中进行修改,使之趋于合理。

3) 工作地服务时间(T_1) 工作地服务时间指为使加工正常进行,工人照管工作地(如更换刀具、润滑机床、清理切屑、收拾工具等）所消耗的时间在每个工件上的分摊。工作地服务时间一般可用统计方法确定。

4）休息和生理需要时间（T_r） 休息和生理需要时间指工作中，工人自然需要花费的时间在每一个工件上的分摊。

5）准备和终结时间（T_e） 准备和终结时间指为生产一批产品或零部件，进行准备和结束工作所消耗的时间。包括：加工一批工件前熟悉工艺文件、准备毛坯、安装刀具和夹具、调整机床等准备工作，加工一批工件后拆下和归还工艺装备、发送成品等结束工作。

单件时间（T_s）的计算公式为

$$T_s = T_m + T_a + T_l + T_r \tag{5-27}$$

单件工时定额（T_q）的计算公式为

$$T_q = T_s + \frac{T_e}{n} \tag{5-28}$$

式中，n 为零件批量。在大批量生产中，由于 T_e/n 数值很小，常常忽略不计，此时有

$$T_q \approx T_s \tag{5-28a}$$

2. 提高生产效率的途径

提高生产效率，即减小时间定额，可以从时间定额的组成中采取相应的工艺措施。

（1）缩短基本时间

缩短基本时间的主要工艺措施有：

1）提高切削用量（切削速度、进给量、背吃刀量等）。

2）采用多刀多刃进行加工（如以铣削代替刨削，采用组合刀具等）。

3）采用复合工步，使多个表面加工基本时间重合（如多刀加工，多件加工等）。

（2）缩短辅助时间

辅助时间在单件时间中所占比重较大，不容忽视。缩短辅助时间的主要工艺措施有：

1）使辅助动作实现机械化和自动化 如采用自动上下料装置，以缩短上下料时间；采用先进夹具，以缩短工件装夹时间等。

2）使辅助时间与基本时间重叠 如采用多位夹具或多位工作台，使工件装卸时间与加工时间重叠。采用在线测量方法，使测量时间与加工时间重叠等。

（3）缩短工作地服务时间

主要是减少换刀时间和调刀时间。如采用自动换刀装置或快速换刀装置，使用不重磨刀具，采用样板或对刀块对刀，以及采用新型刀具材料以提高刀具使用寿命等。

（4）缩短准备和终结时间

在中小批量生产中采用成组工艺和成组夹具可明显缩短准备和终结时间。在数控加工中，采用离线编程及加工过程仿真技术，可以在机外对数控加工程序进行验证和修改，以避免占用机床时间。

5.8.2 工艺方案技术经济分析

1. 工艺成本

生产一件产品或一个零件所需一切费用的总和称为生产成本。通常，在生产成本中 60% ~

75%的费用与工艺过程直接有关,这部分费用称为工艺成本。工艺成本可分为两部分:

1) 可变费用 可变费用是与年产量有关且与之成比例的费用,记为 C_V。它包括材料费、机床工人工资及工资附加费、机床使用费、普通机床折旧费、刀具费、通用夹具折旧费等。

2) 不变费用 不变费用是与年产量的变化没有直接关系的费用,记为 C_N。它包括调整工人的工资及工资附加费、专用机床折旧费、专用夹具折旧费等。

零件全年工艺成本(C_Y)为

$$C_Y = C_V N + C_N \tag{5-29}$$

式中,N——零件年产量。

零件单件工艺成本(C_S)为

$$C_S = C_V + \frac{C_N}{N} \tag{5-30}$$

2. 工艺方案比较

对不同的工艺方案进行经济评价时,一般有两种情况:

1) 当需评价的工艺方案均采用现有设备,或其基本投资相近时,可直接比较其工艺成本。各方案的取舍与加工零件的年产量有密切关系,如图 5-45a 所示。临界年产量 N_C 计算如下

$$C_Y = C_{V1} N_C + C_{N1} = C_{V2} N_C + C_{N2}$$

$$N_C = \frac{C_{N2} - C_{N1}}{C_{V1} - C_{V2}} \tag{5-31}$$

显然,当 $N<N_C$ 时,宜采用工艺方案 1,而当 $N>N_C$ 时,则宜采用工艺方案 2。

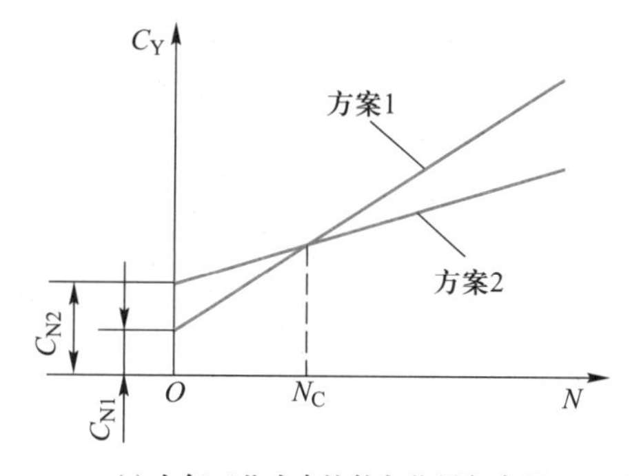

(a) 全年工艺成本比较与临界年产量

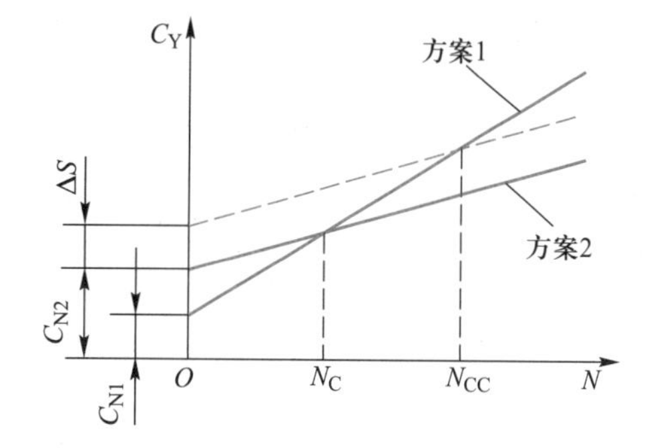

(b) 考虑追加投资的临界年产量

图 5-45 不同工艺方案比较

2) 当对比的工艺方案基本投资额相差较大时,单纯地比较工艺成本就不够了,此时还应考虑不同方案基本投资额的回收期。回收期是指第 2 方案多花费的投资,需多长时间才能从工艺成本的降低中收回来。投资回收期的计算公式如下

$$\tau = \frac{F_2 - F_1}{S_{Y1} - S_{Y2}} = \frac{\Delta F}{\Delta S} \tag{5-32}$$

式中:τ——投资回收期;

ΔF——基本投资差额(又称追加投资);

ΔS——全年生产费用节约额。

投资回收期必须满足以下条件:

① 投资回收期应小于所采用设备和工艺装备的使用年限；

② 投资回收期应小于产品的生命周期；

③ 投资回收期应小于企业预定的回收期目标。此目标可参考国家或行业标准。如采用新机床的标准回收期常定为4~6年，采用新夹具的标准回收期常定为2~3年。

考虑投资回收期后的临界年产量N_{CC}计算如下（图5-45b）

$$C_Y = C_{V1}N_{CC} + C_{N1} = C_{V2}N_{CC} + C_{N2} + \Delta S$$

有：

$$N_{CC} = \frac{C_{N2} - C_{N1} + \Delta S}{C_{V1} - C_{V2}} \tag{5-33}$$

需要指出的是使用上述公式进行经济分析时，其主要目的是对不同的工艺方案进行比较，以求得最佳的工艺方案，而非准确计算零件成本。故常常只需求出各种方案的相对值，并可对几种方案中相同的项目略去不计。

5.8.3 工艺过程优化

工艺过程的优化是指在满足一定约束条件下，如何安排工艺过程使之能获得理想的目标。工艺过程优化问题有两种基本类型：一种类型是参数优化问题，如3.6.4节中所述的切削用量优化就属于这类问题；另一种类型是路径优化问题。当零件加工包含有多个工序且有多条工艺路线可供选择时，如何选取最优方案就属于路径优化问题。

例如，图5-46所示为用网络形式表示的多种不同的工艺路线。在该例中，零件的基本加工工序有4个，分别是车削、铣削（或刨削）、钻削（或镗削）和磨削。图中箭线表示工序，箭线上方的大写英文字母表示工序所用机床（如L表示车床，M表示铣床，S表示牛头刨床，P表示龙门刨床，D表示钻床，B表示镗床，M表示磨床，MC表示加工中心机床等），箭线上方括号内数字表示工序时间或成本。

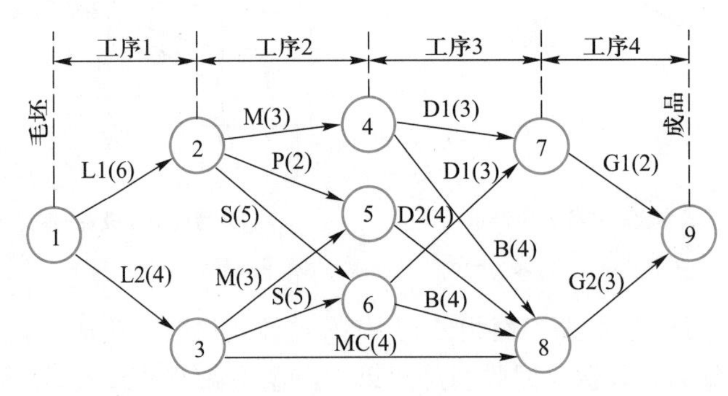

图5-46 工艺路线网络表示

从表示原材料（毛坯）的起点1，到表示成品的终点9，用箭线按箭头方向顺序连接的每一条路径，即表示一条工艺路线。其中最短路径即为最优工艺路线。因此，工艺路线优化问题转变为寻找最短路径问题。

寻找最短路径问题有多种解法，下面以动态规划算法为例介绍其求解过程。

这种方法是将给定的问题分段解决。首先解决问题的一小部分，找出局部最优解，然后在此基础上将问题逐步扩大，并加以解决，最后得出整个问题的最优解。

以图 5-46 所示的工艺路线网络图为例，从结点 j 到达终点 9 所需要的最短时间（假定图中括号内的数字表示工序时间）用 $f(j)$ 表示。对于结点 j 的紧前结点 i，从结点 i 移到结点 j 的加工时间用 T_{ij} 表示，则从结点 i 移动到结点 j，并进一步到终点 9 的时间为 $T_{ij}+f(j)$。由于结点 i 的后续结点不止一个，因此从结点 i 到终点的最短时间路线为

$$f(i)=\min_{i}[T_{ij}+f(j)] \tag{5-34}$$

利用上述公式，整个计算可采用如下的后退计算法，即从 $f(9)=0$ 始，它的前面的结点有 8 和 7。从 8 到 9 的最短路径为 8→9：

$$f(8)=\min[T_{8,9}+f(9)]=\min[3+0]=3$$

同样地，从 7 到 9 的最短路径为 7→9：

$$f(7)=\min[T_{7,9}+f(9)]=\min[2+0]=2$$

对于结点 6：

$$f(6)=\min[T_{6,8}+f(8),T_{6,7}+f(7)]=\min[4+3,3+2]=5$$

可确定其最短路径为 6→7→9

对于结点 5：

$$f(5)=\min[T_{5,8}+f(8)]=\min[4+3]=7$$

其最短路径为 5→8→9

对于结点 4：

$$f(4)=\min[T_{4,8}+f(8),T_{4,7}+f(7)]=\min[4+3,3+2]=5$$

其最短路径为 4→7→9

对于结点 3：

$$f(3)=\min[T_{3,8}+f(8),T_{3,6}+f(6),T_{3,5}+f(5)]=\min[4+3,5+5,3+7]=7$$

其最短路径为 3→8→9

对于结点 2：

$$f(2)=\min[T_{2,6}+f(6),T_{2,5}+f(5),T_{2,4}+f(4)]=\min[5+5,2+7,3+5]=8$$

其最短路径为 2→4→7→9

对于结点 1：

$$f(1)=\min[T_{1,3}+f(3),T_{1,2}+f(2)]=\min[4+7,6+8]=11$$

最终确定其最短路径即最优工艺路线为 1→3→8→9。

本章学习提要

本章首先介绍制订机械加工工艺规程的步骤和方法；然后重点讨论机械加工工艺过程设计中的主要问题，包括定位基准的选择，加工路线的拟订，工序尺寸及公差的确定等；最后对计算机辅助工艺过程设计（CAPP）原理和工艺过程的经济性分析进行简要说明。

学习本章内容，应牢牢把握住机械加工工艺过程设计的基本原理、原则和方法（如选择定位基准的原则、选择加工方法的原则、工序划分及工序顺序安排的原则、确定余量的原则和方法、工序尺寸及公差的确定方法、工艺尺寸链原理及应用等），并通过一定的实践（包括课程设计）初步掌握制订零件机械加工工艺规程的步骤和方法。

制订零件机械加工工艺规程是一件经验性和综合性很强的工作，除了要密切联系生产实际

外,还要综合运用所学的知识。学习者应有意识地将本章内容与前面各章内容联系起来,将工艺过程设计看作是本课程前面各章内容的综合和实际应用。编写工艺规程时要按照下面的步骤顺序完成:1) 分析图纸(分析设计基准、重要加工面、相互位置要求等,确定精基准和粗基准);2) 确定每个加工面的加工方法(加工经济精度、表面粗糙度);3) 确定加工顺序(机械加工、热处理、检验);4) 工序设计(工序基准、加工余量、工序尺寸及公差、机床、夹具、切削用量、时间定额);5) 填写工艺卡和工序卡。

尺寸链是分析加工精度,确定工序尺寸及公差的重要工具,学习者应掌握其原理和计算方法,并能正确地应用它来分析和解决实际工艺问题。

主要术语

机械加工工艺过程	加工工艺过程卡	加工工序卡	定位基准
精基准选择原则	粗基准选择原则	加工经济精度	加工方法选择
加工阶段划分	加工顺序安排原则	热处理工序安排	工序集中
工序分散	成组工艺	综合零件法	综合路线法
数控加工工艺	加工余量	余量公差	工序尺寸
工序尺寸公差	入体原则	尺寸链	工艺尺寸链
组成环	封闭环	尺寸链计算方法	极值法
概率法	图表法	CAPP	工艺过程经济分析
时间定额	工艺成本		

习题与思考题

5-1　设计机械加工工艺规程时应遵循哪些原则?

5-2　不同生产类型对毛坯的要求有什么不同?

5-3　选择精基准时为什么要遵循“基准重合”的原则?试举例说明。

5-4　选择粗基准时应遵循的根本原则是什么?

5-5　图5-24所示为壳体零件为小批量生产,试选择该零件的粗、精基准。

5-6　试选择图5-47所示三个零件的粗、精基准。其中图5-47a所示的齿轮,$m=2$,$z=37$,毛坯为热轧棒料;图5-47b所示的液压缸,毛坯为铸铁件,孔已铸出。图5-47c所示的飞轮,毛坯为铸件。均为批量生产。图中除了有不加工符号的表面外,均为加工表面。

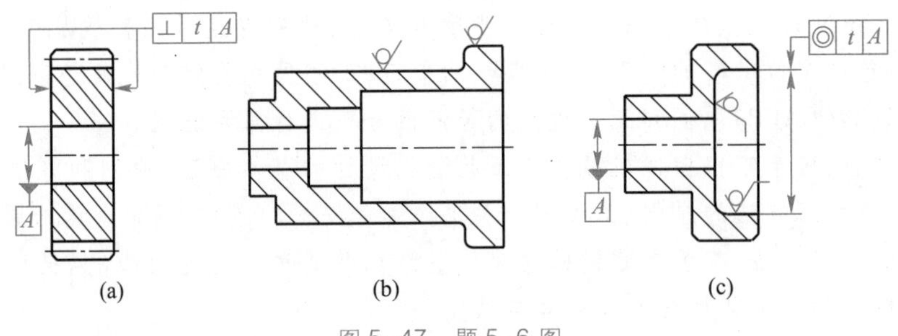

图5-47　题5-6图

5-7　选择表面加工方法的依据是什么？

5-8　为什么对加工质量要求较高的零件在拟订工艺路线时要划分加工阶段？

5-9　工序的集中或分散各有什么优缺点？目前的发展趋势是哪一种？

5-10　为什么有时在零件的工艺过程中要安排时效处理？通常安排在什么时候？调质和渗碳淬火又通常安排在什么时候？

5-11　数控加工主要应用在哪些场合？

5-12　数控加工工艺有哪些特点？数控加工工艺过程设计应注意哪些问题？

5-13　什么是毛坯余量？影响工序余量的因素有哪些？确定余量的方法有哪几种？抛光、研磨等光整加工的余量如何确定？

5-14　今加工一批直径为 $\phi 25_{-0.021}^{\ 0}$ mm，表面粗糙度 Ra 值为 0.8 μm，长度为 55 mm 的光轴，材料为 45 钢，毛坯为直径 $\phi 28 \pm 0.3$ mm 的热轧棒料，试确定其在大批量生产中的工艺路线以及各工序的工序尺寸及其偏差。

5-15　图 5-48a 所示为一轴套零件，尺寸 $38_{-0.1}^{\ 0}$ mm 和 $8_{-0.05}^{\ 0}$ mm 已加工好，图 5-48b、c、d 所示为钻孔加工时三种定位方案的简图。试计算三种定位方案的工序尺寸 A_1、A_2 和 A_3。

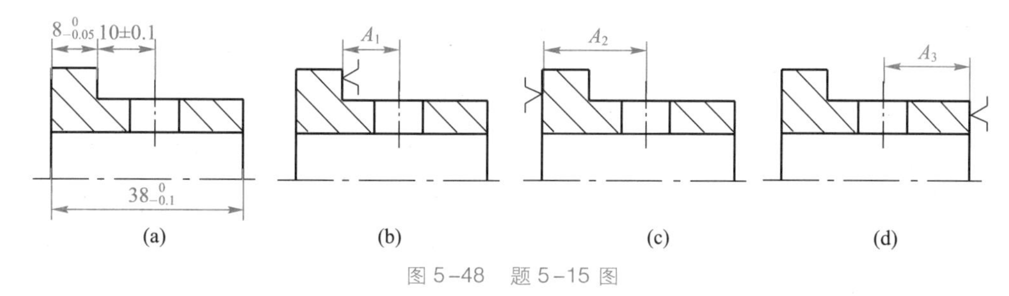

图 5-48　题 5-15 图

5-16　加工图 5-49 所示的一批零件，有关的加工过程如下：

1）以 A 面及 $\phi 60$ 外圆定位，车 $\phi 40$ 外圆及端面 D、B，保证尺寸 $30_{-0.20}^{\ 0}$ mm；

2）调头，以 D 面及 $\phi 40$ 外圆定位，车 A 面，保证零件总长为 $A_{\ 0}^{+T_A}$。钻 $\phi 20$ 通孔，镗 $\phi 25$ 孔，用测量方法保证孔深为 $25.1_{\ 0}^{+0.15}$ mm；

3）以 D 面定位磨削 A 面，用测量方法保证 $\phi 25$ 孔深尺寸为 $25_{\ 0}^{+0.10}$ mm，加工完毕。

求尺寸 $A_{\ 0}^{+T_A}$。

5-17　加工图 5-50 所示轴及其键槽，要求轴径为 $\phi 30_{-0.032}^{\ 0}$ mm，键槽深度尺寸为 $26_{-0.2}^{\ 0}$ mm，有关的加工过程如下：

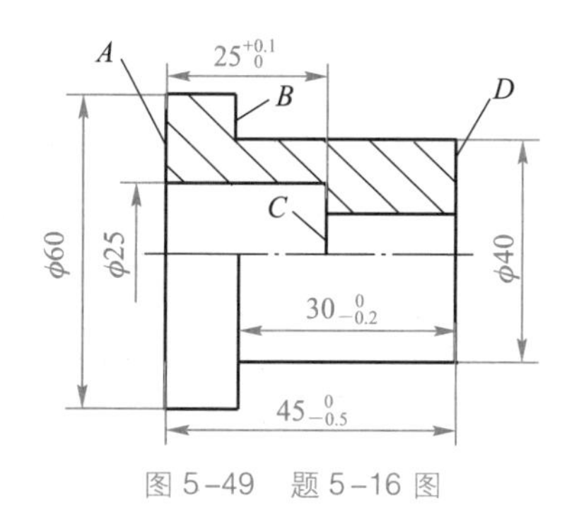

图 5-49　题 5-16 图

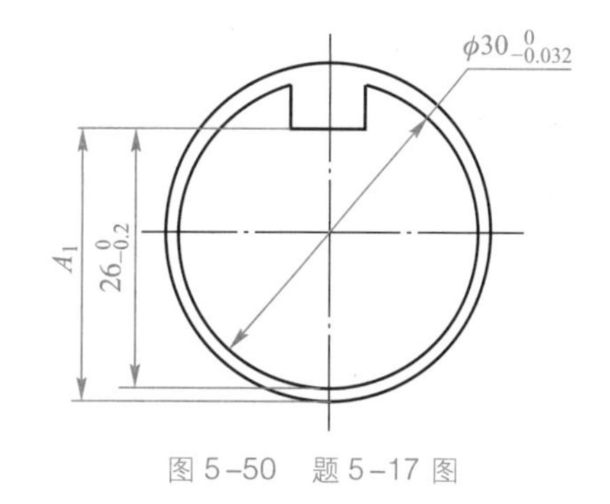

图 5-50　题 5-17 图

1）半精车外圆至 $\phi 30.6_{-0.1}^{0}$ mm；

2）铣键槽至尺寸 A_1；

3）热处理；

4）磨外圆至 $\phi 30_{-0.032}^{0}$ mm，加工完毕。

求工序尺寸 A_1。

5-18 磨削一表面淬火后的外圆面，磨后尺寸要求为 $\phi 60_{-0.03}^{0}$ mm。为了保证磨后工件表面淬硬层的厚度，要求磨削的单边余量为 0.3±0.05 mm，若不考虑淬火时工件的变形，求淬火前精车的直径工序尺寸。

5-19 图5-51a所示为汽车传动轴上的十字头零件简图，图中 $d=\phi 25_{-0.04}^{-0.02}$ mm，$K=108_{-0.075}^{-0.04}$ mm。设各轴径已加工完毕，各端面也已半精加工好。端面 A、B 对轴心线 O—O 对称度是这样来保证的：

1）如图5-51b所示，将 d 外圆放在平面定位件上定位磨削 A 面，保证工序尺寸 C；

2）如图5-51c所示，以 A 面定位磨削 B 面，保证尺寸 K，同时保证 A、B 对轴心线 O—O 的对称度要求。

试求工序尺寸 C。

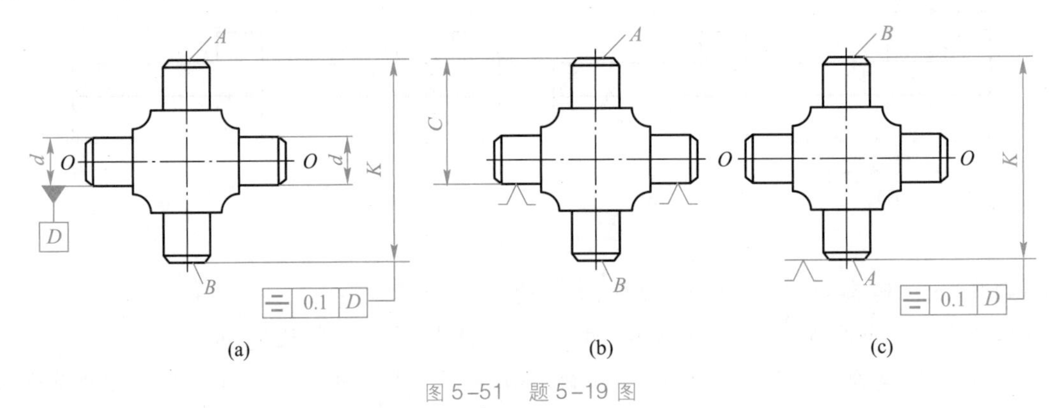

图5-51 题5-19图

5-20 CAPP有何意义？按CAPP系统工作原理，CAPP系统有几种类型？各有什么特点？

5-21 画简图说明派生式CAPP系统的工作原理。

5-22 图5-52所示为某车间在轴类零件上加工辅助孔时选用设备的参考图，试将其转换为决策树和决策表的形式。

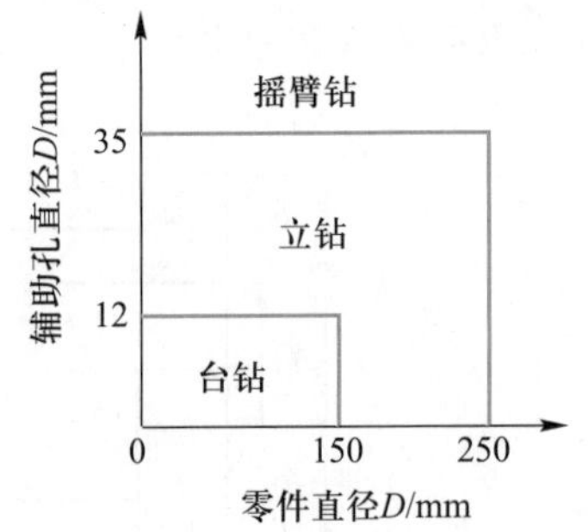

图5-52 题5-22图

5-23 什么是产生式规则？试举例说明如何用产生式规则进行工艺决策。

5-24 什么是CAPP专家系统？CAPP专家系统由哪几部分组成？

5-25 工序时间定额由哪几部分组成？

5-26 举例说明减少辅助时间的工艺措施。

5-27 工艺成本由哪几部分组成？如何进行工艺方案的比较？

5-28 如何进行工艺路线的优化？

5-29 试编制图 5-53 所示拨叉零件的机械加工工艺规程，将有关内容填入表 5-16 中。毛坯为精铸件，生产批量 30 件。

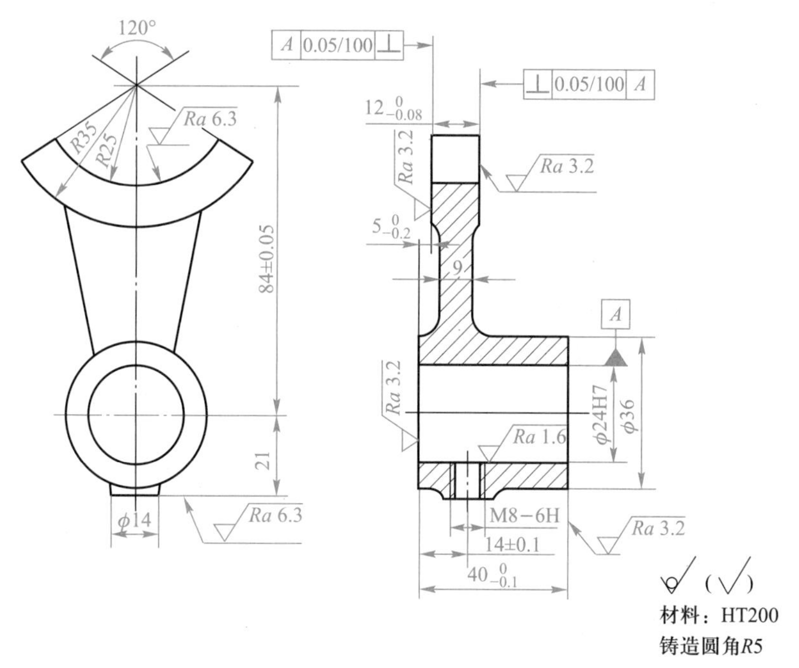

图 5-53 题 5-29 图

表 5-16 题 5-29 表

工序号	工序名称及内容	定位基准	设备	刀具

第6章　机器的装配工艺

学习目标

1）理解装配工艺过程（装配工艺系统图），了解不同生产类型装配工作特点，理解装配工艺规程制订主要问题，理解常用装配方法及其适用范围。

2）理解保证装配精度的装配方法，掌握并能正确应用装配尺寸链（完全互换法、大数互换法、选择装配法、修配法和调整法）。

3）了解机器的自动装配的基本内容。

6.1　机器装配概述

任何机器都是由零件和部件所组成的。根据规定的技术要求，将若干零件组合成部件，或将若干个零件和部件组合成机器（产品）的过程叫装配，前者叫部件装配，后者叫机器装配或总装。

机器的装配是整个机器制造工艺过程中的最后一个环节，它包括装配（部装和总装）、调整、检验和试验等工作。装配工作十分重要，对机器质量有决定性的影响。若装配不当，即使所有机器零件加工都合乎质量要求，也不一定能够生产出合格的、高质量的机器。反之，当零件制造质量并不十分精良时，只要装配过程中采用了合适的工艺方法，也能使机器达到规定的要求。

因此，研究和制订合理的装配工艺规程，采用正确、有效的装配方法，对于保证机器的装配精度，提高生产率和降低成本，都具有十分重要的意义。

6.1.1　机器装配工艺过程

下面以一小型谐波减速器（图6-1）为例，说明机器装配工艺过程。

1. 装配单元

无论多么复杂的机器都是由许多零件所构成的。为便于装配，通常将机器分成若干个独立的装配单元，包括零件、套件、组件、部件和机器。

零件是组成机器的基本元件，也是机器的最小装配单元。

在一个基准零件上，装上一个或若干个零件构成一个套件（又称合件），它也是机器的最小装配单元。每个套件只有一个基准零件，它的作用是连接相关零件和确定各零件的相对位置。为形成套件而进行的装配工作称为套装。套件可以是若干个零件永久性的连接（焊接或铆接等），也可以是连接在一个基准零件上的少数零件的组合。套件组合后，有的可能还需要加工。例如发动机连杆小头孔压入衬套后需再进行精镗孔。图6-2a所示为由凸轮、柔性轴承、挡片和铆钉组成的套件，其中凸轮是基准零件。

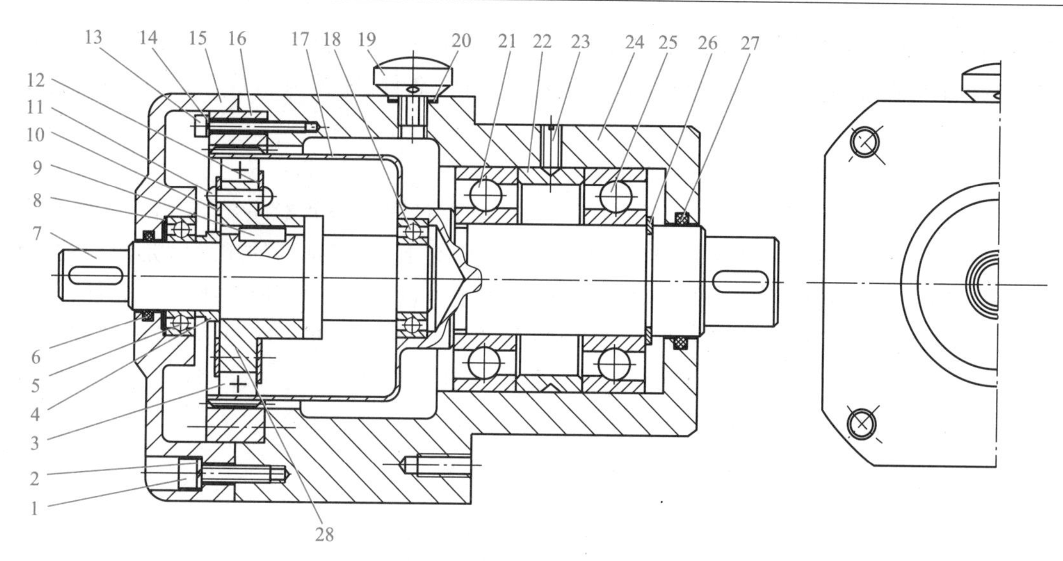

图 6-1 谐波减速器

1—螺钉 a;2—垫圈 a;3—柔性轴承;4—隔环;5—轴承 a;6—密封圈 a;7—输入轴;8—调整垫;9—键;10—挡片 a;11—铆钉;12—挡片 b;13—螺钉 b;14—垫圈 b;15—端盖;16—钢轮;17—柔轮(输出轴);18—轴承 b;19—透气塞;20—垫片;21—轴承 c;22—顶环;23—螺钉 c;24—壳体;25—轴承 d;26—弹簧挡圈;27—密封圈 b;28—凸轮

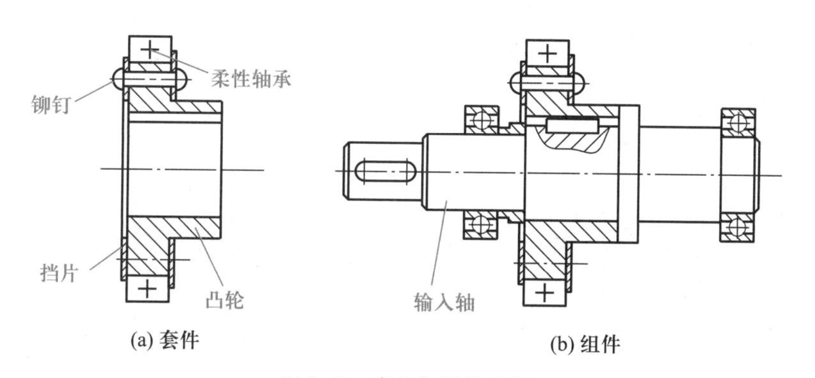

图 6-2 套件和组件示例

在一个基准零件上,装上一个或若干个套件和零件构成一个组件。每个组件只有一个基准零件,它连接相关零件和套件,并确定它们的相对位置。为形成组件而进行的装配称为组装。有时组件中没有套件,由一个基准零件和若干零件所组成,它与套件的区别在于组件在以后的装配中可拆卸,而套件在以后的装配中一般不再拆开,通常作为一个整体参加装配。图 6-2b 为一个组件示例,其中凸轮和柔性轴承套件是先前准备好的一个套件,输入轴为基准零件。

在一个基准零件上,装上若干个组件、套件和零件就构成部件。同样,一个部件只能有一个基准零件,由它来连接各个组件、套件和零件,决定它们之间的相对位置。为形成部件而进行的装配工作称为部装。图 6-1 所示的谐波减速器作为机器的一部分,本身可视为一个部件。

在一个基准零件上,装上若干个部件、组件、套件和零件就成为机器,或称产品。同样,一台机器只能有一个基准零件，其作用与上述相同。为形成机器而进行的装配工作称为总装。如一台车床就是由主轴箱、进给箱、溜板箱等部件和若干组件、套件、零件所组成的，而床身就是基准零件。

2. 装配工艺系统图

装配工艺系统图又称为装配工艺流程图，它表明装配过程由基准零件开始，沿水平线自左向右进行装配，一般将零件画在上方，把套件、组件、部件画在下方，其排列的顺序就是装配的顺序。图中的每一方框表示一个零件、套件、组件或部件。每个方框分为三个部分，上方为名称，左下方为编号，右下方为数量。有了装配系统图，整个机器的结构和装配工艺就很清楚，因此装配系统图是一个很重要的装配工艺文件。图6-3所示为输入轴组件装配工艺系统图。图6-4所示为谐波减速器部件装配工艺系统图。

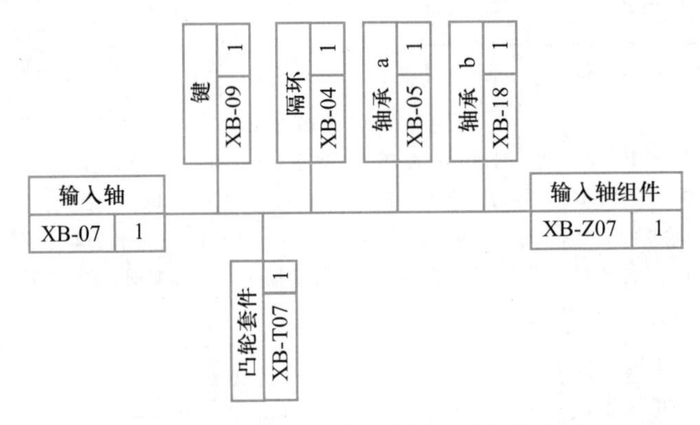

图6-3 输入轴组件装配工艺系统图

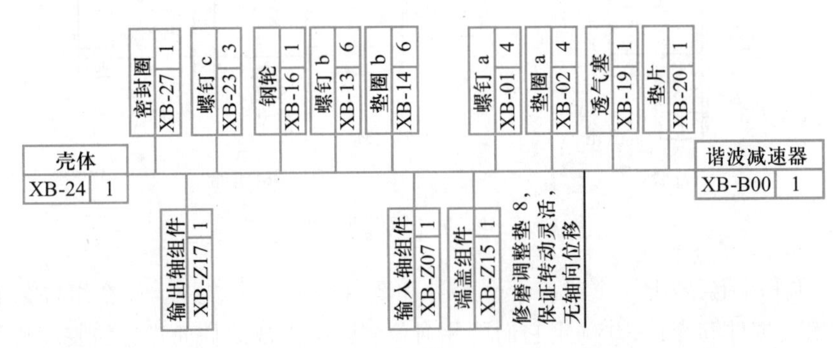

图6-4 谐波减速器部件装配工艺系统图

6.1.2 不同生产类型装配工艺的特点与组织形式

生产类型根据生产批量可分为三种：大批大量生产、成批生产和单件小批生产。生产类型与装配工作的组织形式、装配工艺方法、工艺过程、工艺装备、手工操作要求等方面有着本质上的联系，并起着支配装配工作的作用。表6-1列出了各种生产类型装配工作特点和应用实例。

表 6-1 各种生产类型装配工作的特点和应用实例

生产类型		大批大量生产	成批生产	单件小批生产
基本特征		产品固定，生产活动长期重复，生产周期一般较短	产品在系列化范围内变动，分批交替投产或多品种同时投产，生产活动在一定时期内重复	产品经常变换，不定期重复生产，生产周期一般较长
装配工作特点	组织形式	多采用流水装配线：有连续移动、间歇移动及可变节奏等移动方式，还可采用自动装配机或自动装配线	笨重、批量不大的产品多采用固定流水装配，批量较大时采用流水装配，多品种平行投产时多采用可变节奏流水装配	多采用固定装配或固定式流水装配进行总装，对批量较大的部件亦可采用流水装配
	装配工艺方法	按互换法装配，允许有少量简单的调整，精密偶件成对供应或分组供应装配，无任何修配工作	主要采用互换法，但灵活运用其他保证装配精度的装配工艺方法，如调整法、修配法及合并法，以节约加工费用	以修配法及调整法为主，互换件比例较小
	工艺过程	工艺过程划分很细，力求达到高度的均衡性	工艺过程的划分须适合于批量的大小，尽量使生产均衡	一般不制订详细工艺文件，工序可适当调度，工艺也可灵活掌握
	工艺装备	专业化程度高，宜采用专用高效工艺装备，易于实现机械化、自动化	通用设备较多，但也采用一定数量的专用工具、夹具、量具，以保证装配质量和提高工效	一般为通用设备及通用工具、夹具、量具
	手工操作要求	手工操作比重小，熟练程度容易提高，便于培养新工人	手工操作比重较大，技术水平要求较高	手工操作比重大，要求工人有高的技术水平和多方面工艺知识
应用实例		汽车、拖拉机、内燃机、滚动轴承、手表、缝纫机、电气开关	机床、机车车辆、中小型锅炉、矿山采掘机械	重型机床、重型机器、汽轮机、大型内燃机、大型锅炉

由表 6-1 可以看出，对于不同的生产类型，其装配工作特点也不一样，装配工艺方法亦各有侧重。例如，内燃机生产一般属于大批大量生产，其装配工艺是互换性装配，只允许少量简单调整，或不进行调整。工序划分则采用分散原则，划分得比较细，以便达到较高的均衡性和严格的节奏性。基于这种装配工艺方法和专用高效装配工艺装备，可以方便地建立移动式流水线或自动装配线。

对于单件小批生产的装配工作，例如重型机床的装配，则以修配法及调整法为主，互换件比例较小，工序集中，设备通用，工艺文件简单，手工操作比重大，并要求工人具有较高的技术水平和工艺方面的知识。在单件小批生产中如何提高装配工作效率是一个重要问题。此时，应尽量采用机械化工具代替手工操作，以提高效率，减轻工人劳动强度。在组织形式上可采用固定式流水装配，以先进的调整法及测试手段来提高工作效率。

成批生产机器装配，其特点介于大批大量和单件小批生产类型之间，所采用的装配工艺方法和工艺装备应视产品批量及产品特征灵活确定。

6.1.3 装配工艺规程设计

1. 制订装配工艺规程的基本原则

将装配工艺过程用文件形式规定下来就是装配工艺规程。它是指导装配工作的技术文件，也是进行装配生产计划及技术准备的主要依据。对于设计或改建一个机器制造厂，它是设计装配车间的基本文件之一。

从广义上讲，机器及其部件、组件装配图，尺寸链分析图，各种装配夹具的应用图，检验方法图及其说明，零件机械加工技术要求一览表，各个“装配单元”及整台机器的运转、试验规程及其所用设备图，以及装配周期表等，均属于装配工艺文件。这一系列文件和日常应用的装配过程卡片、装配工序卡片，构成一整套完整的掌握产品装配技术、保证产品质量的技术资料。

在制订机器装配工艺规程时，一般应着重考虑以下原则：

1）保证产品装配质量，并力求提高装配质量，以延长产品的使用寿命；

2）合理安排装配工序，尽量减少钳工装配工作量；

3）提高装配工作效率，缩短装配周期；

4）尽可能减少车间的作业面积，力争单位面积上具有最大生产率。

2. 装配工艺规程设计步骤与方法

设计装配工艺规程通常要依次完成以下几项工作。

（1）进行产品分析

产品分析通常包括以下四项内容：

1）产品图样分析，清楚了解产品装配的技术要求和验收标准。

2）产品结构尺寸分析，建立适当的装配尺寸链，并对装配尺寸链进行分析和计算。在此基础上，结合产品的结构特点和生产批量，确定保证达到装配精度的装配方法。

3）装配结构工艺性分析，确定产品结构是否便于装配拆卸和维修等。

4）研究确定产品分解成“装配单元”的方案，以便组织平行、流水作业。

（2）确定装配的组织形式

装配的组织形式分固定式和移动式两种。固定式是全部装配工作在一个或几个固定的工作地点完成。移动式是将零件、部件用运输小车或运输带从一个装配地点移动到下一个装配地点，在每一个装配地点上分别完成一部分装配工作。移动式又分间歇移动、连续移动和变节奏移动三种方式。

装配组织形式的选择主要取决于产品的结构特点、装配精度要求和生产批量，并应考虑现有生产技术条件和设备。单件小批生产或尺寸大、质量大的产品多采用固定装配的组织形式，其余情况可考虑采用移动装配的组织形式。装配的组织形式确定以后，装配方式、工作点的布置也就相应确定。工序的分散与集中以及每道工序的具体内容也根据装配的组织形式而确定。固定式装配工序集中，移动式装配工序分散。

（3）划分装配单元，确定装配顺序

将产品划分为部件、组件和套件等装配单元是制订装配工艺规程最重要的一步。装配单元的划分要便于装配操作和便于组织装配生产。装配单元的划分，还需注意合理地选择装配基准件。装配基准件应是产品的基体或主干零件、部件，应有较大的体积和重量，有足够的支承面和较多的公共接合面。

在划分装配单元并确定装配基准件以后，即可安排装配顺序。安排装配顺序的一般原则是先下后上、先内后外、先难后易、先精密后一般。

（4）划分装配工序

在装配顺序确定以后，即可按工序集中或工序分散原则划分装配工序，确定工序内容，选择或设计装配所需的设备、工具，制订装配工序操作规范、质量要求与检测方法，确定装配工序时间定额，平衡各工序节拍。

（5）编制装配工艺文件

装配工艺规程中的装配工艺过程卡片和装配工序卡片的编写方法与机械加工的工艺过程卡和工序卡基本相同。单件小批生产时，通常只绘制装配工艺系统图，装配时按产品装配图和装配工艺系统图工作。在生产批量较大时，则要求编写详细装配工艺过程卡和工序卡以及工艺守则，以指导装配操作。

6.2 装配精度与装配尺寸链

6.2.1 装配精度

1. 装配精度概述

装配精度通常根据机器的工作性能来确定，它既是制订装配工艺规程的主要依据，也是选择合理的装配方法和确定零件加工精度的依据。正确地规定机器和部件的装配精度是产品设计的重要环节之一，它不仅关系到产品质量，也影响产品制造的经济性。

装配精度一般包括零、部件间的尺寸精度、位置精度、相对运动精度和接触精度等。

1）零、部件间的尺寸精度包括配合精度和距离精度。配合精度是指配合面间达到规定的间隙或过盈的要求。例如，轴和孔的配合间隙或配合过盈的变化范围，它影响配合性质和配合质量。距离精度是指零部件间的轴向间隙、轴向距离和轴线距离等。

2）零、部件间的位置精度包括平行度、垂直度、同轴度和各种跳动等。

3）零、部件间的相对运动精度是指有相对运动的零、部件间在运动方向和运动位置上的精度。运动方向上的精度包括零、部件间相对运动时的直线度、平行度和垂直度等。如车床溜板移动在水平面内的直线度，溜板移动轨迹对主轴回转中心的平行度等。运动位置上的精度就是传动精度，是指内联系传动链中，始末两端传动组件间相对运动（转角）精度。如滚齿机滚刀主轴与工作台的相对运动精度等。

4）零、部件间的接触精度是指两配合表面、接触表面和连接表面间达到规定的接触面积大小与接触点分布情况。它影响接触刚度和配合质量的稳定性。如锥体配合、齿轮啮合和导轨面之间均有接触精度要求。

2. 装配精度与零件加工精度

装配精度与装配方法和零部件的加工精度有关。零件的加工精度，特别是关键零件的加工精度将直接影响到装配精度。

如图 6-5 所示，普通车床床头和尾座两顶尖的等高度要求，主要取决于主轴箱 1、尾座 5、尾座底板6和床身7等零部件的加工精度，对其应加以合理的规定和保证。当产品装配精度要求较高时，如果完全靠相关零件的制造精度来直接保证，则必须给相关零件规定很高的加工精度，从而给加工带来较大困难。在这种情况下，通常的做法是按经济精度来加工相关零部件，而在装配时则采取一定的工艺措施（如选择、修配或调整等措施）来保证装配精度。如图6-5所示，可采用修配尾座底板6的工艺措施保证装配精度A_0，虽然增加了装配的劳动量，但从整个产品制造的全局分析，仍经济可行。

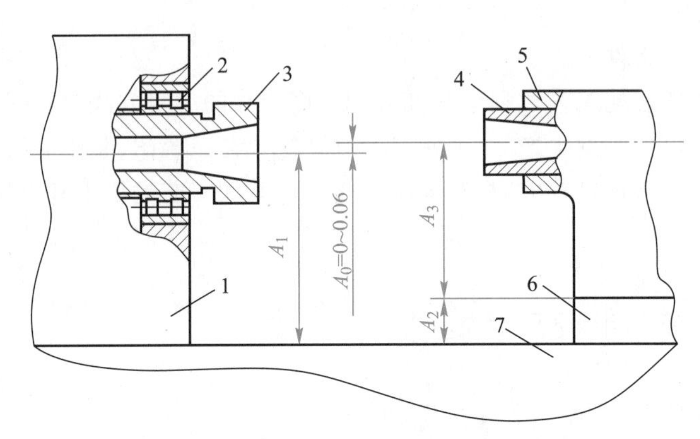

图6-5 影响车床等高度要求的尺寸链图

1—主轴箱；2—主轴轴承；3—主轴；4—尾座套筒；5—尾座；6—尾座底板；7—床身

可见，装配时由于采用不同的工艺措施，从而形成各种不同的装配方法。在这些装配方法中，装配精度与零件的加工精度具有不同的关系。

6.2.2 装配尺寸链

在解决由于装配累积误差导致装配精度的问题时，依据不同的装配方法，建立并求解装配尺寸链是解决这类问题的关键。

1. 装配尺寸链概述

机器是由许多零件装配而成的，这些零件加工误差的累积将影响装配精度。在分析具有累积误差的装配精度时，首先应找出影响这项精度相关零件的相关尺寸或技术要求，并对其影响进行具体分析，然后确定其合理的精度。为便于分析，可将有关影响因素按照一定的顺序一个个地连接起来，形成封闭链，这个封闭链即为装配尺寸链。装配尺寸链可以按各环的几何特征和所处空间位置不同分为以下四类：

1）直线尺寸链　由长度尺寸组成，且各尺寸彼此平行，如图6-5中由尺寸A_0、A_1、A_2和A_3组成的尺寸链。

2）角度尺寸链　由角度、平行度、垂直度等构成。如车床精车端面的平面度要求：工件直径不大于200 mm时，端面只允许凹0.015 mm。该项要求可简化为图6-6所示的角度尺寸链，其中α_0为封闭环。即该项装配精度要求可表示为：$\alpha_0=(\pi/2)_{0}^{+\frac{0.015}{100}}$。$\alpha_1$为主轴回转轴线与床身山形导轨水平面内的平行度，$\alpha_2$为溜板的上燕尾导轨对床身棱形导轨的垂直度。

3）平面尺寸链　由构成一定角度关系的长度尺寸及相应的角度尺寸（或角度关系）组成，且处于同一或彼此平行的平面内。

图 6-7 所示车床溜板箱装配在溜板下面时，应保证溜板箱齿轮 O_2 与溜板横进给齿轮 O_1 间有适当的啮合侧隙 P_0。影响 P_0 的有关尺寸是：溜板上齿轮 O_1 的坐标尺寸 X_1、Y_1 和溜板箱上齿轮 O_2 的坐标尺寸 X_2、Y_2，两齿轮的分度圆半径 R_1、R_2 以及偏移量 e。这些尺寸以及它们之间的角度关系构成了平面尺寸链。

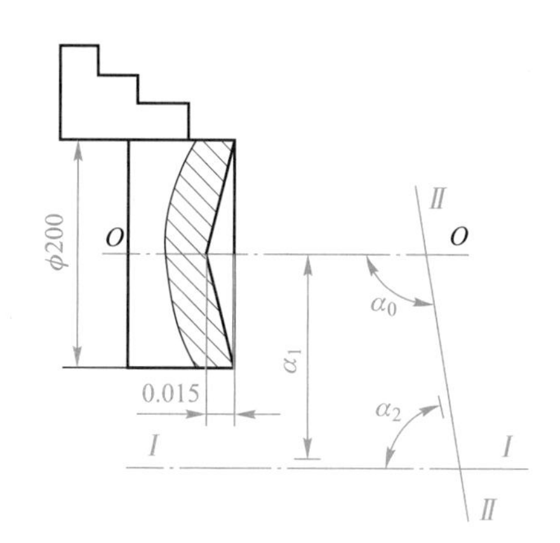

图 6-6　角度装配尺寸链
O—O—主轴回转轴线；I—I—山形导轨中线；
II—II—下溜板移动轨迹

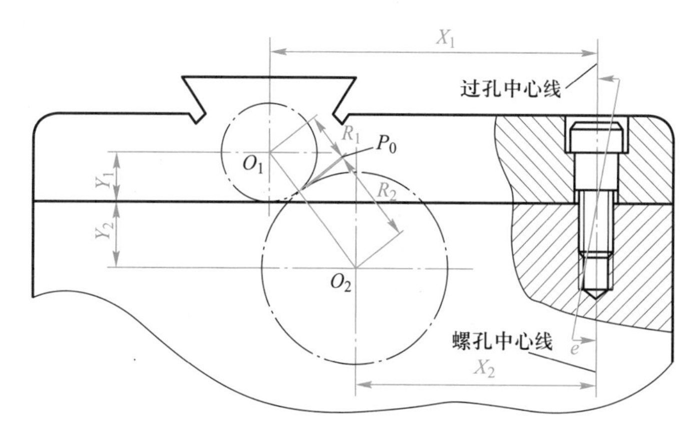

图 6-7　平面装配尺寸链

4）空间尺寸链　由位于空间相交平面的直线尺寸和角度尺寸（或角度关系）构成。

显然，装配后的精度或技术要求是通过零、部件装配好后才最后形成的，是由相关零部件上的有关尺寸和角度位置关系所间接保证的。因此，在装配尺寸链中，装配精度是封闭环，相关零件的设计尺寸是组成环。如何查找对某装配精度有影响的相关零件，进而选择合理的装配方法和确定这些零件的加工精度，是建立装配尺寸链和求解装配尺寸链的关键。

2. 装配尺寸链分析

（1）装配尺寸链的组成和查明方法

对于每一个封闭环，通过装配关系的分析，都可查明其相应的装配尺寸链组成。其一般查明方法是：取封闭环两端的那两个零件为起点，沿着装配精度要求的位置方向，以装配基准面为联系线索，分别查明装配关系中影响装配精度要求的那些有关零件，直至找到同一个基准零件或同一个基准表面为止。所有有关零件上直接连接两个装配基准面间的位置尺寸或位置关系，便是装配尺寸链的全部组成环。

以车床主轴锥孔轴线和尾座顶尖套锥孔轴线对床身导轨的等高度的装配尺寸链为例（图 6-5），从图中可以很容易地查找出等高度整个尺寸链的各组成环，如图 6-8a 所示。在查找装配尺寸链时，应注意以下原则：

1）装配尺寸链的简化原则　机械产品的结构通常都比较复杂，对某项装配精度有影响的因素很多，查找装配尺寸链时，在保证装配精度的前提下，可略去那些影响较小的因素，使装配尺寸链的组成环适当简化。

例如，图 6-8a 为车床主轴与尾座中心线等高尺寸链，其组成环包括 e_1、e_2、e_3、A_1、A_2、A_3 等 6

个。由于 e_1、e_2、e_3 的数值相对于 A_1、A_2、A_3 的误差较小,故装配尺寸链可简化为如图 6-8b 所示的结果。但在精密装配中,应计入对装配精度有影响的所有因素,不可随意简化。

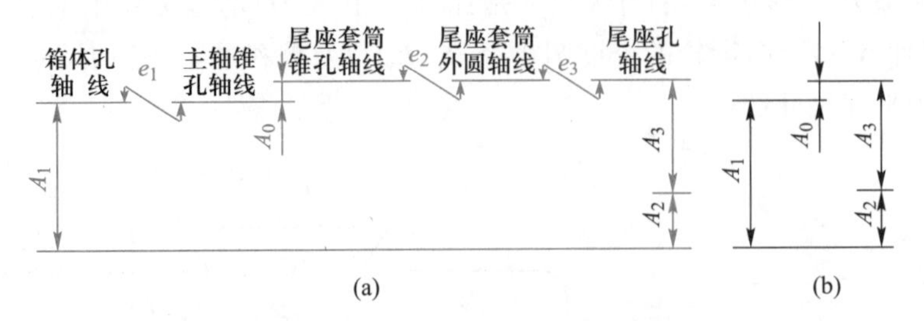

图 6-8 车床主轴中心线与尾座套筒中心线等高度装配尺寸链

e_1—主轴轴承外环内滚道与外圆的同轴度;e_2—尾座套筒锥孔对外圆的同轴度;e_3—尾座套筒锥孔与尾座孔间隙引起的偏移量;A_0—主轴锥孔轴线和尾座顶尖套锥孔轴线高度差;A_1—主轴箱孔心轴线至主轴箱底面距离;A_2—尾座底板厚度;A_3—尾座孔轴线至尾座底面距离

2) 装配尺寸链组成的最短路线原则 由尺寸链的基本理论可知,在装配精度要求给定的条件下,组成环数目越少,则各组成环所分配到的公差值就越大,零件的加工就越容易和经济。因此,在机器结构设计时,应使对装配精度有影响的零件数目越少越好,即在满足工作性能的前提下,应尽可能使结构简化。在结构已定的条件下,组成装配尺寸链的每个相关零、部件只能有一个尺寸作为组成环列入装配尺寸链,这样组成环的数目就应等于相关零、部件的数目,即一件一环,这就是装配尺寸链的最短路线原则。

(2) 装配尺寸链的计算

装配尺寸链的计算可分为正计算和反计算。已知与装配精度有关的各零、部件的基本尺寸及其偏差,求解装配精度要求的基本尺寸及其偏差的计算过程称为正计算,它用于对已设计的图纸进行校核验算。已知装配精度要求的基本尺寸及其偏差,求解与该项装配精度有关的各零、部件基本尺寸及其偏差的计算过程称为反计算,它主要用于产品设计过程。

关于装配尺寸链的计算方法,将结合下面具体的装配方法予以介绍。

6.3 保证装配精度的装配方法

合理地选择装配方法是制定装配工艺的核心。根据产品的性能要求、结构特点、生产类型和生产条件的不同,选用不同的装配方法,以保证产品的装配精度。常用的保证装配精度的装配方法有互换装配法、选择装配法、修配装配法、调整装配法。

6.3.1 互换装配法

互换装配法是指在装配过程中,零件互换后仍能达到装配精度要求的装配方法。产品采用互换装配方法时,装配精度主要取决于工件的加工精度。互换法的实质就是通过控制零件的加工误差来保证产品的装配精度。

根据各件的互换程度的不同,互换法分为完全互换法(又称极值互换法)和大数互换法(又称概率互换法）。

1. 完全互换装配法

完全互换装配法是指机器中每个零件不需经过选择、修配和调节，装配后即可达到规定装配精度要求的一种装配方法。

采用完全互换装配法时，装配尺寸链采用极值法计算。即尺寸链各组成环公差之和应小于封闭环公差（即装配精度要求）

$$\sum_{i=1}^{n-1} T_i \leqslant T_0 \tag{6-1}$$

式中：T_0——封闭环公差；

T_i——第 i 个组成环公差；

n——尺寸链总环数。

进行装配尺寸链正计算，即已知组成环（相关零件）的公差，求封闭环的公差，可以校核按照给定的相关零件的公差进行完全互换式装配是否能满足相应的装配精度要求。

进行装配尺寸链反计算，即已知封闭环（装配精度）的公差 T_0，来分配各相关零件（各组成环）的公差 T_i 时，可以按照“等公差法”或“相同精度等级法”来进行。

“等公差法”是按各组成环公差相等的原则分配封闭环公差的方法，即假设各组成环公差相等，求出组成环平均公差 T_M

$$T_M = \frac{T_0}{n-1} \tag{6-2}$$

然后根据各组成环尺寸大小和加工难易程度，将其公差适当调整。但调整后的各组成环公差之和仍不得大于封闭环要求的公差。

在调整时可参照下列原则：

1）当组成环是标准件尺寸（如轴承环或弹性挡圈的厚度等）时，其公差值和分布位置在相应的标准中已有规定，为已定值。

2）当组成环是几个尺寸链的公共环时，其公差值和分布位置应由对其要求最严的那个尺寸链先行确定。而对其余尺寸链来说该环尺寸为已定值。

3）当分配待定的组成环公差时，一般可按经验视各环尺寸加工难易程度加以分配。如果尺寸相近，加工方法相同，则取其公差值相等；难加工或难测量的组成环，其公差可取较大值。

在确定各组成环极限偏差时，一般可按“入体原则”确定。即对相当于轴的被包容尺寸，按基轴制（h）决定其下极限偏差；对相当于孔的包容尺寸，按基孔制（H）决定其上极限偏差；而对孔中心距尺寸，按对称偏差即 $\pm\frac{T_i}{2}$ 选取。

必须指出，如有可能，应使组成环尺寸的公差值和分布位置符合国家标准 GB/T 1800.1—2020 关于公差、偏差和配合的规定，这样可以给生产组织工作带来一定的好处。例如，可以利用标准极限量规（卡规、塞规等）来测量尺寸。

显然，当各组成环都按上述原则确定其公差值和分布位置时，往往不能恰好满足封闭环的要求。因此，就需要选取一个组成环，其公差值和分布位置要经过计算确定，以便与其他组成环相协调，最后满足封闭环的公差值和分布位置的要求。这个组成环称为协调环。协调环应根据具体情况加以确定，一般应选用便于加工和可用通用量具测量的零件尺寸。

【例 6-1】 如图6-9所示装配关系，轴是固定的，齿轮在轴上回转，要求保证齿轮与挡圈之间的轴向间隙为0.10～0.35 mm。已知 $A_1=30$ mm、$A_2=5$ mm、$A_3=43$ mm、$A_4=3_{-0.05}^{\ 0}$ mm（标准件），$A_5=5$ mm。现采用完全互换法装配，试确定各组成环公差和极限偏差。

【解】

（1）画装配尺寸链，判断增、减环，校验各环公称尺寸

根据题意，轴向间隙为0.10～0.35 mm，则封闭环尺寸 $A_0=0_{+0.10}^{+0.35}$ mm，公差 $T_0=0.25$ mm。装配尺寸链如图6-10所示，尺寸链总环数 $n=6$，其中 A_3 为增环，A_1、A_2、A_4、A_5 为减环。封闭环的公称尺寸为

$$\begin{aligned}A_0&=A_3-(A_1+A_2+A_4+A_5)\\&=43\ \text{mm}-(30+5+3+5)\ \text{mm}\\&=0\ \text{mm}\end{aligned}$$

由计算可知，各组成环公称尺寸的已定数值是正确的。

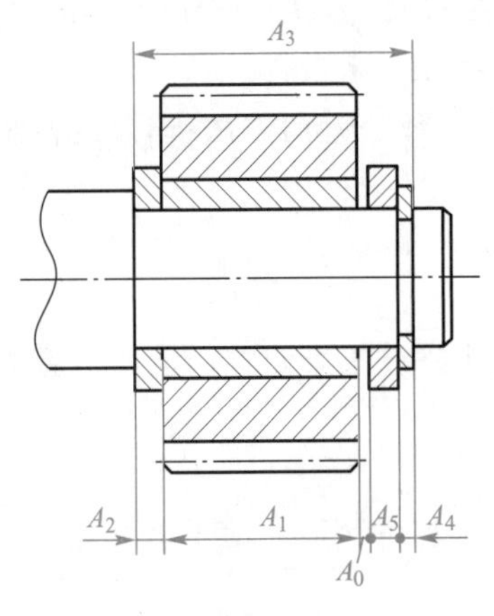

图6-9　齿轮与轴部件装配

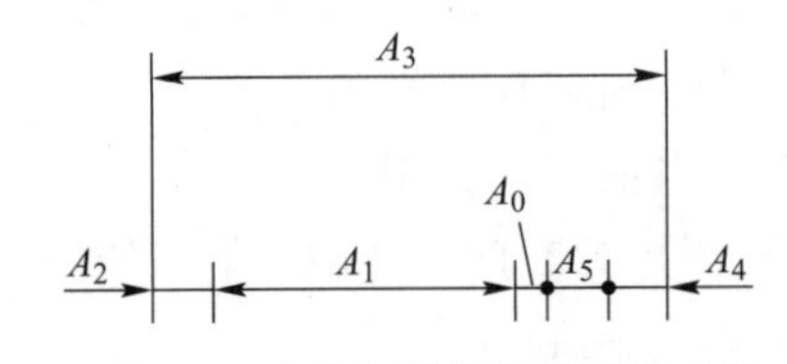

图6-10　齿轮与轴部件装配尺寸链

（2）确定协调环

A_5 是一个挡圈的厚度该挡圈易于加工，而且其尺寸可以用通用量具测量，因此选它作为协调环。

（3）确定各组成环公差和极限偏差

按照“等公差法”分配各组成环公差

$$T_M=\frac{T_0}{n-1}=\frac{0.25}{5}\ \text{mm}=0.05\ \text{mm}$$

参照国家标准 GB/T 1800.1—2020，并考虑各零件加工的难易程度，在各组成环平均极值公差 T_M 的基础上，对各组成环的公差进行合理的调整。

轴用挡圈是标准件，其尺寸为 $A_4=3_{-0.05}^{\ 0}$ mm。其余各组成环的公差按加工难易程度调整如下

$$A_1=30_{-0.06}^{\ 0}\ \text{mm},A_2=5_{-0.02}^{\ 0}\ \text{mm},A_3=43_{\ 0}^{+0.1}\ \text{mm}。$$

（4）计算协调环公差和极限偏差

协调环公差

$$T_5=T_0-(T_1+T_2+T_3+T_4)=[0.25-(0.06+0.02+0.1+0.05)]\ \text{mm}=0.02\ \text{mm}$$

协调环的下极限偏差

$$ES_0=ES_3-(EI_1+EI_2+EI_4+EI_5)$$

$$0.35=0.1-(-0.06-0.02-0.05+EI_5)$$

可求得:$EI_5=-0.12\ \text{mm}$

协调环的上极限偏差

$$ES_5=T_5+EI_5=[0.02+(-0.12)]\ \text{mm}=-0.10\ \text{mm}$$

因此,协调环的尺寸为 $A_5=5^{-0.10}_{-0.12}\ \text{mm}$。

最终得到各组成环尺寸和极限偏差为

$$A_1=30^{\ 0}_{-0.06}\ \text{mm},A_2=5^{\ 0}_{-0.02}\ \text{mm},A_3=43^{+0.1}_{\ 0}\ \text{mm},A_4=3^{\ 0}_{-0.05}\ \text{mm},A_5=5^{-0.10}_{-0.12}\ \text{mm}$$

完全互换装配方法的特点是:装配质量稳定可靠;装配过程简单、生产率高;易于实现装配机械化、自动化;便于组织流水作业和各零部件的协作与专业化生产;有利于产品的维护和各零、部件的更换。但当相关零件的数目较多,而装配精度要求又较高时,零件难以按经济精度加工。因此,这种装配方法常用于少环尺寸链或低精度的多环尺寸链的大批大量生产装配中。

2. 大数互换装配法

在绝大多数产品中,装配时各组成零件不需挑选或改变其大小、位置,装入后即能达到装配精度要求,这种方法称为大数互换装配法。这种方法的实质是放宽尺寸链各组成环的公差,以利于零件的经济加工。大数互换装配法的装配特点与完全互换装配法相同,但由于零件所规定的公差要比完全互换法所规定的大,会有极少可能使封闭环的公差超出规定的范围,从而产生极少量的不合格产品。

大数互换法是以概率论为理论根据的。在正常生产条件下加工零件时,零件获得极限尺寸的可能性是较小的,大多数零件的尺寸处于公差带范围的中间部分。而在装配时,各零、部件的误差恰好都处于极限尺寸的情况更为少见。因此,在尺寸链环数较多,封闭环精度又要求较高时,使用概率法计算更为合理。

概率法尺寸链计算公式已在5.6节中介绍。用概率法求解装配尺寸链的基本问题是合理确定各组成环的公差。根据式(5-22),若采用等公差分配原则,可求出组成环的平均公差为

$$T_M=\frac{T_0}{\sqrt{\sum_{i=1}^{n-1}k_i^2}} \tag{6-3}$$

式中,k_i——分布系数。

【例6-2】 仍以图6-9所示的装配关系为例,要求保证齿轮与挡圈之间的轴向间隙为0.10~0.35 mm。已知 $A_1=30\ \text{mm}$、$A_2=5\ \text{mm}$、$A_3=43\ \text{mm}$、$A_4=3^{\ 0}_{-0.05}\ \text{mm}$(标准件),$A_5=5\ \text{mm}$。现采用大数互换法装配,试确定各组成环公差和极限偏差。

【解】

(1) 画装配尺寸链,如图6-10所示,判断增、减环,校验各环公称尺寸

这一过程与例6-1相同,A_3 为增环,A_1、A_2、A_4、A_5 为减环。

(2) 确定协调环

考虑到尺寸 A_3 较难加工,希望其公差尽可能的大,故选用 A_3 作为协调环,最后确定其公差。

(3) 确定除协调环以外各组成环的公差和极限偏差

假定各组成环均接近正态分布(即 $k_i=1$),则按照“等公差法”分配各组成环公差,即

$$T_M=\frac{T_0}{\sqrt{n-1}}=\frac{0.25}{\sqrt{5}}\ \text{mm}\approx 0.11\ \text{mm}$$

参照国家标准 GB/T 1800.1—2020,并考虑各零件加工的难易程度,在各组成环平均公差 T_M 的基础上,对各组成环的公差进行合理的调整。

轴用挡圈是标准件,其尺寸为 $A_4=3_{-0.05}^{\ 0}$ mm;其余各组成环的公差 T_i 调整如下

$$T_1=0.14\ \text{mm},T_2=0.05\ \text{mm},T_4=0.05\ \text{mm},T_5=0.05\ \text{mm}$$

故取:$A_1=30_{-0.14}^{\ 0}$ mm,$A_2=5_{-0.05}^{\ 0}$ mm,$A_4=3_{-0.05}^{\ 0}$ mm,$A_5=5_{-0.05}^{\ 0}$ mm

(4) 计算协调环公差和极限偏差

1) 计算协调环公差(只舍不进):

$$\begin{aligned}T_3&=\sqrt{T_0^2-(T_1^2+T_2^2+T_4^5+T_5^2)}\\&=\sqrt{0.25^2-(0.14^2+0.05^2+0.05^2+0.05^2)}\ \text{mm}\\&\approx 0.18\ \text{mm}\end{aligned}$$

2) 计算各环平均尺寸,并求出协调环的平均尺寸。

$$A_{1M}=29.93\ \text{mm},A_{2M}=A_{5M}=4.975\ \text{mm},A_{4M}=2.975\ \text{mm},A_{0M}=0.225\ \text{mm}$$

由式(5-26)有:$A_{0M}=A_{3M}-(A_{1M}+A_{2M}+A_{4M}+A_{5M})$

可得:

$$\begin{aligned}A_{3M}&=A_{0M}+(A_{1M}+A_{2M}+A_{4M}+A_{5M})\\&=[0.225+(29.93+4.975+2.975+4.975)]\ \text{mm}\\&=43.08\ \text{mm}\end{aligned}$$

协调环尺寸和极限偏差是

$$A_3=\left(43.08\pm\frac{0.18}{2}\right)\ \text{mm}=43_{-0.01}^{+0.17}\ \text{mm}$$

最后,确定各组成环尺寸和极限偏差为

$$A_1=30_{-0.14}^{\ 0}\ \text{mm},A_2=5_{-0.05}^{\ 0}\ \text{mm},A_3=43_{-0.01}^{+0.17}\ \text{mm},A_4=3_{-0.05}^{\ 0}\ \text{mm},A_5=5_{-0.05}^{\ 0}\ \text{mm}$$

通过上面的两个例子可以看出,当封闭环公差一定时,用大数互换法可以扩大各组成环公差,从而降低加工费用。

6.3.2 选择装配法

选择装配法是指将尺寸链中组成环的公差放大到经济可行的程度,使零件可以比较经济地加工,然后选择合适的零件进行装配,以保证装配精度要求的方法。这种方法可以分为直接选择装配法、分组装配法和复合选择装配法等三种形式。

1. 直接选择装配法

直接选择装配法是由装配工人凭经验,直接挑选合适的零件进行装配,其优点是能达到很高的装配精度,缺点是装配精度依赖于装配工人的技术水平和经验、装配的时间不易控制,因此不宜用于生产节拍要求较严的大批大量生产中。

2. 分组装配法

分组装配法将产品各配合副的零件按实测尺寸分组,装配时按组进行互换装配以达到装配精度的方法。这种装配方法可以降低对组成环的加工精度要求,而不降低装配精度,但却增加了测量、分组和配套工作。当组成环数量较多时,这种工作就会变得复杂。因此,分组装配法适用于成批或大量生产中装配精度要求较高、尺寸链组成环很少的情况。

【例 6-3】 活塞销和活塞销孔的装配关系如图 6-11 所示。活塞销直径 d 与活塞销孔径 D 的公称尺寸为 $\phi28$ mm,按照装配技术要求,在冷态装配时应有 0.002 5 ~0.007 5 mm 的过盈量。若活塞销和活塞销孔的加工经济精度(活塞销采用精密无心磨加工,活塞销孔采用金刚镗加工)为 0.01 mm。现采用分组装配法进行装配,试确定活塞销孔与活塞销直径分组数目和分组尺寸。

【解】

1) 建立装配尺寸链　如图 6-12 所示。其中,A_0 为活塞销与活塞销孔配合的过盈量,是尺寸链的封闭环;A_1 为活塞销的直径尺寸;A_2 为活塞销孔的直径尺寸。且 A_1 和 A_2 是尺寸链的组成环。

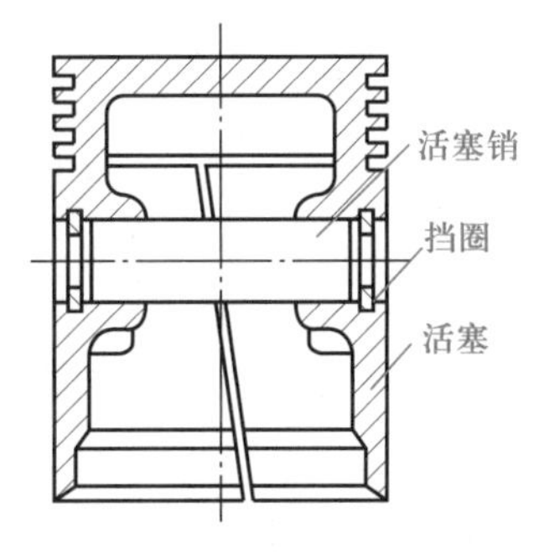

图 6-11　活塞与活塞销组件图

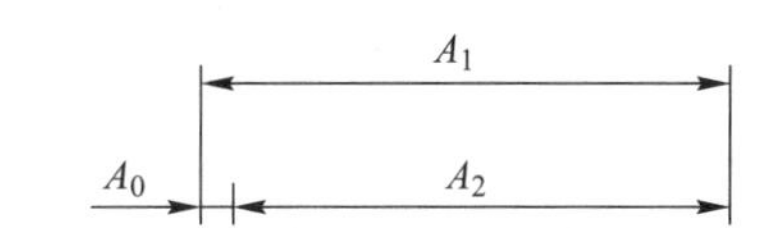

图 6-12　活塞销与活塞销孔装配尺寸链

2) 确定分组数　过盈量的公差为 0.005 mm,将其平均分配给组成环,得到公差 0.002 5 mm。而活塞销孔与活塞销直径的加工经济公差为 0.01 mm,即需将公差扩大 4 倍,于是可得到分组数为 4。

3) 确定分组尺寸　若活塞销直径尺寸定为

$$A_1=\phi28_{-0.01}^{\ \ 0}\ \text{mm}$$

将其分为 4 组,各组直径尺寸列于表 6-2 第 3 列中。

求解图 6-12 所示尺寸链,可得到活塞销孔与之对应的分组尺寸,其值列于表 6-2 第 4 列中。

表 6-2　活塞孔与活塞销直径分组尺寸

组别	标志颜色	活塞销直径	活塞销孔直径
Ⅰ	蓝	$\phi28_{-0.0025}^{\ \ 0}$ mm	$\phi28_{-0.0075}^{-0.005}$ mm
Ⅱ	红	$\phi28_{-0.005}^{-0.0025}$ mm	$\phi28_{-0.01}^{-0.0075}$ mm
Ⅲ	白	$\phi28_{-0.0075}^{-0.005}$ mm	$\phi28_{-0.0125}^{-0.01}$ mm
Ⅳ	黑	$\phi28_{-0.01}^{-0.0075}$ mm	$\phi28_{-0.015}^{-0.0125}$ mm

采用分组装配时应当注意以下几点:

1) 为保证分组后各组的配合性质和配合精度与原装配精度要求相同,应当使配合件的公差相等,公差增大的方向相同,增大的倍数应等于以后的分组数,如图6-13所示。

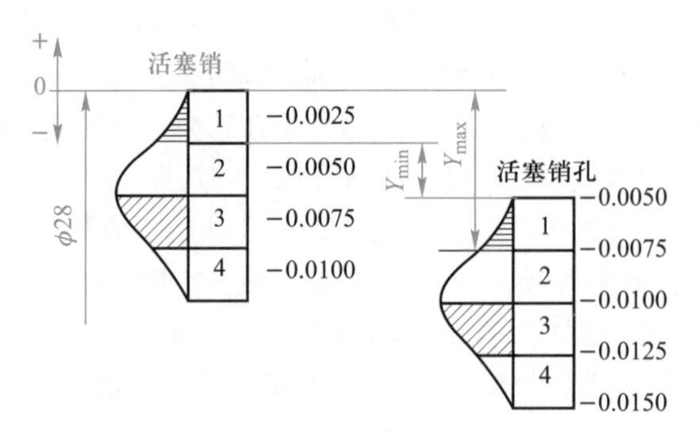

图6-13 活塞销与活塞销孔分组公差带位置图

2)配合件的形状精度和相互位置精度及表面粗糙度,不能随尺寸公差放大而放大,应与分组公差相适应,否则不能保证配合性质和配合精度要求。

3)分组数不宜过多,否则就会因零件测量、分类、保管工作量的增加造成生产组织工作复杂化。

4)制造零件时,应尽可能使各对应组零件的数量相等(参考图6-13),满足配套要求,否则会造成某些尺寸零件的积压浪费现象。

3. 复合选择装配法

复合选择装配法是分组装配法与直接选择装配法的复合,即零件加工后预先测量分组,装配时再在各对应组内由工人进行直接选配。这种装配方法的特点是配合件公差可以不相等,装配速度较快,能满足一定的生产节拍要求。发动机气缸与活塞的装配多采用这种方法。

6.3.3 修配装配法

1. 修配装配法基本原理

修配装配法是指在装配时修去指定零件上预留的修配量以达到装配精度的方法,简称修配法。

采用修配法时,尺寸链中各尺寸均按经济加工精度制造。在装配时,累积在封闭环上的总误差必然超出其公差。为了达到规定的装配精度,必须对尺寸链中指定的组成环零件进行修配,以补偿超差部分的误差,这个组成环叫做修配环,也称补偿环。

单件或成批生产中那些精度要求高、组成环数目又较多的部件适合于用修配法装配。

采用修配法装配时,首先应正确选定补偿环。作为补偿环的零件一般应满足以下要求:

1)易于修配并且装卸方便。

2)不是公共环。即作为补偿环的零件应当只与一项装配精度有关,而与其他装配精度无关。否则修配后,保证了一个尺寸链的装配精度,但又破坏了另一个尺寸链的装配精度。

3)不要求进行表面处理的零件,以免修配后破坏表面处理层。

2. 修配尺寸链计算

当补偿环选定后,求解装配尺寸链的主要问题是如何确定补偿环的尺寸和验算修配量是否合适。其计算方法一般采用极值法。

修配过程中,修配环对封闭环尺寸变化的影响有两种情况:修配后使封闭环尺寸变大或者使封闭环尺寸变小。用修配法解算装配尺寸链时,可分别根据这两种情况来进行计算。下面仅讨论补偿环被修配后封闭环尺寸变小情况,对封闭环变大的情况读者可依据同样的道理自行推出。

【例 6-4】 图 6-5 所示的普通车床装配时,要求尾架中心线比主轴中心线高 0 ~0.06 mm,已知:A_1=160 mm、A_2=30 mm、A_3=130 mm,现采用修配法装配,试确定各组成环公差及其分布。

【解】

1) 画装配尺寸链　如图 6-8b 所示,其中 A_0 是封闭环,A_1 是减环,A_2、A_3 为增环。按题意有:$A_0=0_{0}^{+0.06}$ mm。

若按完全互换法的极值公式计算各组成环平均公差,得

$$T_M=\frac{T_0}{n-1}=\frac{0.06}{3}\text{ mm}=0.02\text{ mm}$$

显然,各组成环公差太小,零件加工困难。所以在生产中,常按经济加工精度规定各组成环的公差,而在装配时采用修配法。

2) 选择补偿环　组成环 A_2 为尾座底板的厚度,底板装卸方便,其加工表面形状简单,便于修配(如刮、磨),故选定 A_2 为补偿环。

3) 确定各组成环的公差及极限偏差　A_1、A_3 可以采用镗模进行镗削加工,取经济公差 $T_1=T_3=0.1$ mm;A_2 底板因要修配,按半精刨加工,取经济公差 $T_2=0.15$ mm。除修配环以外各环的尺寸如下

$$A_1=(160\pm0.05)\text{ mm},\quad A_3=(130\pm0.05)\text{ mm}$$

按照上面确定的各尺寸公差加工组成环零件,装配时形成的封闭环公差为

$$T_0'=T_1+T_2+T_3=(0.1+0.15+0.1)\text{ mm}=0.35\text{ mm}$$

显然,这时公差超出了规定的装配精度,需要在装配时对补偿环零件进行修配。

4) 确定补偿环 A_2 的尺寸及偏差　从装配尺寸链中可以看出,修配底板 A_2 将使封闭环尺寸减小。若以 A_{00}表示修配前的封闭环实际尺寸,则修配后 A_{00}只会变小。故 A_{00}的最小值不能小于所要求封闭环 A_0 的最小值。根据题意,封闭环下极限偏差 $EI_0=0$ mm。

由式(5-15)得:$EI_{00}=(EI_2+EI_3)-ES_1=EI_0$

将已知数据代入:$(EI_2-0.05)-0.05=0$

可求出:$EI_2=0.1$ mm

于是可确定:$A_2=30_{+0.1}^{+0.25}$ mm

5) 核算修配量　按照上面确定的各组成环尺寸及极限偏差对零件进行加工,则在装配时所形成的封闭环极限偏差可由式(5-14)和式(5-15)求出:

$$ES_{00}=(ES_2+ES_3)-EI_1=[(0.25+0.05)-(-0.05)]\text{ mm}=0.35\text{ mm}$$

$$EI_{00}=(EI_2+EI_3)-ES_1=[(0.1-0.05)-0.05]\text{ mm}=0\text{ mm}$$

即此时的封闭环尺寸及极限偏差是 $A_{00}=0_{0}^{+0.35}$ mm,显然不满足题中所要求的装配精度 $A_0=0_{0}^{+0.06}$ mm,需要对补偿环进行修配。在这个例子当中,修配补偿环将使封闭环的尺寸变小,由图 6-14 可以看出,当封闭环获得下极限尺寸时,则不能再对补偿环进行修配,因此补偿环的最小修配量是 $F_{min}=0$ mm;而最大修配量 $F_{max}=(0.35-0.06)$ mm=0.29 mm。

由于补偿环零件 A_2 的修配表面对平面度和表面粗糙度有较高的要求,因此需要保证有最小

的修配量 $F_{min}=0.1$ mm，为此需要扩大补偿环零件的尺寸，即

$$A_2=30.1_{+0.1}^{+0.25}\ \text{mm}=30_{+0.2}^{+0.35}\ \text{mm}$$

此时，最大修配量为 $F_{max}=(0.29+0.1)$ mm$=0.39$ mm

最小修配量为 $F_{min}=0.1$ mm

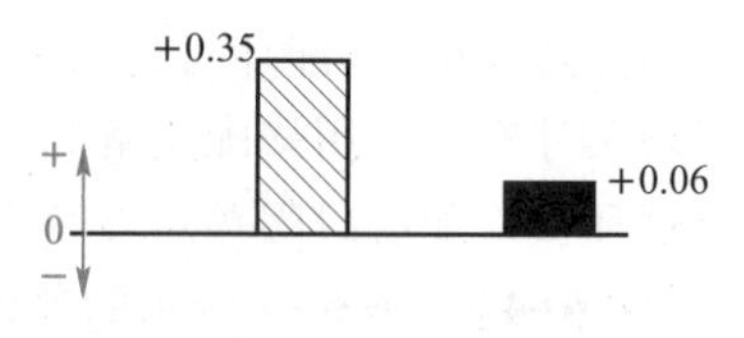

图 6-14 修配前实际形成的封闭环尺寸与装配精度要求公差带示意图

3. 修配方法

实际生产中，通过修配来达到装配精度的方法很多，但常见的有以下三种：

1）单件修配法 选择某一固定的零件作为修配件（即补偿环），装配时对该零件进行补充加工来改变其尺寸，以保证装配精度的要求。

2）套件加工修配法 将两个或更多的零件合并在一起后再进行加工修配，合并后的尺寸可以视为一个组成环，这就减少了装配尺寸链的环数，并且减少了修配的劳动量。以图 6-5 为例，尾座装配时，把尾座体和底板相配合的平面分别加工好，并配刮横向小导轨接合面，然后把两件装配成为一体，以底板的底面为定位基面，镗削加工套筒孔，这样就把 A_2、A_3 合并成为一个环，减少了一个组成环的公差，可以留给底板底面较小的刮研量。这种方法一般应用在单件小批生产的装配场合。

3）自身加工修配法 在机床制造中，有一些装配要求，总装时用自身加工自己的方法，来满足装配精度比较方便。例如，牛头刨床总装时，自刨工作台面，比较容易满足滑枕运动方向与工作台面平行度的要求。又比如，在转塔车床装配中，要求转塔上六个安装刀架孔的轴线必须保证和机床主轴回转轴线重合，而六个平面又必须和主轴轴线垂直。若将转塔作为单独零件加工出这些表面，在装配中达到上述两项要求是非常困难的。当采用自身加工修配法时，这些表面在装配前不进行精加工，而是在转塔零件装配到机床上以后，在主轴上装上镗杆，使镗刀旋转，转塔作纵向进给，依次精镗出转塔上的六个孔。再在主轴上装上一个能作径向进给的小刀架使刀具边旋转边作径向进给，依次加工出转塔的六个平面。这样，既保证了转塔安装孔与主轴轴线的同轴度，又保证了六个平面与主轴轴线的垂直度。自身加工修配法在机床制造中经常采用。

6.3.4 调整装配法

调整装配法是在装配时用改变产品中可调整零件的相对位置或选用合适的调整件以达到装配精度的方法。

调整装配法与修配装配法的实质相同，即各有关零件仍可按经济加工精度确定其公差，并且仍选定一个组成环为补偿环（也称调整件）。但在改变补偿环尺寸的方法上有所不同。修配法采用补充加工的方法去除补偿件上的金属层，而调整法则采用调整的方法改变补偿件的实际尺寸和位置，以补偿由于各组成环公差扩大后所产生的累积误差，从而保证装配精度要求。常见的调整法有以下三种：

1. 固定调整法

固定调整法是在装配尺寸链中，选择某一零件为调整件，根据各组成环所形成累积误差的大小来更换不同尺寸的调整件，以保证装配精度要求的方法。常用的调整件有轴套、垫片、垫圈等。

采用固定调节法的关键是确定调节件的分级和各级调节件的尺寸大小。

【例 6-5】 图 6-15 所示部件中，齿轮轴向间隙要求控制在 0.05～0.15 mm 范围内。若 A_1

和 A_2 的基本尺寸分别为 50 mm 和 45 mm，按加工经济精度确定 A_1 和 A_2 的公差分别为 0.15 mm 和 0.1 mm。试确定调节垫片 A_K 的厚度。

【解】 图 6-15a 的下方给出了齿轮装配尺寸链。在该尺寸链中，将"空位"尺寸（未装入调节件 A_K 时的轴向间隙，用 A_S 表示）视为中间变量，可将此尺寸链分解为两个尺寸链，分别如图 6-15b、c 所示。

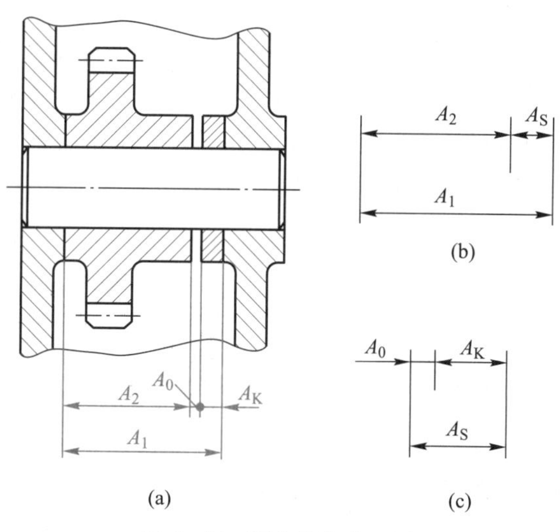

图 6-15 固定调节法示例

在图 6-15b 所示尺寸链中，A_1 和 A_2 是零件上的尺寸，在装配前已加工好，是尺寸链的组成环；A_S 是在装配中获得的，是尺寸链的封闭环。根据已知条件，并按入体原则标注偏差，有

$$A_1=50^{+0.15}_{0}\ \text{mm},\quad A_2=45^{0}_{-0.1}\ \text{mm}$$

由此可求出

$$A_S=5^{+0.25}_{0}\ \text{mm}$$

在图 6-15c 所示尺寸链中，A_0 是在装配中最后保证的，是尺寸链的封闭环；A_S 已由 A_1 和 A_2 所确定，是组成环；A_K 是加工保证的，也是组成环，为待求值。在尺寸链中，封闭环 A_0 的公差小于组成环 A_S 的公差，因此无论 A_K 为何值，均无法满足尺寸链公差关系式。为使 A_0 获得规定的公差，可将空位尺寸分成若干级，并使每一级空位尺寸的公差小于或等于轴向间隙（封闭环）公差与调节垫片厚度（组成环）公差之差，由此可确定出分级数 n，即

$$n\geqslant\frac{T_S}{T_0-T_K}\tag{6-4}$$

式中，T_S、T_0、T_K 分别为空位尺寸、封闭环尺寸、调节垫片厚度尺寸公差。

本例中已知：$T_0=0.1$ mm，$T_S=0.25$ mm，并假定 $T_K=0.03$ mm，代入上式得到

$$n\geqslant\frac{0.25}{0.1-0.03}=3.6$$

取 $n=4$。按计算所得的分级级数，将空位尺寸适当分级，即可确定调节件的各级尺寸。本例中，将空位尺寸 $A_S=5^{+0.25}_{0}$ mm 分为 4 级，各级尺寸分别为

$$A_{S1}=5^{+0.25}_{+0.18}\ \text{mm},A_{S2}=5^{+0.18}_{+0.12}\ \text{mm},A_{S3}=5^{+0.12}_{+0.06}\ \text{mm},A_{S4}=5^{+0.06}_{0}\ \text{mm}$$

再根据图 6-15c 所示尺寸链，可求出各级调节垫片厚度尺寸分别为

$$A_{K1}=5_{+0.1}^{+0.13}\ \text{mm}, A_{K2}=5_{+0.03}^{+0.07}\ \text{mm}, A_{K3}=5_{-0.03}^{+0.01}\ \text{mm}, A_{K4}=5_{-0.09}^{-0.05}\ \text{mm}$$

在批量大、精度高的装配中,调节件的分级级数可能很多,不便于管理。此时,可采用一定厚度的垫片与不同厚度的薄金属片组合的方法,构成不同尺寸,使调节工作更加方便。这种方法在汽车、拖拉机等生产中应用很广泛。

2. 可动调整法

可动调整法是采用改变调整件的位置来保证装配精度的方法。在机械产品的装配中,可动调整的方法很多,如图6-16所示是普通车床中可动调整的一些实例。图6-16a所示为通过调整套筒的轴向位置来保证齿轮的轴向间隙;图6-16b所示为机床横溜板采用转动中间螺钉使楔块上下移动来调整丝杠和螺母的轴向间隙;图6-16c所示为机床床头箱中用螺钉来调整轴承的间隙;图6-16d所示为车床小刀架溜板,用调整螺钉来调节镶条的位置,以达到导轨副的配合间隙要求。

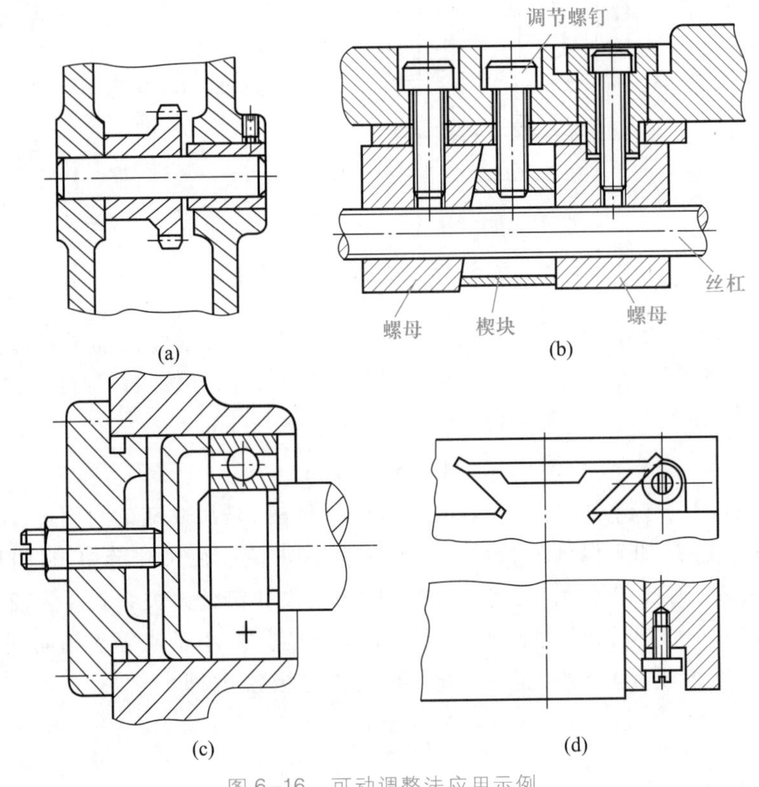

图6-16　可动调整法应用示例

可动调整法不仅装配方便,并可获得比较高的装配精度,而且也可以通过调整件来补偿由于磨损、热变形所引起的误差,使产品恢复原有的精度,所以在实际生产中应用较广泛。

3. 误差抵消调整法

误差抵消调整法是在产品或部件装配时,通过调整有关零件的相互位置,使其加工误差相互抵消一部分,以提高装配精度的方法。它在机床装配中应用较多,如在组装机床主轴时,通过调整前后轴承径向跳动的方向,来控制主轴锥孔的径向跳动;又如在滚齿机工作台分度蜗轮装配中,采用调整两者偏心方向来抵消误差以提高两者的同轴度。

以上介绍了互换装配法、选择装配法、修配装配法及调整装配法等保证装配精度的方法。一个产品(或部件)究竟采用哪一种装配方法来保证装配精度,应当根据产品的装配精度要求、部件(或产品)的结构特点、尺寸链的环数、生产批量及现场生产条件等因素进行综合考虑,确定一种最佳的装配方案。装配方法应该在产品设计阶段就首先确定,因为只有装配方法确定后,才能通过尺寸链解算,合理地确定出各个零、部件在加工和装配中的技术要求。

选择装配方法的一般原则为:首先应优先选择完全互换法,因为这种方法的装配工作简单、可靠、经济、生产率高以及零、部件具有互换性,能满足产品(或部件)成批大量生产的要求。当装配精度要求较高时,采用完全互换法装配会使零件的加工比较困难或很不经济,这时应该采用其他装配方法。在成批大量生产时,环数少的尺寸链可采用分组装配法,环数多的尺寸链采用大数互换装配法或调整法。单件小批生产时可采用修配装配法。若装配精度要求很高,不宜选择其他装配方法时,可采用修配装配法。

6.4 机器的自动装配

6.4.1 机器自动装配概述

1. 自动装配及其在现代机械制造业中的重要性

装配是一项复杂的生产过程,传统的机器装配工作占用的手工劳动量大,装配费用高,生产率低,与现代社会经济发展不相适应。据统计,机电产品的装配工作量,占整个产品制造工作量的20% ~70%,装配的费用占机器总成本的1/3 ~1/2。装配工人数占工人总数的比例则随着机械加工自动化程度的提高而增大,在一些机电产品的生产企业,装配工人数甚至超过机械加工工人的人数。即使在工业发达的国家,其装配工作的自动化程度也远远落后于毛坯制造及切削加工的自动化程度。所以,实现机器装配自动化,已成为提高整个机械制造系统的生产率、降低成本、稳定产品质量的关键环节。

此外,从提高装配精度的一致性,摆脱简单和繁重的手工装配劳动,以及避免恶劣或危险的装配环境等方面来考虑,都需要不断提高装配自动化的程度。

我国对自动装配技术的研究起步较晚,但近年来发展较快,已经陆续在汽车、摩托车、电动机等产品制造领域建立和引进了一些半自动、自动装配生产线,研制开发了各类装配工序半自动、自动装置,装配机器人技术也得到了快速的发展。但是总体上看,我国自行设计的自动装配线水平尚有待提高,机器的自动装配技术在我国有着很大的开发空间和应用潜力。

2. 实现机器装配自动化的条件

为保证机械产品自动装配技术先进,而又经济合理,通常需具备以下条件:

1) 实现自动装配的机械产品的结构和装配工艺应该保持一定的稳定性及先进性。

2) 采用的自动装配机或装配自动线应能确保机械产品的装配质量。

3) 所采用的装配工艺既应保证容易实现自动化装配,又应该保证自动装配的可靠性和稳定性。通常,应使装配过程按流水方式顺序地进行,尽量减少装配和运输过程中零件及部件的翻转和升降。

4) 产品的生产量应与自动化装配系统的特性相适应。即在采用相对固定的自动化装配系统时,生产纲领要足够大并保持稳定;对于多品种、中小批生产的产品,其自动装配系统应具有较大的柔性。

5）要求设计的机器产品及其零、部件具有良好的装配工艺性,以使自动装配容易实施。

3. 机器装配自动化的基本内容

机器装配工艺过程自动化的基本内容包括三个方面:装配过程的储运系统自动化、装配作业自动化和装配过程的信息流自动化。这三个方面自动化的程度高低及范围大小,常随生产规模的大小及产品复杂程度不同而有所不同。

(1）装配过程的储运系统自动化

装配过程的储运系统一般包括:装配的零、部件及产品出入库、运输和储存,主要工艺设备是自动化立体仓库、堆垛起重机、自动导航小车和搬运机器人等。

(2）装配作业自动化

装配作业自动化主要包括:产品或部件装配过程中零件的定向和定位自动化;零件装配动作的自动化;装配前后零件和相配件配合尺寸精度的检验及选配自动化;产品或部件装配质量的检验和试车自动化;产品的清洗、油漆、涂油和包装自动化等。

(3）装配过程的信息流自动化

装配过程的信息流自动化是指装配过程中的各种信息数据的收集、处理和传送自动化。它是使装配工艺过程按生产的需要协调地自动进行,使装配的机器数量和品种与市场的需要相协调,使零件的加工与自动装配和自动仓库的存取相协调所必需的。装配信息流自动化主要包括:市场预测和订货要求与生产计划间信息数据的汇集、处理和传送自动化;外购件和加工好的零件的存取及自动仓库的配套发放等管理信息流自动化;自动装配机(线)与自动运输、自动装卸机及自动仓库工作协调的信息流自动化;装配过程中的监测、统计、检查和计划调度的信息流自动化。

4. 自动装配系统的分类

自动装配系统必须具备三个功能:装配、传送和零件供应。特别是传送功能,是决定自动装配系统各个环节的重要因素,其形式有回转式、直进式、同步式、非同步式等。图6-17所示为同步传送与非同步传送示意图。其中同步传送要求各工位节拍一致,当一个工位发生故障时会影响整个系统。非同步传送则允许储存一部分工件,以调节各工位装配时间的差异,有较大的灵活性,常用于装配操作复杂、且包括手工工位的自动装配系统。

自动装配系统按主机的适用性可分为两大类:一是根据特定产品制造的专用自动装配系统,或专用自动装配线;二是具有一定柔性范围的程序控制的自动装配系统。

根据装配产品结构的复杂程度和装配工艺,专用自动装配系统又可分为固定顺序作业式多工位自动装配系统、利用装配机器人进行顺序作业的多工位自动装配系统、独立型单工位自动装配系统、多台固定式装配机器人或装配工具系统的装配中心,以及具有坐标型装配机器人的自动装配系统。

上述这些自动装配系统一般适应一种产品的装配,许多设施是刚性的,因此不适合产品的更换。在产品更新换代周期日趋缩短的今天,柔性装配系统(FAS)将能够较好地克服自动装配系统过于刚性的问题,因而也是当前自动装配技术中的一个热点技术。

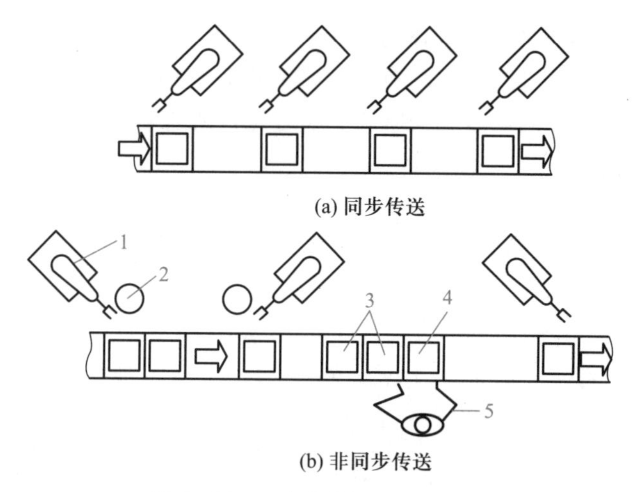

图 6-17　同步传送与非同步传送

1—机器人;2—料斗;3—存储的工件;4—装配的工件;5—操作者

FAS 通常有两个形式:一是模块积木式 FAS,另一个是以装配机器人为主体的可编程序 FAS。

图 6-18 所示为以装配中心为基础的模块式 FAS。装配中心是以通用或可编程装配机构、自动传输与存储装置、工夹具库以及计算机编程为基础建立起来的一种柔性装配单元,可以在一定范围内实现不同种类产品的装配。图中,工件在配套位置 *A* 将配套零件放在工件托盘 7 上,通过传送装置 4′依次送入三台装配中心 5′,顺序完成相应的装配工作。然后,经存储转送装置 1,转入传送装置 4,再送入三台装配中心 5,顺序完成后续装配工作。最后经传送装置 3,完成检验(*C* 位)和不合格品的处理(*D* 位)。

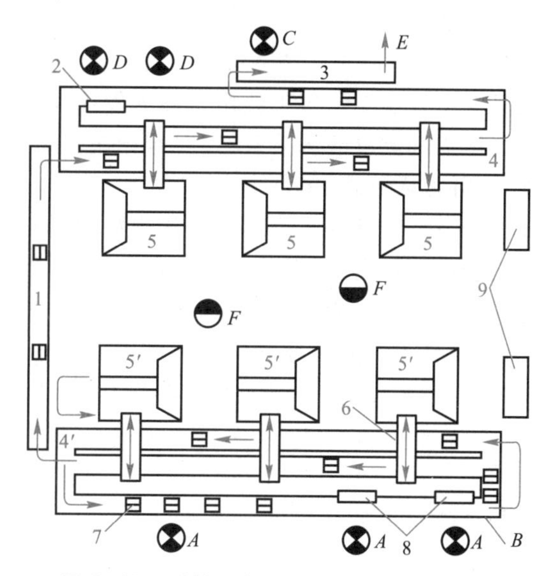

图 6-18　以装配中心为基础的模块式 FAS

A—工件配套位;*B*—输入位;*C*—检验位;*D*—返修位;*E*—输出位;
1—存储传送装置;2—通用装配装置;3、4、4′、6—工件传送装置;
5、5′—装配中心;7—工件托盘;8—工件收集站;9—传送装置控制器

图6-19所示为以装配机器人为主体的可编程序FAS。该系统由4台带有多用途抓取器的多关节机器人(图中3~6)、传送装置15、自动给料装置1和13、八工位回转式试验机7和自动包装设备10组成,可对15种不同型号的气体调节阀进行自动装配。

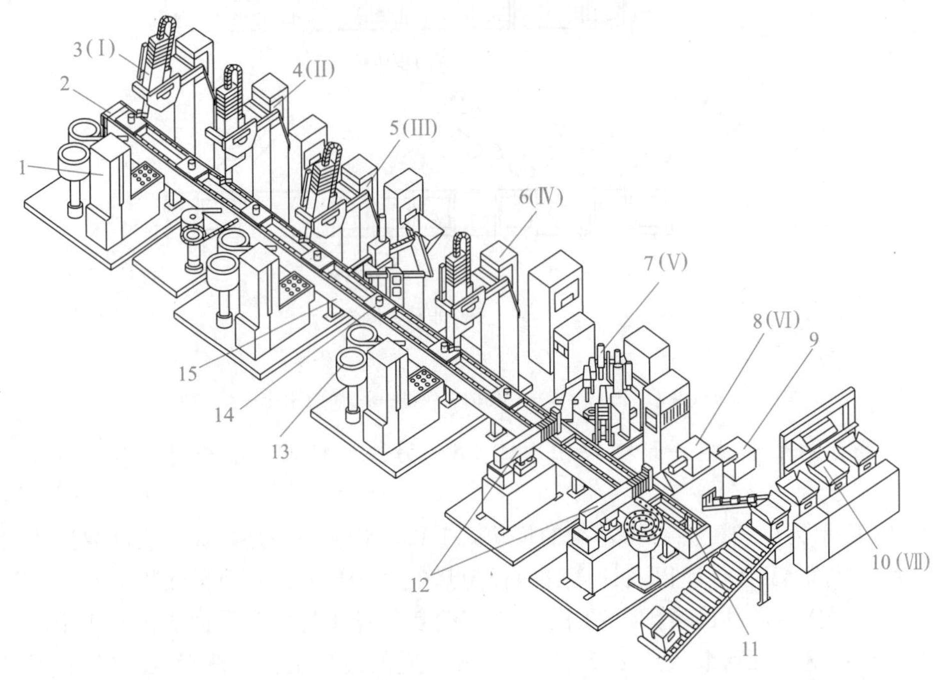

图6-19　气体调节阀柔性装配系统

1—料仓;2—夹具提升装置;3、4、5、6—机器人;7—八工位回转试验机;8—贴标签机;9—不合格品斗;10—包装机;11—夹具下降装置;12—气动机械手;13—振动料斗;14—随行夹具;15—传送装置

装配作业在四爪随行夹具中进行。Ⅰ~Ⅳ工位由机器人顺序完成全部装配工作;Ⅴ为检验工位,主要检查阀的内外泄漏、压力和流量的调节螺钉,并作记录;工位Ⅵ在阀盖上装安全帽;工位Ⅶ将合格调节阀装入尼龙袋,并放入纸箱。

随行夹具传送系统采用标准系列产品。小型零件采用电磁振动料斗给料,大膜片采用料仓给料,相应的机器人采用真空吸盘取料。弹簧则采用专用的特殊设计的给料装置。

该系统采用三级控制结构:工位控制、成组控制和管理控制。工位控制直接控制工位的各组成部分,包括该段的传输装置和机器人。成组控制采用局部网络对4台机器人实行集中监控并记录装配过程。管理控制负责整个系统的生产计划、设备监控、质量管理、运行记录和生产统计等。

6.4.2　装配作业的自动化

1. 机器自动装配作业的基本形式

常见的机器自动装配作业有多种形式,包括轴与孔的装配,螺钉的装入,铆、焊、黏接和卷褶连接。其中的铆、焊、黏接和卷褶连接作业,都比较容易实现自动化,目前已经成功地应用了各种自动机或自动装置来代替人完成这些工作。而轴、孔及螺纹的自动装配和连接,因对自动定向和定位有较高的要求,自动装配难度较大。下面着重对轴与孔、螺钉与螺孔的自动装配方法进行分析。

2. 轴、孔类零件的自动装配

轴、孔类零件的装配,实质是圆柱面配合的零件装配。因此,它包括轴与套(盘)类旋转体零件的装配,轴与箱体(壳体或板)类非旋转体零件的装配。为了保证轴能够自动地顺利装入孔中,要求轴和孔都能自动对中。既不能有过多的偏移量,也不能有过大的偏倾角。否则不能实现自动装配。

选择精度高的定位基准面和定位元件、定位误差小的定位方法对自动装配是至关重要的。尽管如此,按上述分析,也还是要求轴孔装配时准确地对中,这给自动装配机的制造增加了困难。为使轴孔装配时容易对中,可采用自寻中心的装入装置(图 6-20)。装配基件 10 装入夹具 13 后,借助于 X、Y 两方向上的电磁铁 1,使夹具在水平面内振动。支架 2 中的压杆 3,把零件轴 7 压在基件表面上,随着推杆 5 的下降,压缩弹簧 4,压杆压力增加,使夹具滑台摩擦力增大,滑台作近似椭圆轨迹的衰减振动。结果使基件中心逐渐逼近零件轴中心,直至重合装入。

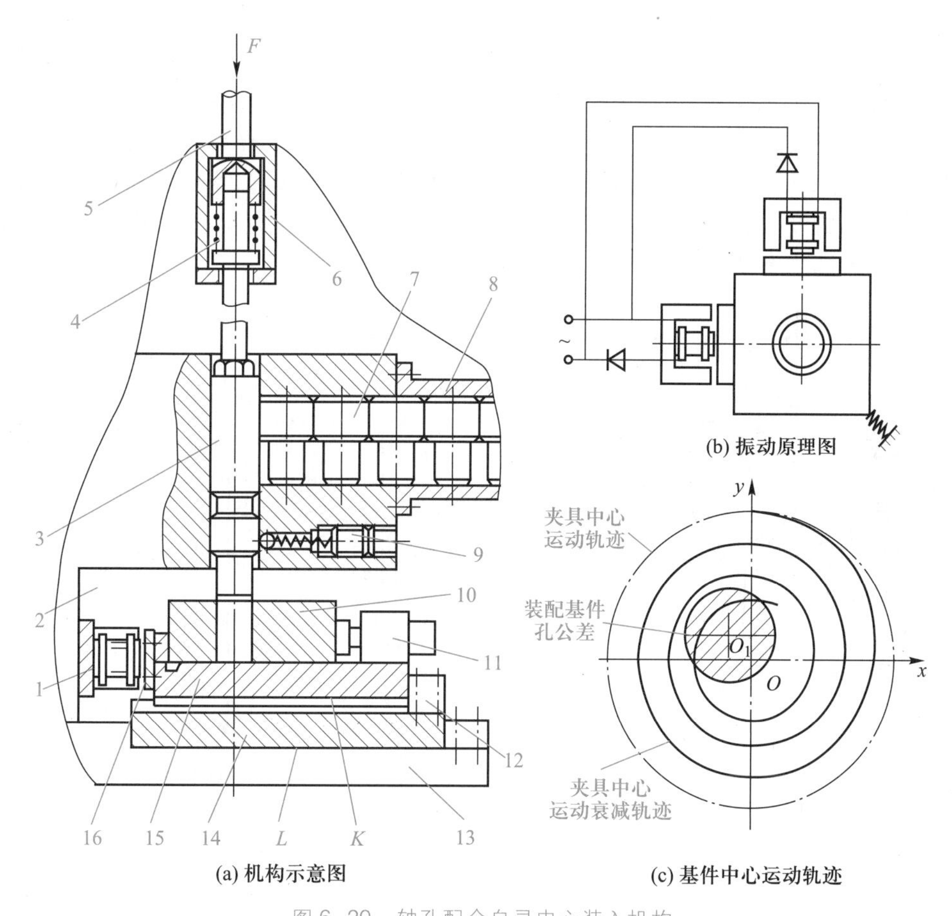

(a) 机构示意图

(b) 振动原理图

(c) 基件中心运动轨迹

图 6-20 轴孔配合自寻中心装入机构

1—电磁铁;2—支架;3—压杆;4—弹簧;5—推杆;6—套;7—装配零件;8—料道;9—擒纵器;10—装配基件;11—夹紧机构;12—挡铁;13—夹具;14、15—X、Y 坐标滑板;16—衔铁

3. 螺纹连接件的自动装配

螺纹连接件的自动装配作业内容包括：

1）将螺钉或螺母自动输送到装配位置，并且使其正确定向；

2）使螺钉或螺母自动找正中心；

3）将螺钉或螺母自动拧紧。

螺钉及螺母的自动输送和定向方法与一般自动送料的原理相同。在自动装配线上，常采用振动式送料装置来完成上述工作。在半自动装配时，常采用弹仓式输料管送料，定向工作由人来完成。

螺钉与螺孔的自动找正作业，在原理和方法上都与轴、孔类零件的自动找正相同。由于螺钉及螺母上都有倒角，所以对二者的偏移量及偏斜量要求略低于轴、孔类零件。近几年来，国外研制成功装配用的机器人，能够利用视觉和触觉装置，在计算机控制下自动找正螺孔中心，然后自动拧入。

图6-21所示为一螺钉自动拧紧装置。整个自动拧紧螺钉的装置可以制成一个独立部件，它的锥柄可装到自动装配机的转轴上，也可装在立式钻床上。锥柄经安全离合器及中间导管，与下面的直导管4中的螺丝刀相连。料斗的定向圆盘亦由锥柄传动，它使螺钉沿料斗周边的缝隙定向，然后送到料管口1，由隔料器2挡住。当主轴传动螺丝刀，将前一个螺钉拧入工件后，隔料器才放下一个螺钉，使其由导管3送入直导管4中。螺丝刀的工作过程与自动送入工件的原理如图6-22所示，其中，图6-22a所示为为螺丝刀向下准备工作，图6-22b所示为为正拧入前一个螺钉，图6-22c为螺丝刀退回并离开料管岔口时，第二个螺钉送至直导管4，然后拧紧器移向另一螺孔，准备拧入第二个螺钉。

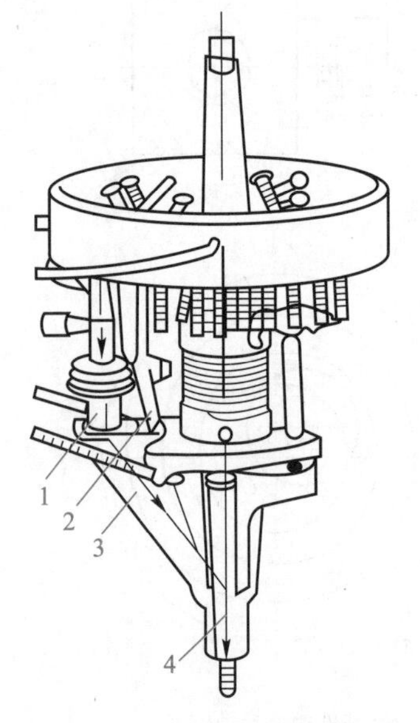

图6-21　自动拧紧螺钉的装置

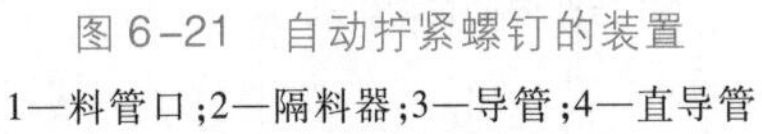
1—料管口；2—隔料器；3—导管；4—直导管

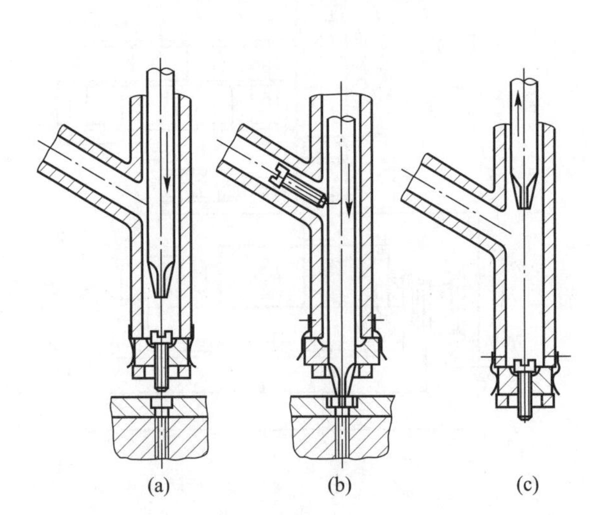

图6-22　螺钉拧入的过程

图6-23为一将螺母自动地由下向上拧到连杆上的螺母自动拧紧装置原理图。当连杆盖6合装在连杆体上，并从上面装入螺栓8后，从输料槽2送来的螺母，由推料杆1送入主轴5的内

六角孔中,并用卡簧3及钢球4挡住螺母。然后,主轴5边旋转边上升,将螺母逐个拧在螺栓8上。

6.4.3 自动装配工艺过程设计

自动装配工艺过程设计与手工装配工艺过程设计基本原理与方法相同,但需充分注意自动装配的特点(如适应性差、装配工作严格按程序和节拍进行等),因而考虑问题要更细致和更周全。在进行自动装配工艺过程设计时一般要注意以下几方面的问题。

1. 自动装配工艺过程设计与产品设计

每种产品的设计与装配工艺都有其内在联系。欲实现自动装配,在产品设计时就应予以充分考虑。自动装配条件下对零、部件结构工艺性的基本要求是便于自动供料、便于零件自动输送和便于自动装配作业。具体要求可参考表1-1。

2. 自动装配工艺过程设计与自动装配系统设计

自动装配工艺过程设计往往和自动装配系统设计紧密联系,不可分割。一般情况下,先进行自动装配工艺过程总体设计,然后进行自动装配系统总体设计,最后进行自动装配工艺过程详细设计和自动装配系统的详细设计。实际上,在进行自动装配工艺过程总体设计和详细设计时,必须从装配自动化的观点对产品及其零部件的结构特点进行分析,并根据生产率的要求,构思自动装配线的总体结构形式和具体详细结构,科学地确定基准件及其沿装配工位的移动,合理地选择(或设计)全部装配件的装料、供料、定向装置,详细规定所有装配环节和装配工序的顺序等。而在装配系统设计过程中,还常常需要根据具体设计情况和反馈信息,对已制订的装配工艺规程进行必要的调整和修改,以使所制订的自动装配工艺过程能很好地与自动装配系统相适应。

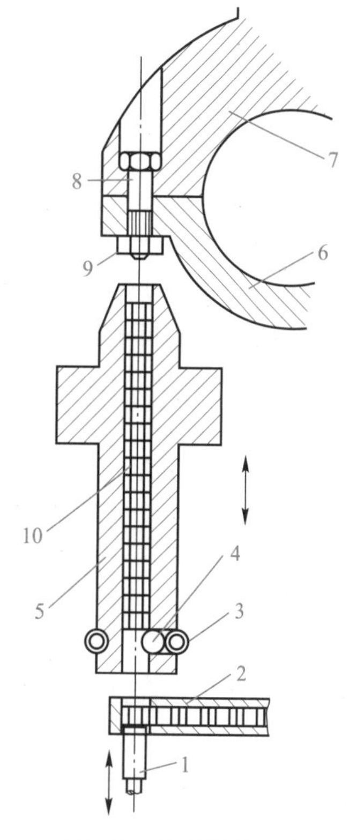

图6-23 连杆螺母自动拧紧工作原理

1—推料杆;2—输料槽;3—卡簧;4—钢球;5—主轴;6—连杆盖;7—连杆体;8—螺栓;9、10—螺母

在设计自动装配工艺过程与自动装配系统时,应进行技术经济分析,以确定是否采用自动装配工艺,以及采用何种自动化程度的装配工艺。其基本方法是列举多个可行的装配方案和装配系统,估算各种方案和系统的总费用,通过比较从中择优。

3. 装配工作节拍与装配系统平衡

自动装配系统需根据要求的生产率确定系统的工作节拍,按工作节拍要求确定给料装置和传送装置的类型、数量和进给率等,并尽可能使选用的设备和装置有较高的利用率。在划分装配工位时,则要着重考虑自动装配线的平衡问题,尽量使各工位(工序)的装配作业时间相同或相近,以避免出现“等待”或零件“堆积”失衡。为此,需对装配作业进行仔细分解,形成最小装配元,再根据装配作业的优先约束和位置约束等,按一定的规则和算法合理划分工位(工序)和规划工位(工序)顺序。目前,已有一些成熟的算法,可供平衡装配线时使用。

4. 装配基础件与装配基准面的选择

自动装配中基础件的选择原则与人工装配相同,首先要求保证定位准确、可靠。由于自动装配中装配基础件通常需要在传送装置上自动传送，因此为保证在每个装配工位上准确定位，应尽量避免或减少装配中基础件位置的变动（如翻转、升降等）和重新定位。必要时，可采用通用或专用随行夹具，协助实现基础件的准确定位。

装配基准面通常选择精加工面或面积较大的配合面，在使用随行夹具时还应考虑夹具所必需的装夹面和导向面。

5. 装配零件的分组、定向和隔离

在自动装配线中若采用分组选配法进行装配，通常的做法是把相配件中的一种零件自动分组。装配时，根据对另一相配件配合尺寸自动检测的结果，来选择相应组的配合件，然后再进行自动装配。如滚动轴承的内外圈与滚珠（柱）的自动装配，就是采用这种工艺。经合理分组后的零件采用相应的料斗装置可实现多数装配件的自动供料。

对于形状规则的多数装配件实现自动供料和自动定向并不困难，但对于少数形状复杂且不易实现自动定向的关键零件，为不使自动定向机构或装置过于复杂及防止误动作，可以采取半自动或手动装入方法。

对于诸如弹簧、纸箔垫片等容易缠绕或粘连的零件，需要采取定量隔离措施或间歇供给方式，以免相互缠绕。

6.4.4　提高装配自动化水平的途径

（1）改进产品设计

一些产品不适应自动装配的原因，并非在于自动装配技术本身，而是由于产品结构设计不合理。对于自动装配，努力改善产品和零、部件结构工艺性具有特殊的意义，这将有助于实现产品装配过程的自动定向、给料、装配和检验。此外，具有准确的给料位置也是自动装配成功的关键。

（2）提高装配工艺的通用性

装备的模块化对调整生产线的工位（生产能力）会带来极大的方便，可以快速增加、减少或更换工位，使之适应类似产品的多品种生产。灵巧地随行夹具有助于各道装配工序的精确定位和控制。

（3）发展和使用装配机器人和装配中心

目前，利用光学、触觉等传感器和微处理机控制技术，已经使机械手的重复定位精度达到±0.2 mm，可根据装配间隙和零件表面温度等因素，自动调整位置，使零件顺利装入。装配机器人将是未来自动装配系统，特别是FAS重要的工具。不断开发廉价的装配机器人或机械手，是提高装配自动化水平的一个重要途径。

（4）柔性装配系统的应用

对于批量生产规模不是很大或产品的局部结构需要根据市场需求经常变动的批量生产规模的装配作业，采用柔性装配系统（FAS）将可以较好地实现高效、经济生产。

（5）人的因素必须考虑

人始终是保证产品质量的主要因素之一。对于技术要求较高、控制因素较多的装配作业，根据具体情况，保留局部的人工操作来弥补当前自动化水平的不足，既机动灵活，又可降低成本。

另外，不断改进装配系统中各个细小环节和附属工作，重视各种元件和传感器的可靠性，增加较短使用寿命子系统的冗余度等，也是提高装配自动化水平的重要方面。

本章学习提要

机器装配是整个机器制造工艺过程中的最后一个环节，它包括装配、调整、检验和试验等工作。装配工作十分重要，装配质量在很大程度上决定了机器的最终质量。

本章首先对装配工艺过程和不同生产类型使用的装配方法进行概括说明，然后重点讨论保证装配精度的工艺方法，最后对机器的自动装配进行简要介绍。

学习本章应重点掌握各种装配方法的实质、特点和使用范围，学会装配尺寸链的建立方法，并能熟练运用极值法、概率法计算装配尺寸链。此外，对制订机器装配工艺规程的方法和机器装配自动化的主要问题也应有所了解。

主要术语

机器装配	套件	组件	部件
装配工艺系统图	装配工艺规程	装配精度	装配尺寸链
最短路线原则	互换装配法	选择装配法	修配装配法
调整装配法	自动装配系统		

习题与思考题

6-1 试述制订装配工艺规程的意义、内容、方法和步骤。

6-2 什么是装配工艺系统图？试画出图6-1所示谐波减速器输出轴（柔轮）组件的装配工艺系统图。

6-3 装配精度一般包括哪些内容？装配精度与零件的加工精度有何区别，它们之间又有何关系？试举例说明。

6-4 保证机器或部件装配精度的方法有哪几种？各适用于什么装配场合？

6-5 图6-24所示为车床尾座套筒装配图，各组成零件的尺寸已标注在图上，试分别用完全互换法和大数互换法计算装配后螺母在顶尖套筒内的轴向窜动量。

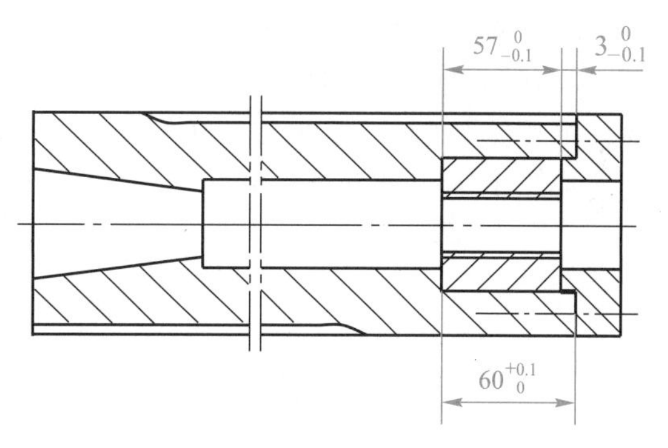

图6-24 题6-5图

6-6 有一轴和孔配合间隙要求为0.07～0.24 mm，零件加工后经测量得孔的尺寸分散为$\phi 65^{+0.19}_{\ 0}$ mm，轴的尺寸分散为$\phi 65^{\ 0}_{-0.12}$ mm，若零件尺寸分布为正态分布，现用大数互换法进行装配，试计算可能产生的废品率是多少？

6-7 图6-25所示为双联转子泵的轴向装配关系图。要求在冷态情况下轴向间隙为0.05～0.15 mm。已知：$A_1=41$ mm，$A_2=A_4=17$ mm，$A_3=7$ mm。分别采用完全互换法和大数互换法装配时，试确定各组成零件的公差和极限偏差。

6-8 某阀体装配，要求保证配合间隙为0.003～0.009 mm。若按互换法装配，则阀杆直径应为$\phi 25^{\ 0}_{-0.003}$ mm，阀套孔直径应为$\phi 25^{+0.006}_{+0.003}$ mm。因精度高而难于加工，现将轴、孔制造公差都扩大到0.015 mm，采用分组装配法来达到要求。试确定分组数和两零件直径尺寸的极限偏差，并用公差带位置图表示出零件各组尺寸的配合关系。

6-9　某轴与孔的设计配合为 $\phi10\,\frac{H5}{h5}$，为降低加工成本，两件按 $\phi10\,\frac{H9}{h9}$ 制造。当采用分组装配法时，试：

1）计算分组数和每一组的尺寸及其极限偏差；

2）若加工 1 000 套，且孔与轴的实际尺寸分布都符合正态分布规律，求每一组孔与轴的零件数。

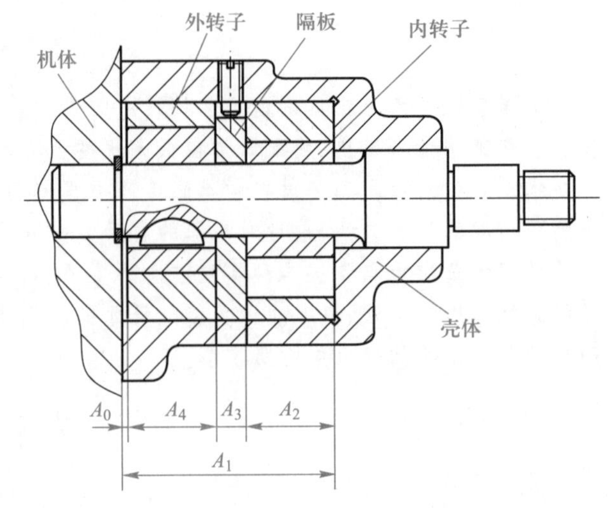

图 6-25　题 6-7 图

6-10　图 6-26 所示为键与键槽的装配关系。已知：$A_1=20$ mm，$A_2=20$ mm，要求配合间隙 0.08～0.15 mm 时，试求解：

1）当大批大量生产时，采用互换法装配时，各零件的尺寸及其极限偏差。

2）当小批量生产时，$A_2=20^{+0.13}_{\ 0}$ mm，$T_1=0.052$ mm。采用修配法装配，试选择修配件；并计算在最小修配量为零时，修配件的尺寸和极限偏差及最大修配量。

3）当最小修配量 $F_{\min}=0.05$ mm 时，试确定修配件的尺寸和偏差及最大修配量。

6-11　图 6-27 为某卧式组合机床的钻模简图。装配要求定位面到钻套孔中心线距离为 (110 ± 0.03) mm，现用修配法来解此装配链，选取修配件为定位支承板 $A_3=12$ mm，$T_3=0.02$ mm。已知：$A_2=28$ mm，$T_2=0.08$ mm，$A_1=(150\pm0.05)$ mm，钻套内孔与外圆同轴度为 $\phi0.02$ mm，根据生产要求定位板上的最小修磨量为 0.1 mm，最大修磨量不得超过 0.3 mm。试确定修配件的尺寸和偏差以及 A_2 的尺寸和极限偏差。

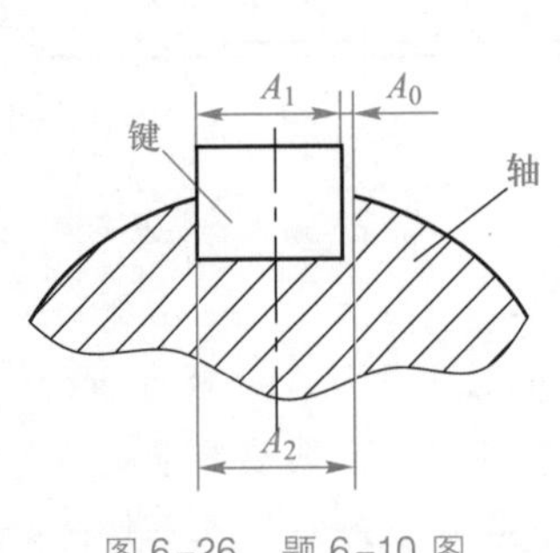

图 6-26　题 6-10 图

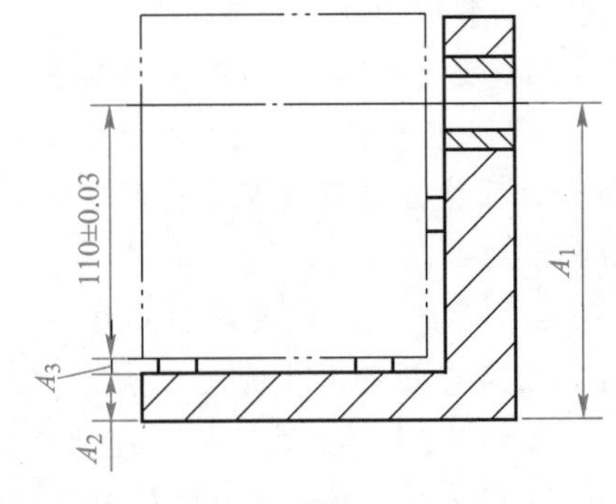

图 6-27　题 6-11 图

6-12　试举例说明自动装配条件下的零件结构工艺性。

6-13　自动装配工艺过程设计时应注意哪些问题？

6-14　试说明自动装配的意义和提高装配自动化水平的途径。

第7章　机械制造技术的发展

学习目标

1）了解非传统加工方法特点，电火花加工、激光加工、超声波加工、增材制造的工作原理和应用。

2）了解精密与超精密加工的概念和特点、金刚石超精密车削加工特点及应用，超硬磨料精密磨削特点及关键技术、离子束加工特点及应用、纳米技术内涵和扫描电镜工作原理、微机电系统。

3）了解机械制造自动化技术及机械制造自动化的发展趋势，了解智能制造。

7.1　非传统加工方法

7.1.1　非传统加工方法概述

非传统加工又称特种加工，是第二次世界大战后发展起来的一类有别于传统切削与磨削的加工方法的总称。非传统加工方法将电、磁、声、光等物理量及化学能量或其组合直接施加在工件被加工的部位上，从而使材料被去除、累加、变形或改变性能等。非传统加工方法可以完成传统加工方法难以实现的加工，如高强度、高韧性、高硬度、高脆性、耐高温材料和工程陶瓷、磁性材料等难加工材料的加工以及精密、微细、复杂形状零件的加工等。

非传统加工方法的种类很多，根据加工机理和所采用的能源，可以分为以下几类（参见图7-1）。

1）产生机械变化过程的加工方法　应用机械能来进行加工，如超声加工、水喷射加工等。

2）产生热过程的加工方法　利用电能、高能束等转化为热能进行局部熔化加工，如电火花成形加工、电火花线切割加工、激光束加工、电子束加工、离子束加工等。

3）产生化学过程的加工方法　利用化学能或光能转换为化学能来进行加工，如化学铣削和化学刻蚀（光刻加工），以及利用电能转换为化学能进行加工，如电解加工、电解磨削、电镀、刷镀、镀膜、电铸等。

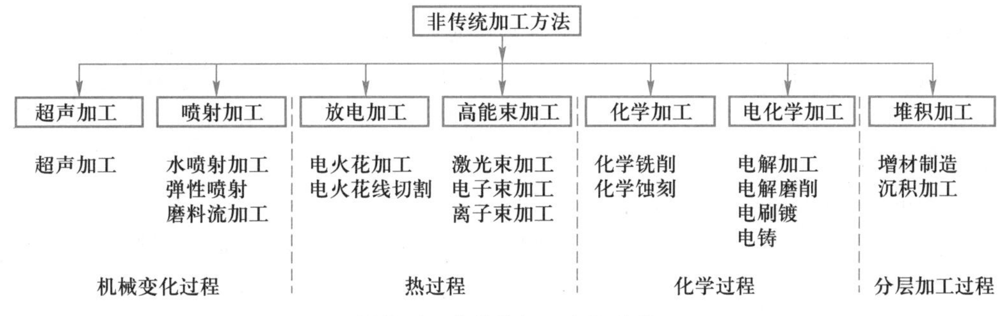

图7-1　非传统加工方法分类

4）分层加工方法　有别于传统的加工成形机理，属于增材制造，如快速原型制造、沉积加工等。

与传统切削、磨削加工方法相比，非传统加工方法具有以下特点：

1）非传统加工方法不是主要依靠机械能，而主要是用其他能量（如电能、光能、声能、热能、化学能等）去除材料。

2）传统切削与磨削方法要求：① 刀具的硬度必须大于工件的硬度，即要求“以硬切软”；② 刀具与工件必须有一定的强度和刚度，以承受切削过程中的切削力。而非传统加工方法由于工具不受显著切削力的作用，对工具和工件的强度、硬度和刚度均没有严格要求。

3）采用非传统加工方法加工时，由于没有明显的切削力作用，一般不会产生加工硬化现象。又由于工件加工部位变形小，发热少，或发热仅局限于工件表层加工部位很小的区域内，工件热变形小，由加工产生的应力也小，易于获得好的加工质量，且可在一次安装中完成工件的粗、精加工。

4）加工中能量易于转换和控制，有利于保证加工精度和提高加工效率。

5）非传统加工方法的材料去除速度，一般低于常规加工方法，这也是目前常规加工方法在机械加工中仍占主导地位的主要原因。

7.1.2　产生机械变化过程的加工方法

1. 超声加工

（1）超声加工工作原理

图7-2为超声加工原理图。超声发生器将工频交流电能转变为有一定功率输出的超声频电振荡，通过换能器将超声频电振荡转变为超声机械振动。此时振幅一般较小，再通过振幅扩大棒（变幅杆），使固定在变幅杆端部的工具振幅增大到0.01～0.15 mm。利用工具端面的超声（16～25 kHz）振动，使工作液（普通水）中的悬浮磨粒（碳化硅、氧化铝、碳化硼或金刚石粉）对工件表面产生撞击抛磨，实现加工。

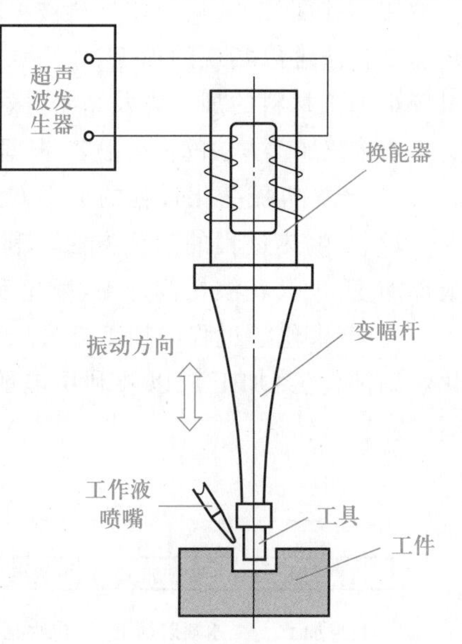

图7-2　超声加工原理图

（2）超声加工的特点及应用

1）适用于加工各种脆性金属材料和非金属材料，如玻璃、陶瓷、半导体、宝石、金刚石等。

2）可加工各种复杂形状的型孔、型腔、型面。

3）被加工表面无残余应力，无破坏层，加工精度较高，尺寸精度可达0.01～0.05 mm。

4）加工过程受力小，热影响小，可加工薄壁、薄片等易变形零件。

5）单纯的超声加工，加工效率较低。采用超声复合加工（如超声车削，超声磨削，超声电解加工，超声线切割等），可显著提高加工效率。

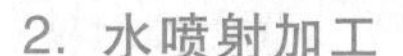

2. 水喷射加工

水喷射加工又称水射流加工或水刀加工，它是利用超高压水射流及混合于其中的磨料对材料进行切割、穿孔和表面材料去除等加工。其加工机理是综合了由超高速液流冲击产生的穿透割裂作用和由悬浮于液流中磨料的游离磨削作用。水喷射加工装置由下列五部分组成，包括超高压水射流发生器、磨料混合和液流处理装置、喷嘴、数控的三维切割机床和外围设备。其结构示意图见图 7-3。

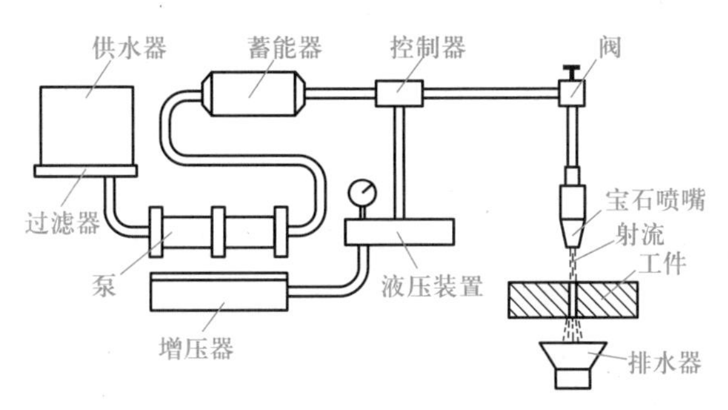

图 7-3 水喷射加工装置示意图

水喷射加工具有如下特点：

1）可加工各种金属和非金属材料。

2）切口平整，无毛边和飞刺。可用于去除阀体、孔缘、沟槽、螺纹、交叉孔的毛刺。

3）切削时无火花，无热效应产生，也不会引起工件材料组织变化，适合于易燃易爆物件加工。加工洁净，不产生烟尘或有毒气体。

7.1.3 产生热过程的加工方法

1. 电火花加工

（1）电火花加工工作原理与工作要素

电火花加工利用工具电极与工件电极之间的火花放电，产生瞬时高温将金属熔化蚀除，如图 7-4 所示。电火花加工过程可分为以下四个阶段：

1）介质电离、被击穿，形成放电通路；

2）形成火花放电，工件电极材料产生熔化、气化、热膨胀；

3）抛出蚀除物；

4）间隙介质消电离（恢复绝缘状态）。

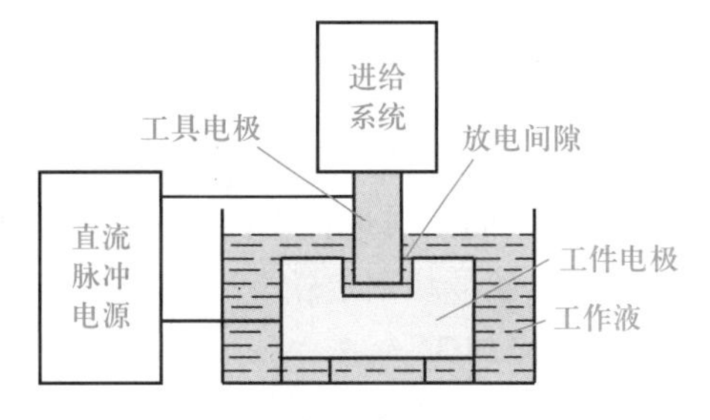

图 7-4 电火花加工原理图

电火花加工的工作要素包括电极材料、工作液、放电间隙、脉冲宽度与间隔等。对工具电极的基本要求是导电、损耗小、易加工。常用的工具电极材料有紫铜、石墨、铸铁、钢、黄铜等，其中又以紫铜和石墨最为常用。工作液是电火花加工中必不可少的介质，其主要功用是压缩放电通道区域，提高放电能量密度和加速蚀除物的排出。常用的工作液有煤油、机油、去离子水、乳化液等。合理的放电间隙是保证火花放电的必要条件。为保持适当的放电间隙，在加工过程中，需采用自动调节器控制机床进给系统，并带动工具电极缓慢向工件进给。

在电火花加工中，不仅工件被蚀除，而且工具电极也会蚀除。但阳极和阴极的蚀除速度不同,这种现象称为"极效应"。将工件接阳极,称为正极性加工;工件接阴极为负极性加工。在脉冲放电初期,由于电子质量轻,惯性小,很快获得高速度轰击阳极,因而阳极蚀除量大于阴极;随放电时间增加,离子获得较高速度,由于离子质量大,轰击阴极动能较大,使阴极蚀除量大于阳极。控制脉冲宽度,就可以控制两极蚀除量大小。短脉冲时,选正极性加工,适合于精加工;长脉冲时,选负极性加工,适合于粗加工和半精加工。

(2) 电火花加工特点与应用

电火花加工具有如下特点:

1) 电火花加工不受加工材料硬度限制,可加工任何硬、脆、韧、软的导电材料。

2) 加工时无显著作用力,发热小(发热仅局限于放电区极小范围内),适合于加工小孔、薄壁、窄槽、型面、型腔及曲线孔等,且加工质量好。精加工时,加工尺寸精度可达 0.005 ~ 0.001 mm,表面粗糙度 Ra 值可达 0.1 ~ 0.05 μm。

3) 脉冲参数调整方便,可一次安装完成粗、精加工。

4) 易于实现自动化。

目前,实际应用的电火花加工主要有两种类型,即电火花成形加工和电火花线切割。

1) 电火花成形加工　主要指孔加工和型腔加工(图 7-4)。电火花打孔常用于加工冷冲模、拉丝模、喷嘴、喷丝孔等。型腔加工包括锻模、压铸模、挤压模、塑料模等型腔加工,以及叶轮、叶片等曲面加工。

2) 电火花线切割　用连续移动的钼丝(或铜丝)作工具阴极,工件为阳极。机床工作台带动工件在水平面内作两个垂直方向的移动,可切割出二维图形(图 7-5)。丝架也可作小角度摆动,可切割出斜面。电火花线切割广泛用于加工各种硬质合金和淬硬钢的冲模、样板、各种形状复杂的板类零件、窄缝、栅网等。

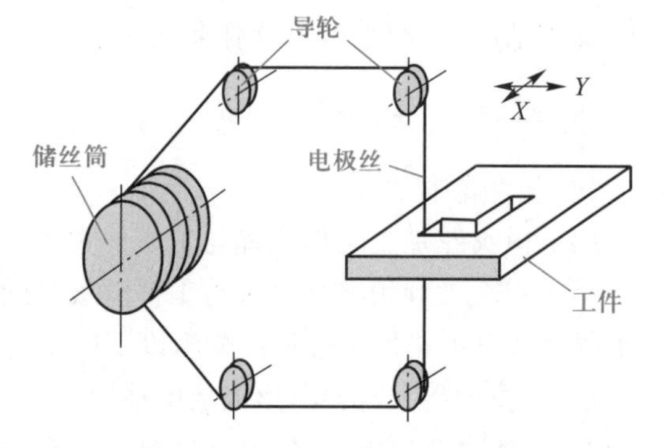

图 7-5　电火花线切割原理图

电火花线切割加工按走丝速度可分为快走丝和慢走丝两种类型。快走丝速度一般为 10 m/s 左右,电极丝可往复移动,并可以循环反复使用(使用一段时间后需进行更换)。慢走丝速度通常为 2 ~ 8 m/min,为单向运动,电极丝为一次性使用。慢走丝线切割走丝平稳,无振动,电极丝损耗小,加工精度高。

2. 激光加工

(1) 激光加工工作原理

激光是一种受激辐射而得到的加强光。其基本特征是:① 强度高,亮度大;② 波长频率确定,单色性好;③ 相干性好,相干长度长;④ 方向性好,几乎是一束平行光。

激光加工工作原理如图 7-6 所示。由激光器发出的激光,经光学系统聚焦后,照射到工件表面上,光能被吸收,转化为热能,使照射斑点处局部区域温度迅速升高,此处材料被熔化、气化而形成小坑。由于热扩散,使斑点周围材料熔化,小坑内材料蒸气迅速膨胀,产生微型爆炸,将熔融物高速喷出并产生一个方向性很强的反冲击波,于是在加工表面上打出一个上大下小的孔。

(2) 激光加工的特点及应用

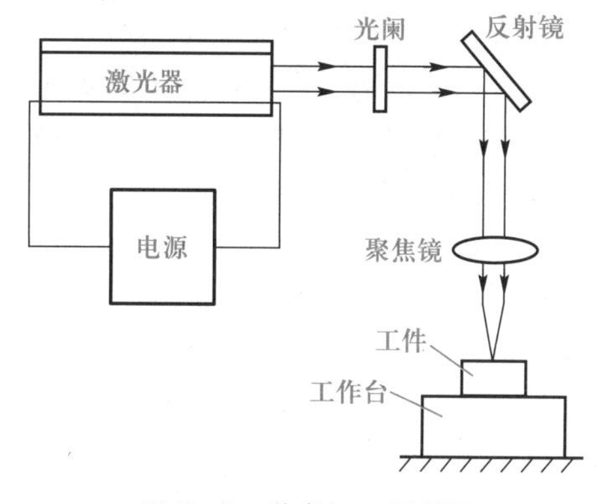

图 7-6 激光加工原理图

1) 加工材料范围广,可加工各种金属和非金属材料,特别适用于加工高熔点材料,耐热合金及陶瓷、宝石、金刚石等硬脆材料。

2) 加工性能好,工件可离开加工机进行加工,并可透过透明材料进行加工。

3) 激光加工为非接触加工,工件无受力变形,受热区域小,工件热变形小,加工精度高。

4) 可进行微细加工。激光聚焦后焦点直径理论上可小至 0.001 mm 以下,实际上可实现 ϕ0.01 mm 的小孔加工和窄缝切割。激光切割广泛用于切割复杂形状的零件、栅网等。在大规模集成电路的制作中,可用激光进行切片。

5) 加工速度快,加工效率高。例如在宝石上打孔,加工时间仅为采用机械方法加工孔的1%。

6) 激光加工不仅可以进行打孔和切割,也可进行焊接、热处理等工作。

7) 激光加工可控性好,易于实现加工自动化。但加工设备昂贵。

3. 电子束加工

(1) 电子束加工工作原理

图 7-7 为电子束加工原理图。在真空条件下,利用电流加热阴极发射电子束,经控制栅极初步聚焦后,由加速阳极加速,通过透镜聚焦系统进一步聚焦,使能量密度集中在直径 5 ~ 10 μm 的斑点内。高速而能量密集的电子束冲击到工件上,被冲击点处形成瞬时高温(在几分之一微秒时间内升高至几千摄氏度),工件表面局部熔化、气化直至被蒸发去除。

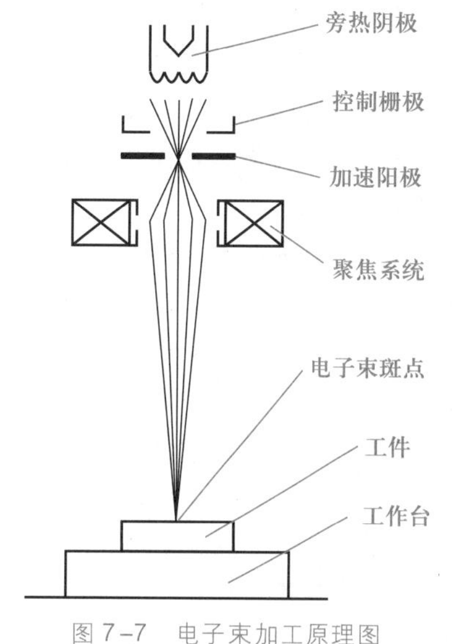

图 7-7 电子束加工原理图

(2) 电子束加工的特点及应用

电子束加工具有如下特点:

1) 电子束束径小(最小直径可达 0.01 ~ 0.005 mm),而电子束的长度可达束径的几十倍,故可加工微细深孔、窄缝。

2) 材料适应性广,原则上各种材料均可加工,特别适用于加工特硬、难熔金属和非金属材料。

3) 加工速度较高,切割 1 mm 厚的钢板,切割速度可达 240 mm/min。

4) 在真空中加工,无氧化,特别适合于加工高纯度半导体材料和易氧化的金属及合金。

5) 加工设备较复杂,投资较大。

目前,电子束加工多用于微细加工。

7.1.4 产生化学过程的加工方法

1. 化学加工

化学加工是利用酸、碱或盐的溶液对工件材料的腐蚀溶解作用,以获得所需形状、尺寸或表面状态的工件的特种加工。常用的有化学铣削和化学刻蚀。

化学铣削是把工件表面不需要加工的部分用耐腐蚀涂层保护起来,然后将工件浸入适当成分的化学溶液中,露出的工件加工表面与化学溶液产生反应,材料不断地被溶解去除(图7-8)。工件材料溶解的速度一般为0.02~0.03 mm/min,经一定时间达到预定的深度后,取出工件,便获得所需要的形状。化学铣削的优点是工艺和设备简单、操作方便和投资少,缺点是加工精度不高,而且在保护层下的侧面方向上也会产生溶解,并在加工底面和侧面间形成圆弧状,难以加工出尖角或深槽;化学铣削不适合于加工疏松的铸件和焊接的表面。

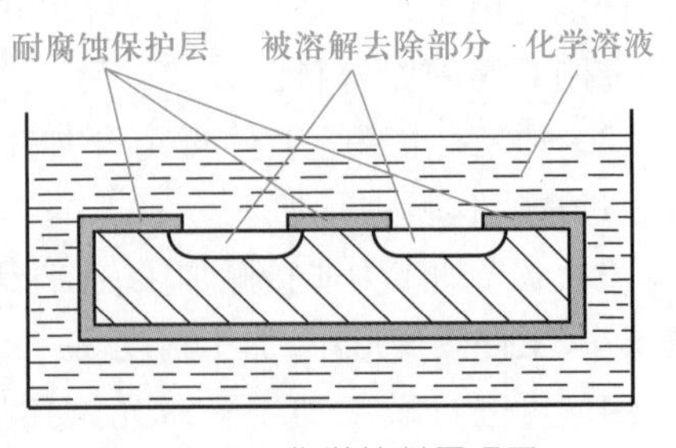

图7-8　化学铣削原理图

化学铣削的工艺过程包括工件表面预处理、涂保护胶、固化、刻型、腐蚀、清洗和去保护层等工序。化学铣削适合于在薄板、薄壁零件表面上加工出浅的凹面和凹槽,如飞机的整体加强壁板、蜂窝结构面板、蒙皮和机翼前缘板等。

2. 电解加工

(1) 电解加工工作原理

图7-9所示为电解加工原理图。工件接阳极,工具(铜或不锈钢)接阴极,两极间加6~24 V的直流电压,极间保持0.1~1 mm的间隙。在间隙处通以6~60 m/s高速流动的电解液,形成极间导电通路,工件表面材料不断溶解,其溶解物及时被电解液冲走。工具电极不断进给,以保持极间间隙。

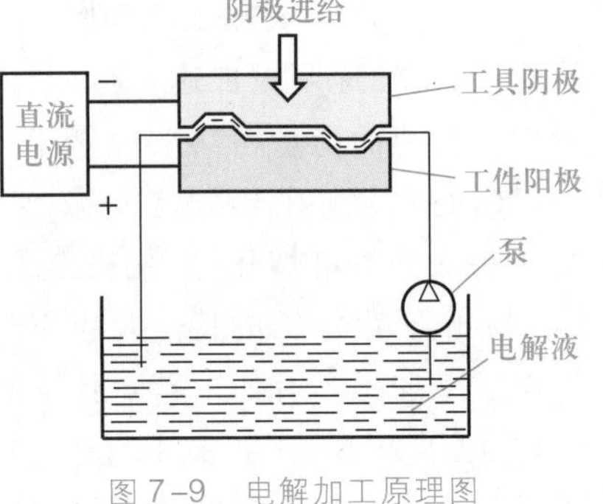

图7-9　电解加工原理图

(2) 电解加工的特点与应用

电解加工具有如下特点:

1) 不受材料硬度的限制,能加工任何高硬度、高韧性的导电材料,并能以简单的进给运动一次加工出形状复杂的型面和型腔。

2) 与电火花加工相比,加工型面和型腔效率高5~10倍。

3) 加工过程中阴极损耗小。

4) 加工表面质量好,无毛刺、残余应力和变形层。

5) 加工设备投资较大,有污染,需防护。

电解加工广泛应用于模具的型腔加工,枪炮的膛线加工,发电机的叶片加工,花键孔、内齿轮、深孔加工以及电解抛光、倒棱、去毛刺等。

3. 电解磨削

电解磨削是利用电解作用与机械磨削相结合的一种复合加工方法。其工作原理如图7-10所示。工件接直流电源正极,高速回转的磨轮接负极,两者保持一定的接触压力,磨轮表面突出的磨料使磨轮导电基体与工件之间有一定的间隙。当电解液从间隙中流过并接通电源后,工件产生阳极溶解,工件表面上生成一层称为阳极膜的氧化膜,其硬度远比金属本身低,极易被高速回转的磨轮所刮除,使新的金属表面露出,继续进行电解。电解作用与磨削作用交替进行,电解产物被流动的电解液带走,使加工继续进行,直至达到加工要求。

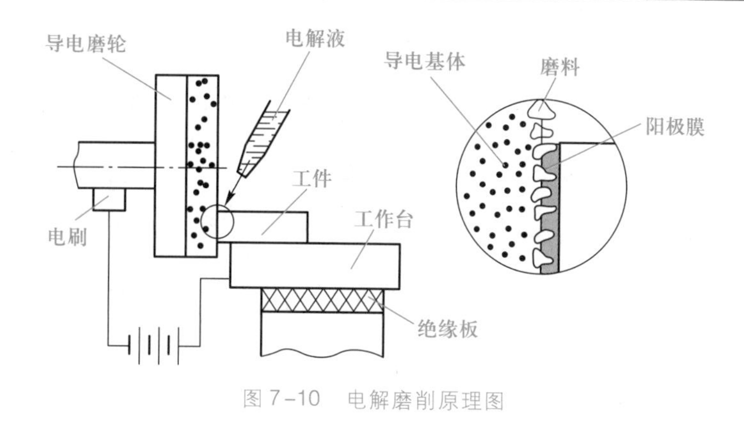

图 7-10 电解磨削原理图

电解磨削效率比机械磨削高,且磨轮损耗远比机械磨削小,特别是磨削硬质合金时,效果更明显。

7.1.5 增材制造

增材制造(additive manufacturing,AM)是根据三维 CAD 模型数据,采用三维(3D)打印或相关技术和材料逐层累加的方法来制造实体零件。从 20 世纪 80 年代后期发展起来的快速原型制造(rapid prototyping,RP)技术[又称“分层制造”(layer manufacturing,LM)]开始,增材制造在过去的三十年间开发了许多新技术。增材制造成型材料也不断扩充,研发出包括金属、塑料、陶瓷、复合材料、生物材料等在内的多种材料。增材制造技术目前主要的应用包括:

1)快速原型制造(RP) 生成比例模型以增强可视化展示或用于测试试验等;

2)快速工具生成(rapid tooling,RT) 用于制造过程的工具制作,例如铸造模型、型芯或模具,也可用作加工或连接过程的夹具和固定装置;

3)直接数字制造(direct-digital manufacturing,DDM) 直接制造零件成品。

快速原型制造作为早期用于制作产品迭代设计过程中评估模型的一项技术,其概念已逐渐被增材制造所取代。

1. 增材制造原理及特征

增材制造技术将计算机辅助设计(CAD)、计算机辅助制造(CAM)、计算机数控(CNC)、精密伺服驱动、新材料等先进技术集于一体,依据计算机上构成的产品三维设计模型,对其进行分层切片,得到各层截面轮廓。按照这些轮廓,激光束选择性地切割一层层的纸(或固化一层层的液态树脂,或烧结一层层的粉末材料),或喷射源选择性地喷射一层层的黏接剂或热熔材料等,形成一个个薄层,并逐步叠加成三维实体,其制造过程见图 7-11。

实施增材制造主要步骤如下:

1)建立零件 CAD 三维模型。

2)将 CAD 模型转换为允许对计算机模型进行虚拟切片的格式,通常采用立体光刻(STL)文件格式。STL 文件包含无规则的三角形小平面列表以及笛卡儿坐标中每个三角形的外法线信息。

3)将 STL 文件以数字方式切成横截面层,每层代表 CAD 模型的横截面轮廓。切片过程通常由 3D 打印机配置的专有软件完成,用户可以为 CAD 模型设置不同的参数,例如构建方向、零件尺寸、层厚度等。专有软件还可以识别模型中的诸如悬垂和空隙之类的特征,并生成必要的支

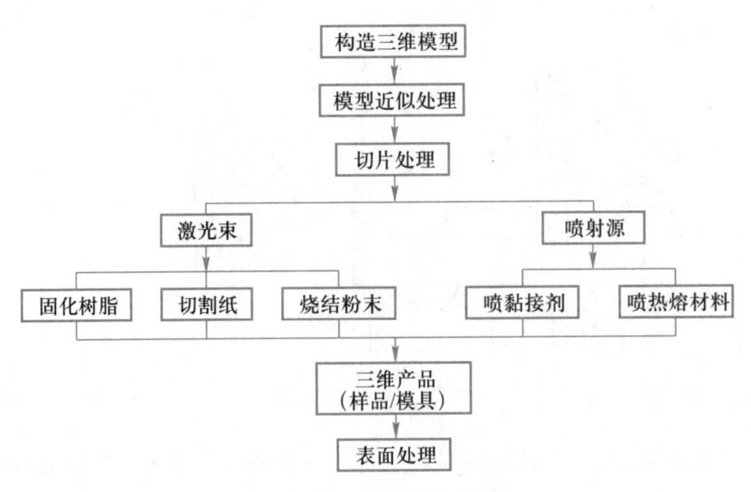

图7-11　增材制造过程

撑结构。此外,在实际建造之前,可以通过软件估算并显示材料用量和建造时间。

4）将切片层的数字数据顺序发送到3D打印机控制器,由3D打印机逐层打印,一层完成后,构建物理模型的工作台面将降低(或升高)一层的距离,重复该过程,直到完成整个模型。

5）清理去除多余的材料及在制造过程中可能需要的支撑材料,完成零件制作。

增材制造具有如下特征:

1）快速原型制造由CAD模型直接驱动,采用“分层制造”方法,通过分层,将三维成形问题变成简单的二维平面成形;

2）可快速成形任意复杂的三维几何实体,不受传统机械加工方法中刀具无法达到某些型面的限制;

3）成形设备为计算机控制的通用机床,无需专用工模具;

4）成形过程无需人工干预或很少人工干预;

5）成形材料来源广泛,并可最大限度节省原材料。

2. 增材制造的工艺方法

增材制造的工艺方法按照光固化、喷射、挤压、熔融、烧结、熔化等方式逐层堆积,制造出实体物品,主要的增材制造工艺方法见表7-1。

表7-1　增材制造主要工艺方法

工艺	原材料状态	分层机理	材料
立体光刻 (stereolithography,SLA)	液态光敏聚合物	液层的光固化	光敏聚合物
材料喷射 (material jetting,MJ)	液态熔融液体	液滴凝固	热塑性聚合物、蜡、低熔点金属
三维印制 (three-dimension printing,3DP)	固态粉末	熔融黏合剂沉积	陶瓷、聚合物、金属粉末,型砂

续表

工艺	原材料状态	分层机理	材料
材料挤压,熔融沉积成形 (fused deposition modeling,FDM)	半液态聚合物	挤出线材的凝固	热塑性聚合物
分层实体制造 (laminated object manufacturing,LOM)	固态片材	片材熔合	纸、聚合物、陶瓷、金属、复合材料
选择性激光烧结 (selective laser sintering,SLS)	固态粉末	烧结或熔化	热塑性聚合物、蜡、金属、黏接剂涂砂
电子束熔化 (electron-beam melting,EBM)	固态粉末	熔化	金属(钛、工具钢、高温合金)
激光近净成形 (laser engineered net shaping,LENS)	固态粉末	粉末流喷射,熔化	金属(钛、不锈钢、铝)

(1) 立体光刻

图 7-12 为立体光刻工艺原图示意图。液槽中盛满液态光敏树脂,可升降工作台位于液面下一个截面层的高度,聚焦后的紫外激光束在计算机控制下,按截面轮廓要求,沿液面进行扫描,使扫描区域固化,得到该层截面轮廓。工作台下降一层高度,其上覆盖液态树脂,进行第二层扫描固化,新固化的一层牢固地黏接在前一层上,如此重复,形成三维实体。SLA 材料利用率及性能价格比较高,但易翘曲,成形时间较长;适合成形小型零件,可直接得到塑料制品。

(2) 材料喷射成形

材料喷射成形通过将熔融材料(蜡、热塑性聚合物或低熔点金属)由喷头喷出,有选择地沉积到基材上来创建各个层,并使其均匀分布,逐层堆积形成零件(参见图 7-13)。MJ 与 SLA 相似,它们都使用紫外光源固化成形液体材料。不同之处在于 MJ 一次喷射数百个微小液滴,而 SLA 则在一整桶树脂中,通过激光选择性地逐点固化。MJ 可以通过使用多个喷头(multijet modeling, MJM),减少制造时间或同时沉积不同的材料,可以生产多色产品和具有不同性能的产品,或者更易于拆卸的支承件。

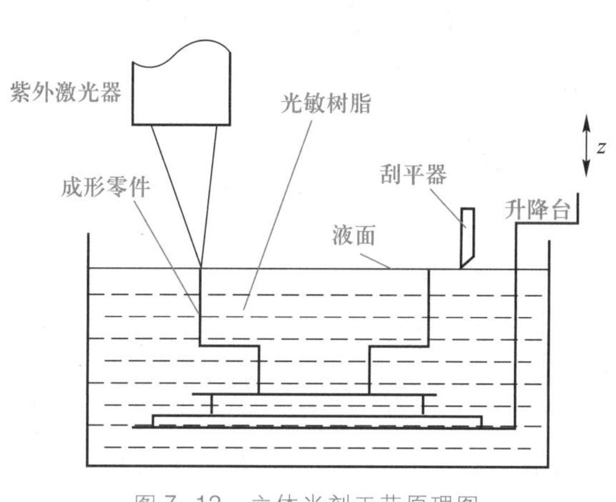

图 7-12　立体光刻工艺原理图

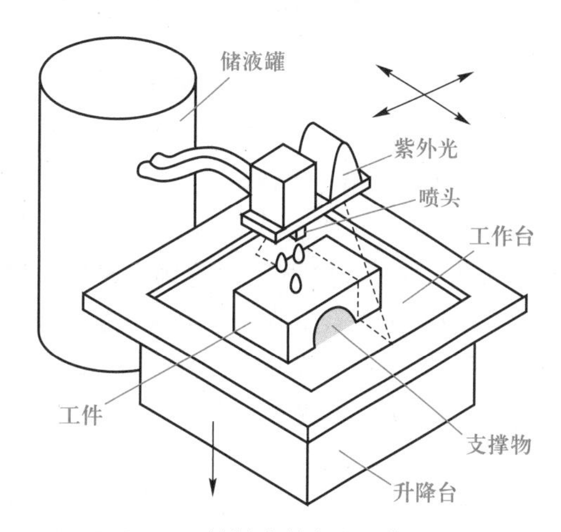

图 7-13　材料喷射成形工艺原理图

(3) 三维印制

图7-14所示三维印制工艺原理示意图。采用喷墨打印原理,通过喷头喷射黏接剂,将工作台上预铺放的材料粉末黏接,一个层面又一个层面地堆积而最终形成三维实体。3DP可采用多个喷头同时黏接,以提高成形效率;适合成形小型件。

(4) 熔融沉积成形

熔融沉积成形工艺原理见图7-15。根据CAD产品模型分层软件确定的几何信息,由计算机控制可挤出熔融状态材料的喷嘴,挤出半流动的热塑材料,沉积固化成精确的薄层,逐渐堆积成三维实体。FDM成形时间较长,可采用多个喷头同时进行涂覆,以提高成形效率;适合成形小型塑料件。

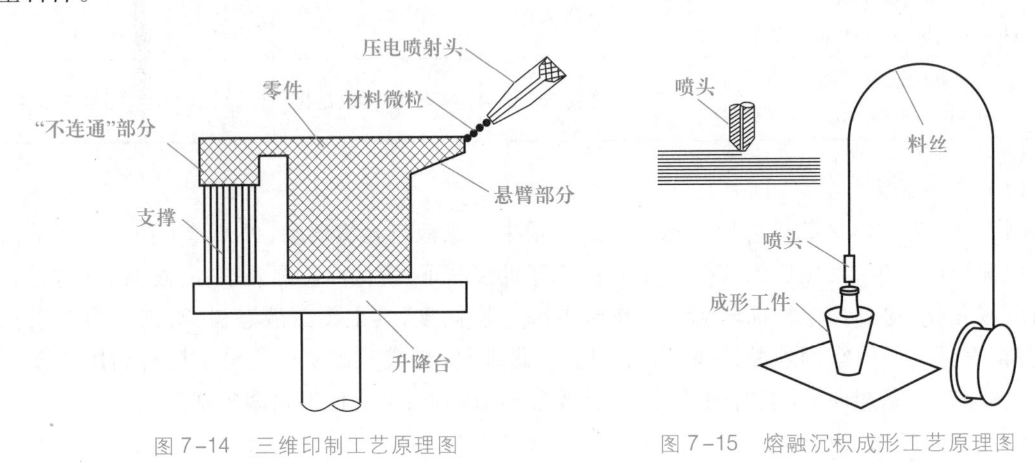

图7-14　三维印制工艺原理图　　图7-15　熔融沉积成形工艺原理图

(5) 分层实体制造

分层实体制造工艺原理如图7-16所示。将制品的三维模型,经分层处理,在计算机控制下,用CO_2激光束选择性地按分层轮廓切片,并将各层切片黏接在一起,形成三维实体。LOM翘曲变形小,尺寸精度高,成形时间短,制件有良好力学性能;适合成形大、中型件。

(6) 选择性激光烧结

选择性激光烧结工艺原理如图7-17所示。在工作台上铺一层粉末材料,CO_2激光束在计算机控制下,依据分层的截面信息对粉末进行扫描,并使制件截面实心部分的粉末烧结在一起,形成该层的轮廓。SLS一层成形完成后,工作台下降一层高度,再进行下一层的烧结,如此循环,最终形成三维实体。成形材料品种多,用料节省;成形时间较长,后处理较麻烦;适合成形小型件,可直接得到塑料、陶瓷或金属制品。

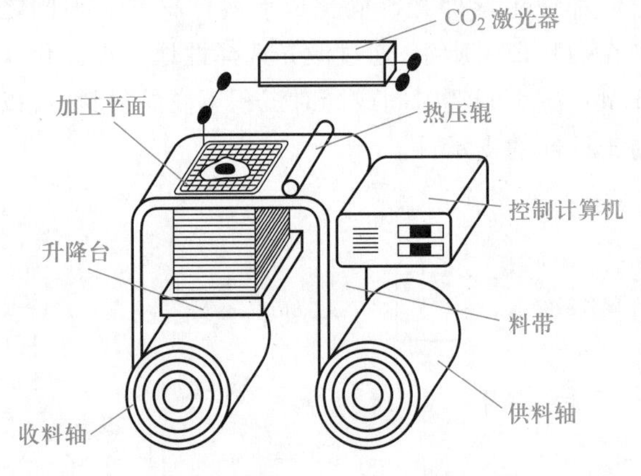

图7-16　分层实体制造工艺原理图

(7) 电子束熔化成形

电子束熔化成形(EBM)以电子束为热源,采用基于粉末的扫描工艺,在该工艺中成形室必须是高真空的,以增加了熔池之间、层层之间的冶金结合强度,通过使用高功率的电子束生产高强度、高性能的全密度金属产品。EBM 系统复杂程度高,需要提前预热,会影响成形效率。

(8) 激光近净成形

激光近净成形,是将激光熔覆技术和快速原型技术相结合,用与激光束同轴的喷粉送料,利用激光熔化同步供给的金属粉末,采用特制的喷嘴在基板上逐层沉积而成形零件的一种工艺方法,该工艺用于制造尺寸较大的金属构件,其工作原理及实际工作图见图 7-18。这种在惰性气体保护下,逐层堆积的金属制件组织致密,力学性能高,应用广泛。

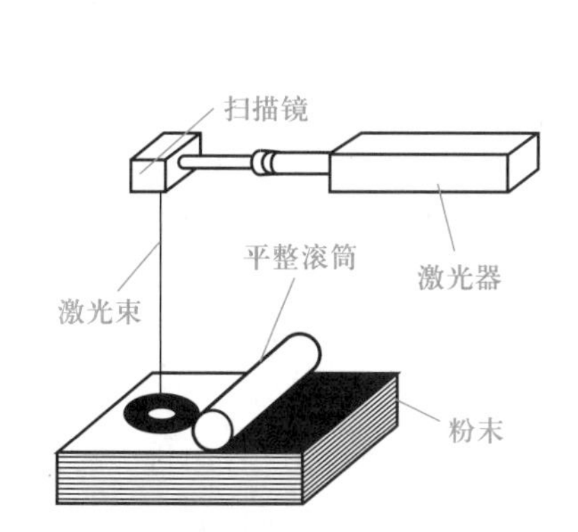

图 7-17 选择性激光烧结工艺原理图

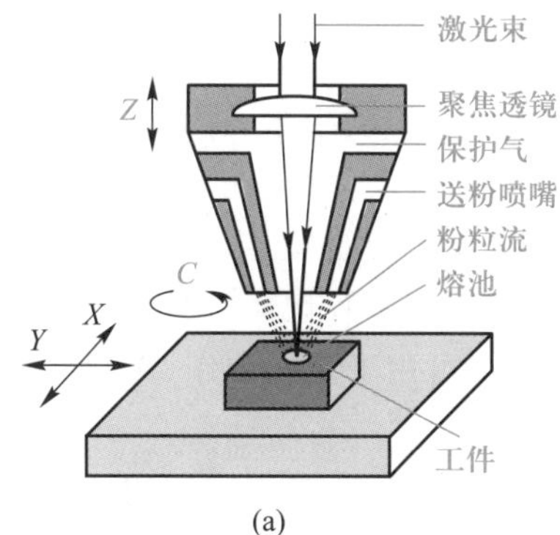

图 7-18 激光近净成形工艺原理与实际工作图

3. 增材制造技术的应用

增材制造技术的应用领域非常广泛,现阶段已在产品开发、模具制造以及医学、建筑等方面获得实际应用。

(1) 产品开发

用增材制造直接制造产品样品,一般只需传统加工方法 30% ~50% 的工时,20% ~35% 的成本。这种样品与最终产品相比,虽然材质可能有所差异,但形状与尺寸完全相同,且有较好的机械强度。经适当的表面处理后,与真实产品一模一样。不仅可供设计者和用户进行直观检测、评判、优化,而且可在零件级和部件级水平上,对产品工艺性能、装配性能及其他特性进行检验、测试和分析。

增材制造是生产厂家与客户或订购商的最佳交流手段。"百闻不如一见,千图不如一物",客户总是更乐意面对实物进行选择,并对着实物"指手画脚",提出其对产品的修改意见。快速原型制造方法为这种交流提供了便利条件,并可以迅速、反复地对产品样品进行修改、制造,直至用户完全满意为止。许多生产厂靠此赢得了用户和订单。

增材制造生成的模型亦是工程部门与非工程部门交流的理想中介物。

增材制造利用材料累加法亦可用来直接制造塑料、陶瓷、金属及各种复合材料零件。

(2) 快速工具制造

由于增材制造件具有较好的机械强度和稳定性,且能承受一定的高温(约 200 ℃),因此可直接用作某些模具,如砂型铸造木模的替代模、低熔点合金铸造模、试制用注塑模以及熔模铸造的蜡模的替代模,或蜡模的成形模。

也可以用增材制造件做母模复制软模具。例如,用快速成形件做母模,可浇注蜡、硅橡胶、环氧树脂、聚氨酯等软材料,构成软模具;或先浇注硅橡胶、环氧树脂模(蜡模成形模),再浇注蜡模。蜡模用于熔模铸造,硅橡胶模、环氧树脂模可用做试制用注塑模,或低熔点合金铸造模。

还可以用增材制造件做母模,复制硬模具。用快速成形件做母模,或用其复制的软模具,可浇注(或涂覆)石膏、陶瓷、金属、金属基合成材料,构成硬模具(如各种铸造模、注塑模、蜡模的成形模、拉深模等),从而批量生产塑料件或金属件。

此外,用增材制造件做母体,通过喷镀或涂覆金属、粉末冶金、精密铸造、浇注石墨粉或特殊研磨,可制作金属电极或石墨电极。

(3)在其他领域应用

在医学上,增材制造系统可利用CT扫描或MRI核磁共振图像的数据,制作人体器官模型,以便规划头颅、面部、牙科或其他软组织的手术,进行复杂手术操练,为骨移植设计样板,或将其作为X光检查的参考手段。

在建筑上,利用增材制造系统制作建筑模型,可以帮助建筑设计师进行设计评价和最终方案的确定。在古建筑的恢复上,可以根据图片记载,用增材制造技术复制原建筑。

在文化艺术领域,3D打印技术可用于艺术创作、文物复制、数字雕塑等。

4. 增材制造的发展趋势

1)迅速普及和推广　出现了低成本的商用和家用台式3D打印机。这些3D打印机大多采用熔融沉积成形(FDM)或压力注射成形方法,使用小功率步进电动机驱动和开环控制。典型的台式机身结构如图7-19所示,可分为敞开龙门型(图a)、封闭箱型(图b)、敞开桁架型(图c)、敞开单臂型、卡通型等5种。

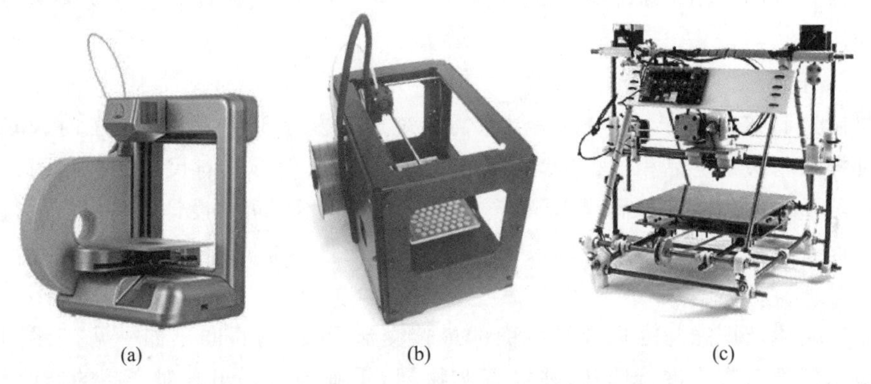

(a) (b) (c)

图7-19 典型的台式3D打印机的机身结构

2)向大型与微型制造进军　最新研发出"轮廓工艺"3D打印技术,24 h内就可以打印出大约232 m^2的两层楼房。与此成鲜明对比的是微米印刷(microlithography),用于制造微米零件(microscale parts),如5 μm×5 μm×3 μm大小的静脉阀、集成电路零件等。

3)生物3D打印　通过使用生物医用活性陶瓷基浆料、生物医用高分子材料、水凝胶浆料等医用材料,3D打印制作生物模型标本,并可为病人量身定制的医疗产品。

4)性能大幅提高　更快的制造速度、更高的制造精度和可靠性。

5)外设化和智能化　使增材制造设备安装和使用变得非常简单,不需专门的操作人员。

6)增材制造行业标准化　随着增材制造技术的广泛应用,增材制造技术已逐渐标准化,并且与整个产品制造体系相融合。

7.2　精密加工技术

7.2.1　精密与超精密加工

1. 精密与超精密加工基本概念

精密加工是指在一定的发展时期，加工精度与表面质量达到较高程度的加工工艺。超精密加工则是指在一定的发展时期，加工精度与表面质量达到最高程度的加工工艺。显然，在不同的发展时期，精密与超精密加工有不同的标准。在瓦特改进蒸汽机时代，镗孔精度为 1 mm，在当时已属精密加工的范畴；发展到 20 世纪 40 年代，最高加工精度已达到 1 μm（0.001 mm）；而到了 20 世纪 90 年代，精密加工的尺寸公差达到 1～0.1 μm，表面粗糙度 Ra 值小于 0.1 μm，超精密加工的尺寸公差达到 0.1～0.01 μm，表面粗糙度 Ra 值小于 0.01 μm。

精密与超精密加工属于机械制造中的尖端技术，是发展其他高技术的基础和关键。例如，为了提高导弹的命中精度，陀螺仪球的圆度误差要求控制在 0.1 μm 之内，表面粗糙度 Ra 值要求小于 0.01 μm；飞机发动机转子叶片的加工误差从 60 μm 降到 12 μm，可使发动机的效率获得极大提高；磁盘记录密度也在很大程度上取决于磁盘基片加工的平面度水平。因而，精密与超精密加工技术的高低，往往是衡量一个国家制造业水平的重要标志。

精密与超精密加工技术涉及多种基础学科（如物理学、化学、力学、电磁学、光学、声学等）和多种新兴技术（如材料科学、计算机技术、自动控制技术、精密测量技术、现代管理科学等），其发展有赖于这些学科和技术的发展，同时又会带动和促进相关科学技术的发展。事实上，精密与超精密加工技术已构成高新技术的一个重要生长点。

2. 精密与超精密加工方法与特点

精密与超精密加工方法根据其加工过程材料质量的增减可分为去除加工（加工过程中材料质量减少）、结合加工（加工过程中材料质量增加）和变形加工（加工过程中材料质量基本不变）三种类型。精密与超精密加工方法根据其机理和能量性质可分为四类：即力学加工（利用机械能去除材料）、物理加工（利用热能去除材料或使材料结合或变形）、化学与电化学加工（利用化学与电化学能去除材料或使材料结合或变形）和复合加工（上述几种方法的复合）。精密与超精密加工方法中有些是传统加工方法的精化，有些是特种加工方法的精化，有些则是传统加工方法及特种加工方法的复合。

与一般加工相比，精密与超精密加工具有以下特点：

1）“进化”加工原则　一般加工时，“工作母机”（机床）的精度总是高于被加工零件的精度，这一规律称之为“蜕化”原则。对于精密与超精密加工，用高于零件加工精度要求的“母机”来加工零件常常是不现实的。此时，可利用低于工件精度的设备、工具，通过工艺手段和特殊的工艺装备，加工出精度高于“母机”的工件。这种方法称为直接式进化加工，通常适用于单件小批生产。与直接式进化加工相对应的是间接式进化加工，间接式进化加工借助于直接式“进化”加工原则，生产出第二代精度更高的工作母机，再以此工作母机加工工件。间接式进化加工适用于批量生产。

2）微切削机理　与传统切削机理不同，在精密与超精密加工中，背吃刀量一般小于晶粒大小，切削在晶粒内进行，要克服分子与原子之间的结合力，才能形成微切削或超微切削。目前，已有一些微切削机理模型是以分子动力学为基础建立的。

3）形成综合制造工艺　在精密与超精密加工中，要达到加工要求，需综合考虑加工方法、加工设备与工具、测试手段、工作环境等多种因素，难度较大。

4）与自动化技术联系紧密　在精密与超精密加工中，广泛采用计算机控制、适应控制、在线检测与误差补偿技术，以减少人为的因素影响，保证加工质量。

5）加工与检测一体化。

6）特种加工与复合加工方法应用越来越多。

3. 几种有代表性的精密与超精密加工方法

（1）金刚石超精密切削

1）金刚石超精密切削的特点

金刚石超精密切削属微切削，切削在晶粒内进行，要求切削力大于原子、分子间的结合力，剪应力高达13 000 MPa。由于切削力大，应力大，刀尖处会产生很高的温度，使一般刀具难以承受。而金刚石刀具因为具有很高的高温强度和高温硬度，加之其材料本身质地细密，刀刃可以刃磨得很锋利，因而可加工出表面粗糙度值很小的表面。又由于金刚石超精密切削的切削速度很高，工件变形小，表层高温不会波及工件内层，因而可获得高的加工精度。

2）金刚石超精密切削的关键技术

① 加工设备　要求具有高精度、高刚度、良好的稳定性、抗振性和数控功能。如美国Moore公司生产的250 UPL金刚石车床，主轴采用“重型”空气轴承，主轴转速达10 000 r/min，采用静压导轨和激光全息线性刻度反馈系统，分辨率达0.034 nm，整个机床安装在具有空气隔振系统的天然大理石基座上。

目前，金刚石车床多采用T形布局，即主轴装在横向滑台（X轴）上，刀架装在纵向滑台（Z轴）上。这种布局可解决两滑台的相互影响问题，而且纵、横两移动轴的垂直度可以通过装配调整保证，从而使机床制造成本降低。

② 金刚石刀具刃磨质量　目前，采用的金刚石刀具材料均为天然金刚石或人造单晶金刚石。规整的单晶金刚石晶体有八面体、十二面体和六面体，有三根4次对称轴，四根3次对称轴和六根2次对称轴，如图7-20所示。金刚石晶体的（111）晶面面网密度最大，耐磨性最好。（100）与（110）面网的面间距分布均匀；（111）面网的面间距一宽一窄，如图7-21所示。

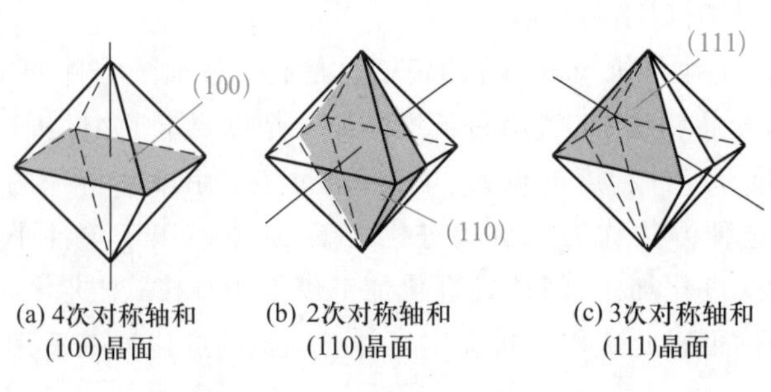

图7-20　八面体的晶轴和晶面

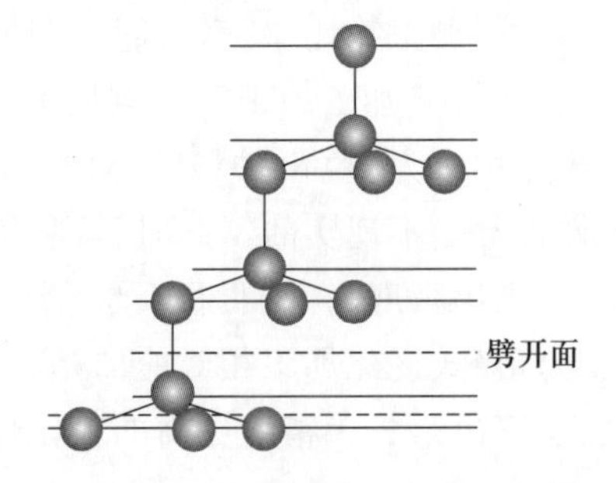

图7-21　（111）面网C原子分布和解理劈开面

在距离大的(111)面之间,只需击破一个共价键就可以劈开,而在距离小的(111)面之间,则需击破三个共价键才能劈开。由于两个(111)面之间距离较小,且结合牢固,常将其视为一个"加强面"。在两个相邻的加强(111)面之间劈开,可得到很平的劈开面,这种现象称之为"解理"。

金刚石刀具通常在铸铁研磨盘上进行研磨,研磨时应使金刚石的晶向与主切削刃平行,并使刃口圆角半径尽可能小。理论上,金刚石刀具的刃口圆角半径可达 1 nm,现实际可达到 2 ~ 10 nm。

③ 被加工材料　要求材料组织均匀,无微观缺陷。

④ 工作环境　要求恒温、恒湿、净化和抗振。

3）金刚石超精密切削的应用

目前,金刚石超精密切削主要用于切削铜、铝及其合金。切削铁金属时,由于碳元素的亲和作用,会使金刚石刀具产生"碳化磨损",从而影响刀具寿命和加工质量。此外,使用金刚石刀具还可以加工各种红外光学材料如锗、硅、ZnS 和 ZnSe 等,以及有机玻璃和各种塑料。典型的加工产品有光学系统反射镜、射电望远镜的主镜面、大型投影电视屏幕、照相机的塑料镜片、树脂隐形眼镜镜片等。

(2) 超硬磨料砂轮精密与超精密磨削

采用金刚石或立方氮化硼(CBN)等超硬磨料作砂轮,可以磨削高硬度、高脆性金属及非金属材料(磨削铁金属采用 CBN 砂轮)。由于砂轮采用超硬磨粒,故砂轮耐磨性好,使用寿命高,磨削能力强,磨削效率高,且磨削力较小,磨削温度低,可获得高的加工表面质量。

采用金刚石或 CBN 砂轮磨削时,砂轮的修整很重要。通常金刚石或 CBN 砂轮的修整分为整形和修锐两步进行。

1）整形　使砂轮获得所要求的几何形状。通常采用碳化硅砂轮进行整形,也可以使用金刚石笔进行整形。

2）修锐　修锐的目的是去除部分结合剂,使磨粒突出结合剂一定的高度(一般为磨粒尺寸的 1/3 左右)。目前多采用电解修锐(适用于金属结合剂砂轮)的方法,不仅效果好,并可实现在线修整(称为 ELID 磨削)。图 7-22 所示为 ELID 磨削原理图。

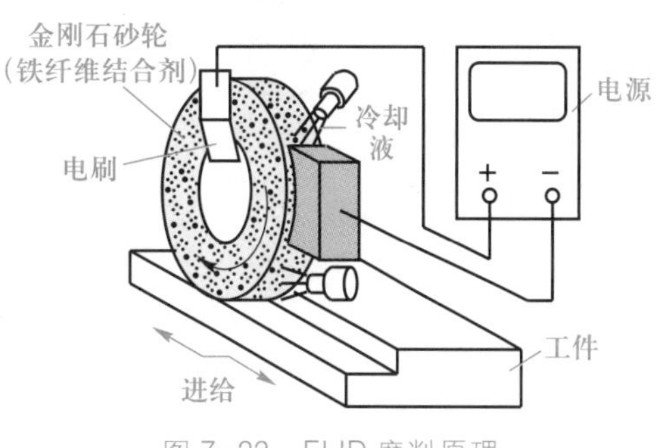

图 7-22　ELID 磨削原理

(3) 游离磨料加工

游离磨料加工包括弹性发射加工、液体动力抛光、机械化学抛光等。

弹性发射加工靠抛光轮高速回转(并施加一定的工作压力),造成磨料的"弹性发射"进行加工,其工作原理如图 7-23 所示。抛光轮通常用聚氨基甲酸(乙)酯制成,抛光液由颗粒大小为 0.1 ~ 0.01 μm 的磨料与润滑剂混合而成。弹性发射加工的机理为微切削与被加工工件材料的微塑性流动的双重作用。

液体动力抛光在抛光工具上开有锯齿槽(图 7-24),抛光时靠楔形挤压和抛光液的反弹,增加微切削作用。

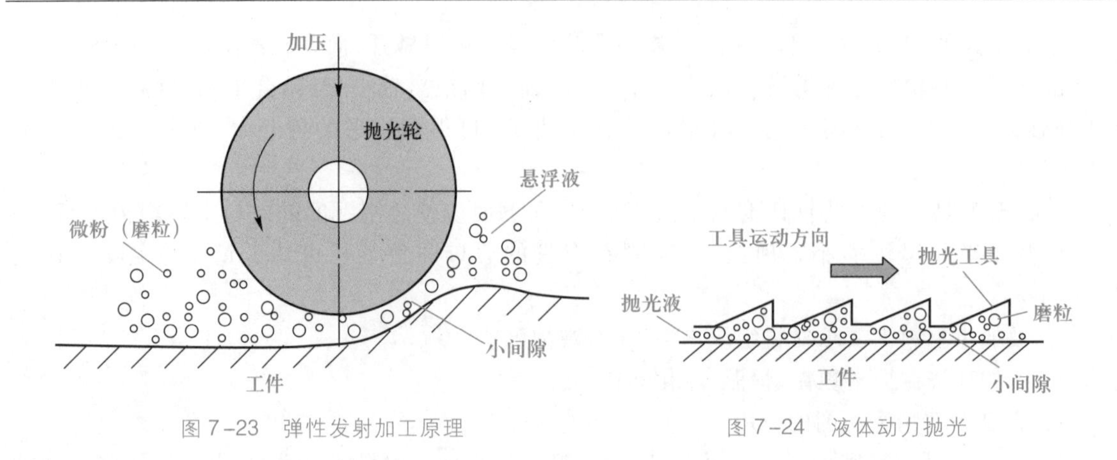

图7-23　弹性发射加工原理　　　图7-24　液体动力抛光

4. 精密与超精密加工中的测量技术

精密测量是精密与超精密加工的前提。由于激光具有优良的特性(强度高、亮度大、单色性、相干性、方向性好等),因而在精密测量中得到广泛应用。使用激光,不仅可以测量长度、小角度、直线度、平面度、垂直度等,也可以测量位移、速度、振动、微观表面形貌等,还可以实现动态测量,在线测量,并易于实现测量自动化。激光测量精度目前可达0.01 μm。

图7-25所示为激光扫描尺寸计量系统。采用平行光管透镜将激光准确地调整到多角形旋转扫描镜上聚焦。通过激光扫描被测工件的两端,根据扫描镜旋转角、扫描镜旋转速度、透镜焦距等数据计算出被测工件的尺寸。

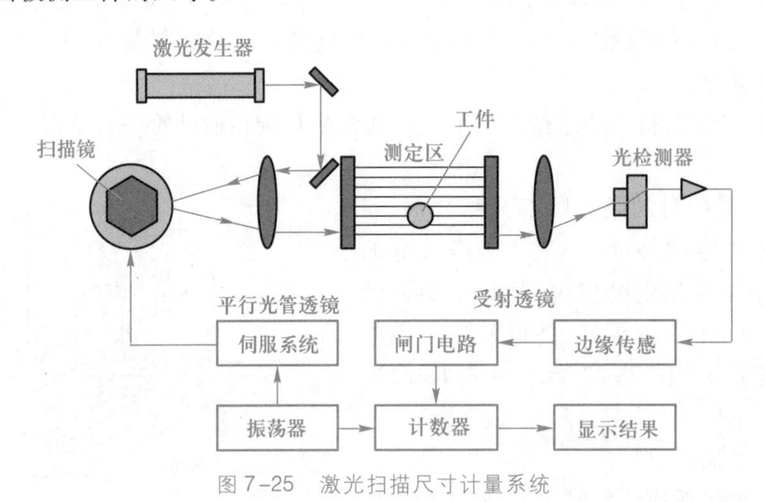

图7-25　激光扫描尺寸计量系统

图7-26所示为双频激光测量系统原理图。氦氖激光器发出的激光,在轴向强磁场作用下,产生频率f_1和f_2旋向相反的圆偏振光,经1/4波片形成频率f_1的垂直线偏振光和频率f_2的水平线偏振光。经透镜组变成平行光束。经分光镜,折射一小部分,又经干涉测量仪获得拍频$\Delta f(=f_1-f_2)$的参考信号。大部分激光到达偏振分光镜:垂直线偏振光f_1被反射,再经固定反射棱镜反射回来;水平线偏振光f_2全部透射,再经移动反射棱镜反射回来。由于移动反射棱镜随被测件移动,频率f_2变成$f_2\pm\Delta f_2$。两路反射回来的光经偏振分光镜汇合一起,再经反射镜和干涉测量仪获得拍频信号,其频率为

$$f_1-(f_2\pm\Delta f_2)=\Delta f\mp\Delta f_2$$

该信号与参考信号比较,获得$\pm\Delta f_2$的具有长度单位当量的电信号。由于使用频率差Δf进行测量,使其不受环境变化影响,可获得高的测量精度和测量稳定性。

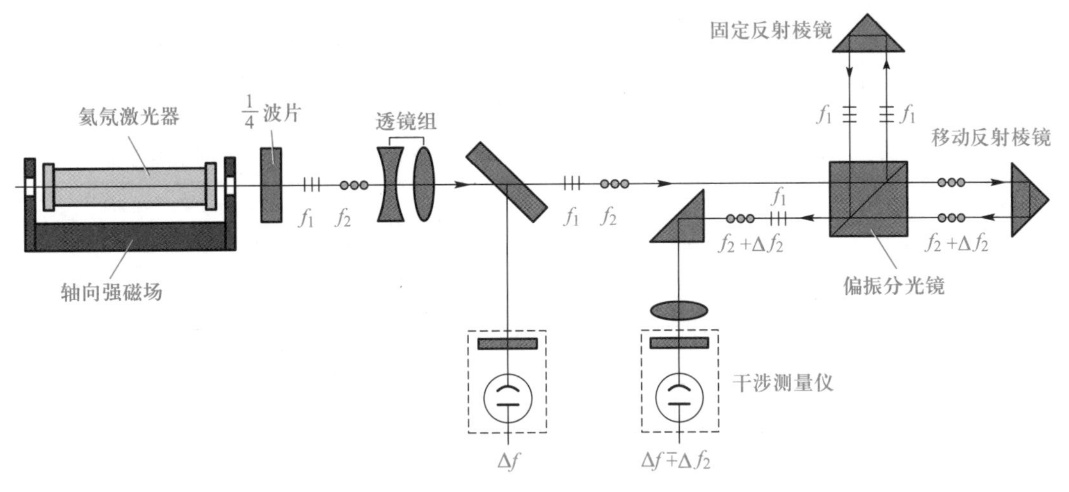

图 7-26 双频激光测量系统

7.2.2 微细加工

1. 微细与超微细加工的概念

微细加工通常指 1 mm 以下微细尺寸零件的加工,其加工误差为 0.1 ~ 10 μm。超微细加工通常指 1 μm 以下超微细尺寸零件的加工,其加工误差为 0.01 ~ 0.1 μm。微细加工与一般尺寸加工有许多不同,主要表现在以下几方面:

1) 精度表示方法不同 一般尺寸加工的精度用其加工误差与加工尺寸的比值来表示,这就是精度等级的概念。在微细加工时,由于加工尺寸很小,需要用误差尺寸的绝对值来表示加工精度,即用去除一块材料的大小来表示,从而引入了“加工单位”的概念。在微细加工中,加工单位可以小到分子级和原子级。

2) 加工机理不同 微细加工时,由于切屑很小,切削在晶粒内进行,晶粒作为一个个不连续体而被切削。这与一般尺寸加工完全不同,一般尺寸加工时,由于吃刀量较大,晶粒大小可以忽略而作为一个连续体来看待。因而,常规的切削理论对微细加工不适用。

3) 加工特征不同 一般尺寸加工以获得一定的尺寸、形状、位置精度为加工特征。而微细加工则以分离或结合分子或原子为特征,并常以能量束加工为基础,采用许多有别于传统机械加工的方法进行加工。

2. 微细与超微细加工方法

与超精密加工方法相类似,根据其加工过程材料质量的增减,微细加工可分为去除加工、结合加工和变形加工三种类型。根据其机理和能量性质可分为力学(机械)加工、物理加工(利用热能)、化学或电化学加工(利用化学或电化学能)和复合加工四种类型,见表 7-2。

表7-2　微细与超微细加工机理与方法

加工类型	加工机理	加工方法
分离加工 （去除加工）	机械去除 化学分解 电解 蒸发 扩散与熔化 溅射	车削、铣削、钻削、磨削 刻蚀、化学抛光、机械化学抛光 电解加工、电解抛光 电子束加工、激光加工、热射线加工 扩散去除加工、熔化去除加工 离子束溅射去除加工、等离子体加工
结合加工 （附着加工）	化学（电化学）附着 化学（电化学）结合 热附着 扩散（熔化）结合 物理结合 注入	化学镀、气相镀（电镀，电铸） 氧化、氮化（阳极氧化） （真空）蒸镀、晶体增长、分子束外延 烧结、掺杂、渗碳、浸镀、熔化镀 溅射沉积、离子沉积（离子镀） 离子溅射注入加工
变形加工 （流动加工）	热表面流动 黏滞性流动 摩擦流动	热流动加工（火焰、高频、热射线、激光） 压铸、挤压、喷射、浇注 微离子流动加工

3. 几种典型的微细加工方法

（1）微细机械加工

微细机械加工主要采用铣、钻和车三种形式，可加工平面、内腔、孔和外圆表面。微细机械加工多采用单晶金刚石刀具，图7-27所示为金刚石铣刀的刀头形状。铣刀的回转半径（可小到5 μm）靠刀尖相对于回转轴线的偏移来得到。当刀具回转时，刀具的切削刃形成一个圆锥形的切削面。对于孔加工，孔的直径决定于钻头的直径。现在用于微细加工的麻花钻的直径可小到50 μm，如加工更小直径的孔，可采用自制的扁钻。

在微细机械加工中，刀具的安装精度（包括安装时的位置和姿态）是一个关键的问题，否则安装的微小偏差就将破坏刀具的切削条件。在一些微细加工中，常采用在加工机床上直接就地制作刀具后加工的方法来保证刀具的位置。

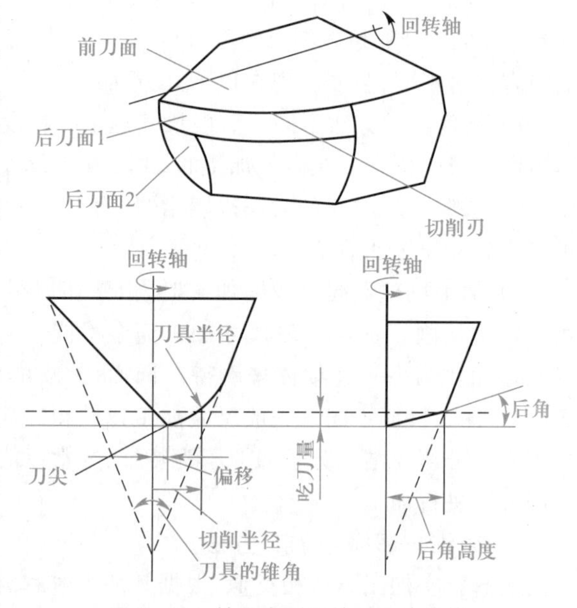

图7-27　单晶金刚石铣刀刀头形状

微细机械加工设备是实现微细加工的关键，应具有微小位移机构（可小至几十个纳米）、高灵敏的伺服进给系统、高的定位精度和重复定位精度、低的热变形、高的主轴转速及动平衡精度、稳固的床身构件并隔绝外界的振动干扰和刀具破损检测的监控系统。

(2) 微细电加工

对于一些刚度小的工件和特别微小的工件,用机械加工的方法很难实现。必须使用电加工、光刻化学加工或生物加工的方法。例如线放电磨削(WEDG)和线电化磨削(WECG)。WEDG 和 WECG 的加工机床和工艺基本相似。图 7-28 所示为用 WEDG 方法加工微型轴的原理图。在图中,用作加工工具的电极丝在导丝器导向槽的夹持下靠近工件,在工件和电极丝之间加有放电介质。加工时,工件作旋转和直线进给运动,电极丝在导向槽中低速滑动(0.1 ~ 0.2 mm/s),通过脉冲电源使电极丝和工件之间不断放电,去除工件的加工余量。利用数字控制导丝器和工件之间的相对运动,可加工出不同的工件形状,如图 7-29 所示。微细加工所用的脉冲电源的放电能量只是一般电火花加工的百分之一。WECG 和 WEDG 相似,只是在工件和电极丝之间浸入电解液,并采用低压直流电源。

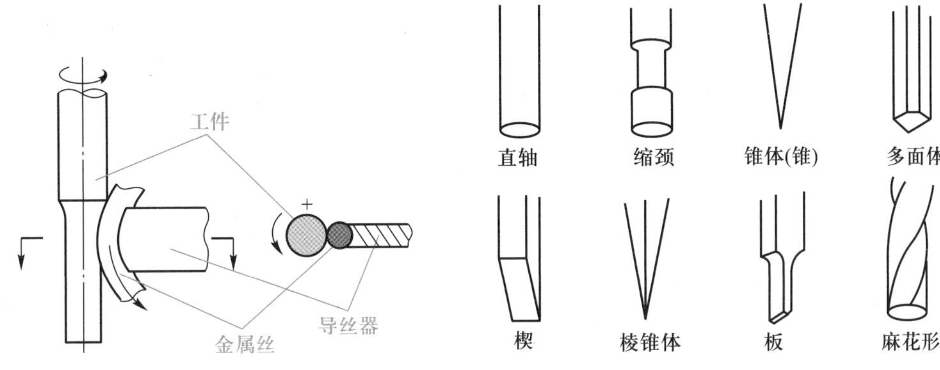

图 7-28 线放电磨削(WEDG)工作原理

图 7-29 利用线放电磨削加工的各种工件

(3) 离子束加工

离子束加工利用氩(Ar)离子或其他带有 10 keV 数量级动能的惰性气体离子,在电场中加速,以极高速度“轰击”工件表面,进行“溅射”加工。图 7-30 所示为离子碰撞过程模型。

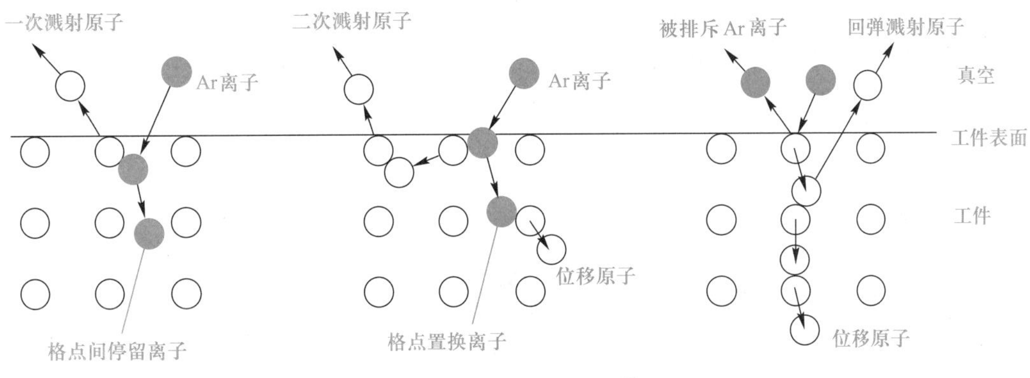

图 7-30 离子碰撞过程模型

离子束加工目前主要有四种工作方式:离子束溅射去除加工、离子束溅射镀膜加工、离子束溅射注入加工和离子束曝光。

1) 离子束溅射去除加工 将被加速的离子聚焦成细束,射到被加工表面上。被加工表面受

“轰击”后,打出原子或分子,实现分子级去除加工。图7-31所示为加工装置示意图。三坐标工作台可实现三坐标直线运动,摆动装置可实现绕水平轴的摆动和绕垂直轴的转动。

离子束溅射去除加工既可加工金属材料,也可以加工非金属材料。目前,离子束溅射去除加工已实际用于非球面透镜成形(需要5坐标运动),金刚石刀具和冲头的刃磨(其刃口圆角半径可达10 nm),大规模集成电路芯片刻蚀等。

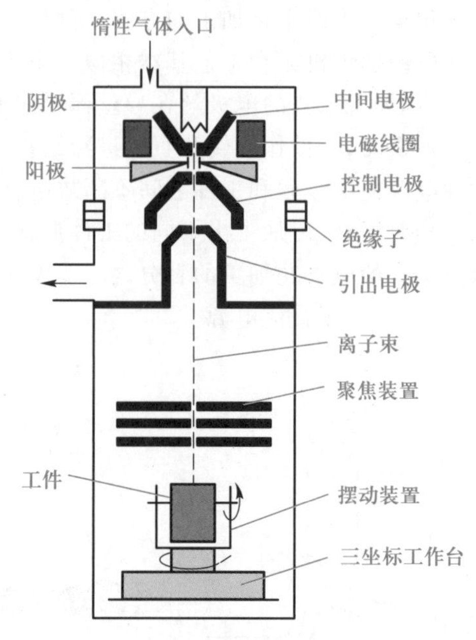

图7-31 离子束溅射去除加工装置

2) 离子束溅射镀膜加工 用加速的离子从靶材上打出原子或分子,并将这些原子或分子附着到工件上,形成“镀膜”,又被称为“干式镀”(图7-32)。溅射镀膜可镀金属,也可镀非金属。由于溅射出来的原子和分子有相当大的动能,故镀膜附着力极强(与蒸镀、电镀相比)。离子镀氮化钛,既美观,又耐磨,应用在刀具上可提高寿命1~2倍。

3) 离子束溅射注入加工 用高能离子(数十万KeV)轰击工件表面,离子打入工件表层,其电荷被中和,并留在工件中(置换原子或填隙原子),从而改变工件材料的性质。离子束溅射注入加工可用于半导体掺杂(在单晶硅内注入磷或硼等杂质,用于晶体管、集成电路、太阳能电池制作),金属材料改性(提高刀具刃口硬度)等方面。

4) 离子束曝光 用在大规模集成电路光刻加工中代替电子束,与电子束相比有更高的灵敏度和分辨率。

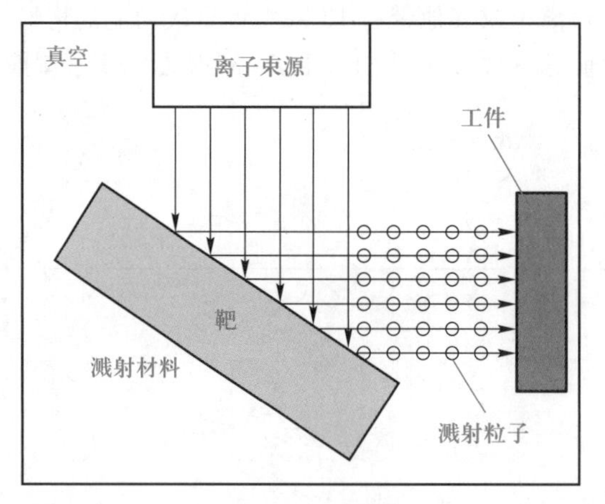

图7-32 离子束溅射镀膜加工

7.2.3 纳米技术

1. 纳米技术的内涵

纳米技术通常指纳米级(0.1~100 nm)的材料、设计、制造、测量和控制技术。纳米技术涉及机械、电子、材料、物理、化学、生物、医学等多个领域。

在达到纳米层次后，绝非几何上的“相似缩小”，而出现一系列新现象和规律。量子效应、波动特性、微观涨落等不可忽略，甚至成为主导因素。

2. 纳米测量技术

（1）扫描隧道显微测量

1981 年，在 IBM 瑞士苏黎世实验室工作的 G. Binnig 和 H. Rohrer 发明了扫描隧道显微镜（scanning tunneling microscope，STM），可用于观察物体 Å 级的表面形貌。该项发明被列为 20 世纪 80 年代世界十大科技成果之一，1986 年获诺贝尔物理学奖。STM 工作原理基于量子力学的隧道效应。当两电极之间距离缩小到 1 nm 时，由于粒子波动性，电流会在外加电场作用下，穿过绝缘势垒，从一个电极流向另一个电极，即产生隧道电流。当一个电极为非常尖锐的探针时，由于尖端放电而使隧道电流加大。

由于探针与试件表面距离 d 对隧道电流密度非常敏感，用探针在试件表面扫描时，就可以将它“感觉”到的原子高低和状态信息记录下来，经信号处理，可得到试件纳米级三维表面形貌。

STM 有两种测量模式：

1）等高测量模式（图 7-33a） 探针以不变高度在试件表面扫描，隧道电流随试件表面起伏而变化，从而得到试件表面形貌信息。

2）恒电流测量模式（图 7-33b） 探针在试件表面扫描时，使用反馈电路驱动探针，使探针与试件表面之间距离（隧道间隙）不变。此时，探针的移动直接描绘了试件的表面形貌。此种测量模式使隧道电流对隧道间隙的敏感性转移到反馈电路驱动电压与位移之间的关系上，避免了等高模式的非线性，提高了测量精度和测量范围。

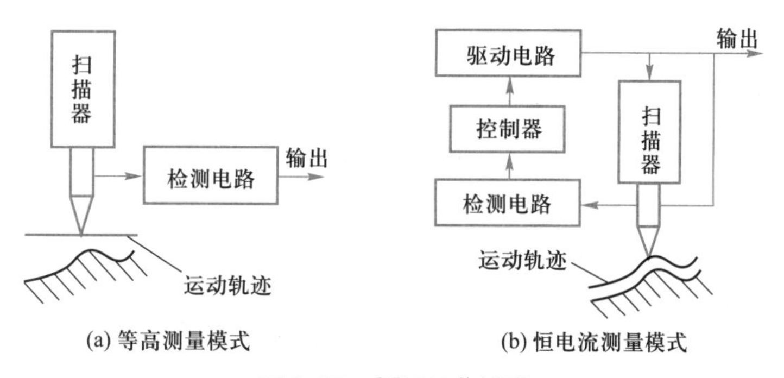

图 7-33 STM 工作原理

STM 的关键技术包括：

1）STM 探针 STM 探针一般采用金属丝经化学腐蚀，在腐蚀断裂瞬间切断电流，以获得尖峰。目前，STM 探针尖端的曲率半径为 10 nm 左右。

2）隧道电流反馈控制 图 7-34 所示为采用恒电流测量模式时的隧道电流反馈控制的原理框图。探针进行扫描时，隧道间隙的变化使隧道电流按负指数规律变化。隧道电流经前置放大后，转化为隧道电压输出，经线性处理后，送入差分比较器与设置电压比较。再经积分比例放大，送入计算机处理，产生与原误差方向相反的位移补偿，使隧道间隙和隧道电流保持不变。而探针的升降值，就是试件表面形貌值。

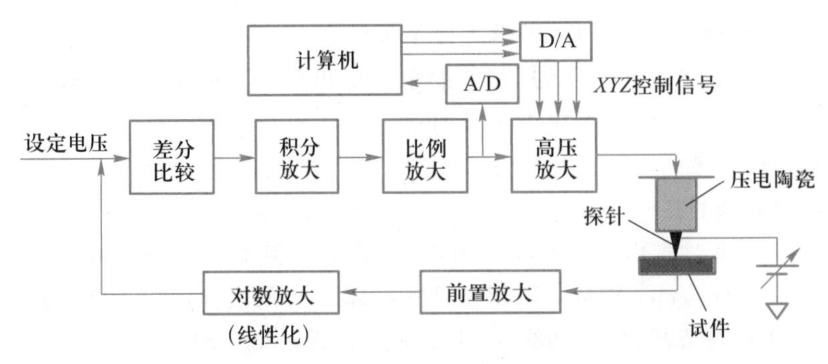

图 7-34　隧道电流反馈控制系统原理框图

3）纳米级扫描运动　目前多采用压电陶瓷扫描管实现纳米级扫描运动。压电陶瓷扫描管结构如图 7-35a 所示，其工作原理如图 7-35b 所示。当陶瓷管内壁接地，X 轴两外壁电极电压相反时，陶瓷管一侧伸长，另一侧缩短，形成 X 方向扫描。若两外壁电极电压相同，则陶瓷管随电压变化而伸长或缩短，形成 Z 方向位移。

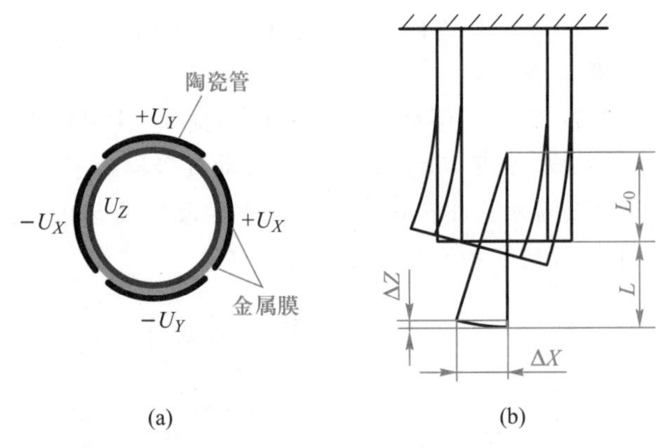

图 7-35　压电陶瓷扫描管结构及工作原理

4）信号采集与处理　由软件完成。

（2）原子力显微镜

为解决非导体微观表面形貌测量，借鉴扫描隧道显微镜原理，G. Binnig 于 1986 年又发明了原子力显微镜（atomic force microscope，AFM）。当两原子间距离缩小到 Å 级时，原子间作用力显示出来，造成两原子势垒高度降低，两者之间产生吸引力。而当两原子间距离继续缩小至原子直径时，由于原子间电子云的不相容性，两者之间又产生排斥力。

AFM 也有两种测量模式：

1）接触式测量　探针针尖与试件表面距离小于 0.5 nm，利用原子间的排斥力。由于分辨率高，目前采用较多。其工作原理是：保持探针与被测表面间的原子排斥力一定，探针扫描时的垂直位移即反映被测表面形貌。

2）非接触式测量　探针针尖与试件表面距离为0.5～1 nm，利用原子间的吸引力。

图 7-36 所示为接触式 AFM 结构简图。AFM 探针被微力弹簧片压向试件表面，原子排斥力将探针微微抬起，达到力平衡。AFM 探针扫描时，因微力簧片压力基本不变，探针随被测表面起

伏。在簧片上方安装STM探针,STM探针与簧片间产生隧道电流,若控制电流不变,则STM探针与AFM探针(微力簧片)同步位移,于是可测出试件表面微观形貌。

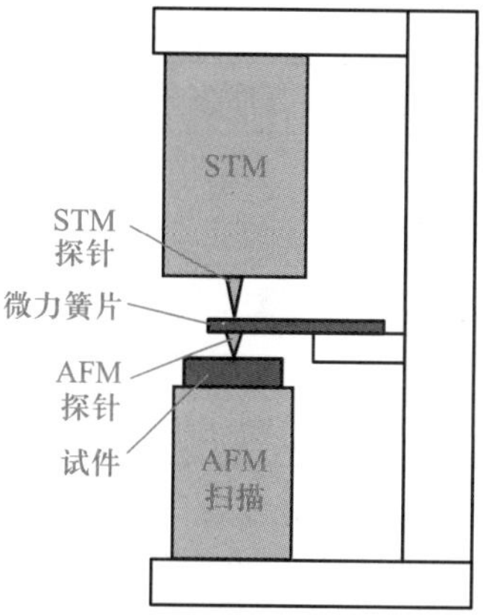

图7-36　AFM结构简图

3. 纳米加工技术

(1) 扫描隧道显微加工技术

扫描隧道显微镜不仅可用于测量,也可用来直接移动原子或分子。当显微镜探针尖端的原子距离工件的某个原子极近时,其引力可以克服工件其他原子对该原子的结合力,使被探针吸引的原子随针尖移动而又不脱离工件表面,从而实现工件表面原子的搬迁。

最早实现原子搬迁的是IBM公司的D. M. Eigler等人,1990年,他们用STM将Ni(110)表面吸附的Xe原子逐一搬迁,最终以35个Xe原子排列成IBM三个字母。之后,又有了很大的进展。目前,利用STM已可以实现原子搬迁、增加原子、去除原子和原子的排列与重组,其中部分成果已得到实用。

(2) 纳米表面工程技术

纳米表面工程技术是充分利用纳米材料、纳米结构的优异性能,将纳米材料、纳米技术与表面工程技术交叉、复合、综合,在基质材料表面制备出含纳米颗粒的复合涂层或具有纳米结构的表层。实用化的纳米表面工程技术有:纳米颗粒复合电刷镀技术、纳米热喷涂技术、纳米涂装技术、纳米减摩自修复添加剂技术、纳米固体润滑干膜技术、纳米粘涂技术、纳米薄膜制备技术、金属表面纳米化技术等。

纳米电刷镀技术和电刷镀的基本原理相同,都是金属离子的阴极还原反应。其区别主要在于:纳米电刷镀在镀液中加入一定量的不溶性纳米微粒,并使其均匀地悬浮在镀液中,这些不溶性纳米微粒能够吸附镀液中的正离子,发生阴极反应时,与金属离子一起沉积在工件上,获得纳米复合镀层。由于不溶性固体微粒在复合刷镀层中的强化作用,使纳米复合电刷镀层表现出耐磨、耐蚀、耐疲劳等优异的综合性能,为机械零部件的再制造提供了一种有效方法,并已在机床导轨修复中实际应用。

纳米电刷镀技术是依靠一个与阳极接触的垫或刷提供电镀需要的电解液,电镀时,垫或刷在被镀的阴极上移动的一种电镀方法。纳米电刷镀是在镀液中加入纳米固体颗粒,采取相应的措施,使微粒与金属共沉积形成具有各种不同性能的复合镀层。纳米材料指单元结构在1~100 nm之间的材料,将纳米颗粒引入复合镀层中赋予镀层以纳米颗粒独特的物理和化学性能,包括量子尺寸效应、小尺寸效应、表面效应、宏观量子隧道效应等。

纳米复合电刷镀的一般工艺过程见表7-3。

表7-3　纳米复合电刷镀的一般工艺过程

序号	工序名称	工序内容	备注
1	表面处理	去除油污,修磨表面,保护非镀表面	
2	电净	电化学除油	镀笔接正极
3	强活化	电解蚀刻表面,除锈,除疲劳层	镀笔接负极

续表

序号	工序名称	工序内容	备注
4	弱活化	电解蚀刻表面,去除碳钢表面炭黑	镀笔接负极
5	镀底层	提高界面结合强度	镀笔接正极
6	镀尺寸层	快速恢复尺寸	镀笔接正极
7	镀工作层	满足尺寸精度和表面性能	镀笔接正极
8	后处理	吹干,烘干,涂油,去应力,打磨,抛光等	依据应用要求选定

7.2.4 微机电系统与制造技术

1. 微机电系统概述

微机电系统的起源可以追溯到1959年,著名物理学家Richard Phillips Feynman(理查德·费曼,1965年获诺贝尔物理学奖)在加州理工学院发表题为《底层还有大空间》(There's Plenty of Room at the Bottom)的演讲,提出了系统微小型化的概念。

微机电系统(micro-electro-mechanic system,MEMS)是一种微小尺度的机电系统,其所包含的部件大小通常为1 μm～1 mm。由于微机电系统相当大的表面积或体积比,一些经典物理基本定律已不适用,诸如静电和浸润等表面效应要比惯性和比热等体效应大很多,MEMS器件中表面摩擦力主要由分子之间的相互作用力引起,而非由载荷压力引起等。

MEMS是微电子技术和微型机械相结合的产物,图7-37是一典型的MEMS示意图。可见,MEMS由传感器、信息处理单元、执行器和通信/接口单元等组成。其输入是物理信号,通过传感器转换为电信号,经过信号处理后,由执行器与外界作用。每一个微系统可以采用数字或模拟信号(电、光、磁等物理量)与其他微系统进行通信。

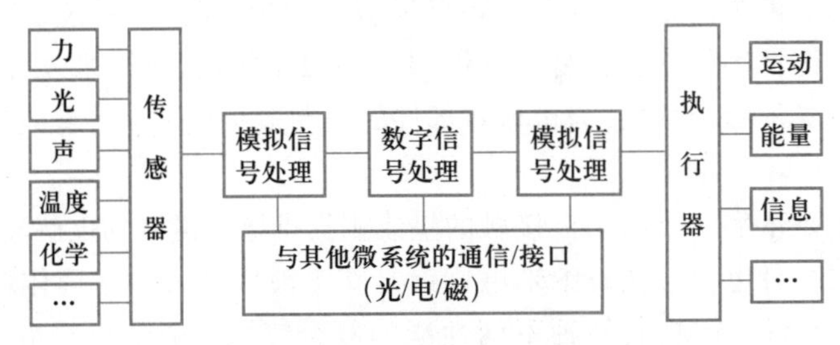

图7-37 微机电系统组成

MEMS的主要特征:

1)微型化 MEMS器件体积小、重量轻、耗能低、惯性小、谐振频率高、响应时间短。

2)机械电器性能优良 MEMS器件以硅为主要材料,硅的强度、硬度和杨氏模量与铁相当,密度类似铝,热传导率接近钼和钨。

3)批量生产 硅微加工工艺可在一片硅片上同时制造成百上千个微型机电装置或完整的MEMS。批量生产可大大降低生产成本。

4)集成化 可以把不同功能、不同敏感方向或致动方向的多个传感器或执行器集成于一体,或形成微传感器阵列、微执行器阵列,甚至把多种功能的器件集成在一起,形成复杂的

MEMS。

5）多学科交叉 MEMS 涉及电子、机械、材料、制造、信息与自动控制、物理、化学和生物等多种学科，并集约了当今科学技术发展的许多尖端成果。

表 7-4 列出了部分已商品化的微机电产品。

表 7-4 一些已商品化的微机电产品

分类	产品	用途
微传感器	声波传感器	探测化学物质
	生物医学传感器	探测生物物质
	化学传感器	探测化学气体物质
	惯性传感器	检测与运动物体有关的动力
	光学传感器	检测和测量光强
	压力传感器	探测流体压强
	应力传感器	探测机器和构件内部的局部应力分布
	热传感器	探测环境温度和热量
微驱动器	微型夹子、镊子、钳子	用于显微手术以及封装和组装中取放微元件
	微型机器人	用于监测和外科手术
	微马达	用于线性和旋转功率驱动器
	微继电器和微开关	用于电子和光电子电路
	微阀门和微泵	用于微流体
	微光学系统	用于操作光束传输
微系统	微型流体系统	利用毛细管的电泳现象来分离和探测生物样品中的不同种类
	微型药品传输装置	用活体胶囊通过分配程序将药品传输到病人身体需要的部位
	微型诊断机器人	可在病人身体里移动，以便进行疾病诊断
	微型加速度仪	用于汽车安全气囊配备系统

2. MEMS 的材料

微机电系统在 20 世纪 90 年代得到迅速的发展，很大程度是因为它在工艺、设备和材料等方面继成了集成电路制造技术的成果，相应的加工工艺可以使用与参照。对 MEMS 的深入了解应该从构成器件的材料入手。MEMS 器件是由多种材料构成的，而每种材料发挥的作用不同。常用的材料见表 7-5。

表 7-5 MEMS 常用材料

材料名称	材料代号	用途
单晶硅	Si	是最常用的体加工材料，单晶硅衬底是最理想的 MEMS 结构平台
多晶硅	多晶 Si	结构材料
二氧化硅	SiO_2	常用作牺牲层材料，也可用作干法刻蚀多晶硅膜的掩膜
氮化硅	Si_3N_4	可用作绝缘、表面钝化、刻蚀掩膜和机械结构材料

续表

材料名称	材料代号	用途
锗基材料	Ge, SiGe	可以淀积在许多牺牲层材料上。多晶 SiGe 的淀积具有很高的保形性
金属	Al, W,TiNi（形状记忆合金），NiFe(磁合金)	金属在 MEMS 中有多种用途,从刻蚀硬掩膜到微传感器和微执行器中结构元件互连的引线
碳化硅	SiC	具有在恶劣环境下应用的电学、机械和化学性能。多晶 SiC 可以淀积在多种衬底上
金刚石	C	金刚石薄膜
Ⅲ-Ⅴ材料	GaAs、InP	具有很好的压电光电特性,是制作多种传感器和光学器件的理想材料
压电材料	Pb(ZrxTi1-x), O_3(PZT)	主要用作执行器

3. MEMS 的制造技术

微机电系统是指特征尺寸在 1~1 000 μm 之间,利用集成电路加工技术将机械和电子元件集成的器件。通常,加工一个 MEMS 器件需要经过在衬底上生长结构层、牺牲层、掩膜层等多步工序,因此与加工工序相关的刻蚀选择比、材料黏附性、微结构性质等就成了设计过程必须考虑的因素。MEMS 制造技术主要包括表面微加工、体微细加工、光刻、沉积、外延技术、光刻电铸法和电火花加工等。

(1) 表面微加工

表面微加工(surface micromachining)技术是利用集成电路中的平面化制造技术来制造微机械装置的。表面微加工工艺是指在衬底上逐层累积与刻蚀,从而构建微结构(见图 7-38)的一种工艺方法。其中牺牲层技术是表面微加工技术的一种重要工艺,牺牲层技术也称为分离层技术。图 7-39 所示为 1982 年美国 U. C. Berkeley 采用表面牺牲层工艺制作的世界上第一个 MEMS 器件——微型静电马达。

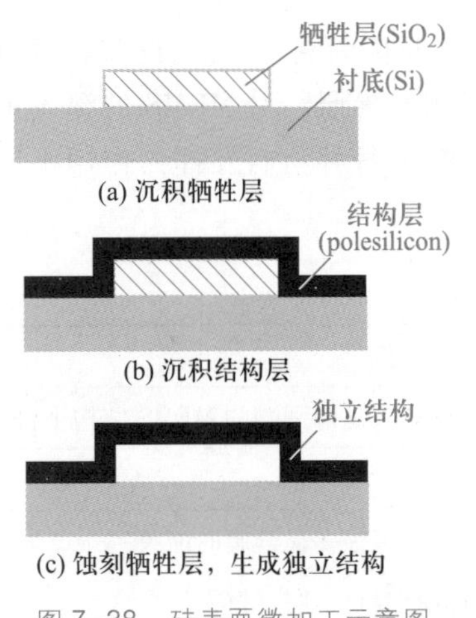

图 7-38 硅表面微加工示意图

图 7-39 微型静电马达(1982 年)

（2）体微细加工

体微细加工（bulk micromachining）技术是指对晶体或者非晶体的体块材料进行刻蚀（etching），得到三维形貌的加工技术。刻蚀工艺分为干法刻蚀和湿法蚀刻工艺，结合刻蚀掩膜和材料的自停止腐蚀特性在硅衬底上雕刻出微结构。

1）干法刻蚀　利用高能束或某些气体对基体进行去除加工，被刻蚀的表面粗糙度值较小，刻蚀效果好。加工工艺主要包括离子束刻蚀和激光刻蚀。

2）湿法刻蚀　通过化学刻蚀液和被刻蚀物质之间的化学反应，将被刻蚀物质剥离下来。刻蚀工艺的一个最重要的参数就是刻蚀的方向性（即侧壁形貌）。如果刻蚀在任意方向的刻蚀速率都相同，称为各向同性刻蚀；相反，各向异性刻蚀通常指垂直方向的刻蚀速率要远大于水平方向的刻蚀速率。

（3）光刻加工

光刻加工（photolithography）是加工半导体结构或器件和集成电路微图形结构的关键工艺技术，其原理与印刷技术中的照相制版相似：在硅等基体材料上涂覆光致抗蚀剂（光刻胶），用高能量束通过掩膜对光致抗蚀层进行曝光，经显影后，在光致抗蚀剂层获得与掩膜图形相同的微细几何图形。再利用刻蚀等方法，在基体或被加工材料上制造出微型结构。其工作原理见图7-40。其工艺主要包括掩膜制备、基片前处理、涂胶、前烘、曝光、显影、后烘、蚀刻、（剥膜）去胶。光刻技术包括光学光刻、电子束光刻、离子束光刻、X射线光刻。

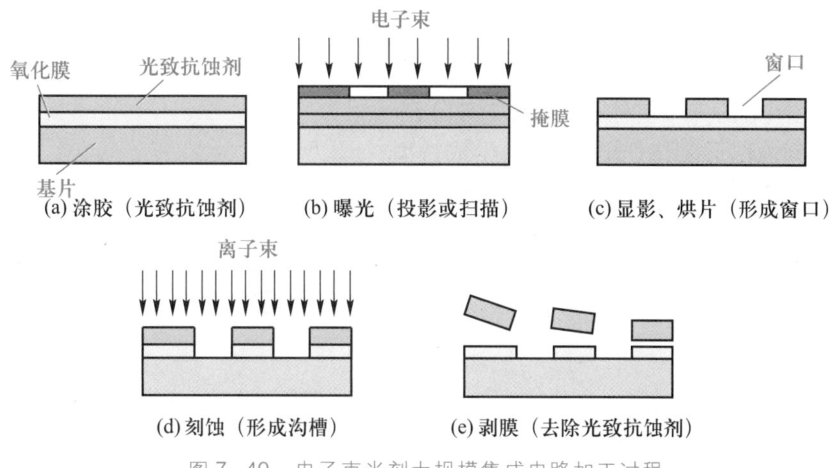

图7-40　电子束光刻大规模集成电路加工过程

光刻加工的主要过程如下：

1）涂胶　把光致抗蚀剂涂敷在已镀有氧化膜的半导体基片上。

2）曝光　曝光通常有两种方法：① 由光源发出的光束，经掩膜在光致抗蚀剂涂层上成像，称为投影曝光；② 将光束聚焦形成细小束斑，通过扫描在光致抗蚀剂涂层上绘制图形，称为扫描曝光。常用的光源有电子束、离子束等。

3）显影与烘片　曝光后的光致抗蚀剂在一定的溶剂中将曝光图形显示出来，称为显影。显影后进行200～250 ℃的高温处理，以提高光致抗蚀剂的强度，称为烘片。

4）刻蚀　利用化学或物理方法，将没有光致抗蚀剂部分的氧化膜除去，并形成沟槽。常用的刻蚀方法有化学刻蚀、离子刻蚀、电解刻蚀等。

5）剥膜（去胶） 用剥膜液去除光致抗蚀剂。剥膜后需进行水洗和干燥处理。

光刻加工所用设备要求有很高的定位精度，一般定位误差要求小于0.1 μm，重复定位误差则要求小于0.01 μm。光刻加工机床工作台运动通常分粗动和微动两档，粗动多采用伺服电动机经滚珠丝杠驱动，微动则常采用压电晶体电致伸缩机构。

（4）沉积

沉积（deposition）分为化学气相沉积（chemical vapor deposition，CVD）和物理气相沉积（physical vapor deposition，PVD）。化学气相沉积是利用气体通过某种方式激活，在衬底上发生化学反应，而沉积出所需的固体薄膜。物理气相沉积是通过蒸发、电离或溅射等过程，产生金属粒子并与反应气体发生反应形成化合物沉积所需要的薄膜。物理气相沉积的主要方法有真空蒸镀、溅射镀膜、电弧等离子体镀、离子镀膜及分子束外延等。发展到目前，物理气相沉积技术不仅可沉积金属膜、合金膜，还可以沉积化合物、陶瓷、半导体、聚合物膜等。

（5）外延技术

外延技术（epitaxy）是在单晶硅或GaAs的表面上生长出一层新单晶的技术，生长的外延层能保持与衬底相同的晶向，因而在外延层上可以进行各种横向与纵向的掺杂分布与腐蚀加工，以制成各种形状。

（6）光刻电铸法

光刻电铸法（lithograhic galvanofornung abformung，LIGA）首先由德国卡尔斯鲁厄原子核研究所提出。它由深层同步X射线光刻、电铸成形、注塑成形组合而成，其工艺包括三个主要工序：

1）以同步加速器放射的波长小于1 nm的X射线作为曝光光源，在厚度达0.5 mm的光致抗蚀剂上生成曝光图形的三维实体（参见图7-41）；

2）用曝光刻蚀图形实体作电铸模具，生成铸型；

3）以生成的铸型作为注射模具，加工出所需微型零件。

图7-42所示为LIGA法的制作过程示意图。

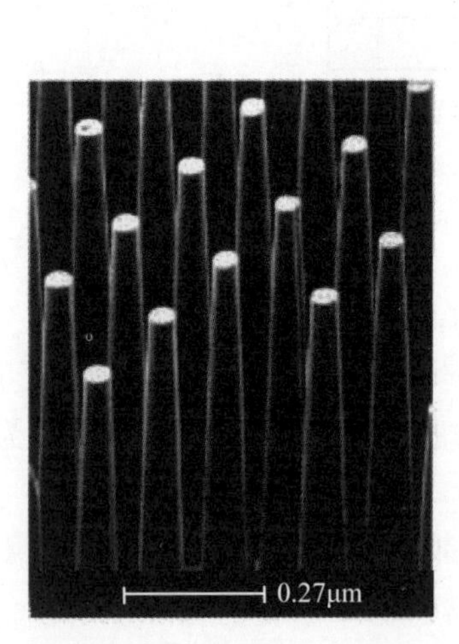

图7-41 X射线刻蚀的三维实体

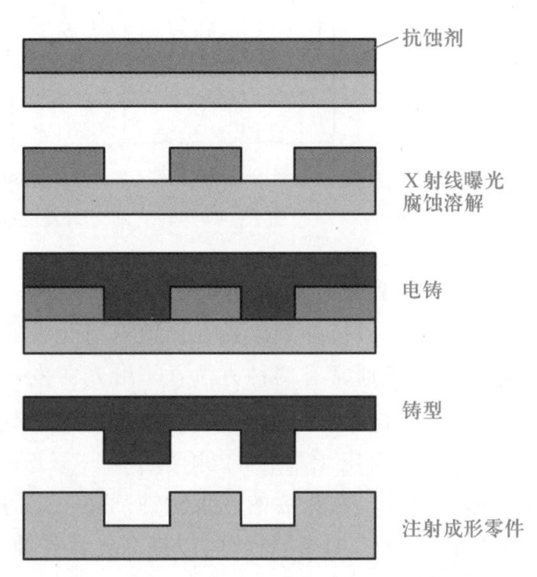

图7-42 LIGA制作零件过程

LIGA 法具有以下特点：

1）用材广泛，可以是金属及其合金、陶瓷、聚合物、玻璃等。

2）可以制作高度达 0.1 ~ 0.5 mm，高宽比大于 200 的三维微结构，形状精度达亚微米（图 7-42）。

3）可以实现大批量复制，成本较低。

LIGA 法目前已广泛应用于加工、测量、自动化、电子、生物、医学、化工等领域。其典型产品有微传感器、微电机、微机械零件、微光学元件、微波元件、真空电子元件、微型医疗器械等。

4. 集成电路制造技术

以硅为衬底材料的集成电路芯片的生产过程分为三个阶段：硅圆晶片制作，集成电路芯片制作，硅晶片上芯片的分割、封装和检测。其中集成电路芯片制作过程是一个“沉积→光刻→刻蚀→掺杂”的重复循环过程，其生产过程见图 7-43。

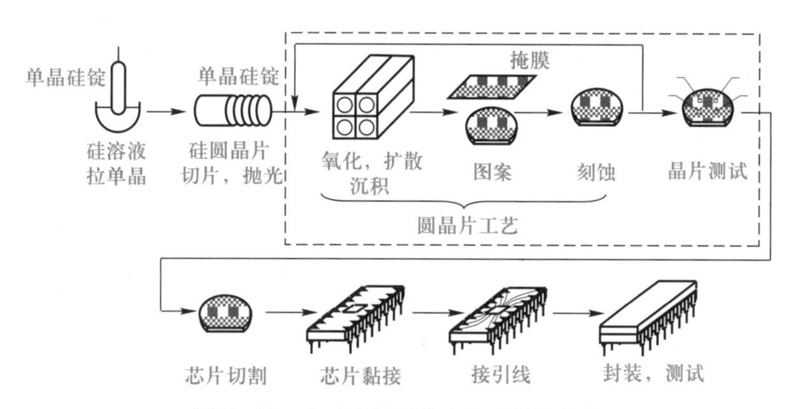

图 7-43 集成电路芯片生产过程示意图

集成电路生产过程中设计的微细加工技术包括：以单晶生长、晶片加工为主体的衬底制备；以外延、氧化、蒸发、化学气相沉积等为主体的薄膜制备；以扩散、离子注入为主体的掺杂；以制版、光刻、刻蚀为主体的微图形加工；以及后续的电子组装与分装。

（1）硅圆晶片制作

1）硅单晶锭制备　制备单晶硅主要有直拉法和悬浮区熔法两种方法。制备工艺对于硅来说，就是一种从液态到固态的单元素晶体生长系统。

2）硅晶片的预加工　单晶硅锭需要经过一系列工艺过程，包括晶锭整形、晶片切割、晶片精细加工，加工成薄的圆盘式的硅晶片。

（2）集成电路芯片制作

1）薄膜沉积　化学气相沉积（CVD）利用化学反应或气体分解，在加热的衬底材料表面生长沉积薄膜，以建立屏蔽层和电路层。常是用于沉积多晶硅、二氧化硅和氮化硅。

2）热氧化　在精确的温度和时间控制下，硅晶片表面被加热并暴露在纯氧的环境下，硅与氧在高温下经化学反应生成二氧化硅薄膜。

3）加工光掩膜　将集成电路板图文件传送到图形发生器，图形发生器用曝光的方法将集成电路板图复制到光掩膜的感光干板上，曝光后在干板上形成与集成电路板图相一致的透光图形。

4）光刻　光刻是集成电路加工的关键技术。

5）刻蚀　把光刻前所沉积的薄膜中没有被光刻胶覆盖及保护的部分，以化学反应或物理作用的方法予以去除。

6）掺杂 利用掺杂技术可以制作P-N结、欧姆接触区、IC中的电阻器、硅栅和硅互连线等。掺杂技术中广泛使用的方法有热扩散、离子注入等。

7）互连 集成电路芯片的内部元件之间，可以通过两层金属沉积或互联层溅射沉积等工艺方法，实现内部互连。

（3）硅晶片上芯片的分割、封装和检测

集成电路芯片的后端工艺包括晶片检测、芯片分割、芯片粘贴、引线键合、封装、成品检测。

1）芯片粘贴 将芯片粘贴到引线架或基座上，达到电耦合和改善散热条件的目的。

2）引线键合 将芯片I/O端上的压焊点和外引脚之间用细铝丝或金线连接起来的工艺。键合方法有热压键合、超声键合及其复合键合。

3）封装 对集成电路芯片进行封装的方法和材料，取决于该集成电路尺寸、外部引脚数量、功率和散热以及使用环境要求。常用封装材料有陶瓷和塑料。

7.3 机械制造自动化技术

7.3.1 机械制造自动化技术的发展

机械制造自动化技术始终是机械制造中最为活跃的一个研究领域，也是制造企业提高生产率和赢得市场竞争的主要手段。机械制造自动化技术自20世纪20年代出现以来，经历了三个主要发展阶段，即刚性自动化、柔性自动化和综合自动化，见表7-6。综合自动化常常与计算机辅助制造、计算机集成制造等概念相联系，它是制造技术、控制技术、现代管理技术和信息技术的综合，旨在全面提高制造企业的劳动生产率和对市场的响应能力。

表7-6 三种自动化方式比较

比较项目	自动化形式		
	刚性自动化	柔性自动化	综合自动化
产生年代	20世纪20年代	20世纪50年代	20世纪70年代
实现目标	减小工人劳动强度，节省劳动力，保证制造质量，降低生产成本	减小工人劳动强度，节省劳动力，保证制造质量，降低生产成本，缩短产品制造周期	减小工人劳动强度，节省劳动力，保证制造质量，降低生产成本，提高设计工作与经营管理工作的效率和质量，提高对市场的响应速度
控制对象	设备、工装、器械 物流	设备、工装、器械 物流	设备、工装、器械，信息 物流、信息流
特点	通过机、电、液、气等硬件控制方式实现，因而是刚性的，变动困难	以硬件为基础，以软件为支持，通过改变程序即可实现所需控制，因而是柔性的，易于变动	不仅针对具体操作和人的体力劳动，而且涉及人的脑力劳动，涉及设计、制造、营销、管理等各方面

续表

比较项目	自动化形式		
	刚性自动化	柔性自动化	综合自动化
关键技术	继电器程序控制技术,经典控制论	数控技术,计算机控制技术,现代控制论	系统工程,信息技术,成组技术,计算机技术,现代管理技术
典型装备与系统	自动、半自动机床,组合机床,机械手,自动生产线	数控机床,加工中心,工业机器人,柔性制造单元(FMC)	CAD/CAM 系统,MRPⅡ,柔性制造系统(FMS),计算机集成制造系统(CIMS)
应用范围	大批大量生产	多品种、中小批量生产	各种生产类型

为了更好地说明上述三种自动化方式的异同,可以引用 Groover 产品生命周期模型。生产某种产品所需总时间可以表示为

$$TT_{LC}=BQT_1+BT_2+T_3 \tag{7-1}$$

式中:TT_{LC}——生产某种产品所需总时间;

B——产品全生命周期内生产的批数;

Q——批量;

T_1——单件工时;

T_2——每批产品所需生产准备时间(包括原材料订货时间,制订生产计划时间,毛坯准备时间,工艺装备准备和调整时间等);

T_3——每种产品所需的设计及生产准备时间(包括产品设计,工艺过程设计,样机试制,工艺装备设计与制造等)。

式(7-1)两边除以 BQ,得到:

$$T_{LC}=T_1+\frac{T_2}{Q}+\frac{T_3}{BQ} \tag{7-2}$$

式中,T_{LC}——生产一件产品所需平均时间。

T_{LC}是一项综合性指标,降低 T_{LC}不仅意味着缩短生产周期,也意味着降低生产成本和提高生产率,因而常被看作是生产追求的一个总目标。由式(7-2)可见,降低 T_{LC}不外乎从降低 T_1、T_2 和 T_3 上入手。刚性自动化着眼于降低 T_1,在大批量生产的条件下,由于 B 和 Q 值很大,上式等号右边第 2、3 项变得很小,因而降低 T_1 十分有效,这也是目前刚性自动化方式在大批量生产中仍被广泛采用的原因。柔性自动化不仅能降低 T_1,而且也能部分地降低 T_2(可以大大地减少工艺装备的准备和调整时间),因而是单件小批生产自动化的一种主要形式。综合自动化则追求同时降低 T_1、T_2 和 T_3,适合于各种生产类型,特别是对于多品种、中小批量生产而言,综合自动化是提高生产率最有效方式。综合自动化是自动化技术发展的最高级形式,也是自动化技术发展的方向。

7.3.2 自动化加工技术

本节仅对中小批量生产中广泛使用的柔性制造系统(flexible manufacturing system,FMS)进

行介绍。

1. 柔性制造系统的组成

柔性制造系统是一种由计算机集中管理和控制的灵活多变的高度自动化的加工系统,它由3个基本部分组成:

1) 加工单元 通常以加工中心或数控机床为核心,辅之以托盘自动交换装置或工业机器人上下料机构及托盘(工件)暂存台架等,能完成多种工件及多种工序的自动加工、自动检测、自动上下料、自动排屑,能与物流系统设备衔接,并能实现与上级管理系统的通信。除加工单元外,FMS还可根据需要设置独立的清洗单元、检测单元等。

2) 物料储运系统 物料储运系统一般由装卸站、运输设备、储存设备组成。装卸站的主要功能是为工件(毛坯)及工夹具的装卸提供场所和方便。运输设备负责包括工件、工夹具、切屑等在内的物料运输,常用的运输设备有轨运输车、无轨运输车、辊道及地链拖车等。图7-44所示为一铰链转向式三轮自动导向运输车的结构简图。物料储存设备的功用是存储一定数量的工件(毛坯)及工夹具,以减小装卸时间与加工时间的差异,减少或消除机床的等待时间。由于立体仓库具有占地面积小、容量大的优点,目前应用较多。

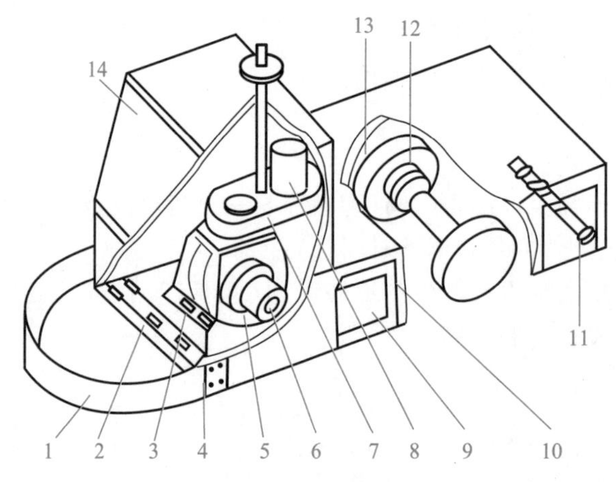

图7-44 铰链转向式三轮自动导向运输车

1—安全挡圈;2、11—认址线圈;3—失灵控制线圈;4—导向探测线圈;5—驱动轮;6—驱动电动机;7—转向机构;8—导向伺服电机;9—蓄电池箱;10—车架;12—电磁离合器;13—后轮;14—操纵台

3) 计算机控制系统 计算机控制系统是FMS的核心,典型的FMS控制系统常采用多级分布式控制结构,包括中央计算机、物流控制计算机和单元控制计算机。中央计算机接收来自工厂主计算机的指令,对整个FMS实行管理和监控,为每个加工单元分配任务和数据,并协调各单元控制器之间的动作,以及单元控制器与物流控制器之间的关系。物流控制计算机接收中央计算机的指令,对自动仓库和运输设备进行监视和控制,运输控制多采用分区控制方法。单元控制器接收中央计算机的指令,对单元内的机床及上下料装置进行控制,并对加工状态和加工质量进行监测和控制,同时将检测信息传送给中央计算机。

2. 柔性制造系统的特点与应用

柔性制造系统具有如下特点:

1）柔性制造系统以成组技术为基础　目前，实际运行的 FMS 加工对象大多数为具有一定相似性的零件，例如轴类零件 FMS、箱体类零件 FMS 等。加工零件的品种一般在4～100之间，其中以 20～30 种为最多；加工零件的批量一般在 40～2 000 件之间，其中以 50～200 件为最多。

2）柔性制造系统具有高度的柔性和高度自动化水平　FMS 运行几乎不需要人的干预，通常白天只需要少数几个人进行系统维护、毛坯准备等工作，夜间系统可以完全在无人的情况下运行。FMS 没有固定的生产节拍，并可在不停机的条件下实现加工零件的自动转换。

3）柔性制造系统实现了制造与管理的结合　系统可与工厂主计算机进行通信，并可按全厂生产计划自动在 FMS 系统内进行计划调度。通常在每个工作日开始时，系统的中央计算机将按照工厂主计算机下达的生产指令，通过仿真和优化，确定系统当日的最优作业计划。当系统内某台设备出现故障时，系统会灵活地将该设备的工作转移到其他设备上进行，实现“故障旁路”。

柔性制造系统应用范围很广，如图 7-45 所示。图中柔性制造单元（flexible manufacturing cell，FMC）、柔性制造系统（FMS）和柔性生产线（flexible manufacturing line，FML）都属于柔性制造系统的范畴，但其规模和加工对象略有差异。

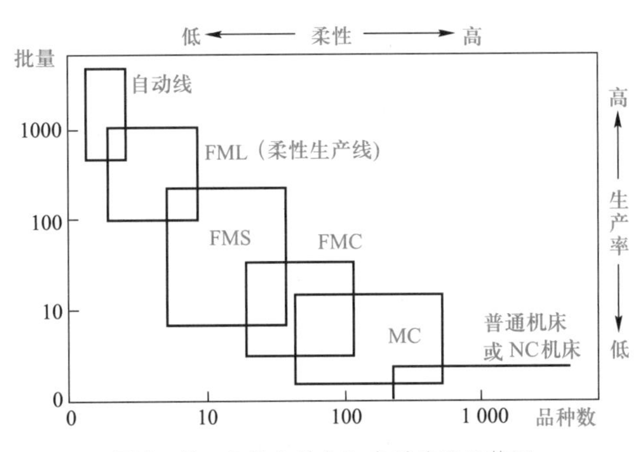

图 7-45　几种自动化生产系统适用范围

柔性制造单元通常由 1～2 台加工中心或数控机床、托盘自动交换装置及托盘存储库或上下料机器人及料仓、单元计算机组成。图 7-46 显示了几种不同形式的 FMC。其中图 a 为具有 10 个工位托盘的环形回转式托盘交换系统与加工中心组成的 FMC，图 b为由 1 台机器人和 1 台数控机床组成的 FMC，图 c 则为由两台数控磨床和机器人组成的 FMC。

柔性制造单元实际上是一种小型化的柔性制造系统，可以单独使用，也可以作为柔性制造系统的基本组成单元。

柔性生产线是一种可变加工生产线，具有柔性制造系统的基本功能和特点，通常用于生产批量较大的场合。柔性生产线的设备一般按工艺过程布局，并可以有生产节拍，这一点与传统自动生产线有相似之处。

采用柔性制造系统可以在以下几方面获得明显的效益：

1）设备利用率显著提高。据统计，普通机床有效工作时间约为 20%，采用数控机床可以达到 50%，而 FMS 中机床利用率可高达 80%。

2）生产人员可显著减少。同等生产规模采用 FMS 较传统加工人员可减少 50% 以上。

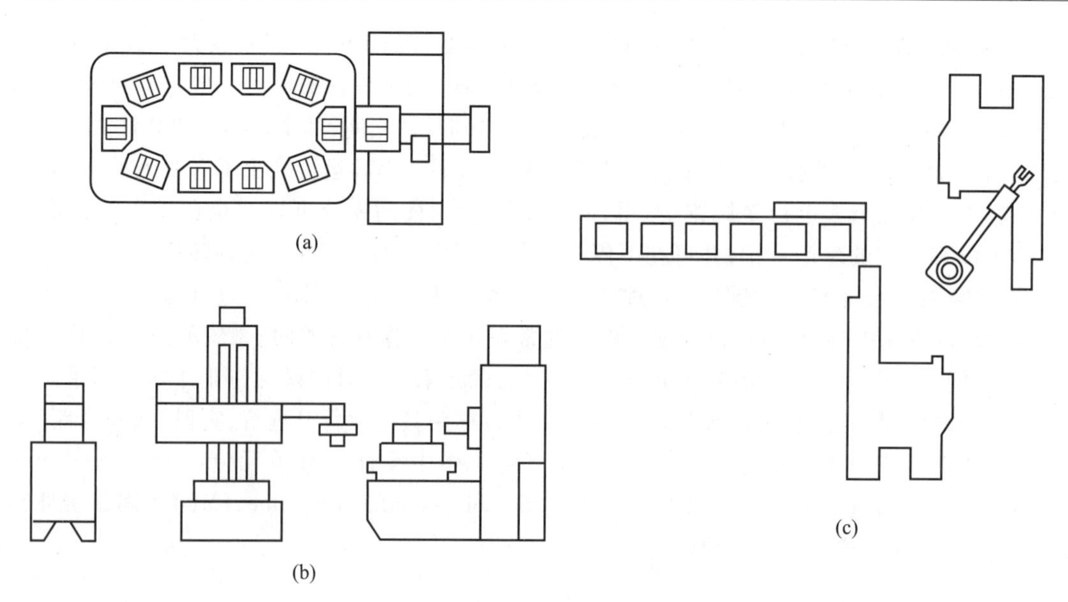

图7-46　几种不同形式FMC示意图

3）调整与准备时间大大减少。在相同设备数量的情况下，生产率可提高50%以上。

4）占地面积可减少40%。

当然，采用柔性制造系统需要一次性投入较大。因此，在规划设计时必须从实际出发，审慎行事。

3. 柔性制造系统的关键技术

FMS建立涉及许多关键技术，主要包括系统监控与管理、物流系统的控制、刀具管理和FMS辅助系统。

（1）系统监控与管理

这是一项非常复杂的任务，并主要通过软件功能来实现，相应的软件需仔细规划，精心设计。FMS监控和管理软件通常应包括以下几个模块：

1）调度模块　调度模块应能实现作业检索、作业装入、作业取消、批量再划分、作业计划更改以及作业计划仿真等。

2）接口模块　用来解释调度程序，并将其扩展成适合于后继系统执行的指令。

3）系统管理程序模块　接收零件进入FMS的信息，为其准备最少数量的托盘，进而将指令传给物流系统；审查并记录FMS现场反馈的信息；为系统工作人员提供人工干预的接口。

4）传送模块　接收作业调入命令，同时反馈状态变化信息。

（2）物流系统的控制

FMS中的物流系统对保证机床最大利用率和取得良好效益具有决定性的作用。物流系统的控制功能体系如图7-47所示。

（3）刀具管理

刀具管理也是一项非常复杂的工作。刀具管理要求能实现刀具预调，刀具参数、位置、磨损情况的检测，刀具使用情况预报，机床刀库与中央刀库的批交换等。刀具管理软件主要包括三部分：一是刀具信息处理专家系统，用来处理刀具的破损、预调和寿命管理；二是刀具传递控制软件,用来调度 FMS 刀具系统的传递操作;三是刀具数据库(TDB),用来存放和调用全部刀具管理系统的数据。

(4) 数据通信

FMS 是一个包括多种计算机和可编程设备的复杂系统,因而异种机联网是设计中需重点考虑的问题。目前,FMS 通信中除使用 RS232C 和 I/O 接口外,多采用 MAP(制造自动化协议)网络控制方式。

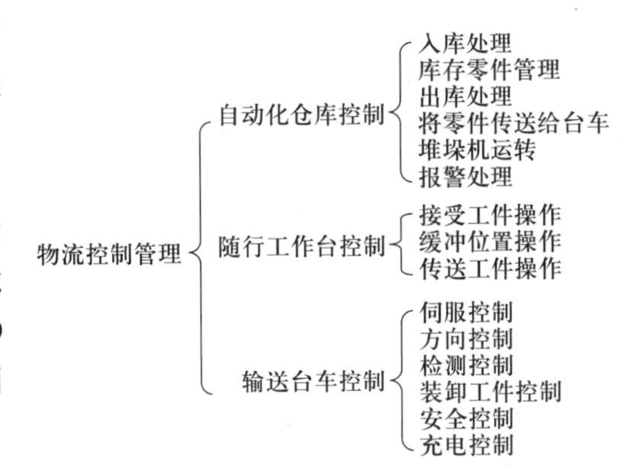

图 7-47 物流系统的控制功能体系

(5) FMS 辅助系统

为使 FMS 正常工作,FMS 的许多辅助系统也是必不可少的,如清洗单元,切削液自动排出和集中回收系统,自动断屑、排屑系统以及切屑输送与处理系统等。

7.3.3 自动检测技术

1. 自动检测原理与方法

自动检测是指检测过程中一个或多个检测阶段的自动化。主要包括三种类型:

1) 自动化传送和装卸被测件;

2) 自动完成检测过程;

3) 传送/装卸与检测过程全部自动化。

自动检测是自动化生产过程中一个重要环节,对保证自动化生产中产品质量具有重大意义。

自动检测通常是在线的,即检测器具、装置或工作站在空间上集成在制造系统中。根据检测的实时性,自动检测可分为两种类型:在线/过程中检测和在线/过程后检测。在线/过程中检测指在制造过程中同时进行检测,由于没有时间滞后,可以对正在加工的零件质量缺陷实时进行修正和补偿。但在线/过程中检测技术复杂,投资较大,因而主要用在少数质量瓶颈工序。在线/过程后检测是指在制造过程完成后进行的在线检测,因为有较短时间的滞后,故在保证产品质量一致性方面不如前者。但由于技术难度较小,加之可实现 100% 的自动检测,仍然是自动化生产中进行质量控制的一种有效方法,并得到广泛采用。

自动检测多采用传感器或传感器/计算机反馈控制系统。所用传感器可分为两大类:接触式和非接触式传感器。接触式传感器主要用于检测物理尺寸、形状或相互位置关系,常用的有接触/触针型传感器和坐标测量机(CMM)。非接触式传感器不与被测件直接接触,因而可以消除物体接触变形等缺陷,并可缩短传感时间,且一般不需要被测件安装(定位和夹紧)。非接触式传感器的检测方式主要有光视法和非光学传感两种形式。光视法指利用各种光源或激光束进行检测,非光学传感则有多种形式,如利用电场、磁场、电涡流、容栅、射线束、超声等物理量进行检测。

在制造系统中,常用的自动检测和控制的特征信号有:尺寸和位移、力和力矩、振动、温度、电信号、光信号和声音等。

2. 三坐标测量机

(1) 三坐标测量机的结构

从结构上看，三坐标测量机（coordinate measurement machine，CMM）由测头（触针）和三坐标移动装置组成。测头（触针）即进行测量用的接触式传感器，三坐标移动装置使触头沿被测件表面实现三维运动。

常见的三坐标测量机的结构形式有四种（图7-48）：

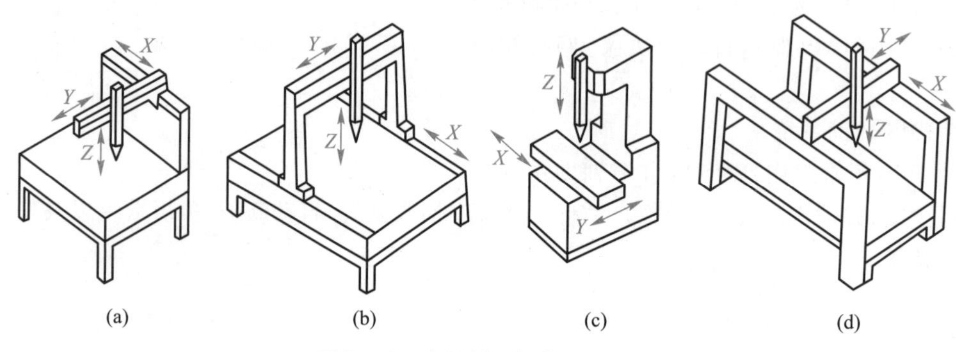

图7-48　坐标测量机的结构形式

1）悬臂式（图7-48a）　触头安装在作 Z 向运动的垂直主轴套筒端部，并随主轴一起沿导轨运动。这种形式占用空间较小，但结构刚度较差。

2）桥式（图7-48b）　是一种工业用测量机常用结构。触头安装在作 Z 向运动的垂直主轴套筒端部，桥式水平导轨实现 Y 向运动，桥形支架作 X 向运动。其优点是刚性好，测量精度高。

3）立柱式（图7-48c）　其结构与立式机床相似，X 和 Y 向运动由工作台完成，触头作 Z 向运动。

4）门式（图7-48d）　其结构与门式起重机相似，触头作 Z 向运动，并随 Z 轴在门架的水平导轨上完成 X 和 Y 向运动。

(2) 三坐标测量机的控制与编程

三坐标测量机的控制方式有手动控制、计算机辅助手动控制和计算机直接控制三种方式。手动控制由操作者进行手动操作，使触头与被测件表面接触。触头设计成自由浮动的，可沿三个坐标运动，测量结果由数显装置显示，人工记录显示结果，数据计算和处理也由人工完成。计算机辅助手动控制的触头运动仍为手动操作，但数据处理和相关计算则由计算机完成。计算机直接控制与CNC机床的控制类似，由计算机通过编制相应程序完成各坐标轴运动控制和测量数据记录与处理。

计算机直接控制方式通常采用两种编程方法：示教再现编程法和数控编程法。示教再现编程法由操作者操作触头完成测量运动，计算机自动记录此过程，并可再现测量程序。数控编程法与数控机床编程类似，其控制语句包括运动指令、测量指令和报告格式指令等。运动指令控制触头完成测量三维运动；测量指令控制检测动作，调用各种数据处理和计算程序；报告格式指令控制测量结果的输出报告内容和格式。

(3) 三坐标测量机的应用

坐标测量机的基本测量项目是触头与被测件表面接触点的 X、Y、Z 坐标值。通过计算和数据处理,可以完成多个项目的测量,见表7-7。

表7-7 坐标测量机可完成的测量项目

可完成的测量项目	测量原理
尺寸	由两个给定面坐标的差值确定尺寸
孔径与孔中心线坐标	测量孔表面上3点,通过计算确定孔径与孔中心线坐标
圆柱体轴心线与直径	测量圆柱面上3点,通过计算确定圆柱体轴心线与直径
球心坐标与球面半径	测量球面上4点,通过计算确定球心坐标与球面半径
平面度	用3点接触法测定,与理想平面比较确定平面度
两平面夹角	按平面上3个触点最小值规定平面,再计算夹角
两平面的平行度	根据两平面交角确定平行度
两条线的交点与交角	先确定两线夹角,再测定交点

采用三坐标测量机进行测量具有如下一系列优点:

1)测量效率高　通常情况下,使用三坐标测量机的测量时间仅为人工测量时间的5%~10%。对于复杂零件的测量,效率提高更明显。

2)测量柔性大　可完成不同件的不同项目测量,易于变换测量对象。

3)测量精度高　三坐标测量机从设计、制造到装调与使用均有较高的要求,使其测量精度高于一般计量器具。

4)操作误差少　可以减少被测件安装和测量的人为误差因素。

7.3.4 工业机器人

工业机器人是制造系统自动化的关键环节之一。按照国际标准化组织的定义,操作型工业机器人是一种可自动控制、可重新编程、至少在三个轴上可编程的多种用途操作机。工业机器人在制造自动化系统中用于上下料、搬运、焊接、喷涂、装配、激光加工等。工业机器人一般由执行机构、驱动系统、控制系统三部分构成。执行机构包括机座、手臂、手腕和末端执行器,有的机器人还有行走机构。大多数工业机器人有3~6个运动自由度,其中腕部通常有1~3个运动自由度。驱动系统包括动力装置和传动机构,用以使执行机构产生相应的动作,驱动系统中的驱动方式包括电动、液动、气动和其他特殊驱动等四种。控制系统是按照输入的程序对驱动系统和执行机构发出指令信号,并进行控制。

根据机构构形的不同,工业机器人可分为串联机器人和并联机器人。串联机器人中各关节依次串联,从机座到末端执行器是个开链机构。串联机器人的关节布置或坐标形式有多种方式,包括直角坐标机器人、圆柱坐标机器人、球坐标机器人、SCARA机器人、关节型机器人,如图7-49所示。直角坐标型机器人(图a)的臂部可沿三个直角坐标移动,工作空间呈长方状;圆柱坐标型机器人(图b)的臂部可作升降、回转和伸缩动作,工作空间呈圆柱状;球坐标型机器人(图c)的臂部能回转、俯仰和伸缩,工作空间呈球状;SCARA型机器人的臂部可作两个转动关节和一个移动关节,轴线相互平行或垂直,工作空间呈圆柱状(图d);关节型机器人(图e)的臂部有多个转动关节,工作空间呈球状。

并联机器人一般由多个相同的运动支链构成,各支链共用一个机座和一个输出平台。与串联机器人相比，并联机器人具有如下特点：

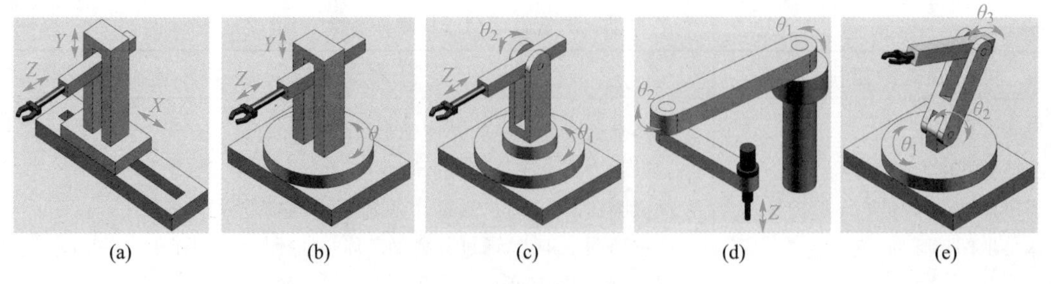

图7-49 串联机器人的分类

1）由于驱动装置可置于定平台上或接近定平台的位置，使运动部分重量轻，速度高，动态响应好；

2）无累积误差，精度较高；

3）结构紧凑，刚度高，承载能力大；

4）完全对称的并联机构具有较好的各向同性。

并联机器人的不足之处是工作空间较小。为此发展了混联机器人。图7-50所示为一三自由度的混联机器人，该机器人用于电池分拣工作。

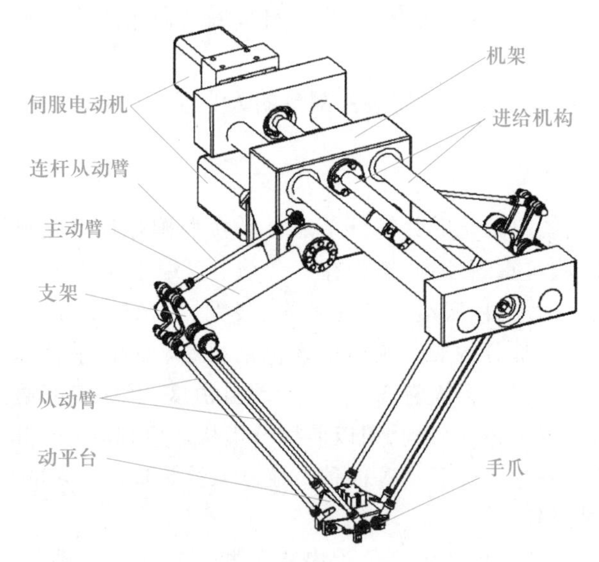

图7-50 三自由度混联机器人

工业机器人按执行机构运动的控制机能，又可分点位型和连续轨迹型。点位型只控制执行工业机器人机构由一点到另一点的准确定位，适用于机床上下料、点焊和一般搬运、装卸等作业；连续轨迹型可控制执行机构按给定轨迹运动，适用于连续焊接和涂装等作业。

智能机器人是具有感知能力的机器人，该类机器人配备了多种视觉传感器和触觉传感器，通过感知和模式识别来观测和评估其周围环境和自身附近的其他物体。

协作机器人是一类具有智能感知能力、安全、易用，可与人在同一工作空间工作或者协助人工作的机器人，见图7-51。协作机器人的控制技术主要包含运动控制技术、力控制技术和视觉伺服控制技术等。运动控制技术提高协作机器人的运行效率与运动精度;力控制技术提高协作机器人的安全性与柔顺性;视觉伺服控制技术提高协作机器人的自动化水平,拓展机器人的应用范围。得益于这些先进的控制技术,协作机器人拥有了拖动示教(图 7-51a)、视觉伺服(图 7-51b)、柔性装配、碰撞检测等能力,已经被越来越广泛的应用在搬运、装配、磨抛、喷涂以及医疗、服务等众多领域中。

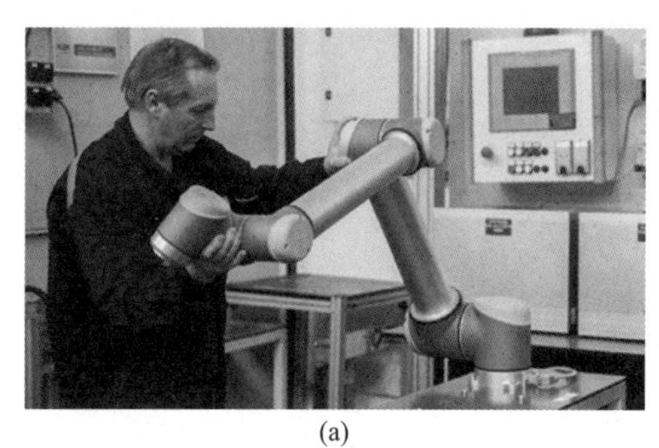
(a)

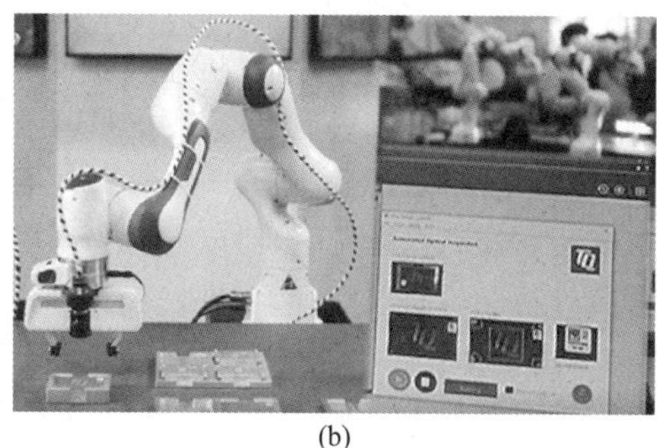
(b)

图 7-51 协作机器人的功能演示

末端执行器是在机器人的手腕一端配有的用于执行操作的执行机构。根据用途不同,常用的末端执行器有机械爪(两个或多个手指),真空吸盘,喷涂枪,用于各类焊接(电焊、电弧焊、激光焊)的附件,电动工具(电动钻头、切削刀具、电动螺丝刀),测量仪器等。柔性末端执行器通常用于抓取易碎物体以及形状不规则物体。机器人末端执行器示例见图 7-52。

(a) 刚性两爪

(b) 柔性两爪

图 7-52 机器人末端执行器示例

7.4 智能制造

7.4.1 智能制造概述

美国国家科学技术委员会在 2012 年 2 月发布《先进制造业国家战略计划》,2018 年 10 月发布《美国先进制造业领导力战略》,指出先进制造(包括新的制造方法和创新产生的新产品的生产)是美国经济实力的引擎和国家安全的支柱。智能制造(smart manufacturing) 能够通过感知和纠正异常来执行转换,以确保产品质量的一致性和可追溯性。2019年2月美国白宫网站发布了《未来工业发展规划》,聚焦人工智能、先进制造业、量子信息科学和5G这四项关键技术。

德国政府在2013年4月举办的汉诺威工业博览会上正式推出《德国工业4.0战略计划实施建议》,其核心是通过信息物理系统(cyber-physics systems,CPS),基于物联网和服务网,构建智能工厂,实现智能制造。2019年11月德国联邦经济和能源部正式公布《国家工业战略2030》最终版,以保持德国工业在欧洲和全球竞争中的领先地位。

日本政府2015年10月发布《机器人新战略》,以机器人为突破口,扩大机器人的应用领域,同时在物联网时代加快新一代机器人技术与人工智能技术的研发。2016年1月,日本制订了《第五期科学技术基本计划》,提出"社会5.0"概念,应用人工智能、大数据分析等技术,通过使网络空间与物理空间高度融合,构建以人为中心的超智能社会。

为了应对新一轮科技革命和产业变革,加快转变经济发展方式,我国政府于2015年5月印发了《中国制造2025》行动计划,从国家层面确定了我国建设制造强国的总体战略,明确提出,要以加快新一代信息技术与制造业深度融合为主线,以推进智能制造为主攻方向,实现制造业由大变强的历史跨越。

1. 智能制造的基本概念

智能制造系统是一种由智能机器和人类专家共同组成的人机一体化智能系统,它将人工智能技术融入进制造系统的各个环节中,通过模拟人类专家的智能活动,诸如分析、推理、判断、构思和决策等,取代或辅助制造环境中应有人类专家来完成的那部分活动,使制造系统具有智能特征。

新一代人工智能技术与先进制造技术深度融合所形成的新一代智能制造技术,成了新一轮工业革命的核心驱动力,新一代智能制造的主要特征表现在制造系统具备了"学习"能力。广义上讲,智能制造是一个大概念,是先进制造技术与新一代信息技术的深度融合,贯穿于产品、制造、服务全生命周期的各个环节及相应系统的优化集成,实现制造的数字化、网络化、智能化,不断提升企业的产品质量、效益、服务水平,推动制造业创新、绿色、协调、开放、共享发展。制造技术是智能制造的本体技术,是主体;智能技术(数字化、网络化、智能化技术)是赋能技术,为主导。

2. 智能制造的基础性支撑技术

美国在2006年提出了信息物理系统CPS的概念,2013年德国将CPS作为"工业4.0"的核心技术,信息物理系统在工程上的应用实现了信息系统和物理系统的深度融合,即实现了数字孪生(digital twin,DT),成为实现第一代数字化制造和第二代数字化网络化制造的技术基础。在大数据、云计算、移动互联网、工业互联网等技术发展的基础上,人工智能技术的发展也实现突破,呈现出深度学习、跨界融合、人机协同、群体智能等新特征,将新一代信息技术和人工智能技术应用到制造领域,进而实现制造系统的智能感知、智能学习、智能决策、智能控制、智能执行,为智能制造提供重要的技术支撑,实现数字化网络化智能化制造。

信息物理系统通过集成先进的感知、计算、通信、控制等信息技术和自动控制技术,构建了物理空间与信息空间中人、机、物、环境、信息等要素相互映射、适时交互、高效协同的复杂系统,实现系统内资源配置和运行的按需响应、快速迭代、动态优化。其本质就是构建一套赛博(cyber)空间与物理(physical)空间之间基于数据自动流动的状态感知、实时分析、科学决策、精准执行的闭环赋能体系,解决生产制造、应用服务过程中的复杂性和不确定性问题,提高资源配置效率,实现资源优化。

数字孪生以数字化的方式建立物理实体的多维、多时空尺度、多学科、多物理量的动态虚拟模型来仿真和刻画物理实体在真实环境中的属性、行为、规则等。数字孪生的概念最初于2003年由Grieves教授在美国密歇根大学产品生命周期管理课程上提出,早期主要被应用在军工及航空航天领域。如美国空军研究实验室、美国国家航空航天局(NASA)基于数字孪生开展了飞行器健康管控应用,美国洛克希德·马丁公司将数字孪生引入到F-35战斗机生产过程中,用于改进工艺流程,提高生产效率与质量。由于数字孪生具备虚实融合与实时交互、迭代运行与优化以及全要素/全流程/全业务数据驱动等特点,目前已被应用到产品生命周期各个阶段。

智能制造的基础性支撑技术(见表7-8)包括智能制造关键技术装备(硬件技术基础)和智能制造基础软件平台/网络/安全技术(软件技术基础)。

表7-8 智能制造的基础性支撑技术

智能制造关键技术/装备	智能制造支撑软件技术
无线射频识别(RFID)技术	信息物理系统(CPS)
实时定位(RTLS)技术	大数据(BG)技术
无线传感网络(WSN)技术	云计算(CC)技术
高档智能数控机床	虚拟现实(VR)技术
智能工业机器人	数字孪生(DT)
增材制造(AM)装备,3D打印	工业互联网(IIoT)
智能传感器	物联网(IoT)
智能控制装备	数字化核心支撑软件
智能检测仪器仪表	人工智能(AI)
智能装配装备	机器学习
智能物流与仓储装备	信息安全保障系统

3. 智能制造系统基本组成

智能制造系统主要由智能产品、智能生产及智能服务三大功能系统以及智能制造云和工业智联网两大支撑系统集合而成,见图7-53。其中,智能产品是主体,智能生产是主线,以智能服务为中心的产业模式变革是主题。智能制造云和工业智联网是支撑智能制造的基础。

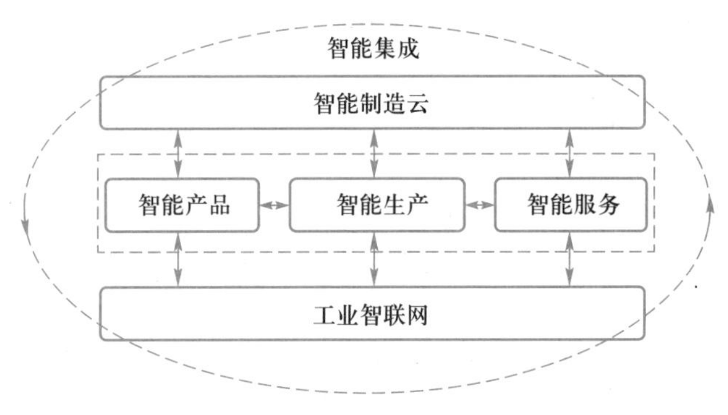

图7-53 智能制造系统基本组成

(1) 智能产品和制造装备

智能产品是智能制造的价值载体,制造装备是实施智能制造的前提和基础。从技术实现上,智能产品是产品的本体技术加上数字化、网络化、智能化等赋能技术,具备传感感知、无线互联、智能决策等特征,成为智能产品。常见的智能产品包括智能手机、智能汽车,智能终端、智能家电、智能医疗设备、智能玩具等,制造装备有智能机器人、智能机床等。

(2) 智能生产

智能生产是制造产品的物化活动。智能生产包括设计、加工、销售、服务、管理等全生命周期过程。其中,智能设计是产品创新的最重要环节;智能加工包括加工工艺的智能优化、加工过程的智能监控、加工质量的智能检测以及智能装配规划、导引与装配质量分析。智能工厂是智能生产的主要载体,根据行业的不同可分为离散型智能工厂和流程型智能工厂。智能工厂实现生产过程自动化,生产管理信息化等生产全过程的优化,将从根本上提高制造业的质量、效率和企业竞争力。

(3) 智能服务

智能服务以用户需求为中心,实现自动辨识用户的显性和隐性需求,并主动、高效、安全、绿色地满足其需求。以智能服务为核心的产业模式变革和产业形态变革是新一代智能制造创新发展的主题。例如,美国通用公司通过智能服务实现了向服务型制造的转型,根据发动机上安装的传感器实时采集大数据,运用最新人工智能技术,进行智能分析和智能控制,为用户提供可靠维护服务。

(4) 智能制造云和工业互联网

智能制造云和工业互联网是智能制造的支撑和基础。基于网络、数据与安全三大要素,工业互联网将构建面向工业智能化发展的网络、平台、安全三大体系。平台体系是工业智能化发展的核心载体,比较典型的平台体系有美国通用公司 Predix、德国西门子 MindSphere、美国参数技术公司 thingworx、微软 Azure 等,以及我国的航天云网、海尔 CosmoPlat、树根互联、阿里云和华为云等。

(5) 系统集成

系统集成将智能制造各功能系统和支撑系统集成为新一代智能制造系统。智能制造系统内部和外部均呈现出大集成特征。制造系统内部,企业的设计、生产、销售、服务、管理过程等实现动态智能集成,即纵向集成;企业与企业之间基于工业互联网与智能云平台,实现集成、共享、协作和优化,即横向集成。制造系统外部,制造业与金融业、上下游产业的深度融合形成服务型制造业和生产性服务业的集成。智能制造与智能城市、智能农业、智能医疗等交融集成,共同形成智能生态大系统——智能社会。

7.4.2 智能制造演进的基本范式

周济院士提出智能制造的三个基本范式。智能制造作为制造业和信息技术深度融合的产物,其诞生和演变是和信息化发展相伴而生的。智能制造在不断地演进过程中,形成了许多不同的范式。从 20 世纪中叶到 90 年代中期,以计算、感知、通讯和控制为主要特征的信息化催生了数字化制造,也称为第一代智能制造;从 20 世纪 90 年代中期开始,以互联网大规模普及应用为主要特征的信息化催生了数字化网络化制造,也称为第二代智能制造;当前,工业互联网、大数据及人工智能实现群体突破和融合应用,以新一代人工智能技术为主要特征的信息化开创了制造业数字化网络化智能化制造的新阶段，也称为新一代智能制造。智能制造的基本范式如图 7-54 所示。

在智能制造三个基本范式的演进过程中，数字化都是基础，而且数字化也在不断地演进和发展，目前国内大部分的企业也处在数字化转型当中。智能制造是随着信息技术的不断进步而不断发展的，并呈现出发展的层次性或阶段性，如图 7-55 所示。

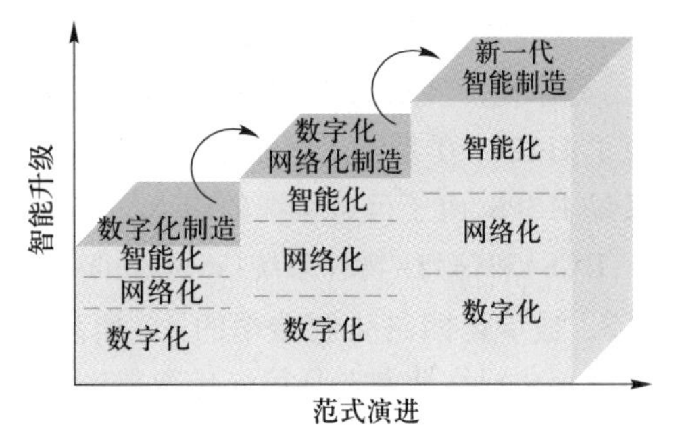

图 7-54 智能制造的基本范式

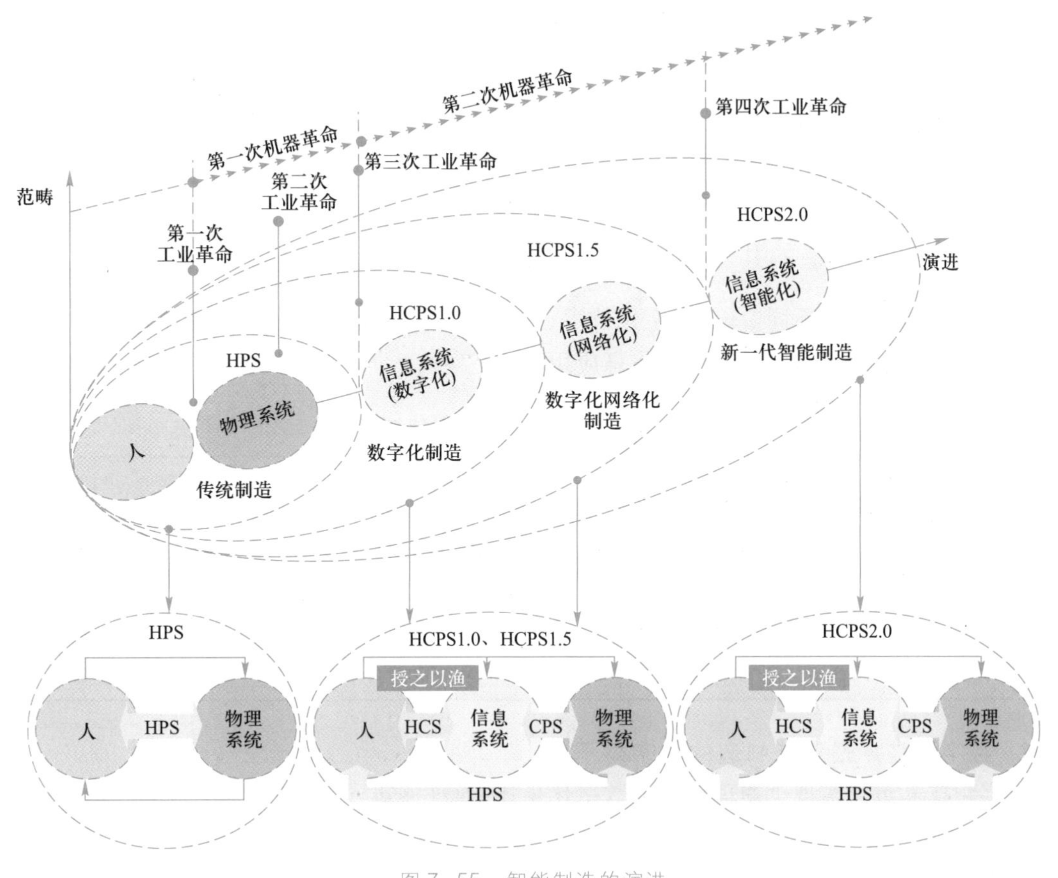

图 7-55 智能制造的演进

1. 传统制造中的人-物理系统(HPS)

传统的制造系统是由人和机器(物理系统)两大部分所组成的二元系统，称为人-物理系统(human-physical systems，HPS)。人是物理系统的创造者和使用者，由人完成工作任务所需的感知、学习认知、分析决策与控制操作等。

2. 数字化制造中的人-信息-物理系统(HCPS1.0)

数字化制造(digital manufacturing)是第一代智能制造。与传统制造系统相比，数字化制造系统最本质的变化是在人和物理系统之间增加了一个信息系统（cyber system），从原来的“人-物理”二元系统发展成为“人-信息-物理”（human-cyber-physical systems，HCPS）三元系统，HPS进化成了HCPS1.0系统。比如数控机床，在传统机床基础上增了数控系统。从二元系统HPS到三元系统HCPS，由于信息系统的引入，使得制造系统同时增加了人-信息系统（human-cyber systems，HCS）和信息-物理系统（cyber-physical systems，CPS）。

3. 数字化网络化制造中的人-信息-物理系统（HCPS1.5）

数字化网络化制造是第二代智能制造，也可称为“互联网+制造”，实质上是“互联网+数字化制造”。最大的变化在于信息系统：互联网和云平台成为信息系统的重要组成部分。“互联网+制造”有效解决了“连接”这个重大问题，用网络将人、流程、数据和事物连接起来。

4. 新一代智能制造中的人-信息-物理系统 HCPS2.0

数字化网络化智能化制造是新一代智能制造，最重要的变化发生在起主导作用的信息系统上，HCPS2.0中的信息系统增加了基于新一代人工智能技术的学习认知部分，不仅具有了更加强大的感知、决策与控制的能力，更具有了学习认知、产生知识的能力，即拥有了真正意义上的“人工智能”。人和信息系统的关系发生了根本性的变化，即从“授之以鱼”变成了“授之以渔”。

7.4.3 智能制造的共性赋能技术

在智能制造发展的不同阶段，数字化技术、网络化技术、智能化技术发挥着不同的赋能作用，包括信息获取、信息传输、信息处理和信息应用，见表7-9。

表7-9 智能制造的共性赋能技术

赋能环节	数字化技术	网络化技术	智能化技术
感知-信息获取	数字传感	网络传感	智能传感
通信-信息传输	数字通信	互联网、移动互联网、物联网	新一代通信技术
计算-信息处理	计算机	云计算、大数据	新一代计算技术
控制-信息应用	数字控制	网联控制	智能控制

1. 数字化技术是智能制造的数字躯干

数字化技术重点实现了物理信息的数字化描述，通过感知、通信、决策、控制全流程闭环的数字化，无论是感知控制的精度、计算的速度还是通信的距离都大大超过人类，深刻改变了人类与物理世界的交互方式。数字化技术是将用于描述图、文、声、像等传统形式的信息转化为随时间变化的模拟量，再通过转换器把模拟量转变为机器可识别的二进制数字量后进行存储、传播、运算、还原。世界万物的物理量如图像、文字、声音等皆可转化为数字量，从而可以建立起一个与物理世界相对应的信息世界。数字化技术包括集成电路、计算机、数字通信、数字传感以及数字控制等技术。以数字量为信息载体的数字化技术的飞速发展，人们基于数字量实现对物理世界的反馈，使信息的描述、分析、决策和控制得到了指数级的提升。

数字化制造是智能制造的基础，数字化制造采用数字化的手段对制造过程、制造系统与制造装备中复杂的物理现象和信息演变过程进行定量化描述、精确计算、可视模拟与精确控制。

2. 网络化技术是智能制造的数字神经

网络化技术是在数字化技术基础上，实现连接范围的极大拓展，进入万物互联时代。通过网络连接能力的全面提升，将一个个独立的数字化系统连接到一起，并进一步将连接拓展至人和物，极大地拓宽了网络的连接范围和信息的集成深度。网络化技术包括工业互联网、云计算与工业云平台、大数据、5G技术与移动互联网、网络与信息安全等技术。

3. 智能化技术是智能制造的数字大脑

智能化技术是在数字化和万物互联的基础上，形成数据驱动的精准建模、自主学习和人机混合智能，出现新一代人工智能技术。赋能技术与本体技术的交叉融合，推进传统制造业的数字化转型，形成技术融合和系统集成技术。通常来讲，人工智能可分为计算智能、感知智能和认知智能。计算智能是机器智能的强项，可进行快速计算和记忆存储。感知智能，即视觉、听觉、触觉等感知能力，前端有传感感知，后端有模型控制，智能机器对制造工况的主动感知和自动控制能力在逐步提高。认知感知，让智能机器能理解、会思考，是目前新一代人工智能技术面临的挑战。

新一代智能化技术包括大数据智能、群体智能、跨媒体智能、混合增强智能等。智能化技术以新一代人工智能技术为主要特征，具备了学习的能力、生成知识和更好地运用知识的能力，使传统方法难以实现的系统建模和优化成为可能。

本章学习提要

本章对先进制造技术中与本课程直接有关的内容，即现代制造技术发展的三个重要方面——非传统加工技术、精密加工与超精密加工技术和机械制造自动化技术进行讨论。

学习本章内容，应了解现代制造技术的主要研究领域及最新发展，并注意把握机械制造技术的发展方向，了解智能制造。

主要术语

非传统加工方法	特种加工	超声加工	水喷射加工
电火花加工	激光加工	电子束加工	化学加工
电解加工	电解磨削	增材制造	精密加工
超精密加工	精密测量	微细加工	超微细加工
纳米技术	纳米测量技术	纳米加工技术	微机电系统
表面微加工	体微加工	光刻加工	光刻电铸法
机械制造自动化	柔性制造系统	自动检测	三坐标测量机
工业机器人	串联机器人	并联机器人	协作机器人
智能制造	数字化制造	信息物理系统	数字孪生

习题与思考题

7-1 什么是非传统加工方法？非传统加工与传统加工方法有何本质区别？

7-2 试说明超声加工的原理、特点及应用。

7-3 试说明电火花成形加工和电火花线切割加工原理及应用。

7-4 试说明激光加工的原理、特点及应用。

7-5 试说明电子束加工的原理、特点及应用。

7-6 试说明电解加工的原理、特点及应用。

7-7 增材制造有几种主要方法？各有什么特点？

7-8 增材制造主要应用在哪些领域？

7-9 试说明精密加工与超精密加工的概念及特点。

7-10 试说明金刚石超精密车削加工的特点和应用范围。

7-11 超硬砂轮的修整与普通砂轮修整有什么不同？

7-12 试说明双频激光测量的工作原理。

7-13 什么是微细加工？微细加工与一般加工有什么不同？

7-14 离子束加工有几种工作方式？各应用于什么场合？

7-15 试说明扫描隧道显微镜和原子力显微镜的工作原理。

7-16 什么是MEMS？MEMS有哪些特征？

7-17 简述光刻加工的过程。

7-18 什么是LIGA？试说明其工作过程。

7-19 机械制造自动化发展有几种主要形式？各有什么特点？

7-20 试用Groover产品生命周期模型说明刚性自动化、柔性自动化和综合自动化的异同。

7-21 试说明柔性制造系统的组成、特点及应用领域。建立柔性制造系统涉及哪些关键技术？

7-22 自动检测包括哪些内容。使用三坐标测量机进行测量有哪些优点？

7-23 什么是工业机器人？试说明工业机器人的基本组成及其应用。

7-24 串联机器人主要有几种结构形式？并联机器人有何特点？

7-25 简述智能制造。

参考文献

[1] 顾崇衔,等. 机械制造工艺学[M]. 西安:陕西科学技术出版社,1987.

[2] 杨叔子. 机械加工工艺师手册[M]. 2 版. 北京:机械工业出版社,2011.

[3] 王先逵. 机械加工工艺手册[M]. 2 版. 北京:机械工业出版社,2007.

[4] 机械工程师手册编委会. 机械工程师手册[M]. 3 版. 北京:机械工业出版社,2007.

[5] 王先逵. 机械制造工艺学[M]. 4 版. 北京:机械工业出版社,2019.

[6] 卢秉恒. 机械制造技术基础[M]. 4 版. 北京:机械工业出版社,2019.

[7] 于骏一,邹青. 机械制造技术基础[M]. 2 版. 北京:机械工业出版社,2009.

[8] 冯之敬. 机械制造工程原理[M]. 3 版. 北京:清华大学出版社,2015.

[9] 胡永生. 机械制造工艺原理[M]. 北京:北京理工大学出版社,1992.

[10] 杨叔子. 金属切削机床及工艺装备基础[M]. 北京:机械工业出版社,2012.

[11] 贾亚洲. 金属切削机床概论[M]. 2 版. 北京:机械工业出版社,2013.

[12] 王光斗,王春福. 机床夹具设计手册[M]. 3 版. 上海:上海科学技术出版社,2000.

[13] 罗振壁,朱耀祥. 现代制造系统[M]. 北京:机械工业出版社,1995.

[14] 张世昌. 先进制造技术[M]. 天津:天津大学出版社,2004.

[15] 孙大涌. 先进制造技术[M]. 北京:机械工业出版社,2002.

[16] 蒋志强,施进发,王金凤. 先进制造系统导论[M]. 北京:科学出版社,2006.

[17] Groover. Mikell P. Fundamentals of Modern Manufacturing[M]. sixth Edition. New York:JOHN WILEY & SONS, INC. 2016.

[18] Hitomi Katsundo. Manufacturing Systems Engineering[M]. Second Edition. London:Taylor & Francis Ltd,1996.

[19] Rong Yiming, Huang Samuel H, Hou Zhikun. Advanced computer-aided fixture design[M]. Salt Lake City:ACADEMIC PRESS,2005.

[20] 王启平. 机床夹具设计[M]. 修订本. 哈尔滨:哈尔滨工业大学出版社,2006.

[21] 朱耀祥,浦林祥. 现代夹具设计手册[M]. 北京:机械工业出版社,2009.

[22] 张世昌. 机械制造技术基础[M]. 天津:天津大学出版社,2002.

[23] 周泽华. 金属切削原理[M]. 2 版. 上海:上海科学技术出版社,2002.

[24] 陈日曜. 金属切削原理[M]. 2 版. 北京:机械工业出版社,2005.

[25] 韩荣第. 金属切削原理与刀具[M]. 3 版. 哈尔滨:哈尔滨工业大学出版社,2004.

[26] 李伯民,赵波. 现代磨削技术[M]. 北京:机械工业出版社,2004.

[27] 张柏霖. 高速切削技术及应用[M]. 北京:机械工业出版社,2003.

[28] 艾兴,等. 高速切削加工技术[M]. 北京:国防工业出版社,2004.

[29] 李旦. 机械制造技术基础[M]. 哈尔滨:哈尔滨工业大学出版社,2009.

[30] 柯里凯尔 Я Д. 零件机械加工精度的数学分析[M]. 祝玉光,译. 北京:机械工业出版社,1983.
[31] 韩秋实,王红军. 机械制造技术基础[M]. 3 版. 北京:机械工业出版社,2010.
[32] 逯晓勤,刘宝臣,李海梅. 数控机床编程技术[M]. 2 版. 北京:机械工业出版社,2011.
[33] 魏永涛. 数控加工技术与现代加工技术[M]. 北京:清华大学出版社,2011.
[34] 周文玉,杜国臣,等. 数控加工技术[M]. 北京:高等教育出版社,2010.
[35] 杜裴,黄乃康. 计算机辅助工艺过程设计原理[M]. 北京:北京航空航天大学出版社,1992.
[36] 孙波,赵汝嘉. 计算机辅助工艺设计技术及应用[M]. 北京:化学工业出版社,2011.
[37] 欧文 A. E. 柔性装配系统[M]. 章慈定,译. 北京:机械工业出版社,1991.
[38] 张佩勤,王连荣. 自动装配与柔性装配技术[M]. 北京:机械工业出版社,1998.
[39] 中国机械工程学会. 中国机械工程技术路线图[M]. 北京:中国科学技术出版社,2011.
[40] 刘晋春,白基成,郭永丰. 特种加工[M]. 6 版. 北京:机械工业出版社,2017.
[41] 袁哲俊,王先逵. 精密和超精密加工技术[M]. 2 版. 北京:机械工业出版社,2007.
[42] 李岩. 精密测量技术[M]. 修订版. 北京:中国计量出版社,2005.
[43] 王振龙,等. 微细加工技术[M]. 北京:国防工业出版社,2005.
[44] 朱荻,等. 微机电系统与微细加工技术[M]. 哈尔滨:哈尔滨工程大学出版社,2008.
[45] Groover Mikell P. Automation, Production Systems and Computer-Integrated Manufacturing [M]. Fourth Edition. New Jersey:Prentice Hall. 2016.
[46] Serope Kalpakjian,Steven R. Schmid. Manufacturing Engincering and Technology[M]. Seventh Edition. New Jersey:Prentice Hall,2014.
[47] 周骏平,林岗. 机械制造自动化技术[M]. 2 版. 北京:机械工业出版社,2007.
[48] 周凯,刘成颖. 现代制造系统[M]. 北京:清华大学出版社,2005.
[49] Mohamed Gad-el-Hak. 微机电系统设计与制造[M]. 张海霞,赵小林,等,译. 北京:机械工业出版社,2010.
[50] Tai-Ran Hsu. 微机电系统封装[M]. 姚军,译. 北京:清华大学出版社,2006.
[51] 张宪民,陈忠. 机械工程概论[M]. 武汉:华中科技大学出版社,2011.
[52] 刘强,丁德宇. 智能制造之路[M]. 北京:机械工业出版社,2018.
[53] 周济,李培根. 智能制造导论[M]. 北京:高等教育出版社,2021.

郑重声明